餐饮食品安全控制

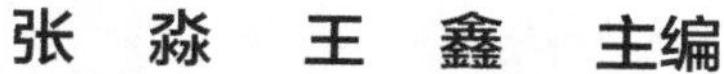

张淼 王鑫 主编

化学工业出版社

·北京·

内容简介

本书紧紧围绕餐饮行业的特点，从餐饮生产环节入手，结合政府颁布的餐饮食品安全相关法律法规和监管制度，介绍了餐饮企业各个生产环节和高风险品种中采取的食品安全控制方法和措施。书中将先进的食品安全管理体系和方法引入餐饮服务生产实践中，涉及餐饮食品原料安全控制，菜点加工食品安全控制，餐饮从业人员、加工环境、工用具及服务安全控制，餐饮业食品安全控制体系等。本书理论和实践结合紧密，具有较高的参考价值。

本书可以作为食品安全监管人员、餐饮服务业经营者和管理人员的参考书，也可作为食品、烹饪相关专业学生的教材。

图书在版编目（CIP）数据

餐饮食品安全控制 / 张淼，王鑫主编. —北京：化学工业出版社，2022.3（2023.8重印）

ISBN 978-7-122-40564-7

Ⅰ. ①餐… Ⅱ. ①张… ②王… Ⅲ. ①饮食业-食品安全-安全管理-研究 Ⅳ. ①R155.6

中国版本图书馆 CIP 数据核字（2022）第 016628 号

责任编辑：彭爱铭

责任校对：李雨晴　　　　装帧设计：张　辉

出版发行：化学工业出版社（北京市东城区青年湖南街 13 号　邮政编码 100011）

印　　装：北京天宇星印刷厂

710mm×1000mm　1/16　印张 15¼　字数 263 千字　2023 年 8 月北京第 1 版第 2 次印刷

购书咨询：010-64518888　　　　售后服务：010-64518899

网　　址：http：//www.cip.com.cn

凡购买本书，如有缺损质量问题，本社销售中心负责调换。

定　　价：59.00 元

前言

“民以食为天，食以安为先”。食品安全关系着广大消费者的健康和利益，也直接影响经济的发展和社会的稳定。餐饮业是与消费者关系最为密切的食品经营行业，很多人都有餐饮消费的经历。相对其他食品行业而言，餐饮业更加直接地面对消费者。在我国逐步迈向小康型社会的过程中，餐饮业出现的食品安全问题日益突出。据统计，每年食品安全监管部门接到报告的各类食物中毒事件中，发生在餐饮业的就占 60% 以上。餐饮业飞速发展的同时，频频发生的食品安全事件引起社会广泛关注。据中国公众环保民生指数显示， 80% 以上的公众高度关注餐饮食品安全，而近 40% 的公众在日常生活中遭遇过餐饮食品安全问题。

《中华人民共和国食品安全法》及其实施条例于 2009 年 6 月 1 日正式颁布实施，并于 2015 年、 2019 年分别进行了修订。《中华人民共和国食品安全法》首次以法的形式明确了“地方政府负总责、监督部门各负其责、企业是第一责任人”的食品安全责任体系。食品安全法还首次将餐饮业单独列出，强化事先预防和生产经营过程的食品安全控制，规定了餐饮服务经营者的安全管理责任。餐饮食品安全的政府监管部门不断出台多部法规或规范来监督、指导餐饮业食品安全。

本书编者长期从事餐饮食品安全教学、相关培训和科研工作，积累了较为丰富的经验。通过长期教学实践，发现现有餐饮食品安全相关的教材和参考书中，更多侧重于卫生学原理或食品安全危害等基本理论知识的介绍，缺乏在餐饮生产实践中控制食品安全危害的方法等内容。同时，餐饮企业也急需在实际生产中如何进行食品安全控制的参考书。因此，本书紧紧围绕餐饮食品生产的特点，从餐饮生产环节入手，结合政府颁布的食品安全法律法规和监管制度，重点介绍餐饮企业各个生产环节和高风险品种中采取的食品安全控制方法和措施。本书还将先进的食品安全管理体系和方法引入餐饮服务生产实践中，努力达到“科学性、先进性、实用性”的目标。本书可以作为食品安全监管人员、餐饮服务业经营者和管理人员的参考书，也可作为相关专业学生的教材。

本书由四川旅游学院张淼和王鑫主编，四川旅游学院熊敏教授和成都卫生计生监督执法支队谭杨为副主编。本书编写分工为：王鑫编写第一章第二、三节和第四章第一、二、四节；熊敏编写第五章；谭杨编写第二章；四川旅游学院范文教编写第三章第二节第一部分，四川旅游学院肖岚编写第三章第五节第二部分；其余部分均为张淼编写，最后由张淼进行全书统稿。

本书的编写出版得到有关部门的领导和专家的关心和支持，对此，全体编者表示衷心的感谢。由于编写时间紧迫，编者能力有限，书中有不足、疏漏之处恳请广大同仁提出宝贵意见。

编者

2021年10月

目录
Chips
Yogurt

第一章 餐饮业食品安全控制概述

食品安全和食源性疾病一直是全世界面临的重要公共卫生问题，联合国粮食及农业组织（FAO）/世界卫生组织（WHO）及食品法典委员会（CAC）对食品安全控制的定义如下：

为了保护消费者，并确保所有食品生产、处理、贮藏、加工和销售过程中均能保持安全、卫生及适于人类消费，确保其符合食品安全和质量要求，确保货真无假并按法律规定准确标识，由国家或地方主管部门实施的强制性法律行动。食品安全控制最早的职责是实施食品法，通过禁止出售那些未能具备购买者要求的特性、组分或质量的食品，以保护消费者免受不安全、掺杂和虚假出售的食品之危害。对所供应食品的安全和真实性的信任，对于消费者而言是最为重要的要求之一。

《中华人民共和国食品安全法》明确规定，保证食品安全的第一责任人是食品生产经营者。食品从生产到消费的各个环节都可能受到污染，而对可能造成食品污染并引起食源性疾病的危害因素实施控制，是食品安全的重要组成部分。诚信和遵纪守法是公民的基本道德，食品生产经营者只有遵照食品安全法律法规，建立完善的食品安全控制体系，才能有效确保食品安全。

学习目标

- ◆ 掌握餐饮业食品安全控制的概念
- ◆ 掌握我国餐饮服务食品安全法律法规和监管制度

◆ 掌握食源性危害物的来源和特点

◆ 掌握生物性危害、化学性危害和物理性危害的来源及预防措施

◆ 掌握常见食源性疾病的种类及预防

第一节　餐饮业及其食品安全控制简介

2014 年开业的成都某知名火锅店目前在全国有近 1000 家门店，在北京也有将近 20 家门店。该火锅店从诞生伊始就成为网红，并收获了各种荣誉，譬如：2015 成都火锅文化节综合大奖十大最红火锅。然而飞速发展的该店却在食品安全上一而再再而三地践踏底线。

2020 年 7 月，中国裁判文书网发布一则陕西省榆林市榆阳区人民法院的刑事判决书，披露了该知名火锅品牌在榆林的一家加盟门店两年间内将顾客就餐后的火锅锅底的废弃油脂用油水分离器分离出来，高温加热后加入辅料制成红油（地沟油），后由厨师制作成锅底销售给顾客，涉案 2 吨多。法院一审宣判涉案 5 人犯生产、销售有毒、有害食品罪，均获刑罚。

2021 年 3 月 15 日，有媒体报道称，该店在南京、苏州多家门店存在诸多问题，例如：用扫帚捣制冰机，后厨应聘不看健康证，许多菜品不清洗，上桌前喷水“加工”，发芽土豆削了接着用，碗筷清洗仅 30 秒，在消毒机里“走过场”，火锅调料连塑料袋一起下锅。

由此可见，餐饮服务经营者在企业经营发展过程中，在充分理解并熟悉食品安全法律法规，了解餐饮食品安全监管制度的前提下，还应该掌握食品安全的科学知识，掌握餐饮业食品安全控制方法，提高企业自身的食品安全管理水平，从而降低经营中的食品安全风险，避免法律诉讼，最终保障消费者的健康水平。

一、餐饮业的概念

GB 31654《食品安全国家标准　餐饮服务通用卫生规范》中明确了餐饮服务

的概念。餐饮服务，是指通过即时制作加工、商业销售和服务性劳动等，向消费者提供食品和消费场所及设施的服务活动。

二、餐饮业的分类及特点

餐饮服务许可按餐饮服务经营者的业态和规模实施分类管理，主要分为如下几类。

◆ **餐馆**（又称酒家、酒楼、酒店、饭庄等）：指以饭菜（包括中餐、西餐、日餐、韩餐等）为主要经营项目的单位，包括火锅店、烧烤店等。

◆ **快餐店**：指以集中加工配送、当场分餐食用并快速提供就餐服务为主要加工供应形式的单位。

◆ **小吃店**：指以点心、小吃为主要经营项目的单位。

◆ **饮品店**：指以供应酒类、咖啡、茶水或者饮料为主的单位。

◆ **食堂**：指设于机关、学校、企业、工地等地点（场所），为供应内部职工、学生等就餐的单位。

◆ **集体用餐配送单位**：指根据集体服务对象订购要求，集中加工、分送食品但不提供就餐场所的单位。

◆ **中央厨房**：指由餐饮连锁企业建立的，具有独立场所及设施设备，集中完成食品成品或半成品加工制作，并直接配送给餐饮服务对象的单位。

不管是哪种经营业态的餐饮服务企业，都是处于“从农田到餐桌”整个食物链的末端，肩负着控制或消除食品安全危害的重要使命，因此食品安全控制对餐饮业至关重要。

三、餐饮业食品安全控制的概念

餐饮业食品安全控制就是指在餐饮服务业中为了确保食品安全性，减少和消除难以接受的健康危害，或使其减低到可以接受的水平，而采取的预防性措施。

习惯上，人们把提供安全无害的菜品视为餐饮食品安全的主要问题，而把餐饮企业的生产环境、生产过程和从业人员等方面存在的安全问题，放在次要位置。因此，在餐饮业经营管理中，往往把食品安全管理的目光聚集在菜品的安全上，而忽略了生产环境的卫生管理，忽略了菜品生产过程中的安全控制，忽视了对餐饮从业人员的食品安全意识的培训和教育。随着经营管理者对餐饮业生产经营活动的认识提高和纵深分析，不难发现，无论是菜品的安全和危害因素，还是生产环境的卫生问题，以及生产过程、服务过程存在的各种卫生问题和危害因素，都构成对消费者生命或健康的威胁，其中任何一项食品安全危害因素没有得到有效控制，都可能导致不同程度的食品安全事故。从这个意义上说，餐饮业食品安全控制是经营活动中所有不安全、不卫生因素的总和的控制，即是对整个餐饮生产经营过程的控制，通过有效的过程控制，将一切可能的食品安全危害因素减少或消除至人体可接受水平，从而保证各类菜品的安全。其控制内容应包括如下几个方面。

（1）餐饮食品原料及相关产品的安全控制　包括餐饮食品原料的采购验收、正确贮存以及相关产品（如设备、餐用具器皿等）的安全控制。

（2）菜点加工环节安全控制　包括菜点生产过程中的初加工、热加工等的安全控制，以及高风险品种（如凉菜、生食产品等）的安全控制。对于快餐和集体配送企业，由于其生产的特殊性，有必要单独讨论两类企业的食品安全控制。

（3）餐饮从业人员及环境、服务安全控制　包括餐饮企业从业人员的卫生管理，企业生产环境的布局、设施等的安全控制，以及餐饮服务过程中的安全控制。

餐饮服务企业要实现有效的食品安全控制，应该以政府监管机构颁布的食品安全法律法规为准绳，以了解餐饮服务食品安全监管制度为前提，制定符合自身经营特点的食品安全控制体系，并在实际生产中应用实施，才能最终实现保障消费者健康的目的。

第二节　餐饮食品安全相关法律法规体系

食品安全法律法规体系是指有关食品生产和流通的安全标准及相关法律、法规、规范性文件构成的有机体系。餐饮服务经营者只有充分了解和掌握餐饮服务相关法律法规，明确政府职能部门的监管要求，才能避免因食品安全事故带来的法律责任和经济损失。

一、我国食品安全监管机构和职能

新修订的《中华人民共和国食品安全法》（可简称为《食品安全法》）中关于我国食品安全监管机构和职能的规定是："国务院设立食品安全委员会。国务院食品安全监督管理部门对食品生产经营活动实施监督管理。国务院卫生行政部门组织开展食品安全风险监测和风险评估，会同国务院食品安全监督管理部门制定并公布食品安全国家标准。国务院其他有关部门承担有关食品安全工作。”

2018 年，市场环境迎来全链条式监管体系。改革市场监管体系，实行统一的市场监管，是建立统一开放竞争有序的现代市场体系的关键环节。为完善市场监管体制，推动实施质量强国战略，营造诚实守信、公平竞争的市场环境，进一步推进市场监管综合执法、加强产品质量安全监管，将国家工商行政管理总局的职责，国家质量监督检验检疫总局的职责，国家食品药品监督管理总局的职责，国家发展和改革委员会的价格监督检查与反垄断执法职责，商务部的经营者集中反垄断执法以及国务院反垄断委员会办公室等职责整合，组建国家市场监督管理总局，作为国务院直属机构。

国务院食品安全委员会是国务院食品安全工作的高层次议事协调机构。其主要职责包括：①分析食品安全形势，研究部署、统筹指导食品安全工作；②提出食品安全监管的重大政策措施；③督促落实食品安全监管责任。

《中华人民共和国食品安全法实施条例》（可简称为《食品安全法实施条例》）进一步落实了企业作为食品安全第一责任人的责任，强化了各部门在食品安全监督管理方面的职责，将食品安全法一些较为原则的规定具体化。主要包括：①细化食品安全监管体制机制。突出食品安全风险防控理念，明确县级以上人民政府建立统一权威的食品安全监管体制。细化食品安全风险监测制度，建立食品安全风险监测会商机制、食品安全隐患通知制度和食品安全风险信息交流机制。完善食品安全标准制定。健全食品安全全程追溯制度。②强化食品生产经营者主体责任。加强食品贮存、运输过程控制，明确网络食品交易第三方平台责任，完善餐具饮具集中消毒服务管理，明确禁止利用会议、讲座、健康咨询等方式对食品进行虚假宣传，加强对特殊食品监管。③加强食品安全监督管理。创新监管方式，加强职业化检查员队伍建设。④完善食品安全社会共治。强化普法和科普宣传；落实举报奖励制度。⑤加大食品安全处罚力度。大幅提高食品安全违法行政罚款额度，从严从重处罚情节严重的违法行为，引入行政“双罚制”，落实“处罚到人”，建立守信联合激励和失信联合惩戒机制。

二、我国餐饮服务食品安全监管法律法规

目前已实施或仍在生效的餐饮服务食品安全监管法律法规、规章规范有：《中华人民共和国食品安全法》《中华人民共和国食品安全法实施条例》《食品经营许可管理办法》《食品生产经营日常监督检查管理办法》《网络餐饮服务食品安

全监督管理办法》《学校食品安全与营养健康管理规定》《餐饮服务食品安全操作规范》《食品安全国家标准　餐饮服务通用卫生规范》《国务院办公厅关于进一步加强“地沟油”治理工作的意见》《国务院食品安全办等14部门关于提升餐饮业质量安全水平的意见》《食品药品监管总局办公厅关于进一步加强火锅原料、底料和调味料监督管理的通知》《食品药品监管总局关于餐饮服务提供者禁用亚硝酸盐、加强醇基燃料管理的公告》《食品药品监管总局关于加强有毒野生蘑菇食物中毒防控宣传工作的通知》《食品药品监管总局关于加强现制限售生鲜乳饮品监管的通知》《食品药品监管总局关于印发重大活动食品安全监督管理办法（试行）的通知》等。

三、我国餐饮服务食品安全监督管理制度

食品安全监督管理是指国家食品安全行政管理机构为行使和履行职责，根据法律授予的职权，依照食品安全法律法规、食品安全标准，对食品生产、流通、消费等环节进行组织、协调、控制和监督的行为。

1. 餐饮服务许可制度

根据《食品安全法》和《食品安全法实施条例》，国家对食品生产经营实行许可制度。从事食品生产、食品销售、餐饮服务，应当依法取得许可。食品生产经营许可的有效期为5年。

根据国家食品药品监督管理总局2015年8月31日发布的《食品经营许可管理办法》（国家食品药品监督管理总局令第17号），自2015年10月1日起，从事食品销售和餐饮服务活动，应当依法取得食品经营许可。食品经营许可实行一地一证原则，即食品经营者在一个经营场所从事食品经营活动，应当取得一个食品经营许可证。监管部门按照食品经营主体业态和经营项目的风险程度对食品经营实施分类许可。

食品经营主体业态分为食品销售经营者、餐饮服务经营者、单位食堂。食品经营者申请通过网络经营、建立中央厨房或者从事集体用餐配送的，应当在主体业态后以括号标注。

食品经营项目分为预包装食品销售（含冷藏冷冻食品、不含冷藏冷冻食品）、散装食品销售（含冷藏冷冻食品、不含冷藏冷冻食品）、特殊食品销售（保健食品、特殊医学用途配方食品、婴幼儿配方乳粉、其他婴幼儿配方食品）、其他类食品销售；热食类食品制售、冷食类食品制售、生食类食品制售、糕点类食品制

售、自制饮品制售、其他类食品制售等。

2. 餐饮服务食品安全监管制度

根据《食品安全法》和《食品安全法实施条例》，国家对食品生产经营实行食品安全监督管理制度。国家食品药品监督管理总局 2016 年 3 月 4 日发布了《食品生产经营日常监督检查管理办法》（国家食品药品监督管理总局令第 23 号，以下简称《办法》），2016 年 5 月 1 日起施行。主要内容如下。

（1）明确日常监督检查职责　《办法》规定国家食品药品监督管理部门负责监督指导全国食品生产经营日常监督检查工作；省级食品药品监督管理部门负责监督指导本行政区域内食品生产经营日常监督检查工作；市、县级食品药品监督管理部门负责实施本行政区域内食品生产经营日常监督检查工作。

（2）明确随机检查原则　《办法》规定市、县级食品药品监督管理部门在全面覆盖的基础上，可以在本行政区域内随机选取食品生产经营者、随机选派监督检查人员实施异地检查、交叉互查，可以根据日常监督检查计划随机抽取日常监督检查要点表中的部分内容进行检查，并可以随机进行抽样检验。

（3）明确日常监督检查事项　《办法》规定餐饮服务环节监督检查事项包括餐饮服务提供者资质、从业人员健康管理、原料控制、加工制作过程、食品添加剂使用管理及公示、设备设施维护和餐饮具清洗消毒、食品安全事故处置等情况。

（4）明确制定日常监督检查要点表　《办法》要求国家食品药品监督管理部门根据法律、法规、规章和食品安全国家标准有关食品生产经营者义务的规定，制定日常监督检查要点表；省级食品药品监督管理部门可以根据需要，对日常监督检查要点表进行细化、补充；市、县级食品药品监督管理部门应当按照日常监督检查要点表，对食品生产经营者实施日常监督检查。《办法》规定在实施食品生产经营日常监督检查中，对重点项目应当以现场检查方式为主，对一般项目可以采取书面检查的方式。

（5）明确日常监督检查结果形式　《办法》规定日常监督检查结果分为符合、基本符合与不符合 3 种形式，并记入食品生产经营者的食品安全信用档案。日常监督检查结果属于基本符合的食品生产经营者，市、县级食品药品监督管理部门应当就监督检查中发现的问题书面提出限期整改要求；日常监督检查结果为不符合，有发生食品安全事故潜在风险的，食品生产经营者应当立即停止食品生产经营活动。

（6）明确日常监督检查结果对外公开 《办法》规定市、县级食品药品监督管理部门应当于日常监督检查结束后 2 个工作日内，向社会公开日常监督检查时间、检查结果和检查人员姓名等信息，并在生产经营场所醒目位置张贴日常监督检查结果记录表。食品生产经营者应当将张贴的日常监督检查结果记录表保持至下次日常监督检查。

（7）明确日常监督检查法律责任 《办法》规定食品生产经营者撕毁、涂改日常监督检查结果记录表，或者未保持日常监督检查结果记录表至下次日常监督检查的，由市、县级食品药品监督管理部门责令改正，给予警告，并处 2000 元以上 3 万元以下罚款。食品生产经营者拒绝、阻挠、干涉食品药品监督管理部门进行监督检查的，由县级以上食品药品监督管理部门按照《食品安全法》有关规定进行处理。

3. 网络餐饮服务食品安全监督管理制度

为加强网络餐饮服务食品安全监督管理，规范网络餐饮服务经营行为，保证餐饮食品安全，保障公众身体健康，国家食品药品监督管理总局 2017 年 11 月 6 日发布了《食品生产经营日常监督检查管理办法》（国家食品药品监督管理总局令第 36 号），2018 年 1 月 1 日起施行。主要内容如下。

一是明确“线上线下一致”原则。《办法》规定，入网餐饮服务提供者应当具有实体经营门店并依法取得食品经营许可证，并按照食品经营许可证载明的主体业态、经营项目从事经营活动，不得超范围经营。网络销售的餐饮食品应当与实体店销售的餐饮食品质量安全保持一致。县级以上地方食品药品监督管理部门查处的入网餐饮服务提供者有严重违法行为的，应当通知网络餐饮服务第三方平台提供者，要求其立即停止对入网餐饮服务提供者提供网络交易平台服务。

二是明确平台和入网餐饮服务提供者义务。《办法》规定，网络餐饮服务第三方平台提供者需要履行建立食品安全相关制度、设置专门的食品安全管理机构、配备专职食品安全管理人员、审查登记并公示入网餐饮服务提供者的许可信息、如实记录网络订餐的订单信息、对入网餐饮服务提供者的经营行为进行抽查和监测等义务；入网餐饮服务提供者需要履行公示信息、制定和实施原料控制、严格加工过程控制、定期维护设施设备等义务。

三是明确送餐人员和送餐过程要求。《办法》规定，送餐人员应当保持个人卫生，使用安全、无害的配送容器，保证配送过程食品不受污染。送餐单位要加强对送餐人员的培训和管理。配送有保鲜、保温、冷藏或冷冻等特殊要求食品的，要采取能保证食品安全的保存、配送措施。

四是明确开展网络餐饮服务食品安全监测。《办法》规定，国家食品药品监督管理总局负责指导全国网络餐饮服务食品安全监督管理工作，并组织开展网络餐饮服务食品安全监测。国家食品药品监督管理总局组织监测发现网络餐饮服务第三方平台提供者和入网餐饮服务提供者存在违法行为的，通知有关省级食品药品监督管理部门依法组织查处。

五是明确与地方性法规和其他规章的衔接。《办法》规定，省、自治区、直辖市的地方性法规和政府规章对小餐饮网络经营作出规定的，按照其规定执行。《办法》对网络餐饮服务食品安全违法行为的查处未作规定的，按照《网络食品安全违法行为查处办法》执行。

四、我国餐饮服务食品安全标准

标准是一种特殊的规范，本质上属于技术规范范畴。对于食品安全而言，标准是进行食品安全生产和监管的根本。食品安全标准是强制执行的标准。只有遵照食品安全标准，企业才能判断餐饮服务生产经营是否在安全控制之下，政府才能开展食品安全监督管理工作。

2021 年 3 月 18 日，国家卫生健康委员会、国家市场监督管理总局联合发布 GB 31654《食品安全国家标准 餐饮服务通用卫生规范》，将于 2022 年 2 月 22 日实施。该标准是我国首部餐饮服务行业规范类食品安全国家标准，对于提升我国餐饮业安全水平，保障消费者饮食安全，适应人民群众日益增长的餐饮消费需求具有重要意义。

GB 31654《食品安全国家标准 餐饮服务通用卫生规范》包括术语和定义，场所与布局，设施与设备，原料采购、运输、验收与贮存，加工过程的食品安全控制，供餐要求，配送要求，清洁维护与废弃物管理，有害生物防治，人员健康与卫生，培训，食品安全管理等内容。其亮点如下。

① 明确定义。明确了餐饮服务的定义：指通过即时加工制作、商业销售和服务性劳动等，向消费者提供食品或食品和消费设施的服务活动。明确了半成品的定义：指经初步或者部分加工，尚需进一步加工的非直接入口食品。

② 中央厨房和集体用餐配送单位直接入口易腐食品的冷却和分装、分切等操作应在专间内进行，除以上 2 种业态的餐饮服务提供者的直接入口易腐食品的冷却和分装、分切等操作应在专间或专用操作区进行。

③ 生食蔬菜、水果和生食水产品原料应在专用区域内或设施内清洗处理，

必要时消毒。

④ 集体用餐配送单位配送的食品，应在包装、容器或者配送箱上标注集体用餐配送单位信息、加工时间和食用时限，冷藏保存的食品还应标注保存条件和食用方法。

⑤ 委托餐（饮）具集中消毒服务单位提供清洗消毒服务的，应当查验、留存餐（饮）具集中消毒服务单位的营业执照复印件和消毒合格证明。保存期限不应少于消毒餐（饮）具使用期限到期后6个月。

⑥ 强制要求食品处理区的从业人员不应留长指甲、涂指甲油，不应化妆。

⑦ 专间和专用操作区内的从业人员操作时，应佩戴清洁的口罩。口罩应遮住口鼻。

⑧ 学校（含托幼机构）食堂、养老机构食堂、医疗机构食堂、建筑工地食堂等集中用餐单位的食堂，以及中央厨房、集体用餐配送单位，一次性集体聚餐人数超过 100 人的餐饮服务提供者，应按规定对每餐次或批次的易腐食品成品进行留样。

餐饮服务业作为食物链的末端，适应于上游环节的食品安全标准都可能通过食物链影响到下游的餐饮服务业。在开展餐饮服务业食品安全监管工作中，也适用这些安全标准来作为评价、鉴定依据，包括食物中毒事故的鉴定及处理原则。现行餐饮服务业食品安全标准涉及餐饮业生产经营场所和设施要求，原料和半成品的食品安全，食品安全管理和加工过程卫生规范，餐饮服务高风险产品和食品添加剂的安全要求，餐饮服务相关产品食品安全要求等。

餐饮服务业适用的安全标准较为广泛，可因餐饮业本身条件、规模、生产品种而适用相应的安全标准。

① 餐饮生产经营场所食品安全标准　餐饮服务业经营方式、规模和品种差别很大，其经营的品种、加工能力与经营场所设施、布局是否适应，都会直接影响餐饮服务食品安全。

② 餐饮原料食品安全标准　餐饮服务食品安全受诸多因素的影响，其中原料的安全性是较为重要的因素。在现有食品安全标准中，与餐饮服务原料相关的食用农产品、调味品、食用油及半成品涉及食品安全的标准主要集中在农兽药残留等基础卫生标准、定型包装食品的产品标准和农业农村部制定的行业标准中。在《食品安全法》实施后，原有的标准将进行整理、合并或更新，食品安全标准将作为唯一的强制性标准，使企业生产经营和政府监管都能有据可依。

③ 餐饮生产环节食品安全标准　餐饮服务经营过程中，涉及的生产环节包

括原材料采购、贮存、粗加工、烹调、备餐、成品半成品贮存、配送等。餐饮服务烹调加工环节遵循的标准大多分布在一些部门规章或规范性文件中。此外，在一些省市还结合各地餐饮特点，制定了一些地方标准。需要注意的是，部门规章或规范性文件不属于强制性国家标准，还需进行相应的修订或补充。

④ 餐饮高风险品种食品安全标准　餐饮服务业存在着产品种类丰富、加工工艺复杂、手工操作为主等特点，食物中毒风险较高的品种主要集中在凉菜、盒饭、生食海产品中。这些高风险品种的生产加工大都缺乏相应的食品安全标准。可供参照的国家标准针对的产品多是以带包装的食品为主，与餐饮服务业即时加工、即时消费的产品特点存在较大的差异。

⑤ 餐饮业食品添加剂安全标准　随着食品科学和食品加工业的日益发展，食品添加剂在餐饮服务业中的使用越来越广泛。餐饮业一直存在加工过程随意性大、工艺参数难以量化的特点，导致在餐饮服务中随意滥用食品添加剂甚至非食用物质的现象难以控制。《食品安全法》规定，不得在食品生产中使用食品添加剂以外的化学物质和其他可能危害人体健康的物质。

⑥ 餐饮食品相关产品安全标准　餐饮服务业中涉及的食品相关产品主要有加工用具、设备、餐饮具和食品及用具的洗涤消毒剂。《食品安全法实施条例》规定餐饮服务提供企业应当定期维护食品加工、贮存、陈列等设施、设备；定期清洗、校验保温设施及冷藏、冷冻设施。餐饮服务提供者应当按照要求对餐具、饮具进行清洗、消毒，不得使用未经清洗和消毒的餐具、饮具。

第三节　餐饮业食品安全危害及预防

1. 大米镉超标事件：2013 年 5 月，湖南攸县生产的大米在广东省被检测出镉超标，随后又发现了 9 批次攸县产的大米镉超标。5 月 19 日，湖南组织相关部门对攸县产的大米进行调查，发现了大量的镉大米，大多已销往广东省。广东省食品安全委员会公布了 2013 年抽检发现的 126 批次镉超标大米，其中确定由湖南厂家生产的多达 68 批次（多批次散装米产地不明），涉事厂家来自湖南 14 个市州中的 8 个。

2. 开心果霉菌超标事件： 2017 年 8 月 16 日，国家食品药品监督管理总局发布《总局关于 3 批次食品不合格情况的通告》，不合格批次中，网红电商三只松鼠赫然在列。天猫超市在天猫（网站）商城销售的标称三只松鼠股份有限公司生产的开心果，霉菌检出值为 70CFU/g，比国家标准规定（不超过 25CFU/g）高出 1.8 倍。

3. 酸汤子中毒事件： 2020 年 10 月 5 日，黑龙江省鸡西市鸡东县兴农镇某社区居民王某及其亲属 9 人在家中聚餐，共同食用了自制酸汤子（用玉米水磨发酵后做的一种粗面条样的主食）后，引发食物中毒，9 人食用后全部死亡。据悉，该酸汤子食材为该家庭成员自制，且在冰箱中冷冻近一年时间。根据后续黑龙江省卫生健康委员会食品处发布的消息，鸡西食物中毒事件经流行病学调查和疾控中心采样检测后，在玉米面中检出高浓度米酵菌酸，同时在患者胃液中亦有检出，该事件被定性为由椰毒假单胞菌污染产生米酵菌酸引起的食物中毒事件。故自制食品最好尽快食用，不宜久存。

上述三个事件似乎有点危言耸听，其实不然。随着现代社会的迅猛发展，各类食品安全问题也日益突出。有环境污染引起的，也有人为因素造成的；有化学性危害，也有生物性危害。案例中涉及的安全事件仅仅显露了食品安全问题的“冰山一角”。

很早以前，人们就意识到食物会因自身原因以及不适合的保存方法引起迅速腐败，因此可能造成疾病传播。如 3000 年前的周朝设置了“凌人”，专司食品冷藏防腐；唐代的律法专著《唐律》中规定了处理腐败变质食物的法律准则。在古医籍中，对于鱼类引起的组胺中毒，也曾有深刻而准确的记载。随着人们对微生物的认识进一步加深，在 19 世纪末，人们先后发现沙门菌、肉毒杆菌等食源性致病菌。到了 20 世纪，科学家确认了更多的致病菌以及其他引起疾病的生物危害。1937 年，人们确认了生物代谢物毒素引起的中毒——麻痹性贝类中毒。此后，更多的致病性微生物、寄生虫、病毒和生物毒素不断被人们发现并认识。

化学物质在食品安全上造成的危害是随着人们对化学物质的应用而广泛出现的。施用农药，使得粮、油、菜、果或多或少存在农药残留。动物性促生长剂、抗生素在食用动物体内造成兽药残留。上述物质通过食物链在动植物体内的生物富集作用造成蓄积，人食用后造成健康损伤。除了人为在食品原料生产领域应用化学物质造成的食品安全问题外，人们还面临着工业和环境污染物的威胁。如二噁英可通过空气飘尘沉降到植物上污染粮食与饲料，通过食品包装材料（如纸张的漂白）发生迁移污染食品，因意外事故引起食品污染等。

一、食品安全危害概述

食品是人类生存的基本要素，但是食品中有可能含有或者被污染有危害人体健康的物质。食品中具有的危害物通常称为食源性危害物。

1. 食源性危害的种类

食源性危害物大致可以分为生物性、化学性和物理性三大类。

（1）生物性危害　指生物（尤其是微生物）本身及其代谢过程、代谢产物（如毒素）对食品原料、加工过程和产品的污染，包括微生物（细菌及细菌毒素、霉菌及霉菌毒素、病毒、酵母菌）、寄生虫（蛔虫、绦虫、肝吸虫、旋毛虫）及其虫卵和昆虫（甲虫、螨类、蛾类、蝇蛆）所污染。在已知的食源性致病因子中，大部分属于细菌、病毒和寄生虫等生物性危害物。

（2）化学性危害　指食品中的天然有害物质和有害的化学物质污染食物而引起的危害。其主要类型包括：食品中的天然有害物质、农药残留、兽药残留、重金属、滥用食品添加剂和加工助剂、食品包装材料、容器与设备的化学溶出物及污染物、具有“三致作用”的多环芳烃、亚硝胺、二噁英、杂环胺等。

（3）物理性危害　指食品生产加工过程中外来的物体或异物，包括产品消费过程中可能使人致病或导致伤害的任何非正常的物理物质。物理性危害包括碎骨、砂石、碎玻璃、铁屑、木屑、头发、蟑螂等昆虫的残体以及其他可见的异物，各种放射性同位素污染食品原料等。

2. 食源性危害物的特点

这些食源性危害物具有以下特点。

① 食品污染日趋严重和普遍，其中化学性物质的污染占主要地位。

② 食品往往通过环境被污染，随着食物链由低等生物向高等生物转移，直到位于食物链最高级的人类机体，每经过一种生物体，其浓度即有一次明显的提高，污染的程度也更严重，称为生物富集作用。

③ 现今食品污染导致的危害，除了急性毒性作用外，以慢性毒性多见。由于长期少量摄入，且生物半衰期较长，以致食品污染物对体内DNA等发生作用，可出现致癌、致畸及致突变作用，即“三致”作用。

3. 食源性危害物的来源

（1）天然有毒有害成分

① 植物性有害物质　指植物生长过程产生的各种代谢物，如菌类中的毒肽、有毒氨基酸；木薯、苦杏仁、银杏中的生氰苷；有致突变或致癌性的苏铁素、黄樟素；抗营养物，如黄豆中的外源凝集素，干扰无机盐吸收的植酸，抗维生素物质等。

② 动物性有害物质　动物性食品也存在有害物质，特别是水产品，例如河豚、赤潮期的贝类。

（2）添加物　食品添加剂有可能随着食品进入人体内，如果使用不合理就会危害人体健康，带来食品安全问题。实际生产加工中，包括烹饪加工中有滥用添加剂，甚至使用非食用物质的现象。例如，用含有工业染料苏丹红的饲料喂养蛋鸭而产出“红心”鸭蛋，在面点食品中使用吊白块增白，使用烧碱来嫩化肉类，在食物中大量添加糖精等。此外，添加剂对营养素的影响，添加剂之间的联合作用，添加剂与化学物污染物的相互作用都很可能导致无法预料的后果。

（3）衍生物　衍生毒物是食品在制造、加工（包括烹调）或存放过程中化学反应或酶反应形成的（或潜在）有毒物质。有毒物质可由食品的任何成分，包括内在成分、外源成分（如污染物与添加剂）相互作用形成，或这些物质与外界物质（如氧）相互作用形成。由热、光、酶或其他物质引起食物化学降解也会产生有毒物质。衍生毒物可分为热解毒物、非热解毒物等。

① 热解毒物　烹调食物使人类更好吸收营养素和享受食物的美味以及防止病原微生物致病，然而烹调也产生一些潜在危害甚至致癌性，包括多环芳烃、杂环胺、油脂热分解产物等，淀粉食品加热会产生可能致癌的丙烯酰胺。

② 非热解毒物　如碱性条件下氨基酸发生裂解、脱羧、加成等反应衍生出的组胺、酪胺，油脂自动氧化产生的自由基、过氧化物，以及与污染物反应产生的毒物如亚硝胺、亚硝酰胺等。

二、生物性危害及预防

生物性危害主要是指食品在收获、加工和流通过程中可能受到来自土壤、空气和水体中各种生物（微生物、寄生虫及其虫卵、昆虫和其他有害动物）本身及其代谢产物（如毒素）对食品的污染。尤其是微生物污染是造成食品生物性污染的最主要原因。

食品中的生物性危害按生物的种类主要有以下几种：①细菌性危害 包括引起食物中毒的细菌及其毒素造成的危害；②真菌性危害 包括真菌及其毒素和有毒蕈类造成的危害；③病毒性危害 包括甲型肝炎病毒等引起的危害；④寄生虫性危害 包括原生动物（如阿米巴、鞭毛虫等）和寄生虫（如牛肉绦虫、猪肉绦虫和某些吸虫、线虫等）造成的危害；⑤昆虫性危害 包括蝇类、蟑螂和螨类造成的危害。

通常所说的微生物并非是生物学分类上的名称，而是指自然界中形体微小、结构简单的低等生物的总称。微生物一般包括细菌、真菌、放线菌、病毒、支原体、螺旋体等。其特点包括：①体形微小，必须借助光学显微镜或电子显微镜才能观察到；②结构简单，有的具有细胞结构，有的甚至没有细胞结构；③生长繁殖快，对食品工业影响巨大；④容易引起变异；⑤数量多，分布广，对自然环境适应性强，广泛分布在土壤、空气、水、物体表面以及人和动物的体表、体内。

微生物虽小，也有独立的生命活动。单细胞微生物一般以简单的二分裂方式进行无性繁殖，在适宜的条件下，多数微生物繁殖速度极快，分裂一次仅需20～30min，如果连续不断地分裂，在短时间内即可达到惊人的数量，但实际上在经过一段时间后，由于营养物质的消耗和毒性产物的堆积，微生物的繁殖速度会逐渐减慢，死亡的微生物数量也逐渐增多，活菌增长率随之趋于停滞甚至衰退。单细胞微生物的生长速度可出现四个不同阶段：缓慢生长期、对数生长期、稳定期、衰亡期。

广泛分布于自然界的微生物大多数对人类是有益的，如包子、馒头、面包、酱油、醋、味精及其他发酵食品是应用微生物造福人类的典范。但是，部分微生物对人类产生有害作用。这些微生物在各种酶的作用下，分解食品中蛋白质、脂肪及糖类等并产生一系列复杂变化，使食品发生感官性状的改变，营养价值降低，引起食品腐败变质，完全失去食用价值，甚至引起人类食物中毒。

1. 食品的细菌危害

（1）细菌的形态和结构 细菌是一种单细胞原核微生物，是食品微生物中种类和数量最多的一类。根据形态可分为球菌、杆菌、弧菌等。某些细菌有一些特殊的构造，如荚膜、鞭毛、菌毛和芽孢。荚膜使细胞壁免受各种杀菌物质的损伤。但当这些细菌失去荚膜后，则致病性随之消失，因此认为，荚膜与细菌毒力有关。芽孢是某些杆菌在一定条件下由于胞浆脱水浓缩，在菌体内形成的一个圆形或椭圆形的小体，对热、干燥、化学消毒剂等具有强大的抵抗力，在加工性食品及食品包装容器具消毒时要注意杀灭芽孢。

(2) 食品中常见的细菌　细菌污染是食品安全最常见的危害因素之一。自然界中的细菌有许多种，在食品中存在的只是一部分，包括致病性、相对致病性和非致病性细菌。致病性、相对致病性细菌能使人体中毒或感染，非致病性细菌是食品腐败变质的主要原因，也是评价食品卫生质量的重要指标。食品中常见的细菌有假单胞菌属、葡萄球菌属、芽孢杆菌属、肠杆菌科各属、弧菌属、嗜盐杆菌属、乳杆菌属等。

(3) 食品细菌的来源

① 食品加工的原料在采集、加工前表面往往附着细菌，尤其原料破损的地方细菌大量聚集。当进行洗涤、漂烫、煮制、注液等工艺处理时，若使用任何未达到国家标准的水，可以引起加工食品的污染，而且不洁净的水是细菌污染食品的主要途径。

② 直接接触半成品、成品食物的从业人员的手和不经常清洗消毒的工作衣帽，会有大量的细菌附着而污染食品；操作人员带有微生物的痰沫、鼻涕、唾液、皮肤脓疮、粉刺等，通过与食品接触及谈话咳嗽、打喷嚏直接或间接地污染食品。

③ 生产车间内外环境不良使空气中的细菌及灰尘沉降于食品，老鼠、苍蝇及蟑螂等一旦接触加工食品，其体表与体内大量细菌会对食品造成污染。

④ 通过用具与杂物的污染，如原料包装物品、运输工具、加工设备和成品包装容器及材料等未经消毒就接触食品，可带有不同数量的细菌使食品遭受污染。

⑤ 各类食品在加工过程中未能生熟分开，使食品中已存在或污染的细菌大量繁殖生长。

(4) 影响细菌生长繁殖的因素　影响细菌生长繁殖的因素包括营养物质、温度、氧气、pH 值、水分、渗透压等。适宜的食物种类是细菌生长的最重要条件，富含营养物质的食物适合细菌的生长。大多数细菌喜欢高蛋白质或高碳水化合物的食物，例如肉、禽、水产品、奶制品和米饭等。这类食品通常被称为“易腐食品”。

就温度而言，细菌可分为嗜冷菌（－5～30℃，最适 10～20℃）、嗜温菌（10～45℃，最适 20～40℃）、嗜热菌（25～95℃，最适 50～60℃），大多数细菌属于嗜温菌。大多数致病菌能在 8～60℃的范围内生长，这个温度带即是通常所指的食物的“危险温度带”。

根据细菌代谢时对氧的需要与否，可以分为专性需氧菌、微需氧菌、专性厌氧菌、兼性厌氧菌等，大多数病原菌属于兼性厌氧菌。也就是说，这些病原菌在有或没有氧气的条件下都可能生长。

pH 值用来表示食物的酸碱度。当食物本身的 pH 值在 4.6～7.0 时，食物中的致病菌很容易生长，大多数食物（如肉、鱼、奶、蛋、米饭、部分蔬菜等）的 pH 值都在这个范围。当 pH<4.6 时致病菌不容易生长，因此可以通过降低食物的 pH 值来抑制或减缓细菌的生长。

干燥和高渗透压食品不利于细菌的生长，甚至可以引起微生物脱水，因而有利于控制细菌的生长繁殖。原因是通过干燥或加盐或糖，可以将细菌生长所利用的水分含量降低。影响细菌生长的重要因素并非食物中水分的百分含量，而是能够被微生物生长繁殖所利用的水分含量，通常以水分活度（A_w）来表示。水分活度的取值范围是 0～1.0，致病菌只能在水分活度高于 0.85 的食物内生长，许多食物通过将水分活度降至 0.85 或以下来保存。

2. 食品的真菌危害

真菌包括霉菌、酵母菌等，广泛存在于自然界的阴暗、潮湿和温暖的环境中，种类繁多、数量庞大，与人类的关系非常密切。有许多真菌对人类有益，但也有些真菌对人类有害，其产生的毒素致病性强。霉菌是一部分丝状真菌的通称。其特点是菌丝体较发达，有细胞壁，寄生或腐生方式生存。霉菌能导致食品霉变或农作物病害，有的可能在食品中产生有毒代谢产物，即霉菌毒素。霉菌毒素对人体健康造成的危害极大，主要表现为慢性中毒和“三致”作用。

（1）常见的产毒霉菌及霉菌毒素　常见的产毒霉菌主要是曲霉属、青霉属和镰刀菌属三个菌属的菌种，主要污染粮食、饲料。霉菌毒素中的黄曲霉毒素（也称黄曲霉素）受到世界各国的高度关注。此外伏马菌素的致癌性也受到一定关注。

（2）霉菌产毒的条件　产毒霉菌产生毒素需要一定基质（食品）、水分、温度、湿度、空气。一般而言，霉菌在天然食品上比在人工合成培养基上更易于繁殖。但不同的霉菌易于在不同的食品中繁殖，即各种食品中出现的霉菌以一定的菌种为主。小麦、玉米以镰刀菌及其毒素污染为主，大米中以青霉及其毒素为主，玉米、花生中黄曲霉及其毒素检出率最高。粮食中水分为 17%～18%，是霉菌繁殖产毒的最适宜条件。粮食水分活性降至 0.7 以下，一般霉菌均不能生长。在不同的相对湿度中，易于繁殖的霉菌也不同。大多数霉菌繁殖最适宜的温度为25～30℃，在0℃以下或30℃以上，不能产毒或产毒能力减弱。

(3) 黄曲霉毒素（简称黄曲霉素）

① 概述　黄曲霉素是一类化学结构类似的化合物，目前已分离鉴定出20多种。在天然污染的食物中以黄曲霉素B_1（AFB_1）最多见，在食品监测中以其作为污染指标。

黄曲霉素耐热，100℃、20h也不能将其全部破坏，在280℃时发生裂解。所以一般的烹调加热很难破坏黄曲霉素，在碱性条件下可被破坏而失去毒性。黄曲霉素易溶于氯仿和甲醇，而不溶于水。湿度80%～90%、温度25～30℃和1%的氧气均是黄曲霉生长和产毒所必要的条件。

② 黄曲霉素对食品的污染　黄曲霉分布遍及全世界，我国各省都有分布。黄曲霉素主要污染粮油及其制品。长江沿岸以及长江以南地区黄曲霉素污染严重，北方各省污染较轻。各类食品中以花生和玉米及其制品的污染最为严重，其次是小麦、大麦等麦类植物，甘薯也易遭受污染。就全世界而言，一般热带和亚热带地区食品污染较重，也以花生、玉米污染最为严重。

③ 黄曲霉素对人体健康的危害　黄曲霉素是一种毒性极强的剧毒物，其毒性是氰化钾的10倍，其中以黄曲霉素B_1毒性最大，对鱼、家畜、家禽、大鼠、猴及人均有强烈毒性。黄曲霉素属肝脏毒，一次性大量摄入可发生急性中毒，可引起肝脏急性病变致死。微量持续摄入人体，也可造成慢性中毒。

黄曲霉素是目前发现的最强的化学致癌物。从亚非国家和我国肝癌流行病学调查研究中发现，亚洲及非洲的黄曲霉素污染食品较严重的地区，肝癌的发病率也高。某些地区人群膳食中黄曲霉素含量与原发性肝癌的死亡率和发病率密切相关，即食物中黄曲霉素污染率越高，该地区人类肝癌死亡越高，污染率低则死亡率也低。从世界各国研究资料中可以认为黄曲霉素是人类肝癌发生的重要原因。

(4) 预防霉菌及其毒素对食品的污染的措施　防霉、去毒是预防霉菌及其毒素对食品造成污染，对健康造成危害的两大措施。

① 防霉　防止食品霉变是避免毒素污染食品的最根本措施，而防霉措施最主要的是控制温度、湿度、空气。通过控制霉菌生长繁殖产毒条件，以达到防霉目的。粮食收获后及时晾晒，低温通风贮藏；降低水分至安全水分以下，粮食水分控制在13%以下，玉米12.5%以下，花生8%以下；也可用除氧充氮或用二氧化碳进行保藏。

② 去毒　去毒方法有挑选霉粒法、碾压加工法、植物油碱炼法、加碱加水冲洗法、吸附剂物理吸附法、微生物去毒法、氨处理、微波加热法、加盐法等。

对含有黄曲霉素的油料，在烹调时加盐去毒效果良好。先把油放入锅内，加热至微冒烟时（120℃左右），加盐煎炸一阵，油温上升至180℃左右维持30s，然后再加原料进行烹调，其原理是加盐后提高了油的沸点，使黄曲霉素高温下被破坏，脱毒效果可达95%。

目前有六十多个国家制订了食品和饲料中黄曲霉素限量标准和法规。不论是我国还是世界各国，都很重视逐渐降低食品中黄曲霉素的限量标准，使之达到尽可能低的水平以保障人民健康。

3. 食品的病毒危害

病毒是非细胞形态的一类微生物，广泛存在于自然界，也常寄生于人类、动物、植物及微生物等体内。病毒性疾病可通过空气、衣物、接触等传播，更主要的是通过食物、粪便污染传播。人类的传染病中约80%由病毒引起，相当部分经过食物传播。

4. 食品的寄生虫危害

一些低等生物长久或暂时地依附在另一种生物的体内或体表，取得营养，而且给被寄生的生物带来损害的这种生活方式，称为寄生生活。寄生于其他生物并给对方造成损害的低等生物，称为寄生虫。被寄生虫寄生的生物称为宿主。人体寄生虫可通过种种途径侵入人体，通过掠夺宿主营养、体内移行或直接造成寄生部位损伤、堵塞和压迫组织及产生有毒代谢产物的毒性作用等对机体产生致病作用。与食品卫生关系密切的寄生虫有猪肉绦虫、牛肉绦虫、旋毛虫、肝吸虫、蛔虫等，它们经食物进入人体内均可引起相应的寄生虫病，给人体健康造成极大危害。

5. 食品的有害昆虫污染

在生物性危害中还包括能传播疾病的媒介昆虫及鼠类。昆虫在自然界中分布很广，种类很多，在食品的生物性污染中也是重要的污染物之一。昆虫通过食品使人致病的作用有多种，除作为病原体和中间宿主外，多数昆虫有翅膀，可到处飞，是重要的疾病传播媒介。昆虫主要有螨类、蟑螂及苍蝇等。鼠类是多种传染病的传染源，同时还盗食粮食、损坏物品，危害人的健康，给人类造成巨大的经济损失。

三、化学性危害及预防

1. 食品的农药污染及预防

农药是重要的农业生产资料，可以有效地控制病虫害、消灭杂草、提高农作物的产量和质量。但是，农药又是有毒有害物质，如不合理使用会产生残留问题，污染环境和农产品，危害人畜健康和生命安全。

农药残留是指农药使用后残留于生物体、农副产品和环境中的农药原体、有毒代谢物、降解物和杂质的总称。食品中的农药残留主要来自3个方面：施药后对农产品或作物的直接污染，农产品或作物从污染环境中吸收农药，通过食物链与生物富集吸收。

一些毒性较大的农药经误食或皮肤接触及呼吸道进入体内，在短期内出现不同程度的中毒症状，如头昏、恶心、呕吐、抽搐痉挛、呼吸困难、大小便失禁等，若不及时抢救，即有生命危险。有的农药虽然急性毒性不高，但少量长期接触，在体内积累，引起内脏机能受损，阻碍正常生理代谢过程，主要表现为致癌、致畸、致突变作用。

在餐饮业中，预防和控制农药污染是行业从业人员非常关心的问题。各餐饮业、集体食堂要到有证照的市场进行定点采购蔬菜，并与供应商签订供货协议；集体食堂和一些有一定规模的餐饮企业应自备农药快速检测仪，对每天采购的蔬菜进行农药自行检测并做好相关记录。用清水浸泡和搓洗，可以使农药残留量下降。实验证明，用自来水将蔬菜浸泡10～60min后再稍加搓洗，可以除去15%～60%的农药残留。用专用的蔬果洗涤剂浸泡更为有效，将新鲜果蔬先用洗涤剂浸泡10～15min，然后用清水冲洗干净。高温加热同样可以使农药分解。一些耐热的蔬菜，如菜花、豆角等，洗干净后再用开水烫几分钟，可以使农药残留下降30%左右，再经高温烹炒，就可以清除蔬菜上90%的农药。此外，淘米水洗菜和适当用阳光照射，对于减少蔬菜上的农药也能起到一定的作用。蔬菜去皮也可以减少农药残留，但也会带来果皮中维生素和矿物质的损失。

2. 食品的兽药污染及预防

兽药指用于预防、诊断、治疗畜禽等动物疾病，有目的地调节其生理功能并规定用途、用法、用量的物质。在畜牧生产实践和兽药临床中，使用的主要兽药有抗微生物制剂、驱寄生虫剂和激素类以及其他生长促进剂等。近年来，为预防和治疗畜禽和养殖鱼患病而投入大量抗生素、磺胺类化学药物，造成药物残留在食品动物组织中，伴随而来的是对公众健康和环境的危害。我国已制定“动物性食品中兽药残留最高限量”标准，但滥用和超标使用情况仍很普遍，特别是雌激素、抗生素等的问题尤为突出。例如，已经有瘦肉精导致的“红膘肉”使人中毒的事件发生，影响了我国肉制品的出口。

兽药残留的危害如下。

（1）抗生素的危害 长期大量使用抗生素添加剂，使得动物体内（尤其是动物肠道内）的细菌产生了耐药性。一旦细菌的耐药性传递给人体，就会出现用抗生素无法控制人体细菌感染性疾病的情况，其后果不堪设想。使用抗生素添加剂，残留药物常引起人过敏反应发生，其中以青霉素类和磺胺类引起的过敏反应最为常见。因食用牛奶后出现皮肤过敏和荨麻疹的病例（尤其是婴儿）屡见不鲜，这主要是由于用青霉素类或磺胺类药物治疗奶牛乳腺炎时，不遵守弃乳期，造成牛奶中该类药物残留引起的。

（2）激素的危害 促生长激素类主要包括生长激素、性激素、甲状腺激素，尤其后两者对人类健康危害最大。儿童食用含有生长激素和己烯雌酚的食品可以导致早熟，另外，激素通过食物链进入人体会产生一系列其他的健康效应，导致与内分泌相关的肿瘤、生长发育障碍、出生缺陷和生育缺陷等，给人类健康带来深远的影响。

在兽药残留的预防控制上应做到：①彻底改革动物性食品的供应体制。改善生产工艺，提高生产者文化知识水平以及培训生产者使用兽药的知识。②强化管理和监督。定期定点检测动物性食品，并把结果公布，让消费者选择商品，让市场淘汰不合格的产品。食品兽药残留标准有待补充和修订。③提高兽药生产的工艺，发展生物性兽药，减少化学兽药。

3. 食品的有毒元素污染及预防

有些元素，在较低水平下即可对人体产生明显的健康危害，这些元素称为有毒元素。它们在体内不易分解，有的可在生物体内富集，有的可以转化为毒性更大的化合物。根据世界卫生组织的报告，铅和镉是当前影响人体健康的两种主要的有害元素。

食品中有害元素的来源如下：①自然环境。一些特殊地区，如海底、火山地区的一些高本底有害元素及其化合物可使动植物和水体污染带毒。②食品生产加工过程。食品加工中使用的机械、管道、容器或某些食品添加剂中存在的金属元素及其盐类，在一定条件下可污染食品。如酸性食品可从陶瓷器的釉彩中溶出铅、镉，从不锈钢器具中溶出铬，机械摩擦可使金属尘粒掺入面粉。③农业化学物质及工业“三废”的污染。随着工业、交通运输业的发展，工业废气废渣不经处理或处理不彻底就排入水体、农田、大气中，造成有害物质在大气、土壤与水体中聚集，直接进入食品或落到蔬菜、水果、谷物等表面引起污染。有的采用工业污水灌溉，使土壤中金属含量增多，作物可通过根部将其吸收并浓缩于植物体内。水生生物通过食物链与生物富集作用，使水中含有的微量有害物质逐级浓缩，对食品造成严重污染，特别是重金属能在水产动植物中富集，有的可浓缩上百万倍。

(1) 镉　环境中镉污染的来源包括工矿业排放、含镉肥料的使用等。如环境中的镉被稻谷、水产动物摄取和富集，可能导致大米和水产动物中的镉污染。另外，在食品加工、运输和储藏中含镉管道和容器对食品也有一定的污染。膳食摄入是镉暴露的主要途径。

为减少镉对食品的污染，必须对含镉的工业“三废”进行无害化处理，达到排放标准。粮食中所含的镉用稀释、碾磨、水洗等方法处理可以部分去除。当使用颜色鲜艳的玻璃、陶瓷等食品容器或包装材料时，应避免或减少存放酸性食品，防止镉的溶出。

(2) 汞　由食物摄入甲基汞引起的中毒病例很多。20 世纪 50 年代，日本发生的“水俣病”是典型的汞中毒案例。每年工农业生产中向环境散发的汞，大部分进入水体，污染水产品或经污水灌溉后的农作物。汞对人体的毒性，主要取决于它们的吸收率。其中甲基汞的吸收率可达 95%，对人体的毒害也最大，主要侵犯神经系统，尤其是大脑和小脑的皮质部分。

烹调一般不能直接除汞。被汞污染的粮食，无论用碾磨来提高加工精度或淘洗、烘炒、蒸煮等都不能将其除净。鱼体内的汞用油炸、煮、冻干、晒干等方法都不能去除。由于汞可以转移进入汤汁，弃汤有一定效果。

(3) 铅　食品中铅的来源很多，包括罐头食品、饮水管道、土壤、空气、含铅废水等，还来自于接触食品的管道、容器、包装材料、器具和涂料等，如锡酒壶、锡箔、劣质陶瓷、马口铁罐或镀锡和焊锡不纯，均会使铅转入食品中。慢性铅中毒主要表现为造血系统、神经系统、肾脏的损伤。儿童急性铅中毒可造成视力发育迟缓、癫痫、脑性瘫痪和视神经萎缩等永久性后遗症。

我国传统食品皮蛋在生产中会加入黄丹粉（氧化铅），铅会透过蛋壳进入蛋白造成污染。现已改用硫酸锌等金属盐代替。铅污染的粮食可通过淘洗、碾磨、稀释等减小其毒性。

(4) 砷　砷广泛分布于自然界。食品中的砷污染主要来源于土壤的自然本底、含砷农药、含砷废水。水生生物对砷有很强的富集作用，通过食物链可以富集 3300 倍。砷进入人体后，主要蓄积在皮肤、骨骼、肌肉、肝、肾、肺等器官。浸泡处理可以使食品中的部分砷溶出，溶出量随浸泡时间延长而增加。加热处理和酸处理一般不能使其降解。

此外，虽然铝不是有毒金属，但由于铝制工具、用具、盛具等广泛使用，食品中铝的含量已经超过规定。世界卫生组织的研究表明，人体每千克体重每天允许摄入的铝不能超过1mg。中国疾病预防控制中心的调查显示，我国居民平均每天铝的摄入量为34mg，这对于成人来说基本安全，但专家指出这已经超过了儿童的承受能力。铝超标会影响骨骼的生长，长此以往会影响孩子的身高，智力上也会有一定影响。

有害元素的特殊威胁在于它不能被微生物分解，相反，生物体可以富集，并且可以将其转化成毒性更强的化合物。这些有害元素主要通过人类的活动进入环境，造成污染的范围很大，经过食物链富集，最后通过食物进入人体，要经过一段时间的积累才能显出毒性，往往不易为人们所察觉。所以有害元素是食品安全的重要指标，要做好有害元素的控制必须从以下几个方面着手：①实行“从农田到餐桌”全程质量控制；②改善环境质量；③加强食品中重金属的限量控制。

4. 食品的包装材料污染及预防

传统使用的食品容器、工具设备、包装材料主要以竹、木、铁、玻璃、纸等材料为主，一般情况下不会对食品造成污染。新型化学合成的食品包装材料是一种或多种化学物质聚合而成的高分子聚合物，在聚合过程中，聚合不完全的单体、低分子聚合物或加入的助剂等，与食品接触后会向食品中迁移，造成对食品的化学污染。

塑料以及合成树脂都是由很多小分子单体聚合而成，单体的分子数目越多，聚合度越高，则塑料性质越稳定，与食品接触时向食品中移溶的可能性就越小。有些塑料在加工过程中除以合成树脂为主要原料外，还要加入一些塑料添加剂，使塑料具有较好的工艺性能，如色彩、外观、耐久性和加工过程的方便。塑料中常用的重要添加剂有稳定剂、增塑剂、润滑剂、着色剂、抗氧化剂、防紫外线剂、抗静电剂等。塑料包装材料对食品安全性的影响在于：①塑料本身的残留单体及裂解物的毒性。这些残留物迁移进入食品中，造成污染，多发生在盛酒的容器、油质或酸性食品的包装材料中。②塑料包装表面污染物。由于塑料易于带电，造成包装表面存有杂质污染食品。③包装材料回收或处理不当。包装前食品容器的无菌程度对食品的卫生质量有非常重要的意义。

橡胶制品是广泛用于食品工业的包装材料，除奶嘴、瓶盖、垫片、垫圈、高压锅圈等直接接触食品外，食品工业中还应用橡胶管道以及与食品设备有关的附件等。橡胶可分为天然橡胶和合成橡胶两大类。天然橡胶本身既不分解也不被人体吸收，一般认为对人体无害，但生产不同工艺性能的产品时，往往需要加入某些添加剂。合成橡胶也和塑料一样存在未完全聚合的单体和添加剂的卫生问题。橡胶添加剂并非高分子化合物，有些并不结合到高分子结构中，而是混在成型品中，主要有促进剂、防老剂、填充剂等。

陶瓷容器的卫生问题来自瓷釉中的金属物质，如铅、镉等。用陶瓷容器盛装醋、果汁、酒等食品可引起上述重金属的溶出而中毒。

包装纸的卫生问题与纸浆、黏合剂、油墨、溶剂等有关。要求这些材料必须低毒或无毒，不得采用社会回收废纸作为原料，禁止添加荧光增白剂等有害助剂，制造托蜡纸的蜡采用食用级石蜡，控制其多环芳烃含量。用于食品包装纸的印刷油墨、颜料符合食品卫生要求。石蜡纸及油墨颜料印刷面不得直接与食品接触。食品包装纸还要防止再生产对食品的细菌污染和回收废纸中残留的化学物质对食品的污染。

5. 滥用食品添加剂和非食用物质

由于食品工业的迅速发展，食品添加剂的种类日益增多，使用范围日益扩大，食品添加剂已成为现代食品工业生产中必不可少的物质。

根据《中华人民共和国食品安全法》规定，食品添加剂是指为改善食品品质和色、香、味以及为防腐和加工工艺的需要而加入食品中的化学合成或者天然物质。餐饮业使用食品添加剂的历史较长。由各类食品添加剂、食品配料和其他食品原料加工制成的各类调味品、调味料在餐饮业应用日益广泛，在改善食品风味和品质、丰富食品品种、满足消费者需求方面发挥了重要作用。但是，伴随着人们对食品安全性问题重视程度的不断加深，食品添加剂的安全性也提上日程，例如，人们重新对世界上广泛应用的作为食品添加剂的抗氧化剂丁基羟基茴香醚（BHA）、二丁基羟基甲苯（BHT）、特丁基对苯酚（TBHQ）、没食子酸丙酯（PG）等的安全性问题进行重新评估，现在研究发现BHA有致癌的可能性。我国规定食品添加剂的使用和管理必须遵守《食品添加剂使用标准》（GB2760）。只有按照食品安全国家标准正确生产、限量、限品种使用食品添加剂，才能保障消费者的健康安全。

同时，在食品加工中违法添加非食用物质也是导致化学危害产生的重要原因。非食用物质并不是食品添加剂，典型的“苏丹红鸭蛋”“三聚氰胺奶粉”等都是在食品中非法添加的非食用物质。近年来，我国政府监管部门开展多项整治工作，严打食品非法添加行为，加强食品添加剂监管。

6. 食品的有机化合物污染及预防

近年来，随着科学技术和工农业生产的迅猛发展，新的化合物不断被合成，同时环境污染也日益严重。这些有毒有害的化学物质通过水、食品和空气等途径进入人体，造成危害，甚至产生“三致”作用。在食品中，常见的化学致癌物主要包括*N*-亚硝基化合物、多环芳烃、杂环胺、二噁英等。

（1）*N*-亚硝基化合物 *N*-亚硝基化合物包括亚硝胺和亚硝酰胺两种，是亚硝酸与胺类特别是仲胺反应生成的一大类化学物质。大多数*N*-亚硝基化合物具有不同程度的致癌作用，因而对人类健康造成极大危害。

自然界存在的*N*-亚硝基化合物并不多，但其前体物质亚硝酸盐和胺类化合物却普遍存在。

① 食品中*N*-亚硝基化合物的来源

A. 硝酸盐和亚硝酸盐 硝酸盐和亚硝酸盐广泛存在于人类环境中，是自然界最普遍的含氮化合物。植物在生长过程中要合成蛋白，就要吸收硝酸盐等营养成分。自然界存在的硝酸菌可以把硝酸盐转化为亚硝酸盐，特别是蔬菜中的硝酸盐，在蔬菜储存过程中，亚硝酸盐的含量可迅速升高。此外，在蔬菜的腌制过程中，亚硝酸盐的含量也增高。而在制作泡菜的过程中，亚硝酸盐的含量呈现先升高后降低的趋势，在腌制初期亚硝酸盐含量上升的幅度不大，以后逐渐上升，至15天左右达高峰，然后再缓慢下降。

B. 胺类 胺类广泛存在于动物性和植物性食品中，因为胺类前体物蛋白质是天然食品的成分。鱼和畜禽肉中仲胺的含量随其新鲜程度、加工过程和贮藏而变化，无论是晒干、烟熏或是装罐等均可导致仲胺的含量增加。

人的胃部可能是合成亚硝胺的一个主要场所。胃酸缺乏，当 $pH>5$ 时，含有硝酸盐还原酶的细菌能将硝酸盐还原为亚硝酸盐。在唾液中或膀胱内，尤其是尿路感染存在细菌的条件下也可以合成一定量的亚硝胺。因此，过量摄入富含硝酸盐的食物，其硝酸盐在体内可合成亚硝胺。

发霉的食品中有亚硝胺存在，如霉变的玉米面和红薯渣。有些霉菌可以使食品中的硝酸盐和仲胺含量提高很多倍。在发酵食品和饮料中也可能有亚硝胺存在，如苹果酒、腌制品之类。在某些特殊加工的食品中亚硝胺含量较高，如腌制鱼、肉时使用含有硝酸盐的粗制盐，或者添加硝酸盐作为发色剂及抑菌剂，在适宜条件下，亚硝酸盐与鱼肉中的胺类特别是仲胺类化合物可形成亚硝胺。一些乳制品，如奶酪、奶粉、奶酒等存在微量的挥发性亚硝胺。某些蔬菜和瓜果中含有胺类、硝酸盐和亚硝酸盐，在加工处理、长期贮藏过程中也可生成微量的亚硝胺。在啤酒酿造的过程中，大麦芽在窑内直接用火干燥时，也可产生二甲基亚硝胺。

② *N*-亚硝基化合物对人体的危害　许多动物实验证明，*N*-亚硝基化合物在人体代谢活化后具有致癌作用。目前尚未发现有一种动物对 *N*-亚硝基化合物的致癌作用有抵抗力。不仅如此，多种给药途径均能引起实验动物肿瘤发生。不论经呼吸道吸入，消化道摄入，皮下或肌内注射，还是皮肤接触都可诱发肿瘤。反复多次接触，或一次大剂量给药都能诱发肿瘤，且都有剂量效应关系。

亚硝胺毒性的一个显著特点是具有对神经器官诱发肿瘤的能力，由于这一原因，被认为是人们所知的最多面性的致癌物质。另外值得注意的是 *N*-亚硝基化合物可通过胎盘屏障，使后代引起肿瘤。动物实验表明，动物在胚胎期对 *N*-亚硝基化合物的致癌作用敏感性明显高于出生后或成年，这也提示孕妇应避免过量食用含有高致癌物的食品。

③ *N*-亚硝基化合物危害的预防措施　人体中 *N*-亚硝基化合物的来源有两种，一是由食物摄入，二是体内合成。无论是食物中的亚硝胺，还是体内合成的亚硝胺，其合成的前体物质都离不开亚硝酸盐和胺类。因此减少亚硝酸盐的摄入是预防 *N*-亚硝基化合物危害的有效措施。

A. 防止食品霉变和微生物污染，保证食品新鲜不变质。因为有些微生物可将硝酸盐还原为亚硝酸盐，还能分解蛋白质产生胺类及亚硝化作用。含硝酸盐多的蔬菜如菠菜、萝卜、甜菜、茴香、小白菜等，应尽量低温贮存，因为在室温下亚硝酸盐、仲胺量会迅速增加。例如，新鲜蔬菜在 30℃ 下保存三天后，亚硝酸盐的含量可大大提高。腌制过的蔬菜亚硝酸盐含量也较高。所以应提倡饭菜现做现吃。

B. 控制食品加工中硝酸盐及亚硝酸盐的使用量。加工腊肉和腌制鱼类食品时，最好不用或少用硝酸盐和亚硝酸盐。使用前应将盐、胡椒和辣椒粉等分别包装，勿预先混合存放。在加工工艺可行的情况下，尽量使用亚硝酸盐及硝酸盐的替代品，如在肉制品生产中用维生素 C 作为发色剂等。

C. 合理使用肥料，适当施用钼肥。蔬菜水果中的硝酸盐和亚硝酸盐与用肥有关，当植物光合作用发生障碍时，过剩的硝酸盐和亚硝酸盐蓄积在植物体内造成污染。钼在植物体内的生理作用是固氮和还原硝酸盐，如植物体内缺钼，则可蓄积大量的硝酸盐。土壤中缺钼地区推广使用钼肥，促使粮食蔬菜中硝酸盐、亚硝酸盐的含量降低。

D. 改善和提高饮食卫生习惯。我国学者发现，大蒜中的大蒜素可抑制胃内硝酸盐还原菌，使胃内亚硝酸盐含量明显下降。由于维生素C和多酚类物质对亚硝胺的生成有阻断作用，建议多食新鲜蔬菜、水果，特别增加膳食中充足的维生素；另外少食腌制、熏制的鱼肉制品和蔬菜；勤刷牙，注意口腔卫生。

E. 制定食品中*N*-亚硝基化合物的允许限量标准。我国对*N*-亚硝基化合物十分重视，已制定了海产品和肉制品中*N*-亚硝基化合物的限量卫生标准（GB9677）。

（2）多环芳烃及苯并［a］芘 多环芳烃是一大类广泛存在于环境中的有机污染物和化学致癌物，也是最早被发现和研究的化学致癌物。它是指由两个以上苯环连在一起构成的化合物，产生于煤、汽油、木柴等不完全燃烧过程中。已经发现的几百种多环芳烃化合物中，一部分已证明对人类有致癌作用。其中苯并［a］芘的污染最广，致癌作用最强，因而常以其作为多环芳烃化合物污染的监测指标。

多环芳烃在常温下为固体，具有高沸点、高熔点的特点，易溶于有机溶剂，在水中溶解度极小。在碱性介质中较为稳定，在酸性介质中不稳定，能被带正电荷的吸附剂如活性炭、木炭、氢氧化铁所吸附。

① 多环芳烃及苯并［a］芘的来源

自然界中的多环芳烃含量极微，主要来源于森林火灾和火山爆发。食品中的多环芳烃主要来源如下。

A. 食品在加工过程中污染。食品在烟熏、烧烤、烤焦过程中与燃料燃烧产生的多环芳烃直接接触而受到污染。熏制时产生的烟是进入食品的致癌性烃类的来源。烟熏时苯并［a］芘对食品的污染主要附着在食品表面，随着保藏时间的延长而逐渐渗入内部。熏箱内的炭黑中，发现有大量的苯并［a］芘和其他多环芳烃。热烟比冷烟（320℃以下）产生的苯并［a］芘多，特别是熏烟温度在400～1000℃时，苯并［a］芘生成量随温度的上升而急剧增加。

B. 农作物从环境中吸收苯并［a］芘。由于大气、水、土壤中均含有少量苯并［a］芘，所以植物在生产过程中受不同程度的污染。

C. 食品成分在加热时衍生。烘烤中，温度过高，食品中脂类、蛋白质、糖类发生热解，经过环化和聚合形成大量的多环芳烃，其中以苯并［a］芘为最多。当糖类在800～1000℃供氧不足的条件下燃烧时就能生成苯并［a］芘，脂类也可因受到高温而形成多环芳烃，胆固醇比脂质形成的更多。油炸用的油脂经反复加热，可使脂肪氧化分解而产生苯并［a］芘。

② 多环芳烃及苯并［a］芘的危害 苯并［a］芘对人体的主要危害是致癌作用。动物试验结果及流行病学调查资料证明，长期接触苯并［a］芘这类物质可诱发皮肤癌、阴囊癌、肺癌等，经食物污染作用于机体主要引起胃癌等消化道肿瘤，并可透过胎盘屏障造成子代肺腺癌和皮肤乳头状瘤。长期呼吸含有多环芳烃的空气，饮用或食用受多环芳烃污染的水和食物，会造成慢性中毒。职业中毒调查表明，长期接触沥青、煤焦油等富含多环芳烃的工人，易发生皮肤癌。

③ 多环芳烃及苯并［a］芘的预防措施

A. 改进食品加工方式。首先，研制新型发烟器，能在更低的温度下产生烟，并对烟进行过滤，从而使苯并［a］芘的含量大大降低。同时必须注意不要使食品与燃烧物直接接触，在烘烤食品时掌握好炉温和时间，防止烤焦和炭化。烘烤食品采用间接加热式远红外线照射以降低与防止苯并［a］芘污染食品。其次，研制无烟熏制法，将各类鱼和灌肠制品用熏制液进行加工，它们既不含多环芳烃又能防腐食品，并赋予它们以熏制所特有的色、香、味。

B. 综合治理“三废”，减少大气、土壤及水体中苯并［a］芘的污染，降低农作物中苯并［a］芘的含量。特别是石油提炼、炭黑、炼焦及橡胶合成等行业的工业废水中含苯并［a］芘含量高，应采用吸附沉淀、氧化等方法处理后再排放。汽车安装消烟装置以减少环境和食品的污染。

C. 去毒。揩去产品表面的烟油，经试验证实可使产品中苯并［a］芘含量减少20%左右。动物性食品在熏烤过程中滴下的油不要食用，食品烤焦时刮去烤焦部分后再食用。食品中苯并［a］芘经紫外线照射和臭氧等氧化剂处理，可失去致癌作用。食油精炼过程加0.3%活性炭，可使食油中苯并［a］芘含量减少90%左右。

D. 食品中苯并［a］芘的允许含量 人体每日进食苯并［a］芘的量不能超过10μg。有关食品中苯并［a］芘的允许量，我国已制定的标准有：熏制动物食品苯并［a］芘≤5μg/kg，食用植物油中苯并［a］芘≤10μg/kg。

(3) 杂环胺 1977年人们发现直接在明火或炭火上炙烤的鱼和肉烧焦的表面部分，有大大超过该食品所含苯并［a］芘的致突变活性，这就是杂环胺的致突变活性。杂环胺是食品中蛋白质热分解时产生的一类具有致突变、致癌作用的芳杂环化合物。由于杂环胺具有较强的致突变性，而且多数已被证明可诱发试验动物产生多种组织肿瘤，所以，它对食品的污染以及对人体健康的危害，日益引起人们的关注。

① 杂环胺的来源 食品中的杂环胺来源于蛋白质的热解，几乎所有经过高温烹调的肉类食品都有致突变性，而不含蛋白质的食品致突变性很低或完全没有。杂环胺的合成主要受前体物含量、加工温度和时间的影响。

食品在高温（100～300℃）条件下形成杂环胺的主要前体物是肌肉组织中的氨基酸和肌酸或肌酸酐，可能还原糖也参加了其形成反应。高肌酸或肌酸酐含量的食品比高蛋白质的食品更易产生杂环胺，这说明肌酸是形成杂环胺的关键。实验证明，肉类在油煎之前添加氨基酸，其杂环胺产量比不加氨基酸的高许多倍，而许多高蛋白、低肌酸的食品如动物内脏、牛奶、奶酪和豆制品等产生的杂环胺远低于含有肌肉的食品。

温度对杂环胺的生成十分重要。食品在较高温度下的火烤、煎炸、烘焙等过程中产生的杂环胺量多。食物与明火接触或与灼热的金属表面接触，都有助于杂环胺生成。有实验证明，在200℃的油炸温度下，杂环胺主要在前5min形成，在5～10min形成速度减慢，再延长烹调时间不但不能使杂环胺含量增加，反倒使肉中的杂环胺含量有下降的趋势，其原因是前体物和形成的杂环胺随肉中的脂肪和水分迁移到锅底残留物中。如果将锅底残留物作为勾芡汤汁食用，那么杂环胺的摄入量将成倍增加。

杂环胺的合成与食物水分也有关。当食品水分减少时，由于表面受热温度迅速上升，可使杂环胺生成量明显增高。例如，油炸猪肉时的温度从200℃提高到300℃，其致突变性可增加约5倍；牛肉饼在191℃煎4min，或高温300℃煎6min产生的杂环胺的含量，后者为前者的4～5倍。肉中的水分是杂环胺形成的抑制因素，因此油炸、烧烤比煨炖产生的杂环胺多。

煎炸烤是我国常用的烹调鱼类和肉类的方法，煎炸烤鱼和肉类食品是膳食杂环胺的主要来源，杂环胺污染是烹饪业要引起重视的一个重要卫生问题。

② 杂环胺的危害 动物实验发现，杂环胺可使实验动物出现心肌细胞坏死伴慢性炎症、肌原纤维裂解和排列不齐等症状。杂环胺致癌的主要靶器官是肝脏，也可诱发其他多种部位的肿瘤。除了经口外，经皮肤涂抹、经膀胱灌输和经皮下注射杂环胺的致癌实验，也都得到阳性结果。

③ 杂环胺的预防措施 减少杂环胺类化合物危害的方法是通过改进烹调加工方法，注意烹调温度不可过高，特别是肉类和鱼不要高温长时加热烹调；不要烧焦食物，避免过多采用炸烤的方法，烧烤食物时可用铝箔包裹食物；可考虑利用微波炉来加热烹调或预热食物。食物中许多成分可抑制或破坏杂环胺化合物的致突变性，如维生素C、BHA、维生素E，所以大豆、新鲜果蔬汁可降低烹调中

杂环胺的生成量。增加果蔬的摄入量，膳食纤维有吸附杂环胺并降低其生物活性的作用，可适量摄入；建立和完善对杂环胺的检测方法，尽快制定食品允许含量标准，减少食物中杂环胺污染。

(4) 丙烯酰胺　丙烯酰胺是一种白色晶体物质，是1950年以来广泛用于生产化工产品聚丙烯酰胺的前体物质。2002年4月瑞典国家食品管理局和斯德哥尔摩大学研究人员率先报道，在一些油炸和烧烤的淀粉类食品，如炸薯条、炸土豆片、谷物、面包等中检出丙烯酰胺；之后挪威、英国、瑞士和美国等国家也相继报道了类似结果。由于丙烯酰胺具有潜在的神经毒性、遗传毒性和致癌性，因此食品中丙烯酰胺的污染引起了国际社会和各国政府的高度关注。

① 丙烯酰胺的来源　人体可通过消化道、呼吸道、皮肤黏膜等多种途径接触丙烯酰胺，饮水和食物是人类丙烯酰胺的主要来源。炸薯条中丙烯酰胺含量较WHO推荐的饮水中允许的最大限量要高出500多倍。此外，人体还可能通过吸烟等途径接触丙烯酰胺。丙烯酰胺可通过多种途径被人体吸收，其中经消化道吸收最快，在体内各组织广泛分布，包括母乳。进入人体内的丙烯酰胺约90%被代谢，仅少量以原型经尿液排出。

丙烯酰胺主要在高糖类、低蛋白质的植物性食物加热（120℃以上）烹调过程中形成。140～180℃为生成的最佳温度，而在食品加工前检测不到丙烯酰胺；在加工温度较低，如用水煮时，丙烯酰胺的水平相当低。水含量也是影响其形成的重要因素，特别是烘烤、油炸食品最后阶段水分减少、表面温度升高后，其丙烯酰胺形成量更高；但咖啡除外，在焙烤后期反而下降。丙烯酰胺的主要前体物为游离天冬氨酸（土豆和谷类中的代表性氨基酸）与还原糖，二者发生美拉德反应生成丙烯酰胺。由于丙烯酰胺的形成与加工烹调方式、温度、时间、水分等有关，因此不同食品加工方式和条件不同，其形成丙烯酰胺的量有很大不同，即使不同批次生产出的相同食品，其丙烯酰胺含量也有很大差异。

② 丙烯酰胺的危害　大量的动物试验研究表明丙烯酰胺具有神经毒性、生殖毒性、发育毒性。神经毒性作用主要为周围神经退行性变化以及脑中涉及学习、记忆和其他认知功能部位的退行性变化；生殖毒性作用表现为雄性大鼠精子数目和活力下降及形态改变和生育能力下降。丙烯酰胺在体内和体外试验均表现有致突变作用，可引起哺乳动物体细胞和生殖细胞的基因突变和染色体异常。动物试验研究发现，丙烯酰胺可致大鼠多种器官肿瘤，包括乳腺、甲状腺、睾丸、肾上腺、中枢神经、口腔、子宫、垂体等。

③ 丙烯酰胺的预防措施　由于煎炸食品是我国居民主要的食物，为减少丙

烯酰胺对健康的危害，我国应加强膳食中丙烯酰胺的监测与控制，开展我国人群丙烯酰胺的暴露评估，并研究减少加工食品中丙烯酰胺形成的可能方法。

A. 尽量避免过度烹饪食品（如温度过高或加热时间太长），但应保证做熟，以确保杀灭食品中的微生物，避免导致食源性疾病。

B. 提倡平衡膳食，减少油炸和高脂肪食品的摄入，多吃水果和蔬菜。

C. 建议食品生产企业改进食品加工工艺和条件，研究减少食品中丙烯酰胺的可能途径，探讨优化我国工业生产、家庭食品制作中食品配料、加工烹饪条件，探索降低乃至可能消除食品中丙烯酰胺的方法。

（5）二噁英及多氯芳香化合物　二噁英作为现代化工业生产的产物，虽然发现的时间并不长，但其危害是万万不可低估的。二噁英实际上并不是一种单一的化合物，而是由400多种化合物组成的庞大家族。它们有很相似的化学性质和结构，并且对人体健康又有相似的不良影响，统称为二噁英及其类似物。

二噁英化学性质极为稳定，难以被生物降解，在土壤中降解的半衰期为12年，破坏其结构需加热至800℃以上。二噁英具有脂溶性的特点，最容易存在于动物的脂肪和乳汁中，因此鱼、家禽及其蛋、乳、肉是最容易被污染的食品，且已经被证实在食物链中富集。

① 二噁英的来源　二噁英的主要来源有以下两个方面：一个是根据美国国家环境保护局（EPA）的调查，90%的二噁英来源于含氯化合物的燃烧，一些人工废弃物的不完全燃烧分解物，如城市固体垃圾焚烧、汽车尾气排放、纸浆漂白等，特别是含氯废物如聚乙烯塑料袋的焚烧可产生大量的二噁英类化合物。从事垃圾焚烧工人的头发中该物质含量比一般健康人高2.7倍；另一个非常重要的来源是包括生产纸张的漂白过程和化学工业生产的杀虫剂、除草剂、木材防腐剂等人工含氯有机物的衍生物，与燃烧无关。EPA估计，大约有100种杀虫剂与二噁英有关。而含氯化合物有非常广泛的应用和巨大的产量。另外氯在冶金、水消毒和一些无机化工中的使用，也是二噁英的重要来源。

二噁英及多氯芳香化合物污染食品的途径主要有3个方面：一是通过食物链污染食品。二噁英污染空气、土壤和水体后，再通过食物链污染食品。如1998年，德国从巴西进口的乳牛饲料柑橘浆中含有高浓度的二噁英，用这种柑橘浆饲料饲养的乳牛所产乳和乳制品中均含有高浓度的二噁英。二是通过意外事故污染食品。在食品加工过程中，由于意外事故导致二噁英污染食品。众所周知的日本米糠油事件就是使用多氯联苯作为加热介质生产米糠油时，因管道泄漏，使多氯联苯进入米糠油中，最终导致2000多人中毒。三是纸包装材料的迁移。随着工业化进程的加快，食品包装材料也在发生改变。许多软饮料及奶制品采用纸包装，由于纸张在氯漂白过程中产生二噁英，作为包装材料可能发生迁移造成食品污染。

② 二噁英的危害　国际癌症研究中心已将二噁英列为人类一级致癌物，被世界卫生组织作为新的环境污染物列入全球环境监测计划食品部分的监测对象名单。美国国家环境保护局 1995 年公布的评价结果表明，二噁英不但有致癌性，而且具有生殖毒性、免疫毒性和内分泌毒性。有的国家制定了相应食品中二噁英最大限量标准，如：英国（乳与乳制品）＜17.5ng/kg，德国（乳品）＜5ng/kg，荷兰（乳与乳制品）＜6.0ng/kg，美国（饮用水）＜30.0pg/L。WHO 建议人体日允许摄入二噁英的标准为每千克体重 1～4pg。

一次摄入或接触较大剂量可引起人急性中毒，出现头痛、头晕、呕吐、肝功能障碍、肌肉疼痛等症状，严重者残废甚至死亡。长期摄入或接触较少剂量的二噁英会导致慢性中毒，可引起皮肤毒性（氯痤疮）、肝毒性、免疫毒性、生殖毒性、发育毒性以及致癌性和致畸性等。主要表现为以下几个方面：①引起软组织、结缔组织、肺、肝、胃癌以及非霍奇金淋巴瘤；②对内分泌系统和激素的影响。最新的研究表明，二噁英可破坏人和动物内分泌系统，属于“内分泌干扰化合物”或“激素干扰物”。内分泌干扰化合物对人体的影响不在于接触这些化合物的人本身，而在于影响他们的后代。③对后代的影响。产生出生缺陷如腭裂、生殖器官异常，以及神经问题、发育问题而延缓青春期、降低生育率。痕量的二噁英或其他分泌干扰化学物质会对人类或动物后代产生巨大的影响。④其他影响，对中枢神经系统的损害；对生殖系统的损害；对肝脏的损害；对甲状腺的损害；对免疫系统的损害，增加感染性疾病和癌症的易感性。

③ 二噁英的预防措施　二噁英的污染与危害，日益引起人们的关注，为了保护生态环境，保障人民群众的身体健康，必须采取措施，加强对二噁英污染的控制。如：a. 减少含氯芳香族化工产品（如农药、涂料和添加剂等）的生产和使用；b. 改进造纸漂白工艺，采用二氧化氯或无氯剂漂白；c. 采用新型垃圾焚烧炉焚烧垃圾或利用微生物降解技术处理垃圾，以减少二噁英排放；d. 加强对环境、食品和饲料中二噁英含量的检测。

四、物理性危害及预防

食品的物理性危害主要包括两种类型：异物杂质性危害和放射性危害。

食品中的异物杂质性危害主要是指食物中人为混杂的泥土、沙石、金属、玻璃、头发等，这些异物进入食品的可能途径如下：原料不纯，含杂质较多，加工时清除得不彻底；加工过程或人工操作时不规范带入异物；食品包装材料不卫生带入杂质；设计或维护不好的设施和设备带入了异物等。异物杂质性危害虽然在食品加工中较易去除，但往往容易成为企业经营中产生纠纷的直接诱因，因此，应在生产过程中，加强从业人员的责任心，规范操作环节，严格把关，防止异物混入食品。

放射性危害是人们容易忽视的物理性危害。现在已经确定并做出特性鉴定的天然放射性核素已超过 40 种，这些放射性同位素广泛分布于空气、土壤和天然水中，构成了自然界的天然辐射源。食品可吸附或吸收外来的（人为的）放射性核素，使其放射性高于自然放射性本底时称为食品的放射性污染。食品的放射性污染源包括：核爆炸试验或核素废物排放处理不当及意外事故。

食品中常见的天然放射性核素有^{226}镭、^{40}钾、^{210}钋、^{131}碘、^{90}锶、^{137}铯等。食品在严密包装的情况下，只是外部受到放射性物质的污染，而且主要是干燥灰尘，可用擦洗和吸尘等方式去除。放射性物质已进入食品内部或已渗入食品组成成分时，则无法除去。

防止食品放射性危害主要在于控制放射性污染源。使用放射性物质时，应严格遵守操作规程。在食品生产过程中，有时用电离辐射检查食品中异物、测定脂肪含量以及保藏食品和促进蔬菜、水果或酒类成熟过程，均应严格遵守照射剂量和照射源的规定；应禁止任何能够引起食品和包装产生放射性的照射。向食品加入放射性核素作为保藏剂更应绝对禁止。

五、常见食源性疾病及预防

食源性疾病是指通过摄食进入人体内的各种致病因子引起的、通常具有感染性质或中毒性质的一类疾病，如食物中毒、食源性传染病和寄生虫病等。食源性疾病是当今世界上分布最广泛、最常见的公共卫生问题，其发病率居各类疾病发病率的前列，是当前世界上最突出的食品安全问题。

食源性疾病往往具有临床症状明显、危害容易察觉，呈急性、亚急性效应的特点。一般有以下三个基本特征：①在食源性疾病暴发或传播流行过程中，食物起了传播病原物质的媒介作用。②引起食源性疾病的病原物质是食物中所含有的各种致病因子。③摄入食物中所含有的致病因子可以引起以急性病理过程为主要临床特征的中毒性或感染性两类临床综合征。

在食源性疾病中，食物中毒是最为常见的一种类型。食物中毒是指摄入了含有生物性、化学性有毒有害物质的食品或把有毒有害物质当作食品摄入后所出现的非传染性急性、亚急性疾病。食源性疾病中食物中毒常呈集体性爆发，其种类很多，病因也很复杂，一般具有下列共同特点：①食物中毒的发病与食物有关。所有的病人都在相近的时间内食用了某种共同的致病食物，中毒也都局限在食用了同一致病食物的人群中，没有进食这种食物的人，即使同桌就餐或同室居住也不发病。停止食用这种有毒食物后，发病就很快停止。②潜伏期较短，发病急，具有爆发性。食用有毒食物后，如摄入数量较大，很多人在短时间内同时或先后相继发病，并很快使发病人数达到高峰，继而逐渐消失。③症状相似。摄入同一食物而中毒的病人，其症状极其相似，多数病人呈现急性胃肠炎症状，即腹痛、腹泻、恶心和呕吐等。④没有人与人之间的直接传染，这是食物中毒与食源性传染病的重要区别。停止食用有毒食物或传染源被消除后，不再出现新患者，无传染病所具有的尾端余波。

1. 细菌性食物中毒

细菌性食物中毒是人们食入了被致病菌或其毒素所污染的食品而引起的一种急性食源性疾病。引起细菌性食物中毒的原因，是由于食品被致病性微生物污染后，在适宜的温度、水分、pH 和营养条件下，微生物急剧繁殖，食品在食用前不经加热或加热不彻底；或熟食品又受到病原菌的严重污染并在较高室温下存放；或生熟食品交叉污染，经过一定时间微生物大量繁殖，从而使食品含有大量活的致病菌或其产生的毒素，以致食用后引起中毒。此外，食品从业人员如患有肠道传染病或者是带菌者，都能通过操作过程使病菌污染食品，引起食物中毒。

细菌性食物中毒全年皆可发生，但在夏秋季发生较多，主要由于气温较高，微生物容易生长繁殖。在各种食物中毒中细菌性食物中毒占有较大的比重，因此预防细菌性食物中毒是我国餐饮业卫生管理工作的重点。细菌性食物中毒大多数病程短，恢复快，预后好，病死率低。但李斯特菌、肉毒梭菌等引起的中毒病死率通常较高，要严密加以防范。引起细菌性食物中毒的主要食品以动物性食品最多见，其中肉类及其制品高居首位，鱼、奶、蛋也占一定比例。植物性食品如剩饭、糯米凉糕、豆制品、面类发酵食品也易引起细菌性食物中毒。

在中国内陆地区，由沙门菌引起的细菌性食物中毒屡居首位。在中国东部沿海城市，副溶血弧菌成为引发食物中毒的首要致病菌。由金黄色葡萄球菌引起的食物中毒是仅次于沙门菌和副溶血弧菌的第三大致病菌。致病性大肠杆菌近年来屡屡在肉制品等食品中检测到，也是公共卫生部门关注的重要病菌之一。肉毒梭菌在自然界广泛分布，可引起严重的毒素型食物中毒。

（1）沙门菌食物中毒　沙门菌食物中毒是食用了被沙门菌污染的食物而引起的中毒。沙门菌在自然环境中分布很广，人和动物均可带菌，主要污染源是人和动物肠道的排泄物。如果采购食用不明来历的畜禽肉，或被污染的食品在烹调中加热不彻底，未能杀死细菌；或者已制成的熟食品虽加热彻底，但是经过食品加工人员不清洁的手、生水、不洁的容器等方式污染了食品而大量繁殖，人体摄入就可导致沙门菌食物中毒。

沙门菌食物中毒全年均有发生，但以6～9月份夏秋季节多见。引起中毒的食品主要是动物性食品。由于沙门菌不分解蛋白质，不产生靛基质，受污染的食品甚至细菌已繁殖到相当严重的程度，通常也没有明显的感官性状的变化，所以其危害性更大。对长期储藏的肉类，即使没有腐败变质，也应注意彻底加热灭菌。

由沙门氏菌引起的食物中毒的预防措施如下。

① 防止污染。控制沙门菌病畜肉进入食品加工业；加强食品采购、运输、销售、加工等环节的卫生管理，生熟分开；工作人员做好定期健康检查，带菌者不能从事烹饪和其他食品加工工作。

② 控制繁殖。低温贮藏食品是一项重要措施。加工后的熟制品要尽快降温、摊开晾透，尽可能缩短贮存时间。

③ 彻底杀菌。一般的食品内部温度要达到80℃以上至少12min，才能保证杀灭沙门菌。因此，要求煎、炒、油炸等方式加热的食物体积小，加热时间足够长。禽蛋必须彻底煮沸8min以上，才能保证彻底杀菌。剩余的饭菜及长时间存放的熟食食用前必须彻底加热，以确保食用安全。

（2）金黄色葡萄球菌食物中毒　金黄色葡萄球菌广泛分布于人及动物的皮肤、鼻咽腔、指甲下、灰尘等自然界中。该菌对外界环境抵抗力较强，在干燥状态下可生存数日，70℃加热1h方能杀灭。食品被金黄色葡萄球菌污染后，在适宜的条件下迅速繁殖，产生了大量的肠毒素。产毒的时间长短与温度和食品种类有关。毒素耐热性强，带有肠毒素的食物煮沸120min，毒素方可被破坏，所以在一般的烹调加热中不能被完全破坏。一旦食物中有葡萄球菌肠毒素的存在，就容易发生食物中毒。

葡萄球菌食物中毒以夏秋季多见，引起中毒的食物以剩饭、凉糕、奶油糕点、牛奶及其制品为主；其次是熟肉制品。近年由熟鸡、鸭制品引起者增多。

葡萄球菌肠毒素食物中毒的预防包括防止污染和防止肠毒素形成两个方面。

① 防止葡萄球菌污染食物。防止带菌人群对各种食物的污染，定期对食品

加工人员、餐饮从业人员、保育员进行健康检查，对患有化脓性感染、上呼吸道感染者应调换工作；要加强畜禽蛋奶等食品卫生质量管理等。

② 防止肠毒素形成。在低温、通风的良好条件下贮藏食物不仅能防止细菌生长，而且能防止肠毒素的形成。食物应冷藏，食用前要彻底加热。

(3) 副溶血弧菌食物中毒　副溶血弧菌食物中毒是我国沿海地区夏秋季节最为常见的一种食物中毒。副溶血弧菌是嗜盐弧菌，在温度37℃，含盐量在3%～3.5%的环境中能极好地生长。对热敏感，56℃加热1min可将其杀灭。对酸也敏感，在食醋中能立即死亡。该菌广泛存在于温热带地区的近海海水、海底沉积物和鱼贝类等海产品中。

食品中副溶血弧菌主要来自于近海海水及海底沉积物对海产品及海域附近淡水产品的污染。沿海地区的渔民、饮食从业人员、健康人群都有一定的带菌率，有肠道病史的带菌率可达32%～35%。带菌人群、蝇类带菌可污染各类食品。食物容器、砧板、菜刀等加工食物的工具生熟不分时，常引起生熟交叉污染的发生。被副溶血弧菌污染的食物，在较高温度下存放，食前不加热或加热不彻底，或熟制品受到带菌者的污染，或生熟的交叉污染，副溶血弧菌随污染食物进入人体肠道并生长繁殖，当达到一定量时即引发食物中毒。

由此菌引起的食物中毒季节性很强，大多发生于夏秋季节。引起中毒的食物主要是海产食品和盐渍食品。据报道，海产鱼虾的平均带菌率为45%～49%，夏季高达90%以上。

预防副溶血弧菌食物中毒的措施有多方面，低温保存海产食品及其他食品是一种有效办法；烹调加工各种海产食品时原料要彻底洁净并烧熟煮透。从防止污染、控制繁殖和杀灭细菌三个环节入手能有效预防此类食物中毒的发生。

(4) 致病性大肠杆菌食物中毒　大肠杆菌主要存在于人和动物的肠道中，随粪便分布于自然界。该菌在自然界生存能力较强，在土壤、水中可存活数月。普通大肠杆菌是肠道正常菌。致病性大肠杆菌可通过受污染的水、土壤、带菌者的手、被污染的餐具等污染食物。致病性大肠杆菌生长繁殖及产毒的最适温度为18～30℃，芽孢耐高温、干热，180℃5～15min才能杀灭。在致病性大肠杆菌中，毒力较强的是肠出血性大肠杆菌，如大肠杆菌O157：H7。当人体抵抗力降低时，或食入大量活的致病性大肠杆菌污染的食物时，可引起食物中毒。大肠杆菌O157：H7感染剂量极低，食入不足10个细菌就可引起疾病。

受该菌污染的食品多为动物性食品，如肉、奶等，也可污染果汁、蔬菜、面包等。此病全年可发生，以5～10月多见。大肠杆菌O157：H7污染食物能产生强毒素，造成肠出血。在日本、美国、加拿大、德国曾报道多起O157：H7食物中毒。1996年日本几十所中小学相继发生6起集体大肠杆菌O157：H7中毒事件，中毒人数超过万人，死亡11人。

预防大肠杆菌食物中毒的措施：强化肉品检疫，控制生产环节污染，加强对从业人员健康检查等，减少食品污染概率。烹饪中特别要防止熟肉制品被生肉及容器、工具等交叉污染，在致病性大肠杆菌产毒前将其杀灭。

（5）肉毒梭菌食物中毒 肉毒梭菌产生的外毒素即肉毒毒素引起严重的食物中毒。自1896年首次报道荷兰暴发因火腿引起肉毒中毒的事件以来，世界各地陆续报道过肉毒中毒事件。我国1958年报道新疆某地发生肉毒中毒后，也陆续有过几次报道。

肉毒梭菌是一种厌氧性梭状芽孢杆菌。食物中肉毒梭菌主要来源于带菌的土壤、尘埃及动物粪便。带菌的土壤可污染各类食品的原料。菌体本身对人体没有危害，一般的加热手段就能将其营养细胞杀死，但其芽孢耐热性很强。食用时如不经强烈加热，其毒素会随食物进入机体而引起中毒的发生。

肉毒中毒一年四季均可发生，尤以冬春季节最多，引起中毒的食物多为家庭自制谷类或豆类发酵制品，如臭豆腐、豆酱、面酱、豆豉等。据新疆统计，由豆类发酵食品引起的中毒占80%以上。在日本90%以上由家庭自制鱼类罐头食品或其他鱼类制品引起。美国72%为家庭自制鱼类罐头、水产品及肉、奶制品引起。肉毒毒素是一种强烈的神经毒素，可抑制呼吸导致死亡，是目前已知的化学毒物与生物毒素中毒性最强烈的一种。

为了防止肉毒杆菌中毒，适当的卫生、冷藏以及将食品煮透是基本措施。

（6）单核细胞增生李斯特菌食物中毒 单核细胞增生性李斯特菌（简称李斯特菌）是一种能在冷藏温度下存活的致病菌，因此特别危险。该菌广泛分布于自然界，存在于土壤、污水、蔬菜及多种食品中，动物及人体带菌率也高。它繁殖的最适温度为37℃，在−20℃也可存活一年，当加工温度高于61.5℃时被破坏。在潮湿环境中生长良好，是一种适应潮湿的致病菌。中毒原因多是粪便带此菌污染食物，食物未煮熟煮透；冰箱内冷藏的熟食品、奶制品因受到此菌交叉污染，取出后直接食用造成食物中毒。引起中毒的食品主要是奶及奶制品、肉制品、水产品和蔬菜水果等。

李斯特菌主要影响孕妇、婴儿、50岁以上的老人、患其他疾病而身体虚弱者和处于免疫功能低下状态的人。食物中毒初期表现为急性胃肠道症状如腹泻，严重的可表现为败血症、脑膜炎，有时引起心内膜炎。孕妇可发生流产和死胎。

如有神经症状者，若脑干损伤，预后较差，病死率可达 20%～50%，一般为 30%，应引起高度重视。

为了防止李斯特菌食物中毒，冰箱内贮存食品的时间不宜超过一周，食用冷藏食品时要烧熟煮透，对肉、乳及凉菜食用时要特别注意。

2. 真菌性食物中毒

由真菌毒素引起的中毒称为真菌性食物中毒。中毒的食品主要是富含糖类、水分含量适宜霉菌生长及产毒的粮谷类、甘蔗等食品。引起中毒的有些食品，如花生、玉米、大米、面点等从外观上可看出食品已经发霉，而面粉、玉米粉等则看不出来，即使食品上的霉斑、霉点被擦除，但毒素还存在于食品中，也可能引起食物中毒。霉菌毒素污染食物对人类的危害是极大的，在餐饮行业中，最重要的是学会鉴别食品卫生质量，不使用霉变原料，不食用霉菌毒素污染的食物。

(1) 麦角中毒

麦角菌是导致禾本科植物病害的一种真菌。麦角的毒性非常稳定，可保持数年之久，在焙烤时其毒性也不能破坏。当人们食用了混杂有大量的麦角谷物或面粉所做的食品后就可发生麦角中毒。长期少量进食麦角病谷，可发生慢性中毒。

可用机械净化法或用 25%食盐水浮选漂出麦角。检查化验面粉中是否含有麦角及其含量是否符合标准。

(2) 赤霉病麦中毒　赤霉病麦是禾谷镰刀菌侵害麦类的结果。病麦麦粒呈灰红色，谷皮皱缩，胚芽发红，组织松散易碎，含粉量少。当赤霉病麦检出率在 3%～6%时，人食用后就容易发生急性真菌性食物中毒。

可以采用下列方法尽量去除或减少粮食中的病麦粒或毒素：①分离法。利用病麦密度低于好麦的特点，用风选法和浮选法将病麦和好麦分离。②稀释法。用正常麦粒与病麦混合，将病麦稀释，降低病麦比例。③去皮法。病麦毒素集中于麦粒外层，如磨去一部分病麦外层，则可减轻其毒性。④浸出法。利用清水或石灰水浸出去毒。⑤发酵法。将病麦加盐发酵三天，去毒效果较好。⑥烹调法。采用可以破坏毒素的烹调方法，如制成油煎薄饼，食用后不致引起呕吐。

(3) 霉变甘蔗中毒　甘蔗霉变主要是由于在不良条件下经过冬季长期贮存，到次年春季出售的过程中，微生物大量繁殖的结果。引起中毒的霉变甘蔗，外皮失去了原有的紫黑色及其光泽，呈淡紫色或灰褐色，质地松软，断面瓤部比正常甘蔗色深，呈淡黄色、浅棕色或褐色，有轻度酸霉味或酒精味，略有辣味，外皮及断端有时还长有白色絮状绒毛状菌丝或各种颜色的霉斑。

甘蔗一旦受其污染，在2～3周内产生一种强烈的神经毒素——3-硝基丙酸。患者潜伏期短，轻者恶心、呕吐、腹痛、腹泻；重者出现抽搐、昏迷、呼吸衰竭以至死亡。该毒素造成神经系统受损后，恢复很慢。

甘蔗必须成熟后收割，收割后防止受冻；在贮存过程中采取防霉措施；贮存时间不能太长，定期进行感官检查和霉菌检查；加强食品卫生监督，严禁出售和食用霉变甘蔗，也不得将其加工成鲜蔗汁出售。

（4）霉变甘薯中毒　甘薯因贮藏不当，造成霉菌污染，局部变硬，表面塌陷呈黑褐色斑块，变苦进而腐烂称为黑斑病。食用黑斑病甘薯可引起人畜中毒。毒素耐热性较强，因此生食或熟食霉变甘薯均可引起中毒。毒素在中性环境下很稳定，但遇到酸、碱都能被破坏。

霉变甘薯中毒的预防措施如下：①做好甘薯的贮藏工作，防止薯皮破损而受病菌污染，注意贮存条件防止霉变；②经常检查贮藏的甘薯，如发现有褐色或黑色斑点，应及时选出，防止病菌扩散；③已发生黑斑病的甘薯，不论生熟都不能食用，但可作工业酒精的原料。

3. 食源性传染病和食源性寄生虫病

食物不但可以导致食物中毒等疾病，而且可以作为传播传染病和寄生虫病的一个非常重要的途径。

（1）食源性传染病　传染病是指病原微生物感染人体后所产生的有传染性（在人与人之间或人与动物之间传播、流行）的疾病，它与细菌性食物中毒有区别。传染病流行的三个环节是传染源（如病人、病畜、病原携带者等）、传播媒介（如空气、水、食物、虫媒、生活接触、血液、体液）和易感人群。

常见食源性肠道传染病有病毒性肝炎、细菌性痢疾、伤寒、霍乱、结核病、布氏杆菌病、炭疽。另外，还有牲畜患病，其中有的对人有传染性，这类疾病叫人畜共患传染病，如口蹄疫、疯牛病等。为预防人畜共患传染病，对疫区牲畜必须严格隔离、处死、焚尸深埋，同时应加强对肉品、乳及乳制品的卫生检验。以下为各种常见的食源性传染病。

① 细菌性痢疾　细菌性痢疾是由痢疾杆菌随食物和饮水经口感染而引起的常见急性肠道传染病。痢疾杆菌的传染源是病人和带菌者，其中以无肠道症状而又排出病原菌的带菌者是主要的传染源。病原体随粪便排出，污染了环境，而使食品、饮水受到污染。日常生活中通过接触手、食物、饮水以及苍蝇等媒介方式，经消化道感染。细菌性痢疾四季均可发生，但以夏秋季多见。在儿童中发病

率较高。

痢疾杆菌的致病作用主要是侵袭力和毒素。病菌侵入消化道黏附于肠黏膜的上皮细胞，生长繁殖并引起炎症，在内毒素的作用下，使肠壁组织坏死，肠功能紊乱，可引起败血症。

其预防主要从控制传染源及切断传播途径入手。加强对传染源的管理，消灭传染源。定期对餐饮从业人员进行健康检查，发现病人早隔离、早治疗，带菌者调离食品加工岗位。要做好餐饮业的卫生管理，搞好饮食、饮水卫生，养成良好个人卫生习惯，做到饭前洗手，不吃不洁食物。搞好环境卫生，消灭苍蝇。

② 霍乱　霍乱是由霍乱弧菌引起的急性肠道传染病，发病急，传染性强，若不及时采取治疗措施，则病死率高，属于国际检疫的传染病。霍乱的传播途径为传染源的排泄物、呕吐物等污染了水源、食物和环境，并通过手、水、苍蝇或被污染的食物、食具为媒介而传播。人对霍乱具有易感性，也是唯一的易感者。霍乱好发于气温炎热的夏秋季。

霍乱经消化道感染人体，在肠道内大量繁殖并产生肠毒素作用于小肠黏膜，引起肠液分泌过度，导致机体严重脱水，循环衰竭，重者休克或死亡。霍乱的病死率高，是严重危害公共健康的重要传染病。

对此病的预防是一旦发现疫情要及时隔离治疗病人，疫区控制人群流动，防止病人和带菌者的排泄物、呕吐物污染水源和食物，加强环境卫生及消毒卫生管理等。讲究饮食卫生，不食生冷不洁的食物，养成良好的卫生习惯；加强餐饮行业卫生管理，保持环境卫生。

③ 病毒性肝炎　肝炎病毒引起的病毒性肝炎是最常见的肠道传染病。引起病毒性肝炎的病毒目前认为有甲、乙、丙、丁、戊等七种，主要引起肝脏病变，严重危害人体健康，最常见的为甲型和乙型肝炎。其中甲型、戊型可作为食源性疾病。

甲型肝炎由甲型肝炎病毒（HAV）引起，甲型肝炎的传染源为病人。HAV主要通过粪-口途径传播。HAV经口进入人体内后，经肠道进入血液，引起病毒血症，经过1周后才到达肝，随即通过胆汁排入肠道并出现在粪便之中。通过污染的手、水、食物、餐具等经口传染，以日常接触为主要传播途径，呈散发流行，但也可通过污染水和食物而引起暴发流行。1988年中国大约有30万人在食用生的或半熟的污染毛蚶后患病。本病以秋冬季易感。甲型肝炎经彻底治疗预后良好。

乙型肝炎由乙型肝炎病毒（HBV）引起。乙型肝炎的主要传染源是病人和乙型肝炎抗原携带者。乙型肝炎的潜伏期可长达60～160天，在潜伏期和急性期，病人的血清均有传染性。乙型肝炎的传播非常广泛，据估计全世界约有1.2亿的乙肝病毒表面抗原携带者。由于这些携带者不出现临床症状，是危害较大的传染源。乙肝病毒主要通过输血、输液、注射为主要传播途径，也可经母婴传播。在研究中发现病人或携带者的唾液中有相当一部分能查到乙肝病毒表面抗原，因此存在着唾液传播和消化道传播的可能。

病毒性肝炎的预防主要是加强传染源的管理，对食品生产、加工人员要进行定期体检，做到早发现、早隔离。要加强饮用水的管理，防止污染，加强餐饮行业卫生管理，切断传播途径。同时要通过注射疫苗来提高人群的免疫力。

（2）食源性寄生虫病　食源性寄生虫病是易感个体摄入污染病原体（寄生虫或其虫卵）的食物而感染的、潜伏期相对较短的人体寄生虫感染性疾病。世界卫生组织在对食源性疾病进行评估时，将食源性寄生虫病纳入重点调查对象，调查发现全世界7%的食源性疾病是由寄生虫引起的，表明食源性寄生虫病已对人类健康构成了重大威胁，是一个不容忽视的公共卫生问题。常见的食源性寄生虫病有旋毛虫病、绦虫病、华支睾吸虫病、蛔虫病、猪弓形虫病、肺吸虫病、线虫病等。

① 绦虫病和囊尾蚴病　绦虫病是猪肉绦虫或牛肉绦虫寄生于人体小肠所引起的一种常见的人畜共患的寄生虫病，其中以猪肉绦虫最多见。绦虫的成虫为乳白色，依赖头节牢牢吸附于小肠壁上寄生并吸取营养。猪囊尾蚴大小如黄豆，呈半透明水泡状，膜上有一内翻头节，以“米粒状”主要寄生在猪的骨骼肌、心肌和大脑，形成“米猪肉”“痘猪肉”。

生食或食用未煮熟的已感染绦虫的猪肉或牛肉可感染绦虫病。绦虫幼虫进入体内经2～3个月在小肠发育为成虫，大量掠夺机体营养以维持生存，可引起宿主出现贫血、消瘦及消化道和神经系统其他症状。

本病的预防措施是：大力开展宣传教育，加强肉品卫生检验与管理；积极倡导食用烧熟煮透的肉类食品，不吃生肉和未熟肉品；加工工具、盛器要生熟分开，及时消毒；要人人讲究卫生，养成良好的卫生习惯。

② 旋毛虫病　旋毛虫病在我国被列为三大人畜共患寄生虫病之首。目前世界各国均把屠宰动物的旋毛虫病检验作为首检和强制性必检项目。国际屠宰法规定所有生猪屠宰厂的屠宰生产线必须配备专门的旋毛虫病检验室。

旋毛虫成虫和幼虫均寄生于同一宿主，如人、猪、狗、猫、鼠等几十种哺乳动物。人因生食或食用未熟的含有旋毛虫幼虫包囊的猪肉或其他动物肉类而感染。其中以猪肉最多见，占发病人数的90%以上。也可经肉屑污染的餐具、手、食品等感染，尤其在烹调加工中生熟不分造成污染而引起人的感染。粪便中、土壤中和苍蝇等昆虫体内的旋毛虫也可成为人感染的来源。

旋毛虫感染后可在宿主体内长期寄生，被感染者常终生带虫。通常表现为原因不明的常年肌肉酸痛和无力（似风湿），重者丧失劳动能力。急性期患者主要表现为发烧、面部水肿、肌痛、腹泻；症状往往持续数周从而造成机体严重衰竭。重度感染者可造成严重的心肌及大脑损伤从而导致死亡。

包囊的抵抗力较强，盐腌、烟熏不能杀死肉块深层的虫体。在盐腌肉块深层的包囊幼虫可保持活力一年以上，在外界的腐败肉里幼虫可存活100天以上。包囊耐低温，在$-20℃$可活57天，$-23℃$可活20天。

③ 肝吸虫病　肝吸虫病又称华支睾吸虫病，是由华支睾吸虫寄生在人体肝内胆管所引起的一种慢性寄生虫病。

肝吸虫成虫背腹扁平，体狭长呈叶状或葵花子状，体薄而软，半透明，有口腹吸盘。虫卵在水中的第一中间宿主淡水螺内发育为毛蚴——尾蚴，再侵入第二中间宿主淡水鱼、虾皮下和肌肉成为囊蚴。人食用生的或没有烧熟的含囊蚴的淡水鱼、虾即被感染。

肝吸虫囊蚴抵抗力不强，鱼片加热到90℃很快死亡，引起人体感染主要是由于加热不彻底及餐具、工具污染食物而造成。在我国广东、香港等地居民喜食生鱼片、烫鱼片、生鱼粥等，因此很易发生感染。2008年广东中山阜沙镇政府拨款112.8万元，为该镇数千名老人免费体检。体检过程中发现，有30%～40%的受检老人被检出患有肝吸虫病，这缘于当地居民有长期吃生鱼的习惯。

幼虫在肠道沿胆道至胆管发育为成虫并寄生于胆管，同时可产卵。一条成虫可在人体寄生15～25年。感染后大多呈慢性症状，引起肝肿大，胆道阻塞，可引起肝硬化和腹水。儿童体内大量寄生可影响生长发育甚至还可引起侏儒症。华支睾吸虫感染与胆管癌、肝癌的发生也有一定的关系。

华支睾吸虫病的传播途径主要是食物传播，因此要预防经口感染，要改变不良饮食习惯，不吃生鱼、虾及未熟食物，生熟餐具分开；同时要做好卫生宣传教育及环境卫生。

④ 蛔虫病　蛔虫病是蛔虫寄生于人体小肠引起的一种最为常见的寄生虫病，分布于世界各地。在儿童中发病率相对较高，也是我国农民的主要寄生虫病之一，在我国农村发病率高达50%～80%，儿童高于成人。

虫卵随被污染的食物、饮水等经口感染人，在人体内幼虫侵入肠壁进入静脉至肺，然后移行至咽部经吞咽入消化道发育为成虫。病程早期是幼虫在体内移行可引起呼吸道及过敏症状；当成虫在小肠寄生时则可引起蛔虫病，出现腹部不适或脐周疼痛、消瘦、夜间磨牙及荨麻疹等，少数病人可发生胆道蛔虫、肠梗阻、肠穿孔等严重并发症。

本病的预防主要是养成良好的个卫生习惯，不饮生水，不吃不洁净的食物，饭前便后要洗手。凉菜制作中原料一定要清洗干净，生熟分开等。

⑤ 广州管圆线虫 2006 年北京蜀国演义酒楼由于加工不彻底，导致福寿螺内的广州管圆线虫幼虫没被杀死而进入人体，引起了轰动一时的“福寿螺事件”。之后全国各地又相继发生多起因食用螺肉而集体感染广州管圆线虫的事件；2007 年广东省广宁县和 2008 年云南省大理市广州管圆线虫病暴发。

广州管圆线虫感染以前很少见。1996 年前我国大陆只报告 4 例。后来感染率增高，就是因为人们将福寿螺当成了美味。2009 年全国第一次广州管圆线虫调查显示，广州管圆线虫的两种适宜中间宿主螺类分布广泛，提示许多地区存在人群感染广州管圆线虫的风险。

广州管圆线虫主要经消化道传播，也可经皮肤黏膜传播。由于虫体侵犯中枢神经系统，引起嗜酸性粒细胞增多性脑膜炎或脊神经根炎，部分病例还可侵犯肺脏和眼睛。儿童病例如不及时治疗，可导致患者致死性后果。

4. 动植物性食物中毒

作为人类食物的动植物，一些动植物内含有天然毒素，一些动植物作为食物贮藏时可产生毒性物质，当人摄入这些食物后，可发生中毒性疾病。

(1) 河豚中毒 河豚（又名河鲀、气泡鱼），是一种味道鲜美但含有剧毒物质的江海洄游习性的底栖无鳞鱼类。

河豚中毒是世界上最严重的动物性食物中毒，河豚所含有毒成分为河豚毒素，毒素性质稳定，煮沸、盐腌、日晒均不被破坏，在 100℃加热 7h，200℃以上加热 10min 才被破坏，是目前已知的毒性最强的低分子量非蛋白类神经毒素。鱼体内卵巢、皮肤、肝的毒力最强。在每年的生殖产卵期，含毒素最多，易发生中毒。河豚毒素主要作用于神经系统，阻断神经肌肉间的传导，发病很快且剧烈，初期口渴，唇部、舌和手指等处发麻，随后引起四肢麻痹，共济运动失调，全身软瘫，心跳初期加快，然后缓慢，血压下降，瞳孔先收缩后放大，重症多在 4～6h 内因心肺衰竭死亡，病死率 40%～60%。致死时间最快可在发病后

10min。目前无特效解毒药，一般预后不良。

预防河豚食物中毒的关键是教育人们不食用河豚，要大力宣传河豚的危害性。

(2) 鱼类组胺中毒 鱼类组胺中毒是由于食用了含组胺的鱼类食品所引起的类过敏反应。一般青皮红肉的鱼，如竹荚鱼、秋刀鱼、金枪鱼、鲭鱼、鲣鱼、沙丁鱼等，体内含有大量的组氨酸，当鱼体被脱羧作用强的细菌污染时，可使鱼体内组氨酸脱掉羧基形成大量组胺。组胺中毒主要引起类似过敏反应的一系列症状，发病快，但多数症状较轻，恢复较快，死亡者较少。

由于高组胺中毒的形成中，微生物起了主要的作用，因此预防措施主要是防止鱼类腐败变质。进行冷藏和烹调时采取除胺措施。运输时应尽量保证在冷藏冷冻条件下运输和保存鱼类，市场不出售腐败变质鱼。有人认为烹调时适当加醋可以降低组胺含量，但有人认为效果不理想，过敏体质的人最好不食用青皮红肉鱼类。

(3) 贝类中毒 贝类中毒随着经济生活的改善，已越来越受到人们的关注。浙江、广东等地曾多次发生贝类中毒。贝类麻痹毒为贝类动物采食有毒藻类而被毒化所产生的毒素，并非贝类自身所固有。贝类摄取毒藻后，自身被毒化，毒物在贝类内部蓄积和代谢，贝类本身不中毒。但当人摄入这种贝类后，毒素迅速释放呈现中毒。

贝类一般所带的有毒物质是石房蛤毒素，毒性强，耐高温，在116℃的条件下加热，仅能破坏其中的一半毒素，在一般烹调过程中不易将其破坏去除。该毒素可溶于水，易被胃肠道吸收。进入人体后，主要是阻断神经传导，作用机制与河豚毒素相同，死亡率为5%～18%。

对此类中毒应加强预防性监测，当发现赤潮或贝类生长的水域出现大量毒藻时，要测定捕捞贝所含毒素量；食用前应清洗漂养，或在烹调前采用水煮捞肉弃汤的方法，以使人体的毒素摄入量降至最低程度。

其他动物性食物中毒总结见表1-1。

表1-1 其他动物性食物中毒

名称	有毒成分和食品	中毒表现	预防
甲状腺中毒	甲状腺素	胃肠炎症状、发热、抽搐等	牲畜屠宰后除净甲状腺
鱼卵中毒	鲶鱼、石斑鱼等鱼卵毒素	腹泻，重者痉挛昏迷致死	不食用产卵期鱼
动物肝脏中毒	大量维生素A（鲨鱼、鲟鱼、七鳃鳗鱼、狗、熊等）	头痛、皮肤潮红、恶心、脱皮等	不过量食用

续表

名称	有毒成分和食品	中毒表现	预防
鱼胆中毒	胆汁毒素(草鱼、鲤鱼、青鱼、草鱼、鲢鱼、鳙鱼和鲤鱼胆有毒,以草鱼最多)	恶心、呕吐、肝肾损害,重者休克、昏迷致死	除净胆囊
肾上腺中毒	肾上腺素	胸痛、头晕、恶心、腹泻、心动过速等	牲畜屠宰后除净肾上腺
有毒蜂蜜中毒	雷公藤碱等植物生物碱	神经系统和肾功能影响大	注意蜜源植物
雪卡毒素中毒	雪卡毒素(一些鱼肉、生殖腺及软体动物)	潜伏期短,恶心、呕吐、感觉异常、肌无力,重者呼吸衰竭致死	不食用

注：引自《饮食营养与卫生》(四川大学出版社，2003)。

(4) 毒蕈中毒　蕈类通称蘑菇，是大型真菌。蘑菇在我国资源很丰富，自古被视为珍贵食品。我国目前已鉴定的蕈类中可食蕈近 300 多种，有毒蕈类 80 多种，其中含剧毒能使人致死的有 10 多种。毒蕈中毒多发生在高温多雨的夏秋季节。因蕈类品种繁多，形态特征复杂以及毒蕈与食用蕈不易区别，往往由于采集野生鲜蕈时缺乏经验而误食中毒。毒蕈含有毒素的种类与多少因品种、地区、季节、生长条件的不同而异。个体体质、烹调方法和饮食习惯以及是否饮酒等，均与能否中毒或中毒轻重有关。

毒蕈的有毒成分比较复杂，一般按临床症状将毒蕈中毒分为六型。

① 胃肠毒型　以恶心、呕吐、腹痛、腹泻等胃肠炎症状为主。

② 神经毒型　除呕吐、腹泻外，还有流涎、大汗、流泪、瞳孔缩小、对光反射消失、脉缓、血压下降、呼吸困难、急性肺水肿等，亦可发生谵妄、幻觉等症状。或以精神症状为主，出现幻视、幻觉、精神错乱等。

③ 溶血毒型　误食鹿花菌可出现溶血症状，引起溶血性贫血、肝脏肿大或肾脏的损害。严重时可发生死亡。

④ 脏器毒型　误食白毒伞、毒伞、鳞柄白毒伞、秋生盔孢伞、褐鳞小伞等出现实质性脏器损害症状，主要出现肝、肾、脑、心等损害的症状。病程长，病情复杂而凶险，病死率高达 90%。初期出现恶心、呕吐、腹痛、腹泻等急性胃肠炎症状，1～2 天后消失。胃肠炎症状消失后，病人无明显症状，即假愈期(假缓解期)，经过 1～3 天的假愈期后，突然出现肝、肾、心、脑等损害。一般中毒后 5～12 天死亡。

⑤ 日光皮炎型　身体暴露部位，如颜面出现肿胀、疼痛。特别是嘴唇肿胀

外翻，形如猪唇。

⑥ 呼吸、循环衰竭症状　表现为中毒性心肌炎、呼吸麻痹。病死率高。

为预防毒蕈中毒，应该做到：①制定食用蕈和毒蕈图谱，并广为宣传以提高群众鉴别毒蕈的能力；②采集蘑菇时，由有经验的人进行指导；③干燥后可以食用的蕈种，应明确规定其处理方法；④毒蕈的鉴定必须慎重。最根本的办法是切勿采摘自己不认识的蘑菇食用。由于生长条件不同，不同地区发现的毒蕈种类也不同，且大小形状不一，所含毒素亦不一样。有些说法，如颜色鲜艳、样子好看的有毒，不生蛆、不长虫子的有毒，有腥、辣、苦、酸、臭味的有毒，碰坏后容易变色或流乳状汁液的有毒，以及煮时能使银器或大蒜变黑的有毒，等等，都是不大可靠的，如果用来区别某一种毒蘑菇也可能对，但并不能作为鉴别各种毒蘑菇的通用标准。例如白毒伞、毒伞等鲜味宜人，没有苦味，颜色并不鲜艳，样子也不怎么好看，碰坏后又不变色，也不能使银器或大蒜变黑，可是却有致命的毒素；又如豹斑毒伞生蛆，它能把这种毒蘑菇吃光；裂丝盖伞既无乳汁，又没苦味，菌盖上也没有瑕疵，可是同样都有毒。

(5) 发芽土豆中毒　土豆中含有龙葵碱，当土豆发芽后，其幼芽和芽眼部分龙葵碱的含量可高达0.3%～0.5%。当其含量达到0.2%～0.4%时，就有发生中毒的可能。龙葵碱除刺激胃肠道黏膜外，还可麻痹呼吸中枢，溶解红细胞并引起脑水肿和充血。重症因心力衰竭、呼吸中枢麻痹而死亡。

预防发芽土豆中毒最主要方法是土豆应贮藏在低温、干燥、避免阳光直射的地方，以防止发芽；已发芽或皮色变黑绿的马铃薯不能食用；发芽不多的马铃薯食用前应彻底剔去芽及芽基，削净皮；烹调时要加热充分，使其熟透，最好加醋以破坏龙葵碱。

(6) 含氰苷类植物中毒

木薯、杏、桃、李、梅、枇杷、樱桃、杨梅等果仁内均含有氰苷物，人食用后氰苷物在消化道内经自身的酶水解产生剧毒的氢氰酸。重者因呼吸和心跳停止而死亡。

应禁止食用生木薯，不吃生的苦杏仁、苦桃仁等含氰苷物的食物；用杏仁做咸菜时，反复用水浸泡，充分加热，使其失去毒性；木薯烹调食用前应先削皮、切片，用清水浸泡漂洗一昼夜，去水后于敞锅中煮熟，再将熟木薯用水浸泡16h，煮薯的汤及浸泡木薯的水应弃去后才能食用；不能空腹吃木薯，一次也不宜吃得太多，儿童、老人、孕妇及体弱者均不宜吃；食用甜杏仁时必须加热炒透，以使有毒物挥发，食用时应限量，儿童更应少食。

其他植物性食物中毒的总结见表 1-2。

表 1-2 其他植物性食物中毒总结

中毒名称	有毒成分	中毒症状	预防措施
四季豆、菜豆等中毒	红细胞凝集素、皂苷	一般无死亡，预后良好	彻底加热熟透
鲜黄花菜中毒	秋水仙碱	胃肠炎症状、口渴、头晕等	鲜黄花须水泡或煮熟弃水食用
白果中毒	银杏酸、银杏酚	重者痉挛昏迷致死	不过量食用
大麻子油中毒	大麻酚等	头痛、口渴、恶心、呕吐、复视症状，无死亡	不食用
桐油中毒	桐子酸、异桐子酸	急性可恢复，但长期食用的亚急性中毒可致死	禁止食用
棉籽油中毒	棉酚	头痛、腹痛、头晕、恶心、腹泻、心动过速等，可致不育	禁止食用冷榨棉籽油或毛油
毒麦中毒	水溶性毒麦碱	神经系统影响大，重者可致死	注意清除粮食中的毒麦种子
生豆浆中毒	红细胞凝集素、蛋白酶抑制剂	潜伏期短，恶心、呕吐、感觉异常，无死亡	加热熟透食用
曼陀罗中毒	莨菪碱、东莨菪碱等	重者可致死	不食用，清除粮食中的曼陀罗种子
毒芹中毒	毒芹碱	重者可在短时间内因呼吸衰竭死亡	区分水芹与毒芹

注：引自《饮食营养与卫生》（四川大学出版社，2003）。

5. 化学性食物中毒

化学性食物中毒是指食入被化学性毒物污染的食品而引起的食物中毒。此类食品主要指被有毒有害的化学物质污染的食品，或被误认为食品、食品添加剂、营养强化剂的有毒有害的化学物质，添加非食品级或伪造、或禁止使用的食品添加剂、营养强化剂的食品，或超量使用食品添加剂的食品；或营养素发生变化的食品。

(1) 亚硝酸盐食物中毒 亚硝酸盐中毒一般是因食入含有大量硝酸盐和亚硝酸盐的蔬菜，或误将亚硝酸盐当作食盐食用而引起的急性食物中毒。食物中亚硝酸盐的来源与植物生长的土壤有关，大量施用硝酸盐类的土壤，蔬菜中亚硝酸盐含量增高；蔬菜贮存过久或发生腐烂时，亚硝酸盐含量升高；煮熟的蔬菜放置太久，原含有的硝酸盐会在细菌的作用下还原为亚硝酸盐；腌制蔬菜在 7～15 天亚硝酸盐含量较高。肉制品过量加入作为发色剂的硝酸盐或亚硝酸盐及用苦井水煮粥和食物，或用亚硝酸盐当食盐等因素下，食物中亚硝酸盐含量大大增加可引起中毒。对于胃肠功能紊乱者，过量摄入含硝酸盐多的蔬菜时，也会导致中毒的发生。亚硝酸盐中毒事件的主要原因是误食和添加过量引起的。例如，在一些腌卤食品中，添加过量的亚硝酸钾为了发色和防腐，会导致此中毒发生。长时间加热或反复利用的火锅中也存在亚硝酸盐食物中毒的可能。甚至有些非法食品加工作坊，利用硝酸盐和亚硝酸盐来给腐败肉类上色。

亚硝酸盐急性中毒特点是组织缺氧，出现青紫症状，严重者因呼吸麻痹而死亡。另外，大量硝酸盐和亚硝酸盐进入食品，还会增加亚硝胺的慢性中毒和致癌的可能。

预防亚硝酸盐中毒的措施：①不要在短时间内集中吃大量叶菜类蔬菜，如菠菜、小白菜等。在一个时期内吃大量蔬菜时，可先将蔬菜在开水中焯 5min，弃汤后再烹调食用。②应妥善贮存蔬菜，防止腐烂，保持蔬菜的新鲜，切勿过久存放蔬菜，不吃腐烂的蔬菜。③不用苦井水煮饭和做菜。④饭菜要现做现吃，不吃存放过久的熟菜。⑤腌菜要腌透，至少腌 20 天以上再吃。但现腌的菜，最好马上就吃，不能存放过久。腌菜时要选用新鲜菜腌。⑥搞好厨房卫生，特别是锅和容器必须洗刷干净，不饮用过夜的温锅水，也不用过夜的温锅水做饭。⑦严格控制肉制品中食品添加剂的使用，控制其他引起食物中亚硝酸盐含量增加的因素。避免误食。⑧婴幼儿食品中不应含有使硝酸盐还原为亚硝酸盐的枯草杆菌等。

（2）酸败油脂中毒　油脂及含油脂高的食品如糕点、饼干、油炸方便面、油炸小食品等因贮存不当或过度加热发生酸败，可引起酸败油脂中毒。酸败油脂不仅破坏了脂溶性维生素，而且用酸败油脂进行烹调加工时，也可使食物中对氧不稳定的维生素、氨基酸遭受破坏。酸败油脂对机体的酶系统亦有损害，对人体有慢性毒性。

防止酸败油脂中毒的措施：①长期贮存油脂宜用密封、隔氧、遮光的容器，并于较低的温度下贮存。对含油脂高的食品要妥善贮存，防止发生油脂酸败。②金属离子在脂肪氧化过程中起催化作用，提高氧化反应速度，因而不应使用金属容器贮存油脂。③在油脂内加入 BHA、BHT 及没食子酸丙酯等抗氧化剂，控制酸败发生。④加热油脂的温度不要太高，时间不宜太长。不要反复利用陈油脂。⑤禁止食用酸败油脂，严禁用酸败油脂制作食品。

（3）鼠药中毒　鼠药中毒多系误食含鼠药杀鼠饵料和被鼠药污染的食物引起。鼠药可发生二次中毒，应严格保管好杀鼠剂，毒饵在晚上投放，清晨收起。

严防鼠药污染食物。

（4）甲醇中毒　引起甲醇中毒的主要原因是用甲醇兑制或用工业酒精兑制造假的白酒、黄酒等酒类，也可能因酿酒原料或工艺不当致蒸馏酒中甲醇超标，饮用后引起中毒。我国近年连续多次发生较重大的假酒中毒事件。

甲醇是无色、透明的液体，可与水、乙醇任意混合，是一种剧毒的化工原料和有机溶剂。甲醇经消化道很容易被吸收，是强烈的神经和血管毒物，对肝、肾，特别是眼球有选择性损害作用，误饮甲醇 5mL 可致严重中毒，40% 甲醇 10mL 可致失明，30mL 即可致命。

甲醇中毒的预防关键在于加强对白酒生产的监督、监测，未经检验合格的酒类不得销售。

（5）农药中毒　农药污染食品引起的危害是全世界共同面临的一个重要的食品卫生问题。农药污染食品引起的中毒事件在我国也频繁出现。近年来我国发生的农药中毒主要是有机磷农药中毒，尤其是用甲胺磷喷洒蔬菜致使残留量过高引起的中毒报告较多。

有机磷农药种类较多，大多为油状液体，对人和动物有较高毒性。甲胺磷、甲基对硫磷等均为高毒。有机磷农药中毒的主要原因是污染食物引起。如用装过农药的空瓶装酱油、酒、食用油等；或农药与食品混放污染；或运输工具污染后再污染食品；或国家禁止用于蔬菜的高毒农药在蔬菜成熟期喷洒蔬菜等。中毒的轻重与摄入量有关，中毒严重的死亡率较高。

农药中毒的预防，首先要广泛宣传安全使用农药知识及农药对人体的毒害作用；要专人专管，不能与食品混放；严禁用装农药的容器装食品；要严格执行国家农药安全使用标准。喷洒过农药的蔬菜、水果等食品要经过规定的安全时间间隔后方可上市。蔬菜、水果食用前要洗净，用清水浸泡后再烹制或食用。

本章小结

本章由引导案例说明了有效的食品安全控制对于餐饮服务经营者降低食品安全风险，避免食品安全法律诉讼具有非常重大的作用。餐饮服务行业不仅需要掌握食品安全法律法规，餐饮服务食品安全监管制度和标准，还必须具备食品安全科学知识。

本章重点介绍了餐饮服务经营中可能存在的三种食品安全危害（生物性、化学性和物理性），各类危害的性质、来源、主要种类及预防措施，同时介绍了如果不能控制这些食品安全危害，可能导致的食源性疾病，包括食物中毒、食源性传染病和寄生虫病、动植物性食物中毒和化学性食物中毒等。这部分内容作为重要的食品安全基础知识，有助于读者理解从餐饮服务生产环节采取的各项食品安全控制措施。

第二章 餐饮食品原料及相关产品安全控制

餐饮食品原料指餐饮业从其他食品生产经营者手中购进的作为餐饮加工材料的各种食品，包括未加工食品（如蔬果）、半成品（如未煮熟的豆浆、腌肉制品）以及加工制成品（如食用油、调味品），也包括食品添加剂。在餐饮食品原料从采购到加工成为供餐食品的过程中，主要食品安全问题集中在两个方面，一是采购环节，原料不符合食品安全标准或要求，甚至有掺杂使假；二是餐饮食品原料在运输、贮存过程中发生卫生质量恶化。

我们知道人类食物供应的环节包括从种植、养殖到加工、包装、贮运、销售和消费的全过程，即从农田到餐桌的全过程，而餐饮业在整个食物供应链环节中处在最靠近消费者的位置，餐饮业前端的所有食品安全危害都可以集中在餐饮食品原料及其相关产品中表现出来。同时，餐饮原料种类繁多，性质各异，采购验收及贮存条件和方法也不尽相同，因此把好原料关是餐饮业食品安全控制最重要、最困难的因素之一。

食品相关产品指食品的包装材料、容器、洗涤剂、消毒剂和用于食品生产经营的工具、设备。餐饮食品相关产品都是直接或间接接触食物的，因此直接关系到餐饮食品的安全性。每年因餐饮食品相关产品引发的食品安全事件均有报道，从监管部门的监测资料显示大部分中小餐饮店餐（用）具表面大肠菌群检测结果超标，餐饮食品相关产品的安全控制受到政府监管部门和消费者的热切关注，也是餐饮服务企业义不容辞的职责。

学习目标

- ◆ 了解选择餐饮食品原料供货商的方法
- ◆ 掌握餐饮食品原料采购索证制度
- ◆ 掌握各类餐饮食品原料的采购验收方法
- ◆ 掌握各类餐饮食品原料正确的贮存和保藏方法及食物防腐的措施
- ◆ 熟悉食品原料库房的管理方法

第一节　餐饮食品原料采购验收的食品安全控制

案例导入

某日晚18时50分，某市某区卫生监督所接到医院值班医生报告：有5人中午在某区一家常菜饭庄就餐后出现了头晕、恶心、呕吐、大汗、腹泻、瞳孔缩小等症状，怀疑有机磷食物中毒，正在医院救治。中毒患者临床表现：头晕、恶心、呕吐、大汗、腹泻、瞳孔缩小，生化检查胆碱酯酶活力降低，医院对中毒患者等3名病人血液、胃液进行检测均检测出甲拌磷，专家结合医院临床体征及检测结果确认3名病人系农药甲拌磷中毒。经流行病学调查，可排除外吸入或经皮肤吸收的侵入途径，最大可能为食物所致。

监督员对发生事故的“某市南宫彩云峰家常菜饭庄”进行了监督检查，该饭庄证照齐全，被检查的工作人员均持有有效的健康证。操作间环境卫生一般，冰柜内有生乳羊6只，现场未发现有机磷农药。据烤乳羊的厨师介绍，当日共制作了3只烤乳羊。加工工序为化冻→焯水→卤制→炸制→出品摆形五道工序。只有炸制与出品摆形两道工序为每只羊单独加工，前三道工序为三只羊均在一个锅或池内加工。经过多道工序加工，基本上保障了加热温度。

该市疾病预防控制中心对送检的3瓶白酒、2个空酒瓶进行检测，检验结果均为阴性，排除白酒被甲拌磷污染的可能。在送检的菜肴（剩余饭菜）

中，西域烤乳羊检测出甲拌磷（69.87mg/kg），参照GB 2763食品中农药最大残留量标准中的小麦、高粱、花生、花生油、棉籽的最高检出值应为0.1mg/kg，已超过近700倍，确定导致中毒的食品为餐饮单位的供餐烤乳羊所致。对餐馆中剩余的6只冻乳羊进行了检测，结果均为阳性，含量不等，最高者为0.25mg/kg，最低者为0.018mg/kg。

通过对中毒食品溯源调查（图2-1）发现，餐馆采购的原料供应商是无照个体流动商贩，货源不明。

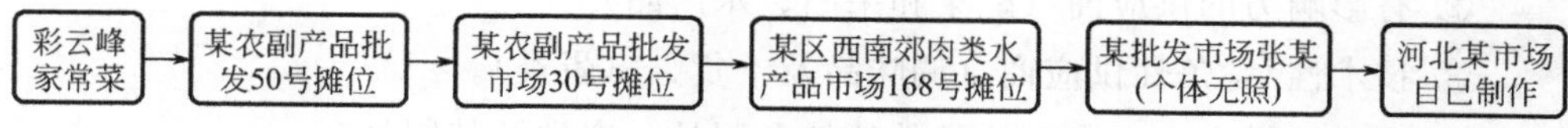

图2-1 彩云峰家常菜原料溯源示意图

这是一个由于原料采购不当所致食物中毒发生的典型案例。该餐饮经营单位在提供餐饮服务的过程中，无论从饭庄和工作人员证照、操作环境卫生以及从业人员餐饮食品加工操作都没有造成食物中毒事件的隐患，却恰恰忽略了采购验收这个关键环节，导致不合格的原料进入后厨。

本案例中毒原因是农药污染羊肉，在我国当前实际生活中，由于农牧业农药、兽药不合理施用导致食物中残留量超标的现象屡见不鲜，也备受国家和消费者的重视。对于这类含有化学污染物的原料，采购人员在采购验收的时候光凭经验和感官检查往往很难分辨，只有依靠建立健全完善的采购索证制度，选择政府监管部门许可经营销售的供应商，选择经由国家检验检疫机构检验合格的食物，做好相应的采购验收工作，才能保障原料的安全可靠，从而避免此类事件的发生。本节将对采购验收制度和具体方法作详细介绍。

一、餐饮食品原料采购验收制度

1. 如何选择供应商

餐饮原料采购环节的食品安全控制很大程度取决于餐饮生产经营单位对食品供应商的选择和管理。随着经济社会的不断发展，我国的种植养殖业、食品加工业蓬勃发展，食品供应品种繁多、数量充足，食品供求关系已是买方市场，餐饮业在采购时有较广阔的选择空间。在此情况下，餐饮业在选择供货单位时，应充分考虑供货单位的食品安全管理水平，大型餐饮业最好将具有较高食品安全管理水平和食品安全质量信誉好的食品生产、经营企业固定作为长期的食品原料供货单位。

(1) 供应商分类　餐饮所需物料数百种，一般按照用途把原料分为10类：米面油及其他粮食制品、蔬菜和果品、肉类及其制品、水产品、糖及乳制品、禽蛋类、罐头及饮料、调味品及干货、烟酒、低值易耗品等。

根据供应商在食物供应链中的增值能力和竞争力，餐饮业供应商大致分成4类：

① 普通供应商（糖及乳制品、罐头及饮料、烟酒、低值易耗品）。

② 有影响力的供应商（蔬菜和果品、水产品）。

③ 技术性/竞争性供应商（调味品及干货、禽蛋类）。

④ 战略性供应商（米面油及其他粮食制品、肉类及其制品）。

对大型餐饮生产经营单位和集体配送单位而言，要求供应商具有较高的增值能力和竞争力，因为该类供应商提供的产品和服务非常重要，价值较高，而且对餐饮运作流程具有较大的影响，因此需要选择战略性供应商，建立长期的合作伙伴关系，通过统一采购、合理配送，将合适的原料、物品在合适的时间以合适的方式送到合适的地点，加快物资的流转，使餐饮产品的采购供应成本迅速、有效地下降。本书对供应商选择的讲述内容主要针对战略性供应商而言，其他类别供应商选择可以相应要求作为参考。

(2) 供应商选择的原则　供应商选择的基础原则基于供应商评价体系的建立。评价体系的建立应结合行业的特点和食品的特殊性，对食品供应商选择作出综合的判断，为餐饮生产经营单位与食品供应商建立长期的合作伙伴关系提供决策支持，降低食品供应商选择的偶然性。

① 系统性原则　食品安全问题的产生并不是单一环节造成的，往往是多因素共同作用的结果，因此选择供应商指标的设置应该尽量全面，防患于未然，将食品安全问题减小到最低。

② 质量优先原则　各类研究表明供应商选择中最重要的是质量和成本，但在食品供应商选择指标体系中，质量是选择供应商最基础的指标，也是最重要的指标。任何置质量于不顾、片面追求降低成本的做法都会为企业埋下隐患。契约精神是现代社会商业的基础，采购环节买卖双方应该履行采购协议及条款规定，供货商应为采购方提供优质，品质稳定、可靠的原料。

③ 定量与定性相结合原则　现有文献对供应商评价的模型主要有定性和定量两种方法，定性方法主要是概念型、经验型的研究，通过直观判断与协商等途径，建立供应商选择和评价指标体系；定量方法是采用仿真研究和数学模型分

析。上述两种方法都存在一定的局限性，定性方法易因主观偏好带来决策失误，而定量方法对于供应商选择评价的许多指标无法量化，判断结果的全面系统性得不到保证。为了客观地评价供应商，应两者相互结合。目前较为理想的评价方法为定量定性相结合的熵值法和主成分分析法。

（3）供应商选择的基本指标

① 食品生产经营许可和食品质量认证　这两个指标是刚性指标，如果供应商没有经过许可、认证或者曾经供应的食品产生过质量问题都应该一票否决。

按照《食品安全法》规定，国家对食品生产经营实行许可制度。从事食品生产、食品销售、餐饮服务，应当依法取得许可。销售食用农产品和仅销售预包装食品的，不需要取得许可。仅销售预包装食品的，应当报所在地县级以上地方人民政府食品安全监督管理部门备案。食品生产加工小作坊和食品摊贩从事食品生产经营活动，应当符合法律规定的与其生产经营规模、条件相适应的食品安全要求，保证所生产经营的食品卫生、无毒、无害，有关部门应当对其加强监督管理。

此外，国家鼓励食品生产经营企业符合良好生产规范要求，实施危害分析与关键控制点体系，因此，对于取得良好生产规范和危害分析与关键控制点体系认证的食品供应商，其食品安全管理水平相对较高，但要注意认证机构对该类企业的追踪调查结果。

② 生产及运输设备、生产运输存储环境、食品安全监测和食品营养成分指标　生产及运输设备、生产运输存储环境反映食品供应商的硬件水平，合理的厂房、厂区布局能大大减少生产各个环节之间的时间，提高整个生产链的效率。对食品供应链而言，冷藏链设施非常重要，高质量产品生产出来后，如果没有很好的冷藏链设施的支持，也会引起巨大的损失。冷链物流需要注意隔温，因此有些特殊的与温度有关的仓储设备和装卸平台是必需的。食品安全监测则反映食品供应商的软件水平，是供应商的质量体系中质量监控与检测的重要环节。

前三项是直接指标，主要针对食物供应链中的食品污染和食品腐败变质问题，旨在降低食品安全风险。而食品营养成分指标则是从食品质量角度考虑，当然，对于营养成分的检测与监测也能从侧面反映食品安全状况，因为当食物发生腐败变质等问题时，营养成分也会发生相应改变。

③ 价格　这是餐饮生产经营单位选择供应商时不可避免要考虑的问题，因为降低成本是追求利润的必然方法。而从食品安全的角度来考虑，价格不应作为选择食品供应商的首要因素，但可作为衡量食物安全性的间接指标，这就是平常

老百姓最爱提到的“一分钱，一分货”。

④ 交货提前期和完成订单的履行率　对于餐饮经营单位来说，保持物资流通的通畅能够降低贮存成本，提高食品周转率，降低食品腐败变质的可能，同时提高企业对客户需求的反应速度。

⑤ 供应商的资金实力和企业管理水平　这两项指标使供应商有能力也有条件为可能发生的食品安全问题承担责任，从而降低了采购企业承担的食品安全风险，也是基于食品安全的供应商选择的重要间接指标。

（4）目前存在的问题　目前在餐饮生产经营单位中采购工作缺乏科学性、系统性和针对性；企业为了谋取最大利润，忽视供应商对餐饮食品安全的重要影响，而乐于与进货渠道不正规的小商小贩“打交道”；采购人员因业务素质、职业道德品质等因素，对真正影响餐饮业连续生产、竞争能力、盈利能力的产品和瓶颈原料的供应商不了解、不重视，对原料供应商没有进行科学的分类管理，忽视供应商的数量、可靠性、质量保证能力、供应风险等因素。

更为突出的现实问题是，由于餐饮食品原料采购自身存在的显著特点，诸如原料种类繁多，产地各异；采购范围跨度大；原料价格弹性大；保质期短，小批量、多批次采购促使采购成本长期偏高；需求量大小不一，每天的消耗量难以估计等，对于餐饮生产经营单位来说，尤其是中小型餐饮企业，构建与原料供应商之间安全且高效率的采购供应链很难实现，这就意味着被动依赖原料供应商来保障进入餐饮生产经营单位的原料安全、可靠，在目前的状况下并不现实。因此当下，餐饮原料采购的食品安全控制仍应以餐饮生产经营单位自身的主动行为来实现，即以依法建立健全完善的采购索证制度和进货查验制度为工作重点。

2. 餐饮原料采购索证制度

（1）餐饮原料采购索证制度的概念和意义　根据《餐饮服务食品采购索证索票管理规定》定义，所谓“索证”，指餐饮业经营者在采购食品、食品添加剂及食品相关产品时，查验产品是否符合相关食品安全法规或标准要求，查验供货产品合格证明并索取购物凭证的行为。索证的目的在于保障食品安全，在餐饮生产经营单位建立索证制度无论是对于餐饮企业本身还是对于消费者、政府食品安全监管部门都具有重要而长远的意义。

① 采购索证制度有效地保护消费者健康。

索证可以阻断不合格食品流入消费环节。餐饮服务是向消费者提供直接入口食品的最后环节，如果在此环节阻断了不安全食品作为餐饮食品原料，餐饮食品的安全质量就有了基本保证。

作为买方的餐饮业在采购食品时，向供货方索证，必然会促使食品生产者对食品生产过程实行严格管理，并按照食品安全标准检验每批食品，保证食品合格出厂，这就形成了由餐饮服务到食品经营再到食品生产的链条式食品安全质量控制体系。

② 维护餐饮业的经济利益。

采购不符合食品安全标准的食品，不仅会造成消费者的健康损害，也会影响餐饮经营者的经济利益。如果在购入食品以后，才发现食品存在食品污染或腐败变质等问题，导致只能弃用原料，造成直接经济损失；若可以退货退款，但耽误了加工与服务时间，影响了餐饮经营效率；较为严重的情况则可能由于未发现或发现食品安全问题后未做恰当处理，仍然以不合格的食品原料加工餐饮食品，其结果则可能导致食物中毒，企业面临赔偿、罚款，企业信誉尽失，严重者或被取消经营资格，或承担刑事责任，更加影响餐饮业的经济利益。

③ 索证是餐饮业的法律义务和监管部门的执法依据。

《食品安全法》第50条明确规定：食品生产者采购食品原料、食品添加剂、食品相关产品，应当查验供货者的许可证和产品合格证明；对无法提供合格证明的食品原料，应当按照食品安全标准进行检验；不得采购或者使用不符合食品安全标准的食品原料、食品添加剂、食品相关产品。《餐饮服务食品安全监督管理办法》也规定餐饮生产经营单位在购买食品原料时，应向供货方索取有关食品安全证明文件。

(2) 索证的内容　按照《食品安全法》及《餐饮服务食品采购索证索票管理规定》，索证的内容包括索取、查验和建立进货验收和台账记录三个方面。本节主要就“索证”相关内容作重点介绍。

① 索取　索取购物凭证、资质证明、证明食品安全质量的文件和供货合同(从固定供货商或供货基地采购食品的)。

② 查验　查验产品的一般卫生状况、产品合格证明和产品标识；批量采购食品时，查验食品是否有按照产品生产批次由符合法定条件的检验机构出具的检验合格报告或者由供货商签字（盖章）的检验报告复印件；采购生猪肉查验是否为定点屠宰企业屠宰的产品并查验检疫合格证明；采购其他肉类查验检疫合格证明。

③ 建立进货验收和台账记录　记录进货时间、食品名称、规格、数量、供货商及其联系方式等内容；从固定供货基地或供货商采购食品并签订采购供应合同的，应留存每笔供货清单，可不再重新登记台账。餐饮业经营者食品采购与进

货验收台账格式见表 2-1。

表 2-1 餐饮业经营者食品采购与进货验收台账

单位或部门名称：

进货时间	食品名称	规格	数量	供货商	供货商电话	生产日期或批号	保质期限	保存条件	食品与购物证明是否一致	验收人

(3) 索证的食品范围和种类 《餐饮服务食品采购索证索票管理规定》规定，餐饮服务提供者采购食品、食品添加剂及食品相关产品，应当遵守本规定。

① 食品类 主要有肉及肉制品、乳及乳制品、蛋及蛋制品、水产品及制品、豆制品、酒类、饮料、茶叶、冷食、糕点类、粮谷类及制品、食用油、调味品、酱腌菜、罐头、糖果、蜜饯、食糖、婴幼儿主辅食品、新资源食品、保健食品、辐照食品、强化食品、特殊营养食品等。

② 食品添加剂与营养强化剂类 包括各类食品添加剂。餐饮业可能常用的如着色剂、膨松剂、品质改良剂、甜味剂和酸味剂等。

③ 食品容器与包装材料类 主要有塑料包装材料、纸质包装材料、木质包装材料和金属材料等。

④ 食品用洗涤剂、消毒剂等 主要有不同品质的洗涤剂、消毒剂和洗涤消毒剂等。

此外，为了最大程度有效地保障消费者健康，除对规定的食品必须强制索证的证明文件外，也应该对未作规定的食品品种进行索证，尤其是购进量比较大、消费范围比较广的食品，如蔬菜、水果等。

(4) 索证的具体文件

① 证明生产者或经营者资质的文件 在中华人民共和国境内从事食品生产活动应当依法取得食品生产许可证。从事食品销售和餐饮服务活动，应当依法取得食品经营许可证。

② 证明食品安全质量的文件

A. 食品（包括蔬菜、水果等）、食品添加剂与营养强化剂、食品包装材料与容器和食品用洗涤剂、消毒剂的检验合格证或化验单。

B. 食品为鲜（冻）畜禽肉或活禽时，应索取畜牧兽医部门出具的兽医检疫证明。

C. 所购食品为进口食品时，应索取口岸进口食品卫生监督检验机构出具的检验合格证明（进口食品卫生证书）。所购食品为鲜（冻）畜禽肉时，还应当索取进口检疫机构出具的卫生检疫合格证。

D. 需要特殊批准的产品，如保健食品、新资源食品、绿色食品、无公害食品等，还需要索取批准机关的批准证书或其他相关证明文件。

③ 食品安全质量证明文件的具体形式

A. 检验合格证　检验合格证是指对食品所作的综合性评价结论，一般无检验项目及检验结果的具体明细，而是对某项特殊内容所作的评价，如兽医检疫证明。

B. 化验单　即检验报告单，有具体的检验项目与检验结果应出具化验单(或称检验报告单)。

需要特别说明的是，对于检验报告的索取，《餐饮服务食品采购索证索票管理规定》仅要求批量采购食品时应当查验，简化了索取方式，提高了可操作性。同时，要求查验检验报告原件或供货商签字（盖章）的复印件，确保了真实性。

(5) 如何查验各类文件

① 查验证明文件的有效性

A. 索取的《食品生产许可证》《食品经营许可证》《工商营业执照》和产品批准证书等应在有效年度内。

B. 索取的许可证所载明的生产或经营企业的名称应与所购食品包装标签或供货合同上的相同；所购买的食品应在许可证准许生产或经营的品种范围内。

C. 索取的检验合格证明或化验单上的食品名称、批号或生产日期应与所购食品包装标签、供货合同或商品发货票上的相同。

D. 检验合格证明或化验单上注明所使用的执行标准和检验方法应与所购食品相关现行标准一致。

② 查验证明文件的合法性

A. 出具检验合格证或化验单的检验机构应是有出证资格的单位，具有出证资质的检验机构的化验单上应有“MAC”字样。

B. 所有文件都加盖了合法有效的公章或检验专用章，如检验单位章、检疫章等。

C. 各类文件无涂改、伪造。

③ 其他注意事项

A. 化验单或检验合格证必须是购进产品同批次样品的检验结果，不能以一个批次的化验单或检验合格证代替其他批次的产品。所以，应该是每批必检验，每批必索证，每批必查验。

B. 化验单或检验合格证应当标明供货方或生产者名称、品名、生产日期、批号、检验时所依据的食品卫生标准、检验的指标及检验结果，盖有检验单位公章。

C. 检验时间应在产品保质期内。

D. 按照现行食品安全国家标准或地方标准、行业标准、企业标准对该食品检验项目的检验结果进行查验。食品安全国家标准是企业必须执行的标准，在没有食品安全国家标准时，可使用食品安全地方标准；在没有食品安全国家标准，也没有食品安全地方标准时，可使用食品安全行业标准的指标；如无前述各类标准时，也可使用已经备案的企业标准。

（6）索证制度的其他要求

① 索证情况报送　餐饮食品安全监管部门按照规定应对餐饮业经营者食品索证情况监督检查，因此部分监管部门要求食品的采购方应定期报送“采购食品索证登记表”，而食品安全监督机构则定期或不定期地对各单位的索证情况进行监督检查，对于违反规定的单位依法予以处罚。对于凡与登记表不符或伪造化验结果的，一是责令立即停售，限期索证；二是对该批食品进行抽样检验，检验合格取得“检验合格证”后方可继续销售经营。

② 复检　凡有下列情况之一的，食品的采购单位可以请有检验资格的机构对采购食品的卫生指标进行复检。

A. 无同批次食品检验合格证或者化验单。

B. 化验单中的检验项目未按食品安全标准规定的检验项目进行检验。

C. 检验合格证或者化验单被涂改。

D. 伪造检验合格证或者化验单。

③ 索证保存期限　食品生产企业应当建立食品原料、食品添加剂、食品相关产品进货查验记录制度，如实记录食品原料、食品添加剂、食品相关产品的名称、规格、数量、生产日期或者生产批号、保质期、进货日期以及供货者名称、地址、联系方式等内容，并保存相关凭证。记录和凭证保存期限不得少于产品保质期满后六个月；没有明确保质期的，保存期限不得少于二年。

二、各类原料的采购验收

1. 原料采购验收的意义和方法

为保证餐饮原料的质量安全，餐饮生产经营单位除了通过合理科学的供方评定选择合格的供应商和依法建立索证制度之外，还有一个重要的控制措施则是对需要采购的食品进行一般卫生状况的验收，从法律定义的范畴来看，这实际上也是索证制度中比较重要的内容（即查验）之一。

餐饮生产经营单位应建立采购材料的质量标准，确保采购的产品符合规定的采购要求和国家有关食品安全标准。目前我国尚缺乏专门适用于餐饮行业的采购质量标准，可参考现有的食品卫生质量检验标准，从感官、理化和微生物三方面进行质量检验和食品安全控制，其中在餐饮行业应用最为广泛的是感官检验、理化快速检验和微生物快速检验。

（1）感官检验　感官检验是利用人的感觉器官，即视觉、嗅觉、触觉及味觉对食品的色、香、味和外观形态进行综合的鉴别和评价，它是鉴定食品质量优劣，尤其是食品腐败变质的简便、快速和比较准确的方法。我国的食品安全标准或其他质量标准中对各种食品规定了感官鉴别项目及其相应的要求。

① 视觉检验　即以肉眼观察，在感官鉴别中，视觉鉴别是最常用的方法，几乎所有食品的感官鉴别都离不开视觉检验。

视觉检验的重点是观察食品的形态与色泽，一般食品质量好时，带有其特有的颜色、光泽和透明度，随着食品的腐败变质，其颜色、光泽、形态和透明度也发生着相应变化。此外应观察食品包装是否完整无损，标签商标是否与内容相符。通过观察食品表面有无霉斑、虫蛀、异物等来判断食品的新鲜程度。

注意视觉检验应在自然光下进行，而灯光会给食品造成假象，带来视觉错觉。

② 嗅觉检验　以嗅觉检验食品的气味。嗅觉检验是感官检验中灵敏度最高的方法，其灵敏度甚至高于某些仪器和理化检验，尤其适用于肉、鱼及海产食品的检验。

在鉴别食品时，液态食品可滴在清洁的手掌上摩擦，以增加气味的挥发；识别畜肉等大块食品时，可将一把尖刀稍微加热后刺入深部，拔出后立即嗅闻气味。

注意进行嗅觉检查应按轻气味到浓气味的顺序进行，持续时间不能过长，以免因嗅觉适应，灵敏度降低。

③ 触觉检验　主要通过手的触、摸、捏、搓等动作，对食品的轻重、冷热、软硬、脆韧、弹性、黏稠、紧密程度、滑腻等性质的描述，检查食品的组织状态、新鲜程度、有无吸潮硬结或龟裂崩解现象。

④ 味觉检验　通常在视觉、嗅觉检验基本正常的情况下进行的品评食物应

有的滋味等。检验时取少量被检食品放入口中，细心品尝，然后吐出（不要咽下），用温水漱口。若连续检验几种样品时，应由淡及浓，且每品尝一种样品后，都要用温水漱口，以减少相互影响。

注意人体味蕾的灵敏度与食品的温度有密切关系，在味觉检验时，最好使食品处于20～45℃之间，以免温度的变化增强或减低对味觉器官的刺激。味觉检验前不要吸烟或吃刺激性较强的食物，以免降低感觉器官的灵敏度。

（2）理化检验　理化检验是指对食品及化学性污染物进行定性鉴定和定量测定，一般要求在实验室借助各种分析仪器、试剂等对食品的物理指标和化学指标进行分析检验，并与国家有关食品质量标准比较，以此确定其营养卫生质量。国家标准对餐饮业食品与原辅料、餐饮具等的重点检测项目规定中涉及的主要理化检测项目是蛋白质含量、食品添加剂、重金属、黄曲霉毒素等。

（3）微生物检验　微生物检验是在实验室条件下对食品中微生物进行培养观察、分类计数等检验。在食品的细菌污染中，评价食品卫生质量的细菌学指标如下。

① 细菌菌相　食品中的细菌菌相系指存在于食品中的细菌种类及相对数量两者而言。食品中相对数量较大的细菌称为优势菌种；食品在细菌作用下所发生变化的程度及特征，主要取决于菌相，特别是优势菌种。由于食品中的细菌菌相及其优势菌种不同，食品的腐败变质也具有相应的变化特征。

食品中的沙门菌、大肠杆菌O157：H7、单核细胞增生李斯特菌常作为食源性致病菌的代表，能反映一个地区食品微生物污染的状况。

② 菌落总数　食品中菌落总数反映食品每克或每毫升或每平方厘米面积上的细菌数量。即在严格规定的条件下，使对这些条件适应的每一个活菌细胞必须而且只能生成一个靠肉眼可以看见的菌落，所得到的结果，即以样品单位质量（g）、体积（mL）或表面积（cm^2）内的菌落总数来表示。

从食品安全角度来讲，食品中菌落总数有以下两方面意义：一是作为食品被细菌污染的程度，或是食品的清洁状态的标志。二是可用来预测食品的耐存放程度或期限。细菌数在100万～1000万个/g的食品，可能会引起食物中毒。

③ 大肠菌群　大肠菌群来自人与温血动物的粪便，可直接或间接污染食品。食品中该类细菌数量愈多，表示被粪便污染的程度愈严重，同时也说明有被肠道致病菌如伤寒杆菌、痢疾杆菌等污染的可能。

菌落总数、大肠菌群已被许多国家用作食品生产质量鉴定的指标。我国目前的国家标准对很多食品如冷饮食品、熟肉制品、牛奶及奶制品等均规定了相应的检测项目，也是对餐饮业食品与原辅料、餐饮具等进行微生物检测的主要指标。

(4) 快速检验　快速检验是指包括样品制备在内，能够在短时间内出具检测结果的行为，包括理化快速检验和微生物快速检验，目前在食品安全监管部门对餐饮经营单位进行日常的现场监督时应用较多。在进行原料采购验收时餐饮经营单位可以借鉴，作为企业内部监管的手段之一。

快速检测的反应原理与实验室理化检测、实验室微生物检测基本相同，但反应的载体和介质不同，如大肠菌群快速检测法——纸片法、将培养基固化在试剂盒中的速测盒法等。快速检测可以大大缩短检测周期，简化操作程序。《食品安全法》规定县级以上人民政府食品安全监督管理部门在食品安全监督管理工作中可以采用国家规定的快速检测方法对食品进行抽查检测。对抽查检测结果表明可能不符合食品安全标准的食品，应当依照《食品安全法》的规定进行检验。抽查检测结果确定有关食品不符合食品安全标准的，可以作为行政处罚的依据。

为保证餐饮原料的质量安全，餐饮经营单位在原料采购验收时应根据不同种类食品的特性选择适宜的检验方法，以感官检验为主，结合其他检验方法对食品的安全性作出全面、准确的评价。

2. 植物性原料的采购验收

植物性原料包括粮谷类、豆类、薯类、硬果类、蔬菜水果等。

(1) 粮食的采购验收　GB 2715《食品安全国家标准 粮食》对粮食的描述是：粮食系指供人食用的原粮和成品粮，包括禾谷类、豆类、薯类等。不包括用于加工食用油的原料。成品粮是指原粮加工后的大米、面粉、小米、玉米粉等。

① 应符合的食品安全国家标准及主要指标　GB 2715《食品安全国家标准 粮食》、GB 2762《食品安全国家标准 食品中污染物限量》、GB 2763《食品安全国家标准 食品中农药最大残留限量》、GB 2761《食品安全国家标准 食品中真菌毒素限量》、GB 2760《食品安全国家标准 食品添加剂使用标准》、GB 14880《食品安全国家标准　食品营养强化剂使用标准》等。主要指标包括：有毒有害菌类、植物种子指标，如麦角、毒麦、曼陀罗子及其他有毒植物的种子；真菌毒素限量指标，如黄曲霉毒素 B_1、脱氧雪腐镰刀菌烯醇（DON）、玉米赤霉烯酮、赭曲霉毒素 A 等；污染物限量指标，如铅、镉、汞、无机砷等；农药最大残留限量，如磷化物、溴甲烷、马拉硫磷、甲基毒死蜱、甲基嘧啶磷、溴氰菊酯、六六六等。

索证核查时应重点核查产品检验报告以下指标：

A. 大米　黄曲霉毒素 B_1、镉、无机砷等。

B. 玉米及玉米粉　黄曲霉毒素 B_1、DON、镉等。

C. 面粉及挂面　DON、镉、无机砷、溴酸钾等。

② 粮食的感官检验

按照 GB 2715《食品安全国家标准 粮食》规定，成品粮应具有正常粮食的色泽、气味，清洁卫生。热损伤率≤0.5%，霉变粒≤2%。其检验方法如下。

A. 色泽　在显色的样品盘或黑纸上，薄薄地均摊一层粮食类食品样品，在散射光线下仔细察看其色泽，如有标准样品加以对照效果更好，也可采用同一经销单位不同品种加以比较。

B. 组织状态　对于面粉，仔细观察有无发霉、结块、生虫及杂质等，然后用手捻捏，以试手感。良质面粉呈细粉末状，不含杂质，手指捻捏时无粗粒感，无虫子和结块，置于手中紧捏后放开不成团。

C. 滋味　新鲜优良的粮食类食品具有该品种所固有的滋味，无异味陈化味。粮食类食品最容易产生霉味、酸味、苦味等。

D. 气味　取少许试样放在于掌中，用哈气的方法提高试样的温度，然后立即嗅其气味；或取少量样品粉碎后放入盛有 60～70℃温水的容器中，盖上盖子，经 2min 后把水倾出，立即嗅其气味。霉臭味、酸臭味是粮食类食品变质的特征性气味。

E. 杂质　当粮食类食品中混有砂石、煤渣、谷壳、秸秆等杂质时，放在嘴里就会产生牙碜的感觉。鉴别时，可与滋味的鉴别同时进行，即用臼齿慢慢摩擦试样来判定牙碜的程度。

③ 各种不同品质成品粮的感官检验　见表 2-2～表 2-5。

表 2-2　大米的感官检验

项目	合格	不合格
色泽	呈清白色或精白色，具有光泽，半透明状	霉变的米粒色泽差，表面呈绿色、黄色、灰褐色、黑色
外观	大小均匀，坚实丰满，粒面光滑完整，少有碎米、爆腰(米粒上有裂纹)、腹白(米粒上乳白色不透明部分叫腹白)，无虫，不含杂质	有结块、发霉现象，表面可见霉菌丝，组织疏松
气味	具有正常的香气味，无其他异味	有霉变气味、酸臭味、腐败味及其他异味
滋味	味佳，微甜，无任何异味	有酸味、苦味及其他不良滋味

表 2-3　面粉的感官检验

项目	合格	不合格
色泽	呈白色或微黄色，不发暗，无杂质	呈灰白或深黄色，发暗，色泽不均
外观	呈细粉末状，不含杂质，手指捻捏时无粗粒感、无虫子和结块，置手中紧捏后放开不成团	面粉吸湿后霉变，有结块或手捏成团
气味	具有正常的香气味，无其他异味	有霉臭味、酸味、煤油味以及其他异味
滋味	味道可口，淡而微甜。无发酸、刺喉、发苦、发甜以及其他异味，咀嚼无砂声	有苦味、酸味、发甜或其他异味，有刺喉感

表 2-4　玉米的感官检验

项目	合格	不合格
色泽	具有各种玉米的正常颜色，色泽鲜艳，有光泽	颜色灰暗无光泽，胚部有黄色或绿色、黑色的菌丝
外观	颗粒饱满完整、均匀一致，质地紧密，无杂物	有多量生芽粒、虫蚀粒或发霉变质粒，质地疏松
气味	具有玉米固有的气味，无任何其他异味	有霉味、腐败变质味或其他不良异味
滋味	具有玉米固有的滋味，微甜	有酸味、苦味、辛辣味等不良滋味

表 2-5　挂面的感官检验

项目	一级	二级	三级
色泽	粗细均匀，光滑整齐，形态良好	粗细较均匀，较光滑整齐，形态较好	粗细不均匀，光滑整齐差，形态差
外观	正常，均匀一致	正常，均匀一致	正常，均匀一致
气味	正常，无酸味、霉味及其他异味	正常，无酸味、霉味及其他异味	正常，无酸味、霉味及其他异味
烹调后感官性状	煮熟后汤色清，口感不粘，无牙碜，无断条	煮熟后汤色较清，口感不粘，无牙碜，柔软爽口，无明显断条	煮熟后汤色稍浑，口感不粘，无牙碜，柔软爽口，有少量断条

④ 掺假掺杂成品粮的鉴别

A. 发水大米的鉴别　出售大米中作假最常见的是发水。发水大米几天就会变质、变味、发霉，失去食用价值。发了霉的大米中可能含有具有致癌作用的黄曲霉毒素 B_1，因此如果米已发霉则不能食用。

发水大米的鉴别方法如下：一般大米水分含量多在 15.5%以内。用手摸、捻、压、掐等感觉很硬；用手插入大米中光滑易进，手搅动时发出清脆的声音；用牙嗑大米粒时，抗压力大，会发出清脆有力的破碎声响。而发水大米的含水量多在 15.5%以上，多则可达 25%左右。发水大米粒形膨胀，显得肥实，有光泽，牙嗑时抗压力小，破碎时响声较低，手插入大米中有涩滞和潮湿感，有时拔出手时米粒易粘在手上。

B. 大米掺霉变米的鉴别　霉变米有霉斑，有霉味，米粒表面有黄、褐、黑、青斑点，胚芽部霉变变色。

C. 小米加色素的鉴别　有些商贩为了掩盖轻度发霉的小米，采用先将小米漂洗，然后加少量姜黄等黄色素染成。检测时可取少量待测小米放于软白纸上，用嘴哈气使其湿润，然后用纸捻搓小米数次，观察纸上是否有轻微的黄色，如有黄色，说明待测小米中染有黄色素。另外，也可将少量样品加水浸湿，观察水的颜色变化，如有轻微的黄色，说明掺有黄色素。

D. 新米中掺入陈米的鉴别　陈米皮部变厚，光泽减少．外皮及胚乳部逐渐地带有赤色，继之变为褐色，且失去坚韧性，容易断碎，色味变差。

E. 糯米中掺入大米的鉴别。感官检查可见糯米为乳白色，不透明，籽粒胚芽明显。大米为清白色，半透明，籽粒胚芽孔不明显。

F. 大米中掺入砂粉及滑石粉的鉴别　有以下几种方法。

摩擦试验法：取待测大米少许于口中，将附着的粉状物质在牙齿间摩擦。此时如发砂土声，并有粗糙感，为混有砂粉之大米；或取附着于米粒上的粉状物少许，用水湿润后置于两块载玻片间摩擦，如在玻璃片上留有条痕，则为混有砂粉、滑石粉的大米。

氯仿沉淀试验法：取大米约 2g 置于干净的离心管中，加氯仿数毫升，加塞。充分振摇后静置，在 10min 内析出灰白色沉淀，倾去米粒及氯仿。用残留的少许沉淀再行摩擦试验，而只取少许沉淀于表面皿中，滴加盐酸，如发生气泡，加水约 2mL，滤入试管中，滤液加氨水中和，再加乙酸呈酸性。再滴加草酸铵溶液，此时如产生白色结晶状沉淀，则为大米中掺有滑石粉等杂质。

碘染色法：取大米 20～30 粒于小玻璃器皿中，加入质量浓度为 10g/L 的碘化钾溶液，使大米全粒浸渍至少 4min，待全米粒均等染色后倒去碘液，迅速用水洗数次，再用酒精及乙醚顺次洗涤，置水浴上，充分干燥，操作中避免振荡，使大米粒上的滑石粉不致剥离。此时滑石粉掺假大米显出金属光泽，否则呈无光泽的炭化状外观。如有谷壳存在，则呈黄褐色，也可与滑石粉区别。若以 10～20 倍放大镜观察，并同时用正常标准米样对照试验，则更易辨认。

⑤ 包装与标签检查　粮食的包装应使用符合卫生要求的包装材料或容器，包装应完整、无破损、无污染。粮食包装袋必须专用，不得污染有毒物质或有异

味。包装袋使用的原材料应符合卫生要求，包装袋口应缝牢固，防止洒漏。定型包装粮食标志应符合 GB 7718《食品安全国家标准 预包装食品标签通则》的规定。转基因的粮食标志按国家有关规定执行。其他食品对包装要求同 GB 7718《食品安全国家标准 预包装食品标签通则》。

（2）豆类及其制品的采购验收 豆制品可分为非发酵性豆制品和发酵性豆制品。

按 GB 2711《食品安全国家标准 面筋制品》和 GB 2712《食品安全国家标准 豆制品》，非发酵性豆制品系指以大豆或其他杂豆为原料制成的豆腐，以及卤制、炸卤、熏制、干燥豆制品等；发酵性豆制品系指以大豆或其他杂豆为原料经发酵制成的腐乳、豆干、纳豆等发酵性豆制品。

① 应符合的食品安全国家标准及主要指标 GB 2711《食品安全国家标准 面筋制品》、GB 2712《食品安全国家标准 豆制品》、GB 2762《食品安全国家标准 食品中污染物限量》、GB 2760《食品安全国家标准 食品添加剂使用标准》等。主要指标包括：理化指标，总砷、铅等；微生物指标（不适用于大豆蛋白类的干燥豆制品，如腐竹等食品），菌落总数、大肠菌群、致病菌（沙门菌、金黄色葡萄球菌、志贺菌）等；食品添加剂与营养强化剂，详见 GB 2760《食品安全国家标准 食品添加剂使用标准》和 GB 14880《食品安全国家标准 食品营养强化剂使用标准》。

索证应对照 GB 2711《食品安全国家标准 面筋制品》和 GB 2712《食品安全国家标准 豆制品》规定，重点核查产品检验报告中铅、菌落总数（不包括干燥豆制品）、大肠菌群（不包括干燥豆制品）、黄曲霉毒素 B_1 等指标。

② 感官检验

A. GB 2711《食品安全国家标准 面筋制品》和 GB 2712《食品安全国家标准 豆制品》规定的感官要求，各类非发酵性豆制品及面筋应具有本品种的正常色、香、味和质地，无异味，无杂质，无霉变。

B. 豆制品感官检验方法 首先观察色泽有无改变，然后手摸有无发黏的感觉以及发黏程度。同时，应注意鉴别气味和滋味。不同品种的豆制品具有本身持有的气味和滋味。一旦豆制品变质，气味和滋味都会发生变化，即可通过鼻和嘴感觉到。所以，感官鉴别豆制品时，应注意鼻嗅和品尝。

C. 各种豆制品的感官鉴别 非发酵性豆制品见表 2-6～表 2-9。

发酵性豆制品感官鉴别如下。

豆豉：豆豉应豆粒饱满、干燥，色泽乌亮，香味浓郁，甜中带鲜，咸淡适口，中心无白点，无霉腐气味以及其他异味。

各种腐乳：见表 2-10。

表 2-6 豆腐的感官检验

项目	合格	不合格
色泽	呈均匀的乳白色或淡黄色，稍有光泽	呈深灰色、深黄色或者红褐色
组织状态	块形完整，软硬适度，有一定的弹性，质地细嫩，结构均匀，无杂质	块形不完整，组织结构粗糙而松散，触之易碎，无弹性，有杂质，表面发黏，用水冲后仍粘手
气味	具有豆腐特有的香味	有豆腥味、馊味等不良气味或其他外来气味
滋味	口感细腻鲜嫩，味道纯正清香	有酸味、苦味、涩味等不良滋味

表 2-7 豆腐干的感官检验

项目	合格	不合格
色泽	呈乳白色或淡黄色，有光泽	呈棕黄色略微发红或发绿，无光泽或光泽不均匀
组织状态	质地细腻，边角整齐，有一定的弹性，切开处挤压不出水，无杂质	质地粗糙无弹性，表面发黏，切开时粘刀，切口挤压时有水流出
气味	具有豆腐干特有的清香味	有馊味、腐臭味等不良气味
滋味	滋味纯正，咸淡适口	有酸味、苦味、涩味等不良滋味

表 2-8 豆腐皮的感官检验

项目	合格	不合格
色泽	呈乳白色或淡黄色，有光泽	颜色灰暗而无光泽
组织状态	组织结构紧密细腻，富有韧性，软硬适度，厚薄度均匀一致，不粘手，无杂质	组织结构杂乱，无韧性，表面发黏起糊，摸之粘手
气味	具有豆腐皮特有的清香味	有馊味、腐臭味等不良气味
滋味	豆腐皮固有的滋味，微咸	有酸味、苦味、涩味等不良滋味

表 2-9 其他豆制品的感官检验

品名	良质	次质	变质
千张	块形完整，表面不发黏	不成整张，表面稍发黏	黏滑，有酸臭味
油豆腐	皮薄软，不实心，黄橙发亮	表面色暗，中心较硬	哈喇味，滑黏
豆腐衣	不破碎，揭得开，有光泽，柔软，无霉点	破碎，色泽较暗，有轻度异味	严重霉变，有霉味
素肠	不出水，表面光洁坚韧	质不坚韧，表面稍发黏，但无异味	发黏，有酸馊味
素鸡	切口光亮，无裂缝，无破皮，无碱味	切口可见较多裂缝，有碱味，质松碎	表面发黏，有严重酸臭味

表 2-10　不同品质腐乳的感官检验

项目	合格	不合格
色泽	红腐乳：表面鲜红或紫红色，断面为杏黄色 白腐乳：颜色表里一致，为乳黄色、淡黄色或清白色 青腐乳：表里呈青色或豆青色 酱腐乳：表面和内部颜色基本一致，具有自然生成的红褐色或棕褐色 花色腐乳：各具其相应特色的颜色	色调灰暗，无光泽，有黑色或绿色斑点
组织状态	块形整齐均匀，质地细腻，无霉斑及杂质	质地稀松或变硬板结，有蛆虫，有霉变现象
气味	具有各品种腐乳特有的香味或特殊气味	有腐臭味、霉味或其他不良气味
滋味	滋味鲜美，鲜咸适口，无任何其他异味	有酸味、苦味、涩味等不良滋味

③ 干豆腐中掺入非食用色素的鉴别　干豆腐中掺入非食用色素后，色泽深黄而无光泽，质地口感差，渣散，锅炒易碎，无纯正的豆香味。

④ 包装与标签检查　使用的包装、容器应完好无损，包装容器和材料应符合相应的卫生标准和有关规定，定型包装的标志应符合 GB 7718《食品安全国家标准 预包装食品标签通则》的规定。大多数定型包装腐乳，是用玻璃瓶或坛子装的，如果玻璃瓶或坛子有破损或渗漏，均不符合要求。

（3）蔬菜的采购验收　我国蔬菜品种繁多，按照蔬菜食用部分的器官形态，可以将经常食用的蔬菜分为根菜类、茎菜类、叶菜类、花菜类、果菜类和食用菌类六大类。

① 应符合的食品安全国家标准及主要指标　GB 2763《食品安全国家标准 食品中农药最大残留限量》标准规定了 564 种农药在 376 种（类）食品中 10092 项最大残留限量。GB 2762《食品安全国家标准 食品中污染物限量》对蔬菜中的铅、汞、镉、铬、亚硝酸盐等污染物作了限量规定。农业部制定了农药安全使用标准，对不同蔬菜可使用的农药品种、常用药量、最高用药量、施药方式、最多使用次数、安全间隔期等都作了明确规定。与蔬菜的卫生质量有关的标准还包括无公害食品标准、绿色食品标准等。

大批量购进或长时间从某一蔬菜种植基地购进时，应向供应商索取有关能证明蔬菜食用安全的文件。有助于证明蔬菜食用安全的文件主要包括：a. 农业生产主管部门颁发的农业种植示范区证书；b. 无公害食品或绿色食品证书；c. 蔬菜种植者有关合理使用农药的内部管理制度等；d. 该批蔬菜的农药、污染物残留量检测报告，重点核查的指标包括高、中毒农药残留指标。

② 感官检验　主要观察蔬菜的色泽、气味、滋味和形态。优质蔬菜鲜嫩，无黄叶，无伤痕，无病虫害，无烂斑。次质蔬菜梗硬，老叶多，枯黄，有少量病虫害、烂斑和空心，挑选后可食用。变质蔬菜严重腐烂，呈腐臭气味，亚硝酸盐含量增多，有毒或严重虫蛀、空心，不可食用。

A. 色泽　各种蔬菜都应具有该品种固有的颜色，新鲜蔬菜大多有发亮的光泽. 这说明蔬菜有较好的成熟度及鲜嫩程度。除杂交品种外，如发现蔬菜色泽异常，说明蔬菜存在一定的卫生或其他质量问题。

B. 气味　多数新鲜蔬菜具有清香、辛香气味，无腐烂变质味和其他异常气味。

C. 滋味　多数新鲜蔬菜滋味甘淡、甜酸，清爽鲜美，少数具有辛酸、苦涩等特殊滋味。如失去本品种原有的滋味即为异常，但改良品种除外。

D. 形态　各种蔬菜品种均应具有该品种所特有的植物学形态特征。当蔬菜鲜度下降或发生病变、虫害、损伤时，就会出现萎蔫、枯塌等异常。所以，蔬菜的形态也是鉴别蔬菜新鲜度及品质的重要方法之一。

③ 几种特殊蔬菜的感官检验

A. 马铃薯　应以皮薄、体大、表面光滑，芽眼浅，肉质细密者为佳。勿选择青皮、发芽的马铃薯。

B. 黄花菜　又叫金针菜。鲜黄花菜含有一定的有毒物质秋水仙碱，故黄花菜一般多经干制后上市供应，感官检验见表 2-11。

表 2-11　干制黄花菜的感官检验

项目	合格	不合格
外观	颜色金黄而有光泽，花条身紧、挺拔、均匀、粗而长，无霉烂和虫蛀，无杂质，无青条（即色青黄或暗绿），无油条（即花体发黑、发黏），开花菜不超过 10%	色深褐，条身短而卷缩不匀，无光泽，有霉烂和（或）虫蛀，有杂质，有青条或油条，开花菜超过 10%
气味	有清香味，无异味	有烟熏味或霉味
手感	抓一把黄花菜捏成团，手感柔软而有弹性，松手后每根黄花菜很快自然伸展	质硬易断，多系变质劣质品加工而成

C. 豆芽　见表 2-12。

表 2-12 不同品质豆芽的感官检验

项目	良质	劣质
色泽	颜色洁白，根部显白色或淡褐色，头部显淡黄色，色泽鲜艳有光泽	色泽发暗，根部呈棕褐色或黑色，无光泽
形态	芽身挺直，长短合适，芽脚不软，组织结构脆嫩，无烂根、烂尖现象	枯萎或霉烂
气味	具有豆芽固有的鲜嫩气味，无异味	有腐败味、酸臭味、农药味、化肥味及其他不良气味
滋味	豆芽固有滋味	有苦味、涩味、酸味及其他不良滋味

(4) 水果的采购验收　水果是对部分可以食用的植物果实和种子的统称，随着人们的生活水平和健康意识的提高，水果愈来愈多地摆上了餐桌，常见的餐桌水果有苹果、梨、柑橘、葡萄、香蕉、西瓜、哈密瓜、菠萝等。

① 应符合的食品安全国家标准及主要指标　农药残留应符合 GB 2763《食品安全国家标准 食品中农药最大残留限量》的规定，环境污染物限量应符合 GD 2762《食品安全国家标准 食品中污染物限量》的规定，真菌毒素限量应符合 GB 2761《食品安全国家标准 食品中真菌毒素限量》的规定，使用保鲜剂、防腐剂及其他食品添加剂应符合 GB 2760《食品安全国家标准 食品添加剂使用标准》的规定。

② 感官检验　新鲜优质水果的表皮色泽光亮，果体洁净，成熟度适宜；肉质鲜嫩、清脆，具有固有的清香味；已成熟的水果还具有水分饱满和该品种固有的一切特征。次质水果一般都表皮较干，不够光泽丰满；肉质鲜嫩程度较差，清香味较淡，略有小烂斑点，有少量虫伤。劣质水果无论干鲜，几乎都具有严重腐烂、虫蛀、发苦等现象，不可食用。

新鲜水果的感官鉴别方法主要是目测、鼻嗅和口尝。

A. 目测色泽与形态　通过目测水果色泽和形态，可以判断水果的成熟度；品种固有色泽及形态特征；果形是否端正，个头大小；水果表面是否清洁新鲜，有无病虫害和机械损伤等。

B. 鼻嗅气味　主要判断水果是否腐败变质。新鲜水果应具有该品种特有的芳香味，但水果变质后会产生不良气味，如西瓜的馊味、苹果的酮臭味。

C. 口尝滋味　鉴别水果的成熟度和果肉的质地。

(5) 食用菌的采购验收　食用菌是一类供人食用的高等真菌，通常称为菇、蕈、蘑、耳、蘑菇等。从古至今，食用菌一直被视为餐桌上特殊的山珍美味。我国是认识和栽培食用菌最早和栽培种类最多、产量最高的国家之一。目前已知的食用真菌有1700余种，可人工栽培的约80余种，商业化栽培的约40种。

① 应符合的食品安全国家标准及主要指标　GB 7096《食品安全国家标准 食用菌及其制品标准》、GB 2762《食品安全国家标准 食品中污染物限量》、GB 27634《食品安全国家标准 食品中农药最大残留限量》、GB 2760《食品安全国家标准 食品添加剂使用标准》等。食用菌主要指标包括理化指标，水分、总砷、铅、总汞、六六六、滴滴涕、食品添加剂等；银耳重点核查产品检验报告中水分(干成品)、米酵菌酸、二氧化硫残留量等指标。

② 感官检验　食用菌应具有食用菌正常的商品外形及固有的色泽、香味，不得混有非食用菌，无异味、无霉变、无虫蛀。

③ 常见几种食用菌的感官检验

A. 鲜香菇　鲜香菇体圆齐整，菌伞肥厚，盖面平滑，质干不碎；手捏菌柄有坚硬感，放开后菌伞随即膨松如故；色泽黄褐，菌伞下面的褶皱紧密细白，菌柄短而粗壮；远闻有香气，无焦片、雨淋片、雷变片、虫蛀片和碎屑。

B. 干香菇　香菇经烘后菌褶由白色变成淡黄色或米黄色。整个底色均匀一致，无焦黄或褐色部分出现。褶面整齐直立，不碎，香味浓郁的更佳。鲜香菇的含水量通常在70%～95%，经烘干后含水量一般以13%为宜，若含水量低于12%，菇体易碎，水分太高则易于霉变。

C. 平菇　平顶呈浅褐色，片大，菌伞较厚，伞面边缘完整，破裂口较少，褶皱均匀，菌柄较短。

D. 厚菇　平面无花纹，呈栗色，略有光泽，肉厚质润，朵较大，边缘破裂较多。

④ 食用菌与有毒菌的主要感官鉴别　食用菌与有毒菌往往生长在一起，形态相似，辨别困难。

要鉴别是否为有毒菌，需要进一步了解其形态特征。食用菌与有毒菌的主要感官鉴别见表2-13。常见有毒菌包括红网牛肝菌、裂丝盖伞、致命白毒伞、毒红菇等。

表2-13　食用菌与有毒菌的主要感官检验

项目	食用菌	有毒菌
色泽	一般颜色都不鲜艳，大多数是白色或棕黑色，菇杆较平，伞面光滑并带有丝光	颜色鲜艳，常呈红、绿、黄色，菇中央呈凸起状，菌伞带有杂色斑点，表面有丝状物或小块的残渣或鳞片，基部多呈红色

续表

项目	食用菌	有毒菌
分泌物	一般较为干燥，折断后分泌出的液体为白色，有特殊香味，菇盖撕裂后一般不变色	菌盖或受伤部位常分泌出黏稠浓厚液体，有赤褐色乳汁，有辛辣异味，菇盖撕裂后容易变色
外观	伞柄上无菇轮，下部无菇托，伞柄易用手撕开	伞柄上有菇轮，且易折断，下部有菇托，伞柄很难用手撕开。另有外观丑陋畸形者，即使色泽正常亦多属有毒菌

3. 动物性原料的采购验收

动物性原料指畜禽肉类、内脏类、奶类、蛋类、水产品等。

（1）畜禽肉类及其制品　人们通常食用的有猪肉、牛肉、羊肉、狗肉、驴肉等畜肉和鸡、鸭、鹅、鸽等禽肉及其制品。其中肉泛指胴体、头、蹄（爪）以及内脏，肉制品指以肉为主要原料，经酱、卤、熏、烤、蒸、煮等任何一种或多种加工方法制成的生或熟的制品。

① 应符合的食品安全国家标准及主要指标　GB 2707《食品安全国家标准 鲜（冻）畜、禽产品》、GB 16869《鲜、冻禽产品》、GB 2730《食品安全国家标准 腌腊肉制品》、GB 2726《食品安全国家标准 熟肉制品》、GB 2762《食品安全国家标准 食品中污染物限量》、GB 2763《食品安全国家标准 食品中农药最大残留限量》。主要理化指标包括：冻禽产品解冻失水率、挥发性盐基氮、汞、铅、砷、六六六、滴滴涕、敌敌畏、四环素、金霉素、土霉素、磺胺二甲嘧啶、二氯二甲吡啶酚、己烯雌酚等，对腌腊制品还包括过氧化值、酸价、苯并［a］芘（仅适用于经烟熏的腌腊肉制品）、三甲胺氮、亚硝酸盐残留量等；对熟肉制品还应特别注意硝酸盐、亚硝酸盐、人工色素及复合磷酸盐（保持肉的鲜嫩及风味）的过量和滥用。微生物指标包括菌落总数、大肠菌群、致病菌［如沙门菌、出血性大肠埃希菌（O157∶H7）］等。

索证应查看有无兽医卫生检验检疫合格证明，且该证明表明的产品批次应与所购的鲜（冻）畜禽肉产品相对应。重点核查产品检验报告中上述指标的检验报告，必要时，还应查“瘦肉精”的检验报告。

② 感官检验　按照 GB 2707《食品安全国家标准 鲜（冻）畜、禽产品》规定的感官要求，鲜（冻）畜肉应无异味、无酸败味。

③ 各类畜禽肉及制品的感官检验

A. 鲜肉　鲜肉指畜类屠宰后，经兽医卫生检验符合市场鲜销的肉品。肉品鲜度，可分为新鲜肉、次鲜肉和变质肉三种。不同品质鲜肉的感官检验见表2-14。

表 2-14 不同品质鲜肉的感官检验

项目	新鲜肉	次鲜肉	变质肉
色泽	肌肉有光泽，红色均匀，脂肪洁白	肌肉色稍暗，脂肪缺乏光泽	肌肉无光泽，脂肪灰绿色
黏度	外表微干或微湿润，不粘手	外表略湿，稍粘手	外表发黏起腐，粘手
弹性	指压后凹陷立即恢复	指压后凹陷恢复慢且不完全恢复	指压后凹陷不能恢复，留有明显痕迹
气味	具有鲜肉正常气味	略有氨味或略带酸味	有臭味
肉汤	透明澄清，脂肪团聚于表面，具有香味	稍有混浊，脂肪呈小滴浮于表面，稍有哈喇味	混浊，有絮状物，不见脂肪滴，有臭味

B. 肉制品 不同品质肉制品的感官检验见表2-15。

表 2-15 不同品质肉制品的感官检验

品种	良质	次质
肉馅	红白分明，气味正常，不含脏肉、砧屑、血筋等杂物	呈灰暗色或暗绿色，有氨味、酸味或臭味，含血筋、脏肉、砧屑等杂物较多
香肠（腊肠）	肠衣干燥完整而紧贴肉馅，无黏液及异味，坚实而有弹性，切面有光泽，肌肉呈玫瑰红色，脂肪白色或微带红色，具有香肠固有的风味	肠衣湿润、发黏，易与肉馅分离并易断裂，表面霉点严重，抹后仍有痕迹，切面不齐，裂缝明显，中心部有软化现象，肉馅无光泽，肌肉呈灰暗色，有酸味或臭味
腊肉	色泽鲜明，肌肉暗红色，脂肪透明呈乳白色，肉干燥结实，具有腊肉的固有香味	肌肉灰暗无光，脂肪黄色，有霉点，肉体松软带黏液，有酸败味或异味
咸肉	肌肉呈红色，脂肪白色，肉质紧密，具有咸肉的固有气味	肌肉呈暗红色或灰绿色，有霉斑、虫蚀，有异味、腐败酸臭味（骨骼周围明显）、严重哈味
火腿	肌肉桃红色，脂肪白净，有光泽，肉质致密结实，有香味（用竹木签插入肌肉中拔出嗅气味）	肌肉切面呈酱色，上有各色斑点。脂肪呈褐黄色，无光泽，肉质疏松，有腐败味、哈味或酸味
肉松	呈金黄色，有光泽，肌肉纤维清晰疏松，无异味和臭味	呈黄褐色，无光泽，潮湿，粘手，有酸味和臭味

C. 内脏 不同品质内脏的感官检验见表2-16。

表 2-16 不同品质内脏的感官检验

内脏	良质	次质
肠	乳白色，稍软，略带坚韧，黏液无异味，无脓点和出血点，无伤斑	淡绿色或灰绿色，组织软化，无韧性，易断裂，有腐败臭味

续表

内脏	良质	次质
胃	乳白色，黏膜清晰，质地结实，较强韧性，无异臭，无血块及污物	灰绿色，黏膜模糊，组织松弛，易破，无光泽，有臭味
肝	棕红色或淡黄色，有光泽，有弹性，组织结实，切面整齐，无异味	青绿色或灰褐色，无光泽，无弹性，组织松软，切面模糊，有腥臭味
心	淡红色，脂肪乳白色或微红色，组织结实，有弹性，无异味	红褐色或绿色，组织松弛，无弹性，有异臭
肺	粉红色，有弹性，有光泽，无异臭	灰绿色，无弹性，无光泽，有异臭
肾	淡褐色，有光泽，有弹性，组织结实，无异臭	灰绿色，无光泽，组织松弛，无弹性，有异臭

D. 死畜肉　死畜肉指牲畜因各种原因死后屠宰的肉品。包括瘟疫肉，肉皮表面布满紫红色的、细小的出血点，尤其在耳根、颈和腹部更为密集且较大；口蹄疫肉，牲畜的心脏上呈现出虎皮状斑纹；猪丹毒肉，肉皮上有紫红色疹块。

健康畜肉和死畜肉的感官检验见表 2-17。

表 2-17　健康畜肉和死畜肉的感官检验

项目	健康畜肉	死畜肉
色泽	肌肉色泽鲜红，脂肪洁白（牛肉为黄色），有光泽	肌肉色泽暗红或带有血迹，脂肪呈桃红色
组织状态	肌肉坚实致密，不易撕开，有弹性，手指按压后即可复原	肌肉松软，肌纤维易撕开，肌肉弹性差
血管	全身血管中无凝结的血液，胸腹腔内无淤血	全身血管尤其是毛细血管淤血，胸腹腔呈暗红色，无光泽
淋巴结	大小正常，切面呈鲜灰色或淡黄色	淋巴结肿大

E. 注水畜肉　注水畜肉肌肉色泽浅淡，外观湿润，具有渗水光泽，肌纤维肿胀，切面可见血水渗出；指压后凹陷恢复缓慢，如果是冻肉，有如摸在冰块上的滑溜感；注水后的刀切面，有水顺刀流出，如果是冻肉，肌肉间有冰块残留，且生硬度增加。注水后的畜肉较正常鲜畜肉味淡，煮后肉汤混浊，脂肪滴不匀，缺少香味，有的上浮血沫，有血腥味。用吸水性较好的纸覆盖于切面，纸张很快浸湿且不易点燃出明火者，即为注水猪肉。

F. 鲜禽肉　不同品质鲜禽肉的感官检验见表 2-18。

表 2-18 不同品质鲜禽肉的感官检验

指标	新鲜肉	次鲜肉	变质肉
眼睛	眼球饱满，角膜透明	眼球稍陷，角膜稍混浊	眼球凹陷，角膜混浊
色泽	肌肉因品种不同呈淡黄、淡红、灰白、灰黑色，有光泽，脂肪黄色	肌肉色稍暗，脂肪缺乏光泽	肌肉无光泽，脂肪灰绿色
黏度	外表微干或微湿润，不粘手	外表略湿，稍粘手	外表发黏起腐，粘手
弹性	指压后凹陷立即恢复	指压后凹陷恢复慢且不完全恢复	指压后凹陷不能恢复，留有明显痕迹
气味	具有鲜禽肉正常气味	略有氨味或略带酸味	有臭味
肉汤	透明澄清，脂肪团聚于表面，有香味	稍有混浊，脂肪呈小滴浮于表面，稍有哈喇味	混浊有絮状物，不见脂肪滴，有臭味

G. 健康活鸡与病活鸡　健康活鸡与病活鸡的感官检验见表 2-19。

表 2-19 健康活鸡与病活鸡的感官检验

项目	健康鸡	病活鸡
鸡冠肉髯	粉红色或微黄色，鸡冠挺直	发紫或苍白色，粗糙，萎缩
体貌鉴别	鼻孔干净无鼻水，鸡冠朱红色，头羽紧贴，肛门黏膜肉色，不流口水，口腔无红点	鼻孔有水，鸡冠变色，肛门有红点，流口水
动态鉴别（提翅）	挣扎有力，双腿收起，鸣声长而响亮，有一定重量	挣扎无力，腿伸而不收，鸣声短促而嘶哑，肉薄身轻
静态鉴别	呼吸不张嘴，眼睛干净而灵活有神	不时张嘴，眼球混浊，眼睑浮肿

H. 健康禽肉与病死禽肉　健康禽肉与病死禽肉的感官检验见表 2-20。

表 2-20 健康禽肉与病死禽肉的感官检验

项目	健康禽肉	病死禽肉
头	光细洁净	粗糙，有黑紫色结痂
眼睛	多微闭，眼睑清洁，眼球充实，角膜有光泽	眼睛全闭，眼球凹陷，角膜混浊，有分泌物
皮肤体形	皮肤干燥紧缩，色新鲜，体形丰满圆润	颜色紫红，缺乏光泽，体形干枯
肌肉	色泽气味正常	不正常，肌肉中有粟粒大小结节
泄殖孔	紧缩清洁	松弛或污秽不洁，煺毛后留下粗糙痕迹

I. 活禽屠宰与死禽冷宰　禽类因各种病死、毒死、物理性死亡及不明原因死后宰杀称为死禽冷宰。活禽屠宰与死禽冷宰的感官检验见表 2-21。

表 2-21　活禽屠宰与死禽冷宰的感官检验

项目	活禽屠宰	死禽冷宰
放血	放血良好彻底，切口不平整	放血不良、不彻底，切口平整
切面	周围组织被血液浸润，呈鲜红色	周围组织无浸润血液，呈暗红色
皮肤	表面干燥紧缩，无淤血点	表面粗糙，可见淤血点（紫斑块）
脂肪	淡黄色，看不见小血管	暗红色，看得见小血管
胸肌腿肌	切面干燥有弹性，有光泽，肌肉微红色	切面不干燥无弹性，暗红色，暗紫色淤血溢出
卫生处理	可食	疾病、中毒死亡或不明死因一律不得食用

J. 板鸭　不同品质板鸭的感官检验见表 2-22。

表 2-22　不同品质板鸭的感官检验

项目	良质板鸭	次质板鸭
体表	光洁，乳白色	淡红色或淡黄色，有少量油脂渗出
腹腔	干燥有盐霜	无盐霜
肌肉	紧密有光泽，呈玫瑰色	切面稀松，呈暗红色
气味	有板鸭固有的气味	有异味
肉汤	肉汤芳香，脂肪大片团聚，肉嫩味鲜	哈喇味，脂肪滴浮于表面

(2) 水产品的采购验收　水产品包括供人们食用的鱼类、甲壳类、贝类和藻类等淡、海水产品及其加工制品。由于环境以及生产经营过程的污染等诸多因素，水产食品安全问题日益突出。

① 应符合的食品安全国家标准及主要指标　GB 2733《食品安全国家标准 鲜、冻动物性水产品》、GB 10136《食品安全国家标准 动物性水产制品》、GB 10133《食品安全国家标准 水产调味品》、GB 2762《食品安全国家标准 食品中污染物限量》、GB 2763《食品安全国家标准 食品中农药最大残留限量》、GB 2760《食品安全国家标准 食品添加剂使用标准》等。鲜、冻动物性水产品主要理化指标包括挥发性盐基氮、组胺、铅、无机砷、甲基汞、镉、多氯联苯，动物性水产品干制品及其他制品理化指标包括无机砷（贝类及虾蟹类）、铅（鱼类）、酸价、过氧化值。微生物指标包括菌落总数、大肠菌群、致病菌（沙门菌、金黄色葡萄球菌、志贺菌、副溶血性弧菌）。生食水产品还需注意寄生虫指标如囊蚴。

索证应重点核查产品检验报告中上述指标的检验报告。

② 感官检验方法　主要是通过外观、色泽、气味和滋味等判断水产品的死活与鲜度。首先，观察其生命活力；其次是看外观形体的完整性，注意有无伤

痕、鳞片脱落、骨肉分离等现象；再次是观察体表洁净程度，即有无污秽物和杂质等；最后才是看其色泽，嗅其气味。

③ 各类水产品的感官检验

A. 泥螺、河蟹、河虾、淡水贝类必须鲜活。

B. 鱼 不同品质鲜鱼的感官检验见表 2-23。

表 2-23 不同品质鲜鱼的感官检验

项目	新鲜	次鲜	变质
表面	有光泽，有清洁透明的黏液，鳞片完整不易脱落，具有海水鱼或淡水鱼固有的气味	光泽较差，有混浊黏液，鳞片较易脱落，稍有异味	暗淡无光，有污秽黏液，鳞片脱落不全，有腐败臭味
眼睛	眼球饱满、凸出，角膜透明	眼球平坦或稍陷，角膜稍混浊	眼球凹陷，角膜混浊
鳃	色鲜红，清晰	色淡红、暗红或紫红，有黏液	呈灰褐色，有污秽黏液
腹部	坚实，无胀气、破裂现象，肛孔白色凹陷	发软，但膨胀不明显，肛孔稍凸出	松软、膨胀，肛孔凸出，有时破裂流出内脏
肉质	坚实，有弹性，骨肉不分离	肉质稍软，弹性较差	软而松弛，弹性差，指压时形成凹陷不恢复，骨肉分离

C. 鲜虾 不同品质鲜虾的感官检验见表 2-24。

表 2-24 不同品质鲜虾的感官检验

项目	新鲜	次鲜
头胸节与腹节的连接程度	头体连接紧密	头体连接松弛
体表色泽	青白色或青绿色，外壳清晰透明	虾体泛红，透明度较差
体表是否干燥	手摸有干燥感	手摸有滑腻感
伸屈能力	有	无

D. 鲜蟹 不同品质鲜蟹的感官检验见表 2-25。

表 2-25 不同品质鲜蟹的感官检验

项目	新鲜	次鲜
肢与体的连接程度	连接紧密，提起蟹体时，步足不松弛下垂	连接松弛，提起蟹体时，步足松弛下垂
胃印	无	有
蟹黄是否凝固	凝固	半流动状
鳃	鳃色洁净，鳃丝清晰	鳃色不洁，鳃丝粘连

E. 动物性水产干制品　动物性水产干制品应无霉变、无虫蛀、无异味、无杂质。不同品质动物性水产制品的感官检验见表2-26。

表2-26　不同品质动物性水产制品的感官检验

名称	新鲜	变质
咸鱼	鱼体无伤痕，鱼鳞完整，体表光亮，呈白色，肉质紧密、坚实，肌纤维清晰，无破肚离骨现象，有咸鱼固有的香味	鱼体有伤痕，鱼鳞不完整或大部分脱落，体表暗淡无光，发黄，肉质疏松，有黏性，有破肚离骨现象，有哈喇味或臭味
鱼干	外表洁净，有光泽，鳞片紧贴，肉质干燥、紧密，呈白色或淡黄色	外表污秽，暗淡无光，鳞片脱落，肉质疏松，呈黄色、深黄色或发红
虾米	味淡且鲜美，外表洁净，呈淡黄色，有光泽，无搭壳现象，肉质干燥、紧密、坚硬，无异味	碎米多，表面潮湿，暗淡无光，呈灰褐色或黄褐色，搭壳严重，肉质松软，有异味或霉味
虾皮	外壳洁净，有光泽，呈淡黄色，体形完整，尾弯成钩状，头部与躯体紧连，紧握一把后松开能自动散开，无杂质，无异味	外壳污秽，暗淡无光，呈苍白色或淡红色，体形不完整，紧握一把后松开相互粘连不易散开，有异味或霉味
海蜇	色泽光亮，呈淡黄色，质地坚实且脆	外表发黑，有脓样液，质地发软易碎裂，有腐臭味

(3) 蛋及蛋制品　蛋及蛋制品是消费量比较大的餐饮原料，尤其是鲜蛋应用最为广泛。蛋制品系指以鲜蛋为原料，添加或不添加辅料，经相应工艺加工制成的蛋制品。

① 应符合的食品安全国家标准及主要指标　GB 2749《食品安全国家标准 蛋与蛋制品》、GB 2762《食品安全国家标准 食品中污染物限量》、GB 2763《食品安全国家标准 食品中农药最大残留限量》、GB2760《食品安全国家标准 食品添加剂使用标准》等。主要理化指标包括：总汞、无机砷、铅、铜、滴滴涕、六六六；蛋制品还需检验水分、脂肪、游离脂肪酸、挥发性盐基氮、酸度。微生物指标包括菌落总数、大肠菌群、致病菌（沙门菌、志贺菌）。

② 感官检验

A. 鲜蛋的感官检验主要通过眼看、手摸、耳听、鼻嗅等方法，也可以用灯光透视。打开鲜蛋，可观察内容物颜色、稠度、性状，有无血液，胚胎是否发育，有无异物和臭味等。

眼看：新鲜蛋蛋壳应完整，颜色正常，略有一点粗糙，蛋壳上有一层霜状物。如果蛋壳颜色变灰变黑，说明蛋内容物已腐败变质。如果蛋壳表面光滑，说明该蛋已孵化过一段时间。

手摸：用手摸蛋的表面、试重量、试重心。如果蛋壳手摸光滑，则一般为孵化蛋；蛋放在手中颠重量，若较轻则说明蛋因存放过久而水分蒸发为陈蛋，较重则表明蛋为熟蛋或水泡蛋。把蛋放在手心翻转几次，若始终为一面朝下，则为贴壳蛋。

耳听：把蛋与蛋轻轻互相碰击，若发出清脆声，则为鲜蛋；哑声则为裂纹蛋；空空声则为水花蛋；嘎嘎声则为孵化蛋。

鼻闻：用嘴对蛋壳哈一口热气，再用鼻子闻其味，若有臭味则为黑腐蛋；若有酸味则为泻黄蛋；若有霉味则为霉蛋；若有青草味或异味，则说明蛋与青饲料放在一起或在有散发特殊气味的环境中贮藏。

打开：将鲜蛋打开，内容物置于平皿上，观察蛋黄与蛋清的颜色、稠度、性状，有无血液，胚胎是否发育，有无异味等。鲜蛋的蛋清与蛋黄色泽分明，无异常颜色。蛋黄呈圆形凸起而完整，蛋清浓厚，系带粗白有韧性，紧贴蛋黄两端。

灯光透视法是于暗室里将蛋放在照蛋器上的光线小孔处，利用蛋对光线有半透过性，把蛋上下左右前后轻轻转动，观察蛋壳是否有裂缝、气室的大小、蛋的透明度、蛋黄移动的影子和其他异常现象的发生。鲜蛋的气室直径小于 11mm，整个蛋呈微红色，蛋黄略见阴影或无阴影，且位于中央，不移动，蛋壳无裂纹。

B. 蛋制品　蛋制品的感官要求见表 2-27。

表 2-27　蛋制品的感官要求

名称	感官
巴氏杀菌冰全蛋	坚洁均匀，呈黄色或蛋黄色，具有冰全蛋的正常气味，无异味，无杂质
冰蛋黄	坚洁均匀，呈黄色，具冰蛋黄的正常气味，无异味，无杂质
冰蛋白	坚洁均匀，白色或乳白色，具有冰蛋白的正常气味，无异味，无杂质
巴氏杀菌全蛋粉	呈粉末状或极易松散之块状，均匀淡黄色，具有全蛋粉的正常气味，无异味，无杂质
蛋黄粉	呈粉末状或极易松散之块状，均匀黄色，具有蛋黄粉的正常气味，无异味，无杂质
蛋白片	呈晶片状，均匀浅黄色，具有蛋白片的正常气味，无异味，无杂质
皮蛋	外壳包泥或涂料均匀洁净，蛋壳完整，无霉变，敲摇时无水响声；剖检时蛋体完整，蛋白凝固，不粘壳，清洁有弹性，呈半透明的棕黄色，有松花样纹理。蛋黄呈淡褐或淡黄色，略带溏心或凝心。气味芳香，无辛辣味，无异味
咸蛋	外壳包泥（灰）或涂料均匀洁净，去泥后蛋壳完整，无霉斑，灯光透视时可见蛋黄阴影；剖检时蛋白液化、澄清，蛋黄呈橘红色或黄色环状凝胶体。具有咸蛋正常气味，无异味
糟蛋	蛋形完整，蛋膜无破裂，蛋壳脱落或不脱落。蛋白呈乳白色、浅黄色，色泽均匀一致，呈糊状或凝固状。蛋黄完整，呈黄色或橘红色，半凝固状。具有糟蛋正常的醇香味，无异味

（4）乳类及其制品　乳类及其制品包括生乳、杀菌乳、酸乳、乳粉、奶油、炼乳、干酪、乳清粉等。

① 应符合的食品安全国家标准及主要指标　GB 19301《食品安全国家标准 生乳》、GB 19645《食品安全国家标准 巴氏杀菌乳》、GB 19302《食品安全国家标准 发酵乳》、GB 19646《食品安全国家标准 稀奶油、奶油和无水奶油》、GB 19644《食品安全国家标准 乳粉》、GB 13102《食品安全国家标准 炼乳》、GB 5420《食品安全国家标准 干酪》、GB 11674《食品安全国家标准 乳清粉和乳清蛋白粉》、GB 2762《食品安全国家标准 食品中污染物限量》、GB 2761《食品安全国家标准 食品中真菌毒素限量》、GB 2763《食品安全国家标准 食品中农药最大残留限量》、GB 2760《食品安全国家标准 食品添加剂使用标准》等。

主要理化指标指标包括相对密度、蛋白质、脂肪、非脂乳固体、酸度、杂质度、铅、无机砷、黄曲霉毒素 M_1 与 B_1、六六六、滴滴涕等。乳粉理化指标还包括水分、亚硝酸盐、蛋白质、脂肪、蔗糖、复原乳酸度及食品添加剂、食品强化剂等。

微生物指标包括菌落总数、致病菌（金黄色葡萄球菌、沙门菌、志贺菌）等。酸乳还应检测大肠菌群、霉菌、酵母、乳酸菌数。罐头工艺加工的稀奶油产品、炼乳应符合商业无菌。

索证时应按品种分别对上述指标检验报告进行核查。特别注意抗生素检查、防腐剂检查及掺假鉴别检验等。

② 感官检验

A. 鲜乳　按照GB 19301《食品安全国家标准 生乳》规定的感官要求，鲜乳应呈乳白色或微黄色，具有乳固有的香味，无异味，呈均匀一致胶态液体凝块，无沉淀，无肉眼可见异物。异常的感官性状如下：鲜乳呈红色、绿色或显著黄色；有肉眼可见杂质；有凝块或絮状沉淀；有畜舍味或粪味、苦味、霉味、臭味、涩味、煮沸味等。

B. 酸乳　酸乳呈乳白色或稍带微黄色，具有纯正的乳酸味，凝块均匀细腻，无气泡，允许少量乳清析出。若酸奶表面生霉、有气泡和大量乳清析出时，不得采购。

C. 乳粉　乳粉应为色泽均匀的干燥粉末，乳黄色。粉粒大小均匀，手感疏松，无结块，无杂质。冲调后迅速溶解，呈均匀胶状液。无团块、杯底无沉淀粉并具有纯正奶香味。调味乳粉应具有其应有色泽、滋味和气味。若有苦味、腐败味、霉味、化学药品味和石油味等气味时，不得采购。

D. 炼乳　炼乳呈均匀一致的乳白色或微黄色，有光泽，组织细腻，质地均匀，黏度适中，无脂肪上浮，无乳糖沉淀，无杂质，具有纯正的乳香味。若有苦味、腐败味、霉味、化学药品味和石油味等气味或真胖听炼乳不得采购。

E. 奶油　正常奶油具有新鲜微甜的乳香味和奶油的纯香味，色泽为均匀一致的乳白色或乳黄色，柔软、细腻、无孔隙，无析水现象。

F. 干酪　呈白色或淡乳黄色，有光泽，组织均匀紧密，软硬适宜，湿润，组织细腻，具有干酪特有香味、滋味、气味，无异味；凡有霉斑、腐败、异味、裂隙、外皮裂缝，缝切面有大气孔为不合格。

G. 乳清粉　乳清粉应具有均匀一致的色泽；具有乳清粉特有的滋味和气味，无异味；干燥均匀的粉末状产品，无结块，无肉眼可见杂质。

4. 加工性原料的采购验收

加工性原料指以动物性、植物性天然原料为基础，通过加工制作的原料，如糖、油、酒、罐头、糕点等食品。

(1) 罐头　罐头的质量鉴别分为开罐前和开罐后两个阶段。

① 开罐前　包括眼看、按压、敲听和漏气四个方面。

A. 眼看鉴别　合格罐头外观应洁净，封口完好无损，罐底和盖稍凹陷，无锈迹、无磨损、无渗漏、无破裂。玻璃瓶装的观察罐内容物无杂质，无变色，汤汁不混浊。

B. 按压鉴别　手指按压马口铁罐底或罐盖的铁皮，观察有无胀罐现象。胀罐，又称胖听，是指罐头的一端或两端凸起的现象，是区别正常罐头和变质罐头的重要标志。有以下三种类型。

物理性胖听：由于装罐过满，真空度太低，外界气温与气压变化所引起。这类罐头可以食用。

化学性胖听：水果罐头内含有机酸腐蚀金属罐产生大量氢气导致胀罐。这类罐头有食用价值，但不能确认为合格商品。

生物性胖听：由于杀菌不彻底，罐内微生物大量繁殖产气而引起的胖听。这类罐头不得食用。

物理性胖听手指容易按压下去，松开手指后不会恢复原状；生物性和化学性胖听不容易按下去，或按下去松手后又凸起。

C. 敲听鉴别　手指敲击罐头底盖中心，发实音的多为物理性胖听；发出“砰砰”鼓音的多为生物性和化学性胖听。

D. 漏气鉴别　将罐头放于（86±1）℃的温水中，观察5min，若发现有小气泡不断上升，则表明漏气，如确认为漏听应销毁。

如不能确认为哪类性质的胖听，均按生物性胖听处理。

② 开罐后　包括色泽、气味、滋味和汤汁。

如内容物色泽是否正常，汤汁的色泽、澄清程度、杂质情况。气味和滋味是否为该罐头所固有。平酸腐败是罐头食品常见的一种腐败变质，表现为罐内容物酸度增加，无胖听现象，罐头外观完全正常。这种酸败是由于分解碳水化合物产酸不产气的平酸菌引起。此类罐头应禁止食用。

（2）食用油脂的质量鉴别

① 植物油　正常植物油的色泽一般为黄色，但颜色有浅有深，花生油为淡黄色至棕黄色，大豆油为黄色至橙黄色，菜籽油为黄色至棕色，精炼棉籽油为棕红色或红褐色，玉米油为淡黄色，葵花籽油为浅黄色。冷榨油无味，热榨油有各自的特殊气味，如花生油有花生香味，芝麻油有芝麻香味，油料发霉、炒焦后制成的油，带有霉味、焦味，所以优质油脂应无焦臭味、霉味、哈味。浸出油脂若带有汽油味，不得销售和食用。取油样滴在舌尖上以辨别油的滋味，正常植物油不带任何异味，无苦、辣、刺激味。发霉油料制成的油带苦味，酸败油脂带有酸、苦、辣味。正常油脂是透明状液体，无沉淀，不混浊。透明度越高油脂质量越好。

② 动物脂　正常动物脂肪为白色或微黄色，有特有的气味、滋味，无焦味和哈味。

（3）调味品

① 酱油　具有正常酿造酱油的色泽、气味和滋味，无不良气味，不得有酸、苦、涩等异味和霉味，不混浊，无沉淀，无霉化浮膜。

② 酱　应具有正常酿造酱的色泽、气味和滋味，无不良气味，不得有酸、苦、焦煳及其他异味。

③ 食醋　食醋应具有正常酿造食醋的色泽、气味和滋味，不涩，无其他不良气味和异味，不混浊，无悬浮物及沉淀物，无霉化浮膜，无“醋鳗”“醋虱”。

④ 味精和食盐　味精应具有正常味精色泽和滋味，不得有异味及杂物。

食盐中的钙、镁盐含量不能超标，否则有苦涩味；重金属、氟等过高会导致中毒。

第二节 餐饮食品原料贮存的食品安全控制

某日，某镇一小学学生在饮用镇教办学生奶服务部当日生产供应的花生豆浆约 20min 后，首例学生出现头昏、腹痛、乏力等症状，之后附近共 9 所小学相继出现类似病人，2～3 天内病人骤然增多，累计发病达 1030 人。经流行病学调查、临床及实验室诊断为集体食用霉变花生、大豆所致氟乙酰胺中毒。对学生奶服务部的现场调查发现，库房里库存的大豆、花生、18 日生产剩余的花生霉粒率分别为 6.6%、4.0%、1.3%，且实验室检查检出黄曲霉毒素 B_1 分别为 375μg/kg、20μg/kg、11.5μg/kg；加工车间布局不合理，消毒、通风、防霉设施不全；生产中清洗、浸泡、保温等关键控制环节未按规范操作，为原料中存在的霉菌提供了温度、湿度、氧气等适宜条件，有利于霉菌迅速繁殖产毒。

这是一起因原料贮存不当导致食物中毒的典型案例。自然环境中微生物无处不在，在适宜的环境条件下，食物可以成为微生物生长繁殖产毒的场所并为其提供丰富的养料。此外，在贮存过程中，食物自身也可以发生各种变化，产生化学毒物，如土豆发芽产毒等。

餐饮经营单位尤其是大中型餐饮企业采购原料时往往是批量购进，然后放入库房贮存，此时原料的安全不是仅靠把好采购这一关就一劳永逸，而对库房的安全管理也同等重要。对于不同的原料，应选择适当的贮存场所、设施和环境进行贮存和保藏，保持食物的新鲜和卫生，满足消费者营养和安全的需要。

本节主要介绍食品腐败变质和食品保藏原理在各类食物贮藏的应用，并简单说明如何对贮藏食品的库房进行安全管理。

一、食品的易腐性与防腐的方法

食品受到各种污染后，很容易发生腐败变质。食品腐败变质是指在微生物为主的各种因素影响下，食品成分与感官性状发生各种变化，降低或丧失食用价值的过程。人如果吃了腐败变质的食物也可能中毒。富含蛋白质的肉、鱼、禽、蛋等食品腐败的特征主要是发出恶臭；富含碳水化合物的食品在细菌和酵母的作用下，以产酸发酵为其基本特征；油脂等以脂肪为主的食品，一般不适合微生物的增殖，主要是通过自动氧化导致酸败。

1. 食品腐败变质的原因和条件

食品被微生物污染后，是否导致食品变质，与食品本身的性质、微生物的作用以及食品所处的环境因素有着密切关系。这三者综合作用的结果决定了食品是否发生变质和变质的程度。

（1）微生物的重要作用　引起食品腐败变质的微生物主要是细菌和霉菌。但在一般情况下细菌最多见。引起食品腐败变质的细菌多为腐败菌，是肉、禽、蛋和奶等食品腐败变质的主要原因，可引起食品风味和颜色的改变，产生不愉快的气味。霉菌与许多食品特别是粮食、蔬菜、水果等食品腐败变质有关。

（2）食品本身的组成和性质的决定作用　动植物食品本身含有各种酶，在宰杀或收获后的一定时间内，或适宜的环境温度下，食品内的酶活性增强，引起食品组成成分的分解，加速食品腐败变质。如肉、鱼类的尸僵和成熟作用，粮食、蔬菜、水果的呼吸作用等促进食品成分发生变化。

食品的营养成分组成、水分多少、pH 高低和渗透压大小等，对食品中微生物增殖速度、细菌种类及变质特征等具有重要影响。富含营养成分的食品，适应微生物生长，极易发生腐败变质，这类食品被称为易腐食品，如水产品、畜、禽、蛋、水果等。食品的 pH 值高低是制约微生物生长、影响腐败变质的重要因素。一般微生物在食品 pH 值接近中性时，都能适应生长。食品的 $pH<4.5$ 就可抑制大多数腐败菌的生长，所以酸性食品有一定的抑菌作用。食品中的水分是微生物赖以生存的基础。当食品中 A_w 值越小时，微生物能利用的水越少，食品越不易腐败。多数腐败菌不耐高渗环境，一般的饮食菜肴由于盐浓度低，多种微生物都能生长，因此并没有抑菌作用。糖和盐与微生物在食品中可以“争夺水”，所以糖渍、盐渍食品要有足够的浓度才能起到防腐败的作用。食品组织溃破和细胞膜破裂为微生物的广泛侵入与作用提供了条件，因而促进了食品的腐败变质。如细碎的肉馅，解冻后的肉、鱼，籽粒不完整的粮豆和溃破的蔬菜水果等，都容易腐败变质。食品本身的状态和不稳定的化合物也是食品腐败变质的因素。

（3）外界环境的影响作用　影响食品腐败的外界因素主要是温度、湿度、氧气及紫外线等。温度是影响食品腐败变质的重要因素。一般细菌在 5～57℃的条件下最适宜生长，温度较低时，多数微生物生长缓慢甚至停滞生长；一定高温可杀灭微生物。环境湿度大增加微生物生长的概率。在温度适宜条件下，空气中的相对湿度达到 85%以上时，微生物能大量地生长繁殖。引起食物污染的微生物多为需氧或兼性厌氧微生物，氧气的存在对它们的生存是必需的，如果没有氧气存在就不能繁殖。在适宜条件下，细菌的数量每 15～30min 增加一倍，大约经过 4h 的增长达到足以致病的数量。一个细菌仅仅 5h 内可繁殖出 100 多万个细菌。

总之，影响食品腐败变质的因素多数与微生物的生长繁殖条件有关。食品一旦受到微生物的污染，在适合某些微生物生长繁殖的条件下，就能促进食物的腐败变质。

2. 食品腐败变质的化学过程与鉴定指标

食品腐败变质实质上是食品中的蛋白质、糖类、脂肪等被微生物分解的过程，其程度常因食品种类、微生物的种类和数量以及其他条件的影响而异。

富含蛋白质的肉、鱼、禽、蛋等食品蛋白质受腐败菌作用分解，产生酮酸、羧酸、胺类、粪臭素和吲哚，腐败的特征是恶臭。组胺、吲哚、酚类、硫化氢、甲胺、二甲胺、三甲胺等均为具有挥发性的碱性含氮物质。因此，挥发性盐基氮（TVBN）可作为其鉴定的化学指征之一，用以鉴定鱼、肉的鲜度。

含糖类较多的食品主要是粮食、蔬菜、水果及其制品。当这类食品在细菌、酵母和霉菌产生的相应酶的作用下发酵或酵解，生成各种糖类的低级分解产物醇、醛、酮、羧酸、CO_2 及水，食品以酸度升高、产气、出现醇类气味为特征。酸度作为此类食物腐败变质的指征。

食用油脂与食品中脂肪酸败程度，与微生物污染程度、脂肪饱和程度、紫外线、氧、水分、天然抗氧化物、某些金属离子及微生物和食品中的解脂酶等多种因素的影响有关。能分解脂肪的微生物主要是霉菌，其次是细菌和酵母。脂肪及油脂酸败形成酸、酮、醛、酯类物质并产生刺激性气味，即哈喇味；肉、鱼类食品变黄，出现酸、苦味；肉类的超期氧化、鱼类的“油烧”现象等都是油脂酸败鉴定中较为实用的指征。

3. 食品腐败变质的控制和防止

食品腐败变质是食品贮藏中最为常见的问题。食品保藏指为防止食品腐败变质，延长食品可供食用的期限而采取的控制措施。常用方法的基本原理是通过改变食品的温度、水分、氢离子浓度、渗透压等抑菌杀菌的措施来防止食品腐败变质。目前，食品保藏也涉及食品或食品原料的保鲜、保质。例如控制食品原料自身的生物代谢水平的保鲜技术，防止空气和光导致食品氧化变质的保鲜、保质技术。厨房烹调加工的产品——菜肴和点心属于即食性食品，除个别需要保质、保鲜外，一般不需要特别的保藏措施；但烹调原料要利用各种保藏方法来处理。

（1）低温保藏　低温保藏是食品防腐常用的贮藏方法，通过降低食品保藏的环境温度，以降低或停止微生物的增殖速度，降低食品中酶的活力和一切化学反应的速度，达到延缓食品腐败变质的目的。低温保藏常采用冷藏或冷冻方法。烹调的鲜活原料主要采用这种方法来保藏。

冷藏是指在低于常温且高于食品物料的冻结点的温度下进行食品保藏，其温度范围一般为15～－2℃，而0～4℃则为常用的冷藏温度，贮藏期一般在几天至数周。冻藏是指食品物料在冻结的状态下进行的贮藏。一般冻藏的温度范围为－2～－30℃，常用的温度为－18℃，可数月或数年贮藏食品。

在低温保藏食品中须注意：只有新鲜优质的原料才能冷冻保藏，如肉类、水产类；用冷水或冰进行低温保藏时，要保证水和冰的卫生质量相当于饮用水标准；为保证冷冻食品的质量，在冷冻食品中应严格执行“急速冻结，缓慢化冻”的原则。

（2）高温保藏　高温保藏是将食品经高温处理，杀灭食品中微生物并将酶破坏，以防止食品腐败变质的方法。

高温保藏中采用高温灭菌法：用高压蒸气锅110～121℃的温度约20min处理食品后，能杀灭芽孢，达到长期保藏食品的目的，如罐头食品。对鲜奶、果汁等食品常采用巴氏低温杀菌法处理，以减少营养成分的破坏。此方法只能杀死细菌的繁殖体和致病菌，但不能完全灭菌。

餐饮业在熟制食物的过程中，加热彻底，食品几何中心温度超过70℃，可杀灭食物中大量的微生物。但应做到现做现吃，尽量缩短存放的时间。烹饪的热菜肴应该保存在60℃以上，以防止微生物污染。

（3）脱水与干燥保藏　脱水保藏是将食品中的水分降低到微生物生长繁殖所必需的含量以下的一种保藏食品的方法，如对细菌应降至10%以下，酵母为20%以下，霉菌为13%以下。干燥保藏是将食品中水分利用热能的传导或对流等方式去除以保藏食品的方法。为达到保藏食品的目的，食品环境湿度要控制在70%以下，食品水分含量应达到：粮豆在15%以下，面粉13%以下，脱水蔬菜14%～20%，奶粉8%，花生仁8%等。

(4) 食品腌渍与烟熏保藏　食品中加入一定浓度食盐或食糖（如盐渍或糖渍食品），提高食品渗透压，使食品中的微生物在高渗环境中不能生长繁殖，或使微生物细胞脱水而死亡，从而防止食物腐败变质。盐渍食品的食盐浓度一般要达到10%以上时才有抑菌作用，糖渍食品的糖浓度要到65%～75%才能抑制细菌和霉菌生长。盐腌食品可用植物性燃料熏制保藏。

(5) 提高酸度的保藏法　此保藏法是通过对食品进行酸渍及发酵实现的，使食品的pH值维持在一定的酸度范围内，以抑制微生物的生长，达到防腐保藏的目的。

酸渍是用食用酸浸渍食品，在使用中多选用醋酸，其抑制细菌的能力强，对人无害。醋酸浓度为1.7%～2%时，pH值为2.3～2.5，能抑制许多腐败菌的生长。

发酵是利用醋酸菌或乳酸菌使食品中的糖类发酵产酸，使食品呈酸性，抑制微生物的生长而保藏食品。如酸奶、酸菜、泡菜等。

(6) 食品辐照保藏　辐照保藏是利用电离辐射，如紫外线、γ射线杀菌、杀虫、抑制发芽等，以延长食品的保藏期限的方法。其特点是食品经照射后，温度不上升，可减少营养素的损失，故又称为冷杀菌。

除以上常用的食物保藏方法外，还可采用超声波、添加化学物如防腐剂等方法保藏食品。但应该特别注意，即食性的烹调食品是禁止使用防腐剂来保藏的。

二、库房的安全管理制度

库房是餐饮经营单位专门用于贮藏、存放食品原料的场所。为保障原料在贮存的过程中不发生腐败变质而导致食物安全性和品质下降，餐饮单位除了应从库房布局、建筑设计、食物贮藏设备等方面满足食物安全贮存的需要外，还必须制定完善的安全管理制度，提高餐饮单位食品安全控制的软件水平。

库房安全管理制度的内容如下。

(1) 专业岗位人员设置　按照《食品安全法》规定，食品生产经营应当建立健全本单位的食品安全管理制度，配备专职或者兼职食品安全管理人员。

(2) 安全管理事项及人员职责　库房安全管理的内容主要包括入库验收、库房存放、出库登记三个环节。

① 入库验收　采购的食品及原料在入库前，库管员应对其索证情况进行审核，并对其食品卫生质量情况进行检查验收。验收项目内容应与原料采购环节相同，主要从感官检验和合格证明两方面检查。如检查有无腐烂变质、霉变、生

虫、污秽不洁、混有异物或感官性状异常；对肉类要审核有无兽医检疫合格证明，查验胴体有无兽医检验印章；对定型包装食品审核生产单位的卫生许可证是否在有效期限和许可范围内，检验合格证明或化验单是否为该批次产品的检验结果等。

对存在食品安全问题的原辅料，不签收，不入库。对于符合入库条件的原辅料则应完备记录进货名称、数量以及索证情况、感官检验等项目的验收情况，并妥善保存，以备查考。

② 库房存放 库房的环境和设施设备：库房内门、窗、货架的布局应合理，库管人员应做好环境卫生、货架、冷藏冷冻设备的常规维护工作。如定期清扫库房，保持库房、货架清洁卫生，经常开窗或用机械通风设备，保持干燥；做好库房的防霉、防蝇、防虫、防鼠工作，库房内不得有霉斑、鼠迹、苍蝇、蟑螂、蜘蛛网等；用于保存食品的冷藏设备，要保持清洁，及时除霜，定期消毒，并贴有明显标识，配有温度显示装置，定期进行设备检修，保证冷藏设施正常运转，温度显示装置良好。

食品存放基本原则：分库、分类存放食品。如主副食品分库存放；按原料、半成品、成品的性质将食品分类分架存放，散装食品及原料贮存容器加盖，有明显标志，有一定间距，隔墙离地 10cm 以上；肉类、水产类、禽蛋等易腐食品应分别冷藏贮存，定型包装食品按类别、品种上架存放。货架上贴挂标签，注明品名、供货单位、进货日期等。非食品及个人生活用品不得进入食品库房，严禁在食品库内存放杀虫剂、洗涤剂、消毒剂等有毒、有害物品。经常检查库存食品质量，发现超过保质期、腐败变质、发霉、生虫或其他感官异常食品及原料时应及时处理，不得与其他食品混放。

③ 出库登记 食品出库按照先进先出、易坏先用原则，库管员应做好食品数量、质量、食品出库登记。及时将库存情况通知采购员，防止出现食品堆积或断档。

④ 特殊货品的存放

食品添加剂：存放在固定场所，并上锁，包装上应标示“食品添加剂”字样，并有专人保管。

其他化学物品：购买经国家批准使用的具有合法手续的杀虫剂、杀鼠剂、清洗剂、消毒剂，应有专门的场所或固定容器贮存，并由专人进行管理，对于有毒化学品应严格控制，标明名称、毒性和使用方法，上锁贮存，并做好标识和领用登记，防止污染食品和包装材料。

三、干货原料的贮存

干货泛指用风干、晾晒等方法去除了水分的各类食品及调味品。餐饮原料涉及的各类食物都可制成干货。常见的如去除了水分的玉米、大豆、香菇、木耳、紫菜、花生、辣椒、花椒、桂皮、八角、桂圆等。

对于干货的贮存主要应控制环境因素对食品的影响，包括贮存温度、湿度、氧气等。做好防霉、防蝇、防虫、防鼠工作。

1. 粮食的贮存

（1）粮食库的一般管理　粮食进仓时要认真验收，要按类别、等级和入库时间的不同分区堆放，不能混放，并挂牌显示。粮食库要有专人保管，经常打扫，保持室内清洁卫生，建立严格的出库制度。

（2）防鼠、防霉、防蝇、防虫　库内要有防鼠、防霉、防蝇、防虫的措施。粮食库必须是水泥地面，做好防水，库房低温、干燥、通风，以保持粮食干燥，防止霉变和生虫。平房库房必须有防蝇、防鼠、防雀的铁纱窗纱门；墙根基不少于 1m，以防老鼠打洞进入房内。粮食潮湿或有生虫迹象时，应将粮食放在阴凉通风处，不能放在日光下暴晒，以免影响粮食质量。具备防鼠灭鼠措施，有专人负责放药、收药，以免药物混入粮食中造成危害。

（3）存放要求　粮食必须装袋，架高，要求离地面 15～20cm，距墙 30cm，堆与堆之间相距 50cm，使堆距之间通风，防止粮食回潮。不能与带有气味或异味的食品，如熏肉、臭豆腐及其他有气味的食品混放。因粮食具有较强的吸异味能力，可将其他异味吸附，使气味和滋味发生异常改变，严重者无法食用。

2. 豆类及其制品

（1）干豆　豆类贮存以常规贮存为主，但在贮存期间必须注意干燥除杂，及时通风散热、压盖防潮及防止虫害感染等。

① 干燥降水　含水量是影响豆类贮存品质及安全贮存期限的直接因素，充分干燥是贮存豆类的关键。大豆的安全水分为 12.5%，豆粒吸湿很快变软，并引起发热变质。因此，凡接收入库的豆粒，应迅速降水干燥，可通过日晒、机械烘干和机械通风来完成。日晒时间不宜过长．温度不要超过 44～46℃，在烘干豆粒时应根据水分高低采用适宜的温度。干燥后应充分冷却降温方可入库。

② 清除杂质　清除杂质也是安全贮存大豆的一项重要措施。当豆类中杂质多，特别是破碎粒多时，容易感染虫害，吸湿转潮，引起大豆发热、霉变、生

芽、浸油赤变和酸败变质。在脱粒时要尽量减少破碎粒，晒干后要及时把杂质清除干净，以保持豆类纯净、完整，增加耐藏性。

③ 通风散热、压盖防潮 在晴天开启仓房门窗、翻扒豆面或进行机械通风，及时散发堆内湿热，防止豆堆结露、返潮、霉变。为防吸湿，可采用数层芦席、草席或塑料薄膜进行加盖密闭防潮。

④ 防治虫害 同粮食贮存。

（2）腐竹、干腐皮等豆制品 一般应在常温、阴凉、通风、干燥处贮存，并采取有效的措施以保证仓库内无蝇、无鼠、无有害昆虫。

3. 干制蔬果及真菌类

① 贮存场所应干燥、通风，阴雨天应密闭窗门。

② 贮存场所设置防鼠挡板及防虫纱门、纱窗等卫生设施，定期清扫、灭虫，保持清洁。

③ 贮存时间长时，要选择晴天进行翻晒，同时剔除受潮、变质的产品。

④ 码放时与地面、墙壁有一定距离，便于防潮、通风。

⑤ 如有包装，应保持密封。取用后及时密封还原。

4. 调味品类

（1）食用盐、味精及食糖 食用盐及味精等在贮存中要妥善保管。存放仓库要通风，防止雨淋、受潮、日晒，堆放的食用盐应上有遮蔽，下有隔板。禁止与能导致食用盐污染的货物共贮。食糖还应特别做好防虫设施。

（2）香辛料 香辛料大多为植物原料，一般都是直接研磨成粉，因此在种植过程中污染的微生物一般都未去除，当贮存温度、湿度不当时，这些微生物繁殖，香辛料容易出现结块、发霉。因此存放要点是仓库一定要通风防潮，防止日晒。

四、食品原料的冷冻冷藏

食品冷藏、冷冻贮藏的温度应分别符合冷藏和冷冻的温度范围要求。

食品冷藏、冷冻贮藏应做到原料、半成品、成品以及食品留样冰箱严格分开，不得在同一冰室内存放。冷藏、冷冻柜（库）应有明显区分标志，标明用途及卫生责任人，落实责任，每日对存放食品进行检查。宜设外显式温度（指示）计，以便于对冷藏、冷冻柜（库）内部温度的监测，并应定期校验，确保冷藏设施正常运转和使用。

食品在冷藏、冷冻柜（库）内贮藏时，应做到植物性食品、动物性食品分类摆放。肉类、水产类分库存放，生食品、熟食品、半成品分柜存放，杜绝生熟混放。冰箱内不得存放未清洗干净的非包装食品。开罐食品或成品、半成品应倒入盛器加盖（或保鲜膜）保存。熟制品应当放凉后再冷藏；自行加工的成品、半成品需要存放时应贴上标签，注明加工日期和保质期限，在规定的时间内使用。

食品在冷藏、冷冻柜（库）内贮藏时，为确保食品中心温度达到冷藏或冷冻的温度要求，不得将食品堆积、挤压存放。

用于贮藏食品的冷藏、冷冻柜（库），应定期除霜、除臭、清洁和维修，以确保冷藏、冷冻温度达到要求并保持卫生。

本章小结

餐饮食品原料采购和贮存是进行餐饮食品加工前最重要的环节，与食品安全密切相关。

本章以各类餐饮原料采购验收、贮存的方法为重点，对国家食品安全法律法规规定的原料采购索证制度和库房安全管理制度的建立和完善进行诠释，并依据食物腐败变质原理和食品保藏原理对不同原料的采购和贮存环节的食品安全措施进行了详细介绍。

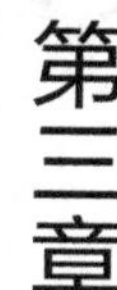

第三章 菜点加工食品安全控制

菜点加工食品安全控制，一方面针对各类菜点加工中涉及的初加工、菜品调配、加热烹调到菜品供应等过程中的食品安全危害，同时也针对高风险品种如冷制菜肴、面点主食制作和集体配送等的食品安全危害，力图从烹调工艺特点入手，探讨各类食品安全危害产生的原因，规范各个加工过程或高风险品种的工艺条件，从而降低或防止菜品中的生物性危害、化学性危害和物理性危害，这是保障菜点食品安全的重要环节。由于中央厨房加工和配送的特殊性，本章还专门讨论了中央厨房的食品安全控制。

学习目标

- 掌握各类原料初加工的安全控制措施
- 了解常用于餐饮业的食品添加剂种类，掌握正确的使用方法
- 掌握热制菜肴的食品安全控制措施
- 掌握影响冷制菜肴食品安全的关键控制点和控制方法
- 熟悉并了解中央厨房、集体供餐企业的食品安全控制方法

第一节 菜点初加工过程的食品安全控制

在某市一家西餐厅内，有27人因食用该餐厅被污染的凉拌卷心菜而感染产志贺样毒素的大肠杆菌。当地食品安全监管部门报告，该餐厅用一批软化、叶子腐烂、重度污染的卷心菜加工了4kg凉拌卷心菜。按餐厅的正确加工程序，应先去除卷心菜上腐烂的叶子，然后再用水冲洗。但据调查发现，这批用来制作凉拌卷心菜的卷心菜并没有事先用水清洗，而是直接切碎后与其他原料、调料一起放进消毒过的塑料桶里搅拌均匀，在午餐自助柜上出售。

该案例说明，在菜点初加工过程中，如果没有采取正确的摘菜、清洗、切配等程序，仍然有可能导致食品安全危害的产生。

烹饪原料来源广泛，种类繁多，若按照原料性质分类有鲜活原料和干货原料；按照来源分类主要有动物性原料和植物性原料。这些原料大多不能直接进行烹调，必须根据原料种类和菜点要求进行初步处理，才能符合烹饪工艺要求。

各类烹饪原料购进时大多带有泥土杂物、微生物、虫卵和农药、兽药等，通过初加工安全控制，有助于最大限度减少各种危害物，满足烹调要求，保持原料的营养成分，充分合理利用原料，降低原料浪费，增加企业经济效益。

一、植物性原料初加工的安全控制

1. 果蔬菜类原料初加工

果蔬主要是鲜活农产品，在烹饪中应用广泛，既能做主料又能做辅料，在一般菜肴和高档筵席中都有使用。果蔬富含维生素、无机盐和纤维素，是餐饮业中不可缺少的烹饪原料。

（1）初加工流程　果蔬品种很多，在各类菜点制作中，初加工流程如图3-1所示。

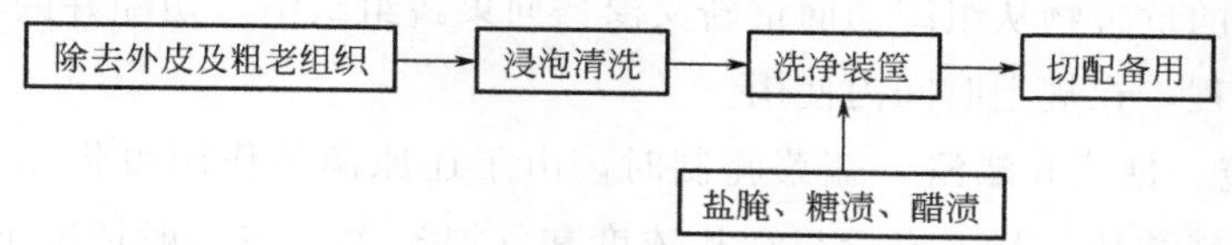

图 3-1 果蔬类原料初加工流程

（2）安全控制措施　水果、蔬菜属于鲜活农产品，具有易碰伤、含水量高、营养丰富等特点，容易遭受各种有害生物的侵袭和污染，从而造成腐烂变质。另外，果蔬在生长、贮运和加工过程中通常会使用一些化学物质，或受到工业污水的污染，这些化学危害通常残留于果蔬原料中。在采购验收合格烹饪原料的基础上，通过初加工环节，采取有效的安全控制措施，可以在一定程度上降低或减少蔬菜原料中的各种危害。对于部分即时食用的果蔬原料，还可采用盐腌、糖渍、酸渍等方法进行杀菌，并延长保存期。

① 去皮　果蔬削去表皮或用丝球将外皮擦去，可以去除残留在表皮上的农药，尤其对于生食的果蔬原料，去皮更是有效降低有害物质的方法。例如黄瓜表皮凹凸不平，难以彻底清洗，通过去除表皮，能够尽量减少残留有害物。

② 浸泡清洗　果蔬残留的农药主要为有机磷杀虫剂，有时还可能残存果实膨大剂、保鲜剂等，所以用清水将水果、蔬菜的表面彻底洗净，再在清水或加有少量果蔬专用洗涤液的水中浸泡 10～15min，可有效除去果蔬表面及浅表层的农药残留。用果蔬洗涤液浸泡过的果蔬，应注意用清水漂洗干净，避免引入新的化学物质。

对于生食果蔬原料，在确保原料新鲜的前提下，应注意防止交叉污染，使用符合饮用标准的净水清洗或进行消毒处理，或使用紫外灯照射生食果蔬，有利于提高产品的安全性。

对于寄生虫卵较多的蔬菜，将原料放入浓度为 2％的食盐水中浸泡 5min，由于渗透作用，使寄生虫卵脱落，然后再用清水洗净备用。

近年来在餐饮业开始使用臭氧消毒法，将蔬菜放入到含有臭氧的水中浸泡，利用臭氧离子的氧化特性，不仅可杀灭蔬菜表面的微生物，还能分解其中的残留农药。

③ 洗净装筐　洗净后的原料应放入可沥水的容器内，排列整齐，利于切配，盛放果蔬原料的容器应与动物性原料的容器区分开，防止交叉污染。盛放干净原料的容器不能直接放在地面，应放在离地的架上。

④ 切配备用　果蔬原料必须先洗后切，不仅防止营养素的损失，而且可以

避免污水中的危害物从组织切面重新又渗透回果蔬组织中。切配好的原料应按照加工操作规程，在规定时间内使用。

⑤ 盐腌、糖渍和醋渍　蔬菜腌制时，由于还原菌的作用可将蔬菜中的硝酸盐转变为亚硝酸盐，其生成量与食盐浓度和气温有关。在一般情况下，5%食盐浓度在温度较高时亚硝酸盐生成量最多；10%食盐浓度时次之；15%食盐浓度时温度已无明显影响，生成量最少。腌制一周以后，亚硝酸盐含量增加，在半个月时达到高峰，半个月后逐渐下降。亚硝酸盐是致癌物 *N*-亚硝基化合物的前体物，不当的腌制方法增加了有害化合物产生的风险。

糖渍主要是利用糖粉或蔗糖对果蔬原料进行腌制，比如果脯的加工等。当单独使用蔗糖来抑制微生物的生长繁殖时，应使糖液浓度达到 60%～65%才能发挥作用。

当食品 pH 在 4.5 以下时，多数微生物可被抑制或杀灭。烹调中的醋渍法是向食品中加入醋酸，如醋酸浓度为 1.7%～2.0%时，可抑制或杀灭绝大部分腐败菌；浓度为 5%～6%，可杀死大部分芽孢菌。也可利用乳酸菌发酵产酸来抑制微生物的生长，比如四川泡菜的加工。

2. 植物性干货原料的涨发

干货原料是新鲜的烹饪原料经过加工干制而成，与鲜活原料相比，具有干、硬、韧、老等特点。植物性干货原料主要有菌类、笋类、海带等，通过干货涨发，使原料重新吸收水分，最大限度恢复原有的鲜嫩、松软的状态，有助于切配烹调，改善口感，有利于消化吸收。

植物性干货原料涨发大多使用水发，采用饮用水涨发即可，不同原料按照烹饪工艺要求，使用不同温度的水发制。例如木耳、海带多用冷水涨发，香菇、笋类多用温水涨发，注意涨发时间并定时换水。

二、动物性原料初加工的安全控制

餐饮业中利用的动物性原料主要包括畜禽肉类、水产品等，特别是以畜禽胴体为主的肉、肉类制品及脏器等副产品，大多是生鲜原料。动物性原料富含蛋白质、脂肪、水分等营养成分，极容易被微生物利用，在初加工环节就应该加强食品安全控制。

1. 动物性冻结原料的初加工

(1) 初加工流程　如图 3-2 所示。

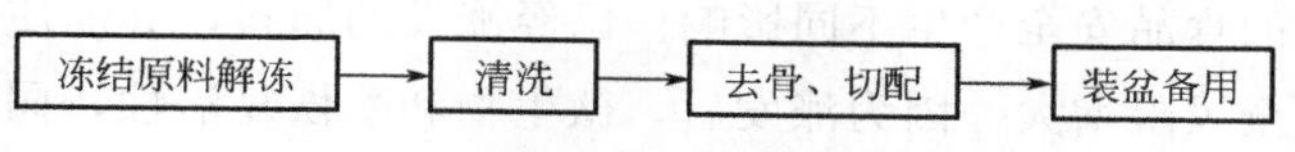

图 3-2　动物性冻结原料初加工流程

（2）安全控制措施

① 解冻　由于在冷冻条件下，动物性原料使用方便，保质期长，因此企业大宗原料通常采用冻结方式保存。解冻原料由于组织细胞破坏，汁液流失，微生物生长迅速，很容易腐败变质。采用合理的解冻方法，可以减少微生物污染，确保解冻后原料的安全。常见烹饪原料的解冻见表 3-1。

表 3-1　常见烹饪原料的解冻

解冻方法	解冻原理	特点	对食品安全的影响
空气解冻	以空气作为传热介质，可分为室温下解冻和冷藏条件下（0～10℃）解冻两种方式	空气导热性差，解冻慢，有利于解冻后汁液回到细胞内，减少营养素损失	室温下解冻，易导致微生物大量增殖，影响食品安全；采用冷藏条件下（0～10℃）解冻，影响小
水解冻	以水作为传热介质，可分为浸泡解冻和流动水解冻	水的导热性好，解冻快，风味物质流失严重，原料色泽变淡，且吸水溶胀	浸泡水应定时更换，保证水的卫生；流动水解冻，耗水量大，可除去原料表面部分污物
微波解冻	原料分子在微波电磁场中高频振动，与分子固有运动间产生类似摩擦效应而被加热	加热均匀，热能利用率高，解冻速度快，对原料性质保存好，但耗电量大，费用高	不会引起微生物增殖，可保证原料食品安全

② 清洗　解冻后的动物性原料应除去残毛、污物、结缔组织、淋巴结、血污肉等异物，并保持清洁，无污秽，无油腻，无腥臭气味。动物性原料的清洗池应与植物性原料的清洗池分开设置。

③ 去骨、切配　可按需要除骨分段，切成烹调需要的丁、条、丝、片等形状，发现异常部位应废弃。

④ 装盆备用　初加工完毕的原料应盛放在动物性原料的专用容器内，在烹调前冷藏备用。

2. 动物性干货原料的涨发

动物性干货原料主要有海产品、山珍等，这些原料具有干、硬、韧、老等特点，而且还带有原料本身的腥臊气味和杂质，通过涨发后，可以大大改善干货原料的可食性。

动物性干货原料的涨发方法较多，由于动物性原料自身的特点，使不同的涨发方法对原料的食品安全产生不同影响。已经涨发的原料，其品质一般低于新鲜食品，食品安全风险增大。因为涨发后，微生物和酶恢复活性，同时外环境中微生物的污染，使涨发后的原料容易腐败，不能长期保存。原料涨发后若出现变色、变味、腐烂、有霉斑等现象，则大多是原料在干制前或干制过程中已发生变质。常见干货原料的涨发见表 3-2。

表 3-2 常见干货原料的涨发

涨发方法		涨发原理	特点	对食品安全的影响
水渗透涨发	水发	使水沿着原来水分蒸发而出的通道进入干货内，在水的渗透作用下，使干货原料膨胀而软韧	水发根据水温的不同有冷水发、热水发、焖发、蒸发等多种；如水发海带、木耳等	可除去原料中的水溶性污染物；若中温长时间涨发，可使微生物活跃加速变质；高温水发有助于杀灭微生物
	碱发	由于蛋白质具有亲水基团，肌肉类干制品在稀碱溶液中吸水性增强	碱发是利用 1%～10% 的 Na_2CO_3 或 0.4% 的 NaOH 来涨发；比水发时间短。如碱发鱿鱼	碱性溶液对微生物有抑制作用，碱发后用清水将碱液充分漂洗干净，禁止添加硼砂
热膨胀涨发	油发	利用油作为导热介质，使干货原料受热体积膨胀	油温缓慢升高，火力不宜过旺，防止原料外焦里不透；油发后用温水或碱水浸泡回软。如油发蹄筋	不能使用高温或反复加热过的油脂，防止油脂分解产物污染原料
	盐发	利用盐作为传热介质缓慢升温，使干货原料膨大松脆，也有用砂发，原理相同	大火将盐炒至水干，投入干货原料，中火不停翻炒，边炒边用盐焖，直至发透胀大；盐发后用温碱水浸泡和清水漂洗。如盐发鱼肚、蹄筋等	食盐高温炒制，有助于除去原料表面的杂质和微生物

3. 动物性原料的腌制

在烹调中常用盐、醋、酒等调味品进行动物性食物的腌制。利用提高渗透压、氢离子浓度和乙醇浓度的原理，达到抑菌和杀菌的目的。腌制可使食品中的微生物受到抑制，同时也可改善食品的质地、色泽和风味，延长食物的保存期。因此，一些烟熏、烤制的肉鱼类原料的预处理，包括即时食用的蔬菜类原料，常常利用腌制方法。

（1）盐腌　各种微生物对食盐浓度的耐受能力存在差异。一般情况下，细菌只有极少数是耐盐菌，球菌耐盐高于杆菌，非致病菌高于致病菌。霉菌和酵母菌的耐盐能力比细菌强得多，霉菌、酵母菌和嗜盐菌经常是腌制食品的主要污染菌。一般认为，单纯利用食盐抑菌，食盐浓度应达到 18%～25%，才可以实现阻止微生物生长的目的。

某些肉鱼制品腌制时会使用亚硝酸盐作为发色剂和防腐剂，肉类腌制剂中硝酸盐和亚硝酸盐的使用量应严格遵守国家食品安全标准，硝酸盐的使用量不得超过0.5g/kg，亚硝酸盐的使用量不得超过0.15g/kg。肉鱼类原料中含丰富的胺类，原料新鲜度越低，胺类物质含量越高，与亚硝酸盐反应合成的亚硝基化合物就越多。同时，腌制料中含有的黑胡椒、辣椒粉和其他成分之间可形成亚硝基化合物，因此，在肉鱼类原料腌制前，最好不要将各类腌制调料事先混合。

（2）醉制　蟹、蚶、螺等水产品，洗净后可以用醉制法加工后食用或保存。这种方法是利用了酒中乙醇的杀菌作用，但需注意酒（黄酒）的用量应高于原料重的50%，并加入适量的食盐，通过乙醇和食盐的联合作用，起到杀灭致病菌的效果。

第二节　餐饮食品添加剂的食品安全控制

苏丹红事件：2005年3月4日，亨氏辣椒酱在北京首次被检出含有“苏丹红一号”。不到1个月内，在包括肯德基等多家餐饮、食品公司的产品中相继被检出含有“苏丹红一号”。苏丹红事件席卷中国。

亚硝酸盐食物中毒事件：2016年12月，四川省巴中市巴州区一村民在家中为亲属料理丧事时，发生疑似食物中毒事件。中毒人数30余人，在医院抢救中死亡2人。经当地疾控中心对食品样品、病人呕吐物等的检测及流行病学调查，巴中市、巴州区食品药品监管部门开展的事件调查，确定该事件为一起亚硝酸盐引起的食物中毒事件。

“甜味剂”馒头：2021年，四川省市场监管部门通过食品安全监督抽检发现，一些不良商家在馒头上做起了文章，随意加入了“甜味剂”来糊弄消费者。甜味剂分为天然甜味剂和人工合成甜味剂，人工合成甜味剂化学性质稳定，其甜度远高于蔗糖。由于人工合成甜味剂添加成本较低，馒头中违规添加的糖精钠和甜蜜素等在食品工业中十分常见。馒头在GB 2760中属于发酵面制品，标准中明确显示馒头生产加工中不能使用甜蜜素、糖精钠等人工合成甜味剂，任何馒头品种都不得“走捷径”。

以上案例均是典型的因在食品中添加非食用物质和滥用食品添加剂引起的食品安全问题。近年来，滥用食品添加剂和非法使用非食用物质导致餐饮业的食物安全事件越来越多，政府监管部门开展专项整治工作，严厉打击食品非法添加和滥用食品添加剂。

食品添加剂是现代食品工业发展的重要影响因素之一，随着国民经济的增长和人民生活水平的提高，人们对食品的要求越来越高，不仅要求营养丰富，还要求其色、香、味、形俱佳，食用方便，这就使得食品添加剂产业进入高速发展的时期，涉及到几乎所有的食品加工业和餐饮业。当今，世界各国许可使用的食品添加剂品种愈来愈多，使用范围越来越广。全世界批准使用的食品添加剂就有3000种以上，美国是目前世界上食品添加剂产值最高的国家，其销售额占全球食品添加剂市场的三分之一，其食品添加剂品种也位居榜首。我国允许使用的品种也超过2000种。

非食用物质是指食品中禁止使用的物质，例如苏丹红、吊白块、三聚氰胺等，一旦将这些物质应用到食品中，即为“非法添加物”，将承担刑事责任。非食用物质涉及面很广，有相当的不确定性和未知风险。

本节着重阐述餐饮业中常用的食品添加剂及其安全控制。

一、食品添加剂的概念

1. 食品添加剂的定义

国际食品法典委员会（CAC）定义的食品添加剂是指有意加入到食品中，且在食品的生产、加工、制作、处理、包装、运输或保存过程中具有一定的功能作用，而其本身或者其副产品作为传统的食品成分的物质，无论其是否具有营养价值。

我国的GB 2760《食品安全国家标准 食品添加剂使用标准》规定：食品添加剂是指为改善食品品质和色、香、味，以及为防腐、保鲜和加工工艺的需要而加入食品中的化学合成或者天然物质。营养强化剂、食品用香料、胶基糖果中基础剂物质、食品工业用加工助剂也包括在内。

尽管世界各国对食品添加剂的定义不完全相同，但其关于食品添加剂的定义都涵盖了食品添加剂的以下几个特征：

① 与食品中天然存在的一些物质相区别，食品添加剂是在食品生产加工过程中，有意添加到食品中去的。

② 加入到食品中的食品添加剂能够满足一定的工艺需求，如可以改善食品的色、香、味等感官特征，或者能够提高食品的质量和稳定性等。

③ 食品添加剂的本质是化学合成或者天然存在的物质。

④ 食品添加剂的定义和范畴是依据所在国家食品法律规范规定的。

2. 食品添加剂的分类

（1）按食品添加剂的功能分类 按功能的不同，我国 GB 2760《食品安全国家标准 食品添加剂使用标准》将食品添加剂分为 23 类，包括酸度调节剂、抗结剂、消泡剂、抗氧化剂、漂白剂、膨松剂、胶基糖果中基础剂物质、着色剂、护色剂、乳化剂、酶制剂、增味剂、面粉处理剂、被膜剂、水分保持剂、营养强化剂、防腐剂、稳定剂和凝固剂、甜味剂、增稠剂、食品用香料、食品工业用加工助剂及其他。

（2）按食品添加剂的来源分类 按来源的不同，食品添加剂可分为天然与人工合成两类。天然食品添加剂是指利用动植物或微生物的代谢产物等为原料，经提取所获得的天然物质，如色素中的辣椒红，香料中的天然香油精、薄荷，茶叶中的茶多酚，鱼虾壳中提取的壳聚糖等。此类添加剂毒性相对要小，并且其中一部分又具有一定的营养及生理功能，符合现代食品工业发展的趋势，是食品添加剂研究应用的主流。

人工合成食品添加剂是通过化学手段使元素和化合物产生一系列化学反应而制成。目前，食品工业中所使用的添加剂大部分属于这一类添加剂。如防腐剂中的苯甲酸钠，漂白剂中的焦亚硫酸钠等。

无论天然的食品添加剂还是人工合成的食品添加剂，在允许使用前都经过了大量的科学实验和安全性评价，然后按照相关申报规定和程序进行申报，通过全国食品添加剂标准化技术委员会审核和卫生健康委员会批准才能使用。因此，按照食品添加剂使用标准（GB 2760）所规定的品种和剂量范围使用，对人体都是无害的，有些合成的食品添加剂在体内不参与代谢，很快排出体外，但有些天然的食品添加剂往往会因为原料加工时造成污染而降低安全性，因此不能绝对而论，认为天然食品添加剂优于人工合成食品添加剂或是天然食品添加剂一定比人工合成食品添加剂安全。

3. 食品添加剂在食品中的作用

在食品生产加工过程中，根据生产工艺的需要，按照 GB 2760《食品安全国家标准 食品添加剂使用标准》的规定合理使用食品添加剂，以达到如下目的。

（1）保持或提高食品本身的营养价值。

日常摄入食品是为了满足机体的营养需求。但是，在食品生产加工或者保存过程中，食品中的一些营养成分容易发生改变（食品营养素被氧化、食品的腐败变质）。如果在食品生产加工过程中按照规定加入一些抗氧化剂或者防腐剂，就能够有效避免营养素的损失。另外，在食品中加入营养强化剂，可以提高食品本身的营养价值，对于防止营养不良和营养缺乏、促进营养平衡、提高人们的健康水平具有重要意义。

（2）作为特殊膳食用食品的必要配料或成分。

在生活中，人们对一些特殊膳食的需求越来越多。如：糖尿病患者一般不能吃含糖的食品，但是人们对于甜味有着天然的喜好，所以需要特殊的“无糖食品”。如何能够既满足这些糖尿病患者对甜味的喜好，又能够不造成糖的摄入量增加，按标准批准使用的甜味剂就能够起到这种作用。在满足人们甜味感觉的同时，提供的热量却很低。

（3）提高食品的质量和稳定性，改进其感观特征。

食品添加剂在保证食品的质量和稳定性方面具有重要的作用。例如，使用乳化剂以保证一些脂肪乳化制品的水油体系的稳定性；加入抗结剂来保证易受潮结块食品的质量。另外，食品的色、香、味等感官特征是衡量食品质量的重要指标。食品添加剂中的着色剂、护色剂、漂白剂及食用香料等能够明显提高食品的感官特征，满足人们的不同需求。

（4）便于食品的生产、加工、包装、运输或贮藏。

食品添加剂有利于食品加工操作适应机械化、连续化和自动化生产，推动食品工业走向现代化。如：使用乳化剂能使面团中的水分均匀分布，提高面团的持水性和吸水力，有利于蒸煮；用葡萄糖酸-δ-内酯作为豆腐的凝固剂，利于其机械化、连续化生产。

二、餐饮业中常用的食品添加剂

我国是一个餐饮大国，餐饮业的繁荣景象是任何国家都无法匹敌的。同时，我国在餐饮业中使用食品添加剂的使用历史也是最长的，早在 1800 年前的东汉时期，就开始使用点制豆腐用的盐卤，800 年前的南宋时期就将亚硝酸盐应用于腊肉的生产。

近年来，随着我国经济水平提高、工作和生活节奏加快，在外就餐人数日益增加，餐饮业出现蓬勃发展的景象，已经成为拉动我国国民经济第三产业发展的重要组成部分。特别是人们对食品的要求越来越高，不仅要求营养丰富，还要求其色、香、味、形俱佳，食用方便，这就使得现代餐饮行业所使用的食品添加剂种类越来越多。

1. 食品添加剂的使用现状

餐饮业使用食品添加剂呈逐年上涨趋势。随着国内食品工业迅速发展，造就了食品添加剂行业的繁荣。目前食品添加剂已经全面进入餐饮行业中的粮油、肉禽、果蔬加工各领域，包括饮料、调料、酿造、面食、乳品、营养保健品等各部门，并且呈现出逐年上涨的趋势。

2. 食品添加剂进入餐饮业的主要途径

食品添加剂进入餐饮业主要有三条途径：

① 餐饮行业从市场上购买的加工原料中本身含有食品添加剂。如冷菜制作所使用的酱鸭可能含有着色剂、香料、防腐剂、甜味剂、增味剂、护色剂等多种类食品添加剂。

② 通过食盐、糖、醋、酱类、味精、芝麻油、腐乳、豆豉、鱼露、蚝油、料酒、香辛料、复合调味料、火锅调料等调味品加入供应的产品中。

③ 餐饮业直接将购买的食品添加剂、复合食品添加剂加到供应的产品中。

3. 餐饮业常用食品添加剂的使用情况

近年来，中国疾病预防控制中心通过对我国 24 个省、市、区的 1440 家餐饮业进行食品添加剂使用现状现场调查，研究共发现食品添加剂和被餐饮业当作食品添加剂使用的物质份数中，其中食品添加剂占 92.1%，非食品级的添加剂占 6.4%，未经国家批准或禁用的物质占 1.5%，具体使用添加剂类型和数量见图 3-3。

餐饮业使用食品添加剂种类排在前 6 位的分别是：食用香料、调味剂、防腐剂、着色剂（色素）、膨松剂、发泡剂。具体分布比例见图 3-4。

（1）食用香料　食用香料是用于改善、增强食品香味的食品添加剂，也是食品添加剂中最大的一类，其中品种有 1700 种以上，根据来源可分为天然与人工

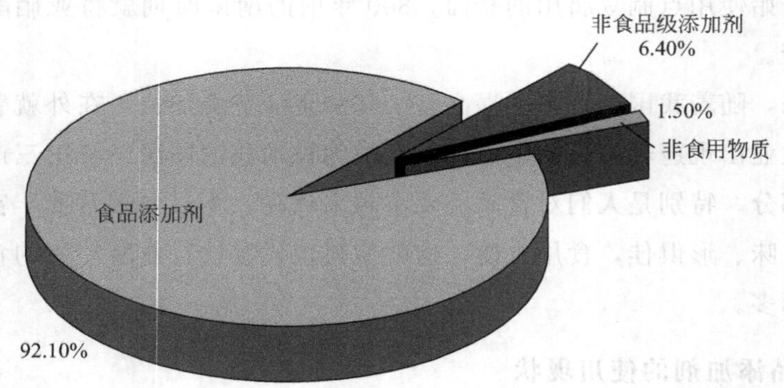

图 3-3 餐饮业使用添加物的类型和数量

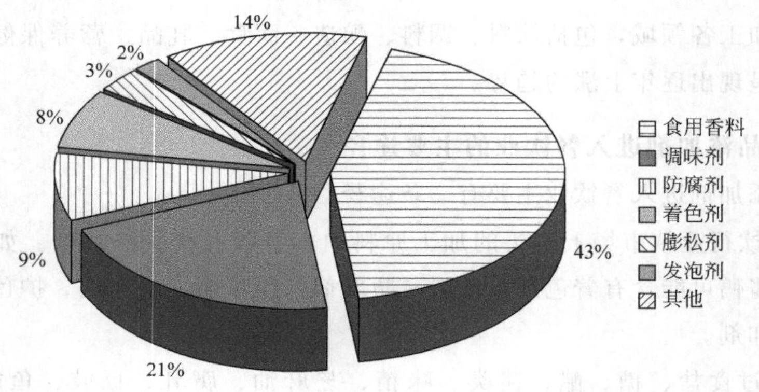

图 3-4 餐饮业使用前 6 位的食品添加剂

合成的两类。

① 天然香料 天然香料一般成分复杂，非单一化合物，安全性较高，主要是植物香料，如八角、花椒、薄荷、桂皮、丁香等，在我国有着悠久的使用历史。但据研究某些香料也含有有毒物质，如桂皮、八角含有黄樟素，可使动物致肝癌，使用时需引起注意。

② 人工合成香料 人工合成香料是纯粹用合成方法制得，而且通常以数种或数十种香料单体调和而成。各种味道的香精在实际的使用中是极少的，如汽水、冰棒一般香精使用量为 0.02%～0.1%。

《食品用香料、香精使用原则》中列出了不得添加食用香料、香精的食品名单。这些食品包括：纯乳（全脂、部分脱脂、脱脂）、原味发酵乳（全脂、部分脱脂、脱脂）、稀奶油、植物油脂、动物油脂（猪油、牛油、鱼油和其他动物脂肪）、无水黄油、无水乳脂、新鲜水果、新鲜蔬菜、冷冻蔬菜、新鲜食用菌和藻类、冷冻食用菌和藻类、原粮、大米、自发粉、饺子粉、杂粮粉、食用淀粉、生鲜肉、鲜水产品、鲜蛋、食糖、蜂蜜、盐及代盐制品、婴儿配方食品、较大婴儿和幼儿配方食品（法规有明确规定者除外）、包装饮用水。

（2）调味剂 调味剂是指能增加菜肴的色、香、味，促进食欲，具有调节改善食品滋味的食品添加剂。从狭义上讲，调味品包括咸味剂、酸味剂、甜味剂、鲜味剂和辛香剂等，像食盐、酱油、醋、味精、糖、八角、花椒、芥末等都属此类，但从广义上讲，调味品已经不再局限于传统的油、盐、酱、醋、鸡精、味精等，其中含有的酸味剂、甜味剂、鲜味剂等食品添加剂不仅仅局限上述日常所见的。

现在，随着餐饮业的发展，厨师分工越来越细，全部由自己调制复合调味料效率太低，而且每个人的做法都不一样，因此成品或者半成品的复合调味料成了餐饮业大量采购的对象。食品行业中的调味品就有 200 多种、上千个单品。

（3）防腐剂 防腐剂是能防止由微生物引起的腐败变质、延长食品保藏期的食品添加剂。因兼有防止微生物繁殖引起食物中毒的作用，又称抗微生物剂。

食品防腐剂应具备的条件：加入到食品中后在一定的时期内有效，在食品中有很好的稳定性；低浓度下具有较强的抑菌作用；本身不应具有刺激气味和异味；不应阻碍消化酶的作用，不应影响肠道内有益菌的作用；价格合理，使用较方便。

目前世界各国所用的食品防腐剂约有 30 多种。食品防腐剂在中国被划定为第 17 类，有 28 个品种。防腐剂按来源分，有化学防腐剂和天然防腐剂两大类。化学防腐剂又分为有机防腐剂与无机防腐剂。前者主要包括苯甲酸及其钠盐、山梨酸及其钠盐等，后者主要包括亚硫酸盐和亚硝酸盐等。天然防腐剂，通常是从动物、植物和微生物的代谢产物中提取。

防腐剂在餐饮业中主要是运用于干货原料的涨发、肉类制品、面包、蛋糕类食品的制作加工等。

（4）着色剂 着色剂也称食用色素，是用以使食品着色并改善食品色泽的食品添加剂。按来源可分天然食用色素及人工合成两类。

① 天然食用色素 天然食用色素主要来自动植物组织或微生物代谢产物。天然食用色素多数比较安全，有些还有一定的营养价值，但个别的也具有毒性，如藤黄有剧毒不能用于食品。餐饮业中常用的天然食用色素，主要有红曲、叶绿素、姜黄素、糖色等，见表 3-3。

表 3-3 餐饮业中常用的天然食用色素

天然色素	主要来源、性质	餐饮业应用
红曲	又名红曲米，是将一种霉菌接种在米上培养而成。红曲色素性质无毒，对蛋白质有很强的着色力	红曲在红豆腐乳、卤肉、卤鸡等食品中常用之。红色鲜艳惹人喜爱。有些地方在用红曲卤过的食品上还加番茄酱，色更鲜艳味更美
叶绿素	用菠菜或青菜叶等绿色植物原料捣烂挤出汁，此汁水即含叶绿素。有时还在这绿色的汁中滴一点碱，以保持绿色的稳定性	饮食业常用叶绿素做翡翠色菜肴，如彩色鱼丸、彩面等
糖色	又名酱色、焦色，烹调常用白糖炒成酱色做红烧菜的色素	常用于制酱、酱油、醋等食品中
姜黄素	用姜黄的根茎经加工制成的色素	常用于果汁、果酒、面食等食品的着色

② 人工合成食用色素　人工合成食用色素其突出特点是着色力强，色泽鲜艳，成本较低。但人工合成食用色素是从煤焦油中制取或以苯、甲苯、萘等芳香烃化合物为原料合成的，这类食用色素多属偶氮化合物，在体内进行生物转化可形成芳香胺，有致癌性。我国目前允许使用的合成色素有四种：苋菜红、胭脂红、柠檬黄、靛蓝。一般用于各种饮料、配制酒、糖果、罐头等食品。苋菜红、胭脂红的最大使用量为0.05g/kg；柠檬黄、靛蓝为0.1g/kg。这些合成色素应严格按照GB 2760《食品安全国家标准 食品添加剂使用标准》，在规定范围和规定用量内使用。

(5) 膨松剂　膨松剂指食品加工中添加于生产焙烤食品的主要原料小麦粉中，并在加工过程中受热分解，产生气体，使面坯起发，形成致密多孔组织，从而使制品具有膨松、柔软或酥脆的一类物质。

膨松剂按来源可分为两种类型：生物膨松剂、化学膨松剂。

① 生物膨松剂　以各种形态存在的品质优良的酵母为主。在自然界广泛存在，使用历史悠久、无毒害、培养方便、廉价易得、使用特性好。

② 化学膨松剂　也称合成膨胀剂，一般是碳酸盐、磷酸盐、铵盐和矾类及其复合物。都能产生气体，在溶液中有一定的酸碱性。使用化学膨胀剂，不需要发酵时间。化学膨松剂分为碱性膨松剂和复合膨松剂两类。碱性膨松剂包括碳酸氢钠、碳酸氢铵、碳酸铵、碳酸钙、碳酸镁等。复合膨松剂通常由3种成分构成，即碳酸盐、酸性物质和淀粉等其他物质。

三、餐饮业食品添加剂的安全控制

餐饮业处于整个食物链的末端，作为食品安全的最后一道关口，餐饮服务业应做好食品安全的“守门员”。由于大多数食品添加剂毕竟不是食物的天然成分，少量长期摄入可能存在对机体的潜在危害，食品添加剂的滥用或误用，更可能对人体健康带来严重危害，所以餐饮业应该加强常用食品添加剂的安全控制。

1. 餐饮业食品添加剂使用存在的问题

目前，关于食品添加剂的食品安全国家标准中，更多的是针对食品生产企业，要求在预包装食品的外包装上标注、明示食品添加剂成分，而餐饮店、街头现做现卖食品使用添加剂的情况则被关注得比较少，因此餐饮业食品添加剂使用情况更加令人担忧。

目前餐饮业食品添加剂使用存在的主要问题如下。

（1）擅自滥用非食用物质作为食品添加剂。

我国对食品添加剂实行允许名单制度，只有列入目录中的物质才可以作为食品添加剂使用。但是，违法者无视法律法规的规定，将不允许使用的物质作为食品添加剂添加到食品中去。卫生健康委员会自 2008 年以来陆续发布了 48 种食品中可能违法添加的非食用物质名单，涉及米面制品、调味品、豆制品、肉禽、水产品等各类食品。表 3-4 中列出了部分非食用物质可能添加的食品类别及其可能产生的危害。

表 3-4　部分非法添加的非食用物质

名称	可能添加的食品品种	主要作用	主要危害
吊白块	腐竹、粉丝、面粉、竹笋	常用于工业漂白剂、还原剂等。不法分子用于食品增白	吊白块的毒性与其分解时产生的甲醛有关。人长期接触低浓度甲醛蒸汽可出现头晕、头痛、乏力、视力下降等。长期接触甲醛者中鼻腔或鼻咽部发生肿瘤概率增多
苏丹红	辣椒粉、含辣椒类的食品（辣椒酱、辣味调味品）	苏丹红是人工合成的红色工业染料，一些企业常将苏丹红添加于辣椒产品加工当中	有致癌性，对人体的肝肾器官具有明显的毒性作用
三聚氰胺（蛋白精）	乳及乳制品	三聚氰胺含氮量很高（66%），估算在植物蛋白粉和饲料中使蛋白质增加一个百分点	降低了饲料中真蛋白质的含量，影响动物生长性能，甚至可能对动物产生危害。长期或反复大量摄入三聚氰胺可能对肾与膀胱产生影响，产生结石

续表

名称	可能添加的食品品种	主要作用	主要危害
硼酸与硼砂	腐竹、肉丸、凉粉、凉皮、面条、饺子皮	用于玻璃、医药、化妆品等工业,并用作食物防腐剂和消毒剂等。外用杀菌剂、消毒剂、收敛剂和防腐剂	硼酸对人体有毒,内服影响神经中枢
工业用甲醛	海参、鱿鱼等干水产品、血豆腐	甲醛主要用于工农业,利用甲醛的防腐性能,加入水产品等不易贮存的食品中。甲醛溶液浸泡过的水产品外观比较好,但不能食用	导致头痛乏力、恶心、呕吐及植物神经紊乱等;孕妇长期吸入可能导致胎儿畸形,甚至死亡,男子长期吸入可导致男子精子畸形、死亡等。
工业用火碱(氢氧化钠)	海参、鱿鱼等干水产品、生鲜乳	工业用氢氧化钠用于化学药品的制造及造纸、炼铝等。不法商人常使用于食品中	本品有强烈刺激和腐蚀性。粉尘或烟雾会刺激眼和呼吸道,可造成消化道灼伤,黏膜糜烂、出血和休克
罂粟壳	火锅底料及小吃类	罂粟壳中的生物碱虽然含量较少,但仍可使人产生依赖性进而成瘾	罂粟壳属于毒品,即使是"灭活"后的罂粟籽,仍含有微量吗啡、可卡因等对身体有害的成分。长期食用,照样可能让食客中毒上瘾,严重者可吃成"瘾君子"
废弃食用油脂	食用油脂	餐饮业废弃油脂,含油脂废水经油水分离器或者隔油池分离后产生的不可再食用的油脂	废弃食用油脂经过多次反复油炸、烹炒后,含有大量的致癌物质,如苯并[a]芘等,长期食用会导致慢性中毒,容易患上肝癌、胃癌、肠癌等疾病
瘦肉精(盐酸克伦特罗、莱克多巴胺等)	猪肉、牛羊肉及肝脏等	瘦肉精是一类动物用药,添加于饲料中,可以增加动物的瘦肉量,减少饲料使用,使肉品提早上市,降低成本	瘦肉精中毒导致心悸,面颈、四肢肌肉颤动,手抖甚至不能站立,头晕,乏力等
酸性橙Ⅱ	黄鱼、鲍汁、腌卤肉制品、红壳瓜子、辣椒面和豆瓣酱	主要用于皮革、纸张、织物的染色及印花,具有色泽鲜艳、着色稳定和价格低廉的特点,一些不法商贩在食品中违规添加酸性橙Ⅱ	有强致癌性,严重危害消费者身体健康,禁止作为食品添加剂使用

（2）擅自超范围和超量使用食品添加剂。

不少餐饮企业为了提高产品的口感，改善产品的外观，擅自超范围和超量使用食品添加剂的事件时有发生。超范围使用的品种主要是合成色素、防腐剂和甜味剂等品种。如肉制品中的苯甲酸防腐剂、合成色素；乳制品中的山梨酸防腐剂、二氧化钛白色素；葡萄酒中的合成色素、甜蜜素；面粉中的过氧化苯甲酰、溴酸钾；蜜饯类产品中的甜味剂、防腐剂、色素；乳饮料中的甜味剂、防腐剂；冷饮、果冻中的甜蜜素；酱菜中的苯甲酸。

（3）使用不符合质量规格标准的食品添加剂。

食品添加剂的使用中，对所使用的食品添加剂的质量规格标准也做出了规定，达到质量规格要求的物质才能作为食品添加剂。在餐饮行业中常常发现有的商家在食品加工过程中使用工业用白油、双氧水替代食用级白油、双氧水作为食品添加剂使用；再如甜蜜素是我国允许使用的食品添加剂，但并不是所有名称叫作甜蜜素的物质都可以作为食品添加剂使用，而只有达到GB 12488《食品添加剂 环已基氨基磺酸钠（甜蜜素）》要求的甜蜜素，才可以作为食品添加剂用于食品生产中。

（4）违反食品添加剂的使用原则使用食品添加剂。

在食品添加剂使用过程中，经常有违反食品添加剂使用原则的事情发生。如：我国食品添加剂的使用原则中规定，不应掩盖食品本身或加工过程中的质量缺陷或以掺杂、掺假或以伪造为目的而使用食品添加剂。例如，实际生产过程中，一些不法人员在植物油中添加味道类似于香油的香精生产“香油”，这就违反了食品添加剂的使用原则。

（5）违反食品添加剂的标识规定，欺骗和误导消费者。

食品添加剂的标识包括食品添加剂产品的标识和添加了食品添加剂的食品的标识两个方面内容，在《食品安全法》《食品添加剂卫生管理办法》《预包装食品标签通则》等都有明确的规定。在实际食品添加剂和食品的生产经营过程中一些生产者无视法律法规的要求，不正确地或者不真实地标识食品添加剂，一些商家为了吸引消费者，将其食品定为“纯天然食品”，绝不添加食品添加剂等虚假宣传，均是误导和欺骗消费者的行为。

2. 餐饮业食品添加剂的违规使用情况

见表3-5。

表 3-5 餐饮业食品添加剂的违规使用

餐饮菜品类型	具体菜品	违规使用食品添加剂情况
粮食及粮食制品	面点	过量使用膨松剂(硫酸铝钾、硫酸铝铵等),造成铝的残留量超标准;超量使用水分保持剂磷酸盐类(磷酸钙、焦磷酸二氢二钠等);超量使用增稠剂(黄原胶、黄蜀葵胶等);超量使用甜味剂(糖精钠、甜蜜素等)
	饺子皮	超量使用水分保持剂磷酸盐类(磷酸氢二钠等);超量使用增稠剂(皂荚糖胶、沙蒿胶、黄原胶等);烧麦皮超量使用着色剂(栀子黄)或超范围使用
	面蒸制品	馒头等面食蒸制品违法使用漂白剂硫黄熏蒸
蔬菜水果类	凉拌蔬菜/水果	着色剂(胭脂红、柠檬黄等)超量或超范围使用
调味料及汤锅料类	调味汤锅类	肉骨头砂锅增加香味,凭感觉添加骨香粉、猪肉香精等。在火锅底料中加入火锅飘香剂、火锅增香膏等 做鱼头浓汤超量使用增稠剂(羟丙基淀粉醚等),使汤又白又浓
饮料类及酒类	鲜榨果蔬汁	超量使用(D-异抗坏血酸、植酸等);违规使用甜味剂、着色剂
	现调酒类	超量或超范围使用漂白剂、甜味剂、着色剂
肉及肉制品类	烹调肉类	在煎炸、烧烤、炖煨、氽煮、熘炒过程中广泛的超量使用水分保持剂磷酸盐类(磷酸三钠、焦磷酸钠等);使用复合磷酸盐类还有增重作用
	酱、卤肉制品	超量或超范围使用着色剂(焦糖色)以及化工原料(酸性橙Ⅱ)。使用防腐剂、发色剂(亚硝酸钠等)处理肉类

3. 餐饮业食品添加剂的使用原则

(1) 餐饮业添加使用食品添加剂不应对人体产生任何健康危害。

目前，我国 GB 2760《食品安全国家标准 食品添加剂使用标准》规定的食品添加剂使用范围、使用量都是建立在科学的评估基础之上的，因此，餐饮业单位严格按照我国食品添加剂的相关规定使用，才能有效保证不会给消费者带来健康危害。

(2) 餐饮业添加使用食品添加剂应为餐饮食品加工工艺的必要性，不能以非法目的使用食品添加剂，不得由于使用食品添加剂而降低了食品质量和卫生要求。

为了保证食品添加剂在正常的生产工艺条件下发挥作用，我国的《食品安全法》及其实施条例和相关的法规、标准对使用食品添加剂的工艺必要性审查做出了明确而具体的规定。但是，在实际操作中，许多餐饮经营单位为了追求经济利益，在非工艺必要性的餐饮食品加工中超量、超范围使用食品添加剂，更有使用工业级代替食品级的添加剂。如在大米上着色素、加香料，三黄鸡上涂黄色，茶叶中加绿色，枸杞子用红色素浸泡，在面制品中添加工业用碳酸氢钠，等等。不得使用食品添加剂来掩盖食品的缺陷（如霉变、腐败）或作为造假的手段。

（3）餐饮业添加使用食品添加剂应遵从适量从少原则。

餐饮服务业的经营特点是现场制作、现场销售，应尽可能不用食品添加剂。一定要使用时，应尽可能地降低食品添加剂的用量，GB 2760《食品安全国家标准 食品添加剂使用标准》中规定“允许”使用的食品添加剂品种、范围、最大使用量，并不是提倡在食品加工过程中“必定”要使用这些食品添加剂。在食品生产加工过程中确实需要使用某种食品添加剂时，应该尽可能地低于规定的最大允许使用量。

4. 餐饮业食品添加剂的安全控制

（1）餐饮业食品添加剂的选择

① 使用品种 必须是列入 GB 2760《食品安全国家标准 食品添加剂使用标准》的品种。

② 使用范围 必须按照 GB 2760《食品安全国家标准 食品添加剂使用标准》中的使用范围和使用量使用，如柠檬黄只能用于糕点裱花，而不能用于糕点制作。复合食品添加剂中的单项添加剂成分也应在 GB 2760《食品安全国家标准 食品添加剂使用标准》范围内。尤其注意火锅底料、自制饮料、自制调味料配制时食品添加剂的使用。

③ 索证要求 须向食品添加剂的供货商索取卫生许可证复印件，应注意许可项目和发证日期，发证机关必须是省级行政部门。如果使用的是复合添加剂，在许可证上必须有标明。购入食品添加剂时需填写《食品添加剂索证索票与进货查验记录》。

④ 包装标识 食品添加剂必须有包装标识和产品说明书，标识内容包括：品名、产地、厂名、卫生许可证号、规格、配方或者主要成分、生产日期、批号或者代号、保质期限、使用范围与使用量、使用方法等，并在标识上明确标示“食品添加剂”字样。复合食品添加剂还应当同时标识单一品种名，并按含量由多到少排列；各单一品种必须使用与 GB 2760《食品安全国家标准 食品添加剂使用标准》相一致的名称。

（2）餐饮业食品添加剂的使用 餐饮业使用食品添加剂必须谨慎小心，严格按照产品说明书使用，做到“五专”：专店采购、专柜存放、专人负责、专用工具、专用台账。

① 专店采购　即必须到有资质的专卖店进行食品添加剂采购，索取相应票证备查。

② 专柜存放　即必须将食品添加剂放在指定区域的专柜保存。

③ 专人负责　即必须有两名经过培训的职业厨师共同领取、使用、配制。

④ 专用工具　即必须使用经过验证的计量器具进行计量重量。

⑤ 专用台账　即必须使用食品药品监督部门印制的台账，每次使用按照要求逐项登记。台账记录见表 3-6。

表 3-6　餐饮业食品添加剂使用登记表

使用日期	食品添加剂名称	生产者	生产日期	使用量/g	功能（用途）	制作食品名称	制作食品量	使用人	备注

第三节　热制菜点的食品安全控制

某厂职工食堂于国庆前夕，从沿海购回数百公斤冻带鱼，贮存于保管室，当日气温 26℃左右。该食堂第二天午饭主要菜肴除清蒸带鱼外，还有蒸肉和两种炒肉菜。烹调时因时间紧张，仅蒸上汽就立即取出。盛放生鱼的大搪瓷盆未清洗消毒又继续盛放蒸过的熟鱼。

午饭后有 201 人中毒发病，均食用过清蒸带鱼，食用蒸肉或炒肉菜的未见发病。患者主要临床表现为上腹部和脐周阵发性绞痛，严重腹泻，多为水样便。大多有发烧、恶心、呕吐等症状。经补液和抗生素治疗后痊愈。病程

2～4 天。

经食品安全监管部门调查，带鱼中污染了副溶血性弧菌，发生食物中毒的原因来自两个方面：一是因为带鱼蒸制时间太短，没有彻底杀灭致病菌；另一个原因就是盛放生鱼的大搪瓷盆又用来盛放蒸过的熟鱼，导致生熟交叉污染。

烹饪原料经初加工后，尚不能完全消除病毒、细菌和霉菌及其毒素、寄生虫卵等生物性危害，同时由于原料切配、辅料的添加，以及物料与食用器具、空气等的接触和操作过程中发生再次污染。不合理的热加工方法不仅可能使菜点中存在生物性危害，还可能难以灭活原料中存在的有毒有害物质，甚至可能使菜点中产生新的化学危害。因此，合理选择热加工方法，对于保证菜点的食品安全具有重要意义。

一、常用热加工方法及其安全控制

在菜点制作中采用适当的加工工艺，如煎炸、烘烤、熏蒸等方法，可以制作出适口悦人、丰富多彩的食品，提高菜点中营养素的吸收利用程度，降低有害物质的产生。但是，若加工方法不当，则不仅导致生物性危害不能消除或降低，而且产生多环芳烃、油脂热聚合物、过氧化物、杂环胺等化学危害物。应按照加热介质的不同，总结常用热加工方法及其特点，分析各种方法可能存在的食品安全问题，采取有效的食品安全控制措施，如表 3-7 所示。

表 3-7 常用热加工方法及食品安全控制

加热介质	工艺特点	食品安全问题	食品安全控制措施	典型应用
水	常压下加热温度不超过 100℃，方法多样，加工时间可长可短，如焯水、烧、烩、煮等	短时间加热（如焯水）不彻底，生物性危害不能消除；天然有毒物质没有灭活	确保加热时间足够，断生熟透	用于热制凉食类菜肴制作（如凉拌菠菜）；原料的预处理；面点饭食的制作等
蒸汽	封闭状态下利用水蒸气进行蒸制，不宜翻动，可保持原料的营养素和原汁原味	蒸制不彻底，不能消除生物性危害	掌握食物的性状、蒸制火候、时间、原料摆放等的控制	用于姜汁肘子、八宝鸡等菜肴半成品处理，或芙蓉嫩蛋等熟处理，以及面点蒸制

续表

加热介质		工艺特点	食品安全问题	食品安全控制措施	典型应用
油	过油（半成品加工）	将加工成型原料拌上不同性质的糊浆，采用中或大油量、不同油温加热，获得不同质感的半成品	用油量大，通常为原料的4～5倍以上，200℃以上高温过油，油脂反复加热利用产生化学危害	控制油温，把握投料数量和油量比例，充分过滤用过的油脂，减少反复使用的次数	使用范围广泛，畜禽肉类、鱼虾、豆制品等原料经过油后再烹调成菜
	炒、爆、熘等	原料多以小块为主，油量中或少，油温高，快速烹制成菜	加热不彻底，难以消除生物性危害	控制食物原料性状、数量及加热油温和时间	各类荤素炒菜（如宫保鸡丁、干煸牛肉丝等）
	炸	油量大，完全淹没原料，油温高，可达230℃左右	重复用油或过高温度油炸，产生化学性危害；原料未炸透，存在生物性危害	控制食物原料性状、油量、油炸温度和时间	应用广泛，如油炸鸡腿、脆炸茄饼、油炸面点等
	煎贴等	油量少，成菜时间短，原料多成饼状或挂糊的片形	原料受热不均匀，出现焦煳，导致化学性危害产生；加热不彻底，生物性危害没有消除	控制原料性状规格，确保加热熟透，防止焦煳	水晶虾饼、椒盐鱼饼、锅贴鸡片等
不同热源	暗炉烤	以煤、木炭、煤气、电作为热源，将原料放于封闭的烤炉内烘烤至熟	烘烤温度过高，有机物分解形成化学有害物；大块原料加热不彻底或焦煳，存在生物性危害或化学性危害	控制烘烤温度和时间；把握大块原料的成熟度；尽量使用电热烘烤	北京烤鸭、面包、蛋糕等
	明火烤	将原料放于敞口的火炉或火盆上，反复烤制熟透	食物与燃料燃烧烟雾直接接触，导致有害化合物的污染；食物原料直接接触火焰或油脂滴落在火焰上，产生有害化合物	选择电炉或无烟燃料，改良食品烟熏剂，不使食物与炭火直接接触	烤乳猪、各类烤肉、烤鱼等

二、食物的温度与时间

如前所述，热制菜点无论采用何种热加工方法，要达到消除或减少菜点中生物性危害和化学性危害的目的，控制食物加热的温度和时间是确保食品安全的关键措施。

当食物处于 8～60℃时，有害微生物能在食品中大量生长。同时，只有当食物中心温度（或最冷点温度）达到 70℃以上时，才能将致病微生物杀灭。因此，各类食物原料中存在的有害微生物，加工过程中可能污染的生物性危害，都需要采用正确的加热烹调、贮存和再加热方法，使食物达到安全温度或避开危险温度带，从而减少或杀灭有害微生物。

1. 食物温度测量仪

菜品从原料的初加工到成菜，每个环节都有自己特定的温度要求，生产者所控制的温度从冷冻-18℃到油炸 270℃，如何把握这近三百度的温度差异呢？

在传统餐饮业生产过程中，油温九成热、沸水下锅、旺火爆炒、待水微沸浸煮 3h 等烹饪工艺表述经常出现，但从来没有一个数字化的标准，烹调全靠个人的经验和感官判断，这不仅造成了食物的烹调差异，影响菜品的色、香、味、形、口感，而且使食物的营养价值和食品安全受到影响。使菜品保持在安全温度内是食品安全控制中基本而有效的方法，为防止不当的温度，就必须掌握正确测量食物温度的方法。

表 3-8 显示了不同种类的温度计及使用特点，可用于食品中心温度或表面温度的测量。

表 3-8　常用温度计

温度计	使用特点
红外线测温仪	可用于非接触式环境和表面温度测量，适合于食品生产车间、餐饮服务企业、商场超市、宾馆酒店、食品贮存和运输等，不能准确地量度金属表面和反射箔纸的温度 • 可测试不同食品而不会发生交叉污染 • 需要经常校验准确度 • 从一个热的温度到一个冷的温度，需要 20min 的适应时间
双金属温度计   	适合于食品生产车间、餐饮服务企业、商场超市、宾馆酒店、食品贮存和运输每个阶段食品的中心温度。带刻度盘面的双金属型温度计是成本低、操作最简单的一种中心温度计，适合测量厚大食品。 • 温度测量范围是－18℃到 104℃，温度误差范围±3℃ • 为保证测试准确性，双金属型温度计的探头必须插入被测食品内至少 5cm 的深度 • 可以现场校准

续表

温度计	使用特点
数字型温度计	适用场所同上。 数字型中心温度计与双金属型温度计相比，测试速度更快（每秒测量 2 次），测量范围更宽（−50℃到 230℃），测量精确度更高（±1℃或±0.5℃），无论薄小或厚大食品均可测量
一次性温度标贴	广泛使用在货物的仓储、运输过程中，能反映出被测物体的温度是否超标及超标的大致时间 • 根据颜色变化的小圆圈判断温度超标时间，当温度超标时，温度标贴的小圆圈颜色就会慢慢变红，并根据颜色变化的小圆圈可以得知温度超标的时间 • 使用方便简易，将温度标贴贴到需要测量的物体上或者产品的外包装箱上，揿掉标贴上的塑料薄膜即可
温度计使用指南	• 餐饮服务企业不能使用水银或玻璃温度计，温度计存放在清洁卫生环境中 • 正确地清洁和消毒温度计以免污染被测试的食品，尤其是测试完原料后接着测试即食食品时非常重要。清洁和消毒温度计时，要擦去所有食物残渣，将温度计的柄或探头部位浸入消毒液中至少 5s，最后在空气中晾干 • 若仅检测食品原料或烹调后保持在 60℃条件下的食物时，在每次测试之间用酒精棉球擦拭温度计的柄部

2. 测量食品温度

(1) 温度计校准　使用食物温度计前，须先阅读制造商的说明书，食物温度计须定期检查/校准，以确保读数准确可靠。通常只有双金属温度计可以自行校准，其他类型温度计大都需要每年至少一次安排温度计制造商或分销商校准食物温度计。双金属温度计校准的方法主要是沸点或冰点法，至少每三个月一次自行检查食物温度计的准确度。

(2) 食品温度测量　使用温度计测量食品温度时，应了解温度探头插进食物多深，才能取得准确的读数。只有把温度计的感应部分插入食物足够的深度，才能测得准确的温度。

双金属温度计的感应部分从温度计的尖端延伸到温度计杆部的凹痕处，测量时应将整个感应区置于食物的中心部位，把指针端插入食品至少 5cm 的长度。而数字型温度计的感应部分则在温度计的尖端处，即使薄小食物也可以进行测量。测量食物温度时，应把温度探针插入食品中心或密度大的部分，避开骨骼、脂肪和软骨处。测量酱或汤汁的温度前，最好先搅拌食品使得温度均匀。每次测量热或冷的食物温度后，应等待温度计的读数回复室温，才可再次使用。

测量预先包装或冷藏食物的表面温度时，须把食物温度计的探头放进两包预先包装/冷藏食物的包装之间，让食品袋与其充分接触，并避免损坏预先包装食物的包装。

3. 食品温度和时间的控制

食品温度和时间是影响食物中微生物生长的最关键因素。对餐饮服务经营者而言，高度关注细菌生长所需要的温度和时间是控制致病菌和腐败菌生长的最有效途径。表 3-9 列出了菜点生产加工过程中食品温度和时间的控制。

表 3-9 食品温度和时间的控制

菜点加工过程	食物安全温度和时间	控制温度和时间的作用
菜点热加工	不同食品根据不同的热加工方法需要不同的加热终点安全温度，一般要求达到食品中心温度 70℃，并在 2h 内达到最终烹调温度	正确的烹调热加工方法能杀灭食品中的生物性危害；保持食品在 8～60℃之间不超过 4h，可抑制有害微生物的生长数量
食物冷却	食物中心温度应在 2h 内从 60℃降至 21℃，再经 2h 或更低温度降至 8℃	正确的冷却方法可防止致病菌芽孢向繁殖细胞转变，防止细胞增殖
再加热	食物处于危险温度带（8～60℃）存放 2h 以上且未发生感官性状变化的，食用前应再加热，至中心温度 70℃以上	正确的再加热方法能杀灭可能出现在食品里的有害微生物
热保藏（保温）食品	烧熟后 2h 的食品中心温度保持在 60℃以上的，其保质期为烧熟后 4h	正确保温食物能防止有害微生物生长
冷保持（冷藏）食品	烧熟后 2h 的食品中心温度保持在 8℃以下的，其保质期为烧熟后 24h，食用前应重热	正确冷藏食物能防止或减缓有害微生物生长繁殖

4. 食物的冷却

错误的冷却方法，是导致食源性疾病的重要因素之一，因为无法避免食品在冷却过程中处于危险温度带内。按照《餐饮服务食品安全操作规范》的要求，食物在 8～60℃这个危险温度带内存放时间，应不超过 4h，食物应在最短时间内通过危险温度带。

大量的食品和块大且厚的食品通常需要较长的冷却时间。例如，一锅 19L 的蒸米饭，从蒸柜取出放进冷柜冷却，至少需要 72h 米饭的中心温度才能降到 5℃。

食物快速冷却的方法如下。

① 使用冰水浴浸泡，当冰块体积大于水时，其冷却的速率比完全是水的效率高 70%。

② 使用浅盘，高度应在 8cm 以下，豆类、米饭食品等或糊状食品容器深度小于 5cm。铝热传导最快，其次是不锈钢，不可用塑胶容器。

③ 食品尽可能平铺，体积尽可能小（将大量热食品分成许多小分量）。

④ 搅拌加速冷却。

三、食用油的安全控制

在各类菜点加工中，热加工方法中以油脂作为加热介质占大多数，油脂可以赋予食物更加丰富的口感、色泽和香味。据统计，我国居民通过膳食摄入的脂肪，只有一半来自食物本身所含的脂肪，而另一半则来自食用油。食用油作为膳食的重要组成部分，是人体生长发育不可或缺的物质，是人体重要的能量来源，直接影响着消费者的身体健康和生命安全。对餐饮服务企业而言，食用油脂的合理使用不仅影响着食物的加工工艺和色香味，而且也影响着企业的生产成本和利润，在保障消费者身体健康的前提下，不仅要考虑提高食用油的利用率，而且更应该高度重视食用油的安全性。

1. 影响食用油安全性的因素

近年来，随着人们生活水平的提高，在食物加工过程中食用油的使用量也在增多，丰富的油脂可以赋予食物金黄的色泽、松脆的口感，但同时也可能对人们的健康造成损害。

（1）食用油的加工方法　食用油脂的制取一般有两种方法：压榨法和浸出法。压榨法是用物理压榨方式，直接从油料中榨取油脂；浸出法是用食用级溶剂从油料中抽提出油脂的一种方法。压榨油和浸出油都须经过碱炼、脱色、脱臭等化学精炼过程，去除油脂中的杂质，才能成为符合国家标准、可使用的食用油。

只经过压榨或浸出加工得到的油叫毛油，是从植物油料中分离出的初级产品，主要是一些不具备除杂和精炼设备的作坊式榨油坊生产，常在一些农贸市场销售，以低廉的价格吸引消费者和餐馆购买。毛油中含大量杂质、水分、磷脂等物质，过多杂质和水分导致油脂色泽加深，容易酸败；磷脂的存在，使油脂受热泛起大量泡沫，不利食物的加工，缩短油脂存放时间。

未精炼的菜籽油含硫化物较高，对人体产生不良影响，如刺激黏膜，致甲状腺肿大，降低生长速度等。硫化物还具有刺激、辛辣气味，这是影响菜籽油的气味和滋味的主要原因。由于霉变油料作物的存在，导致毛油中霉菌毒素的含量大大超标，如花生易被黄曲霉污染，导致花生毛油中含有强致癌物质——黄曲霉毒素，经过精炼的花生油可以大大降低黄曲霉毒素的含量。

未精炼的棉籽油含有的游离棉酚，会导致心、肝、肾等的实质细胞受损，生殖系统的损坏，甚至急性中毒致猝死，对人体危害极大。经过精炼，才能去除所含毒素。

（2）食用油的来源　食用油脂作为餐饮业大宗采购原材料，历来是政府监管部门的监管重点。尤其是近年来出现的“地沟油”“潲水油”等事件，督促政府监管部门强化对餐饮企业食用油来源的监管。监管部门要求餐饮经营者必须使用来源可靠、标识清楚的食用油脂，最好使用正规企业生产的桶装油，适量购买，在保质期内使用，并严格执行《餐饮业原材料采购索证制度》。

（3）食用油的贮存与使用

① 食用油的酸败　动植物油脂贮存时间过长或贮存方法不当，发生一系列化学变化，引起感官性状的改变就是油脂酸败。油脂酸败的原因有两个方面：一方面是由生物性因素引起的酶解过程，来自动植物组织残渣和食品中微生物的酯解酶等催化剂使甘油三酯水解成甘油和脂肪酸，随后高级脂肪酸碳链进一步氧化断裂生成低级酮酸、醛和酮等。另一方面是化学性因素引起的水解和自动氧化过程，在空气、阳光、水、金属离子等因素作用下，主要是不饱和脂肪酸，特别是多不饱和脂肪酸双键打开形成过氧化物，再继续分解为醛、酮、低级脂肪酸等物质，造成油脂感官性质的改变，在油脂酸败过程中油脂的自动氧化占主导地位。油脂酸败直接影响产品质量，使感官性状发生变化，出现特殊臭味，也就是俗称的“哈喇味”。酸败过程中不饱和脂肪酸的氧化破坏，产生短碳链的游离脂肪酸，它不仅能使油脂风味变差，长期食用还会使动物脱毛，使体内多种酶失去活性、减重直至死亡，并破坏油脂中的维生素 A、维生素 D、维生素 E，使其失去活性。同时，油脂酸败过程中产生的过氧化物，可以破坏细胞膜结构，长期食用酸

败油脂对心血管病、肿瘤等慢性病有促进作用。

② 食用油高温下反复加热　在菜点加工中，食用油高温下反复加热的情况有两种：一种是油炸工艺，如炸鸡腿、炸制油饼等，油温可能超过200℃以上，炸制时油脂必须将食物淹没，使得油脂用量大，油脂高温下反复使用；另一种情况是半成品的预处理，如动物性原料加工前的滑炒、过油等操作，尽管加热温度中等，但仍需油脂淹没原料，且一锅油需要处理多种原料，同样存在烹调用油的反复加热使用。

高温下反复加热油脂可使油脂中的维生素A、胡萝卜素、维生素E等被破坏，同时，在高温下与空气接触，可使必需脂肪酸氧化酸败的速度加快。高温处理过的油脂其热能供给量只有生油脂的1/3左右，因而在体内氧化时不能产生同等的热能。根据动物实验的结果，高温加热油脂不但不易被机体吸收，而且妨碍同时进食的其他食物的吸收。

油脂在高温下反复加热会发生聚合和热氧化聚合，生成环聚合物和多环芳烃化合物，高温下油脂发生部分水解产生的低级羰基化合物还能聚合，形成黏稠的胶状聚合物，影响油脂的感官性状和消化吸收。这些生成物质不仅可使动物生长停滞，肝脏肿大，生殖功能和肝功能发生障碍，还可能有致癌作用。

高温下煎炸油会部分水解生成甘油和脂肪酸，甘油在高温下失去水分生成丙烯醛，丙烯醛对鼻、眼黏膜有较强的刺激作用，操作人员长期吸入会损害呼吸系统。根据相关报道，长期进行煎炸操作并缺乏相应保护措施的操作人员，患呼吸系统疾病的概率是正常人的2～3倍。同时，丙烯醛可以氧化产生丙烯酸，并最终生成丙烯酰胺。2005年3月2日世界卫生组织（WHO）和联合国粮农组织（FAO）发布了一个简要报告，明确丙烯酰胺是已知的人类可能致癌物，其对人体健康存在着潜在危害，提醒消费者注意油炸食品的摄入量，以防止丙烯酰胺可能引起的健康危害。

③ 餐饮用油中存在的反式脂肪酸　以双键结合的不饱和脂肪酸中，其分子结构上可能会出现不同的几何异构体，根据双键两侧原子或基团位置的不同可分为顺式脂肪酸和反式脂肪酸。由于不同油脂中脂肪酸的立体结构不同，二者的物理性质也有所不同。通常，天然植物油脂中的不饱和脂肪酸大多是顺式脂肪酸，不含反式脂肪酸。然而，许多食用加工油脂产品，为了改善油脂的物理性质，例如熔点、质地、加工性及稳定性，常常将植物油脂或动物油脂及鱼油予以部分氢化加工，则会产生反式脂肪酸（10％～12％），这样油脂变为固态或半固

态状，熔点上升，以供制造人造奶油、起酥油及煎炸用油。此外，油脂在反复加热使用中，由于高温及长时间的加热操作，也有可能产生一定量的反式脂肪酸。

反式脂肪酸是对人体有害的脂肪酸。研究表明，反式脂肪酸能增加低密度脂蛋白胆固醇，降低对人体有益的高密度脂蛋白胆固醇，增加心脏病和肥胖病的发生概率；反式脂肪酸可能导致肿瘤（乳腺癌等）；反式脂肪酸能经胎盘转运给胎儿，通过干扰必需脂肪酸的代谢、抑制必需脂肪酸的功能等而影响婴儿的生长发育。

2. 控制食用油安全性的措施

(1) 食用油的选购

① 采购索证　遵照《食品安全法》的要求，餐饮企业应当查验食用油的供货者许可证和质量合格证明文件。为确保餐饮食用油的食品安全，要求餐饮经营者主要从几个方面控制油脂来源的安全：采购食用油渠道是否合法，有无采购来历不明的食用油原料或食用油现象；采购食用油原料或成品时是否按要求索证索票（生产许可证、产品检验合格证、销售发票），证、票、货是否相符；是否建立食用油采购登记台账，是否执行进货验收制度；定型包装的食用油外包装是否按要求清晰标注相关信息，散装食用油是否在容器的显著位置标注配料表、生产厂家、生产地址、生产日期、保质期等信息。

② 感官检查　餐饮服务企业由于用油量大，预包装食用油往往不便于操作，故常使用散装食用油。由于受到检测设备和人员的限制，选购食用油时，可从以下几方面来控制油脂的安全性。

A. 颜色　观察食用油的颜色应在散射自然光线下进行，避免阳光直射。一般高品质食用油颜色浅，各种植物油都会有一种特有的颜色，主要来自于种子的色素。油的色泽深浅因品种不同而存在差异，但劣质油比合格食用油颜色深。动物油脂应为白色或微黄色，组织细腻，呈软膏状，溶化后呈微黄色，有固有香味，而变质油脂有酸味或哈喇味。

B. 透明度　油脂的透明度可以说明油脂的精炼程度，磷脂、水分和杂质的多少，以及有无掺假使杂等。一般高品质的食用油透明度好，无混浊，当食用油脂中的磷脂、蜡质、水分等含量多时，会影响油的透明度，出现混浊、分层，甚至有云雾状的悬浮物，并容易发生酸败变质。

C. 气味　取一二滴油放在手心，双手摩擦发热后，用鼻子闻有无异味。不同品种的食用油有其独特的气味，但都无异味。油料发芽、发霉或炒焦后制成的油，会带有霉味、焦味等异味，油脂酸败后会产生哈喇味等刺激性气味。

（2）防止油脂酸败

① 提高油脂的纯度　在毛油精炼过程中要保证油脂的纯度，避免混入动植物组织残渣和微生物，抑制或破坏脂肪酶的活性。同时应控制油脂中水分含量，我国规定油脂水分含量不得超过0.2%。

② 食用油的贮存　烹调用油应贮存在低温环境中，密封、避光，使用的贮油容器不应含有铜离子、铁离子、锰离子等金属离子。新鲜奶油或人造黄油，都需要冷藏存放。当温度达到18～20℃，就开始熔化。因此，必须存放在－5～5℃的冷藏柜中。

③ 使用天然抗氧化剂　为防止或延缓油脂的氧化酸败，也可使用天然抗氧化剂。

A. 维生素E　维生素E不仅是人体必需的营养素，也是一种很好的天然抗氧化剂。通常植物油中的维生素E含量为50～300mg/L，而动物性油脂中的含量仅为植物性油脂的几十分之一至几百分之一，故动物性油脂更容易发生氧化酸败。有资料显示，如果在动物性油脂中添加0.01%～0.03%的维生素E（每250g食用油中放一粒维生素E胶囊，放入前用针刺破胶皮），可使油脂的保存期延长一倍。

B. 烹调常用香辛料　在烹调常用的丁香、花椒、八角、生姜、桂皮等香辛料中，一般都含有抗氧化性能的成分。将它们与油脂一同熬炼后，可延长油脂的贮存期。如果在1000g猪油中加入2g的丁香或2g的生姜一同熬炼，会收到较好的抗氧化效果。

（3）避免高温反复加热食用油　在菜点生产加工中，反复使用烹调用油是普遍存在的现象，政府监督部门目前还没有明确的相关规定标准。但国内外的各项研究均显示，高温反复加热油脂对人体健康的确存在很大危害，我国《食品安全法》要求食品生产经营企业应当以保障消费者身体健康为宗旨，组织食品的生产。为降低高温反复加热油脂带来的危害，兼顾餐饮经营者的实际情况，可从以下几个方面采取控制措施。

① 控制油温　油温越高，油脂氧化和热聚合的速度会越快。油温达到200℃以上时，油脂的热聚合物、多环芳烃和丙烯酰胺都会大量产生。油炸薯条时当加热温度低于120℃时，丙烯酰胺产生量很少，当加热温度高于140℃时，产生速度明显加快，温度达到175℃时，含量最高。

油温可以利用温度测量仪进行准确测量，也可选择有温度显示的加工设备，或者有经验的厨师可通过油表面的状态大致判断出油温。油温在50～90℃，会产生少量气泡，油面平静；油温在90～120℃，气泡消失，油面平静；油温在120～170℃，油温急剧上升，油面平静；油温在170～210℃，有少量青烟，油表面有少许小波纹；油温在210～250℃，有大量青烟产生。烹调用油最好不超过150～180℃。

② 避免过度与空气接触　油脂与空气接触面积越大，油脂氧化越激烈。应尽量选择口小的深形炸锅，并加盖隔氧。油炸时避免过度搅动，溅起油花，减少油脂和空气接触的机会。用后的油脂应及时倒入容器，密封存放，贮存在阴凉干燥处。

③ 充分过滤烹调用油　鉴于目前政府监管部门没有对餐饮业中使用一锅油炸制食品的次数、烹调用油的更换频率等制定明确标准，只是通过对烹调用油取样，检测酸价、过氧化物值等指标来判断食用油脂的安全性，因此，企业大都通过过滤使用后的烹调用油，去除高温加热油脂后产生的过氧化物、热聚合物等有害物质，延长烹调用油的使用时间。目前主要采用两种方法过滤：一种是使用煎炸油过滤机进行吸附过滤；一种是使用滤油粉过滤。其中的滤油粉过滤一直存在争议。不管哪种方法过滤，都需要注意当酸价和过氧化物值超过国家标准时，就必须废弃油脂，不能再作为烹调用油。

④ 使用新型油炸设备　近年来已投入使用的水油混合式油炸锅，改变过去将加热管设置在油炸锅底部的结构形式，采用中间加热式，即在油层的中间设置加热管。同时，油温分成两个区域，加热管上层的油区为高温区，下层为低温区，油炸锅下半部分是冷却水，用于降低油温和排除油炸中的食物残渣。这种油炸锅彻底改变传统油炸锅每油炸一次食物，必须将锅内所有的油全部加热的特点，避免了油炸残渣在高温中的反复加热。如果安装密封装置，隔绝空气，可以进一步延长油脂使用时间。

(4) 餐厨废弃油脂的处理　餐厨废弃油脂包括地沟油、潲水油（泔水油）和老油。所谓地沟油就是炒菜的油底和随锅水排进下水道里的油；潲水油是潲水中随剩菜倒掉的油；老油是多次加工煎炸食品或预处理食品后淘汰的油。

食用油脂经高温煎炸，反复使用导致高温氧化，同时，食品中水分使油脂发生水解，油的颜色变深，黏度增加，持续起泡，产生煎炸油劣变。这类油的营养价值明显降低，油脂中的脂溶性维生素和必需脂肪酸基本全部破坏，而且还会产生致癌物质，高温聚合作用产生大量对人体有害的丙烯醛等有毒物质，这类油脂不能食用，只能用于非食品工业生产。

废弃油脂存在许多有害物质，微生物超标十分严重，只能用于生产化工制品，如肥皂等，不能作为食用油脂。近年来，不法商贩将废弃油脂加工后低价卖给餐厅或食品摊贩，牟取高额暴利，政府监管部门已采取措施严厉打击。

餐饮菜点加工中，尤其是油炸加工和半成品预处理等环节，消耗大量食用油，也能产生大量废弃油脂。为了严防废弃油脂流入食用市场，损害人体健康，国务院办公厅下发《关于加强地沟油整治和餐厨废弃物管理的意见》（国办发〔2010〕36号），要求：①餐厨废弃物产生单位建立餐厨废弃物处置管理制度，将餐厨废弃物分类放置，做到日产日清；以集体食堂和大中型餐饮单位为重点，推行安装油水隔离池、油水分离器等设施；严禁乱倒乱堆餐厨废弃物，禁止将餐厨废弃物直接排入公共水域或倒入公共厕所和生活垃圾收集设施；禁止将餐厨废弃物交给未经相关部门许可或备案的餐厨废弃物收运、处置单位或个人处理。不得用未经无害化处理的餐厨废弃物喂养畜禽。②加强餐厨废弃物收运管理。餐厨废弃物收运单位应当具备相应资格并获得相关许可或备案。餐厨废弃物应当实行密闭化运输，运输设备和容器应当具有餐厨废弃物标识，整洁完好，运输中不得泄漏、撒落。③建立餐厨废弃物管理台账制度。餐厨废弃物产生、收运、处置单位要建立台账，详细记录餐厨废弃物的种类、数量、去向、用途等情况，定期向监管部门报告。各地要创造条件建立餐厨废弃物产生、收运、处置通用的信息平台，对餐厨废弃物管理各环节进行有效监控。④严肃查处有关违法违规行为。加大查处和收缴非法收运餐厨废弃物运输工具的力度，严厉打击非法收运餐厨废弃物的行为；对违法销售或处置餐厨废弃物的餐饮服务单位要依法予以处罚；对机关和企事业单位、学校、医院等内部集体食堂（餐厅）不按照规定处置餐厨废弃物的，除进行处罚外，还要追究食堂（餐厅）所属单位负责人的责任。

《餐饮服务食品安全操作规范》中对于废弃物的管理规定包括：①废弃物存放容器与设施。食品处理区内可能产生废弃物的区域，应设置废弃物存放容器。废弃物存放容器与食品加工制作容器应有明显的区分标识。废弃物存放容器应配有盖子，防止有害生物侵入、不良气味或污水溢出，防止污染食品、水源、地面、食品接触面（包括接触食品的工作台面、工具、容器、包装材料等）。废弃物存放容器的内壁光滑，易于清洁。在餐饮服务场所外适宜地点，宜设置结构密闭的废弃物临时集中存放设施。②废弃物处置。餐厨废弃物应分类放置、及时清理，不得溢出存放容器。餐厨废弃物的存放容器应及时清洁，必要时进行消毒。

应索取并留存餐厨废弃物收运者的资质证明复印件（需加盖收运者公章或由收运者签字），并与其签订收运合同，明确各自的食品安全责任和义务。③应建立餐厨废弃物处置台账，详细记录餐厨废弃物的处置时间、种类、数量、收运者等信息。餐厨废弃物处置记录表格见表 3-10。

表 3-10 餐厨废弃物处置记录表格

日期	废弃物种类	数量/kg	处理时间	处理单位	处理人及联系方式	记录人	备注

四、面点饭食制作的安全控制

餐饮业除经营菜品外，中西式面点也是重要组成部分。面点是指以面粉、米粉、杂粮粉甚至富含淀粉的果蔬类原料粉为主料，以水、糖、油和蛋为调辅料，有的品种还以菜肴原料为馅心制得的各种食品。由于中国地域广阔，人口和民族众多，各地口味和风俗各异，使面点制品种类成千上万。归纳起来，各种类型的面点制作过程主要包括原料选择、加工制作和成品贮存几个环节。

1. 原料的安全控制

制作面点的原料主要是面粉、食用油、食糖、蛋类、肉类、乳类及蜜饯、果仁等，这些原料易发生霉变、生虫及酸败等，使用前应对原料进行检查、挑拣，采取第二章所述原料安全控制方法。

2. 制作过程的安全控制

各类面点饭食的制作过程见图 3-5，主要经过以下几个工艺环节。

（1）面团调制　面团调制是制作面点的基本步骤，由于面点种类不同，面团调制方法各不相同。这里着重介绍面团发酵和调辅料的安全控制。

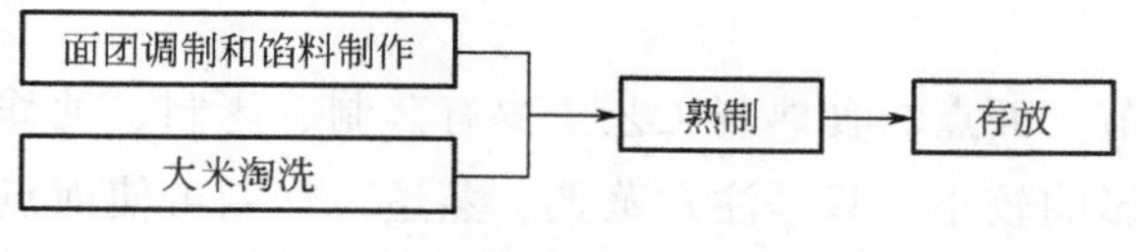

图 3-5　面点饭食一般工艺流程

① 面团发酵　面粉中的碳水化合物大部分是以淀粉的形式存在的。淀粉中所含的淀粉酶在适宜的条件下，能将淀粉转化为麦芽糖，进而继续转化为葡萄糖供给酵母发酵所需要的能量。面粉发酵是淀粉转化为糖而酵母菌利用糖分发酵，产生二氧化碳和醇类。当二氧化碳受热膨胀后，就在面点制品中形成大量气泡，加之有0.5%～1.4%的酒精在面团中生成，所以熟制后制品既疏松、柔软又具有香味。

发酵的方法有两种：老面发酵和酵母发酵。老面发酵通常是用留下的面肥（老面）接种。由于老面长期使用已不是纯酵母菌，而夹杂大量乳酸菌、醋酸菌。因此，发酵后面团必需加碱，应掌握好加碱量，防止面团过酸或过碱，影响成品色泽风味和营养素的破坏。

酵母发酵是利用纯酵母菌进行发酵，面团不会产酸，也不必加碱中和，同时免去有害微生物的侵袭，有利营养素的吸收和保存。

此外，还有用碳酸氢钠（小苏打）发酵粉发面，由于发酵粉是碱性物质，用量不当，易使制品发黄，产生碱味，破坏营养素。

② 调辅料　各类面点中使用的调辅料包括盐、糖、油脂、蛋类、乳类和各种食品添加剂。这些调辅料和食品添加剂不仅赋予面点制品的良好口感、丰富的营养价值，还可使制品色彩鲜艳。蛋类原料最好选择鸡蛋，水禽蛋沙门菌带菌率较高。所用食品添加剂，如色素、甜味剂、酸味剂等，必须符合国家食品安全标准，按规定的种类、用量和使用范围使用。

(2) 馅料制作　面点馅料种类繁多，可以使用肉类、蔬菜等各种原料，制作馅料时应确保原料的卫生，再拌和馅料。盛用容器与工具注意清洁卫生，防止微生物污染。馅料制作数量应按需要进行准备，最好随用随做，未用完的馅料应进行冷藏，并在规定存放期限内使用。

(3) 大米淘洗　加工前应认真检查大米等原料，确认没有腐败变质或感官性状的异常，发黄霉变或陈化大米等不能用于饭食的加工。大米不宜多次淘洗，因米中含有一些溶于水的维生素和无机盐，而且大都存在于米粒的外层。在淘洗时，硫胺素损失可达40%～60%，核黄素和尼克酸损失可达23%～25%。所以淘米时应以凉水，不用流水和热水淘洗；用水量、淘洗次数要尽量减少，以去除泥沙为度。

(4) 熟制环节　面点饭食熟制工艺主要有蒸制、烤制、油炸和油煎。蒸制对制品的食品安全影响较小，只是注意蒸熟、蒸透。烤制可使面点坯料表面温度达180～200℃，而中心温度不超过100℃。随着温度升高，面点表皮逐渐焦化可产生苯并［a］芘等有害化合物，应注意控制。油炸和油煎则应防止焦煳和过度褐变，产生丙烯酰胺等有害化合物。

（5）制品存放 对于水分含量较高的含奶、蛋的点心应当在 8℃以下或 60℃以上的温度条件下贮存。蛋糕坯应在专用冰箱中贮存，贮存温度 8℃以下。裱花蛋糕贮存温度不能超过 20℃。

第四节 冷制菜肴的食品安全控制

2018 年 8 月 23 日到 26 日，桂林举办第二十一届中国计算机辅助设计与图形学、第十一届全国几何设计与计算联合学术会议。25 号的会议晚宴上，约 500 人共同在桂林帝禾国际大酒店餐厅就餐，现场约有 50 桌。然而，晚宴过后，有许多人开始出现腹泻、呕吐、发烧等症状，随后前往医院救治。经过统计，有 92 人入院治疗。

事件发生后，涉事酒店餐厅已停业整顿。根据桂林市疾病预防控制中心初步判断，这是一起由沙门菌感染引发的食源性疾病事件。食品药品监管部门第一时间对涉事酒店的餐饮加工操作场所、可疑食品、餐饮具、食品采购票据等进行查封取证；责令涉事酒店立即停止所有餐饮经营活动；对涉事酒店的厨师及管理、服务人员逐一进行调查询问，对外购熟食开展溯源追查并进行抽样。

经过数日的调查取样，疾控部门于 29 日在涉事酒店留样食品“卤味拼盘”、患者和厨师粪便中检出同型的肠炎沙门菌。公安机关 29 日依法对酒店 3 名相关责任人员进行行政拘留。

这是一个由冷荤凉菜导致食物中毒发生的典型案例。根据近几年卫生健康委员会办公厅发布的全国食物中毒报告情况的通报来看，发生在餐饮业的食物中毒事件中，导致食物中毒的主要原因之一是微生物污染，而各类冷制菜肴又是易被微生物污染的高风险品种。

冷制菜肴，各地的名称不同，又称冷荤、冷盘、冷拼、凉菜、冷碟等。冷制菜肴具有用料广泛、菜品丰富、味型多样、色泽鲜艳、造型美观等特点，在筵席和便餐中都占有极其重要的地位。因此，餐饮行业对冷制菜肴的色、香、味、形及食品卫生都有很高的要求。

各类冷制菜肴制作过程中，需共同遵守的卫生要求是“五专”。

◆ 专人——专人加工制作，非操作人员不得擅自进入专间。不得在专间内从事与凉菜加工无关的活动。

◆ 专室——制作间都应为独立隔间。

◆ 专用具——专间内应使用专用的工具、容器，用前应消毒，用后应洗净并保持清洁。

◆ 专冷藏——制作间应设有专用冷藏设施。制作好的凉菜应尽量当餐用完。剩余尚需使用的应存放于专用冰箱内冷藏或冷冻。

◆ 专消毒——应设有专用工具清洗消毒设施和空气消毒设施。

冷制菜肴的加工过程可以分为两类：冷制凉食和热制凉食。下面就按照两种不同类型的冷制菜肴的加工过程，分别介绍各自的食品安全控制方法。

一、冷制凉食的食品安全控制

冷制凉食常以生冷原料用拌、腌等工艺制作或用味碟蘸食，通常以蔬菜等植物性原料居多，如黄瓜、莴苣、折耳根、萝卜、生菜等，目前餐饮业常制作的现榨果蔬饮料，也可属于该类加工过程；利用动物性原料如三文鱼、象拔蚌、海胆、蚝、蚶等，加工的刺身等生食海产品，也可归类为冷制凉食类菜肴。该类菜肴由于没有热加工过程，直接利用生冷原料，往往成为导致各类食品安全事件的高风险食品，在菜点加工中，应高度关注这类菜肴的食品安全控制措施。在此根据加工原料的性质不同，分别针对生食蔬菜类、生食水产品和现榨果蔬汁的加工过程，讨论各自的食品安全控制措施，至于涉及人员卫生操作和环境设施的卫生要求等内容将在第四章中进行介绍，在此不再赘述。

1. 生食蔬菜类

生食蔬菜类菜肴主要对蔬菜等植物性原料进行拌、腌制或蘸碟后食用，具有清香脆嫩、本味鲜美的特点。适用于黄瓜、莴苣、萝卜等原料。一般加工过程如图 3-6 所示。

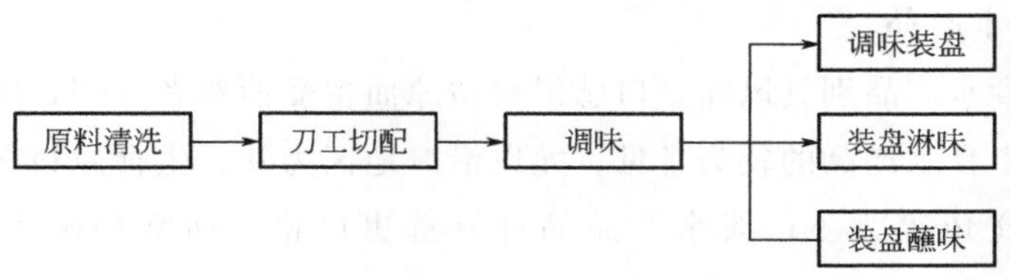

图 3-6　生食蔬菜一般加工过程

(1) 原料清洗　由于原料不经加热处理，选择新鲜、安全的原料是基本前提，而确保蔬菜原料彻底清洗干净是保证食品安全的重要环节。首先用流动水充分清洗蔬菜上的泥土、污物，减少蔬菜表面的寄生虫、虫卵和细菌，降低蔬菜中的农药残留；然后，用果蔬消毒剂或净水进一步清洗消毒，注意消毒剂的浓度和作用时间。一般蔬菜用 100～200mg/L 漂白粉溶液，浸泡 3min，瓜果时间消毒时间可长一些。还可采用 0.5%～1.0%盐酸溶液浸泡，可清除果蔬表面的砷、铅，有效率可达 89%～99%。稀盐酸溶液对果蔬组织没有影响，洗涤后残留溶液容易挥发，不需做中和处理，用清水漂洗干净即可。

(2) 刀工切配　生食蔬菜类一般在调味前刀工切配，主要加工成丝、片、丁、块等规格为主。使用的刀具、砧板、器皿等应清洗消毒，避免与其他用具混用，防止交叉污染。

(3) 调味

① 同一蔬菜不同味型的杀菌作用　生食蔬菜味型较多，常用的有咸鲜味、糖醋味、酸辣味、麻辣味、椒麻味、麻酱味等。有资料显示，对萝卜生食类菜肴，不同味型杀菌率大小依次为：糖醋味＞酸辣味＞麻辣味＞咸鲜味。前两种味型杀菌率较高的原因是配方中含有较多的食醋。对于麻辣味和咸鲜味而言，主要依靠生姜和大蒜杀菌。由于生姜本身带有较多的泥土污物，初始菌数较高，最好做烫洗处理，切成姜末的效果比姜丝的效果好。

② 不同蔬菜同一味型的杀菌作用　由于原料质地不同，食醋的渗透程度不一样。叶菜类杀菌率高于果菜。而在食醋等调味品用量基本一致的情况下，杀菌率主要取决于原料的初始菌数。常见蔬菜中，原料的初始菌数为萝卜＞莴苣＞黄瓜＞卷心菜，与这些原料的种类、外部结构、初加工方法和质地等有关。

随着主要调味料中食醋浓度的增加，均可使菜肴中的细菌数大大减少。此外，如果调味料中能够同时利用大蒜中植物杀菌素的作用，将使生食菜肴不仅保持良好的风味和可接受性，同时显著降低食品安全风险。

2. 生食水产品

由于生食水产品别具风味，口感滑爽清凉而备受消费者欢迎，因此，中高档餐饮业经营生食水产品的较为常见，尤以沿海地区为甚。生食原料多以海产品的蚝、虾、三文鱼等为主；淡水产品品种挑选更严格，通常局限来源于无污染水域。

生鱼片，又叫刺身、鱼生等，通常是由活的或鲜度极高的鱼、虾、贝类等加工而成，如水体受到生活污水、工业污水污染，则鱼体内常常带有肠道致病菌、寄生虫和重金属等。在引起食源性疾病的案例中，以海鱼加工者，常以副溶血性弧菌引起食物中毒为主，同时海鱼中还可能带有异尖线虫；以淡水鱼加工者，一方面存在沙门菌引起的食物中毒，同时由于淡水鱼是一些人体寄生虫的中间宿主，也常出现肝吸虫和异形吸虫等引起的食源性寄生虫病。

因此，该类菜肴中可能存在的生物性病原体及毒素，由于加工中没有加热环节而不被破坏，应该严格规范加工过程。

（1）原料采购验收　制作生鱼片的原料必须来源于不受污染的海域或生态环境较好的大江、河或湖泊，应有详细的感官性状要求。经营者应规定本企业使用的加工生鱼片的原料品种及来源，并要求供货商提供原料检验报告，检验报告内容必须包括寄生虫及虫卵、致病菌等，不符合原料性状要求或无合格检验报告的原料不能接收。接收后原料应选择合适的贮存条件并标识，一般进行低温（－4℃以下）或深低温（－20℃）冷冻，抑制或杀灭副溶血性弧菌和寄生虫。

（2）清洗、切配及供餐　加工生鱼片的海鱼，一般选择大型鱼，但必须确保鱼的鲜度，鱼体表面用流动水清洗，除去头部和内脏后，应将血液和污物彻底清洗干净，使用专用工具将鱼肉加工成所需的大小和形状，放入消毒的容器中。

需要腌制后食用的原料必须在经消毒的容器中腌制，并确保在腌制完毕至食用期间食物不受到其他污染。不经腌制的原料初加工过程中通过安全操作方法把生食部分取出，放于消毒容器中，并在专间内进行切配，从原材料取出可食部分至供餐给消费者时间不超过1h。若原料是半成品状态并须冷冻保存，使用时应彻底解冻。

加工生鱼片时，通常会使用芥末、酱、醋、蒜、姜、胡椒等，这些调味品作为蘸料，不仅起到提鲜增香的作用外，还可起到一定的杀菌效果，其中芥末酱的杀菌率最高。当 pH＜3.5 时，可抑制所有肠道致病菌的生长，加之大蒜素、姜辣素等植物杀菌素具有的杀菌作用，可以使生食水产品提高安全性。对于淡水鱼制作的生食水产品，因为淡水鱼与人类的生活环境联系密切，带有更多的寄生虫、致病菌和病毒，食用的安全风险更高。加工淡水鱼生时，除了选择来自无污染的大江大湖所产的青鱼、草鱼、虹鳟等，一般利用冷冻的方法控制各类生物性危害，调味时充分利用醋、酒、蒜等调味料的杀菌效果。加工后的生食水产品应放置在食用冰中保存并用保鲜膜分隔。

3. 现榨果蔬汁

消费者对新鲜、快速、健康饮料的需求日益增多，很多餐饮企业制作并销售现榨果蔬汁。按照食品安全规章要求，现榨果蔬汁是指以新鲜水果、蔬菜为原料，现场制作的供消费者直接饮用的非定型包装饮品。采用浓浆、浓缩汁、果蔬粉调配而成的饮料，不得声称为现榨饮料。

餐饮经营者应在专门的操作场所内，由专人、专用工具设备加工制作。制作现榨果蔬汁的原料必须新鲜，无腐烂，无霉变，无虫蛀，无破损等，不得使用非食品原料和食品添加剂。果蔬原料应进行清洗消毒，在压榨前应再次检查待加工的原辅料，发现有感官性状异常的，不得加工使用。接触食品的设备必须洗净、消毒。现榨饮料应存放于加盖的容器中，加工后至食用的间隔时间不得超过 2h。

4. 菜肴围边和食品雕刻

菜肴装盘后进行围边装饰，在餐饮业中是比较常见的现象。筵席档次越高，围边装饰使用越多、越复杂。由于用于围边的原料多是生料，原料带菌率较高，往往容易导致菜肴装盘过程中对食物造成交叉污染。因此，围边原料加工后，应放入净水或无菌水中，不用自来水浸泡，避免手与原料过多接触。设计菜肴围边时，不要与菜肴或其汤汁直接接触，并消毒后使用。

食品雕刻一般用专用雕刻刀，由厨师自备及自行管理，常无杀菌消毒措施。雕刻而成的艺术类菜肴也无消毒措施，则带菌率就会大大增加。因此，雕刻过程中，注意对手、刀、砧板的消毒处理，成品菜肴采用紫外线照射来控制质量，不失为一种控制食品安全的方法。需要注意的是紫外线灭菌效果中，食物表层的灭菌效果最好，中底层较低，同时灭菌效果还会受到食物营养成分组成、质地致密性、细菌菌相、最初细菌数、紫外线照射强度和紫外线照射时间等因素的影响。

二、热制凉食的食品安全控制

所谓热制凉食，就是指菜品经烹调热加工后，迅速降至室温或冷藏后，切配装盘调味食用。此种加工方式常见于动物性原料（如畜禽肉类、鱼虾等）、豆制品、根茎类菜肴的制作。此外，糕点制作的冷加工工艺也属于这种方式。

1. 加工过程

热制凉食的一般加工过程如图 3-7 所示。

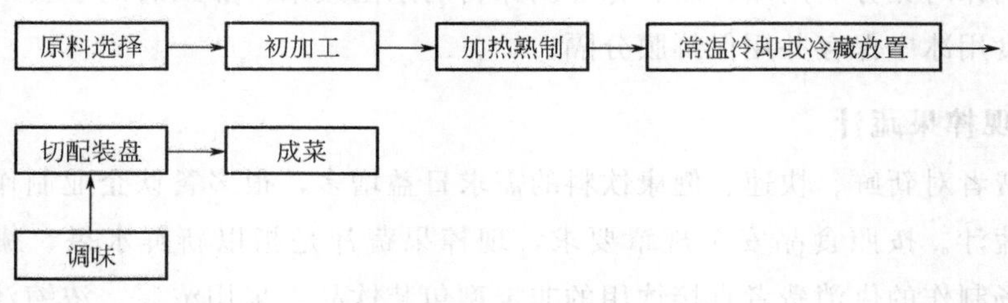

图 3-7 热制凉食的一般加工过程

2. 热制凉食的食品安全控制

热制凉食种类很多，各种菜肴共同的特点是熟制后晾凉食用，但是采用的熟制方法、调味方式等各不相同，因此有必要针对各类菜肴制作工艺特点，分析加工过程中可能存在的食品安全危害，从工艺环节制定相应的食品安全控制措施。热制凉食加工的食品安全控制措施见表 3-11。

表 3-11 热制凉食加工的食品安全控制措施

熟制方法	选料加工	工艺特点	食品安全危害	食品安全控制措施	菜例
焯水拌制	适用蔬菜类原料，选择新鲜细嫩、受热易熟原料，以段或自然形态为主	水温高，水量大，短时间加热，焯水后清水迅速凉透，拌制成菜； 调味汁味型多样	原料加热不彻底导致致病菌、寄生虫、虫卵的污染；或者原料中天然有毒物质没有灭活； 调味汁中的微生物污染和非食用物质添加	沸水投料； 选择适当水料比和焯水时间； 确保断生熟透； 采用净水（过滤水）冲凉； 餐前定量制备调味汁，加盖存放	姜汁豇豆 白油季豆 酸辣菠菜
水煮拌制	适用畜禽肉制品及笋类、鲜豆类等原料，以片、条、丝、丁为主	动物性原料经焯水(以紧皮为宜)后水煮，根据原料和成菜需要掌握不同成熟度； 煮后晾凉切配； 临上菜前拌或淋复合调味汁	煮制不彻底存在致病菌污染； 晾凉时间太长，微生物污染； 复合调味汁中的微生物污染和非食用物质添加	大块肉类原料的中心温度达到 70℃以上，根据具体菜品的需要，制定加热温度和时间； 快速冷却至室温（2h内）切配拌制； 餐前定量制备调味汁，加盖存放	椒麻鸡片 蒜泥蚕豆 凉拌兔丁

续表

熟制方法	选料加工	工艺特点	食品安全危害	食品安全控制措施	菜例
卤制（酱制基本相同）	适用于畜禽肉类及其内脏、豆制品、禽蛋等原料，以加工处理大块或整料为主	动物性原料经焯水（以紧皮为宜）后，放入卤汁中烧沸，以小火加热卤制，至入味； 卤汁重复使用，每次使用前调配色、味、香； 卤制完毕捞出晾凉切配食用	卤制原料加热不彻底，导致致病菌污染； 卤制原料使用过量亚硝酸盐腌制； 卤汁进行调色、增香使用非食用物质或滥用食品添加剂； 卤制后晾凉时间太长，导致微生物生长繁殖	大块原料体积不宜过大，确保中心温度70℃以上，根据不同原料质地和菜肴需要的质感，制定加热时间； 原料腌制、卤汁调配中使用的食品添加剂应按照国家标准限量、限品种使用，禁止使用非食用物质； 卤制后应快速冷却至室温（2h内）切配装盘食用	卤牛肉 卤鸡 卤鸭

第五节 中央厨房与集体供餐企业的食品安全控制

一、中央厨房的食品安全控制

某日，温州市区某校15名学生家长组成监督团到访企业生产间参观后，有疑似身份为家长的网友发微博批评厨房卫生，并附出了多张脏乱拍图加以佐证。图片显示一厨房内场景，工作人员“全副武装”穿着消毒服，戴着口罩、帽子将成捆的未清洗的菜切剁，一旁灶台、地上都是蔬菜垃圾，而“挂着已消毒”标志的车辆，结果手一摸满是灰尘。发帖人这样写道：“看了里面的卫生情况，你还吃得下饭吗？让我们的孩子吃着这样的饭菜长大，于心何忍？……”微博发出后，迅速引发网络热议，有网友还将微博内容扩散到了微信朋友圈中，传播面扩大。事后，企业相关负责人紧急发辟谣帖：“网络图片、文字与事实不符，公司已向公安机关报案，会追究发布者的法律责任。”

以上案例中出现的卫生状况不达标、原料垃圾摆放随意，工用具未做到及时清洗消毒等问题都是中央厨房最常见的问题。由于中央厨房的生产具有规模化和集中化等特点，相比传统的厨房加工，出现食品安全问题的概率更高，波及的范围更广。近年来发生在中央厨房的食品安全事件层出不穷，既有原料受到污染，也有配送过程中导致有害物的增加；既有工艺条件不合格产生有害物，也有消毒剂残留污染食物……，涉及中央厨房各个生产环节。食品安全事件的时有发生制约着中央厨房的健康发展，因此，应采取各种有力的措施保障中央厨房的食品安全。

1. 中央厨房的概述

（1）概念　2015 年 10 月 1 日，国家食品药品监督管理总局在颁布的《食品经营许可管理办法》中对中央厨房定义进行了界定。明确中央厨房系指由餐饮单位建立的，具有独立场所及设施设备，集中完成食品成品或者半成品加工制作并配送的食品经营者。在实际应用中，中央厨房的应用范围是大于《食品经营许可管理办法》规定的，除了餐饮单位建立的中央厨房，还存在航空食品公司建立的中央厨房、团膳企业建立的中央厨房以及零售企业建立的中央厨房等。

（2）分类　中央厨房的分类方法很多，按照服务范围和经验模式可以分为连锁餐饮厨房、配菜中央厨房、团餐中央厨房、互联网＋中央厨房等；按照工艺划分可以分为全热链中央厨房、全冷链中央厨房、冷热链混合中央厨房；按烹饪操作流程可以分为全流程工艺中央厨房和半流程工艺中央厨房。

（3）特点

① 集约化生产　中央厨房最大的好处就是通过集中规模采购、集约生产来实现菜品的质优价廉，在需求量增大的情况下，采购量增长相当可观。集约化的操作模式，使得中央厨房对原料采购的要求也在不断提高。品牌原料供应商不仅能够保证稳定的供应，而且良好的物流体系能更好地保证原料的新鲜与安全。集约采购将能带来中央厨房深化发展的机遇。

② 标准化生产　中央厨房为保证原料质量的稳定，最佳方式是建立原料产品的统一标准，拥有原料基地或定点品牌供应企业，在原辅料达到规范的前提下，产品才有统一的保证，产品质量才可能达到稳定一致。中央厨房从采购到加工都有严格的控制标准，甚至对原料的冷冻程度、排骨中骨与肉的比例等都有具体规定。对于一些特殊产品，可以指定厂家进行定制。由于进货量大，中央厨房可以对原料的规格标准、质量要求、运送方式等做出全面规定，保证原料新鲜优

质，为生产统一优质的菜品提供前期保证。

③ 高效化生产　集约化采购对餐饮工业化发展推动作用明显，企业合作互惠互利。它为中央厨房带来的还有成本的降低，市场竞争力的提高。一方面是原料成本，中央厨房通过大批量进货减少中间环节，使产品具有价格优势。集中加工提高了原料综合利用能力，边角余料可以通过再加工进行使用，减少浪费，从而降低成本。另一方面是人力资源成本，中央厨房的设置，使经营点缩小后厨面积或取消了自有厨房，不仅可以改善环境，而且还扩大了一线店堂面积，减少勤杂人员。

④ 工业化生产　建立中央厨房，实行统一原料采购、加工、配送，精简了复杂的初加工操作，操作岗位单纯化，工序专业化，有利于提高餐饮业标准化、工业化程度，是餐饮业实现规范化经营的必要条件，只有这样才能在一定规模基础上形成规模效益，让家庭厨房劳动社会化，更科学地保障市民餐桌的安全。

（4）功能

① 集中采购功能　中心厨房汇集各连锁提出的要货计划后，结合中心库和市场供应部制定采购计划，统一向市场采购原辅材料。

② 生产加工功能　中心厨房按照统一的品种规格和质量要求，将大批量采购来的原辅材料加工成成品或半成品。

③ 检验功能　对采购的原辅材料和制成的成品或半成品进行质量检验，做到不符合原辅材料不进入生产加工过程，不符合的成品或半成品不出中央厨房。

④ 统一包装功能　企业研发部门对产品的包装材料、包装规格提出具体要求并根据企业形象识别系统（CIS系统，corporate identity system）要求统一设计内包装或外包装，对各种半成品或成品进行统一包装。

⑤ 贮藏功能　中央厨房配有常温贮藏、冷冻冷藏贮藏、气调贮藏等设施设备，一是贮藏加工前的原材料，二是贮藏生产包装完毕但尚未配送的成品或半成品。具体包括原料、半成品、成品贮藏库以及车间内部待用原料、半成品的周转库，并根据种类以及贮藏温度进行分类贮藏。

⑥ 配送功能　中央厨房根据产品特性及贮藏运输要求，配备有各种运输车辆（常温运输车、冷藏运输车、冷冻运输车、保温运输车），能够通过运输设备的升级，最大限度地保证产品的最佳风味，同时物流配送系统能够提高中央厨房与各终端之间的运转效率，提高企业竞争力。

⑦ 信息处理功能　中央厨房是连锁餐饮企业发展的核心发动机，相当于餐饮企业的“CPU”；企业的信息计划部是中央厨房的业务流程枢纽中心、控制与

协调中心，相当于中央厨房的“CPU”，以计划为运作龙头，向各业务部门发出执行指令，如：采购指令单、领料指令单、生产指令单、配送指令单等。

2. 中央厨房的食品安全控制

(1) 原料与包材的要求　中央厨房的原料的采购、运输、进货查验、贮存要求参考本书第二章。原料建议贮存温度见《餐饮服务食品安全操作规范》附录M。

中央厨房包装材料应清洁、无毒且符合国家相关安全标准的规定。内包装材料应能在正常贮存、运输、销售中充分保护食品免受污染，防止损坏。重复使用的包装材料在使用前应彻底清洗，必要时进行消毒。一次性内包装材料应脱去外包装后进入专间。

(2) 中央厨房生产过程的食品安全控制

① 原料加工

中央厨房食品原料加工时应进行挑选、解冻、清洗（干燥）、去皮，剔除腐烂、病、虫、异常、畸形、其他感官性状异常的，去除不可食用部分。畜禽类、果蔬类、水产类原料应当分池清洗，清洗后要沥干，去除多余水分，禽蛋在使用前应对外壳进行清洗，必要时进行消毒。盛装沥干的容器不得与地面直接接触，以防止食品受到污染。要严格按照加工配方和工艺规程，对原料进行切配、分割、腌制和上浆等加工。切配、调制好的半成品应根据性质分类存放，与原料分开，避免受到污染。需冷藏或冷冻保存的半成品需按照贮存条件分类存放。动物性食品的腌制应在4℃以下冷藏条件下进行，易腐食品暂存应在8℃以下冷藏条件下进行，分装应在25℃以下条件下进行。

② 热加工　中央厨房产品热加工前应认真检查待加工食品，发现有腐败变质或者其他感官性状异常的，不得进行加工。热加工的食品应能保证加热温度的均匀性。需要熟制的应烧熟煮透，其加工时食品中心温度应不低于70℃。热加工后的食品应与生制半成品、原料分开存放，熟制的食品与未熟制的食品分开存放，避免受到污染。应按照GB 2716—2018《食品安全国家标准 植物油》的要求，采取措施或监测控制食用油煎炸过程的安全质量。若无法实施监控措施的，连续煎炸食品的食用油累计使用期限不超过12h，非连续使用的食用油使用期限不超过3天。废弃的食用油应全部更换，不能以添加新油的方式延长使用期限。

③ 冷却　中央厨房热加工处理的易腐食品应在快速冷却设备或冷却专间内进行冷却，在2h内将食品中心温度降至8℃以下。应及时测量每批冷却后食品

的中心温度，2h内食品中心温度未降到8℃以下的，不得使用。用于即食食品冷却的快速冷却设备或冷却专间应专用，不得用于冷却热加工半成品。采用冷却专间方式冷却的，应当符合本书第四章中专间的操作要求。

④ 分装　中央厨房分装前应认真检查待分装食品，发现有腐败变质或者其他感官性状异常的，不得进行分装。即食食品分装应当在食品加工专间内进行。

⑤ 包装和标签　中央厨房配送的食品应采用密闭包装。鼓励采用真空（充氮）方式进行包装。中央厨房加工配送食品的最小使用包装或食品容器包装上的标签应标明食品名称、加工单位、生产日期及时间、保存条件、保质期、加工方法与要求、成品食用方法等。中央厨房加工食品过程中使用食品添加剂的，应在标签上标明。非即食的熟制品种应在标签上明示“食用前应彻底加热”。

⑥ 配送　中央厨房的配送方式通常分为冷链和热链两种。

冷链配送是指中央厨房将产品的中心温度在2h之内降至8℃以下，并保证在8℃以下运送至各门店厨房。冷链配送的即食食品保质期为烧熟后24h，食用前应重新加热使产品中心温度升至70℃。这种配送方式具有恒温性、时效性、规模性等特点。采用冷链工艺生产的食品，应根据加工食品的品种和数量，配备相应数量的食品快速冷却设备。应根据待配送食品的品种、数量、配送方式，确定相应的包装形式，配备相应的食品包装设备。

热链配送是指中央厨房对产品采取加热保温措施，将产品在中心温度≥60℃的条件下分装或直接盛放于密闭保温设备中进行贮存、运输和供餐，使产品在食用前的中心温度始终保持在≥60℃的配送方式。这种配送方式通常为保温性配送方式，使用保温箱和保温车配送，配送距离较近，烧熟后2h的食品中心温度保持在60℃以上，其保质期为烧熟后4h，主要适用于餐饮成品或即食食品，产品配送范围较小。

⑦ 工用具清洗消毒和保洁要求　中央厨房的工用具使用后应及时洗净，定位存放，保持清洁。接触热加工半成品和即食食品的工用具、容器要专用，使用前要消毒，消毒后的工用具应贮存在专用保洁柜（或保洁间）内备用，保洁柜应有明显标记。应定期检查消毒设备、设施是否处于良好状态。采用化学消毒的应定时测量有效消毒浓度。消毒后工用具和容器不得重复使用一次性包装材料。已消毒和未消毒的工用具应分开存放，保洁柜（或保洁间）应当定期清洗，保持洁净，不得存放其他物品。

⑧ 有效期要求　中央厨房相关企业应根据加工生产工艺的特点和国家相应标准的规定，制定原料、生制半成品、热加工半成品、即食食品的保质期，必要

时应进行产品保质期试验和验证，并严格执行保质期规定。

⑨ 生产加工过程的监控　中央厨房应针对生产过程中的关键环节制定操作规程，并严格执行。配方和工艺条件未经核准不得随意更改。应根据产品工艺特点，规定各类产品用于杀灭或抑制微生物生长繁殖的方法，如冷冻冷藏、高温灭菌等，并实施有效的监控。应按配方和工艺规定要求，对关键技术参数进行监控，并有监控记录。用于测定、控制、记录的监控设备，如温湿度计、压力表等，应定期校准、维护，确保准确有效。

(3) 留样规定　餐饮产品从加工、贮存至供应食用涉及环节多，尤其是人数众多中央厨房、集体用餐配送单位和大型就餐活动或重要接待活动的就餐，要在短时间内加工制作大量食品，有时还要提前加工和摆台，发生食品污染和食物中毒的风险增加，因此其食品加工过程的要求比一般餐饮制作的要求高。为了监测和验证所加工食品的卫生安全，便于餐饮企业自身掌握情况，以及在一旦发生可疑食物中毒或食品污染事故后，有关方面能及时了解事件的原因，采取有效的控制处理措施。

《餐饮服务食品安全操作规范》规定：①学校（含托幼机构）食堂、养老机构食堂、医疗机构食堂、建筑工地食堂等集中用餐单位的食堂，以及中央厨房、集体用餐配送单位、一次性集体聚餐人数超过100人的餐饮服务提供者，应按规定对每餐次或批次的易腐食品成品进行留样。其他餐饮服务提供者宜根据供餐对象、供餐人数、食品品种、食品安全控制能力和有关规定，进行食品成品留样。②应将留样食品按照品种分别盛放于清洗消毒后的专用密闭容器内，在专用冷藏设备中冷藏存放48h以上。每个品种的留样量应能满足检验检测需要，且不少于125g。③在盛放留样食品的容器上应标注留样食品名称、留样时间（月、日、时），或者标注与留样记录相对应的标识。④应由专人管理留样食品、记录留样情况，记录内容包括留样食品名称、留样时间（月、日、时）、留样人员等。留样记录表格见表3-12。

表3-12　留样记录表格

序号	留样食品名称	留样时间（*月*日*时*分）	留样量/g	保存条件	留样保存至（*月*日*时*分）	订餐单位	送餐时间	留样人

若发生可疑食物中毒或食品污染事故，餐饮企业应及时提供留样样品，配合监督机构进行调查处理工作，不得有留样样品而不提供或提供不真实的留样样品，影响或干扰事故的调查处理工作。

（4）中央厨房产品的贮存与运输　中央厨房应根据产品的种类和性质选择贮存和运输的方式，并符合产品标签所标识的贮存条件。贮存和运输过程中应避免日光直射、雨淋。配备与加工食品品种、数量以及贮存要求相适应的封闭式专用运输车辆，配送易腐食品时应采用冷藏车，车辆内部结构便于清洗和消毒。高危易腐食品应采用冷冻（藏）方式配送，采用冷链工艺生产的食品，应根据产品特性在相应的冷藏或冷冻条件下贮存和运输。贮存、运输和装卸食品的容器、工具和设备应当安全、无害，保持清洁，防止食品污染，不得将食品与有毒、有害物品一同运输。贮存场所中的食品应定期检查，如有异常应及时处理。

（5）中央厨房产品的追溯和召回　中央厨房应建立产品追溯制度，确保对产品可进行有效追溯。应及时向餐饮门店收集汇总所配送产品的缺陷信息，包括不符合食品安全规定和标准，或者存在或可能存在健康安全隐患的食品的品种、数量、不符合指标等。应建立产品召回制度。当发现某一批次或类别的产品含有或可能含有对消费者健康造成危害的因素时，应按照国家相关规定启动产品召回程序，及时向相关部门通告，并做好相关记录。召回食品应采用染色、毁形等措施予以销毁，采用照片或视频方式记录销毁过程，并详细记录食品召回和处理情况。不得将回收后的食品加工后再次使用。

（6）中央厨房管理制度　中央厨房食品安全管理机构应制定食品安全管理制度，管理制度应切实可行、便于操作和检查，至少应包括下列内容：食品和食品原料采购查验管理、场所环境卫生管理、设施设备卫生管理、清洗消毒管理、人员卫生管理、人员培训管理、加工操作管理、餐厨垃圾及废弃食用油脂管理、消费者投诉管理、食品安全管理人员岗位职责规定、食品供应商遴选制度、食品添加剂使用管理制度、食品检验制度、问题食品召回和处理方案、食品安全突发事件应急处置方案。应根据生产加工工艺的产品类别，制定关键环节操作规程，包括采购、贮存、烹调温度控制、专间操作、包装、留样、运输、清洗消毒等。

二、集体供餐的食品安全控制

1. 集体供餐的基本概念及特点

集体供餐企业，又叫作团膳，欧美国家有两种诠释，一种为“group dietary”，另一种为“food service”，实际上是两者对于该名词的注解的角度不一样而造成的。对于消费者而言，集体供餐就是团体膳食的意思，因此采用了“group dietary”的英文注解，突出的是团膳的名词含义，而对于广大团膳服务商而言，团膳的含义就是提供集体的饮食服务，按照是否提供就餐场所，分为团体食堂和盒饭供应两种形式，与其他餐饮业存在明显的差异。其特点如下。

① 团体食堂由专业化的厨务人员提供规范化的服务，并以科学合理的食谱设计来进行烹调制作。经营团体食堂在服务和技术上更趋专业性。

② 用餐人数多，服务对象特定专一；用餐时间、场所、服务模式特定性。

③ 进入门槛低，消费低，产品质量还在低档次上徘徊。

④ 卫生安全要求高，更加注重清洁卫生和食品安全管理。

⑤ 经营团体食堂的场所一般都很固定，多在企事业单位内部自己的场地。而供应盒饭的集体配送单位，还需要经过盛装和分送的过程。

⑥ 团膳从业人员整体素质比较低，人力资源短缺。

2. 集体供餐企业的食品安全控制

（1）集体供餐企业的食品安全风险　集体供餐企业主要根据集体服务对象订购要求，集中加工、分送食品，提供（如集体食堂）或不提供（如盒饭）就餐场所。这类食品是食物中毒的高发食品，加工供应量大，加工后还需经过一段时间才食用，具有相当高的食品安全风险（其风险甚至比一般餐饮企业加工的食品更高），一旦发生食品安全事件往往影响人数多，中毒危害大，社会不良影响时间长。

（2）集体供餐企业的食品安全控制　集体供餐企业在生产中应从以下几个方面加强食品安全控制。

① 供餐食品加工量与加工条件相适应　受企业加工能力限制，如果食品加工量超过加工场所和设备的承受能力，难以做到按食品安全要求进行加工，可能产生因设施不足所引起的食品加热不彻底、存放时间过长（尤其是凉菜）、生熟交叉污染、从业人员难以规范操作等一系列的问题，极易导致食物中毒。因此，供餐人数必须符合生产经营场所面积和布局要求，严格控制加工量，保证食品安全。

② 盒饭的分装　由于盒饭等集体用餐的分装操作是食品可能受到污染的重要环节，因此集体用餐的分装应在专间内进行操作。专间的条件和操作的要求与凉菜专间操作要求基本一致。

③ 严格控制食物存放温度和时间　集体用餐配送的食品在温度上要求采取热藏（烧熟 2h 后的食品中心温度保持在 60℃以上）或冷藏（烧熟 2h 后的食品中心温度保持在 8℃以下）方法，对于冷藏食品还要求在供餐前再加热至食品中心温度 70℃以上，并对热藏和冷藏产品的保质期作出了规定。对于无条件采用热藏或冷藏的加工供应方式的集体用餐配送单位，应严格控制食品从烧熟后至食用前的时间在 2h 之内。

④ 食品保质期的标识　盛装、分送集体用餐的容器表面标注加工单位、生产日期及时间、保质期、保存条件、食用方法等事项，有利于对上述规定中对于集体用餐温度、时间、再加热等环节控制的管理和监督。

⑤ 设备设施的配置　冷藏和热藏方式的集体用餐应有相应的设备设施，以保证能达到规定的温度要求。可以采用以下推荐的方式。

A. 采用冷藏方式加工盒饭的，配备食品冷却设备（如真空冷却机、隧道式冷却机、速冷冷库等）和盒饭现场再加热设备（如蒸箱、微波炉等）。

B. 采用热藏方式加工集体用餐的，配备烹调后食品再加热设施（如加热柜、蒸箱等），用于在配送前将食品中心温度保持在较高水平（通常应高于 60℃）；以及食品配送、贮存时的保温设施（如保温性能十分良好的保温箱、保温桶等），用于离开加热源后在一定时间内维持食品中心温度；现场分餐的配备分餐时的食品加热设施（如水浴加热台）。

C. 集体用餐运输采用封闭式专用车辆。冷藏盒饭为保温或冷藏运输车辆，热藏方式加工集体用餐为保温运输车辆。

⑥ 留样　见中央厨房相关规定。

本章小结

餐饮业加工食品种类繁多，各类食品加工方法各不相同。在菜点加工过程中采取有效的食品安全控制措施，这是保障食物安全的重要环节。

本章主要以食物制作的工艺过程为切入点，分析菜点初加工过程、加热烹调、贮存和配送等加工环节的特点，讨论不良工艺条件下可能导致的食品安全危害，制定食品安全控制措施。对于近年来广受关注的餐饮业食品添加剂的使用，在总结常用食品添加剂的基础上，结合烹饪加工过程，分析食品添加剂在餐饮食品加工中发挥的作用，按照食品安全国家标准，制定餐饮业食品添加剂的正确使用方法和使用量。

在关注餐饮业菜点加工过程的同时，针对容易出现食物中毒的高风险品种如冷制菜肴、中央厨房、集体供餐企业等大批量食物制作，按照各自的生产特点和加工方法，分析生产过程中出现的食品安全危害，以及应该采取的食品安全控制措施。

第四章 餐饮从业人员、加工环境、工用具及服务场所安全控制

餐饮食品的生产主要以手工操作为主，如果从业人员携带病原体，通过不良操作污染食品，使食品成为食源性疾病的传播媒介，将引发消费者食物中毒等食源性疾病。同时，餐饮业的各种业态中，无论是经营方式、规模和品种都差别很大，其经营品种、每餐次加工量与经营场所的大小及设施布局、加工能力等是否匹配，对所加工食品的安全性有直接影响。餐饮服务作为菜品生产加工和销售的最后一个环节，也在一定程度上对菜品的食品安全产生影响。因此，本章主要从餐饮从业人员、加工环境、工用具和服务场所四个方面讨论食品安全控制的方法。

学习目标

- 熟悉餐饮从业人员的健康管理方法和个人卫生要求
- 掌握餐饮从业人员的标准的卫生操作
- 掌握餐饮加工环境的建筑结构和布局要求
- 掌握餐饮加工场所各类设施的卫生要求
- 熟悉餐饮服务场所的卫生要求

第一节 餐饮从业人员的安全控制

为了解某部驻京单位餐饮从业人员手卫生现状及卫生知识知晓情况，并分析影响其手卫生的相关因素，海军疾病预防控制中心麻若鹏等于2019年使用ATP荧光检测法随机对119名餐饮从业人员手部微生物污染情况现场检测。采用问卷调查的方式收集一般资料并检查卫生知识知晓情况。"手卫生状况调查表"包括被检测人的编号、单位、年龄、性别、岗位、学历、工作年限、洗手方式、是否接受过卫生知识培训和检测结果等项目。其中，洗手方式包括清水冲、使用洗手液、使用肥皂、未洗手四个选项。

结果表明，某部餐饮从业人员手部卫生合格率为75.63%，情况较好。通过分析发现，卫生知识知晓得分情况对手部洁净程度存在显著影响，调查中得分越高的人，荧光检测得到的RLU值越低，手部越清洁（RLU值越高，说明微生物含量越高）。另一方面是否参加过手卫生培训对手部卫生合格情况存在显著的统计学差异，参加过手卫生培训的员工，手部卫生合格率高，提示可以通过培训宣传教育等途径改变餐饮从业人员的卫生意识，从而改善其手部卫生情况。

本次调查中另外一个影响手部卫生的因素是洗手方式，调查显示使用洗手液和洗洁精洗手，手部卫生清洁程度要明显优于使用消毒水和肥皂（其中原因可能是因为消毒液发挥作用需要一定的接触时间，而肥皂属于敞开放置多人反复交叉使用物品），合格率同样优于后两者，而清水冲洗手部达到的清洁程度和合格率最低。这提示，在餐饮单位设立专门洗手液的必要性，可以通过配备洗手液在一定程度上提高员工的手部清洁程度，从而防止交叉传染，降低食品安全风险。

——摘自麻若鹏，武永祥，靳连群．某部驻京单位餐饮从业人员手卫生状况调查及影响因素分析［J］．解放军预防医学杂志餐饮从业人员个人的卫生与健康是餐饮安全保证的重要一环。食品污染的一个重要来源是食品从业人员。如果食品从业人员的体内或体表携带食源性病原体，可直接或间接地通过病人接触过的加工设备、容器污染食品，进一步传播给消费者，引发食物中毒或其他食源性疾病。经常发生的致病性微生物食物中毒有的就是因为餐饮从业人员直接污染食品引起的。为了减少这种危险，应采取积极有效的措施，加强餐饮从业人员的健康状况和个人卫生管理。同时，从业人员也应该具有良好的职业道德素养，具有卫生安全意识，爱岗敬业，养成良好的卫生安全操作习惯。

一、从业人员健康管理

为了预防由于食品污染引起的食源性传染病的传播和食物中毒的发生，保证消费者的身体健康，餐饮企业经营者建立并执行从业人员健康管理制度十分必要。

1. 从业人员的健康检查

从事接触直接入口食品工作（清洁操作区内的加工制作及切菜、配菜、烹饪、传菜、餐饮具清洗消毒）的从业人员（包括新参加和临时参加工作的从业人员）应取得健康证明后方可上岗，每年进行健康检查取得健康证明，必要时应进行临时健康检查。按照《食品安全法》的规定，为了防止通过食品从业人员造成传染病的发生，对患有某些特定疾病的人，禁止其从事接触直接入口食品的工作。这些疾病包括霍乱、细菌性和阿米巴性痢疾、伤寒和副伤寒、病毒性肝炎（甲型、戊型）、活动性肺结核、化脓性或者渗出性皮肤病等国务院卫生行政部门规定的有碍食品安全的疾病。

2. 从业人员需持证上岗

从业人员必须经过健康检查合格，取得有效的健康合格证明后才能上岗，承担食品从业人员预防性健康检查的医疗机构必须是经卫生行政部门审查批准、允许在制定范围内开展预防性健康检查工作的单位。

3. 建立健康档案

餐饮生产经营单位应建立健全食品安全管理档案，为员工建立健康档案，并由专门人员进行管理。管理人员制订从业人员健康检查、食品安全培训考核及食品安全自查等计划，并定期开展。管理人员负责登记并留存从业人员健康档案，包括：从业人员基本情况；从业人员的健康证明及其体检日期；每天上岗前从业人员健康状况检查记录。从业人员健康档案至少应保存 12 个月。

食品安全管理人员应每天对从业人员上岗前的健康状况进行检查。患有发热、呕吐、腹泻、咽部炎症等病症及皮肤有伤口或感染的从业人员，应主动向食品安全管理人员等报告，暂停从事接触直接入口食品的工作，必要时进行临时健康检查，待查明原因并排除有碍食品安全的疾病后方可重新上岗。

餐饮服务企业应每年对其从业人员进行一次食品安全培训考核，特定餐饮服务提供者应每半年对其从业人员进行一次食品安全培训考核。培训考核内容为有关餐饮食品安全的法律法规知识、基础知识及本单位的食品安全管理制度、加工制作规程等。从业人员应在食品安全培训考核合格后方可上岗。

二、从业人员个人卫生要求

1. 衣着卫生

餐饮从业人员工作时应穿着干净整洁的工作服。工作服应备每人每季两套或以上，以保证定期换洗，从事接触直接入口食品工作的从业人员，其工作服宜每天清洗更换。工作服受到污染后，应及时更换。待清洗的工作服不得存放在食品处理区。从业人员离开食品处理区时应换下工作服。不得将工作服穿出食品处理区域。

工作服应保持平整、洁净、无破损，制作面料应采用容易清洗并能保持清洁的布料，统一的浅色工作服比深色工作服更显得整齐、卫生，弄脏了也容易发现。应根据加工品种和岗位的要求配备专用工作服，可按其工作的场所从颜色或式样上进行区分，如粗加工、烹调、仓库、清洁等。专间、专用操作区专用工作服与其他区域工作服，外观应有明显区分。工作服上没有珠宝、金属饰件等各种容易脱落的装饰品，工作服的上半部分不应有口袋，防止口袋中的笔记本、笔等物品滑落进入食品容器或食品加工机械。平常应对松动的扣子和标牌经常检查，以便能及时防止它们落入食品中。工作时佩戴的手表、手镯、手链、手串、戒指、耳环等饰物不应外露，防止偶然落入污染食品。

头发及头皮屑也常带有大量的致病微生物，在食品中应该绝对杜绝。预防食品被头发污染的常用方法是都戴工作帽，凡是进入加工现场人员，包括餐厅服务员，都应佩戴清洁的工作帽，不得披散头发。戴帽时应将全部头发都罩在帽中，面部正面头发亦应整理进去。餐厅服务员的发帽类型很多，但其基本要求是能有效地控制住头发。在餐饮业不应使用发网，因为发网对头发上的附着物不能起到很好的控制作用。头发在洗手前就应整理好。洗手后，或在食品加工区和服务区内，均不应再摸头发。任何时间，只要摸了头发就应立即洗手。

接触直接入口食品的操作人员应佩戴清洁的口罩，口罩应遮住口鼻。人的口腔、鼻腔、咽喉、气管等处带有各种病原微生物，这些病原微生物可通过呼吸、说话、打喷嚏排出体外。因此，凡制作和销售直接人口食品的从业人员，都应戴干净的口罩操作，以防污染食品。

接触直接入口食品的操作人员在操作时，是否应戴手套，现在还存在争议。如佩戴手套，应事先对手部进行清洗消毒。手套应清洁、无破损，符合食品安全要求。手套使用过程中，应定时更换手套。使用手套后，应加强手套的回收管理。目前，大多数餐饮企业所使用的手套是消过毒的、无缝口的、一次性的，能阻止皮肤上的致病因子进入食品。但不能因为戴上手套就养成工作前不洗手的习惯，如不洗手，戴上手套后，皮肤表面的细菌会很快污染到手套内表面。当手套偶有破裂时，致病因子会很快进入食品，并且还要注意防止破损的手套碎片混入食品。因此不仔细认真地使用手套，会带来更多的卫生问题，亦会造成食品的污染。在餐饮业的冷餐间、水果间、裱花间的直接入口食品操作人员，应多强调认真的洗手消毒，接触食品的手要戴手套，

对于清洁工和从事初加工的人员，最好穿着橡胶围裙和舒适的鞋靴。鞋靴应保持清洁，只能在工作时穿着，避免从室外将病菌带入。

2. 洗手卫生

手是肠道传染病传播的重要途径。手在一天生活中接触东西多，梳头、穿衣、提鞋、剔牙、抠鼻、挖耳、翻书、数钱、上卫生间、使用手机等都离不开手。手能把存在于粪便、鼻腔、皮肤和其他部位的病原体传播到食品上。餐饮加工经营过程中从业人员的手与食品接触最多，是食品污染的重要途径。手部皮肤上存在的细菌无论从种类还是数量上都较身体其他部位要多，并以皮肤皱褶处及指尖为多，常寄生在皮肤的汗腺、毛囊和皮脂腺内，因为皮肤腺体的分泌物非常适合细菌的生长，许多不同类型的细菌在这些腺体和毛囊腔中能得到适宜的生长和迅速的繁殖。经常注意手部皮肤清洁的人，其皮肤上细菌数量和种类要比不注意者少得多。

有试验证明，将手指在琼脂培养基表面按印后细菌生长茂密，证明手上有无数细菌存在。如果一个人的手在第一次按印之后便进行了洗手，然后在第二个相

同的琼脂培养基表面按印，常可见仅有少数几个细菌。若洗手后，实验者的手不摸任何东西，过一段时间后．再用他的手指在第三个培养基上按印，可看到细菌的数量与洗前的数量非常近似。可见经过洗手后，手上的细菌数可降至很低，但手上残留的少数细菌和空气中细菌对手的污染，几个小时后便迅速而大量的繁殖起来，若不再次洗手，可造成食品的细菌污染。

卫生操作习惯不良的食品生产经营人员接触生食品或食品原料后（如生猪肉或生家禽产品等）不洗手，然后又去摸已做好的熟食品，就会危害到消费者健康。此外，在加工经营过程中用手摸头或给头皮搔痒是手指的一个重要污染途径，头发中的各种致病微生物可通过此行为污染到手指。指甲是手指的一个重要污染源，指甲缝隙中所藏的致病微生物、灰尘等均能污染到食品上。

餐饮从业人员在操作前手部应洗净，接触直接入口食品时，手部还应进行消毒，在操作过程中手部应适时进行清洗、消毒。洗手用水也应符合生活饮用水的卫生要求。手的消毒，目前常用碘伏、含氯消毒剂、体积分数为 75% 的乙醇等。

（1）洗手的时机　在以下情况时必须彻底洗手：①加工制作不同存在形式的食品前；②加工制作不同类型的食品原料前；③咳嗽、打喷嚏及擤鼻涕后；④使用卫生间、用餐、饮水、吸烟等可能会污染手部的活动后；⑤清理环境卫生、接触化学物品或不洁物品（落地的食品、受到污染的工具容器和设备、餐厨废弃物、钱币、手机等）后；⑥接触非直接入口食品后；⑦触摸头发、耳朵、鼻子、面部、口腔或身体其他部位后。

（2）洗手的流程　食品从业人员正确的洗手步骤应该是：①在流动水下淋湿双手；②取适量洗手液（或肥皂），均匀涂抹至整个手掌、手背、手指和指缝；③认真揉搓双手至少 20s，注意清洗双手所有皮肤，包括指背、指尖和指缝；工作服为长袖的应洗到腕部，工作服为短袖的应洗到肘部；④在流动水下彻底冲净双手；⑤关闭水龙头（手动式水龙头应用肘部或以清洁纸巾包裹水龙头将其关闭）；⑥用一次性清洁纸巾擦干或干手机吹干双手。食品从业人员正确的洗手方法如图 4-1 所示。

消毒手部前应先洗净手部，然后参照以下方法之一消毒手部：①将洗净后的双手在消毒剂水溶液中浸泡 20～30s；②取适量的免洗手消毒剂于掌心，按照标准的清洗手部方法充分揉搓双手 20～30s，保证手消毒剂完全覆盖双手皮肤，直至干燥。

(1) 掌心相对，手指并拢相互揉搓

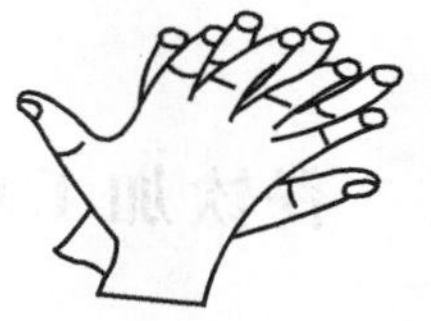
(2) 手心对手背沿指缝相互揉搓

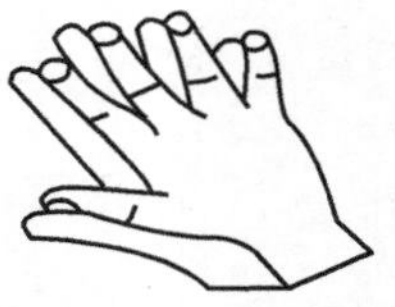
(3) 掌心相对，双手交叉沿指缝相互揉搓

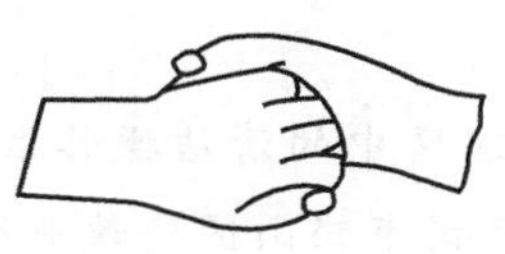
(4) 弯曲手指，指关节在掌心旋转揉搓

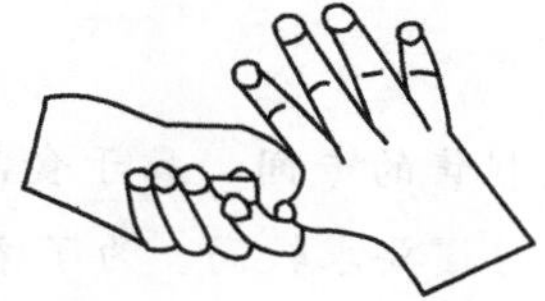
(5) 大拇指在掌心旋转揉搓

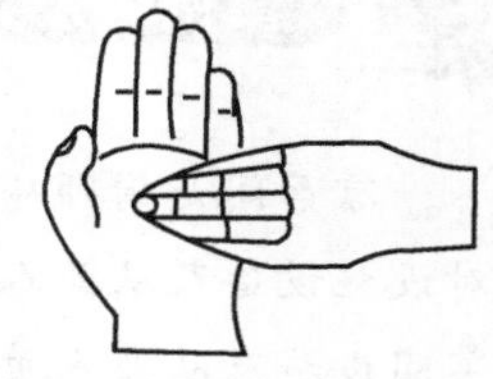
(6) 五指并拢，指尖在掌心旋转揉搓

图 4-1　食品从业人员正确的洗手方法

三、从业人员标准卫生操作

良好的个人卫生，是良好生产环境的保证；良好的卫生操作习惯，是提高食品卫生指南的重要因素。餐饮企业应重视对不良卫生习惯的纠正。

为防止食品污染，个人卫生操作应做到：不在操作场所吃东西、抽烟或随地吐痰，不在工作时挖鼻孔、掏耳朵、剔牙，不对着食品打喷嚏，不用勺子直接尝味，不把私人物品带入操作场所。在餐饮企业特别应避免的不良卫生习惯是吸烟。生产加工区的入口处应有鲜明的标志“禁止吸烟”，吸烟区的出口处应设有烟缸，以备走出吸烟区时熄灭香烟用。

食品处理区内从业人员不应留长指甲、涂指甲油，不化妆。勤洗手和剪指甲；勤洗澡和理发；勤洗衣服和被褥；勤换工作服和毛巾。上班前不准吃大蒜、大葱、槟榔等，以免呼出带有异味气体，给客人带来不快，影响就餐情绪。

专间操作人员进入专间时应先在预进间内进行二次更衣，穿着整洁的专用工作衣帽并佩戴口罩，口罩应把鼻子和口腔全部遮住以防止口腔和鼻腔内的致病菌污染食物。不得穿戴专间工作衣帽从事与专间内操作无关的工作。工作中遇事需要出凉菜间应在预进间内脱掉二次更衣工作服，更换一次更衣工作服后方可出去。操作前双手（含手腕）严格进行清洗消毒，操作中应适时地消毒双手。

第二节　餐饮加工环境

凉菜间是厨师从事凉菜制售的专间，属于食品处理区中的清洁操作区，对设施设备及从业人员卫生习惯要求较高。为了掌握无锡市锡山区餐饮业凉菜间设施及从业人员的卫生状况，分析存在的食品安全隐患，锡山区卫生监督所于 2015 到 2016 年随机抽取全区 106 家含凉菜间的餐饮业进行风险监测分析。

抽取的 106 家餐饮单位中，大型以上（面积＞$500m^2$）44 家，中型以下（面积≤$500m^2$）62 家。一般每家采集样品 15 份，即餐具 10 份及砧板、刀具、抹布、操作台、从业人员手部各 1 份。

从本次监测结果来看，无锡市锡山区餐饮业凉菜间样品总体合格率不高，其卫生状况不容乐观。随着经济水平的提高和监管力度的加大，锡山区餐饮业凉菜间基础卫生设施有了很大的改善，但餐饮业负责人、凉菜间管理人员及从业人员卫生意识淡薄，管理不到位，致使消毒等各项制度没有落实，严重影响了凉菜的卫生质量和食用安全。本次采集的凉菜间餐具直接用于盛放凉菜，其卫生状况好坏可直接或间接影响到凉菜质量。本次餐具抽检合格率仅 33.0%，说明锡山区餐饮业在餐具消毒方面存在不足。在凉菜加工过程中，砧板、刀具、抹布、操作台、从业人员手部卫生状况好坏可间接影响凉菜卫生质量，本次抽检总体合格率仅 38.6%，说明其存在消毒不严等问题。A 级、B 级、C 级餐饮业餐具合格率呈递减性，提示餐饮业量化等级越高，餐具合格率越高。对不同消毒方法餐具合格率比较发现，热力消毒效果明显好于化学消毒，提示微生物对热力消毒更敏感，且热力消毒更易于操作和控制。对不同类别餐饮业砧板、刀具、抹布、操作台、从业人员手部合格率比较发现，大型以上餐饮业高于中型以下，可能与大型以上餐饮业对其从业人员操作卫生习惯要求更严且从业人员依从性更高有关。

——摘自熊俊杰，尤曙峰，华晔斌，等．江苏省无锡市锡山区 2015 到

2016 年餐饮业凉菜间卫生监测结果分析 [J]. 医学动物防制

餐饮加工环境主要指与食品加工经营直接或者间接相关的场所，包括食品加工处理区、非食品加工处理区和就餐场所。加工场所的卫生是保证餐饮食品安全的必备条件，也是经营者申请食品经营许可时的重点核查内容，需要餐饮企业高度重视。

一、选址的卫生要求

餐饮企业在进行餐厅选址时，对周围环境的商业分布、人流量、繁华程度等因素都会考虑得非常仔细，但同时也应关注餐厅选址的卫生要求。餐饮服务场所应选择与经营的餐食相适应的地点，保持该场所环境清洁。不得选择易受到污染的区域。应距离粪坑、污水池、暴露垃圾场（站）、旱厕等污染源 25m 以上，并位于粉尘、有害气体、放射性物质和其他扩散性污染源的影响范围外，以确保饭店周围的空气和水源清洁，无生物性、化学性污染物。餐饮服务场所周围不应有可导致虫害大量滋生的场所，难以避开时应采取必要的防范措施。

餐饮企业周围基础设施良好，交通便利，给排水、电力、气、通信、宽带、光纤、排污等条件应齐备。地势干燥并且高于排污管道，以利排污。同时符合规划、环保和消防的有关要求。

二、餐饮加工场所建筑结构和布局

餐饮服务业是一类经营方式、规模和品种差别很大的行业，其经营的品种、每餐次的加工量与经营场所的面积、设施和加工能力是否适应，将对餐饮食品安全产生重要影响。

1. 餐饮加工场所功能区的划分

餐饮加工场所分为食品处理区、非食品处理区和就餐场所。其中食品处理区和非食品处理区就是通常所称的后厨或后场加工操作区。

（1）食品处理区　指贮存、整理、加工（包括烹饪）、分装以及餐用具的清洗、消毒、保洁等场所，是餐饮业加工操作最集中的场所，按照对清洁程度的不同要求，分为清洁操作区、准清洁操作区、一般操作区（图 4-2）。

① 清洁操作区　指为防止食品被环境污染，清洁要求较高的操作场所，通常用于加工高风险食品（即富含碳水化合物、蛋白质、水分等，常温存放容易腐

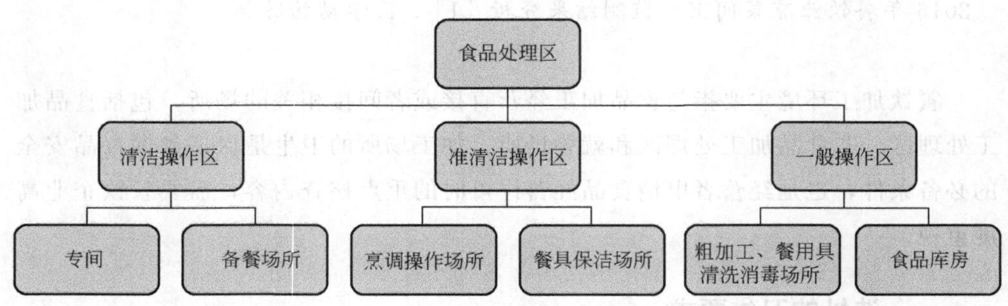

图 4-2 餐饮企业各处理区洁净度的区分

败），如凉菜制作、备餐、生食海产品制作、现榨果蔬汁等，包括专间、备餐场所。清洁操作区是餐饮业食品安全管理的重点场所。

专间指为防止食品受到污染，以分隔方式设置的清洁程度要求较高的加工直接入口食品的专用操作间，包括冷食间、生食间、裱花间、中央厨房和集体用餐配送单位的分装或包装间等。

专用操作区指为防止食品受到污染，以分离方式设置的清洁程度要求较高的加工直接入口食品的专用操作区域。包括现榨果蔬汁加工制作区、果蔬拼盘加工制作区、备餐区（指暂时放置、整理、分发成品的区域）等。

② 准清洁操作区　指清洁要求次于清洁操作区的操作场所，包括对经过粗加工制作、切配的原料或半成品进行热加工制作的烹饪区，以及存放清洗消毒后的餐饮具和接触直接入口食品的容器、工具的餐用具保洁区。避免生食品对熟食品或洁净餐用具的污染，是该区域食品安全管理的重要内容之一。

③ 一般操作区　是食品处理区中对清洁程度要求最低的区域，除清洁操作区、准清洁操作区外的其他操作场所都属于一般操作区，包括对原料进行挑拣、整理、解冻、清洗、剔除不可食用部分等加工制作的粗加工制作区；将粗加工制作后的原料，经过切割、称量、拼配等加工制作成为半成品的切配区；清洗、消毒餐饮具和接触直接入口食品的容器、工具的餐用具清洗消毒区和食品库房。一般操作区通常不涉及食物成品，因此对清洁度要求相对较低，但并不意味该区域可以不讲究卫生，一般的清洁卫生要求同样适用于该区域。

（2）非食品处理区　指办公室、厕所、更衣场所、非食品库房等非直接处理食品的区域。

（3）就餐场所　指供消费者就餐的场所，但不包括供就餐者专用的厕所、门厅、大堂休息厅、歌舞台等辅助就餐的场所，这些场所在计算就餐场所面积时应予扣除。

2. 餐饮加工场所布局与面积

（1）餐饮加工流程　餐饮服务经营种类繁多，各自的结构和布局千差万别，但其总的工艺流程基本相同，都包括原料采购、贮存、初加工、熟制、备餐出菜等生产过程和餐用具与废物的整理、洗涤、清除等后期处理过程。所不同的是使用设备和用具各不相同而已。因此，餐饮服务企业有必要结合各自的经营种类，制定相应的加工工艺流程，明确各个工艺环节的主要任务，保证这些任务在该环节内流畅有序地进行。餐饮加工流程与功能区关系见图 4-3。

（2）餐饮加工和服务场所面积　餐饮加工和服务场所面积包括后厨面积和就餐场所面积，一般情况下厨房面积与餐厅面积应相匹配，餐厅每个座椅平均占地面积不得低于 1.85m^2，或按最高进餐人数计，每人应平均占有 1～1.2m^2。

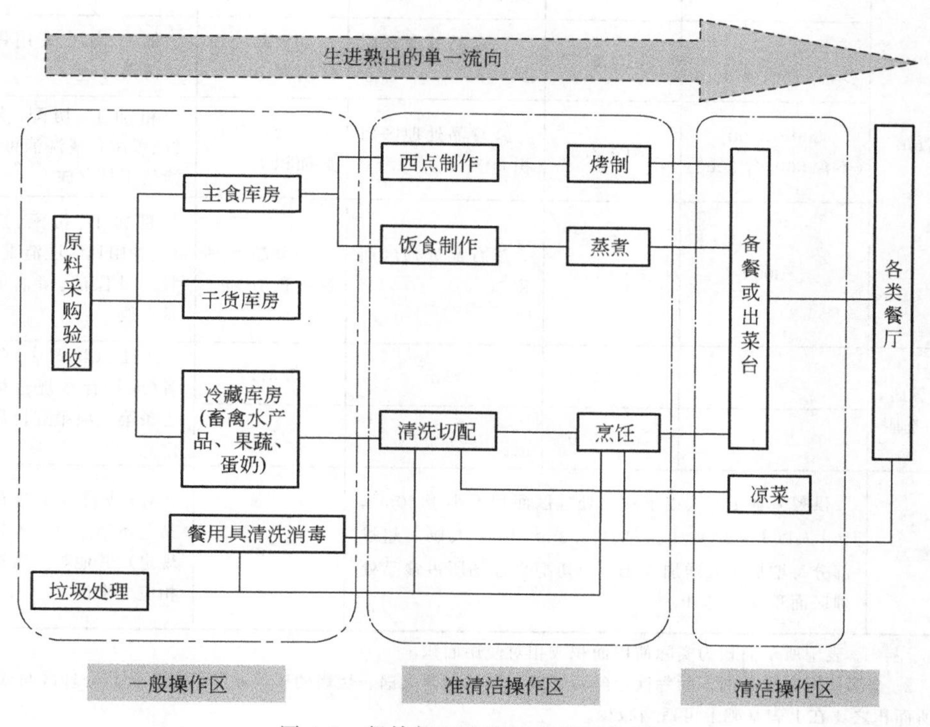

图 4-3　餐饮加工流程与功能区关系

餐饮企业供应食品数量的能力应与食品处理区的面积成正比，食品处理区面积狭小，一旦食品供应量增加，超过所能承担的最大食品供应量，就会导致加工设施相对不足，可能产生因设施不足所引起的食品加热不彻底、存放时间过长（尤其是凉菜）、生熟交叉污染、从业人员难以规范操作等一系列问题，从而大大增加食品安全风险。鉴于这些原因，食品处理区面积应与就餐场所面积、供应的最大就餐人数相适应，《餐饮业和集体用餐配送单位卫生规范》对不同规模、类型的餐饮企业的食品处理区与就餐场所面积比、切配烹饪场所累计面积、凉菜间累计面积等指标均有具体标准，见表 4-1。为防止食物中毒的发生，餐饮服务企业应力求餐饮加工场所内各区域面积达到相应的规范要求。

表 4-1 推荐的各类餐饮业场所布局要求

	加工经营场所面积/m^2	食品处理区与就餐场所面积之比	切配烹饪场所累计面积	凉菜间累计面积	食品处理区为独立隔间的场所
餐馆	≤150	≥1∶2.0	≥食品处理区面积 50%，且≥8m^2	≥5m^2	加工、烹饪、餐用具清洗消毒
	150～500（不含 150，含 500）	≥1∶2.2	≥食品处理区面积 50%	≥食品处理区面积 10%	加工、烹饪、餐用具清洗消毒
	500～3000（不含 500，含 3000）	≥1∶2.5	≥食品处理区面积 50%	≥食品处理区面积 10%	粗加工、切配、烹饪、餐用具清洗消毒、清洁工具存放
	＞3000	≥1∶3.0	≥食品处理区面积 50%	≥食品处理区面积 10%	粗加工、切配、烹饪、餐用具清洗消毒、餐用具保洁、清洁工具存放
快餐店、小吃店	≤50	≥1∶2.5	≥8m^2	≥5m^2	加工、（快餐店）备餐（或符合本规范第七条第二项第五目规定）
	＞50	≥1∶3.0	≥10m^2	≥5m^2	
食堂	供餐人数 100 人以下食品处理区面积不小于 30m^2，100 人以上每增加 1 人增加 0.3m^2，1000 人以上超过部分每增加 1 人增加 0.2m^2。切配烹饪场所占食品处理区面积 50%以上			≥5m^2	备餐（或符合本规范第七条第二项第五目规定）、其他参照餐馆相应要求设置

注：1. 表中所示面积为实际使用面积或相对使用面积。

2. 全部使用半成品加工的餐饮业经营者以及单纯经营火锅、烧烤的餐饮业经营者，食品处理区与就餐场所面积之比在上表基础上可适当减少。

3. 表中“加工”指对食品原料进行粗加工、切配。

4. 各类专间要求必须设置为独立隔间，未在表中“食品处理区为独立隔间的场所”栏列出。

（3）餐饮加工场所布局　餐饮加工场所合理的布局是有效防止食品污染的基础。食品处理区的布局可根据餐饮加工的工艺流程来进行设计，食品加工操作应按照原料进入、原料加工制作、半成品加工制作、成品供应的流程合理布局，满足食品卫生操作要求。食品加工处理流程应为生进熟出的单一流向，满足从原料到成品“生熟分家，由生到熟”的食品安全原则，空气流从高清洁区流向低清洁区，避免食品在存放、加工和传递中发生交叉污染。分开设置原料通道及入口、成品通道及出口、使用后餐饮具的回收通道及入口。无法分设时，应在不同时段分别运送原料、成品、使用后的餐饮具，或者使用无污染的方式覆盖运送成品。但不管采用哪种方式，都应达到防止在存放、操作中产生交叉污染的目的。

餐饮加工场所内的食品处理区是食品安全管理的重点场所，各级政府监管部门针对各种不同类型的餐饮服务企业，从申请餐饮服务许可到日常餐饮加工经营监管都要进行严格要求。主要具体要求如下。

① 食品处理区均应设置在室内。食品处理区内的一些基本加工操作场所，可以是独立隔间的操作间，也可以是没有和其他场所相互隔开的操作区域。设置原则是：规模越大的餐饮企业，因功能越是细分，要求设置为独立隔间的场所越多；餐馆的加工过程复杂，品种繁多，设置的独立隔间较小吃店、快餐店或集体食堂更多。如设置专用的粗加工（全部使用半成品原料的可不设置）、烹调（单纯经营火锅、烧烤的不设置）和餐用具清洗消毒场所，并应设置原料和半成品贮存、切配及备餐（酒吧、咖啡厅不设置）场所等。

活的畜禽类动物也是一种生物污染源，因此餐饮服务场所内不得圈养、宰杀活的畜禽动物。饲养和宰杀畜禽等动物的区域，应位于餐饮服务场所外，并与餐饮服务场所保持适当距离。

食品处理区加工制作食品时，如使用燃煤或木炭等固体燃料，炉灶应为隔墙烧火的外扒灰式。

② 专间设置。进行凉菜配制、裱花操作和中央厨房与集体用餐配送单位的直接入口易腐食品的冷却、分装、分切等，应分别设置相应专间。提供就餐场所的食堂和快餐店，也需要集中备餐，有条件最好采用专间的形式，也有采用非专间方式备餐（如大多数的西式快餐店），但就餐场所门窗应设置相应的防护措施（包括防蝇防虫防尘、空气幕等），使整个就餐场所环境保持一定卫生。

③ 现榨果蔬汁和水果拼盘的制作。必须在专用操作场所内加工，这里的专用操作场所是要求仅次于专间的区域，通常在餐饮企业中，食品处理区内相对独立的专用场所或设有相对独立水源的吧台，都可以作为制作现榨果蔬汁或水果拼盘的场所。该区域仍然属于清洁操作区。

④ 清洁工具的存放。设置独立隔间、区域或设施，存放清洁工具（包括扫

帚、拖把、抹布、刷子等）。专用于清洗清洁工具的区域或设施，其位置不会污染食品，并有明显的区分标识。

下面以面积在150～500m^2的中型餐饮企业为例，进行餐饮加工场所内食品处理区布局设计：按照《餐饮业和集体用餐配送单位卫生规范》中的要求，面积在150～500m^2的中型餐饮企业，食品处理区面积应是就餐场所面积的一半以上，其中用于切配烹饪场所应占食品处理区的50%，且加工切配、烹调和餐用具清洗消毒应为独立隔间场所。冷荤凉菜必须设置为专间。对于食品处理区面积大于100m^2的中型餐饮企业，可以加工生食海产品和裱花食品，所有专间都应远离粗加工和餐用具洗消间，并与就餐场所相连，不得造成清洁区和准清洁区的交叉污染。依据这些原则，中型餐饮企业食品处理区布局参考图如图4-4所示。

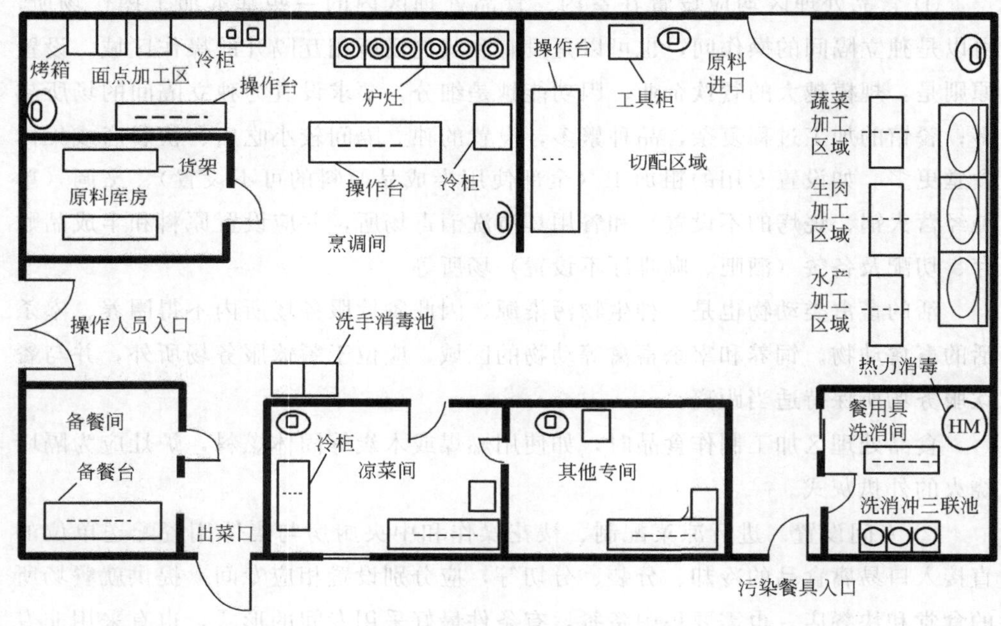

图4-4 中型餐饮企业食品处理区布局参考图

其他类型的餐饮企业可按照各自经营种类和特点，参考该布局图进行调整。比如图中除专间外的独立隔间设置并不是一成不变的，可根据食品处理区面积大小，相应增加或减少设置独立隔间的场所。若是大型或超大型餐饮企业，需要设置相互独立的蔬菜、生肉和水产品粗加工隔间，并与切配和烹调间分隔开来，且在凉菜间外都宜设置预进间；若是小型餐饮企业，由于加工经营场所空间有限，面积狭小，只是要求将粗加工、切配、烹调设置成相对独立的区域，不要求设置成独立的隔间，至于裱花蛋糕、生食水产品等高风险食品，则一律不得加工经营。

三、餐饮加工场所设施

餐饮加工场所的设施主要包括建筑结构一般设施、库房和专间设施、更衣场所及洗手消毒设施、餐用具清洗消毒和保洁设施、“三防”设施、通风排烟设施、采光照明设施、供水设施和废弃物暂存设施等。

从提高效率和便于管理来看，这些设施在布局上既要有利于卫生，能防鼠、防蟑螂，便于清洁，尽量无死角，又要方便使用和操作；各种设施要专用，不得用作与食品加工无关的用途；要有清洁制度和维修保养制度，随时保持设施清洁卫生和处于良好状态。从环保方面看，餐厅和厨房的装修和烘托设施也应该达到相应的卫生要求，装饰材料应是绿色、环保、无毒的。

1. 建筑结构一般设施卫生要求

建筑结构应采用适当的耐用材料建造，坚固耐用，易于维修、清洁或消毒，地面、墙面、门窗、天花板等建筑围护结构的设置应能避免有害生物侵入和栖息。

（1）地面与排水卫生要求　食品处理区地面应用无毒、无异味、不透水、不易积垢的材料铺设，且应平整、无裂缝。粗加工、切配、餐用具清洗消毒和烹调等需经常冲洗、易潮湿场所的地面应易于清洗、防滑，并应有一定的排水坡度（不小于1.5%）及排水系统。

排水沟应有坡度、保持通畅、便于清洗，沟内不应设置其他管路，侧面和底面接合处宜有一定弧度（曲率半径不小于3cm），并设有可拆卸的盖板。排水的流向应由高清洁操作区流向低清洁操作区，并有防止污水逆流的设计。排水沟出口应有防止有害动物侵入的设施。厨房下水道管径应比普通房屋或住宅下水道管道粗，根据企业规模，可达20～40cm，否则会因菜渣或米糠与油脂结成的纤维凝块导致下水道狭窄或完全阻塞，难以疏通。

清洁操作区内不得设置明沟，地漏应能防止废弃物流入及浊气逸出（如带水封地漏）。

废水应排至废水处理系统或经其他适当方式处理。餐饮企业下水道在接入城市污水管道以前，应有滤油池（或其他漏油装置）将污水滤油后才能排入城市污水系统。

(2) 墙壁与门窗卫生要求　食品处理区墙壁的涂覆或铺设材料应无毒、无异味、不透水。墙壁平滑、无裂缝、无破损，无霉斑、无积垢。其墙角及柱角（墙壁与墙壁间、墙壁及柱与地面间、墙壁及柱与天花板）间应有一定的弧度（曲率半径在 3cm 以上），因为直角结构容易积聚污垢且不易清扫，弧形结构可以防止积垢且便于清洗。

粗加工、切配、餐用具清洗消毒和烹调等需经常冲洗、易潮湿的场所，地面污水容易溅到墙壁上，为便于清洁墙面，这些场所及各类专间均应设置墙裙（应有 1.5m 以上，专间应铺设到墙顶）。墙裙一般采用瓷砖、塑钢、铝合金等光滑、不吸水、浅色、耐用和易清洗的材料制成，一般不用涂料。

食品处理区的门、窗闭合严密、无变形、无破损。与外界直接相通的门和可开启的窗，应设置易拆洗、不易生锈的防蝇帘、防虫纱窗、防鼠板、空气幕。与外界直接相通的门能自动关闭。窗户不宜设室内窗台，若有窗台台面应向内侧倾斜（倾斜度宜在 45°以上）。应采取必要的措施，防止门窗玻璃破碎后对食品和餐用具造成污染。

需经常冲洗的场所和各类专间的门应采用易清洗、不吸水、不变形的坚固材料制作，如塑钢、铝合金等材料。

(3) 屋顶与天花板卫生要求　食品处理区天花板的涂覆或装修材料应不吸水、耐高温、耐腐蚀。天花板的设计应易于清扫，能防止害虫隐匿和灰尘积聚，避免长霉或建筑材料的脱落等情形发生。

食品处理区的天花板常有较多管道，有的还有横梁，这些结构都易使天花板积聚灰尘不易清扫。因此，清洁操作区、准清洁操作区及其他半成品、成品暴露场所屋顶若为不平整的结构或有管道通过，应加设平整易于清洁的吊顶。吊顶一般采用塑料、铝合金材料，石膏吊顶容易吸附水汽不宜使用。

在蒸柜、备餐间、盒饭分装间等水蒸气较多的场所，天花板上常有冷凝水。有研究表明，这些冷凝水中有较多细菌，甚至发现过致病菌。因此，为防止冷凝水滴落污染到食品上，应使天花板与横梁或墙壁结合处有一定弧度（曲率半径在 3cm 以上），将天花板做成一定坡度（斜坡或拱形均可），使冷凝水能顺势从墙边流下，在结构上减少凝结水滴落。在这些场所设置的吊顶，还应注意吊顶材料之间的缝隙应严密封闭，防止吊顶内部严重霉变。

烹调场所天花板离地面宜在 2.5m 以上，小于 2.5m 的应采用机械通风使换气量符合 JGJ64《饮食建筑设计标准》要求。

2. 库房及专间设施卫生要求

(1) 库房卫生要求 餐饮业涉及大量鲜活原辅料、调味品、干货等的贮存，为了避免食品变质和受到有害物质的污染，餐饮业库房应符合一定卫生要求。

① 库房的构造应以无毒、坚固的材料建成，应能使贮存保管中的食品品质的劣化降至最低程度，防止污染，且易于维持整洁，并应有防止动物侵入的装置(如库房门口设防鼠板)。

② 食品和非食品（不会导致食品污染的食品容器、包装材料、工具等物品除外）库房应分开设置。抹布、拖把等清洁工具的存放场所应与食品处理区分开，加工经营场所 $500m^2$ 以上的餐饮企业和集体供餐企业宜设置独立隔间存放。

③ 食品贮存条件有常温、冷藏、冷冻三种，要保证食品的安全和质量，其贮存场所应满足相应的条件。通常大型以上餐饮业和集体供餐企业需设各类库房，如冷冻库（可包括肉类库、水产库等)、冷藏库（可包括蔬菜库、禽蛋奶类库等)、常温库（可包括调味品库、粮食库、非食品库等)。冷冻柜、冷藏柜有明显的区分标识。冷冻、冷藏柜（库）设有可正确显示内部温度的温度计，宜设置外显式温度计。

食品添加剂应专柜存放，标注“食品添加剂”字样。不得在食品处理区和就餐场所存放卫生杀虫剂和杀鼠剂产品。应设置单独、固定的卫生杀虫剂和杀鼠剂产品存放场所，存放场所专人负责。

④ 中小型餐饮企业无条件分库存放的，可在同一场所内贮存各种存放条件相同的食品和无污染的非食品，并按照其性质分区域存放，如主食区、调味品区、饮料区、食品包装材料区和工具区等，不同区域应有明显的标识，不符合要求的退货食品存放区域应单独设置，并有醒目标识。

⑤ 库房内食品存放应做到“隔地离墙”，防止常温库内粮食霉变，确保冷库内冷空气流通顺畅，防止冷冻库内食物冻结在库壁上。因此，库房内应设置足够数量的存放架，其结构及位置能使贮存的食品和物品离墙离地，距离地面应在10cm 以上，距离墙壁宜在 10cm 以上，以利空气流通及物品的搬运。

(2) 专间卫生要求 由于专间内制作的都是高风险食品，这类食品在切配、调味、贮存、拼摆等加工过程中，与工具、容器、加工者的手接触频繁，食品受污染的机会相应增加，食用前又不再加热处理，极易引起食物的二次污染，因此，应对专间的设施作出严格的规定。

① 专间应为独立隔间 专间应设置在污染少的区域，设有专用工具清洗消

毒设施和空气消毒设施，专间内温度应不高于25℃，以减缓微生物的生长繁殖速度，应设置独立的空调设施和温度计。凉菜间、裱花间应设有专用冷藏设施，用于存放直接入口食品。接触直接入口食品的用水，还宜通过净水设施处理，防止水源对食品的污染。

② 预进间　专间入口处设置的预进间，是作为操作人员在进入专间前进行二次更衣与洗手消毒的场所。因为专间内制作的都是直接入口的食品，若操作人员进入专间前不经二次更衣和洗手消毒，在其他食品处理区工作时手上、身上带有的有害微生物容易对食物造成污染。同时，预进间可在一定程度上阻止有害昆虫（如苍蝇）在专间门开启时直接飞入专间内。

加工经营场所面积500m^2以上餐馆和食堂的专间入口处应设置有洗手、消毒、更衣设施的通过式预进间，预进间的门和专间的门应错位设置。500m^2以下餐馆和食堂等其他餐饮单位，不具备设置预进间条件的，应在专间内入口处设置洗手、消毒、更衣设施。

③ 空气消毒设施　专间是独立隔间，空气不易流通，而空气可传播各种有害微生物，因此必须对专间的空气进行消毒。常用的空气消毒方法有紫外线灯照射、空气过滤、消毒剂熏蒸等。紫外线有广谱杀菌作用，可杀死包括细菌和真菌在内的多种微生物。由于空气几乎不吸收紫外线，紫外线杀菌灯可产生最大的杀菌效果，通常专间都采用紫外线灯作为空气消毒装置。

专间内紫外线灯应分布均匀，挂装于操作台上方天花板下，距离地面2m以内。在灯管上宜安装反光罩，以增强杀菌效果。安装的紫外线灯（波长200～275nm）应按功率不小于1.5W/m^3设置，紫外线灯管有使用寿命（500h左右），当灯管强度小于70$\mu W/cm^2$或使用一段时间后应及时更换。为了避免紫外线对人体的伤害，紫外线灯必须在保证室内无人的情况下才能使用，因此紫外线灯的电源开关应安装在专间外，有条件时应定期检查空气消毒效果。

④ 专间的通道　为了尽量减少外界污染物通过人、物或进出通道进入专间内，专间只能设置一个门，专间内外食品传送宜为可开闭的窗口形式，窗口大小宜以可通过传送食品的容器为准。

⑤ 专间面积　设置专间的目的是要保证所有直接入口食品的加工、暂存能在专间内进行，因此应根据加工的品种和加工量来设计专间的使用面积，即根据加工规模要求设置。一般情况下，餐厅的面积和就餐人数与经营规模相一致，专间的面积应与就餐场所面积和供应就餐人数相适应，但如果加工的直接入口食品品种多、数量大，应考虑适当增加专间的使用面积。

3. 更衣场所、卫生间及洗手消毒设施卫生要求

（1）更衣场所卫生要求　为防止从业人员更衣后，通过暴露在外部的环境使清洁工作服再次受到污染，更衣场所与加工经营场所应处于同一建筑物内，宜为独立隔间，且位于食品处理区入口处。更衣场所应有适当的照明，设有洗手设施，并设有足够大的更衣空间、足够数量的更衣设施（如更衣柜、挂钩、衣架等）。

（2）卫生间的卫生要求　为防止卫生间本身和从卫生间出来的人员对食品及食品处理区的污染，卫生间不得设在食品处理区，卫生间出入口不应直对食品处理区，不宜直对就餐区。卫生间与外界直接相通的门能自动关闭。

卫生间应在出口附近设有符合要求的洗手设施，以使从业人员和消费者及时洗手消毒，避免接触食品时污染到食品。设置独立的排风装置，排风口不宜直对食品处理区或就餐区；与外界直接相通的窗户设有易拆洗、不易生锈的防蝇纱网；墙壁、地面等的材料不吸水、不易积垢、易清洁；应设置冲水式便池，配备便刷。排污管道与食品处理区排水管道分设，且设置有防臭气水封。排污口位于餐饮服务场所外。

（3）洗手消毒设施卫生要求　餐饮业食物制作主要是以手工操作为主，而手很容易受到各种有毒有害物的污染，并由操作携带到食物当中，从而引起食物中毒和食源性疾患。从业人员在开始工作或接触食品前必须洗手。

食品处理区应设置足够数量的洗手设施，洗手池水龙头数应相当于上班最多总人数的1/4，其位置应设置在方便从业人员的区域。就餐场所应设有数量足够的供就餐者使用的专用洗手设施，以设在卫生间出口或餐厅入口为宜。

洗手池材质应为易清洁的不透水材料（包括不锈钢或陶瓷等），结构应不易积垢。洗手消毒设施附近应设有相应的清洗、消毒用品和干手设施。员工专用洗手消毒设施附近应有洗手消毒方法标识。水龙头宜采用脚踏式、肘动式、感应式等非手触动式开关，防止清洁消毒过的手再次受到污染。宜设置热水器，提供温水，因为温水能提高洗涤剂的活性，去污能力比冷水强，温水洗手还能给人带来舒适感，以避免因怕水冷而不洗手。洗手设施的排水应通畅，下水道可使用U形管等形式，防止逆流、有害动物侵入及臭味产生。对洗手设施的卫生情况，管理人员应每天检查，并保证洗手液和消毒液的充足和有效，如发现损坏应及时维修，保证清洁卫生，正常运转。

4. 餐用具清洗消毒保洁设施卫生要求

餐饮业就餐人数多，就餐人员流动性大，顾客的健康状况复杂，餐用具容易

成为经口传播传染病的传播媒介。通过对餐用具的清洗消毒，可去除或杀灭黏附在餐用具上的病菌和病毒。因此，餐用具消毒对防止传染病的传播，保障人民身体健康，起到积极的作用。

(1) 餐用具清洗设施　餐用具的清洗是餐用具消毒的基础和准备，凡需要消毒的物品都必须先进行清洗，清洗可除去污物和大部分微生物，清洗不好将影响消毒效果，因此，千万不能忽视餐用具清洗的重要性。清洗、消毒、保洁设施设备应放置在专用区域，容量和数量应能满足加工制作和供餐需要。食品工用具的清洗水池应与食品原料、清洁用具的清洗水池分开。采用化学消毒方法的，应设置接触直接入口食品的工用具的专用消毒水池。各类水池应使用不透水材料（如不锈钢、陶瓷等）制成，不易积垢，易于清洁，并以明显标识标明其用途。在餐具清洗池附近须放置带盖的废弃物容器，以便收集剩余在餐具上的食物残渣。

(2) 餐用具消毒设施　常用的餐用具消毒方法有物理消毒和化学消毒两种，物理消毒包括蒸汽、煮沸、红外线等热力消毒方法，化学消毒主要为使用各种含氯消毒药物。由于热力消毒方法效果可靠、安全、无药物残留且物体表面干燥，因此餐用具提倡用热力方法进行消毒，同时清洗消毒设备设施的大小和数量应能满足需要。使用消毒剂消毒的餐具必须将餐具再用清水冲洗，以除去餐具上残留的消毒液，因此采用化学消毒的，至少设有 3 个专用水池，提倡设置 4 个专用水池，分别用于为餐用具初洗、清洗、浸泡消毒和消毒液残留冲洗，各类水池应以明显标识标明其用途。

(3) 餐用具保洁设施　经过消毒的餐用具要做好保洁工作，防止再污染，否则就失去了消毒的意义。因此应设存放消毒后餐用具的保洁设施，已经消毒的餐用具应及时放入保洁设施中，保洁设施结构应密闭并易于清洁，并有相应标识。

5. 供水设施及加工清洗水池的卫生要求

(1) 供水设施　水的卫生与餐饮食品安全息息相关，餐饮生产加工的任何操作都离不开水。因此，餐饮服务企业应有充足的水源，供水应能保证加工需要，使用自备水源（自备水井、泉水、二次水箱等）的水质应符合 GB5749《生活饮用水卫生标准》规定。

输水管道、贮水设备的材料、安装、消毒及用水管理等与生活饮用水的二次污染密切相关，因此必须加强对蓄水、配水和输水等设备的管理维护。输水管道、水池、水箱等和供水设施的材质、内壁涂料应当无毒无害，食品加工制作用水的管道系统应引自生活饮用水主管道，与其他不与食品接触的用水（如间接冷却水、污水、废水、消防用水等）的管道系统完全分离，不得有逆流或相互交接现象。同时，建立有效的放水、清洗、消毒和检修等制度及操作规程，新设备、新管网投产前或旧设备、旧管网修复后，必须严格进行冲洗、消毒，经检验合格后方可正式通水，以保证供水质量。

（2）加工清洗水池　不同用途的各类水池均应分开设置，避免产生交叉污染。粗加工场所至少应分设动物性食品和植物性食品的清洗水池，水产品的清洗水池也应独立设置，因为畜禽类、水产品和植物性原料中往往可能带有不同的致病菌，而植物性食品（主要是蔬菜）通常烹饪时间较短，如污染了沙门菌（畜禽类原料中常见）等耐热能力相对较强的致病菌，即有可能由于加热不足未能杀灭致病菌导致食物中毒。水池数量或容量应与加工食品的数量相适应。食品处理区内应设专用于拖把等清洁工具的清洗水池，其位置应不会污染食品及其加工操作过程。

6. 通风排烟设施卫生要求

食品烹调时，当油锅里的温度在200℃以上时，所用油脂即发生化学变化，油烟随着沸腾的油挥发出来，油烟中含有杂环胺、苯并［a］芘等致癌物质；燃料燃烧时，会不同程度地产生含有害物质的烟尘和烟雾，如二氧化硫、二氧化碳和悬浮颗粒物等；蒸煮过程散发出大量蒸汽。厨房每天所产生大量的油烟和散发的水蒸气，不仅对从业人员的健康造成威胁，也会影响员工操作时的视线，同时对加工场所的环境造成污染，如悬浮颗粒物沉降和油烟冷凝后附着在地面、设备的表面，甚至会使已经洗净干燥的餐具、容器重新出现水油汽，给细菌的繁殖创造条件；有些蒸汽、烟雾冷却后回滴到食品中，易引起污染。这些有害气体如不及时排出，则在厨房内徘徊，甚至倒流入餐厅，污染客人的就餐环境。

食品处理区（冷冻库、冷藏库除外）和就餐区应保持良好通风，及时排除潮湿和污浊的空气。空气流向应由高清洁区流向低清洁区，防止食品、餐饮具、加工设备设施污染。专间应设立独立的空调设施。

产生油烟的设备上方，设置机械排风及油烟过滤装置，过滤器便于清洁、更换。产生大量蒸汽的设备上方，设置机械排风排汽装置，并做好凝结水的引泄。排气口设有易清洗、耐腐蚀并有防止有害生物侵入的网罩。

应定期清洁消毒空调及通风设施。通风排烟设施、炉灶上方应有的自然排烟或抽油烟装置及烟道应易于清洗，避免因油污聚集而引起火灾，烟道必须半年内彻底清除一次。

7. 采光照明设施卫生要求

餐馆的采光照明设施卫生常被忽视，但良好的厨房照明设备能降低人的视觉疲劳，预防和减少厨师工伤事故，提高操作速度和烹调的准确性，在改善工作效率之外，更能保障食品的安全性。因此，食品处理区应有充足的自然采光或人工照明设施，工作面的光照强度不得低于 220lx（相当于一般晴天时室外无遮挡漫射光亮度），其他场所的光照强度不宜低于 110lx（相当于一般阴天时室外无遮挡漫射光亮度）。光源不得改变食品的感官颜色，如红光、蓝光、紫色光，以免使菜肴色调发生改变。安装在暴露食品正上方的照明灯应有防护装置，避免照明灯爆裂后污染食品。冷冻（藏）库应使用防爆灯。

8. “三防”设施卫生要求

餐饮企业中的“三防”主要指防尘、防鼠、防虫害。餐饮加工经营场所内存有丰富的食物，既要防止灰尘沉降到食物上带来的污染，同时也要控制苍蝇、老鼠、蚊蝇污染食物带来的食源性疾患。

餐饮服务场所的墙壁、地板无缝隙，天花板修葺完整。所有管道（供水、排水、供热、燃气、空调等）与外界或天花板连接处应封闭，所有管、线穿越而产生的孔洞，选用水泥、不锈钢隔板、钢丝封堵材料、防火泥等封堵，孔洞填充牢固，无缝隙。使用水封式地漏。所有线槽、配电箱（柜）封闭良好。

人员、货物进出通道应设有防鼠板，门的缝隙应小于 6mm。餐饮服务场所内应使用粘鼠板、捕鼠笼、机械式捕鼠器等装置，不得使用杀鼠剂。餐饮服务场所外可使用抗干预型鼠饵站，鼠饵站和鼠饵必须固定安装。排水管道出水口安装的箅子宜使用金属材料制成，箅子缝隙间距或网眼应小于 10mm。

餐饮加工经营场所门窗使用防蝇胶帘的，防蝇胶帘应覆盖整个门框，底部离地距离小于 2cm，相邻胶帘条的重叠部分不少于 2cm。使用风幕机的，风幕应完整覆盖出入通道。食品处理区、就餐区宜安装粘捕式灭蝇灯。使用电击式灭蝇灯的，灭蝇灯不得悬挂在食品加工制作或贮存区域的上方，防止电击后的虫害碎屑污染食品。根据餐饮服务场所的布局、面积及灭蝇灯使用技术要求，确定灭蝇灯的安装位置和数量。一般悬挂于距地面 2m 左右高度，且应与食品加工操作保持一定距离。与外界直接相通的通风口、换气窗外，应加装不小于 16 目的防虫筛网。

9. 废弃物暂存设施卫生要求

食品处理区内可产生废料、废弃物或餐具中残留的食品等各种垃圾，这些垃圾如不及时清除或处理不当，不仅产生异味，还吸引老鼠、苍蝇及其他有害昆虫。因此，食品处理区内可能产生废弃物的区域，均应设置废弃物存放容器。

废弃物存放容器与食品加工制作容器应有明显的区分标识。废弃物存放容器应配有盖子，防止有害生物侵入、不良气味或污水溢出，防止污染食品、水源、地面、食品接触面（包括接触食品的工作台面、工具、容器、包装材料等）。废弃物存放容器的内壁应光滑，易于清洁。

在餐饮服务场所外适宜地点，宜设置结构密闭的废弃物临时集中存放设施，防止害虫进入、滋生且不污染环境。

第三节　烹饪加工设备及用具的安全控制

某日，某县一大酒店发生一起重大食物中毒事件，该大酒店承办6家喜庆宴席共121桌，累计1281人就餐。在进餐者中，191人陆续发生腹痛、腹泻、恶心、呕吐、轻微发热等症状。根据临床医学和检验学检查，认定为细菌性食物中毒。经流行病学调查，对当日酒店所有食品，酒店当事人口述都为现买，验收和使用过程未发现有变质现象；现场调查情况冷菜间无杀菌消毒设施，无工作人员的更衣室，下水道不通畅，洗刷餐饮具无专用水池，与清洗蔬菜、肉类等混用；消毒后的餐具未及时存放在专用保洁柜内备用，餐饮具贮存柜内外无“已消毒”“未消毒”等标记；用于原料、半成品、成品加工的刀、砧板、盆碗碟等工具容器未见生熟分开标记；冰箱内食物无生熟分开标志，冷冻柜内熟食牛排和冻鸡、冻鱼合并存放。

从调查分析可以看出，这起食物中毒案例主要原因是餐饮加工使用的各种用具和食（饮）具管理不当，导致了食物污染和交叉污染。

公用餐饮具是肠道传染病菌传播的主要媒介，做好公共餐饮具的消毒工作事关公众健康和安全，这不但是老百姓在外就餐时最关心的食品安全问题，也一直是卫生监督部门对餐饮店进行日常监督的工作重点。据调查，约80%以上的餐饮经营单位不具备完善的消毒设备，即使在清洗后的餐具中，大肠杆菌检出率仍高于50%。

国家以及相关监管部门对餐饮相关产品的安全性十分重视，《食品安全法》和《餐饮服务食品安全监督管理办法》规定餐饮服务提供者应当采购和使用符合食品安全标准的食品相关产品，建立食品相关产品的采购查验和索证索票制度，并制定了涉及食品相关产品的食品安全标准。对餐饮有责任和义务做好餐饮食品相关产品的安全控制，保障公众健康和安全。本节将重点介绍餐（饮）具的食品安全控制。

餐（饮）具，是指餐饮加工用的各种餐饮加工用具和就餐时使用的各种食（饮）具。餐饮加工用具主要有刀、砧板、锅、瓢、勺等小型工具，盛放食品的各种盆、桶、托盘等容器；以及大型餐饮单位可能使用的机械化设备，如榨汁机、绞肉机等。就餐用的餐（饮）具主要有杯、盘、碗、盏、刀、叉、筷、勺等。公共餐（饮）具可能受到生物性病原体或有害化学物质的污染，成为传播疾病的媒介，对餐（饮）具的安全控制重点是清洗与消毒，并应制定相应管理制度。

一、烹饪加工设备及用具的卫生要求

1. 烹饪加工设施设备的卫生要求

按照《餐饮服务食品安全操作规范》规定，烹饪加工制作设施设备应符合以下卫生要求。

① 根据加工制作食品的需要，配备相应的设施、设备、容器、工具等。不得将加工制作食品的设施、设备、容器、工具用于与加工制作食品无关的用途。

② 设备的摆放位置，应便于操作、清洁、维护和减少交叉污染。固定安装的设备设施应安装牢固，与地面、墙壁无缝隙，或保留足够的清洁、维护空间。

③ 设备、容器和工具与食品的接触面应平滑、无凹陷或裂缝，内部角落部位避免有尖角，便于清洁，防止聚积食品碎屑、污垢等。

2. 烹饪加工设备和用具的清洗与消毒

餐厅和厨房常用设备有炒灶、油炸锅、炒锅、蒸锅（笼）、搅拌机、烤箱、洗碗机、微波炉、电磁炉、绞肉机、切片机、冰箱、操作台等。对这些设备与工具，应严格清洗和消毒，以防交叉感染。

（1）设备与工具的卫生要求

① 食品加工用设备和工具的构造应有利于保证食品卫生，易于清洗消毒，

易于检查，避免因构造原因造成润滑油、金属碎屑、污水或其他可能引起污染的物质滞留于设备和工具中。

② 食品容器、工具和设备与食品的接触面应平滑、无凹陷或裂缝，设备内部角落部位应避免有尖角，以避免食品碎屑、污垢等的聚积。

③ 设备的摆放位置应便于操作、清洁、维护和减少交叉污染。

④ 用于原料、半成品、成品的工具和容器，应分开并有明显的区分标志；原料加工中切配动物性和植物性食品的工具和容器，应分开并有明显的区分标志，不能混用或串用。

⑤ 所有用于食品处理区及可能接触食品的设备与工具，应由无毒、无臭味或异味、耐腐蚀、不易发霉的、符合卫生标准的材料制造。不与食品接触的设备与工具的构造，也应易于保持清洁。

⑥ 食品接触面原则上不得使用木质材料（工艺要求必须使用除外），必须使用木质材料的工具，应保证不会对食品产生污染。操作台一般用不锈钢或大理石作台面，但大理石放射性应符合国家标准。

⑦ 集体用餐配送单位应配备盛装、分送集体用餐的专用密闭容器，运送集体用餐的车辆应为专用封闭式，车内宜设置温度控制设备，车辆内部的结构应平整，以便于清洁。

（2）设备与工具的卫生管理

① 应建立加工操作设备及工具清洁制度，用于食品加工的设备及工具使用后应洗净，接触直接入口食品的还应进行消毒。

② 清洗消毒时应注意防止污染食品和食品接触面。

③ 采用化学消毒的设备及工具消毒后要彻底清洗。

④ 已清洗和消毒过的设备和工具，应在保洁设施内定位存放，避免再次受到污染。

⑤ 用于食品加工操作的设备及工具不得用作与食品加工无关的用途。

（3）重要设备和工具的卫生管理

① 菜板和刀具的卫生管理　菜板每日要刮洗消毒，用后要立放。一板多用常常是引起食物中毒的原因。有一种称为揭层菜板，即经过适当处理后将表层揭去。通过揭去旧面换新面，这样可解决菜板表面易破损、易肮脏及难以去掉污物的问题。

菜板的清洗和消毒有各种方法：用刀刮去残留在菜板上的油腻杂物，再用150～300mg/L有效氯消毒液擦洗消毒，或用沸水浸烫10min以上；使用中性洗涤剂、用热水及炊帚刷仔细擦洗后进行水洗；用去污粉代替中性洗涤剂的方法；或者在加热水洗涤后，在200mg/kg浓度的NaClO溶液中浸泡5min的方法等。其中杀菌效果最为有效的方法是清洗后煮沸法和蒸汽消毒法（5min以上）。消毒后的菜板（墩）应立即晾放，并保持清洁干燥。

菜刀使用完毕应立即进行清洁，并用体积分数为75%的乙醇（酒精）擦拭消毒。

② 抹布的卫生管理　怎样正确使用抹布应作为职工卫生知识培训的重要内容。抹布要经常搓洗，不一布多用。如直接用抹布抹油锅、掏炉膛，抹布成了“万能抹布”，名副其实的“随手”，抹布往往不能保持清洁，与厨刀一起，成为食源性疾病的主要媒体，对此，为了防止污染，应经常换用经洗涤消毒过的干燥抹布。饮食业管理部门应当强调抹布的清洗、杀菌、消毒和干燥的重要性。

抹布可用中性洗涤剂进行清洗。抹布的消毒可用煮沸消毒、蒸汽消毒、漂白剂消毒等方法。煮沸消毒为30min，高压灭菌器消毒为15min，蒸汽消毒为15～20min。漂白剂消毒可用0.5%NaClO溶液中浸泡10min。

③ 烤制设备的卫生管理　烤炉的构建材料可用铁制品，最好用不锈钢做烤炉的烤盘。烤炉中的汤汁溢出、滴溅物在停用后应及时用浸有清洗剂的抹布擦拭干净，保持整洁，烤炉的内膛和外部应用热水和合成洗涤剂清洗。炉子至少每月清洁一次。挡板至少每天洗一次并晾干。对盛油的盘每天应当倒空、清洗和晾干。

烤盘每次用完后应涂抹食用油，以免生锈，如长时期未用，在使用前应先用热碱水刷洗干净后才使用。为防止在烤制过程中食品粘在烤盘上，每次考完后可用一把金属刮刀把盘上的食物残渣刮净。烤盘至少每周彻底清洗一次，方法是对烤盘受热的表面先擦净，使烤焦而粘在盘底的残渣软化，再用热碱水或热水加合成洗涤剂洗涤。洗净后，把烤盘表面漂净，抹干，抹一层油，以保护烤盘表面。

烤盘其他部位也应每天清洁。烤盘背面可以泼一点水在上面，利用产生的蒸汽把粘在上面的食物残渣去掉。滴油碟应每天倒净，洗后晾干。

④ 煎炸设备的卫生管理　炸锅在不用的时候应盖严，以防止油脂的氧化变质。每天将煎炸油过滤一遍，可延长使用期。对煎炸锅的外部应每天用湿布擦拭。对煎炸锅至少每周将油倒空并清洗一次。如果油炸食品生产量大，则应每天清洗一次。

⑤ 蒸煮设备的卫生管理　蒸汽锅每次用完都要擦净食物残渣。如有食物残渣粘在蒸笼里，应先用水浸泡，然后再用软刷子刷洗。筛网也应每天清洗。如有泄水阀应松开清洗。气阀应每周检查一次。输水管应每周将水放净一次。对锅炉

内的水垢应该每半年清除一次。

⑥ 制冷设备的卫生 对厨房用冰箱、冰柜、冷藏柜，应每天用含合成洗涤剂的温水擦拭外部，擦后用清水漂净并用干布擦干。对冰箱内食品应每周作一次彻底检查，用中性洗涤剂洗净内壁并漂洗、拭干，以防止霉菌、细菌滋生。一般采用专用洗消剂（常用碳酸氢钠和阳离子表面活性剂配制），不仅可清洗污垢、去除异味、杀菌和抗静电，而且不污染食物，对人体安全。在清洗冰箱时，忌用有摩擦作用的去污粉或碱性肥皂。要坚持记录冰箱内部温度，以便发现问题及时维修，避免食品腐败变质。对蒸发器和蒸发器上积的尘垢、油腻也应清除干净。每 3 个月将风扇和电机擦拭、检查一遍。冰箱至少每月除霜一次。

⑦ 其他烹调用具的卫生 对于粗加工机械设备如绞肉机、蔬菜斩拌机等应在每次使用完毕后拆卸切片零件并清洗消毒，其外部在每次用完以后，可用带有合成洗涤剂的热水溶液擦洗，然后漂净、擦干。上润滑油的可拆卸的部位要每月清洗上油一次。切菜机应按有关说明来保护和维修。罐头开启器必须每天清洗，把刀片上残留的食品清除掉。刀叶变钝以后要注意有可能引起金属碎屑掉进食品中的事故。操作台面应当经常清洁。不锈钢面洗净后，必要时可以用抛光器抛光。

炉台上盛放调味品的容器在每天打烊后要端离炉台并加盖放置；配料的水盆要定时换水，淀粉容器要经常换水（一般夏天的换水次数多于冬天）；要将盛放油的油罐分新老油分开放置，每日滤油脚一次；酱油、醋每日过罗筛一次，夏秋季每日两次；汤锅每日清刷一次；每天操作结束后，锅必须彻底的清洗。

饮水机应定期对内部结构进行消毒。用有效氯质量浓度为 500～1000mg/L 的含氯消毒剂，或 200～500mg/L 二氧化氯进行浸泡消毒（将消毒液充盈于整个水路系统），作用 30min 后用清水冲洗，出水手柄和出口阀门水口定期用体积分数为 75%的乙醇（酒精）棉球擦拭消毒，作用 3～5min。一般说来饮水机至少应每个月消毒一次。

二、餐（饮）具的清洗、消毒与保洁

1. 餐（用）具洗涤与消毒相关标准

主要有 GB 14934《食品安全国家标准 消毒餐（饮）具》、GB 14930.1《食品安全国家标准 洗涤剂》和 GB 14930.2《食品安全国家标准 消毒剂》等。

GB 14934《食品安全国家标准 消毒餐（饮）具》规定了餐（饮）具消毒过程的卫生管理规范和餐（饮）具消毒效果的评价，无论采用物理消毒还是化学消毒，消毒后都需达到标准所规定的感官要求、细菌指标要求和化学消毒剂有害物的残留限量要求。而 GB 14930.1《食品安全国家标准 洗涤剂》和 GB 14930.2《食品安全国家标准 消毒剂》则规定了对餐（饮）具洗涤消毒后洗涤剂、洗涤消毒剂有害物的限量标准，防止化学污染给人体带来危害。

GB 31654《食品安全国家标准 餐饮服务通用卫生规范》规定，委托餐（饮）具集中消毒服务单位提供清洗消毒服务的，应当查验、留存餐（饮）具集中消毒服务单位的营业执照复印件和消毒合格证明。保存期限不应少于消毒餐（饮）具使用期限到期后 6 个月。

2. 基本原则与要求

（1）基本原则

① 提倡热力消毒为主的消毒方法　GB 14934《食品安全国家标准 消毒餐（饮）具》规定，餐饮企业所使用的餐（饮）具无法进行煮沸或蒸汽消毒或在食品卫生监督机构指定情况下，方可用化学洗消剂进行洗涤和消毒。这主要是因为热力消毒比其他的消毒方法更能有效地杀灭致病菌、病毒及寄生虫等，且对人体无毒无害。

② 彻底去除食物残渣　食物残渣、残汁中可能含有腐败菌和致病菌，且减弱消毒效果，如不及时消除还可能失水紧贴于餐（饮）具上，难以清除。

③ 彻底以清水洗涤　无论采用何种消毒方法都必须以符合 GB 5749《生活饮用水卫生标准》的清水认真彻底进行洗涤，尤其是使用化学消毒剂消毒后的餐（饮）具时，更要以清水洗涤直至无化学消毒剂残留。

（2）餐（饮）具清洗消毒和保洁设施卫生要求

① 餐（饮）具消毒间（室）必须建在清洁、卫生、水源充足，远离厕所，无有害气体、烟雾、灰沙和其他有毒有害品污染的地方。严格防止蚊、蝇、鼠及其他害虫的进入和隐匿。

② 餐（饮）具洗涤、消毒、清洗池及容器应采用无毒、光滑、便于清洗、消毒、防腐蚀的材料。餐用具清洗消毒水池应专用，与食品原料、清洁用具及接触非直接入口食品的工具、容器清洗水池分开。水池应使用不锈钢或陶瓷等不透水材料、不易积垢并易于清洗。

③ 消毒餐（饮）具应有专门的存放柜，避免与其他杂物混放，并对存放柜定期进行消毒处理，保持其干燥、洁净。

④ 清洗消毒设备设施的大小和数量应能满足需要。采用化学消毒的，至少

设有 3 个专用水池。各类水池应以明显标识标明其用途。

⑤ 采用自动清洗消毒设备的，设备上应有温度显示和清洗消毒剂自动添加装置。

⑥ 应设专供存放消毒后餐用具的保洁设施，其结构应密闭并易于清洁。

(3) 洗消剂、消毒器械卫生管理。

① 餐（饮）具洗消剂、消毒设备应符合国家有关卫生法规。

② 使用的餐（饮）具洗消剂、消毒器械，必须是经由省、自治区、直辖市食品卫生监督机构报卫生健康委员会审批并注明可用于食品消毒字样的。

③ 使用洗消剂，应注意失效期，有条件的单位可定期测定其有效成分的含量，并应有专人负责保管。

3. 清洗、消毒的操作程序

按照《餐饮服务食品安全操作规范》规定，餐（饮）具根据不同的消毒方法，应按其规定的操作程序进行消毒、清洗。

(1) 洗涤

① 洗涤的作用 洗涤的作用主要是去除食物残渣，从而可以减少餐（饮）具表面微生物的生长繁殖，避免食物对热力消毒的穿透性的影响和对化学消毒剂的吸收反应，从而提高消毒效果。另外，清水冲洗也是化学洗涤与化学消毒后的必要工序。

② 洗涤剂的选择 洗涤剂可以是单一的某一种物质，也可以由多种物质配制而成。用餐（饮）具的洗涤剂主要有以下几种基本类型。

A. 水 水是最简单、最经济，也是应用最为广泛的洗涤剂，而且是每次洗涤中必不可少的洗涤剂。采用高温水洗涤，可以提高溶解餐（饮）具表面污垢的能力；采用加压水洗涤，会产生强烈的冲击力冲刷餐（饮）具中那些人工或器械不能到达的缝隙。高温水浸泡、加压水冲刷都是消除餐（用）具的食物残渣和寄生虫的最好办法。搅拌、滚动摩擦以及压力喷射等物理能量，还可以进一步提高水的洗涤效果。

B. 碱 以氢氧化钠（烧碱）、碳酸氢钠（小苏打）等配制的碱水溶液具有较强的脱脂洗涤力。低浓度的碱液对金属、竹木、陶瓷、搪瓷等餐（用）具的腐蚀力较小，甚至没有腐蚀力。氢氧化钠、碳酸氢钠等只要不直接接触人体皮肤和黏膜，一般说来对人体是安全的。所以，氢氧化钠、碳酸氢钠等可用于对餐饮加工用具，尤其大型机械、容器的洗涤。

烧碱溶液的配制：99kg 水中放入烧碱（NaOH）1kg，即成为质量浓度为10g/L（1%）的烧碱溶液。

C. 表面活性剂　同时具有亲水和亲油的特性。日常使用的具有洗涤作用的烷基苯磺酸钠及烷基磺酸钠，以及肥皂都属于表面活性剂。

D. 餐（饮）的专用洗涤剂　包括餐（饮）具洗涤剂、锅具及烤箱等厨房餐（饮）具洗涤剂、水壶及烧水箱的水垢清除剂、微波炉洗涤剂、冰箱洗涤剂、冰柜洗涤剂。

其中餐（饮）具洗涤剂较多出现在家庭生活中，最为大众熟悉。餐（饮）具洗涤剂是专用于餐饮业和家庭洗涤碗、盘、筷、杯等各种餐（饮）具的常用洗涤剂，也可以用于洗涤其他餐（饮）具，价格较高。根据使用方式不同，餐（饮）具洗涤剂又可以分为：人工餐（饮）具洗涤剂、机器餐（饮）具洗涤剂、餐（饮）具洗涤消毒剂。

③ 洗涤方法　不同的洗涤剂作用不同，不同的餐（饮）具性质也不尽相同，因此为保证下一步的消毒工作顺利进行，应使用正确的洗涤方法。

A. 干式洗涤　洗涤时不用水，不适用于餐（饮）具洗涤，可用于餐桌、某些台面的洗涤。注意干式洗涤时使用的抹布应在水中认真清洗。

B. 浸泡洗涤　浸泡洗涤是将餐（饮）具泡在装满洗涤液的槽中进行洗涤，或在加工用的各种容器中装满洗涤液洗涤容器内壁。此法最适用于餐（饮）具和容器的洗涤。注意应保持洗涤液的新鲜度、适宜的温度和浓度。

C. 喷射洗涤　将高压洗涤液从喷嘴里喷出，冲击洗涤物表面，从而加强洗涤力的洗涤方法称为喷射洗涤，主要用于浸泡洗涤难以进行的洗涤，对体积较小、构造复杂，难以洗涤的洗涤物也有效果。在高压状态下，很少的水即可产生强大的冲击力，这对柔软的物体会有损害，所以不宜使用喷射法洗涤柔软的物体。

此外，洗涤方法也可分为人工洗涤与机械洗涤，其各自所使用的洗涤剂、方法等都有所不同。人工洗涤常用温水、碱和高脱脂、强洗涤力的表面活性剂。机械洗涤主要指洗碗机，包括冲淋式、搅动式、旋转式等，其洗涤原理基本相同，使洗涤剂（液）在机械外力帮助下将餐（饮）具表面的污物洗刷掉，达到洗涤目的，洗碗机一般使用混合配方的碱性洗涤剂。

④ 注意事项

A. 根据餐（饮）具的洁净度有针对性地采取不同的洗涤方法。对有少量油性污物的餐（饮）具，用清水洗就可以取得满意的效果；对含较多油性污物或有一般性附着物的餐（饮）具，可用温热碱水或用洗涤剂进行清洗；对于附着有炭化残留物的餐（饮）具，有时用洗涤剂也不能除去，此时，可用些清洗剂（去污剂），再用尼龙丝刷或钢丝刷等研磨除去。

B. 洗涤用水要尽可能采用流水，最好是流动的热水。如不用流水，池里的水则要经常更换，使其始终保持干净，以便将餐（饮）具彻底清洗干净。

C. 对吸湿性的木材等软质或表面质地粗糙的物质制成的餐（饮）具，一般清洗比较困难，餐饮单位应尽量减少这类餐（饮）具的使用。洗涤时应适当地使用各种辅助性方法，包括选用合适的洗涤剂等。

D. 清洗仅能去除少部分微生物，为抑制微生物的繁殖，清洗后的餐（饮）具需要充分脱水，使其处于干燥状态。为了有效地控制餐（饮）具传播致病菌、病毒、寄生虫等病原体，应该在清洗后进行彻底的消毒。

（2）消毒　消毒是指杀灭或去除细菌芽孢以外各种微生物的过程。常用的消毒方法包括物理消毒、化学消毒法和混合消毒法。

① 物理消毒　采用物理的方法杀灭或去除病原微生物，使之达到无害化。物理消毒方法很多，如机械消毒、热力消毒、紫外线消毒和电离辐射消毒等。

热力消毒效果最好、使用最广泛、最安全，是餐（饮）具消毒最常用的方法。热力消毒又分为：干热消毒和湿热消毒。

A. 干热消毒　一般在干燥情况下，温度在80～100℃经1h细菌可被杀死，160℃经2h细菌芽孢可被杀死。可使用的设备包括烤箱（常用于玻璃和陶瓷器皿，如酒具、茶具等的消毒，温度超过170℃可能损坏玻璃器皿）、红外消毒器、电热消毒柜，其中电热消毒柜最为常用。

电热消毒柜主要用于碗、匙、碟及杯具的消毒，电热消毒柜集消毒、烘干、保洁、贮存于一体。主要设备包括电热食具消毒柜、电热臭氧组合型食具消毒柜、红外线臭氧混合型食具消毒柜等。

B. 湿热消毒　湿热是利用水作为热的传递介质，达到消灭微生物的目的。通常包括煮沸法（将消毒物品放入水中，待水沸后煮5～10min即可杀死一般细菌，煮沸15min即可杀死细菌的芽孢）和加压蒸汽消毒法（利用高压将温度上升至100℃以上，并以湿空气作为传导热力，具有很强的穿透力，消毒效果可靠）。

煮沸消毒法不需要特殊的设备，只要有适用的消毒锅或深度合适带盖的不锈钢、搪瓷或铝桶就能进行。一般中小型饭店都能做到，实际应用较为广泛。操作此方法消毒时，将洗净的餐（饮）具放入100℃的水中，待水煮开后维持10min，可以杀灭餐（饮）具表面的细菌病原体和病毒。《餐饮服务食品安全操作规范》

中要求煮沸10min，主要是针对乙型肝炎病毒，该病毒的表面抗原（HBsAg）耐热，100℃短时间内不易破坏其抗原性，因此为了保证消毒效果，煮沸10min以上较可靠。为保证消毒效果，应注意水温。水沸后将洗涤的餐（饮）具如碗、盆、盘等侧立在金属丝筐内，放入水中，使餐（饮）具的每个部位都能接触到沸水。消毒至规定时间后，再用吊杠提起，手持垫布将筐取出，然后戴上消毒过的手套将餐（饮）具送入保洁柜（厨）内存放备用，以防餐（饮）具被二次污染。

蒸汽消毒法主要设备一般有蒸汽锅、蒸汽消毒柜和蒸汽消毒车。消毒时，将洗净的碗盘等餐（饮）具侧放于木质或耐高温的塑料盘中，放入蒸汽箱进行消毒，也可将餐（饮）具直接放入蒸汽箱进行消毒。直接放入时，碗盘口应向下，以免消毒后餐（饮）具内积水。消毒时门应关紧，蒸汽应开足，使箱内温度达到100℃维持15min再关蒸汽。不固定的消毒箱可直接接入蒸汽进行消毒，其优点可以移动，但箱盖密封性较差，易漏气，消毒效果不如固定消毒箱好。

此外，一种新型的利用电磁波来杀灭微生物的微波消毒法也出现并被使用；紫外线消毒穿透能力很弱，目前多采用人工制造的紫外线杀菌灯对物体的表面消毒和空气消毒。

② 化学消毒　指使用化学药物浸泡或擦拭物品后化学药物接触到病原体，破坏病原体的结构与酶系统，蛋白质生理活性被灭活，从而产生消毒作用。这种化学药物通常称为消毒剂。化学消毒法主要用于不适用或无条件进行热力消毒的餐（饮）具。用餐（饮）具消毒的消毒剂首先必须是安全无毒，无污染，其产品质量必须符合相应的国家标准。

A. 各种化学消毒剂及其使用

含氯消毒剂：利用含氯消毒剂溶解于水中时产生的次氯酸破坏微生物，次氯酸的浓度越高，杀菌作用越强。包括漂白粉、漂白粉精片、市售含氯消毒液、次氯酸钠液、二氯异氰尿酸钠（优氯净）等，多采用浸泡法。注意pH值降低、有效氯质量浓度升高、作用时间延长、温度升高时杀菌效果增强，有机物的存在可降低杀菌效果。

高锰酸钾：具有强氧化性，无毒、高效。常用于酒具、碗、筷等餐（饮）具的消毒，还用于凉菜原料，如凉拌黄瓜、西红柿以及水果等的消毒。多采用浸泡法。浸泡的水溶液质量浓度为1∶2000（溶液呈樱红色），浸泡时间为5min。

过氧化物类：包括有过氧化氢、过氧乙酸和臭氧等。利用过氧化氢可对餐（用）具表面的消毒，可采取浸泡、喷洒、擦拭、气溶胶喷雾等方式。过氧乙酸和臭氧主要用于食（饮）具。注意过氧乙酸不适用于金属容器，臭氧消毒易受食物残渣等有机物的影响，臭氧气体消毒用于表面消毒效果理想，而臭氧水在低浓度时不理想。

碘伏：具有强烈杀菌作用，通过直接卤化蛋白质形成盐来破坏微生物。能杀灭肝炎表面抗原，对金黄色葡萄球菌、大肠杆菌、乳状链球菌的灭菌率在99.9%以上。经口毒性小，对皮肤无刺激作用，十分适用于餐（饮）具消毒。

乙醇：体积分数要求在75%，浓度过高或过低都会影响消毒效果。主要用于刀、砧板、金属夹子等。

餐（饮）具洗消剂：主要成分是有效氯和去污能力较强的十二烷基磺酸钠，将去污消毒两种功能集合于一体，使用较为方便。

B. 注意事项　消毒剂或洗消剂应符合国家标准，在保质期限内，并按规定条件贮存。

消毒液应严格按规定浓度进行配制，固体消毒剂应充分溶解后再使用；配好的消毒液应定时更换，一般每4h更换一次，使用过程中应定时测量消毒液浓度，浓度一旦低于要求应立即更换；使用时保持消毒剂适宜温度，温度低于16℃时不利于发挥消毒剂的作用，会影响消毒的效果，温度过高，会影响消毒剂的稳定性；保证消毒时间，一般应控制在5min以上。

餐（饮）具消毒前必须洗净，消毒时应将餐（饮）具完全浸没于消毒液中，消毒后以洁净水将食（饮）具上的消毒液冲洗干净，消毒后的餐（饮）具不能用干布或抹布擦拭，可能会污染已消毒的餐、饮具。

③ 混合消毒　即物理消毒和化学消毒相结合达到消毒效果。

(3) 保洁　餐（饮）具消毒的目的是杀灭在餐（饮）具上的致病菌、病毒及寄生虫等。经过洗涤消毒后的餐（饮）具必须做好保洁工作，以防二次污染。这是餐（饮）具清洗消毒程序中的最后一个重要环节，也是保证餐（饮）具洗涤消毒检查能否合格的重要因素。

消毒餐（饮）具应有专门的存放柜，避免与其他杂物混放，并对存放柜定期进行消毒处理，保持其干燥、洁净。餐饮单位应设立专用的保洁橱（柜），放置在固定的地方，保洁橱（柜）只能存放已消毒的餐（饮）具，未经消毒的餐（饮）具、食品容器和私人生活用品严禁存放在保洁橱内，不得将洗消好的餐（饮）具存放在保洁橱（柜）以外的其他地方；小型饮食店使用的餐（饮）具不多，可利用消毒柜直接作保洁橱，消毒好的餐（饮）具，可以不必取出，至使用时再取出；保洁橱（柜）的材质最好使用不锈钢，门应完好，橱（柜）内外应进行清洗消毒。

4. 餐（饮）具消毒效果的评价

按照国家标准，餐（饮）具的洗涤和消毒效果应满足感官检验、实验室理化和微生物检验指标。

（1）感官指标

① 物理消毒（包括蒸汽、煮沸等热消毒）消毒后的餐（饮）具，其表面应光洁、无油渍、无水渍、无异味。

② 化学消毒后的餐（饮）具，其表面应无泡沫、无洗涤与消毒剂的气味，无其他异物。

（2）理化指标　化学消毒的餐（饮）具，必须用洁净水清洗，消除残留的药物。用含消剂消毒的餐（饮）具表面残留量，应符合表 4-2 的要求。

表 4-2　含氯洗消剂的残留指标

项目	指标
游离性余氯/(mg/100cm^2)	＜0.03
阴离子合成洗涤剂(以十二烷基苯磺酸钠计)/(mg/100cm^2)	不得检出

（3）微生物指标　采用物理或化学消毒的餐（饮）具均必须达到表 4-3 要求。

表 4-3　餐（饮）具消毒效果的细菌评价指标

项目		指标
大肠菌群	发酵法/(/50cm^2)	不得检出
	纸片法/(/50cm^2)	不得检出
沙门菌/(/50cm^2)		不得检出

注：发酵法与纸片法任何一法的检验结果均可作为判定依据。

第四节　餐饮服务场所的安全控制

为了调查杭州地区餐具消毒企业消毒餐具的卫生状况，2017 年浙江省杭州市萧山区卫生计生行政执法大队对 31 家餐具消毒企业生产的消毒餐具

随机采样，检测感官、大肠菌群、沙门菌、游离性余氯和阴离子合成洗涤剂指标。结果共检测消毒餐具 90 套，合格餐具为 70 套，合格率为 77.8%。450 份消毒餐具全项检测指标合格率达到 94.9%。茶杯、碗和碟子合格率较高，均为 98.9%，且不合格指标均仅为大肠菌群。匙的合格率较低(96.7%)，不合格指标包括大肠菌群（1 份）和阴离子合成洗涤剂（2 份）。筷子的合格率最低，仅为 81.1%，且不合格指标全为阴离子合成洗涤剂。感官、游离性余氯和沙门菌均为合格样品；大肠菌群合格率为 99.1%；阴离子合成洗涤剂合格率最低，为 95.8%。31 家餐具消毒企业，合格 22 家，合格率为 71.0%。

为了解厦门辖区内集中式消毒餐（饮）具的卫生质量。2020 年厦门市食品药品质量检验研究院对辖区内 14 家餐具、饮具集中消毒服务单位生产的消毒餐（饮）具随机抽样，检测感官、游离性余氯、阴离子合成洗涤剂、大肠菌群和沙门菌等指标。结果共抽检消毒餐（饮）具 70 批次，感官、游离性余氯和沙门菌指标合格率达 100.0%，阴离子合成洗涤剂指标合格率 85.7%，大肠菌群指标合格率 94.3%，各项指标全合格的为 56 批次，整体合格率 80.0%。碗、碟、杯、匙的合格率均大于 85.0%，不合格项为大肠菌群或阴离子合成洗涤剂，筷子合格率仅 46.2%，且不合格项均为阴离子合成洗涤剂。

餐厅是供顾客就餐的场所，属人群较为集中、接触密切、流动性大的公共场所。餐厅卫生不仅要符合食品卫生要求，还应符合《公共场所卫生管理条例》以及相关卫生标准的要求。

一、餐厅内部装修的卫生要求

1. 餐厅的装修和烘托设施的卫生

餐厅的装修装饰材料应是绿色、环保、无毒的，新装修的餐厅有异味，在装修后开张前应尽量多通风，以尽快去除装修异味，开张后应采取措施去异味；餐厅的灯光应明亮，不用有色光，如红光、蓝光、紫光，以免使菜肴色调发生改变；餐厅音乐应以轻快抒情的旋律为主，悲伤和节奏过于强烈或刺激的音乐、歌舞均不适宜，其他烘托设施也应与装修、灯光、音乐一样，以促进客人食欲为原则。

2. 地面和墙壁卫生

餐厅地面、墙壁、门窗应易于清洁，大厅原则上可用浅色防水建筑材料，除十分高档的豪华包间可用地毯和墙纸（布）外，普通包间原则上不用地毯和墙布，否则清洁困难，另一方面，客人抽烟易引起火灾或留下不愉快的烟混杂抹布味。

（1）硬质地面的卫生　每餐营业后应彻底清扫，将食物残渣清除干净，然后再用拖布拖净。对油腻部分，先用碱水拖洗，然后再用清水拖洗，最后再用干拖布拖干。必要时可在水磨石等地面上打适量地板蜡，使之保持清洁光亮。

（2）地毯地面的卫生　每餐营业后应先将地毯上的洒落的食物残渣清除，然后再用吸尘器吸干净。对于有油污的地毯，要及时换下送地毯清洗厂家洗涤整修，以保持地毯的清洁卫生。

3. 餐桌卫生

桌面、桌布、座椅都应洁净，无油污、尘埃、蚊蝇，如餐厅或包间内夏天出现蚊蝇而无法或不便驱逐时，可在餐桌上点一蜡烛，蚊蝇便不会靠近餐桌干扰客人就餐。

每餐营业后和下次营业前应彻底擦拭餐桌、餐凳，应注意餐桌边缘、桌腿、凳腿上不得有食物残渣。如使用沙发椅时，应在椅面加上布套，以利经常洗涤和更换，保持干净。对油腻桌面要先用碱水清洗，然后用清水擦干。对备有转盘的桌面，打扫卫生时应取掉转盘；打扫完毕后，检查转盘转动自如后，再将转盘放好备用。总之，每次进餐完毕后必须及时清除食物残渣，擦净桌面，保持清洁。

4. 台布和席巾卫生

每次进餐完毕后，必须更换干净台布，保持餐桌卫生。要防止台布未经清洗反复多次使用，影响就餐卫生。席巾，在就餐时供客人放在膝盖上或衣襟上，防止菜汁、酒水弄脏衣服，起到清洁和卫生防护作用。每次更换下的台布、席巾应及时送洗涤间洗涤和消毒，并烫平待用。

5. 餐巾卫生

餐巾又称香巾。就是在清洁的小方巾上洒上香水，使之具有清洁卫生和提神醒脑的作用。冬天可给顾客送热香巾，夏天送湿冷香巾为好，主要是在进餐前和进餐后，供顾客擦掉脸、嘴边和手上的灰尘、油污等。一次筵席可根据需要送多次香巾。

餐巾每次用完后要用洗涤剂洗净，并经蒸汽或煮沸消毒，以杀灭餐巾上的病菌。

6. 工作台卫生

工作台是服务人员工作和存放饮料、酒水及其他所用物品的地方，要不定期地进行打扫，使工作台内外和存放的物品及用具保持整洁卫生。另外，还要有防蟑螂措施，防止蟑螂滋生和污染食具用品等。

7. 餐厅的室内空气卫生

室内空气污染状况常用的评价指标有空气细菌总数、一氧化碳、二氧化碳、可吸入颗粒物、甲醛。通风是清除室内污染物、改善微小气候和保证空气卫生质量的主要措施。通风一般采用三种方式：自然通风、机械通风和空调通风。无论采用哪种通风形式，都应提供新鲜空气和足够的通风量。

（1）自然通风　它是利用门窗进行通风。设置自然通风设备时，要注意建筑物之间的距离及当地主导风向。通风开口面积不应小于该餐厅地面面积的1/16。地处交通繁华地带的餐饮场所要避开高峰时间通风。

（2）机械通风　可采用排风、进风或二者混合的方式。借助机械通风可以阻止气味从一个房间飘到另外的房间，一般是利用风压差来达到目的。机械通风的进风口必须合理安排，防止把污浊的空气吸入室内。

（3）空调通风　即空气调节装置，是机械通风的高级形式，它利用机械通风、制冷、制热、除湿装置调节室内温湿度。空调可分为集中式和分散式两种。

① 集中式　密封式建筑结构的餐厅可使用此类空调器。特点是噪声低，室内无噪声，夏季可去湿，冬季可加温加湿，能提供充足的、经过处理的新鲜空气，使之达到卫生标准，但造价及耗电量都较高。

② 分散式　采用独立机组在房间内进行空气调节，运行时间由顾客自行调节，不受其他空调房间的影响。缺点是进风口空气过滤板经常积尘，细菌容易繁殖，直接破坏室内空气卫生质量，导致疾病传播。所以，空调器的过滤装置要定期清洗更换。在使用分散式空调时，要适当增加新风量，特别是在冬季，尤其要注意补充各部的新鲜空气。

二、餐厅设施及用品的卫生要求

凡与食品直接接触的用具使用完毕后应先彻底洗涤，然后消毒，最后干燥，放入橱柜中备用。

客人所用酒杯，一人一杯，不允许连续多人使用，也不允许只洗涤不消毒。洗涤消毒完毕后，要用干净无菌软布擦拭，杯上不能留有水渍和手指印，以免妨碍卫生和美观。

酒柜、酒具柜及其他用品柜要定期擦拭干净，可每周预防性擦拭消毒一次。贮藏室要经常保持干净，不能遗留糖渍、酒渍，以免诱入苍蝇或蟑螂等害虫。

三、餐饮前台服务的安全控制

餐饮生产经营的特殊性在于菜肴加工后直接面对顾客的过程，因此餐饮前台服务不仅应关注菜肴和服务质量，更应做好食品安全控制，提供顾客满意度。

1. 摆台卫生

摆台过程可根据经营范围类型确定操作流程和规范。需关注的食品安全重点如下。

① 摆台所需餐饮具、小毛巾等应经过清洗消毒，并放置在专用的保洁柜内。

② 摆台的时机应在清洁工作完成后，顾客就餐前 1h 内进行，超过 1h 应对餐具重新进行清洗消毒。

③ 摆台时应注意防止交叉污染。服务人员在摆台前应洗手消毒，宜戴一次性手套操作。摆台拿餐具、酒具和茶具时，不要用手直接抓拿，要用托盘托拿。摆放口杯和酒具时应拿器皿的下 1/3 处，防止触及器皿上沿。不允许将手指直接伸入杯内拿取。不实行分餐制就餐的，餐桌上应摆放公用筷和公用匙，以供进餐者分菜使用，公用筷和公用匙要区别于就餐者的餐饮具。

2. 进餐前后的卫生服务

（1）餐巾服务　进餐前，当客人到齐后，服务人员给每个客人送餐巾一条。送餐巾是餐前卫生必不可少的。客人可用餐巾清除脸上、手上的灰尘，保持手的卫生。餐巾多采用柔软的全棉小方毛巾，冬季使用湿热餐巾，夏季使用湿冷餐巾。每次用完后要进行洗涤和消毒，保持餐巾的干净卫生。餐中如有手抓食品，必须在送餐前先送餐巾，清理双手后，再上菜；菜吃完后，再次送餐巾，擦去手上和口中的油污，以保持个人卫生。餐后要向客人再送一次餐巾，让客人擦擦脸和手，清除面部和手上的油污，使客人保持个人的卫生。送餐巾必须每位顾客一条，用小盘盛装，用餐钳夹取，客人用毕后，服务人员应及时从餐桌上收回，并送准备间进行卫生处理。禁止一条餐巾多次或多人使用，以防传染病传播。

（2）传菜服务　菜肴烹制完成后，应及时送至餐桌。传递食品时，应做相应防护措施，可用盖子或保鲜膜覆盖。一般菜肴在备餐场所停留时间不应超过3min，对于大型宴会应控制在5min内完成传菜工作。传菜人员应佩戴工作帽防止头发等异物落入菜肴。

（3）自带食品处理　在前台服务中发现顾客有自带食品的，可要求顾客提供食品安全证明或出具食品安全承诺，并及时对自带食品进行留样和记录。

（4）餐后及时整理　整理时应将餐饮具、毛巾、烟缸等分开回收。

3. 上菜卫生服务

① 上菜用托盘，既防止烫手，又卫生美观。不允许用手直接端拿菜盘或碗上菜，手指更不能接触食物。

② 轻托时，所托物品要避开自己鼻口部位，也不可将所托物品置于胸前。重托时，端托姿势要正确，托举到位，不可将所托物品贴靠于自己的头颈部位。

③ 端托中需要讲话时，应将托盘托至身体的外侧，避开自己的正前位；不允许对着饭菜大声说话、咳嗽或打喷嚏，以防口腔、呼吸道飞沫污染菜肴和饭食。

④ 上菜要先向客人打招呼，并从客人左侧进行，防止汤水洒在顾客衣服上。

⑤ 分菜要在客人左侧进行，要用工具分菜，同时防止菜汤、菜渣掉在顾客身上。

⑥ 盘内或碗内的菜肴吃完后要及时撤去，并送餐具洗涤间进行洗涤消毒处理，不要把脏盘、脏碗堆放在另一餐桌而有碍卫生。

四、酒吧与酒会卫生

1. 调酒卫生

① 酒杯、量器、容器、搅拌机、摇酒器、挤汁水器、水果刀等调酒的用具必须清洁卫生，配酒前要进行消毒，并用清洁干布将器皿擦拭干净。

② 酒中加入的食用冰应清洁卫生，保持新鲜。冻冰所使用的水，必须符合GB 5749《生活饮用水卫生标准》。

③ 使用的新鲜水果要洗涤和消毒。切好片后待用的水果应及时置于冰箱内冷藏备用。

④ 使用的配料应是卫生合格的产品，劣质配料会使酒变坏，味道变劣。

⑤ 使用彩色冰所用的色素，应符合 GB2760《食品安全国家标准 食品添加剂使用卫生标准》的规定。

⑥ 配制酒时要使用量器，按规定配方调配，不要随意添加酒和其他配料。

⑦ 配制鸡尾酒使用的材料必须新鲜，且应该清洗消毒。

⑧ 配好的鸡尾酒应立即滤入干净杯内待饮用，不要在杯内存放时间过长，以免影响口味和卫生。

2. 服务卫生

酒会是一种社会交往的传统形式，其形式有设座和不设座两种。由于客人们在酒会期间可在会场自由来去，随意走动，自由取用食品等，存在人员污染可能，所以要加强酒会的卫生管理，以保证酒会的卫生质量。

① 大型酒会可在餐厅或多功能厅举行。举行前应该用一长条桌把备餐和兑酒区域隔开，长桌一侧是工作人员开酒、兑酒和摆小吃的活动区，服务人员可在长桌另一侧为客人们提供取酒、食物等服务，并可防止客人不慎造成对酒具等的污染。

② 兑酒师和服务人员要注意个人卫生，穿好工作衣，并带好工作帽。工作服要求干净整洁，无污物和异味。

③ 兑制酒所用配料应优质、新鲜和干净卫生，以保证兑制酒的质量。

④ 应做好酒具的洗涤与消毒，服务人员给客人斟酒应用托盘托拿酒杯，不要随意用手抓酒杯，以防指印留在杯上。

⑤ 酒会小吃应新鲜，符合卫生要求，不要使用陈旧、有异味及其他不良滋味的食品。小吃应放在防蝇、防尘柜中，防止污染。服务人员给客人送小吃时，应将小吃放入干净托盘，托送到客人面前让客人自取食用。

⑥ 不设座的酒会，应放一小圆桌，桌上应放有烟灰缸、牙签及其他卫生用品备用。设座的酒会，桌上摆有餐纸、牙签、烟灰缸等卫生用品，桌面应保持干净。

⑦ 酒会结束后应该完成酒吧的一切清洁工作，包括调酒台、酒具、桌的清洁，地面及环境的清洁，给下一班留下一个清洁的场所，防止病菌滋生繁殖。

本章小结

餐饮服务生产的典型特点之一就是手工操作为主，因此从业人员的健康和个人卫生将对食物的安全产生重要影响。餐饮食品从业人员应该具有团队意识、协作精神和卫生安全意识，爱岗敬业，养成良好的卫生安全操作习惯，对企业、消费者和社会负责。本章主要从从业人员的健康管理、个人卫生要求及标准卫生操作三个方面阐述食品安全控制方法，有助于餐饮服务经营者对人员的食品安全控制。

餐饮加工环境的面积和布局应该是餐饮服务经营者需要首先考虑的问题，加工经营场所的面积适当，布局符合食品安全要求，各类设施符合卫生标准，不仅能够满足生产经营的需要，而且更有利于确保各项食品安全控制措施的实施。

此外，针对直接或可能接触食物的餐饮食品相关产品的食品安全控制，主要介绍了餐（饮）具和烹饪加工设备的清洗、消毒，以及相关洗涤剂、消毒剂及消毒设备等的安全使用。

对于消费者而言，首先面对的是餐饮前台服务和就餐环境的影响。因此，确保就餐环境和餐饮前台服务的食品安全控制，才能提高消费者的满意度。

第五章 餐饮业食品安全控制体系

保障公众食品安全日益被国内外政府部门、社会各界广泛重视和关注，政府部门的监督管理及餐饮服务业的食品安全管理水平是关系国计民生和餐饮服务企业兴衰存亡的重要因素，而现代先进的食品安全管理方法和保障体系在餐饮业的应用为企业创造了市场竞争的良好先机。本章主要介绍这些先进的食品安全控制技术和管理方法在餐饮服务生产经营中的应用。

- 掌握食品安全控制体系的概念，了解常用食品安全控制体系的特点
- 熟悉 GMP、SSOP 的内容和特点
- 掌握 HACCP 体系的基本原理和餐饮业建立 HACCP 体系的步骤

第一节　食品安全控制体系概述

食品安全控制指对食品从原料到成品的全程卫生安全状况进行观测、检查、促进、纠正和处理，以确保食物的安全无害。食品安全水平的保证和提高，需要政府部门、食品生产经营者及消费者三方面合作。食品安全不仅仅是单个个体或少数人群的身体健康问题，而是一个重大的社会公共卫生问题，它牵涉到社会的

许多部门、行业，涵盖了一个国家的整个居民。

一、食品安全控制体系的概念

按照FAO/WHO定义，广义的食品安全控制体系包括法规体系、管理体系和科技体系。而狭义的食品安全控制体系主要是指为保障食品安全而制定的安全控制技术和管理方法。本章主要针对后者进行介绍。

1. 食品安全法规体系

食品安全法规体系包括与食品有关的法律、指令、标准和指南等。

食品安全法律是综合性法规。食品安全法律法规体系是指有关食品生产和流通的安全质量标准、安全质量检测标准及相关法律、法规、规范性文件构成的有机体系。

2018版《餐饮服务食品安全操作规范》是迄今为止我国最为全面、具体的餐饮业食品安全规范。对企业自身规范管理、消费者维护自身合法权益、卫生监督人员开展针对性的执法监督等都有重要意义。该《规范》共16章93条及13个附件，对餐饮从业人员、餐饮经营场所、设施、设备和工具、餐用具、加工工艺、原料、集体用餐配送以及餐饮卫生管理机构和制度等方面都作了较为详尽、具体和切实可行的规定和要求。

2. 食品安全管理体系

食品安全管理体系包括管理职能、政策制定、监管运作和风险交流。

有效的食品安全控制体系需要在国家和政府层面进行有效的交流与合作，并出台适宜的政策，建立相关领导机构或部门，明确界定其职责，建立标准和规则，参与国际食品控制的联络活动，制订应对紧急事件的程序，开展风险分析等。

食品安全管理体系的核心职能在于建立规范的监管人员队伍和措施，保障监督体系的运行，持续改进硬件条件，提供全部的政策指导和信息。

3. 食品安全科技体系

食品安全的科技体系是指国家进行食品安全控制时所需要的科学依据和技术支撑，主要包括基于科学的风险评估、检测监测技术、溯源预警技术和全程控制技术等技术支持体系。食品法典委员会（CAC）将风险评估定义为一个以科学为依据的，由以下4个步骤组成的过程：①有害物确定；②有害物定性；③暴露量评估；④风险定性。风险评估为食品有害物的确定和定性提供信息，为进一步探寻有效干预措施打下基础。

食品安全管理和监督需要检测和监测技术，特别是快速检测技术和长期监测方法；而食品和污染物溯源技术在食品安全事件产品召回管理和重大责任事故责任判定提供重要的证据和支持。

二、目前常用食品安全控制体系

1. HACCP体系

(1) HACCP的由来及发展　HACCP (hazard analysis and critical control points)，即危害分析关键控制点。HACCP于20世纪60年代产生于美国。1971年，美国第一次国家食品保护会议首次公布了HACCP体系。1989～1990年，美国农业部食品安全和检验中心对HACCP的概念、原则、定义、应用研究概况及工业上所需的培训进行了阐述，并对其专门术语进行了汇总。1991年，国际食品法典委员会发表权威性论文，提出HACCP系统由7个基本原理组成。1998年起HACCP已进入法制化阶段，在此期间，欧盟、日本等发达国家和地区也纷纷采用HACCP体系并将其法制化。欧美等发达国家自在食品加工企业引入HACCP体系后，在提高食品的卫生质量、降低食物中毒发病率方面取得了显著效果。

我国于20世纪80年代末也开始引进HACCP系统，国家检验检疫系统是国内最早研究和应用HACCP于食品安全控制的，在冻肉、速冻蔬菜、花生、水产品等出口食品方面取得了很多研究成果，部分企业获得了有关进口当局的HACCP认证，产生了明显的社会和经济效益。但与发达国家相比，还存在很大差距。

(2) HACCP的基本原则和步骤

① 危害分析（HA）　根据工艺流程图，列出生产中所有的危害，进行危害分析，评价其严重性和危害性并制定出预防措施。一般可能的危害分为3种：a. 生物性危害，包括寄生虫、病原菌及其他有害微生物等；b. 物理性危害，包括导致食品危险的异物、金属、玻璃等；c. 化学性危害，包括天然毒素（如黄曲霉毒素、鱼贝类毒素等）、农药残留、兽药残留、清洁剂、消毒剂、不恰当的食品添加剂或其他有毒有害化学物质等。

② 确定关键控制点（CCP）　CCP是指一个点、步骤或程序能被控制，且食品危害可被去除或减低到最低可接受程度。可以利用“决策树”，判断加工过程

中的CCP。CCP的确定必须是在生产过程中消除或控制危害的重要环节上，不能太多，否则将会失去重点。

③ 建立每个CCP的关键限值（control limit，CL） CL为每一CCP预防措施的安全标准，在实际操作过程中，应制定更严格的标准，即操作限值（operate limit，OL）。当加工流程偏离OL时但仍在CL内时，即需加以调整，若偏离CL，则需采取矫正纠偏措施。

④ 建立每个CCP的监控系统 监控方式一般选择快速、简便的物理、化学或感官测试方法。因微生物检测耗时太长，一般不用。监控必须连续进行并经常作出评价，表明加工正在控制下进行，危害正被有效预防。

⑤ 制定异常时的矫正纠偏措施 要制定矫正及去除异常原因并确保CCP能恢复到正常状态的纠偏措施，并对系统异常期间的产品实行隔离，视具体情况决定其处理方法。

⑥ 记录保存 建立有关以上几个原则实施过程及方案的档案并保存，包括计划书及有关文件、CCP监控记录、矫正措施的记录、检查和确认的记录。

⑦ 验证HACCP，提供HACCP系统工作的证明 建立确认步骤，确定HACCP系统能有效正确动作。可采取随机验证方法：对生产过程中半成品、成品、设备、操作人员抽样检测，往往可能及时发现新加或失控的关键危害点；每季或半年进行一次HACCP的评定；检查各种记录有无缺漏和错误。如属对外出口产品，应定期向进口商提供HACCP卫生监测记录，以及政府检验机构签发的证明文件。

（3）HACCP的优点及应用现状 HACCP是一种控制食品安全卫生的预防性体系，它通过在加工过程中对CCP进行控制，从而将影响食品安全的某些危害因素消除在生产过程中，使危害不发生或一旦发生立即纠正。另外，HACCP是一种系统化的程序，它可以用于食品生产、加工、运输和销售中所有阶段中的所有方面的食品安全问题。

作为一种食品安全控制技术和方法，HACCP被认为是最经济、最有效的食品安全控制系统和质量管理体系。随着近几年食源性疾病的发病率呈上升趋势，各国对食品的安全卫生日益重视，HACCP在食品加工行业的应用越来越广泛和深入。联合国粮农组织（FAO）和世界卫生组织（WHO）向各国推广HACCP系统，还特别制定了发展中国家应如何应用HACCP的建议和工作策略。以美国为首的一些发达国家（如法国、日本、加拿大、澳大利亚等国）已将其法制化。各国企业在不同行业、不同领域均有应用。最突出的包括以下几个方面：水产品、肉类及其制品（火腿、香肠、培根等）、乳和乳制品（牛奶及加工奶、冰激凌、酸奶等）、冷冻食品、罐头食品。我国对 HACCP 也日益重视，目前已在许多食品出口加工企业实施，并且取得质检部门 HACCP 验证证书，并成为产品走向欧美市场的“通行证”。

2. 良好生产规范（GMP）

（1）GMP 的基本概念及应用　GMP 是 good manufacturing practice（良好生产规范）的简写。是一种专业特性的品质保证管理体系，是为保障食品安全、质量而制定的贯穿食品生产全过程的一系列措施、方法和技术要求。GMP 是世界上普遍应用于食品生产过程的先进管理系统，要求食品生产企业应具备良好的生产设备、合理的生产过程、完善的质量管理和严格的检测系统，确保终产品质量符合标准。

GMP 一般由政府制定颁布，主要用于食品生产加工企业的一种质量保证制度或质量保证体系。GMP 对包括食品生产、加工、贮存、包装、运输等在内的食品生产加工企业的生产加工环境、厂房结构与设施、卫生设施、设备与工具、人员的卫生要求与培训、仓储与运输、生产管理制度等方面的卫生质量管理和控制做了详细的规定，是食品生产加工企业应满足的基本标准。

制定和实施 GMP 的目的与意义主要是为了防止食品在不卫生、不安全或可能引起污染及腐败变坏的环境下进行加工生产，避免食品制造过程中人为的错误，控制食品污染及变质，建立完善的食品生产加工过程质量安全管理制度，以确保食品卫生安全和满足相关标准要求，也可以提高产品质量的稳定性。

实施 GMP 对于确保食品质量和安全、提高我国食品的国际竞争力有重要意义。GMP 在国外特别是美国已经普遍推行，我国大型食品生产企业和大型餐饮连锁企业也已引入 GMP 规范，企业实施 GMP 是建立 HACCP 体系的前提条件之一。

（2）GMP 的分类

① 根据不同制定机构　根据 GMP 的制定机构，可分为三类。

由国家权力机构颁布的 GMP：如美国 FDA 颁布的低酸性罐头 GMP，我国颁布的 GB 17404《食品安全国家标准 膨化食品生产卫生规范》。

由行业组织制定的 GMP：可作为同类食品共同参照、自愿遵守的管理规范。

由食品企业自己制定的 GMP：作为企业内部管理的规范。

② 根据不同法律效力　根据GMP的法律效力，可分为两类。

强制性GMP：是食品生产企业必须遵守的法律规范，是由国家或有关政府部门制定，并颁布监督实施。

指导性（或推荐性）GMP：由国家或有关政府部门或行业组织、协会等制定并推荐给食品企业参照执行，但遵循自愿遵守的原则，不执行不属于违法行为。

（3）GMP的内容和特点

① GMP的内容　GMP总体内容包括机构与人员、厂房和设施、设备、卫生管理、文件管理、物料控制、生产控制、质量控制、贮存和销售管理等方面内容，涉及生产的方方面面，强调通过对生产全过程的管理来保证产品质量。

从专业化管理的角度，GMP可以分为质量控制系统和质量保证系统两大方面。一是对原材料、中间品、产品的系统质量控制，这就是质量控制系统。另一方面是对影响产品质量、生产过程中易产生的人为差错和污染等问题进行系统的严格管理，以保证产品的质量，这就是质量保证系统。

从硬件和软件系统的角度，GMP可分为硬件系统和软件系统。硬件系统主要包括对厂房、设施、设备等的目标要求，可以概括为以资本为主的投入产出。软件系统主要包括组织机构、组织工作、生产技术、卫生、制度、文件、教育、人员等方面内容，可以概括为以智力为主的投入产出。

② GMP的特点

A. 原则性　GMP条款仅指明了要求的目标，而没有列出如何达到这些目标的解决办法。达到GMP要求的方法和手段是多样化的，企业有自主性、选择性，不同企业可根据自身情况选择最适宜的方式实施GMP改造和建设。

B. 时效性　GMP条款是具有时效性的，因为条款只能根据该国家、该地区现有一般生产水平来制订。随着科技和经济贸易的发展，GMP条款需要定期或不定期补充、修订。对目前有法定效力或约束力或有效性的GMP，称为现行GMP，当新版GMP颁布，旧版立即废止。

C. 基础性　GMP是保证产品生产质量的起码标准，但不是最严的、最好的，更不是高不可攀的。任何一国的GMP都不可能把只能由少数企业做得到的一种生产标准来作为全行业的强制性要求。生产达标方法和手段是多样化的，企业有自主性，也可以是严于GMP标准的。将生产要求与目标市场的竞争结合起来，必然会形成实现标准要求的多样性。

D. 多样性　尽管各国GMP在规定内容上基本相同，但在同样的内容上所要求的精度和严格程度却是不一样的，且存在很大差异。各国 GMP 均是建立在 WHO 的 GMP 之上的发展和完善，体现着各国政府特别是监督管理部门更为严格的要求趋向，是一种进步和必然的发展趋势。

(4) GMP 与一般食品标准的区别　我国 GMP 的颁布也是以标准的形式，但与其他的食品标准在性质、内容和侧重点上有本质的区别。

① 在性质上　GMP 是对食品企业的生产条件、操作过程和管理行为提出的规范性要求，而一般的食品标准则是对食品企业生产出的终端产品所提出的量化指标要求。

② 在内容上　GMP 在内容上可以概括为两个部分：硬件和软件。硬件是指对食品企业（包括生产、贮存、流通、服务等企业）的建筑、设备、卫生设施、环境等方面的技术要求和规定；软件是指对人员的要求（素质、教育和培训、职业合格证等）及对生产工艺（技术水平、科学先进性、操作性等）、生产行为、管理组织、管理制度、记录和教育等方面的管理要求，例如，产品质量的检测机构、执行标准、不合格品处理方法等。一般食品标准的内容主要是产品必须符合的卫生和质量指标，如理化、微生物等污染物的限量指标；水分、过氧化物、挥发性盐基总氮等食品腐败变质的特征指标；纯度、营养素、功效成分等与产品品质相关的指标等。

③ 侧重点　GMP 的内容体现在原料到产品的整个食品生产过程中，所以 GMP 是将保证食品质量的重点放在成品出厂前的整个过程的各个环节上，而不仅仅是着眼于终端产品。一般食品标准则是侧重于对终端产品的判定和评价等。

(5)《餐饮服务食品安全操作规范》　现行的 GB 14881《食品生产通用卫生规范》和《出口食品生产企业安全卫生要求》是我国食品生产加工企业实施 GMP 的重要法规，也是我国食品生产企业良好操作规范（GMP）的主要内容。为了加强对我国餐饮业的卫生监管，我国颁布了《餐饮服务食品安全操作规范》。《餐饮服务食品安全操作规范》体现了 GMP 的有关精神和要求，并充分结合了我国餐饮业的实际情况，餐饮服务企业按照规范要求进行食品安全管理，有利于提升企业自身食品安全管理水平。

《餐饮服务食品安全操作规范》内容包括加工经营场所的卫生条件、加工操作卫生要求、卫生管理制度和从业人员卫生要求等方面，是我国迄今为止对餐饮行业最为全面、细致的行业规范。规范的具体要求分别在本书各章的相关内容中进行介绍，在此不再赘述。

3. 卫生标准操作程序（SSOP）

（1）SSOP的概念和意义　卫生标准操作程序（sanitation standard operating procedure，SSOP）是食品加工企业为了达到良好操作规范GMP而制定的实施细则，主要是用于指导食品生产加工过程中如何实施清洗、消毒和卫生保持的作业指导文件。在某些情况下，SSOP可以减少在HACCP计划中关键控制点的数量，使用SSOP而不是HACCP计划减少危害控制，不降低HACCP计划的重要性或显示其更低的优先权。实际上危害是通过SSOP和HACCP关键控制点的组合来控制的。一般来说，涉及到产品本身或某一加工工艺、步骤的危害是由CCP来控制，而涉及到加工环境或人员等有关的危害通常是由SSOP来控制比较合适。在有些情况下，一个产品加工操作可以不需要一个特定的HACCP计划，这是因为危害分析显示没有显著危害，但是所有的加工厂都必须对卫生状况和操作进行监测。

（2）SSOP的内容　SSOP文本应描述在工厂中使用的卫生程序；提供这些卫生程序的时间计划；提供一个支持日常监测计划的基础；鼓励提前做好计划，以保证必要时采取纠正措施；辨别趋势，防止同样问题再次发生；确保每个人，从管理层到生产工人都理解卫生（概念）；为雇员提供一种连续培训的工具；显示对买方和检查人员的承诺，以及引导厂内的卫生操作和状况得以完善提高。SSOP至少应包括以下8项内容。

①与食品接触或与食品接触物表面接触的水（冰）的安全　生产用水（冰）的卫生质量是影响食品卫生的关键因素，食品加工厂应有充足供应的水源。对于任何食品的加工，首要的一点就是要保证水的安全。食品加工企业一个完整的SSOP，首先要考虑与食品接触或与食品接触物表面接触用水（冰）来源与处理应符合有关规定，并要考虑非生产用水及污水处理的交叉污染问题。

餐饮业用水和冰安全的要求如下。

A. 水质标准应满足　供应水应能保证加工需要，水质应符合《生活饮用水卫生标准》(GB5749)。

B. 食用冰块　直接与食品接触的冰必须采用符合饮用水标准的水制作；制作设备和盛放冰块的器具必须保持良好的清洁状态；冰的存放、粉碎、运输、盛装等都必须在卫生条件下进行；防止与地面接触造成污染。

C. 设施　供水设施完好，一旦损坏后能立即维修好，避免供水设施被其他液体污染。供水设施被污染的主要原因有交叉污染、回流（压力回流、虹吸管回流）。防止措施：食品接触的非饮用水（如冷却水，污水或生活废水等）的管道系统与食品加工用水的管道系统，应以不同颜色明显区分，并以完全分离的管路输送，不得有逆流或相互交接现象；排水系统设计符合餐饮业加工要求，防止发生交叉污染。水管龙头需要一个典型的真空中断器或其他阻止回流装置以避免产生负压情况。如果水管中浸满水，而水管没有防止回流装置保护，脏水可能被吸入饮用水中。防止回吸清洗槽、解冻槽、漂洗槽的水。

② 与食品接触的表面（包括设备、手套、工作服）的清洁度　保持食品接触表面的清洁是为了防止污染食品。与食品接触表面一般包括：直接（加工设备、工器具和台案、加工人员的手或手套、工作服等）和间接（未经清洗消毒的冷库、卫生间的门把手、垃圾箱等）两种。

A. 餐饮业对食品接触面的状况要求　食品接触面要保持良好状态，其设计、安装便于卫生操作；表面结构应抛光或浅色，易于识别表面残留物，易于清洗、消毒；设备夹杂物品残渣易清楚；手套、工作服清洁且状况良好。食品加工用设备和工用具的构造有利于保证食品卫生、易于清洗消毒、易于检查，应有避免润滑油、金属碎屑、污水或其他可能引起污染的物质混入食品的构造；食品接触面应平滑、无凹陷或裂缝，设备内部角落部位应避免有尖角，以避免食品碎屑、污垢等的聚积；设备的摆放位置应便于操作、清洁、维护；所有用于食品处理区及可能接触食品的设备与工用具，应由无毒、无臭味或异味、耐腐蚀、不易发霉且可承受重复清洗和消毒的，符合卫生标准的材料制造；除工艺上必须使用的外（如面点制作），食品接触面原则上不可使用木质材料。必须使用的木质材料工用具时，要保证不会对食品产生污染。

工作服（包括衣、帽、口罩）宜用白色（或浅色）布料制作，可按其工作的场所从颜色或式样上进行区分，如粗加工、烹调、仓库、清洁等。手套不易破损，不得使用线手套。

B. 餐饮业食品接触面消毒保洁的要求　食品接触表面在加工前和加工后都应彻底清洁，并在必要时消毒。首先必须进行彻底清洗（除去微生物赖以生长的营养物质，确保消毒效果），再进行冲洗，然后进行消毒。

工作服应有清洗保洁制度，并按有关卫生管理规定处理相关事项。如工作服应集中清洗和消毒，应有专用的洗衣房，洗衣设备、能力要与实际相适应，不同区域的工作服要分开，并每天清洗消毒（工作服是用来保护产品的，不是保护加工人员的）。不使用时它们必须贮藏于不被污染的地方。

加工设备和器具的清洗消毒的频率：大型设备在每班加工结束之后，工器具每 2～4h，加工设备、器具（包括手）被污染之后应立即进行。

制定有效的清洗和消毒方法及管理制度，清洗消毒的方法必须安全卫生。使用的洗涤剂、消毒剂必须符合《食品工具、设备用洗涤卫生标准》和《食品工具、设备用洗涤消毒剂卫生标准》等有关卫生标准合要求；用于清扫、清洗和消毒的设备、用具应放置在专用场所妥善保管。

C. 场所、设施、设备及工用具的清洁　可参考《餐饮食品安全操作规范》附件 H“推荐的餐饮服务场所、设施、设备及工用具清洁计划”。见表 5-1。

表 5-1　推荐的餐饮服务场所、设施、设备及工具清洁计划

场所、设施、设备及工具	频率	使用物品	方法
地面	每天完工或有需要时	扫帚、拖把、刷子、清洁剂	1. 用扫帚扫地 2. 用拖把以清洁剂拖地 3. 用刷子刷去余下污物 4. 用水冲洗干净 5. 用干拖把拖干地面
排水沟	每天完工或有需要时	铲子、刷子、清洁剂	1. 用铲子铲去沟内大部分污物 2. 用清洁剂洗净排水沟 3. 用刷子刷去余下污物 4. 用水冲洗干净
墙壁、门窗及天花板（包括照明设施）	每月一次或有需要时	抹布、刷子、清洁剂	1. 用干抹布去除干的污物 2. 用湿抹布擦抹或用水冲刷 3. 用清洁剂清洗 4. 用湿抹布抹净或用水冲洗干净 5. 用清洁的抹布抹干/风干
冷冻（藏）库	每周一次或有需要时	抹布、刷子、清洁剂	1. 清除食物残渣及污物 2. 用湿抹布擦抹或用水冲刷 3. 用清洁剂清洗 4. 用湿抹布抹净或用水冲洗干净 5. 用清洁的抹布抹干/风干
排烟设施	表面每周一次，内部每年 2 次以上	抹布、刷子、清洁剂	1. 用清洁剂清洗 2. 用刷子、抹布去除油污 3. 用湿抹布抹净或用水冲洗干净 4. 风干
工作台及洗涤盆	每次使用后	抹布、刷子、清洁剂、消毒剂	1. 清除食物残渣及污物 2. 用湿抹布擦抹或用水冲刷 3. 用清洁剂清洗 4. 用湿抹布抹净或用水冲洗干净 5. 用消毒剂消毒 6. 用水冲洗干净 7. 风干

续表

场所、设施、设备及工具	频率	使用物品	方法
餐厨废弃物存放容器	每天完工或有需要时	刷子、清洁剂、消毒剂	1. 清除食物残渣及污物 2. 用水冲刷 3. 用清洁剂清洗 4. 用水冲洗干净 5. 用消毒剂消毒 6. 风干
设备、工具	每次使用后	抹布、刷子、清洁剂、消毒剂	1. 清除食物残渣及污物 2. 用水冲刷 3. 用清洁剂清洗 4. 用水冲洗干净 5. 用消毒剂消毒 6. 用水冲洗干净 7. 风干
卫生间	定时或有需要时	扫帚、拖把、刷子、抹布、清洁剂、消毒剂	1. 清除地面、便池、洗手池及台面、废弃物存放容器等的污物、废弃物 2. 用刷子刷去余下污物 3. 用扫帚扫地 4. 用拖把以清洁剂拖地 5. 用刷子、清洁剂清洗便池、洗手池及台面、废弃物存放容器 6. 用消毒剂消毒便池 7. 用水冲洗干净地面、便池、洗手池及台面、废弃物存放容器 8. 用干拖把拖干地面 9. 用湿抹布抹净洗手池及台面、废弃物存放容器 10. 风干

D. 推荐的餐具清洗、消毒和保洁的方法。可参考《餐饮服务食品安全操作规范》附件I“餐饮服务从业人员洗手消毒方法”和附件J“推荐的餐用具清洗消毒方法”。

③ 防止发生交叉污染　交叉污染是通过生的食品、食品加工者或食品加工环境把生物或化学的污染物转移到食品的过程。此方面涉及到预防污染的人员要求、原材料和熟食产品的隔离和工厂预防污染的设计。

A. 人员要求　适宜地对手进行清洗和消毒能防止污染。个人物品也能导致污染并需要远离生产区存放。在加工区内吃、喝或抽烟等行为不应发生，这是基本的食品卫生要求。在很多情况下，手经常会靠近鼻子，约50%人的鼻孔内有金黄色葡萄球菌。皮肤污染也是一个相关点。未经消毒的肘、胳膊或其他裸露皮肤表面不应与食品或食品接触表面相接触。

B. 隔离　防止交叉污染的一种方式是合理选址和合理设计布局。食品原材料和成品必须在生产和贮藏中分离以防止交叉污染。原料和成品必须分开，原料冷库和熟食品冷库分开是解决交叉污染的好办法。产品贮存区域应每日检查。另外注意人流、物流、水流和气流的走向，要从高清洁区到低清洁区，要求人走门、物走传递口。

④ 手的清洗与消毒，厕所设施的维护与卫生保持　手的清洗和消毒的目的是防止交叉污染。一般的清洗方法和步骤为：清水洗手，擦洗洗手液，用水冲净洗手液，将手浸入消毒液中进行消毒，用清水冲洗，干手。

《餐饮业和集体用餐配送单位卫生规范》推荐了餐饮从业人员洗手消毒方法。手的清洗台的建造需要防止再污染，水龙头以肘动式、电力自动式或脚踏式较为理想。清洗和消毒频率一般为：每次进入时；加工期间每 30min 至 1h 进行 1 次；当手接触了污染物、废弃物后等。卫生间需要进入方便、卫生和良好维护，具有自动关闭、不能开向加工区的门。这关系到空中或飘浮的病原体和寄生虫进入。卫生间的设施要求：位置要与加工区相连接，门不能直接朝向加工区，通风良好，地面干燥，整体清洁；数量要与人员相适应；进入厕所前要脱下工作服和换鞋。

⑤ 防止食品被污染物污染　食品加工企业经常要使用一些化学物质，如润滑剂、燃料、杀虫剂、清洁剂、消毒剂等，生产过程中还会产生一些污物和废弃物，如冷凝物和地板污物等。下脚料在生产中要加以控制，防止污染食品及包装。关键卫生条件是保证食品、食品包装材料和食品接触面不被生物的、化学的和物理的污染物污染。

被污染的水滴或冷凝物中可能含有致病菌、化学残留物和污物，导致食品被污染；地面积水或池中的水可能溅到产品、产品接触面上，使得产品被污染。脚或交通工具通过积水时会产生喷溅。

水滴和冷凝水较常见，且难以控制，易形成霉变。一般采取的控制措施有：顶棚呈圆弧形、良好通风、合理用水、及时清扫、控制房间温度稳定等。

⑥ 有毒化学物质的标记、贮存和使用　这些有害有毒化合物主要包括：洗涤剂、消毒剂（如次氯酸钠）、杀虫剂（如 1605）、润滑剂、实验室用药品（如氰化钾）、食品添加剂等。没有它们工厂设施无法运转，但使用时必须小心谨慎，按照产品说明书使用，做到正确标记、贮存安全，否则会导致企业加工的食品被污染的风险。

⑦ 雇员的健康与卫生控制　食品加工者（包括检验人员）是直接接触食品的人，其身体健康及卫生状况直接影响食品卫生质量。管理好患病或有外伤或其他身体不适的员工，他们可能成为食品的微生物污染源。对员工的健康要求一般包括：不得患有碍食品卫生的传染病（如肝炎、结核等）；不能有外伤、化妆、佩戴首饰和带入个人物品；必须具备工作服、帽、口罩、鞋等，并及时洗手消毒。应持有效的健康证，制订体检计划并设有体检档案，包括所有和加工有关的人员及管理人员，应具备良好的个人卫生习惯和卫生操作习惯。涉及到有疾病、伤口或其他可能成为污染源的人员要及时隔离。食品生产企业应制定有卫生培训计划，定期对加工人员进行培训，并记录存档。

⑧ 虫害的防治　害虫主要包括啮齿类动物、鸟和昆虫等携带某种人类疾病源菌的动物。通过害虫传播的食源性疾病的数量巨大，因此虫害的防治对食品加工厂是至关重要的。害虫的灭除和控制包括加工厂（主要是生产区）全范围，甚至包括加工厂周围，重点是厕所、下脚料出口、垃圾箱周围、食堂、贮藏室等。食品和食品加工区域内保持卫生对控制害虫至关重要。

去除任何产生昆虫、害虫的滋生地，如废物、垃圾堆积场地、不用的设备、产品废物和未除尽的植物等是减少吸引害虫的因素。害虫可通过窗、门和其他开口，如开的天窗、排污洞和水泵管道周围的裂缝等进入加工区。采取的主要措施包括：清除滋生地和预防进入的风幕、纱窗、门帘，适宜的挡鼠板、翻水弯等；还包括杀虫剂、车间入口用的灭蝇灯、粘鼠胶、捕鼠笼等。但不能用灭鼠药。

家养的动物，如用于防鼠的猫和用于护卫的狗或宠物不允许在食品生产和贮存区域。由这些动物引起的食品污染构成了同动物害虫引起的类似风险。

第二节　餐饮业 HACCP 体系的建立

近年来，城市供水行业以饮用水水质保障为重点，设施改造建设加快推进，运行管理水平持续提升，取得了明显成效。但在全流程水质保障方面，

仍存在风险管控意识不强、整体管理水平不高等问题，与满足人民群众改善水质的需求较大。

深圳水务集团（深水集团）在广泛调研、深入分析的基础上，将食品HACCP体系理念引入生活饮用水水质管理。HACCP体系是确定、评估控制对食品安全具有显著危害的体系，是最有效的保障食品安全的管理方法。HACCP体系的核心是强调预防性，对于所有潜在危害早识别、早监控、早控制，突破传统终端检验结果滞后的缺点，改变以往最终产品检验的监管模式。体系建设具有系统性，在全链条危害控制基础上突出关键控制点（critical control point，CCP），同时不遗漏任何环节。体系实施的有效性为多个国家的应用实践所证明，执行PDCA（plan、do、check、act，简称PDCA）持续改进可保持有效性。

深水集团综合分析国内外供水、水质标准和管理状况，对集团各项技术成果和水专项成果进行适用性筛查，明确以水质为核心的管控体系建设技术路线和模式，开展供水硬件、水质风险专项诊断评估，密切结合供水特色，探索建立了适用于供水行业的HACCP体系。对供水生产全过程水质进行质量管理，强调“防患于未然”，实现“风险控制前移”。实践证明，在过程控制的基础上强化CCP的风险预防管理，是持续保障水质的有效手段，是对过程控制管理的有效提升，是建立更加稳定、系统和预防为先的供水水质管理体系的有效途径，显著提升了企业的供水水质管理能力和抗风险能力。凭借HACCP体系在供水企业的创新应用，深水集团于2015年获得“广东省企业管理现代化创新成果一等奖”，2017年度深圳“质量标杆”奖和全国“质量标杆”奖，水质管理成效得到肯定。

——摘自张金松，徐荣，刘波，等. 推进饮用水HACCP体系建设实现水质全过程管控的探索与 实践[J]. 净水技术

HACCP作为一种食品安全控制技术和方法，被认为是最经济、最有效的食品安全控制系统和质量管理体系。HACCP的基本含义是：为防止食物中毒或其他食源性疾病的发生，对食品生产加工过程中造成食品污染发生或发展的各种危险因素进行系统和全面的分析；在此基础上，确定能有效地预防、减轻或消除各种危险的关键控制点，并在关键控制点上对危害因素进行控制，同时监测控制效果并进行校正和补充。

HACCP体系的关键所在，是事前预测和判别食品安全潜在的问题，在每一

个可能存在的危险点上建立控制措施和具体的防范方法，并从记录中确认这种控制过程是有效的。在问题发生前做好预防措施，而不再是事后检查和检验。可见，运用 HACCP 管理体系来加工生产安全的食品，对于最后的检验已经不是特别重要，人们对食品安全质量的关注由终产品转向了整个生产过程。对于餐饮服务企业来说，HACCP 体系的过程控制特点恰好能够有利于实现餐饮食品安全控制的目标。

一、 HACCP 体系在餐饮业中的应用概况

早在 1980 年，世界卫生组织（WHO）和国际食品微生物规格委员会（ICMSF）就向餐饮业推荐了 HACCP 管理系统。食品法典委员会 CAC 于 2001 年 10 月颁布《小型/不发达企业 HACCP 实施指南修订草案》，以帮助包括餐饮业在内的小型企业建立实施 HACCP 系统。世界各国也相继制定 HACCP 法规，如美国 FDA 于 1998 年颁布了《食品安全管理 食品零售行业 HACCP 实施指南》，以帮助食品零售业（餐饮业）建立 HACCP 体系，提高其食品安全管理水平；欧盟于 1995 年颁布《通用卫生法规》（93/43EC），建议餐饮业实施 HACCP 管理体系七项原则中的五项，并于 2000 年 7 月颁布《对欧洲议会委员会关于食品卫生法的建议》（2004/852EC），要求包括餐饮业在内的所有食品企业实施完整的 HACCP 管理体系；在亚洲，土耳其、日本也都相继进行了 HACCP 体系在餐饮业中应用的研究。在中国香港，食物环境卫生署于 2000 年颁布了《制定食品安全计划（以 HACCP 系统为本）》，以帮助餐饮管理人员建立 HACCP 系统，保证食品安全。

餐饮服务业经营的品种、数量和加工方式多变，加之受从业人员素质的影响，如何有效地控制餐饮行业食物中毒发生是世界各国都在努力开展的课题。美国早在 20 世纪 90 年代末就借鉴食品企业的管理，制定了“饮食环境的卫生评估系统”专门用于餐饮加工经营场所控制食源性疾病的管理。我国部分地区也开始借鉴国外经验，在餐饮行业进行相关应用的试点。但由于餐饮业与普通食品生产企业在加工和管理方式上存在很大差异，简单套用食品企业的管理方法并不能完全解决餐饮食品的安全问题。我国餐饮服务加工经营的特点和条件与国外相比差别很大，也不能直接照搬国外餐饮食品安全管理的方法。因此，有必要对我国餐饮加工经营特点进行深入研究，分析不同种类餐饮食品存在的食品安全危害，对其危险性进行充分评估，寻找具有操作性的食品安全控制方法，为餐饮服务企业建立有效的食品安全控制体系，从根本上保证餐饮食品的安全。

二、餐饮业建立 HACCP 体系的前提条件

餐饮业建立 HACCP 体系之前，需要有一些已经建立的、文件化的并已实施的前提步骤，用以控制可能与直接地生产过程关系不密切，但为 HACCP 体系的实施奠定基础的程序。这些计划就是 HACCP 体系的前提条件。换句话说，HACCP 体系的前提条件就是餐饮服务企业为在良好环境和操作条件下，生产加工安全卫生的食品所采取的基本的控制步骤或程序。

可见，作为食品安全控制体系的 HACCP，并不是一个孤立的体系，而是系统控制的一个部分，餐饮企业只有建立一个较完善的必要基础程序，才有可能建立一个完善的 HACCP 系统。HACCP 体系的前提条件应根据不同企业的实际要求来选择，其基本内容如下。

1. 餐饮企业应满足良好的生产规范（GMP）

餐饮业适用的良好生产规范包括：我国颁布的《餐饮服务食品安全监督管理办法》（2010 年）、《餐饮服务食品安全操作规范》（2018 年）以及食品法典委员会的《食品卫生通则》等。

GMP 要求餐饮企业在烹饪全过程中相关人员的配置、建筑设施的布局、原料的采购贮存、加工过程的管理、餐具的洗涤消毒以及餐厅服务等均能符合良好生产规范，减少食物中毒的发生。就我国餐饮业现状而言，通过实施餐饮服务食品安全量化分级管理制度以后，达到食品卫生 A 级的餐饮企业可以认为基本满足实施完整 HACCP 体系的前提条件。

2. 卫生标准操作程序（SSOP）

餐饮企业的 SSOP 可参照《餐饮业和集体用餐配送单位卫生规范》的要求，结合企业实际情况进行编写，一般应包括餐用具的清洗、消毒及存放环节；员工手的卫生控制；原料、半成品和成品的存储条件和时间；有害化学品（如洗涤剂、消毒剂等）的存放；等等。HACCP 体系中需要监测、纠正和记录保存的 CCP 是针对烹饪加工过程而言，其作用是预防、消除某个安全危害或将其降低到可接受水平；而 SSOP 是企业为控制整个加工区域或设施的卫生状况而制定的操作程序，不仅仅限于某个特定的加工环节或关键控制点。显然，如果企业不能有效执行 SSOP，就会显著增加 HACCP 体系中食品的显著危害，最终使 HACCP 体系难以建立。

3. 管理层的支持

制定和实施HACCP体系必须得到管理层的理解和支持，特别是企业最高管理者的重视。因为HACCP必须以良好生产规范（GMP）为基础，对大多数餐饮企业来说，与符合GMP的要求还有差距，需要企业投入资金进行硬件改造，没有最高管理者的支持，这一任务通常无法完成；同时，在执行HACCP的过程中会填制大量的表格，如果管理层不理解和支持，会给下级人员以错误的信息，消极对待HACCP体系，使HACCP体系流于形式，达不到应有的效果。

简言之，只有当最高管理者真正意识到HACCP体系在预防食品安全危害、降低生产成本、提高管理效率上的好处，对HACCP体系从组织结构、资源需求、工作的优先程度等多方面予以保证，一个良好的HACCP体系才能得到建立和保持。

4. 人员的素质要求和培训

人员是HACCP体系成功的重要条件，因为HACCP体系必须靠人来建立、实施和保持。而餐饮业的从业人员存在文化素质低、流动性强等特点，因此，HACCP体系实施过程中，人员的素质和培训是HACCP体系成功的重要保证，餐饮业培训内容除了针对HACCP的基本知识以外，还需加强培训食品安全知识、正确的卫生操作技能、标准的烹饪加工工艺和技能以及统一的菜品感官判断标准等，对人员的培训应贯穿HACCP体系实施的全过程。

5. 设备设施的预防性维修保养程序

食品法典委员会《食品卫生通则》中规定，设备设施应保持在适当的维护状态和条件下，保持设备的正常运转（尤其是关键生产工艺），防止食品污染。例如，防止厨房中由于冷柜的温度没有达到－18℃导致食品的腐败变质；防止油炸炉油温显示出现误差时导致食物中心温度低于70℃；防止设备金属碎屑、涂层脱落、化学品等污染食品。预防性的维护保养，降低了食品受污染的可能性，而且提供设备正常运行的必要记录，因此，设备设施的预防性维护保养程序是HACCP体系成功实施的一个前提条件。

由于餐饮业的加工过程不同于其他食品工业的加工过程，加工时间紧，前后工序缺乏计划性，机械化、自动化程度低，基本上是手工操作，再加上复杂多样的配方和加工工艺，给建立和实施HACCP体系带来一定难度。因此，建议基础卫生差的餐饮企业，应该按照GMP的要求改造加工环境、设备设施，完善卫生管理，执行有效的SSOP，消除大量卫生隐患，在满足前提条件的基础上，再进一步建立控制食品安全的关键程序——HACCP体系，使HACCP体系能真正发挥它的系统性强、结构严谨、理性化、有多向约束、适应性强而效益显著的优势，降低餐饮企业生产不安全食品的风险，强化政府对食品安全的监管，最终保障消费者的健康。

三、餐饮业HACCP体系的建立步骤

在本章第一节中介绍了建立HACCP体系的七项基本原则，尽管每条原则都是独立的，但相互之间有着严格的逻辑关系，通过各条原则之间的协同工作，共同构成一个有效的食品安全控制体系的基本结构，形成HACCP体系的基本程序图（图5-1）。

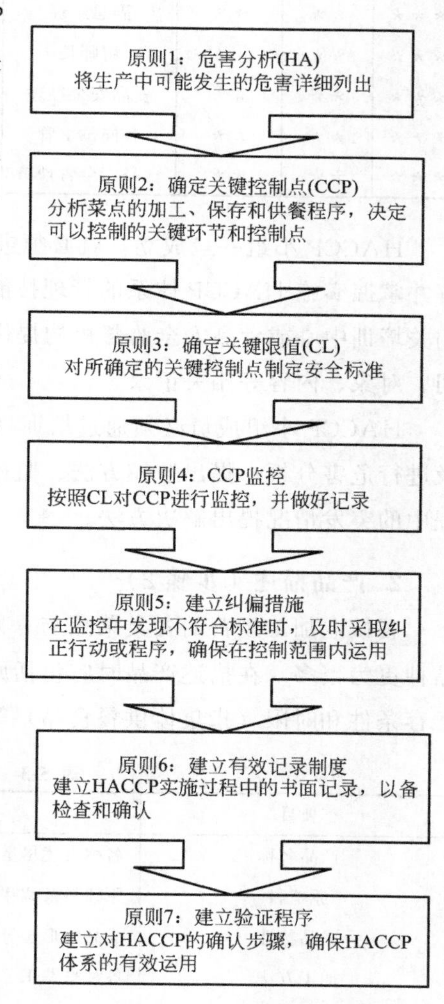

图5-1 HACCP体系基本程序图

对于餐饮企业来说，仅仅了解这些基本原则是无法正确实施HACCP体系的。根据食品法典委员会（CAC）《HACCP体系及其应用准则》，HACCP体系的建立包括12个步骤，其中1～5为预备步骤，6～12为HACCP七项基本原则的应用。

1. 成立HACCP小组（步骤1）

餐饮企业要建立有效的HACCP体系，首先必须确保有相应的餐饮服务加工经营的专业知识和技术支持，同时应具备良好的食品安全危害及控制方面的知识。因此，最好选择餐饮企业的管理者、厨师长、食品安全管理员及操作人员（厨师、清洗消毒人员、服务员等）的代表组成HACCP实施小组。必要时，也可以邀请熟悉HACCP原理且具有食品安全专业知识的外来专家参加，但不能依赖外来专家。

餐饮企业管理者负责为有效实施和运转 HACCP 系统提供必要的经费和资源，负责签署 HACC 体系文件，并且应该明确 HACCP 计划的目的和完整实施的时间。HACCP 小组的职责包括负责编写 HACCP 体系文件，监督 HACCP 体系的实施，企业员工 HACCP 培训，执行 HACCP 体系建立和实施过程中的主要职责。HACCP 小组成员及其职责可参考表 5-2。

表 5-2　HACCP 小组成员及其职责表

姓名	年龄	文化程度	企业职务	组内职务	负责项目
***	**	**	总经理	HACCP 小组组长	领导整个 HACCP 体系的运行
***	**	**	副总经理	HACCP 小组副组长	指导 HACCP 体系的实施
***	**	**	厨师长	HACCP 小组组员	指导 HACCP 体系的具体实施
***	**	**	食品安全经理	HACCP 小组组员	指导 HACCP 体系的建立和检查
***	**	**	各岗位主管	HACCP 小组组员	负责各 CCP 的监控
***	**	**	食品安全管理员	HACCP 小组组员	检查各 CCP 的监控措施和记录

HACCP 小组一旦成立，就必须进行 HACCP 基本原理等相关内容培训，理解并掌握实施 HACCP 体系的管理技能与通则。HACCP 体系内容的培训可以由相关培训中心或食品安全监督机构提供的培训课程来完成，作为培训证明应有时间、对象、内容等相关记录。

HACCP 小组成员必须通过培训具备以下工作能力：确认潜在的不安全因素及进行危害分析；提出监控方法、监控程序和纠偏措施；为 HACCP 体系执行过程中的突发情况提出解决方法。

2. 产品描述（步骤 2）

餐饮业加工经营的各类菜点与一般工业生产食品相比，加工工艺更为复杂，品种更为繁多，在描述产品时应包括原料、加工工艺、盛装食品的容器（材料）、贮存条件和时限（指集体供餐食品）等。一般餐饮业产品描述见表 5-3。

表 5-3　产品描述情况

项目	说明
产品名称	名称表述尽量规范
原辅料	原辅料及调味品的品种、产地等信息
成品特性	成品的形态等重要信息
加工方法	各种烹调工艺的描述
装盛(包装)方式	采用什么容器装盛产品

续表

项目	说明
贮存条件	贮存的温度、湿度、环境条件等
运送方法	采用什么形式送达消费者：如餐车、服务员端送、保温车等
食用方法、食用期限	即食、最安全的食用期限
消费对象	产品主要供应对象或消费人群

3. 识别、确定食用方式和消费者（步骤3）

基于消费者对餐饮菜点的食用要求，识别和确定菜点食用方式：比如菜点是直接食用，或加热食用，或者再加工食用等；同时明确消费人群，如普通消费者、特定人群（如学生、病人等）。

在HACCP体系的文件资料中必须清楚指出加工菜点的正常食用方式和可能的最终消费者。即使许多餐饮企业阐述其产品是面向广大消费者的，但是某些消费群体仍然可能在安全食用该产品时具有独特的风险因素。一些产品的潜在使用者可能由于年龄或健康状况而有特殊的需求，如对婴幼儿、少年儿童、老年人、免疫力低下者需要给予最大关注，因为这类人群易引发严重健康后果。

另一个评估消费者食用方式恰当与否的方法是消费者投诉记录。从消费者关于产品安全方面的投诉记录中，查看引起消费者显著伤害或疾病的原因，如果消费者投诉涉及到了可控制的危害，则需审查纠偏行动和验证纠偏行动的有效性。

4. 制作生产流程图（步骤4）

生产流程图是对产品从原料采购、加工到消费者食用、配送的全部过程和加工步骤的详细描述，它表明了产品加工过程的起点、终点和中间各加工步骤，确定了进行危害分析和制定HACCP计划的范围，是HACCP体系的基本组成部分。

生产流程图必须非常详细，使HACCP小组成员能跟随从原料到终产品加工的每个步骤，并运用共同的知识来分析产品的潜在危害。

5. 确认流程图（步骤5）

将生产流程图与实际操作过程进行比较，在不同操作时间检查生产工艺，以确保该流程图是有效的，所有HACCP小组成员都要参与该流程图的确认工作。

HACCP小组应实质性地“走遍”整个生产过程，即从原料验收到消费者食用和配送的整个过程。如果生产流程图中漏掉一个工艺步骤，将可能导致生产工艺描述不准确，危害分析不全面，可能产生严重的后果。HACCP 小组必须实际观察生产工艺流程并彻底理解这些流程如何完成的。餐饮业一般生产流程如图 5-2 所示。

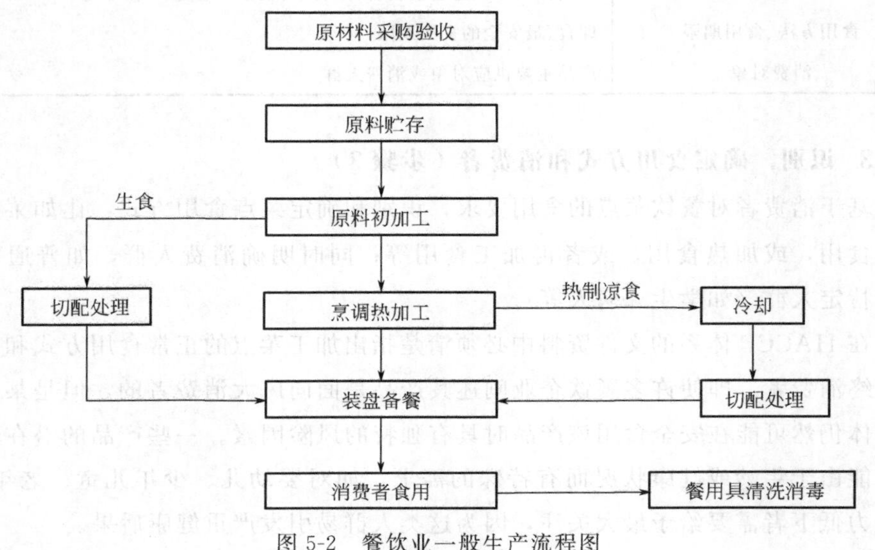

图 5-2 餐饮业一般生产流程图

6. HACCP 基本原则 1：危害分析（步骤 6）

HACCP 是具有产品、工序和企业特异性的，不同的产品存在许多不同的危害，同一产品不同的加工方式存在的危害不同，同一产品、同一加工工序在不同的加工环境仍然存在着不同危害。因此，应根据餐饮企业的不同经营业态，不同经营规模，结合流行病学调查或动植物疫情、消费者投诉等一切信息，做出准确判断。

危害分析的目的是列出餐饮食品加工过程中可能出现的各种潜在危害，并对危害进行评估，并确定预防控制措施。

（1）危害识别　从餐饮业使用的原料和加工工艺分析，证实有三种危害应在 HACCP 体系中加以考虑。根据危害的来源不同，这三种危害分为生物性危害、化学性危害和物理性危害。危害识别由 HACCP 小组完成，应包含生产流程图的每一个步骤，尽可能列出所有可能出现的潜在危害。

① 由原料带入的危害　餐饮原料种类繁多，由于动植物原料自身的生活特性和生长环境，某些原料本身就存在着威胁人类健康的潜在危害，有些危害通常只与种类有关，如动物的疫病、软体贝类的贝类毒素等。

按照所描述的原料类别，确定所有与原料种类相关的潜在危害。生物性危害主要包括食品腐败菌、致病性细菌、病毒、霉菌、寄生虫等；化学性危害包括天然毒素、过敏原、农药残留、兽药残留、重金属污染、过量使用的食品添加剂和非食用物质等；物理性危害主要为石头、玻璃、塑料、铁屑等异物。

② 生产过程中引入的危害　餐饮食品中的潜在危害往往与生产过程有关，如加工方式、食用方式、贮存方式等。

生物性危害可能来自加热时间、温度不当未能杀灭致病菌，或者从业人员、器具和不洁净环境对食品的污染，还有不适当的贮存导致微生物繁殖等。

化学性危害常见的有：未按规定添加食品添加剂和使用非食用物质，餐用具洗消剂残留，生产工艺不当产生的有害化合物如亚硝胺、苯并［a］芘、丙烯酰胺等。

物理性危害主要为铁屑、玻璃、头发、纽扣、首饰等异物。

(2) 危害评估　危害评估就是根据对餐饮生产过程中每一个步骤存在危害的分析，对其可能导致的危险性进行评估，判断该步骤中存在的危害的严重性。

危害分析的重点是确定潜在危害中哪些属于显著危害。并非所有的潜在危害都是显著危害。显著危害是指必须予以控制的、有理由可能发生的，会严重影响到消费者健康的危害。HACCP 小组应对每一个危害发生的可能性及其发生后导致后果的严重性进行评价，以确定出对食品安全非常关键的显著危害。

判断潜在危害是否是显著危害，可以利用表 5-4 的显著性危害评分表。

表 5-4　显著性危害评分表

		可能性		
		小	中	大
严重性	大	3	4	4
	中	2	3	3
	小	1	2	3

注：可能性≥3 即为显著性危害。

评估危害发生的可能性时，可以结合餐饮企业现有管理水平进行判断，若现有管理水平可能无法对某危害进行非常有效的控制，则应当判定该危害很可能会发生。

评估危害的严重性时，应从几个方面进行考虑：危害会给消费者带来什么样的伤害，造成伤害和影响的持续时间，伤害的严重程度如何等。如生食贝类极有可能引起麻痹性贝类毒素 PSP 的中毒，摄取有毒贝类后 15min～3h 即可引起中毒，严重者常在2～12h之内死亡，死亡率一般为5%～18%。因此，贝类中的PSP毒素肯定是显著危害。

在进行危害评估时，可以参考的信息有：动植物疫情；历史上的流行病学或疾病统计数据及食品安全事故统计；科技文献（包括有关机构发布的和专家制定的）相关类别产品的危害控制指南；过去的经验或其他企业的经验。

必须强调的是，当影响危害评估结果的任何因素发生变化时，如生产工艺发生变化等，HACCP小组应当重新进行危害评估。

(3) 确定预防措施　对于已确定的显著危害，HACCP小组应寻求相应的控制措施，以预防、消除食品安全危害，或将其降低到可接受水平。HACCP小组在确定控制措施时需明确：针对已确定的危害，有哪些危害是已经被控制的；哪些控制措施是包含在SSOP内容中的，现有SSOP文件还需进行哪些补充和修改以进一步完善基础卫生控制。当这些控制措施涉及到生产过程的改变时，应当做出相应的变更，并修改流程图。

(4) 填写危害分析工作单　危害分析工作单（表5-5）可以用来组织和明确危害分析的思路，并准确记录确定的食品安全危害。

表5-5 危害分析工作单

加工步骤	识别本步骤食品安全潜在危害	潜在危害是否显著(是/否)	对第三栏的判断依据	防止显著危害的预防措施	该步骤是否CCP(是/否)
	生物性				
	化学性				
	物理性				

7. HACCP基本原则2：确定关键控制点CCP（步骤7）

关键控制点（CCP）是指对食品加工过程中能预防、消除食品安全危害或将其减少到可接受水平的某一点、步骤或工序。这里所指的食品安全危害是显著危害，需要HACCP来控制，也就是说每个显著危害都必须通过一个或多个CCP来控制。

HACCP小组应对每一个显著危害进行判断，以确定该步骤是否为CCP。判断方法可参考CCP判断树的逻辑推理方法（图5-3），或直接应用专业知识和实际经验进行判断。

判断树的逻辑关系表明：如有显著危害，必须在整个加工过程中用适当的

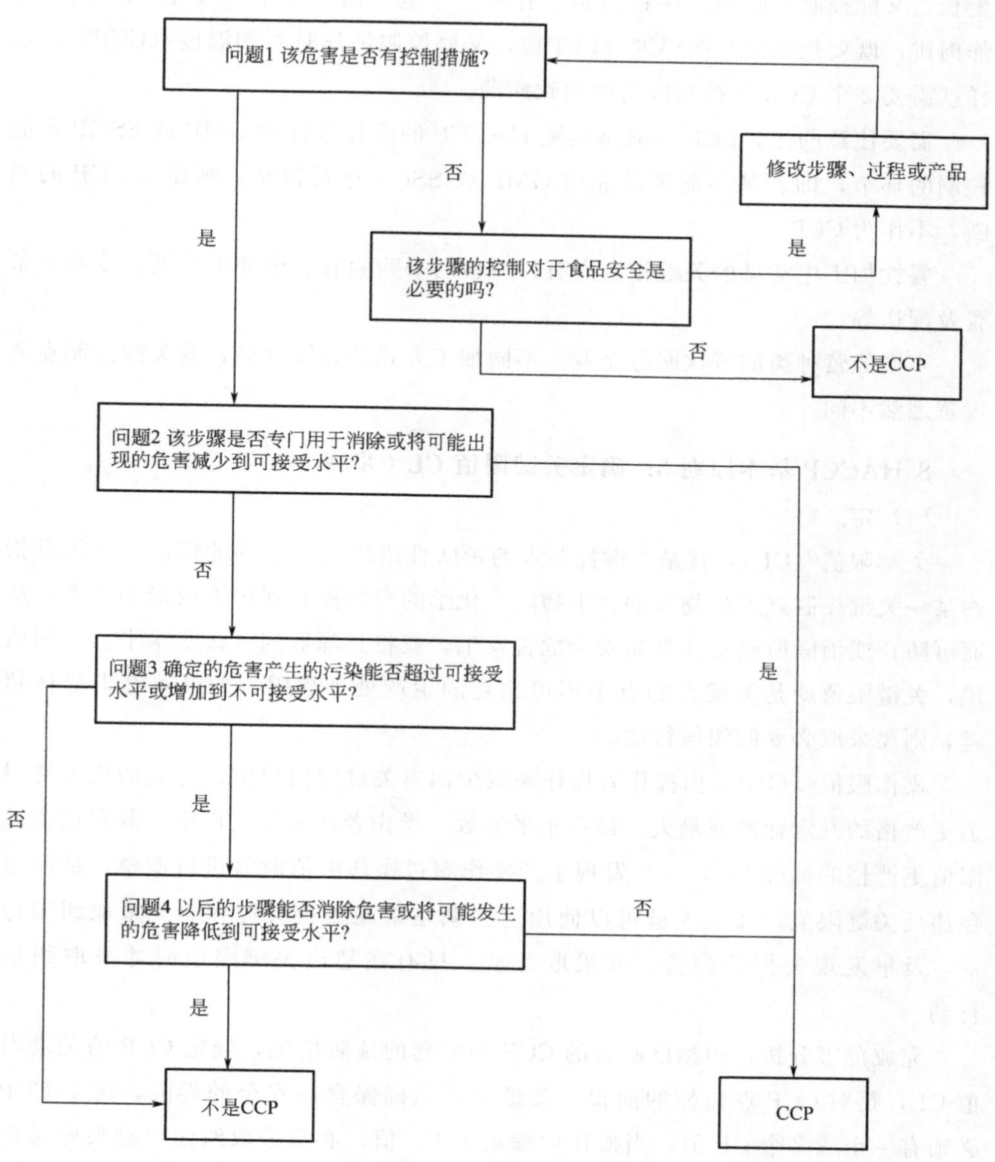

图 5-3　关键控制点判断树

CCP 加以预防和控制；CCP 点须设置在最佳、最有效的控制点上；如 CCP 设在后步骤/工序上，前步骤/工序不作为 CCP，但后步骤/工序如没有 CCP，那么前步骤/工序必须确定为 CCP。显然，如果在某个 CCP 上采用的预防措施对几种危害都有效，那么该 CCP 可用于控制多个危害。例如冷藏既可用于控制致病菌的生长，又能控制组胺的产生；但是，有时一个危害需要多个 CCP 控制，例如油炸肉饼，既要控制肉饼的厚度（CCP1），又要控制油炸时间和温度（CCP2），这样就需要 2 个 CCP 来控制肉饼中的致病菌。

需要注意的是，CCP 一般是实施 HACCP 的前提条件如 GMP 或 SSOP 不能控制的环节，即若某一危害已能用 GMP 或 SSOP 进行控制，则免去 CCP 的判断，不作为 CCP。

餐饮加工中常见的关键控制点有：原料的采购验收、热加工烹调、冷藏、备餐及配送等。

不同经营种类的餐饮服务企业，不同加工方式的餐饮食品，其关键控制点的设置迥然不同。

8. HACCP 基本原则 3：确定关键限值 CL（步骤 8）

（1）定义

关键限值（CL）：就是关键控制点的预防性措施必须达到的标准，具体是指在某一关键控制点上将物理的、生物的、化学的参数控制到最大或最小水平，从而可防止或消除所确定的食品安全危害发生，或将其降低到可接受水平。换句话说，关键限值就是关键控制点中不可超越的生产处理界限，如果关键限值被超越，则要采取必要的纠偏行动。

操作限值（OL）：由操作者操作来减少偏离关键限值风险，建立的比关键限值更严格的判定标准或最大、最小水平参数。操作者在实际工作中，制定比关键限值更严格的标准 OL，一旦发现生产操作超过操作限值时就进行调整，从而避免违反关键限值。加工人员可以使用这些调整措施避免失控和避免采取纠偏行动，及早发现失控的趋势，并采取行动。只有在超出关键限值时才采取纠偏行动。

完成危害分析，根据已确定的 CCP 和配套的预防措施，确定 CCP 的关键限值 CL，是对 CCP 点监控的前提。关键限值是确保食品安全的界限，每个 CCP 必须有一个或多个 CL 值。当操作中偏离了 CL 值，必须采取纠偏行动来确保食品安全。

（2）建立关键限值（CL） 正确的关键限值需要通过从科学刊物、法规性指南、国家标准、专家及科学研究等渠道收集信息，用来确定关键限值的依据和参考资料，应作为 HACCP 体系支持文件的一部分。当然，适合餐饮业生产过程的 CL 未必容易找到，企业可参照食品加工企业选用一个保守的 CL，或者通过实践和经验来制定最合适的关键限值。

对于每个关键控制点CCP，通常存在多种选择方案来控制一种特定的显著危害。不同的控制选择通常需要建立不同的关键限值，最佳的方案和CL值往往有赖于实践和经验，控制选择的原则是：快速、准确和方便。例如，需对肉饼进行油炸（CCP），以控制显著危害——致病菌，油炸肉饼可以有三种CL的选择方案。

选择一：CL值定为“无致病菌检出”。

选择二：CL值定为“肉饼最低中心温度66℃，油炸最少时间1min。”

选择三：CL值定为“最低油温177℃，最大饼厚1cm，最少时间1min。”

显然，选择一采用的CL值（微生物限值）是不实际的，通过微生物检验确定是否偏离CL需要数日，CL值不能及时监控，同时，微生物污染带有偶然性，需大量样品检测结果方有意义。微生物取样和检验往往缺乏足够的敏感度和现实性，在餐饮企业中的可行性比较低。

在选择二中，以油炸后的肉饼中心温度和时间作为CL值，比选址一更灵敏、实用，但需要一个个测量肉饼温度，难以进行连续监控。

在选择三中，以最低油温、最大饼厚和在油内的最少油炸时间作为油炸工序（CCP）的CL值，确保了肉饼油炸后应达到的杀灭致病菌的最低中心温度和油炸时间，同时油温和油炸时间能得到连续监控（可利用测温仪或有温度显示的油炸炉来控制）。显然，选择三是最快速、准确和方便的，是最佳的CL选择方案。只是餐饮企业需要提前根据产品特点，通过实验确认相关参数。

总之，关键限值应当是可测量的，并能实时、快速地得到测量结果。关键限值既不能过严也不能过松：过严，则可能在未发生影响食品安全危害时也要求采取纠偏措施，造成不必要的浪费；过松，则可能将不安全的菜品提供给消费者，导致企业出现食品安全事故。因此，科学的CL值的确定需要大量的科学依据。在餐饮业中，尽量多用一些物理值（时间、温度、大小等）作为关键限值，而不要用费时费钱、需要样品量大且结果不均一的微生物限量或指标，如不得检出致病菌等。餐饮企业常用的关键限值有：控制原料卫生质量的索证、感官检查；控制冷藏状况的温度和时间；控制烹调效果的火力大小、加工时间、菜品感官判断等。需要说明的是，对于基于感官判断的关键限值，应当由经过评估能胜任的人员操作。

可供参考的餐饮业主要关键控制点关键限值，见表5-6。

表 5-6 餐饮业主要关键控制点关键限值

关键控制点 CCP	关键限值 CL
原料采购验收	只向经核准的供货商进货，并索取原材料合格证或化验单； 生鲜肉禽类易腐食品原料验收温度≤4℃； 冷冻食品原料验收温度≤-18℃
加热、重热或热藏	肉禽蛋加热到中心温度 70℃以上持续 15s； 重热食品中心温度应≥70℃持续 15s； 热藏食品应保持在≥60℃，持续时间烧熟后 4h； 一般炒菜由厨师掌握烧煮的时间、火候、菜的感官性状
存放、冷却或冷藏	烧熟后菜肴在 8～60℃放置≤2h； 烧熟后菜肴在≤10℃冷藏，保质期为烧熟后 24h； 食用前需冷加工（如切配、改刀、分装等）食品，室温下加工后到食用时间≤1h

（3）建立操作限值（OL） 操作限值是比关键限值更严格的限值，一旦关键限值确定以后，操作限值也随之建立起来。操作限值 OL 是比关键限值 CL 更严格的限值，用以减少 CL 被偏离的风险。在生产中，生产操作应当在超过操作限值时就进行调整，以避免违反关键限值，这些措施可作为加工调整。加工人员可以使用这些调整措施避免失控和避免采取纠偏行动，及早发现失控的趋势，并采取行动。只有在超出关键限值时才采取纠偏行动。

例如，采用双金属型温度计测量食物中心温度，由于温度计的测量有 3℃的波动范围，则实际测量中心温度的操作限值 OL≥CL+3℃。在监控中，如果 OL 一旦被达到，就应对加工过程进行调整，以免 CL 发生偏离。

（4）使用 HACCP 计划表 建立 HACCP 体系时需要完成 HACCP 计划表（表 5-7），完成这个表就是对所确定的关键控制点确定关键限值，建立监控程序，建立验证程序和建立记录保持程序的过程，也就是应用 HACCP 基本原则 3 至原则 7 的过程。

表 5-7 HACCP 计划表

关键控制点 CCP	显著危害	关键限值 CL	监控				纠偏行动	记录	验证
			对象	方法	频率	人员			

9. HACCP 基本原则 4：关键控制点的监控（步骤 9）

（1）定义 监控就是按照制订的计划进行观察或测量，并且准确真实地进行记录，用于以后的验证。每个 CCP 的监控程序必须是特定的，是设计用来监测对已知危害的控制情况的。换句话说，监控就是收集数据并从数据中获得信息，根据所获得的信息做出正确的判断或采取有效的行动。通过对 CCP 的监控，对生产加工过程中可能出现的问题进行早期预警，如果处理得当，有助于减少或防止产品的损失。

企业的 HACCP 小组需要对每个关键控制点制订并实施监控计划，以确定是否采取了控制措施及是否符合关键限值。如果没有有效的监控和各种数据及信息记录，就没有 HACCP 系统。

（2）监控内容　根据生产加工流程图，确定了潜在/显著危害、预防措施、CCP 和关键/操作限值后，重要的是如何确定对 CCP 的监控，即确定监控内容，主要包括监控对象、监控方法、监控频率和监控人员。餐饮加工操作过程的监控措施应当简单易行，并且保证不干扰正常加工操作程序的进行。

① 监控对象　监控指对产品的或加工过程特性的度量，以确定是否符合关键限值。例如，对冷藏温度敏感的肉禽蛋类等易腐原料，当温度是关键时，对冷藏温度进行测量；对热制菜点，当加热是关键时，对加热温度、加热时间进行控制。

除了度量外，监控还包括在 CCP 上按预防措施的要求，实行各项现场观察和检查。例如，对供货商提供的原料，逐批检查有无相关食品安全证书或检疫证明。

② 监控方法　监控必须提供快速的、即时的结果，因为 CL 的偏离必须立即察觉并采取纠偏行动。尤其对于餐饮服务业的生产经营特点而言，及时在生产过程中发现问题，控制可能出现的各种危害，选择快速、有效的监控方法显得非常重要。常用的监控方法如下。

A. 感官评价法　这是一种相当迅速且有效的监控方法，需要制定监控项目或计划，监控人员应具有一定经验，并接受专业培训和考核，知道如何判断异常状况而采取适当行动。在餐饮生产经营中，可以用于原料验收、清洗、加工人员卫生操作、贮存与运输等。

B. 物理和化学测量方法　物理和化学的测量手段快速、方便，通常成为较理想的监控方法。常用的如时间和温度组合（用来监控杀死或控制病原体生长的有效程度）、水分活度（可通过限制水分活度来控制病原体的生长）、pH、浓度等，也可在短时间内提供客观准确的监视结果。

C. 实验方法　如对农药残留的快速检测、亚硝酸盐的快速检测等，微生物检测很少用于 CCP 监控，其原因是耗时及确定对健康有害所需的大量样品取样、检测上所带来的困难。

在选择合适的监控方法时，还应考虑选择何种监控仪器和设备。CCP 监控的仪器、设备有赖于监控的特性和对象，包括：温度计、钟表、水分活度计、pH 值等。仪器和设备必须准确、可靠，例如，某菜品的最低中心温度必须达到 70℃方可杀灭致病菌，而温度计的误差为±1℃，则 CL 值应设定为 71℃。温度计需定期校正，以确保准确性。

③ 监控频率　监控可以是连续的或非连续的，如有可能，应采取连续监控。如果不能进行连续监控，那就有必要确定监控的周期，以便发现可能出现的偏离关键限值或操作限值，并确保关键控制点在控制之下。

④ 监控人员　可以进行 CCP 监控的人员包括：生产操作人员、设备维护人员、食品安全管理人员等。负责监控 CCP 的人员必须接受有关 CCP 监控技术的培训，完全理解 CCP 监控的重要性，能及时进行监控活动，准确报告每次监控工作，随时报告违反关键限值的情况，以便及时采取纠偏行动。监控的执行者最好是直接操作者，应采用方便的记录方式，如放置在工作台上或挂靠在墙上的且可清楚标出 CCP 及相关关键限值的温度-时间日志。

10. HACCP 基本原则 5：建立纠偏措施（步骤 10）

（1）定义　无论 HACCP 计划设计和落实得多么好，在执行 HACCP 计划的过程中，都可能会产生一定的偏差。一旦危害被确认，相应的关键控制程序被制定下来，监控内容明确后，下一步需要做的就是建立纠偏行动程序，制定纠偏措施。所谓偏离，是指达不到关键限值的要求。纠偏措施就是指在关键控制点发生偏离时采取的行动或程序。在 HACCP 计划中，对每一个关键控制点都应预先建立相应的纠偏措施，以便在出现偏离时实施。

（2）纠偏措施的实施

① 确定并纠正引起偏离的原因　如果关键限值多次没有达到，则需要通过对人员、设备、原料、工艺和环境五个环节进行分析，找出存在问题的原因。例如偏离的原因是由于操作人员知识的欠缺，则应对员工进行食品安全知识培训；如果是由于人员的责任心缺乏，则应采取相应的奖惩措施。

② 确定偏离期所涉及菜品的处理方法　在餐饮业经营中，由于存在即时制作、即时消费的特点，偏离期涉及的菜品处理方法也应符合快速、安全并避免浪费的原则。通常可采用的措施有：隔离和保存并做安全评估，退回原料，重新加工和销毁菜品等。例如鱼饼油炸，加热中心温度如果没有达到 70℃或加热时间

没有保持 1min 以上，简单地继续加热到指定温度且维持要求的时间即是一种纠偏措施。再如菜品热保持的 CCP 中，红烧鸡块保持温度低于关键限值 60℃超过 2h，则纠偏措施是将这批鸡块废弃并进行销毁。

③ 记录纠偏行动　所有采取的纠偏行动都必须记录存档。纠偏行动的记录可帮助企业确认那些反复发生的问题，可用来判断是否 HACCP 计划需要修改。

纠偏行动的记录包括：产品确认（如产品处理、留置产品的数量）、偏离的描述、采取的纠偏行动（包括对受影响产品的最终处理）、采取纠偏行动人员的姓名、必要的评估结果。

④ 重新评估 HACCP 计划　许多企业在采取纠偏行动时常常遗漏了最后也是最重要的一步——重新评估 HACCP 计划。这一步可以用来：确认 HACCP 计划的差距；确认在初始阶段可能忽视掉的危害；决定是否所采取的纠偏行动能足够地修正偏差；关键控制限值是否制定得恰当；是否监控措施适当；是否存在可应用的新技术来尽可能降低危害的发生；决定新的危害是否必须在 HACCP 计划中得到确认。

（3）餐饮业常用的纠偏措施　在餐饮行业，当关键控制点超出关键限值时，不同的关键控制点应采取相应的纠偏措施以保证食品安全，常用的纠偏措施见表 5-8。

表 5-8　餐饮业常用的纠偏措施

关键控制点	纠偏措施
采购和验收原料	不予入库
热菜烹调	加热至限量指标
不再加热的食品的处理(如冷荤类)	重新加热或销毁
食品的热保持(如集体配送、自助类)	重新加热、调整温度或销毁
设备、餐具的消毒	重新清洗消毒

11. HACCP 基本原则 6：建立文件和记录档案（步骤 11）

（1）建立文件和记录档案的重要性　一个有效的 HACCP 系统需要建立和保持一份书面的 HACCP 计划，即建立相关文件和记录档案。该计划应尽可能多地提供系统所包含的单个食品或一组食品有关的危害信息，明确定义每个 CCP 及其相应的关键限值；计划还应包括关键控制点监控程序和记录保持方法。

存档文件为特定的活动已经按照规定要求充分完成提供了事实的证据。在 HACCP 系统下，存档文件必须以正式的形式产生，书面记录必须显示出，活动已按时完成并且是根据建立好的程序来处理的。准确的记录是 HACCP 体系成功的重要部分。记录提供了关键限值得到满足或未满足关键限值时采取纠偏行动的记载。

同时，记录也为加工过程调整，防止CCP失控提供了监控手段。在HACCP计划表上，对于每一个确定为显著危害的加工工序，列明CCP监控所需使用的各种记录名称，记录应明确显示监控程序已被遵循，并应包括监控中获得的真实数值。

（2）文件和记录档案的内容　HACCP系统中需保持的文件和记录档案随餐饮服务企业的经营业态、规模大小等不同而不同。例如，一个集中配送企业和一个中餐馆，需要保持的记录将存在较大的差异。HACCP的具体内容，由食品生产操作的复杂性决定。保持足够的、能证明系统正常运作的记录，但记录格式要尽可能简单。

① HACCP计划　包括HACCP工作小组名单及相关的责任、产品描述、经确认的生产工艺流程、危害分析工作单及完整的HACCP计划表。企业还应当保存用于危害分析和建立关键限值所对应的任何支持性文件，如在确定杀灭细菌性危害加热强度时所使用的资料，或向有关顾问和专家进行咨询的信件等。

② HACCP计划实施过程中的记录　主要指对CCP的监控记录、纠偏记录、验证记录及培训记录等。在餐饮业HACCP的实施过程中，监控记录和纠偏记录可以根据实际情况适当简化。

③ 记录人员和用具　记录工作应由专人负责，建议由食品安全管理员进行随机抽查、记录，并保存。记录保持对HACCP系统的整体效力至关重要。例如，在某一CCP处的一个程序发生改变，而在流程图上又未记录这一改变，那么类似的问题肯定会再次出现。

另外，必须为食品生产操作人员备好监控和记录关键限值的必要用具，如一个书写板、一张工作记录单、一支温度计、一块表/一个闹钟等。

12. HACCP基本原则7：建立验证程序（步骤12）

（1）验证的定义　验证是指用来确定HACCP体系是否按照HACCP计划运作，或者计划是否需要修改，以及再被确认生效使用的方法、程序、检测及审核手段，以便确认HACCP计划的有效性和符合性。

通过危害分析，实施了CCP的监控、纠偏和记录后，并不等于HACCP体系的建立和运行已能充分确保食品的安全性。验证程序通常涉及到HACCP的所有7个原则，并且试图将7个原则的内容归纳到1个原则的概念中（验证）。验证程序的设计有利于帮助企业实现HACCP计划的三个目标。

① 验证程序是用来保证HACCP计划具有作用，换句话说，它肯定了书写的计划能够得到落实，而落实的计划又与书写的计划保持着同一性。

② 验证保证了 HACCP 计划的有效性，验证实际上是对 HACCP 计划的每一部分的基本原理进行科学性的审核。例如对危害分析、CCP 点的制定及关键控制限值的建立等进行有策略有计划的验证。

③ 验证保证了 HACCP 计划是相关的，由于 HACCP 计划在发展和落实之后不是趋于静止不变的，它必须受到定期的审核以保证其通用性和有效性。

整个 HACCP 计划的验证工作每年应至少进行 1 次，保证计划的各种要素受到审核，以使计划在确认和控制食品安全危害方面更加有效。另外，每年的验证工作对 HACCP 计划进行评估，审核 HACCP 计划是否如同当初被设计的一样正常运行，保证 HACCP 计划的连续性和准确性，同时审核企业产品和操作方面的各种要求是否得到体现和落实。

（2）验证的内容　验证包括对 CCP 的验证和对 HACCP 体系的验证。

① CCP 的验证

A. 监控仪器的校准　监控仪器的校准是为了验证监控结果的准确性，如果仪器未经校准或仪器失准，其测量结果都将被认为是不正确的。例如，CCP 点监控温度的双金属温度计校准的方法主要是沸点或冰点法，至少每三个月一次自行检查温度计的准确度。

B. 校准记录的复查　除了对监控仪器按 HACCP 计划内规定的频率校准外，还必须对校准记录进行审查。包括审查的日期、校准使用的方法及其结果（如监控仪器合格/不合格）。例如，对双金属温度计的校准记录进行了审核，表明该温度计已按 HACCP 计划规定的频率，对照标准温度计予以校准，校准结果证明温度计在规定的测量误差范围内，不需再作调整，则校准记录审核结论为“未发现温度计有问题”。

C. 针对性取样和检测　针对性取样和检测既可以在原料采购时进行，也可以在加工过程中进行，其原则是强化对 CCP 的监控，例如监控程序不是太严格，就必须采取较严格的验证程序来与之相配合。例如，餐饮原料采购验收 CCP 点的监控措施是索证，为保证供货商提供的证明的可靠性，就必须定期通过样品取样、检测来加以验证。又如鱼饼油炸过程中的 CCP 是鱼饼的厚度，在生产中取样测定鱼饼厚度，用以验证操作的准确性。

② HACCP 体系的验证　除了对 CCP 的验证外，还需对 HACCP 体系进行验证，以检查 HACCP 计划所规定的各种控制措施是否有效实施。HACCP 小组要负责确保体系验证落到实处，通常可委托独立的第三方从事 HACCP 体系的验证评审。

A. 验证的频率 HACCP 体系验证的频率应足以确认 HACCP 体系在有效运行，每年至少进行一次或在系统发生故障时，或者产品原材料和加工过程发生显著改变，以及发现新的食品安全危害时进行。

B. 体系的验证 体系的验证评审通常可以采用现场检查评审和记录审查评审两种方式。现场检查评审包括：检查产品说明和流程图的准确性；检查 CCP 是否按 HACCP 计划的要求被监控；检查加工中是否按确定的 CL 值操作；检查记录是否准确完成。

记录审查评审包括：监控是否按 HACCP 计划规定的场所执行；监控是否按 HACCP 计划规定的频率执行；监控表明偏离关键限值时，是否执行了纠偏行动；设备仪器是否按 HACCP 计划规定的频率进行了校准。

四、餐饮业 HACCP 应用实例分析

鉴于餐饮业生产具备多样性、复杂性以及难以标准化的特点，其产品种类、产量以及操作过程经常变化，从业人员水平参差不齐，用于餐饮业的 HACCP 系统应该具备一定的灵活性。在餐饮业实施 HACCP 系统，最好建立在生产过程的基础上，分析可能影响食品安全的主要环节，针对这些环节制定关键控制点，这样对不同的食品经相同的生产或操作过程，可采用类似的分析控制和手段，否则若按照食品工业对每一类食品建立 HACCP 计划，对餐饮企业来说就不现实了。下面以某经营中餐为主的餐馆为例，分析餐饮业 HACCP 系统的应用。

1. 产品描述

该餐馆经营特点是以中餐为主，菜单中的菜点种类繁多，从菜点的原料、加工工艺、供餐方式、盛装食品的容器和消费对象等方面，进行该餐馆的产品描述，见表 5-9。

表 5-9 餐饮企业产品描述表

产品名称	各类中式菜点
加工方式	①生食 ②加热后放凉食用 ③加热后即食
原辅料	畜禽肉、水产品、果蔬、豆制品、米、面、鸡蛋、干货、油脂、各种调料
供餐方式	即点即烹即食(加工方式③中的大部分菜品如：热菜、鲍翅、小吃、汤品、部分蒸菜等)，即点即食(其余加工方式)
产品感官特性	以满足餐馆提供的产品图片为准
产品加工方法	除生食产品外，其余所有食品均需进行烹调加热，从而杀灭致病菌；生食产品可以通过三种方法杀灭或降低生物性危害：①过滤水清洗可部分去除食品表面细菌。②－20℃冷冻 7 天可杀灭寄生虫。③充分利用含有植物杀菌素的原料或调味品，如姜蒜、芥末等

续表

产品名称	各类中式菜点
消费对象	公众，敏感人群（老人、婴幼儿、孕妇、病人、过敏体质者等）除外
运输方式	加盖传菜
保质期	采用加工方式②的产品，保质期常温下 2h；其余即烹即食
盛放容器	陶瓷、不锈钢、塑料等材质餐具

2. 流程图绘制

按照餐馆的生产经营特点，经过深入详细了解各类菜点的生产加工过程，绘制餐馆菜品加工流程图（图 5-4），对流程中的各环节说明如下。

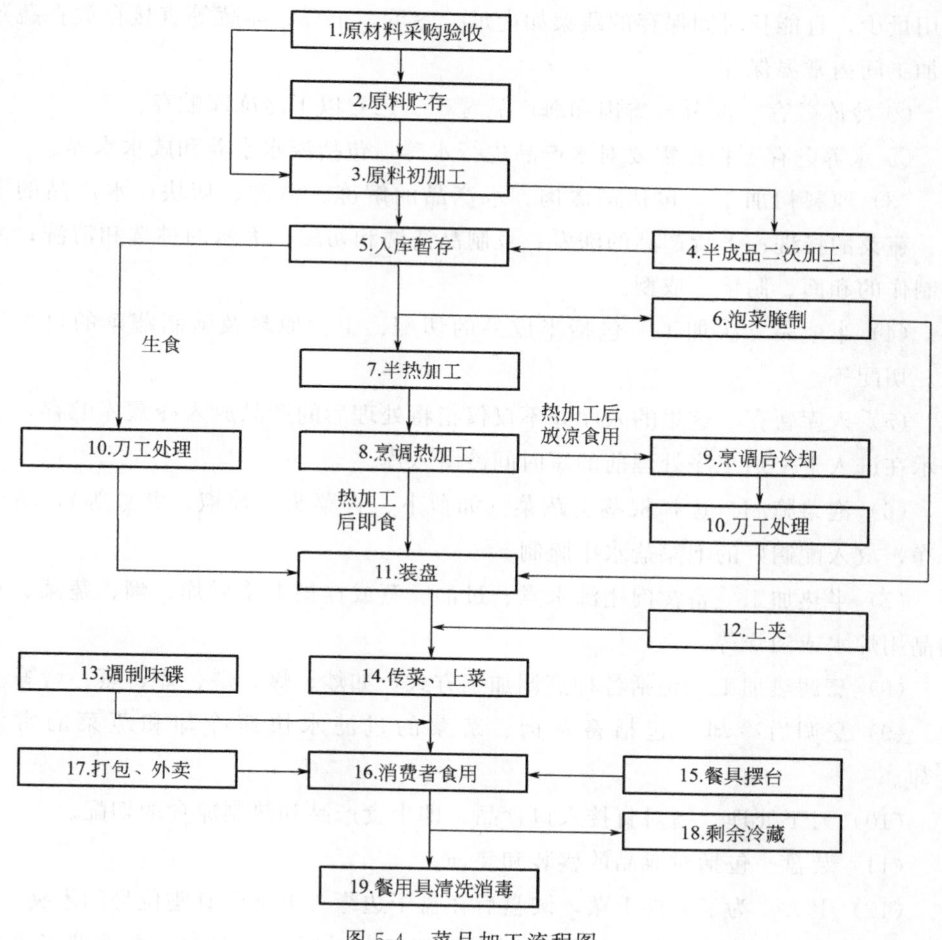

图 5-4　菜品加工流程图

（1）原材料采购验收　食品原料采购人员根据各部门主管上报的原料品种和数量进行采购。大部分畜禽肉、水产品、部分果蔬实行固定供应商供货，每日两次；粮食产品及调料实行定点采购；不能从固定供应商处采购的原料如新鲜蔬菜，临时采购的畜禽肉，则由采购人员餐前到正规市场进行定点采购。

原料由各部门主管进行验收，厨师长或副厨师长必须至少一人在场，验收内容包括视觉、嗅觉、触觉检查，不合格者当即退还。

（2）原料贮存　大多原料在验收后即进行初加工，其余原料主要贮存方式包括以下几种。

① 常温贮存　粮食、干货、禽蛋、植物油、调味品置于库房常温保存；部分用量少，且能长时间保存的蔬菜如南瓜、冬瓜、土豆、洋葱等直接存放在蔬菜粗加工间内常温保存。

② 冷冻贮存　部分畜禽肉和海产品置于−12℃以下冷冻库贮存。

③ 水养贮存　根据需要对水产品进行水养，包括淡水水养和咸水水养。

（3）原料初加工　包括畜禽肉、水产品的解冻、清洗、切块；水产品的宰杀；蔬菜的择洗；干货产品的涨发；豆制品清洗和切配；大米的挑选和清洗；面点制作的和面、制馅、成型。

（4）半成品二次加工　包括半成品的切配、生食原料及腌制蔬菜的再次清洗、切配等。

（5）入库暂存　这里的入库并不仅仅指将处理后的产品放入冷藏库贮存，还表示在进入下一道工序处理前的短时间冷藏入库。

（6）泡菜腌制　选择根茎类蔬菜（如萝卜、青菜头、辣椒、豇豆等），清洗干净，放入配制好的泡菜盐水中腌制。

（7）半热加工　畜禽肉用沸水煮、过油、蒸或挂糊上浆后炸、熘；蔬菜、豆制品用焯水或油炸等。

（8）烹调热加工　包括各种烹调加工方式，如炒、爆、煨、炸、蒸、烤等。

（9）烹调后冷却　包括畜禽肉、蔬菜的过滤水快速冷却和蔬菜的常温冷却。

（10）刀工处理　指对直接入口食品，即生食产品和热制凉食的切配。

（11）装盘　包括对成品的盛装和装饰。

（12）上夹　为了方便上菜，装盘后在盘子边缘夹上标注有座位号的木夹。

（13）调制味碟　操作人员提前制作好部分菜肴所需的调料，在消费者需要时直接同相应菜肴一道传送。

（14）传菜、上菜　包括传菜人员将菜肴传送至目的地及服务人员将菜肴端上餐桌，或将菜肴进行分盘然后再上桌。

（15）餐具摆台　服务人员餐前将消费者所用餐具按规定摆上餐桌。

（16）消费者食用　消费者直接食用菜品。

（17）打包、外卖　服务人员将食物盛放于一次性餐盒中，由消费者带出餐厅自行食用。

（18）剩余冷藏　主要指凉菜间部分当餐未售完的菜品及部分蒸菜，在餐后放入冰箱冷藏。

（19）餐用具清洗消毒　包括消费者所用餐具，以及其他盛装食品的容器和处理食品的器具，如砧板、菜刀、抹布等。

3. 危害分析工作单

见表 5-10。

4. HACCP 计划表

见表 5-11。

由于餐饮业 HACCP 体系主要建立在过程控制的基础上，故简单分析餐饮业常见的关键控制环节及其控制措施。

（1）原料采购验收　餐饮业作为食物链消费的终端，原料质量很大程度上影响着烹调加工食品的安全。原料带入的部分危害（如生物性危害）可以通过后续加工来去除，但部分危害（如化学危害）却难以在后续加工中彻底消除。因此，必须对餐饮业选择的各种原料进行来源控制，即：选择有信誉的供货商；定点采购；采购验收时检查原料的检疫合格证，加强原料的感官检查。

（2）生食原料处理　由于生食产品往往不经过加热处理，原料中存在的致病微生物不能通过加热过程杀灭，只能通过一定加工方式降低生物性危害的可能性。常用的方法如下。

① 净水清洗　由于微生物主要附着于新鲜原料的表面，在初加工后用过滤净水彻底清洗食品原料的表面，可以在很大程度上降低食品表面的细菌含量。

② －20℃冷冻 7 天　有文献表明，将海鲜类食品（如三文鱼）在－20℃条件下冷冻 7 天，即可杀灭其中的寄生虫。

（3）烹调热加工　烹调热加工（包括食物的重热）是餐饮业食物制作的主要

灭菌环节，对于保证食品卫生起到非常关键的作用，一般对于烹调热加工的控制措施，应依据餐饮企业的经营业态进行调整，主要有三种方法。

① 温度计测量　对于集中用餐的配送单位（如食堂、快餐外送等），由于每锅菜的出品量很大，很可能因受热不均而未完全熟透，因此，对于大锅菜的生产加工而言，宜实行测量中心温度的方法，确保中心温度达到 70℃即可。

② 规定食物加热温度和时间　餐饮企业可根据各自对菜肴的要求，制定企业内部产品的质量标准，规定主要菜肴品种、小吃和主食的配方、加热温度（火候）和时间，并对厨师进行生产培训，技能合格方能上岗。一般情况下，为了便于操作，还可结合食品感官进行判断。

③ 直接由厨师感官判断　中国传统烹饪的特点就是根据厨师的经验进行制作，即使是同一名厨师制作同一种菜肴也会出现不一样的加工效果，因此，在餐饮业中加强厨师的标准技能培训和食物的安全制作知识考核是非常重要的，在实际应用中可采用定岗定员，各厨师负责固定几类菜肴的制作，降低其操作失误的概率。

以上三种方法各有利弊，企业可根据实际情况酌情选择或联合使用。

(4) 原料或食物的保藏　餐饮企业常常出现提前采购大宗原料；加工成品或半成品也不一定每天都能销售完；加工完成的菜品不能立即食用。在这些情形下，往往需要将原料和食物进行妥善保藏，防止食物和原料的腐败变质和致病菌的繁殖产毒，通常采用以下方法。

① 原料或食物的冷藏　通常对于原料而言，部分蔬菜、禽蛋类置于 0～8℃冷藏；部分畜禽肉和水产品置于－20～－10℃冷冻库贮存。

食物冷藏要求是烧熟后，将食物的中心温度降至 8℃并冷藏保存的，其食用时限为烧熟后 24h 但供餐前应重新热透才能食用。

② 食物热保藏　对于集中配送或自助餐等经营业态而言，需要将食物保持在适宜的食用温度，且不能出现致病微生物的繁殖，因此需要将食物热保藏的温度和时间作为关键控制点，其控制措施是烧熟后 2h 食品中心温度保持在 60℃以上，保质期为烧熟后 4h。

表 5-10　危害分析工作单

加工步骤		识别食品安全危害		是否显著危害			判断依据	控制措施	确定CCP
				可能性	严重性	显著危害			
1. 原料采购验收	畜禽肉	生物性	沙门菌、李斯特菌、金黄色葡萄球菌等致病菌污染；病毒、寄生虫污染	大	大	是	病畜；屠宰、运输、贮存过程中被污染	定点采购，检查检疫合格证明及购货凭证；采购食品的车辆专用，车辆容器应清洁卫生；对原料验收时进行感官检验	是
		化学性	兽药、激素、重金属（如铅、砷、汞）等	中	大	是	饲养过程中使用各种兽药、激素、添加剂所致	定期检查供货商原料兽药残留和重金属合格检验证明	是
		物理性	碎石、碎玻璃等异物	小	中	否	畜禽肉在贮存、运输过程中受到污染	对每批原料进行感官检查	否
	水产品	生物性	副溶血性弧菌、霍乱弧菌、沙门菌等致病菌；病毒污染；寄生虫如华支睾吸虫	大	大	是	分布于海域的自身原有细菌；生活污水等水污染造成水产品污染细菌、富集病毒；水中的寄生虫	选择可靠的供货商；对每批原料检查其检验合格证；验收时加强感官检查，保证原料的鲜活	是
		化学性	海洋藻类毒素、组胺、挥发性盐基氮和铅、砷、镉、汞等重金属	小	大	是	水产品自身带有；水产品生产的水域受到污染；生物从被污染的水环境富集；某些鱼类组氨酸含量高；鱼类不新鲜造成	不从赤潮或工业污染水域购买水产品；购买新鲜水产品	是
		物理性	鱼刺、碎石、碎玻璃等异物	中	中	是	鱼本身带有鱼刺，贮存、运输过程中受到污染	告知食用者小心食用；对每批原料进行感官检查	否
	禽蛋	生物性	沙门菌等致病菌	中	大	是	产蛋过程蛋壳受到污染并侵入蛋内；蛋的贮存、运输、销售等环节受到致病菌污染	定点采购、加强对每批产品的感官检验；在使用前对蛋壳进行清洗	是

续表

加工步骤			识别食品安全危害	是否显著危害			判断依据	控制措施	确定CCP
				可能性	严重性	显著危害			
1. 原料采购验收	禽蛋	化学性	抗生素、重金属、非食用物质	小	中	否	饲料中使用不合格添加剂造成	定点采购，加强对供货商的监督	否
		物理性	未发现						否
	果蔬类	生物性	沙门菌、李斯特菌、金黄色葡萄球菌等致病菌污染；真菌污染；寄生虫卵附着等	中	中	是	从土壤中带出；采收、贮运过程中污染	定点采购，验收原料时加强检查	否
		化学性	农药、重金属残留；天然有毒因子如植物血凝素等；霉菌及霉菌毒素如黄曲霉毒素；亚硝酸盐污染	中	大	是	种植过程受到污染；果蔬本身含有某些天然毒素；生产和贮运过程可能会产生霉菌及其毒素；贮存不当会产生亚硝酸盐	选择可靠的供应商；不从重金属高污染区购买蔬菜；在购进原料时对每批原料进行感官检查；加工处理过程中通过去皮、浸泡、焯水等方法除去大部分农药残留；选择合适的加工方式去除果蔬的天然有毒因子；蔬菜尽量当天购买当天食用	是
		物理性	泥沙、碎石等异物	中	小	否	收获、贮运、加工过程中混入	注意感官检查，通过清洗过程可去除异物	否
	粮豆类	生物性	致病菌、霉菌、甲虫、螨等虫类	中	中	是	种植、加工、贮存过程中带入；贮存不当引起的霉变；环境中的虫类对粮食的污染；粮食生长环境中的虫螨对粮食的污染	通过来源控制，查验卫生检疫部门的检验合格报告；验收时检查包装的完整性，必要时拆开包装进行感官检查	否

续表

加工步骤		识别食品安全危害		是否显著危害			判断依据	控制措施	确定CCP
				可能性	严重性	显著危害			
1. 原料采购验收	粮豆类	化学性	农药、重金属残留如铅、砷、镉、汞等；天然毒素如植物红细胞凝集素	小	大	是	种植时农药食用不规范导致粮食被农药污染；土壤、水域被铅、砷、镉、汞等重金属污染后被粮食吸收	通过来源控制，选择可靠的供应商，不从重金属高污染区域采购粮豆原料；选择合适的加工方式去除豆类食品中的天然毒素	是
		物理性	泥土、沙石、金属等杂质	中	小	否	粮食在加工、贮存、运输过程中带入	购买高等级的合格原料；加工时清洗、挑拣出杂质	否
	干货类	生物性	霉菌及霉菌毒素、甲虫、螨等昆虫污染、鼠患	中	中	是	生产及贮运过程中受到污染；产品包装破坏、产品超过保质期	选择合格的供货商，检查合格证明；验收时检查外包装及生产日期；并随机拆开部分产品进行感官检查	否
		化学性	重金属污染、农药污染	小	中	否	生产过程受到污染	选择合格的供货商	否
		物理性	混有杂物	中	小	否	生产及贮运过程中受到污染	买高等级合格产品，加工时挑拣、清洗原料	否
	豆制品	生物性	致病菌、霉菌	中	中	否	制作过程、贮存不当	选择合格的供货商	否
		化学性	过量使用色素	小	中	否	制作过程非法使用	选择合格的供货商；加强感官检验	否
		物理性	沾染异物	小	小	否	制作、贮存过程中产生	选择合格的供货商；加强感官检测	否

续表

加工步骤		识别食品安全危害		是否显著危害			判断依据	控制措施	确定CCP
				可能性	严重性	显著危害			
1. 原料采购验收	食用油脂	生物性	霉菌污染	小	小	否	油料籽被污染	选择合格的供货商	否
		化学性	油脂溶剂、油脂酸败产生毒素，霉菌毒素如黄曲霉毒素	中	中	是	浸出法生产植物油中溶剂残留过多；油脂由于含有杂质或在不适应条件下储存而发生油脂酸败；生产油脂的原料发霉产生霉菌毒素	选择合格的供货商，检查合格证明	是
		物理性	未发现						否
	调料	生物性	腐败性微生物、昆虫、寄生虫污染	中	小	否	调味品放置时间过长造成微生物污染	选择合格的供货商，检查合格证明，按照规定进行贮存	否
		化学性	氯丙醇、食品添加剂污染；重金属污染等	小	中	否	调味品生产过程不符合规定造成		否
		物理性	异物混杂	小	中	否			否
	餐具、一次性餐盒	生物性	未发现						否
		化学性	餐具塑料、金属容器、陶瓷制品中花纹游离单体及其他有害物质	中	中	是	餐具、一次性餐盒质量低劣，在食品中水、醋、油等的溶解下，有毒物质溶出并随食品进入人体，造成健康损害	选择合格的供货商，检查合格证明	是
		物理性	未发现						否

续表

加工步骤	识别食品安全危害		是否显著危害			判断依据	控制措施	确定CCP
			可能性	严重性	显著危害			
2. 原料贮存	生物性	致病菌、寄生虫、昆虫	中	中	是	①粮食贮存不当造成霉变；虫鼠污染食品；②畜禽肉、水产品等原料本身带有致病菌和寄生虫，若贮存温度不当、时间过长，易导致微生物大量繁殖；③水产品饲养水环境不好，造成水产品大量带菌	①控制库房环境，保持库房一定的温度、湿度；采购时少量多次，尽量减少库房存货量；②畜禽肉及部分不需冷藏的水产品应根据需要量每日购进，以保持原料的新鲜，并减少入库保存量；严格冰箱出入库流程管理(如原料入库日期标注、分类存放、先进先出等)；③水产品饲养水池应定期换水、消毒	否
	化学性	亚硝酸盐、其他化学物质	中	中	是	①新鲜蔬菜若贮存时间过长，硝酸盐在硝酸盐还原菌的作用下转化为亚硝酸盐；②水产品饲养池消毒剂残留；③原料与消毒剂、杀虫剂、食品添加剂等混放	①蔬菜应当餐购买；②水产品饲养后应彻底清洗水池；③通过 SSOP 对有毒有害物质进行管理	否
	物理性	杂质等	中	小	否	虫鼠所致	严格库房 SSOP 管理	否
3. 原料初加工	生物性	致病菌、病毒	中	中	是	①原料本身带有的致病菌繁殖；②动植物食品间的交叉污染；③从业人员本身患有有碍食品安全的疾病，或不按操作规程导致交叉污染；④处理、盛装初加工后产品的容器、器皿不洁导致污染；⑤初加工在室温延续时间过长	①通过 SSOP 控制初加工人员的操作规范；动植物食品原料及水产品的清洗池、器具应分开，并定期清洗消毒；对需要解冻的原料应通过流水解冻以缩短解冻所需的时间；初加工后即进行烹调处理，或冷藏保存。②通过员工 SSOP 对从业人员的健康、卫生操作进行监督和管理	否

续表

加工步骤	识别食品安全危害		是否显著危害			判断依据	控制措施	确定CCP
			可能性	严重性	显著危害			
3. 原料初加工	化学性	农药残留	中	中	是	蔬菜农药残留	采用去皮、浸泡或后续的焯水方法去除	否
	物理性	未发现						否
4. 半成品二次加工	生物性	致病菌	大	大	是	①原料带入；②从业人员本身患有有碍食品安全的疾病，或不按操作规程导致交叉污染；③处理、盛装初加工后产品的容器、器皿不洁导致污染；④二次加工后在室温下贮存时间过长	①生食菜品和腌制蔬菜的原料如黄瓜、三文鱼、海蜇等，在初加工后应用经过滤的纯净水进行再次清洗，以最大限度去除食品表面所带细菌；生食海鲜产品于－20℃7天贮存后再食用以杀灭寄生虫；②通过员工SSOP对从业人员的健康、卫生操作进行监督和管理；③二次加工后立即进行烹调处理或放入冰箱冷藏/冷冻	是
	化学性	天然毒素	中	中	是	如新鲜竹笋中含有生氰葡萄糖苷；鲜金针菇、鲜黄花菜中的秋水仙碱	在烹煮前必须用清水浸透，然后彻底煮熟	否
	物理性	未发现						否
5. 入库暂存	生物性	致病菌	中	中	是	畜禽肉、水产品、蔬菜生加工后的半成品未分开存放；盛装容器清洁消毒不彻底，冷藏库不洁造成交叉污染；生加工后的半成品残留致病菌；由于贮存的温度和时间不当造成残留致病菌大量繁殖	严格对冰箱的管理：各种食品分类存放，定期清洁冰箱，控制并检查冰箱温度和贮存时间；盛装容器定时清洁消毒	否

续表

加工步骤	识别食品安全危害		是否显著危害			判断依据	控制措施	确定CCP
			可能性	严重性	显著危害			
5. 入库暂存	化学性	未发现						否
	物理性	未发现						否
6. 泡菜腌制	生物性	致病菌、寄生虫	小	中	否	泡菜原料本身带有致病菌或寄生虫	在二次加工时用过滤的净水对产品进行再次清洗；通过泡菜腌制时产生的乳酸菌抑制其他细菌的繁殖	否
	化学性	亚硝酸盐	大	中	是	腌制不透的酸菜：酸菜在腌制 2 至 4 天，亚硝酸盐含量开始增高，7 至 8 天含量最高，两周后逐渐下降	酸菜应腌制 15 天后再食用；洗澡泡菜（短时间腌制泡菜）应在 1 天内食用；腌菜时选用新鲜蔬菜	是
	物理性	头发、纽扣等异物	中	小	否	员工操作污染	员工 SSOP 控制	否
7. 半热加工	生物性	致病菌	中	中	是	从业人员本身患有某些有碍食品卫生的疾病，或不按操作规程操作导致食品受到交叉污染；生熟容器混用，或处理半热加工食品的用具不洁导致交叉污染	盛放半热加工后食品的容器专用，并及时清洗、消毒；通过员工 SSOP 对从业人员的健康、卫生操作进行监督和管理	否
	化学性	农药残留	中	中	是	未去皮的蔬菜原料经过清洗和浸泡后仍然存在残留农药	将蔬菜放入沸水中焯一遍，然后用清水漂洗	是
	物理性	未发现						否

续表

加工步骤	识别食品安全危害		是否显著危害			判断依据	控制措施	确定CCP
			可能性	严重性	显著危害			
8. 烹调热加工	生物性	致病菌、寄生虫	大	大	是	烹调的中心温度不够，未能杀灭原料本身带有的致病菌、寄生虫；后厨环境不洁对食物造成污染	按照生产工艺中的时间和烹调温度对食物进行充分加热；选择合格厨师，定岗定员；加强成品的检验；SSOP控制后厨卫生	是
	化学性	天然毒素、脂肪聚合物	中	大	是	天然毒素：如四季豆中的植物红细胞凝集素，鲜黄花菜中的秋水仙碱，生豆浆中的抗胰蛋白酶因子 脂肪聚合物：不饱和脂肪酸经反复高温加热后会发生聚合反应，形成二聚体、多聚体等大分子聚合物	彻底加热熟透，四季豆的青绿色完全消失，生豆浆煮沸后再以文火维持煮沸5min以上；控制油炸食品的温度在190℃以下，油脂重复利用次数不超过三次，随时添加新油	是
	物理性	未发现						否
9. 烹调后冷却	生物性	致病菌繁殖	大	大	是	冷却不迅速；冷却水污染食品；冷却后在室温下放置时间过长	通过SSOP控制员工的卫生操作：采用过滤净水对食物进行快速冷却；冷却后2h内售完，否则放入冰箱冷藏	是
	化学性	未发现						否
	物理性	头发、纽扣等异物	中	小	否	员工污染	员工SSOP控制	否
10. 刀工处理	生物性	致病菌污染	大	大	是	凉菜间环境不洁、加工用具及容器不洁造成交叉污染；员工不合规操作，本身带有有碍食品卫生的疾病等造成污染	通过GMP控制凉菜间环境；SSOP控制员工卫生操作和健康状况	是

续表

加工步骤	识别食品安全危害		是否显著危害			判断依据	控制措施	确定CCP
			可能性	严重性	显著危害			
10. 刀工处理	化学性	未发现						否
	物理性	头发、纽扣等异物	中	小	否	员工污染	员工 SSOP 控制	否
11. 装盘	生物性	致病菌残留	中	大	是	餐具清洗消毒不彻底；消毒后保洁不善；员工手带菌，直接接触食品；装盘前用抹布擦拭餐盘；员工本身带有某些有碍食品卫生的疾病；菜肴装饰品带菌	通过 SSOP 控制餐用具的清洗、消毒、保洁及员工的卫生操作和健康状况；不用抹布擦拭餐盘；菜肴装饰品在使用前置于冰箱冷藏	否
	化学性	洗涤剂、消毒剂残留	中	大	是	洗涤剂、消毒剂未清洗干净	通过 SSOP 控制餐用具的洗消清过程	否
	物理性	头发、纽扣等异物	中	小	否	员工污染	员工 SSOP 控制	否
12. 上夹	生物性	致病菌繁殖	中	小	否	夹子清洗不净，未消毒	每日一次蒸汽消毒，存放保洁柜内	否
	化学性	未发现						否
	物理性	未发现						否
13. 摆放味碟	生物性	致病菌污染	中	中	是	调味碟制作时间过于提前，存放时间过长；调味碟置于传菜通道口受到空气污染；部分调味碟含糖丰富，易于细菌生长繁殖	根据往日售卖经验，餐前定量制作味碟；含糖丰富的味碟若在 2h 内未售完，则废弃；加盖存放	否
	化学性	有害化学成分	小	大	是	调味碟制作时使用过量香精、香料或非食用物质；购买的散装调味品中添加非食用物质	调味碟制作应选择正规厂家生产的调味品，具有食品生产许可证书，不能随意添加香精、香料	否
	物理性	未发现						否

续表

加工步骤	识别食品安全危害		是否显著危害			判断依据	控制措施	确定CCP
			可能性	严重性	显著危害			
14. 传菜、上菜	生物性	致病菌污染	小	大	是	传菜人员带有某些有碍食品卫生的疾病造成污染；传菜过程中环境细菌沉降	SSOP控制员工健康状况及卫生操作；加盖传菜	否
	化学性	未发现						否
	物理性	头发、纽扣等异物	小	大	是	传菜过程中传菜人员造成	员工SSOP控制；加盖传菜	否
15. 餐具摆台	生物性	致病菌污染	小	中	否	餐具摆台时间过于提前，环境中细菌沉降污染；从业人员在折叠餐巾前未进行充分洗手、消毒从而污染餐巾，进一步污染餐具	餐前1h内进行摆台；SSOP控制从业人员卫生状况和卫生操作	否
	化学性	未发现						否
	物理性	未发现						否
16. 消费者食用	生物性	致病菌污染	中	中	是	消费者餐前不洗手污染食品；生食海产品致病菌的残留	上菜前为每个消费者准备消毒湿毛巾；为生食海产品的消费者准备芥末	否
	化学性	过敏原	小	大	是	部分过敏体质者可能会对鱼、虾、鸡蛋等过敏原过敏	服务员应了解各种菜品的配料，即时履行告知义务	否
	物理性	鱼骨、畜禽肉骨	中	中	是	不当食用，导致消费者喉道被卡	提醒消费者注意	否
17. 打包、外卖	生物性	致病菌污染	小	小	否	一次性餐盒受到污染；消费者带走后置于常温保存，未及时食用导致病菌繁殖	避免餐盒内壁在使用前暴露于空气中；提醒消费者尽快食用	否
	化学性	有毒有害物	小	中	否	不合格餐盒导致	来源控制	否
	物理性	未发现						否

续表

加工步骤	识别食品安全危害		是否显著危害			判断依据	控制措施	确定CCP
			可能性	严重性	显著危害			
18. 剩余冷藏	生物性	致病菌繁殖	中	大	是	冷藏柜温度过高，冷藏时间过长	严格冰箱出入库流程管理：各食品入库前标注日期，规定专人负责管理冰箱的温度及所剩食品；第二天首先售出前一天剩余食品	是
	化学性	未发现						否
	物理性	杂质等异物	小	小	否	重叠摆放混乱且未覆膜	有序合理摆放盖保鲜膜	否
19. 餐用具清洗消毒	生物性	致病菌	中	大	是	餐用具清洗消毒不彻底；消毒后保洁不善导致二次污染	通过 SSOP 控制：餐具采用化学消毒，有效氯浓度在250mg/L 以上，作用时间5min 以上；餐具消毒后放入专用保洁柜保存；专间所用砧板每天工作结束用酒精烧炙2min 消毒，菜刀用含氯消毒片浸泡消毒，且每餐使用前用消毒液擦拭	否
	化学性	洗涤剂、消毒剂残留	中	小	否	洗涤、消毒后未彻底冲洗	严格按照 SSOP 要求进行餐具的清洗、消毒、冲洗	否
	物理性	未发现						否

表 5-11　HACCP 计划

CCP	显著危害	关键限值		监控				纠偏措施	记录	验证
				对象	方法	频率	人员			
1. 原料采购	生物性危害和化学性危害	固定供应商	选择供应商；检查卫生防疫部门的检验报告及畜禽宰杀证；凡涉及市场紧急状况的原料停售，立即清理整顿，考核供应商，确定无恙时出售	供应商资质；原材料供货清单、购货凭证、检验合格报告、畜禽宰杀证等；原料感官情况	采购、验收时查验；建立食品采购索证索票管理制度	每批 随机 每年	采购员、验收员或库房管理员、食品安全管理员 厨师长或副厨师长 管理者、食品安全管理员（对供应商考核）	验收不合格拒收；管理者或食品安全管理员随机抽查发现原料不合格或有不合格操作，则停用原料并对相关人员进行处理；更换供应商或采购地点	食品采购与进货台账；各类原料和食品合格证明；随机抽查记录	每月审查供应商提供的合格证明，查验采购记录，对随机抽查记录结果进行分析处理
		非固定供应商	到正规市场采购；满足感官标准	原材料供货清单、购货凭证、原料感官情况						
2. 生食产品再处理	生物性危害	过滤水清洗；生食海产品－20℃冷冻 7 天		生食原料过滤水清洗、冷冻	二次加工时进行清洗，然后放入冰箱冷冻	每批随机	专间人员、食品安全管理员	重新处理	随机抽查记录；冷冻时间记录	每月审查随机抽查记录和冷冻时间记录
3. 泡菜腌制	化学性危害	选择新鲜蔬菜腌制；控制腌制时间（大于 15 天或小于 1 天）		腌制原料、腌制时间	腌制时进行控制	每批	腌制人员	继续腌制	腌制时间记录	每月审查腌制时间记录

续表

CCP	显著危害	关键限值	监控				纠偏措施	记录	验证
			对象	方法	频率	人员			
4. 蔬菜焯水	化学性危害	将蔬菜放入沸水中焯一遍，然后用过滤水漂洗	焯水处理	烹调时进行控制	每锅 随机	厨师、食品安全管理人员	废弃	随机抽查记录	每月审查随机抽查记录
5. 烹调处理	生物性危害和化学性危害	选择合格厨师(符合技能、经验的要求)，各厨师仅负责固定几道菜肴(主管除外)；对菜品进行感官判断；部分菜品(主要指无法感官判断其成熟度的菜品，如蒸菜)确定其加热温度和时间	合格厨师；成品感官情况；时间、温度	烹调时进行相应操作和判断	每锅 随机	厨师 厨师长或行政总厨	延长处理时间；废弃；管理者或食品安全管理员随机抽查，发现不合格操作则对相关人员进行处理，所涉及产品重新处理或废弃	厨师考核、培训记录；随机抽查记录	每月审查随机抽查记录
6. 剩菜冷藏	生物性危害	冷藏温度：≤4℃ 冷藏时间：24h 感官检查	冷藏温度、冷藏时间、冰箱内部状况、感官状况	检查冰箱温度；感官检查	每天 随机	各使用部门 食品安全管理员	废弃	冰箱、冷柜温度记录； 随机抽查记录； 校准记录	每月审查随机抽查记录；每年对冰箱冷藏温度进行校验

本章小结

《中华人民共和国食品安全法》第三十三条规定“国家鼓励食品生产经营企业符合良好生产规范要求，实施危害分析与关键控制点体系，提高食品安全管理水平”。

本章在介绍常见食品安全控制体系的基础上，重点介绍了餐饮服务业建立危害分析关键控制点体系（HACCP）的方法。对经营者而言，在满足食品安全良好操作规范（GMP）的条件下，制定标准卫生操作程序（SSOP），通过管理者的支持，建立相应组织机构，具备硬件设施的维护保养制度和良好的教育培训制度。在这些基础上，按照经营者自身的业态特点，结合生产流程，分析可能出现的食品安全危害，确定关键控制点，制定监控措施和验证方法。

参考文献 REFERENCES

[1] 丁晓雯，柳春红．食品安全学［M］．2版．北京:中国农业大学出版社，2016.

[2] 熊敏，王鑫．餐饮食品安全［M］．南京:东南大学出版社，2015.

[3] 童光森，彭涛．烹饪工艺学［M］．北京:中国轻工业出版社，2020.

[4] 食品保藏加工原理与技术［M］．北京:科学出版社，2014.

[5] 李光辉，孙思胜，郭卫芸，等．2009—2015年全国食物中毒特征分析［J］．食品工业，2017，38（6）：205-207.

[6] 刘灿，李惟奕，黄世明，等．后疫情时代湖北餐饮行业面临的问题及建议［J］．湖北经济学院学报，2021，18（7）：55-57.

[7] 林铠．新冠疫情下的餐饮企业供应链发展趋势研究［J］．探讨与研究，2021（8）：85.

[8] 杨铭铎．中国现代快餐［M］．北京：高等教育出版社，2005.

[9] 肖岚．中央厨房设计与管理［M］．北京：中国轻工业出版社，2021.

[10] 贾丽华，顾士圻．餐饮业食品安全控制指南［M］．石家庄：河北教育出版社，2006.

[11] 裴连伟．餐饮业建立和实施食品安全管理体系指南［M］．北京：中国标准出版社，2009.

[12] 国家认证认可监督管理委员会．HACCP认证与百家著名食品企业案例分析［M］．北京：中国农业科学技术出版社，2006.

[13] 全国认证认可标准化技术委员会．GB/T 27306—2008《食品安全管理体系 餐饮业要求》理解与实施［M］．北京：中国标准出版社，2009.

[14] GB 31654—2021［S］.

[15] 孙平．食品添加剂［M］．2版．北京：中国轻工业出版社，2020.

[16] 肖岚．中央厨房工艺设计与管理［M］．北京：中国轻工业出版社，2021.

[17] DB 312008-2012［S］.

Contents 目录

Preface 前言

众所周知，随着人们生活质量的不断提高，人们对饮食的要求越来越高。中华民族自古至今就是一个讲究美食的民族，美食的本质在于科学健康，讲究色、香、味的协调搭配。人们也在不断寻找吃的方式和方法，在日积月累的生活中不断地总结出多种多样的饮食方法，使人们吃出健康美丽的自我。

中国人讲吃，不仅仅是一日三餐，解渴充饥，它往往蕴含着中国人认识事物、理解事物的哲理，一个小孩子生下来，亲友要吃红表示喜庆。“蛋”表示着生命的延续，“吃蛋”寄寓着中国人传宗接代的厚望。孩子周岁时要“吃”，18 岁时要“吃”，结婚时要“吃”，到了 60 大寿，更要觥筹交错地庆贺一番。

本套书分为 3 册：《精选家常小炒 800 例》、《可口家常菜 800 例》以及特意为广大老年人和爱好养生的人们精心策划了《800 道养生粥汤》。

《精选家常小炒 800 例》主要介绍了 800 例家庭常见菜的制作方法，以家庭口味为主，烹饪方法简单快捷，食材以及配料的选择普通而常见。书中开篇为广大读者介绍了家常菜的烹饪常识，同时又根据食材的不同分为四大篇章，分别介绍了蔬菜类、畜肉类、禽蛋类、水产类的制作方法，全书图文并茂，以言简意赅的语言介绍了每道菜的烹制方法。

希望广大读者在读过本书后，都能吃出快乐，吃出健康！

精选家常小炒800例

JINGXUANJIACHANGXIAOCHAO

800LI

谭阳春 主编

辽宁科学技术出版社

·沈 阳·

第二章

家常菜
烹饪常识

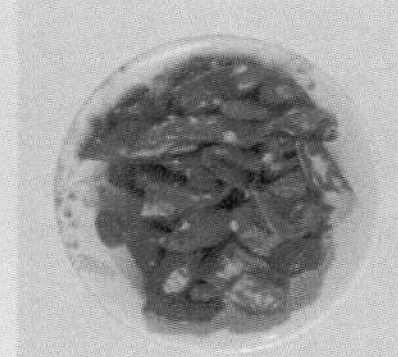

一、常用名词术语及其含义

1. 烹饪——“烹”是加热的意思，“饪”是成熟的意思。

2. 刀工——根据烹调和食用的要求，运用多种刀法将烹调原料加工成所需形状的操作过程。

3. 火候——烹调时所运用火力的大小和时间的长短。

4. 勾芡——在菜肴接近成熟时，将用水调匀的淀粉汁淋入锅内使汤汁浓稠，黏附或部分黏附于菜肴之上的过程。

5. 上浆（挂糊）——指在过了刀工处理的原料表面裹上一层黏性的糊浆，使制成的菜肴酥脆、滑嫩或松软。浓稠的称为糊，稀薄的称为浆。糊或浆一般由生粉（淀粉）或鸡蛋制作。

蛋泡糊

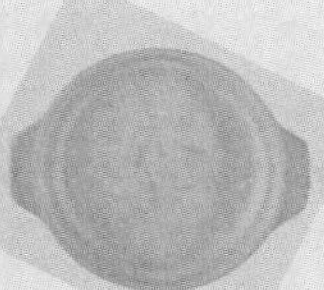
蛋清糊

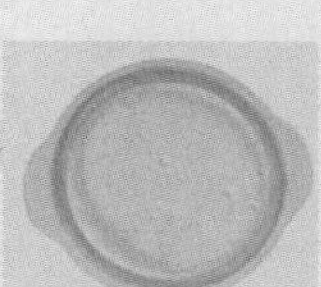
蛋黄糊

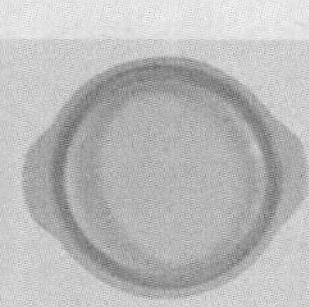
浆

6. 滑油（划油）——将成形原料上浆后，放入120℃左右的油锅中划散至原料断生的一种办法。

滑油

冷水锅焯水

热水锅焯水

7. 焯水（飞水）——是把经过初步加工的原料放入沸水中加热至半熟或全熟，以备进一步切配成型或直接用于烹调菜肴的处理方式。分为冷水锅焯水和热水锅焯水，冷水锅焯水多处理肉类，沸水锅焯水多处理蔬菜类。

8. 花刀——亦称混刀、剞，是采用两种或两种以上刀法在原料表面划上一定深度的刀纹，使其加热后卷曲成各种形状的刀法。

二、家常菜常用烹调方法

所谓烹调方法，是指把切配成型的原料通过加热和调味制成菜品的操作方法。常用的热菜烹调方法有炸、炒、熘、爆、炖、焖、煨、烧、扒、煮、汆、烩、煎、蒸等。常用的凉菜的烹调方法有炝、拌、腌、卤、冻、酥、熏、酱等。

（一）热菜的制作方法

1. 炸：炸是将加工好的食品原料投入油锅直接制熟的烹调方法，通常是锅内放入大量的油，火力要旺，由于油温非常高，食品外层非常快形成焦黄层，传热性变慢，若是大块的，应切为小块为佳。用作炸制的原料通常是先经过调味品浸渍，或上浆挂糊拍粉，也可先加工成入味的半成品。所制的食品具有香酥嫩脆的优点，可炸制品含油较多，不易消化。炸的烹调办法还可细分为脆炸、酥炸、松炸、软炸等。

2. 炒：炒是将丁、丝、条、片、粒等小型原料在热锅少量油中快速翻拌调味、勾芡直至成熟的烹调方法。通常将原料在少量油的热锅中加热翻拌的过程叫煸。炒主要以旺火速成，要求紧油包芡，光润饱满，清鲜软嫩，在口味上变化较为丰富。依据对炒法原料性质的区别有生炒和熟炒之分；依据色彩有红、白之别；在操作顺序上有煸炒、滑炒和软炒之分。

3. 熘：熘是先将原料用炸、煮、蒸、滑油、焯水的办法加工成熟，接着将调好的芡汁浇在原料上的烹调办法。熘的操作分 2 个步骤：第一步是将原料经过油炸；其次是另取油锅调制卤汁，以卤汁浇淋于原料表面上或将原料投入卤汁中搅拌制成。它的优点是外焦里嫩或滑软鲜嫩，熘的方法有脆熘、滑溜、软熘、焦熘等四种类型。

4. 爆：运用旺火热油急炸，旺火兑汁勾芡快速制熟的方法叫爆。爆的速度极快，每一加热过程仅为 3~4 秒钟，故被称为最快的制熟方法，而且具有温度高、时间短的优点。爆的原料仅限于肚尖、肫、鱿鱼、羊肉等几种。为达到最佳成效，常采用碱致嫩的办法，使致密结构疏松。爆菜的优点是脆嫩爽口，吃完后盘内无卤汁。爆可为油爆、葱爆、火爆三种。

5. 炖：炖的方法有两种：一种是不隔水的炖，即将原料在开水内烫去血污和腥膻气味，再放入陶制的器皿内，加姜、黄酒等调味品和水，加盖直接放在火上炖制；另一种是隔水炖，是将原料放入盛器中，隔水加热，使原料成熟。隔水炖的优点是汤汁澄清，原汁原味。

6. 焖：焖是将原料经过油炸或煎、煸炒、蒸、煮后，炝锅、添汤、焖烂、勾芡的一种生焖而熟的办法。它的优点是菜肴的形态整齐，不碎不裂，汁浓味厚，酥烂醇香。焖的办法可分为红焖、黄焖。

7. 煨：煨是将富含脂肪、蛋白的韧性原料经过炸、煎、煸、焯水后置于容器中，加适量水用中火加热，保持锅内沸腾至汤汁奶白、肉质酥烂的制熟成菜的方法叫煨。煨与炖一样需用大量水，以菜出汤，不一样的是炖是用小火加热，使汤面无明显沸腾状态，而煨则需用中火加热，使汤面有明显沸腾状态，才可以使汤汁浓白而稠厚。

8. 煮：煮是将原料放于较多的汤汁或干净的水中，先用旺火煮沸，再用文火煮至熟烂。用在煮的原料有生料也有熟料。它的优点是不勾芡、汤汁多、口味清鲜。

9. 烩：烩是将加工成片、丝、条的多种原料一块儿用旺火加热制成半汤半菜的烹调方法。烩菜所用的原料多数是经过初步处理的原料。它的优点是汤汁宽厚、口味鲜浓。烩的方法有普通烩、烧烩、清烩、杂烩等。

10. 煎：煎是将锅底加少许油，用小火将原料煎至两面金黄。煎时要了解火力大小，原料要加工成扁平状。煎的办法有脆煎和软煎之分。

11. 蒸：蒸是以蒸汽传导热的烹调方法。在菜肴烹调中，蒸的方法运用非常广泛，它不仅用在烹调菜肴，而且还用在原料的初步加工和菜肴的保温回笼等。

（二）凉菜的制作方法

1. 炝：把生料加工成丝、条、片、块等小料，用沸水稍烫，或取温油稍炸，沥去水和油，趁热用花椒油、花椒粉或其他调辅料掺和后稍放片刻，使调味汁渗透至原料内部即成。

2. 拌：拌菜通常是把生菜或熟料改刀加工成丝、条、片、块等小料后，再用调味品拌制而成。

3. 腌：将原料浸泡在卤汁中或用调味品涂和，以排除原料中的部分水分，使原料慢慢入味。

4. 卤：将原料放在配好的卤汁中煮，以增加食品的香味和色彩的熟制方法。

5. 冻：将烹制成熟的菜肴原料，在原汤中加入富含胶元蛋白的原料（如猪皮、琼脂等）同煮，使菜肴晾凉后冻结在一起。

6. 酥：将原料用油炸酥或投入汤内，加醋等调料，用小火焖至骨酥肉烂。

7. 熏：利用熏料受热而产生的烟气将烹饪原料成熟、上色或入味。

8. 酱：将经过刮、洗、烫、煮的原料下入酱汤中，用旺火烧开，再用慢火焖熟。

用小火加热，使汤面无明显沸腾状态，而煨则需用中火加热，使汤面有明显沸腾状态，才可以使汤汁浓白而稠厚。

8. 煮：煮是将原料放于较多的汤汁或干净的水中，先用旺火煮沸，再用文火煮至熟烂。用在煮的原料有生料也有熟料。它的优点是不勾芡、汤汁多、口味清鲜。

9. 烩：烩是将加工成片、丝、条的多种原料一块儿用旺火加热制成半汤半菜的烹调方法。烩菜所用的原料多数是经过初步处理的原料。它的优点是汤汁宽厚、口味鲜浓。烩的方法有普通烩、烧烩、清烩、杂烩等。

10. 煎：煎是将锅底加少许油，用小火将原料煎至两面金黄。煎时要了解火力大小，原料要加工成扁平状。煎的办法有脆煎和软煎之分。

11. 蒸：蒸是以蒸汽传导热的烹调方法。在菜肴烹调中，蒸的方法运用非常广泛，它不仅用在烹调菜肴，而且还用在原料的初步加工和菜肴的保温回笼等。

（二）凉菜的制作方法

1. 炝：把生料加工成丝、条、片、块等小料，用沸水稍烫，或取温油稍炸，沥去水和油，趁热用花椒油、花椒粉或其他调辅料掺和后稍放片刻，使调味汁渗透至原料内部即成。

2. 拌：拌菜通常是把生菜或熟料改刀加工成丝、条、片、块等小料后，再用调味品拌制而成。

3. 腌：将原料浸泡在卤汁中或用调味品涂和，以排除原料中的部分水分，使原料慢慢入味。

4. 卤：将原料放在配好的卤汁中煮，以增加食品的香味和色彩的熟制方法。

5. 冻：将烹制成熟的菜肴原料，在原汤中加入富含胶元蛋白的原料（如猪皮、琼脂等）同煮，使菜肴晾凉后冻结在一起。

6. 酥：将原料用油炸酥或投入汤内，加醋等调料，用小火焖至骨酥肉烂。

7. 熏：利用熏料受热而产生的烟气将烹饪原料成熟、上色或入味。

8. 酱：将经过刮、洗、烫、煮的原料下入酱汤中，用旺火烧开，再用慢火焖熟。

4. 糖在烹调中的作用

烹调用糖可分为白糖、红糖、冰糖、饴糖和蜂蜜。在烹调中，它们的作用既有相同之处，又有明显区别。主要作用如下：

(1) 白糖：为甜味调料的主要源头，是烹调中最常用的糖，其甜度适中，色白味纯，颗粒细小，溶化较快，在烹调中除增加菜品甜味之外，还有提鲜、和味、去腥解腻的作用，此外，白糖还能制作糖色，增添菜肴的色彩，对部分面点食物还能起松泡、软嫩及增色作用。

白糖

(2) 红糖：烹调中用的较少，主要作红糖生姜茶，或产妇产后在进补时常用到。

(3) 冰糖：其质地紧，甜味纯正。烹调中主要用在调味，增色通常用在烧、煮、炖等长时间加热的菜肴中，如冰糖圆蹄。

(4) 饴糖：富含麦芽糖、葡萄糖，甜味柔和爽口，是易于消化、富含营养的调味品。烹调中广泛用在面点、小吃及烧烤等菜肴中，主要作用是增加色彩、增添酥香。

(5) 蜂蜜：因其具有特殊的香味，常用在"蜜汁"菜肴中。其作用是增加色彩、增添酥香，促使成品松软。

5. 醋在烹调中的作用

醋是一种重要的烹调作料，其作用多样，主要有以下几方面：

(1) 解腥：在烹调鱼类等腥味较重的原料时，添加少量可除去腥味。

(2) 祛膻：煮烧羊肉时添加少量醋，可解除羊膻味。

(3) 减辣：在烹调菜肴时如感觉太辣，可添加少量醋以减轻辣味。

(4) 添香：在烹调菜肴时添加少量醋，能使菜肴减少油腻，增加香味。

(5) 催熟：在炖肉、海带、土豆等菜肴时添加少量醋，可使其易熟易烂。

(6) 防腐：在浸泡的生鱼中添加少量醋，能预防其腐蚀变质。

(7) 在炒蔬菜时加一点醋，能减少蔬菜中维生素 C 的损失，促进铁、钙、磷等矿物质原料的溶解，提高菜肴的营养价值和人体的吸收利用率。

6. 酒在烹调中的运用

酒能解腥着色，使菜肴鲜美可口。能使酒起解腥增香的作用，主要在于酒的挥发性，因此在烹调过程中最合理的用酒时间，必须是整个烧菜过程中锅内温度最高时。使用酒时应注意用量，通常宜少，用酒精含量较低的酒，如黄酒、啤酒，对有特殊要求的菜肴，调味时可用白酒、果酒或葡萄酒。

7. 调味品

（1）单一味的调味品

咸味类：如食盐、酱油（老抽、生抽）、豆酱等。

酸味类：如香醋、红醋、酸梅等。

甜味类：各种糖、蜂蜜。

苦味类：苦味原料通常是从药材中提取出来。

如：陈皮、淮山药、芥末等。

辣味类：胡椒、辣椒粉、生姜、咖喱、葱、蒜等。

香味类：桂皮、小茴香、丁香、花椒、香菜、芝麻酱等。

鲜味类：虾皮、味精、鸡粉、蚝油、鱼露等。

（2）复合味的调味品

酸甜类：番茄酱、糖醋汁等。

甜咸类：甜面酱、海鲜酱、柱侯酱等。

辣咸类：豆瓣酱、辣酱油、椒盐末等。

香辣类：咖喱汁、芥末糊等。

8. 火候的运用

火候通常分为四种：旺火、中火、小火、微火。

（1）旺火：旺火还称为大火、急火或武火，火焰高而安定，火色呈蓝白色，热度逼人，烹煮速度快，可保留原料的新鲜及口感的软嫩，适合生炒、滑炒、爆等烹调办法。

（2）中火：中火还称为文武火或慢火，火力介于旺火及小火之间，火焰较低且不安定，火光呈蓝红色，光度明亮，通常适合于煎、煮等菜肴。

（3）小火：小火还称为文火或温火，火柱不能伸出锅边，火焰小且时高时低，火光呈蓝橘色，光度较暗且热度较低，通常适合于慢熟或不易烂的菜，适合干炒、烧等烹饪办法。

（4）微火：微火还称为烟火，火焰微弱，火色呈蓝色，光度暗且热度低，通常适合于需长时间炖煮的菜，使食品产生入口即化的感觉，并能保持原有的香味，适合的烹调办法有炖、焖、煨等。

总之，烹调菜肴多种多样，原料、质地、方法也各异，不能拘泥于某一种火候，必须要灵敏运用、随机处理才可以得心应手。

9. 如何去了解调味的流程

根据原料、菜肴和烹调方法的不一样，调味的方法流程可分为加热前调味、加热过程中调味和加热后调味。

（1）加热前调味：也叫根本调味，可使调味品深入原料内部，同时除去某些原料的腥、膻味。办法是在加热前将备好的原料先用盐、酒、糖、醋、酱油等调味品浸渍或调拌一下，接着再加热。

（2）加热过程中的调味：也叫正式调味，它是调味的最佳时机，是调味的决定性阶段。其方法是待原料下锅后，根据菜肴的要求和口味，投入各种调味品。

（3）加热后的调味：也叫补充调味，其要求是提高菜肴的鲜美价值，突出其风味特色。方法是待菜肴烹好起锅后，再补以调味品，凡遇热易挥发或易破坏的调味品，如芥末、香油、胡椒以及味精等，均宜这时候加入。

10. 烹调菜肴如何去配料

烹调时使用搭配原料，应小心从数目、质地、色彩、味道、营养等方面的互相配合，作到层次分明，不能喧宾夺主，要主次有序。

（1）数目配合：要突出主料，衬以配料，在分量比例上视菜肴而定。

（2）质地配合：应根据原料的性质和烹调方法配合。如主辅料质地相同时，应脆配脆、软配软。主辅料质地不同时，应脆配软，如肉丝炒冬笋，成菜后肉丝柔软，笋丝脆嫩。

（3）色彩的配合：要求美观大方、赏心悦目，配合的办法通常有两种：一种是顺色配，即主辅料色彩相同或相似；另一种是逆色配，即主辅料色彩不一样。菜色配置如果合理得法，装盘上桌后是一幅靓丽的图案，令人赏心悦目。

（4）味的配合：应以主料口味为主，辅料应突出主料，主料口味过浓或过淡者，可用辅料冲淡或弥补，做到相得益彰或互相制约，如羊肉与萝卜、土豆与牛肉等，如同时做几个菜还应小心浓、淡、甜、酸、辣、咸的区别，预防满席一味的情况出现。

（5）营养的配合：注意食品原料营养的互相协调，避免相克的原料出现在同一道菜肴中或同一桌筵席上。

此外，还应注意形状的区分，应将块、片、丝、丁等相配合。

11. 炒菜的合理程序

做菜，首先应了解其整个程序，通常来讲，应先将要用的料放入盛器中，炒菜时在热锅中加一匙油，晃锅，使锅壁均匀地沾上一层油。接着倒入第一个要炒的菜，炒好后再浇一匙浮油，颠翻几下，盛入盘中，炒菜过程中应了解以下主要流程：

（1）热锅冷油：即锅应先热。炒菜时主要要控制好油温，只添加制熟的油后摇匀，就可以放菜炒。根据炒菜原料的不一样调整火力。

（2）原料排队：一道菜中通常都有几种原料，如有肉丝、青菜，此时应先炒一下肉丝捞出，再烧青菜，接着再重新倒入肉丝，要注意原料下锅的顺序。

（3）调料预配：炒菜前应将要用的调味品先配好，不致做时手忙脚乱，既影响速度，又影响质量。

12. 如何使用作料

（1）葱：做咸食的主要作料，有去腥除腻的功能，通常有三种用法：

①炝锅：多在炒荤菜时使用。如炒肉时添加适量的葱丝或葱末，

葱段

葱末

做炖、煨、红烧肉菜和海味、鱼鸭时添加葱段。大葱与羊肉混炒既能去除膻味还能提出羊肉的鲜味。

②拌馅：做丸子、水饺、馄饨时，在馅中拌入葱末可使味道醇厚。

③明用调味：如吃烤鸭，在荷叶饼里抹上甜面酱，放入鸭片，卷上葱段，格外利口好吃；在做酸辣汤或热清汤时，最后撒上葱末，浇明油，味道更好；煎鸡蛋时配上葱末，能去掉鸡蛋的腥味，吃起来香咸可口。

(2) 生姜：通常荤素菜肴都离不开生姜，这原因是它自身是有辛辣和芳香味道，溶解于菜肴之中，菜的味道愈加鲜美，正是这个原因。生姜有“植物味精”之称，其用法有四种：

①混煮：炖鸡、鸭、鱼、肉时将姜片或拍碎的姜块放入，肉味醇香。

②兑汁：做甜酸味道的菜时，可将姜切成细末，与糖、醋兑汁烹调或凉拌。

③蘸食：用姜末、醋、酱油、小磨香油搅拌成汁蘸吃。

④浸渍返鲜：冷冻肉类、家禽，在加热前先用姜汁浸渍，可以起返鲜作用，尝到固有的新鲜滋味。

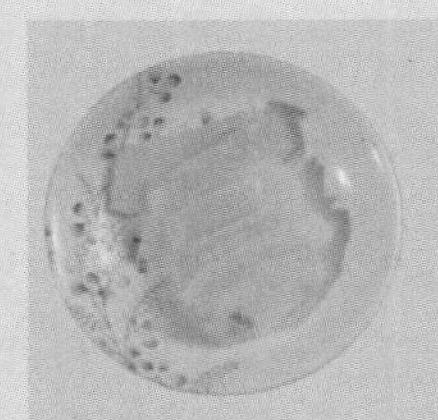
生姜

(3) 大蒜：做配料能起调味和杀菌作用，办法有五种：

①去腥提鲜：如炖鱼、炒肉、烧海参时，投入蒜片或拍碎的蒜瓣。

②明放：多在做咸味带汁的菜时添加，如烧茄子、炒猪肝或其他烩菜时，放几片蒜使菜散发香味。

③浸泡蘸吃：如吃饺子时蘸香油、酱油、辣椒油浸泡的蒜汁，风味特别，格外好吃。

④拌凉菜，用拍碎的蒜瓣或捣烂的蒜泥拌黄瓜、调凉粉。在蒸熟的茄子上泼上蒜汁，菜味更浓。

⑤把蒜末与葱段、姜末、料酒、淀粉等兑成汁，用在熘菜，味道更佳。

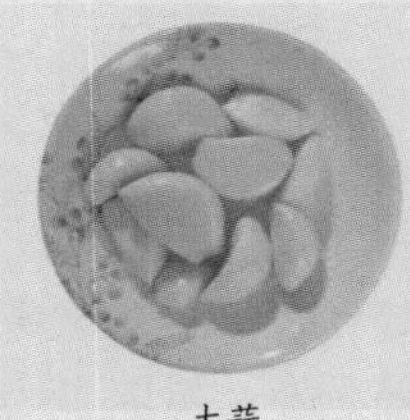
大蒜

(4) 干辣椒：干辣椒是红辣椒经过干制而成的辣椒产品。它的特点是含水量低、适合长期保藏，但未密封包装或含水量高的干辣椒容易霉变。干辣椒的吃法主要是作为调味料食用。干辣椒能够提香，主要作用有：

①去腥提香，能够去除肉类的异味。

②作为主要原料调制辣味食品。

③开胃作用，能够提高菜品的风味。

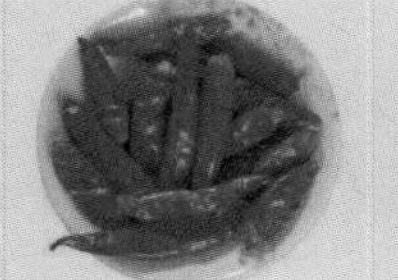
整干椒

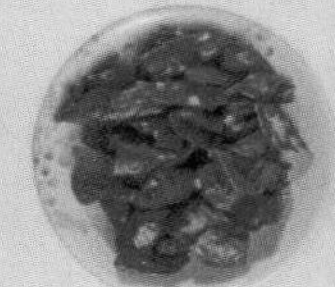
干椒段

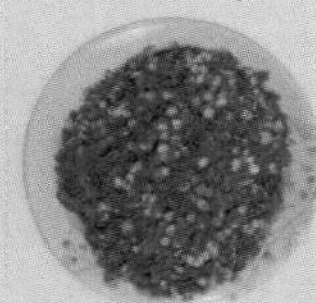
干椒末

四、家常小炒的特点

作为家庭餐桌上的常备菜肴，小炒在烹饪过程中讲究色、香、味的完美结合。不仅注重荤素搭配、酸碱平衡、营养搭配、食材的普通性，而且还注重食物的多样化。

1. 荤素搭配

在小炒中除蔬菜类的清炒，最主要的还是荤素的搭配。在清炒过程中有时还配有豆豉炒辣椒、剁辣椒之类的开胃菜。一道菜中也尽可能荤素搭配。

2. 注重酸碱平衡

炒菜时也注意食物的酸碱平衡。如，肉类属酸性食物，在烹饪时会加入一些酸碱食品，例如青椒、红椒、豆制品、菌类等。

3. 保护食物营养

在烹饪过程中很也要注意保护食物的营养。任何食物在加温过程中必定会损失不少营养物质，炒菜过程中一定要注意保护营养成分，比如青菜类，不要炒过，尽量保持蔬菜的原有成分，可以进行降温处理的绝对不要使用高温。此外，用淀粉上浆、挂糊、勾芡，不但能改变菜肴的口感，还可保持食材中的水分、水溶性营养成分的浓度，使原料内部受热均匀而不直接和高温油接触，蛋白质不会过渡变性，维生素也可少受高温分解破坏，更减少了营养物质与空气的接触而被氧化的程度。

4. 食材的搭配

作为家庭小炒，注重的是口味的家常性和食材的易得性。食材一般存在地域性、季节性、地方口味性的特点。因此，一定要根据自己地方的习惯来选择当地最为普遍和常见的食材进行烹饪，且不可照本宣科，为了炒出某个菜而随意更换食材和配料，这样炒出菜会失去原有味道。

五、家常小炒中的调味品

通常小炒的成菜时间短，所以各种成品调味料、调味汁、调味酱的运用显得尤为重要。接下来介绍的就是几种小炒中常用的调料。

鱼香汁：鱼香汁源于四川，它能使根本没有鱼的菜肴，散发出浓郁的鱼香味。所用调料有：酱油 15 毫升，米醋 10 毫升，料酒 10 毫升，白糖 20g，葱姜末各 10g，蒜两瓣切成小片，味精 10g，湿淀粉 10g，泡辣椒 10g。将上述调料调和在一起，即为鱼香汁。

糖醋汁：这个调味汁主要是以糖、醋为原料调和而成，可用于拌制蔬菜，如糖醋萝卜、糖醋番茄等。也可以先将主料炸或煮熟出锅，再将锅中放少许油烧至七八成熟，倒入完好的糖醋汁推炒至稠浓后投入主料，滚匀，闻到香味出锅即可。也可用于荤料，如糖醋排骨、糖醋鱼片。还可将糖、醋调和入锅，加水烧开，凉后再加人主料浸泡数小时后食用，多用于泡制蔬菜的叶、根、茎、果，如泡青椒、泡黄瓜、泡萝卜、泡姜芽等。

蚝油汁：蚝油汁是用蚝油、盐、香油等原料，加鲜汤烧沸制成，为咖啡色的咸鲜味汁。蚝油是以鲜蚝（牡蛎）去壳、煮熟、取汁，经浓缩、过滤，配以酱色、白糖、改良玉米淀粉等加工制成的调味品。这种调味汁粤菜中使用的多。同时，我们也要知道蚝油具有很高的营养价值，含有的氨基酸种类有大概 20 种以上，且各种氨基酸含量之间是协调平衡的，所以这种调味汁是不可多得的营养保健型调味品。

姜味汁：用料为生姜、盐、味精和油。是将生姜挤汁，与调料调和制成。生姜汁常用于禽类的烹调，如姜汁鸡等。

蜜汁：蜜汁是山东菜的特色烹调用汁。蜜汁菜肴多作为高级筵席中的配菜。蜂蜜做调味料，成菜色红亮、质绵软。

淀粉：烹调用的淀粉又叫团粉，主要有绿豆淀粉，马铃薯淀粉，麦类淀粉，菱、藕淀粉等。绿豆淀粉是最佳的淀粉。它是由绿豆水涨磨碎、沉淀而成，它的特点是黏性足、吸水性小、色洁白而有光泽。马铃薯淀粉是目前家庭常用淀粉，是由马铃薯磨碎、揉洗、沉淀制成，特点是黏性足、质地细腻、色洁白，光泽优于绿豆淀粉，但吸水性差。小麦淀粉是麦麸洗面筋后沉淀而成或用面粉制成。特点是色白，但光泽较差，质量不如马铃薯淀粉。勾芡后易沉淀。甘薯淀粉吸水能力强，但黏性较差，无光泽，色暗红带黑，由鲜薯磨碎、揉洗、沉淀而成。此外还有玉米淀粉，菱、藕淀粉，荸荠淀粉等。

第一章 蔬菜类

蔬菜是一类重要的植物性食物，能够为人体提供丰富的纤维素、维生素、矿物质以及其他微量元素。在购买蔬菜时，要以鲜为主。最好每天都能摄取三种以上的蔬菜。

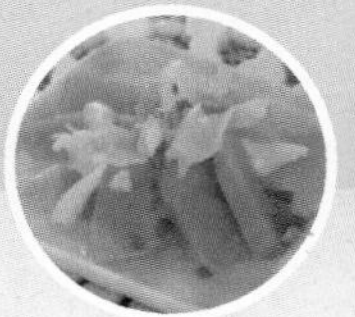
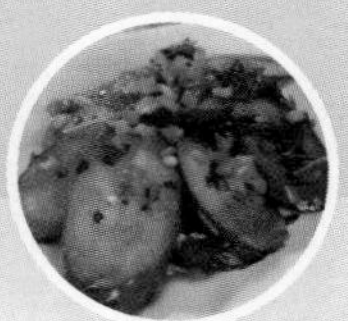

【葱香白菜丝】

■ 原料　白菜梗 250 克，青椒、红椒各 50 克，大葱白 100 克，鸡蛋 2 个。

■ 调料　植物油、食盐、味精、胡椒粉、香油各适量。

做法

1. 将白菜梗、青椒、红椒、大葱白均切成 5 厘米长的丝；鸡蛋打散，摊成蛋皮，也切成 5 厘米长的丝。
2. 锅置旺火上，放入植物油，烧热后下入白菜梗丝、青椒丝、红椒丝、食盐、味精炒拌入味，再加入葱白丝、蛋皮丝炒拌均匀，淋上香油，撒胡椒粉，出锅装盘即可。

■ 菜品特色　鲜香清脆。

烹饪贴士

1. 切白菜时，宜顺丝切，这样白菜易熟。
2. 烹调时不宜用煮焯、浸烫后挤汁等方法，以避免营养素的大量损失。
3. 大白菜在沸水中焯烫的时间不可过长，最佳的时间为 20~30 秒。

■ 原料介绍　白菜又名大白菜，有“菜中之王”的美称。白菜含较多维生素，与肉类同食，既可增添肉的鲜美味，又可减少肉中的亚硝酸盐和亚硝酸盐类物质，减少致癌物质亚硝酸胺的产生。白菜除供熟食之外，还可以加工为菜干或制成腌制品。

■ 营养分析

1. 白菜含有丰富的粗纤维，能起到润肠、促进排毒、刺激肠胃蠕动、帮助消化的功能。
2. 白菜中含有丰富的维生素 C、维生素 E，多吃白菜，可以起到很好的护肤和养颜效果。

■ 适用人群　适合所有人食用。

■ 选购窍门　一般来说，优质大白菜包心紧、分量重、底部突出、根部切口大。

■ 储藏妙法　将大白菜用保鲜膜裹住，放入冰箱，储藏期可超过 50 天。

【飞燕银丝】

■ 原料 白萝卜 300 克，燕饺 250 克，红椒丝 1 克。

■ 调料 猪油、食盐、味精、葱花、姜丝、鲜汤各适量。

做法

1. 将白萝卜剥皮，切成细丝。

2. 锅内放猪油，下姜丝炒香后倒入鲜汤，烧开后下入萝卜丝，炖开后改用小火煮至汤汁乳白，再下燕饺同煮，放食盐、味精调好味，放入红椒丝，撒上葱花即可出锅。

■ 菜品特色 鲜香甜脆，补气益身。

■ 原料介绍 白萝卜是一种常见的蔬菜，生食熟食均可，其略带辛辣味。

■ 营养分析

1. 增强机体免疫功能：萝卜含丰富的维生素 C 和微量元素锌，有助于增强机体的免疫功能，提高抗病能力。

2. 帮助消化：萝卜中的芥子油能促进胃肠蠕动，增加食欲，帮助消化。

3. 帮助营养物质的吸收：萝卜中的淀粉酶能分解食物中的淀粉、脂肪，使之得到充分的吸收。

4. 防癌抗癌：萝卜含有木质素，能提高巨噬细胞的活力，吞噬癌细胞。

■ 适用人群 一般人都可食用，脾虚泄泻者慎食或少食。

烹饪贴士

1. 萝卜可生食、炒食、做药膳、煮食，或煎汤、捣汁饮，或外敷患处。烹饪中适用于烧、拌、做汤，也可作配料和点缀。

2. 萝卜种类繁多，生吃以汁多辣味少者为好，平时不爱吃凉性食物者以熟食为宜。

3. 萝卜主泻，胡萝卜为补，所以二者最好不要同食。若要一起吃时应加些醋来调和，以利于营养吸收。

■ 选购窍门

1. 看外形：应选择个体大小均匀，根形圆整者。

2. 看萝卜缨：应选择带缨新鲜、无黄烂叶、无抽薹的白萝卜。

3. 看表皮：白萝卜应选择表皮光滑、皮色正常者。

■ 储藏妙法 泥浆贮藏法：把萝卜削顶，放到黄泥浆中滚一圈，使萝卜结一层泥壳，堆放到阴凉的地方即可。

【酸奶黄瓜】

■ 原料 黄瓜 400 克，酸奶 75 毫升。

■ 调料 白醋、白糖、食盐各适量。

做法

1. 将黄瓜洗净，先切成 5 厘米长的段，再横切成 0.2 厘米厚的薄片。
2. 用白糖和食盐把黄瓜片腌渍 15 分钟。
3. 将酸奶、白醋、白糖调成酸甜汁，放入黄瓜片泡 3 分钟即可。

■ 菜品特色 清脆鲜香，奶香浓郁。

■ 原料介绍 黄瓜，也称胡瓜、青瓜，属葫芦科植物。广泛分布于中国各地，为主要的温室产品之一。

■ 营养分析

1. 抗肿瘤：黄瓜中含有的葫芦素 C 具有提高人体免疫功能的作用，达到抗肿瘤的目的。

2. 抗衰老：黄瓜中含有丰富的维生素 E，可起到延年益寿、抗衰老的作用。

3. 防酒精中毒：黄瓜中所含的丙氨酸、精氨酸和谷胺酰胺，对肝脏病人，特别是对酒精性肝硬化患者有一定辅助治疗作用，可防治酒精中毒。

4. 降血糖：黄瓜中所含的葡萄糖甙、果糖等不参与通常的糖代谢，故糖尿病人以黄瓜代淀粉类食物充饥，血糖非但不会升高，甚至会降低。

5. 减肥强体：黄瓜中所含的丙醇二酸，可抑制糖类物质转变为脂肪。

6. 健脑安神：黄瓜含有维生素 B_1，对改善大脑和神经系统功能有利，能安神定志，辅助治疗失眠症。

■ 选购窍门

选购黄瓜，色泽应亮丽，外表应有刺状凸起。若手摸发软，底端变黄，则黄瓜子多粒大，已经不是新鲜的黄瓜了。

■ 储藏妙法 黄瓜的最佳储藏温度是 10~13℃。当温度高于 13℃，就会加速黄瓜老化，加速黄瓜体内纤维素的分解，从而使黄瓜果实由脆嫩变为发糠，持续 20 天时黄瓜由绿变黄，瓜顶膨大。

【油浸小白菜】

■ 原料　小白菜心 250 克，鲜红椒 2 克。

■ 调料　植物油、食盐、味精、蒸鱼豉油、姜丝、葱丝各适量。

做法

1. 将鲜红椒去蒂、去子后洗净，切成细丝；将小白菜心摘洗干净。

2. 锅内放水烧开，放植物油、食盐、味精，放入小白菜心焯水后捞出，整齐地码入盘中，放上姜丝、葱丝、鲜红椒丝，浇蒸鱼豉油、少许沸油即可。

■ 菜品特色　鲜香适口。

■ 原料介绍　小白菜是大白菜的变种，在我国各地皆有种植。

■ 营养分析

1. 小白菜含有丰富的粗纤维，能起到润肠、促进排毒、刺激肠胃蠕动、帮助消化的作用。

2. 小白菜中含有丰富的维生素 C、维生素 E，有保持血管弹性、润泽皮肤、延缓衰老、防癌抗癌之功效。

■ 适用人群　适合所有人食用，更适宜于慢性习惯性便秘、伤风感冒、肺热咳嗽、咽喉发炎、腹胀及发热之人食用；小白菜性偏寒凉，胃寒腹痛、大便溏泻及寒痢者不可多食。

烹饪贴士

1. 切小白菜时，宜顺丝切，这样易熟。

2. 烹调时不宜用煮焯、浸烫后挤汁等方法，以避免招牌营养素的大量损失。

3. 腐烂的小白菜不能吃，吃剩的小白菜过夜后最好不要再吃。

■ 选购窍门　应选购菜身干洁、菜心结实、菜叶软糯、老帮少、根子少、形状圆整、菜头包紧的小白菜。

■ 储藏妙法　存放小白菜之前忌用水洗，否则易造成茎叶溃烂，营养大损。

【冬瓜杂菜煲】

■ 原料 冬瓜 150 克，黄瓜、白萝卜、胡萝卜、四季豆、青椒、红椒、水发香菇各 100 克。

■ 调料 猪油、食盐、味精、酱油、永丰辣酱、蚝油、水淀粉、红油、干椒段、姜片、蒜片、鲜汤各适量。

做法

1. 将冬瓜、黄瓜、白萝卜、胡萝卜、四季豆撕去老筋，青椒、红椒去蒂、去子，水发香菇去蒂，切成 4 厘米粗、1 厘米见方的条。

2. 锅内放水烧开，将冬瓜、黄瓜、白萝卜、胡萝卜、四季豆分别下入锅中焯水至熟，捞出沥干水。

3. 锅内放猪油烧热后下入姜片、蒜片、干椒段、永丰辣酱炒香，下入冬瓜、黄瓜、白萝卜、胡萝卜、四季豆、食盐、味精、酱油拌炒，放鲜汤焖煮；放蚝油，试好味，熟透后勾水淀粉，淋红油，即可装入烧红的沙煲中。

■ 菜品特色 鲜美软糯，营养丰富。

■ 原料介绍 冬瓜主要产于夏季，取名为冬瓜是因为瓜熟之际，表面上有一层白粉状的东西，就好像是冬天所结的白霜，所以冬瓜又称白瓜。

■ 营养分析

1. 利尿消肿：冬瓜含维生素 C 较多，且钾盐含量高，钠盐含量较低，高血压、肾脏病、水肿病等患者食之，可达到消肿而不伤正气的作用。

2. 减肥：冬瓜中所含的丙醇二酸，能有效地抑制糖类转化为脂肪，加之冬瓜本身不含脂肪，热量不高，对于防止人体发胖具有重要意义，还有助于体形健美。

3. 清热解暑：冬瓜性寒味甘，清热生津，僻暑除烦，在夏日服食尤为适宜。

■ 适用人群 一般人群均可食用。

1. 适宜肾病、水肿、肝硬化腹水、癌症、脚气病、高血压、糖尿病、动脉硬化、冠心病、肥胖以及缺乏维生素 C 者。

2. 冬瓜性寒凉，脾胃虚弱、肾脏虚寒、久病滑泄、阳虚肢冷者忌食。

烹饪贴士

1. 煎汤、煨食、做药膳、捣汁饮，或用生冬瓜外敷。

2. 冬瓜性凉，不宜生食。

3. 冬瓜是一种解热利尿比较理想的日常食物，连皮一起煮汤，效果更明显。

■ 选购窍门 挑选时用指甲掐一下，皮较硬，肉质致密，种子已成熟变成黄褐色的冬瓜口感好。

■ 储藏妙法 切开的冬瓜易受微生物的侵击，故应尽量存于 5℃以下的低温中，以保持较长的储存期限及较佳的品质。

【农家煎苦瓜】

■ 原料　苦瓜 500 克，梅干菜 20 克。

■ 调料　植物油、食盐、味精、鸡精、蚝油、水淀粉、香油、干椒末、鲜汤各适量。

做法

1. 将苦瓜一剖四开，用刀柄蹭去瓜子和瓜瓤，然后在有瓜瘤的一面切十字花刀，再切成菱角块；梅干菜洗干净，剁细待用。

2. 锅置旺火上，放植物油 100 毫升，烧至七成热，下入苦瓜块，连煎带炸至苦瓜两面金黄时，下入梅干菜末、干椒末、食盐、味精、鸡精、蚝油，并放鲜汤，至汤汁收浓时用水淀粉勾薄芡、淋香油即可。

■ 菜品特色　清脆鲜香，风味独特。

■ 原料介绍　苦瓜又名凉瓜，是葫芦科植物，为一年生攀缘草本，是人们喜爱的一种蔬菜。

■ 营养分析

1. 苦瓜具有清热消暑、养血益气、补肾健脾、滋肝明目的功效。

2. 苦瓜的维生素 C 含量很高，具有预防坏血病、保护细胞膜、防止动脉粥样硬化、提高机体应激能力、保护心脏等作用。

3. 苦瓜中的有效成分可以抑制正常细胞的癌变和促进突变细胞的复原，具有一定的抗癌作用。

■ 适用人群　一般人群均可以食用，孕妇、脾胃虚寒者不宜食用。

烹饪贴士

苦瓜用食盐水腌一下，可使苦味降低。

■ 选购窍门　以幼瓜为好，过分成熟时，稍煮即软烂，吃不出其风味，如看上去果肉晶莹肥硕，末端带有黄色为佳，整体发黄者不宜购买。

■ 储藏妙法　苦瓜的最适储存温度 12~13℃。

【醋溜嫩南瓜丝】

■ 原料 嫩子南瓜 2 个，红泡椒 50 克。

■ 调料 植物油、食盐、味精、鸡精、蒸鱼豉油、白醋、鲜汤各适量。

做法

1. 将子南瓜去皮，从中剖开，刮去内瓤，洗净后切成 0.3 厘米粗的丝，将红泡椒去蒂、去子后洗净，也切成丝。

2. 锅内放植物油，烧至七成热，下入南瓜丝在锅中翻炒，边炒边放食盐、味精、鸡精、蒸鱼豉油、白醋，再倒入鲜汤，撒入红泡椒丝，将南瓜丝完全炒熟即可出锅。

■ 菜品特色 软糯鲜香。

■ 原料介绍 南瓜是葫芦科南瓜属的植物，是夏秋季节的常见瓜果，嫩果味甘适口，老瓜可做杂粮或饲料。

■ 营养分析

1. 防止动脉血管硬化、防癌、助消化，促进溃疡面愈合。

2. 不宜与富含维生素 C 的食物共食，不宜与羊肉、虾同食。

3. 南瓜性温，胃热炽盛者、气质中满者、湿热气质者应少吃。

■ 适用人群 一般人皆可食用，糖尿病患者应慎食或少食。

烹饪贴士

1. 应挑选鲜嫩的子南瓜食用。

2. 最好的烹饪方法是做汤食用。

3. 不可切得太碎或长时间焯水，会导致营养成分的流失。

■ 选购窍门

应选购完整的、表皮能掐得动的子南瓜做菜。

■ 储藏妙法

未切开的南瓜放在干燥通风处即可，切开的可用保鲜膜包裹后储藏。

【炒冬寒菜】

■ 原料 冬寒菜 750 克。

■ 调料 猪油、食盐、味精、鸡精、胡椒粉、姜末、豆豉、鲜汤各适量。

做法

1. 将冬寒菜只取带嫩梗子的叶片（老梗留下可做其他菜肴），洗干净。

2. 锅内放猪油烧热，下姜末、豆豉煸香，下入冬寒菜炒蔫后，放食盐、味精、鸡精，倒入鲜汤略煮，煮至冬寒菜软糯时撒胡椒粉即可。

■ 菜品特色 鲜嫩馨香，风味独特。

■ 原料介绍 冬寒菜又名冬苋菜、葵菜，味甘性寒，具有清热、舒水、滑肠的功效，对肺热咳嗽、热毒下痢、黄疸、二便不通、丹毒等病症有辅助疗效。

■ 营养分析 冬寒菜含有丰富的矿物质以及纤维素。

■ 适用人群 一般人群均可食用，但脾虚肠寒者忌食，孕妇慎食。

烹饪贴士

冬寒菜较嫩，烹饪时间不可过长，最好能快炒后快速起锅，或者做汤菜。

■ 选购窍门 选购新鲜、无烂叶、无异味的冬寒菜。

■ 储藏妙法 冬寒菜不耐储藏，最好能一次吃完。

【干煸藕条】

■ 原料　白莲藕 500 克。

■ 调料　植物油、食盐、味精、麻辣鲜、干淀粉、香油、干椒段、葱花、花椒各适量。

做法

1. 将白莲藕去藕节、刨皮，切成粗 1 厘米、长 4 厘米的直条，洗净后沥干水。

2. 锅置旺火上，放植物油 500 毫升烧至八成热，将藕条拍上干淀粉，下入油锅炸至色泽金黄、表皮焦脆后捞出，沥干油。

3. 锅内留底油，放食盐、味精、花椒、麻辣鲜、干椒段稍煸香，下入藕条拌匀，淋上香油、撒上葱花即可。

■ 菜品特色　清脆清香。

■ 原料介绍　藕有红花藕与白花藕之分，红花藕（湖藕）外皮为褐黄色，又短又粗，生吃味道苦涩；白花藕（莲藕）外皮光滑，呈银白色，长而细，生吃甜。通常炖汤用红花藕，炒制用白花藕。

■ 营养分析　藕性偏凉，碍脾胃，脾胃消化功能低下、大便溏泻者不宜生吃。妇女产后忌食生冷，唯独不忌藕，因为它能消瘀。

■ 适用人群　白莲藕尤其适宜老幼妇孺、体弱多病者食用，特别适宜高热病人、吐血者以及高血压、肝病、食欲不振、缺铁性贫血、营养不良等病症患者多食。

烹饪贴士

煮藕时忌用铁器，以免引起食物发黑。

■ 选购窍门

用手掐一下表皮，比较鲜的藕会产生比较明显的痕迹。

■ 储藏妙法

切过的莲藕在切口处覆以保鲜膜，可冷藏保鲜 1 个星期左右。

【手撕包菜】

■ 原料　包菜 500 克。

■ 调料　植物油、食盐、味精、陈醋、酱油、蒸鱼豉油、干椒段、蒜片各适量。

做法

1. 将包菜用手撕成碎块。

2. 锅置旺火上放植物油，烧热后下入干椒段炒香，然后下入蒜片、包菜块拌炒，烹蒸鱼豉油，放食盐、味精、陈醋、酱油，快炒入味后出锅装盘。

■ 菜品特色　清脆爽口。

■ 原料介绍　包菜也叫卷心菜，是十字花科植物，甘蓝的变种。包菜耐寒、抗病、适应性强，是春、夏、秋季的主要蔬菜之一。

■ 营养分析　包菜含有丰富的维生素 C、叶酸等，有抑制癌细胞生长的作用，而且含有植物杀菌素，能够消炎去肿，有一定的美容效果。

■ 适用人群　适宜老年人食用，能防癌、促进儿童骨骼生长、改善皮肤粗糙。

1. 包菜最好做成沙拉食用，能使其最大限度地发挥其食用价值。

2. 尽量避免长时间烹饪或焯水。

■ 选购窍门　选用形体紧实、无霉变、表面光洁发亮的包菜。

■ 储藏妙法　包菜耐储藏，注意不要沾水，在避光干燥处储藏即可。

【菠菜豆腐汤】

■ 原料　菠菜 150 克，豆腐 4 片。

■ 调料　猪油、食盐、味精、鸡精、胡椒粉、鲜汤各适量。

做法

1. 将菠菜摘洗干净，沥干水；将豆腐切成小片。
2. 净锅置旺火上，倒入鲜汤，烧开后下入豆腐片、菠菜，放食盐，撇去泡沫，再放味精、鸡精和猪油，撒胡椒粉，出锅盛入大汤碗中。

■ 菜品特色　鲜香可口。

■ 原料介绍　菠菜茎叶柔软滑嫩、味美色鲜，含有丰富的维生素 C、胡萝卜素、蛋白质以及铁、钙、磷等矿物质。除鲜菜食用外，还可脱水制干和速冻。菠菜中含有大量的 β 胡萝卜素和铁，也是维生素 B_6、叶酸、铁和钾的极佳来源。

■ 营养分析

1. 通肠导便、防治痔疮：菠菜含有大量的植物粗纤维，具有促进肠道蠕动的作用，利于排便，且能促进胰腺分泌，帮助消化。

2. 促进生长发育、增强抗病能力：菠菜中所含的胡萝卜素，在人体内转变成维生素 A，能维护视力和上皮细胞的健康。

3. 保障营养、增进健康：菠菜中含有丰富的胡萝卜素、维生素 C、钙、磷及一定量的铁、维生素 E 等有益成分，能供给人体多种营养物质。

■ 适用人群　一般人群均可食用。

1. 菠菜烹熟后软滑易消化，特别适合老、幼、病、弱者食用。

2. 不适宜肾炎患者、肾结石患者。

烹饪贴士

1. 菠菜可以炒、拌、烧、做汤和当配料用。

2. 菠菜含有草酸，圆叶品种含量尤多，食后影响人体对钙的吸收，因此，食用此种菠菜时宜先煮过去掉菜水，以减少草酸含量。

3. 生菠菜不宜与豆腐共煮，将其用沸水焯烫后便可与豆腐共煮。

■ 选购窍门　挑选菠菜以菜梗红短、叶子新鲜有弹性的为佳。叶片宜厚，伸张良好，叶面要宽，叶柄则要短。如叶部有变色现象，要予以剔除。

■ 储藏妙法　冷冻储藏。

【油浸蒜蓉笋尖】

■ 原料　莴笋尖 300 克。

■ 调料　猪油、食盐、味精、水淀粉、蒜蓉、鲜汤各适量。

做法

1. 锅内放水烧开，将莴笋尖清洗干净后放入锅中焯水，捞出沥干。

2. 净锅置旺火上，放入猪油，下入蒜蓉煸香，放鲜汤，放食盐，汤开后用水淀粉勾薄芡、淋少许熟猪油，放味精，出锅浇淋在码好的莴笋尖上即成。

■ 菜品特色　清脆可口，色、香、味俱全。

■ 原料介绍　莴笋也叫莴苣，分叶用和茎用两种，是秋、冬重要蔬菜之一。

■ 营养分析　莴笋含丰富的矿物质及纤维素，能够降低血压，预防心律失常，治疗便秘，帮助睡眠，防治缺铁性贫血，改善糖尿病患者糖的代谢功能。

■ 适用人群　秋季易患咳嗽的人多吃莴笋叶可平咳。有眼疾特别是夜盲症的人不宜多食。

烹饪贴士

1. 避免长时间烹饪，焯的时间过长、温度过高会使莴笋绵软，失去清脆口感。

2. 莴笋怕咸，食盐要少放才好吃。

■ 选购窍门　以选购茎粗大、中下部稍粗或呈棒状，叶片不弯曲、无黄叶、不发蔫者为宜。

■ 储藏妙法　冬季将莴笋浸泡在冷水中，再用毛巾吸去水分，用沾湿的纸巾包好放入冰箱，可延长保鲜时间。

【擂辣椒】

■ 原料　青椒 400 克。

■ 调料　食盐、味精、鸡精、陈醋、蒜粒、豆豉各适量。

做法

1. 将青椒在明火上烧至皮呈黑色后，泡在冷水中，剥去黑皮，去掉子，然后放入专用的擂钵中。

2. 在擂钵中放入豆豉、蒜粒、食盐、味精、鸡精、陈醋，然后用擂棒（或刀柄）将青椒捣碎，即可装盘。

■ 菜品特色　清脆香甜，开胃爽口。

■ 原料介绍　青椒是辣椒的变种，原产北美洲。辣味较淡或者根本不辣，除能自成一菜外，广泛用于配菜。

■ 营养分析

1. 青椒富含维生素 C，清热开胃，利尿消肿。

2. 能辅助治疗食欲不振、消化不良。

■ 适用人群　一般人都可食用。

烹饪贴士

1. 烹制时避免使用铜质餐具，以免维生素 C 被破坏。

2. 切辣椒、洋葱时，先将刀在冷水中蘸一下，切时就不会辣眼睛了。

3. 由于青椒独特的外形和生长姿态，使喷洒的农药都积累在凹陷的果蒂上，因此清洗时应去蒂。

■ 选购窍门

颜色鲜亮、无损伤者为佳。

■ 储藏妙法

保存时应擦干青椒上的水分，装入有窟窿的袋子里，再放入冰箱冷藏柜。

【干椒丝炒黄豆芽】

■ 原料 黄豆芽 400 克。

■ 调料 猪油、食盐、味精、酱油、辣酱、蒸鱼豉油、干椒丝、姜丝、大蒜叶各适量。

做法

1. 将黄豆芽摘净根须，洗净，沥干水；将大蒜叶摘洗干净，切成 4 厘米长的段。

2. 锅内放猪油，烧至六成热，下入干椒丝、姜丝煸至焦香；下入黄豆芽，放食盐、味精、辣酱、蒸鱼豉油、酱油、大蒜叶段，将黄豆芽炒熟后出锅装盘即可。

■ 菜品特色 清脆鲜香。

■ 原料介绍 黄豆芽是一种营养丰富、味道鲜美的蔬菜，是蛋白质和维生素理想的来源。

■ 营养分析

1. 含丰富蛋白质、B 族维生素以及粗纤维。

2. 能够消肿除痹，散湿去热。

■ 适用人群 一般人都可食用，脾胃虚寒者忌用。

烹饪贴士

1. 烹调过程要迅速，要用热油急速快炒。一定要注意掌握好时间，八成热即可。

2. 没熟透的豆芽稍稍带点涩味，炒时可加少量食醋，既能去除涩味，又能保持黄豆芽爽脆鲜嫩，同时还能保持 B 族维生素不丧失。

■ 选购窍门 饱满、鲜亮、一折即断的黄豆芽比较新鲜。

■ 储藏妙法 不耐储藏。

【凉拌香菜】

■ 原料 香菜 500 克，鲜红椒 10 克。

■ 调料 食盐、味精、蒜蓉香辣酱、蚝油、香油、红油、蒜蓉各适量。

做法

1. 将香菜摘洗干净，沥干水，切长段放入盘中；将鲜红椒去蒂、去子，洗净后切成米粒状。

2. 将食盐、味精、蒜蓉香辣酱、蚝油、香油、红油、蒜蓉、鲜红椒米放入碗中，放入香菜段拌匀后即可上桌。

■ 菜品特色 鲜香脆嫩，开胃消食。

■ 原料介绍 香菜又名“芫荽”，有强烈香气，是主要的提味蔬菜，也可作为主料做菜。

■ 营养分析 香菜健胃、祛风解毒，能解表治感冒，利大肠、利尿，促进血液循环。

■ 适用人群 一般人都适用，龋齿、胃溃疡者忌食。

烹饪贴士

香菜为提味蔬菜，不可多食、久食。

■ 选购窍门 叶茎饱满、无黄叶、无烂叶者为佳。

■ 储藏妙法 冷冻储藏。

【炒烫白菜】

■ 原料　白菜 750 克，鲜红椒丝 10 克。

■ 调料　猪油、食盐、味精、白醋、红油、香油、蒜蓉各适量。

做法　1. 将白菜择洗干净，沸水中放白醋，下入白菜，烫熟后沥干水，切碎，将水分挤干，然后在锅中炒干水汽。

2. 锅置旺火上放猪油烧热，下入蒜蓉、鲜红椒丝、白菜拌炒，放食盐、味精拌炒，入味后略加汤翻炒，淋红油、香油，出锅装盘。

■ 菜品特色　鲜软适口。

【干椒炒烫白菜】

■ 原料　大白菜 500 克。

■ 调料　猪油、食盐、味精、香油、红油、干椒末各适量。

做法　1. 锅内放水烧开，放少许食盐，将大白菜摘洗干净后放入锅中烫热，连沸水一起出锅倒入大盆中，放置 4 小时后捞出，切碎、挤干水。

2. 净锅置旺火上，放猪油烧热后下入干椒末煸香，随后放入烫白菜；放食盐、味精拌炒入味后，淋香油、红油，出锅装入盘中。

■ 菜品特色　鲜脆麻香。

【麻辣白菜卷】

■ 原料　大白菜 500 克。

■ 调料　食盐、味精、白糖、白醋、花椒油、香油、红油、鲜汤各适量。

做法　1. 锅置旺火上，放入鲜汤、食盐、味精、白糖、白醋、红油、花椒油烧开，放入大白菜浸泡入味。

2. 待汤汁凉后夹出大白菜，切成 8 厘米宽，卷好码在碟子上，淋上热香油即可。

■ 菜品特色　麻辣可口。

【清炒大白菜】

■ 原料　大白菜 500 克，鲜红椒 4 克。

■ 调料　猪油、食盐、味精、姜片、鲜汤各适量。

做法　1. 将大白菜摘洗干净，将白菜梗撕成 3 厘米见方的块，白菜叶大小随意；将鲜红椒去蒂、去子后洗净，切成片。

2. 净锅置旺火上，放猪油烧热后下入姜片煸香，随后下入白菜梗，放食盐、味精拌炒入味，熟后放鲜红椒片、白菜叶一起合炒，倒入鲜汤，将白菜稍焖熟后出锅装盘。

■ 菜品特色　清香适口。

【上汤大白菜】

■ 原料　矮脚大白菜 750 克，水发香菇 20 克。

■ 调料　猪油、食盐、味精、鲜汤各适量。

做法　1. 大白菜逐片剥开，洗净。

2. 锅内倒入鲜汤，放香菇，放食盐、味精调味，下猪油，然后放入大白菜，用小火将大白菜煮至软糯、鲜香即可。

■ 菜品特色　软糯可口。

【剁椒芽白】

■ 原料　芽白 500 克，剁辣椒 10 克。

■ 调料　猪油、食盐、味精、姜末、蒜蓉各适量。

做法　1. 将芽白摘洗干净，切成 3 厘米大小的块，沥干水。

2. 净锅置旺火上，放猪油烧热后放入姜末、蒜蓉、剁辣椒煸香，随即下入芽白块，放食盐、味精，用旺火热油快炒入味后，出锅装入盘中。

■ 菜品特色　酸辣鲜脆。

【蚝油芽白】

■ 原料　芽白 500 克。

■ 调料　猪油、食盐、味精、蚝油、胡椒粉各适量。

做法　1. 锅内放水烧开，将芽白摘洗干净，切成长 5 厘米、宽 2 厘米的条，放入锅中焯水后迅速捞出，沥干水。

2. 净锅置旺火上，放猪油烧热后下入芽白条，放食盐、味精、蚝油，快炒入味后撒胡椒粉拌匀，出锅装入盘中。

■ 菜品特色　清香适口。

【鸡汁芽白】

■ 原料　芽白 500 克，红椒末 2 克。

■ 调料　猪油、鸡油、食盐、味精、水淀粉、葱花、高汤各适量。

做法　1. 将芽白切成条下入沸水中，汆透，然后整齐地码放在盘中。

2. 锅内下猪油，烧至五成热，下入高汤，放食盐、味精，勾水淀粉（将芡汁浇在芽白上），然后将芽白上笼蒸 10 分钟，出笼后淋鸡油，撒上红椒末、葱花即成。

■ 菜品特色　营养爽口。

【蒜蓉粉丝蒸芽白】

■ 原料　芽白（或高山娃娃菜）350 克，龙口粉丝 150 克。

■ 调料　植物油、食盐、味精、蒸鱼豉油、姜末、蒜蓉、葱花各适量。

做法　1. 将芽白切成长条形，下入开水锅中汆至断生，捞出沥干水，拌入植物油、食盐、味精，整齐地摆放在盘中。

2. 粉丝用开水泡发，沥干水，拌入蒜蓉、姜末、食盐、味精、蒸鱼豉油，然后码放在芽白上，上笼蒸 10 分钟即可出笼，淋蒸鱼豉油，冲油、撒葱花，即可上桌。

■ 菜品特色　丝滑入口。

【芽白梗炒年糕】

■ 原料　芽白梗 250 克，水磨淡年糕 150 克，青红椒 25 克。

■ 调料　植物油、食盐、味精、鸡精、姜片、鲜汤各适量。

做法　1. 将芽白梗、青红椒切成菱形片，年糕斜切成马蹄片。

2. 将年糕用开水汆熟，沥干，漂在冷水中备用。

3. 锅内放植物油 500 毫升，烧至八成热，下芽白梗片过大油，沥干。

4. 锅内留底油，下青红椒片、姜片略煸炒，然后下芽白梗片，放食盐、味精、鸡精，再下年糕片翻炒；加鲜汤少许，收干汁装盘即成。

■ 菜品特色　脆软相宜。

【凉拌黄瓜】

■ 原料　黄瓜 3 根，辣椒少许，大蒜 1 瓣。

■ 调料　植物油、食盐、白醋、白糖、味精、香油各适量。

做法　1. 黄瓜切条；辣椒切圈，大蒜捣成泥。

2. 将少量植物油倒入锅中，七成热时，放入辣椒圈、蒜泥；接着放入适量食盐、白糖、白醋；翻炒几下，等各调料溶化，再加入少量味精，等锅里的调料冷却之后，再倒在已经切好的黄瓜上，然后滴上香油，拌匀即可。

■ 菜品特色　清脆爽口。

【黄瓜炒薯粉】

■ 原料　黄瓜 300 克，红薯粉 100 克，咸猪肉 50 克，鲜红椒 50 克。

■ 调料　猪油、食盐、味精、水淀粉、胡椒粉、香油各适量。

做法　1. 将黄瓜去皮、去子后切成丝；咸猪肉洗净后剁成泥；鲜红椒去蒂、去子，洗净后切成丝；红薯粉浸入清水中泡发后剪短。

2. 洗干净锅置于旺火上，放猪油烧热，然后下入肉泥炒散，随后下入红薯粉，放食盐、味精、胡椒粉；搅拌入味后下入黄瓜丝炒匀，勾水淀粉，淋香油，撒上鲜红椒丝，搅拌均匀即可。

■ 菜品特色　营养适口。

【紫苏黄瓜】

■ 原料　黄瓜 300 克，紫苏 50 克。

■ 调料　植物油、食盐、味精、鸡精、酱油、香油、蒜蓉、姜米、干椒末各适量。

做法　1. 将黄瓜斜切成马蹄片，紫苏切碎。

2. 锅内放植物油烧至九成热，将黄瓜一片片摆在锅内，煎到两面发黄，下干椒末、蒜蓉、姜米、紫苏末、食盐、味精、鸡精、酱油轻轻翻炒至入味，至黄瓜熟透，淋香油出锅。

■ 菜品特色　香脆营养。

【拍黄瓜】

■ 原料　黄瓜 500 克。

■ 调料　食盐、味精、白糖、陈醋、大蒜、蚝油、鸡精、生抽、干椒粉、红油、香油、葱香油各适量。

做法　1. 将黄瓜洗净去子，然后用刀拍烂，切成 7 厘米长的段；大蒜切米粒状。

2. 将黄瓜放入碗内，加入上述调料，搅拌均匀后装盘即可。

■ 菜品特色　酸甜营养。

【三色烧冬瓜】

■ 原料　冬瓜 250 克，鸡蛋 4 个，火腿肠 10 克。

■ 调料　猪油、食盐、味精、鸡精、淀粉、鸡油、姜片、鲜汤各适量。

做法　1. 将火腿肠切成块，将鸡蛋打入碗中，放入少许食盐搅拌均匀，蛋液蛋白、蛋黄分开，入笼蒸成蛋白糕、蛋黄糕，切成片；锅内放水烧开，将冬瓜去皮，洗净后切成块，焯水后捞出。

2. 洗净锅，放入猪油烧热，下入姜片、冬瓜片翻炒几下后放入少许食盐、味精、鸡精调味，放鲜汤烧焖，随即下入火腿肠块，蛋白糕片、蛋黄糕片，推炒入味后，用淀粉勾芡、淋鸡油；出锅装入盘中。

■ 菜品特色　色味俱佳。

【冬瓜条炒豆角】

■ 原料　冬瓜 300 克，新鲜豆角 20 克，鲜红泡椒 100 克。

■ 调料　植物油、食盐、味精、蚝油、水淀粉、香油、姜丝各适量。

做法　1. 将冬瓜去皮、去瓤，改切成长条；新鲜豆角摘去两头、洗净后也改切成条；鲜红泡椒去蒂、去子、洗净后切成长条。

2. 锅内放开水，放入冬瓜条焯水至六分熟。

3. 锅内放植物油，烧至八成热，下入姜丝、红椒条煸香；下入豆角条翻炒，并放少许食盐翻炒入味，待豆角炒至六分熟时下入冬瓜条一同翻炒，放食盐、味精、蚝油、待长豆角九分熟时用水淀粉勾薄芡、淋香油，即出锅装盘。

■ 菜品特色　营养适口。

【剁椒烧酸冬瓜】

■ 原料　冬瓜 500 克、红剁椒 10 克。

■ 调料　植物油、食盐、味精、白醋、香油、葱花、蒜蓉各适量。

做法　**1.** 将冬瓜切成 2 厘米长的条，将淘米水烧开，下入冬瓜条，倒入蒸钵中浸泡 6 小时，加入适量的白醋，即成醋冬瓜。

2. 将冬瓜沥干，用清水洗净待用。

3. 洗净锅置于旺火上，放入植物油，烧热后下入蒜蓉、红剁椒炒香，随后下入酸冬瓜条，放食盐、味精拌炒入味，淋香油、撒葱花，出锅装入盘中。

■ 菜品特色　酸爽可口。

【腐乳烧冬瓜】

■ 原料　冬瓜 500 克，腐乳 3 片，辣椒米、香菇米各 5 克。

■ 调料　植物油、食盐、味精、鸡精、香辣酱、鸡汤、淀粉、红油、香油、蒜蓉、姜米、葱花各适量。

做法　**1.** 将冬瓜切成 6 厘米见方的块，放入沸水中煮至七分熟，捞出沥干；腐乳用刀搓成泥。

2. 锅放植物油，烧热后下入姜米、蒜蓉、腐乳泥炒香，随即下冬瓜块、香菇米，放食盐、味精、鸡精、香辣酱，拌炒入味后，加入鸡汤稍焖一下，用淀粉勾芡，淋红油、香油、撒辣椒米、葱花一起炒拌均匀后出锅，装入盘中。

■ 菜品特色　营养味美。

【炒农家苦瓜】

■ 原料　苦瓜 300 克，梅干菜 50 克。

■ 调料　猪油、食盐、味精、鸡精、香油、干椒段、姜末、蒜蓉、鲜汤、豆豉各适量。

做法　**1.** 将苦瓜切去带，顺直剖开，用刀柄蹭去瓤和子，洗净后切成片，放少许食盐抓匀，略腌一下，挤去水分；将梅干菜洗净后剁碎。

2. 净锅置旺火上，放猪油烧热，下入豆豉、干椒段、姜末、蒜蓉、梅干菜末，煸香后放鲜汤，下入苦瓜片，放食盐、味精、鸡精，炒熟入味后淋香油，出锅装入盘中。

■ 菜品特色　风味十足。

【豆豉辣椒炒苦瓜】

■ 原料　苦瓜 200 克，梅干菜 10 克。

■ 调料　植物油、食盐、味精、红油、香油、豆豉、干椒末、蒜片各适量。

做法　**1.** 将苦瓜剖开，横刀切成片或斜刀片。

2. 将切好的苦瓜拌食盐或焯水；如果是拌食盐，稍等片刻后，挤干水分；梅干菜切碎。

3. 净锅置旺火上，放植物油烧热后下入豆豉、干椒末、梅干菜末，放食盐、味精反复拌炒，入味后下入苦瓜片，反复炒，下蒜片，不要加水，炒至苦瓜熟即淋红油、香油，出锅装盘。

■ 菜品特色　色香俱佳。

【苦瓜炒海带】

■ 原料　苦瓜400克，盐渍海带丝150克，红泡椒50克。

■ 调料　猪油、植物油、食盐、味精、鸡精、白醋、淀粉、蚝油、姜末、蒜蓉各适量。

做法　1. 将苦瓜去蒂，顺直剖开，用刀柄蹭去瓤和子，洗净后切成细条丝；将红泡椒去蒂、去子后洗净，切成丝；将盐渍海带丝漂洗干净，放在砧板上切两刀。

2. 锅内放水烧开，将苦瓜丝和海带丝分别焯水后捞出沥干。

3. 锅内放猪油，下入姜末、蒜蓉炒香，将苦瓜丝和海带丝同时下入锅中翻炒，然后放食盐、味精、鸡精、蚝油、白醋，待苦瓜在锅中转色时下入红椒丝，用淀粉勾芡、淋热油，即可出锅。

■ 菜品特色　解暑补气。

【家常蒸南瓜】

■ 原料　南瓜250克。

■ 调料　白糖适量。

做法　1. 将南瓜去皮，从中剖开，刮净内瓤、洗净，按扣碗口径的大小，将南瓜修饰成圆形。

2. 修下的边角玉料放在扣碗中垫底，同时将圆形南瓜切成2厘米宽的条，放入碗中，撒上白糖，上笼蒸20分钟，将南瓜蒸熟即可。

■ 菜品特色　简单适口。

【蜜枣蒸南瓜】

■ 原料　南瓜750克，蜜枣150克。

■ 调料　白糖50克。

做法　1. 将南瓜去皮、去子，切成块。

2. 将南瓜块扣在蒸钵中，蜜枣摆放在南瓜两边，然后将白糖撒在南瓜上，上蒸笼10分钟即可。

■ 菜品特色　味甘健脾。

【滋补南瓜羹】

■ 原料　南瓜1000克，水发银耳50克，枸杞子25克。

■ 调料　淀粉、白糖各适量。

做法　1. 将南瓜去皮，从中剖开，刮去内瓤，洗净后切成小片。

2. 将南瓜片放入无油的不锈钢盆内，加入适量的水，上火煮烂后，用无油的漏瓢将南瓜捞出，然后将南瓜剁成细泥。

3. 将南瓜泥倒入煮南瓜的汤中，上火煮开，边煮边搅动，同时下入白糖、银耳，待搅匀汤开时用淀粉勾芡，煮至糊化后出锅装入大汤盆中，撒上枸杞子即可上桌。

■ 菜品特色　解毒清热。

【百合蒸南瓜】

■ 原料　南瓜 250 克，鲜百合 50 克，红椒末 2 克。

■ 调料　食盐、葱花、白糖各适量。

做法　**1.** 将南瓜去皮、去子，切成块，扣在蒸钵中或凹盘中。

2. 将鲜百合剥开洗净，放在扣好的南瓜上。

3. 将白糖撒在扣好的南瓜上，然后撒上食盐，上蒸笼蒸 10 分钟取出，撒上红椒末、葱花即可。

■ 菜品特色　清香甘甜。

【大蒜炒胡萝卜丝】

■ 原料　胡萝卜 2 根。

■ 调料　猪油、食盐、味精、酱油、干椒丝、蒜蓉、大蒜各适量。

做法　**1.** 将胡萝卜刨去皮、洗净，切成细丝；将大蒜切成 5 厘米长的段，蒜头剖开，切成丝。

2. 锅内放猪油烧热，下入蒜蓉、干椒丝煸香后，放入胡萝卜丝翻炒，同时放食盐、味精、酱油，快熟时下入大蒜段，一同炒至胡萝卜丝完全熟透即可出锅装盘。

■ 菜品特色　甜香爽口。

【清脆萝卜丸】

■ 原料　白萝卜 500 克，猪五花肉 100 克，鱼肉 150 克，鱿鱼 10 克，红椒 5 克，香菇 5 克。

■ 调料　植物油、食盐、味精、鸡精粉、蚝油、黑胡椒、姜、干淀粉、红油、香油、鲜汤各适量。

做法　**1.** 将白萝卜、猪五花肉、鱼肉均剁成泥，加入食盐、味精、鸡精粉、黑胡椒、干淀粉拌匀，做成萝卜丸；将鱿鱼、香菇焯水，捞出后切成末；姜切末，红椒切圈。

2. 锅放入植物油，烧热，倒入萝卜丸炸熟，倒入漏勺沥干油。

3. 锅内留底油，下入姜末、鱿鱼末、香菇末、红椒圈炒香，加入鲜汤、萝卜丸，放入食盐、味精、鸡精粉、蚝油烧透入味，待汤汁收干时淋入红油、香油，出锅装盘即可。

■ 菜品特色　香脆可口。

【香菇双色萝卜】

■ 原料　胡萝卜 250 克，白萝卜 250 克，水发香菇 50 克。

■ 调料　植物油、猪油、食盐、鸡精、香油、淀粉、鲜汤各适量。

做法　**1.** 将胡萝卜、白萝卜分别去皮，洗净后切成大小相等的橄榄形各 15 个；将水发香菇去蒂后洗净。

2. 锅内放水烧开，分别将胡萝卜、白萝卜焯水至五分熟，捞出沥干；锅内放植物油 500 毫升烧至七成热，分别下入胡萝卜、白萝卜过油，捞出沥干油。

3. 锅内放猪油，下入胡萝卜、白萝卜、香菇，放入鲜汤、食盐、鸡精，烧开后改用小火煨焖至两种萝卜熟透，然后用筷子将两种萝卜夹入盘子造型，再将锅内的汤汁用淀粉勾芡，淋香油，出锅浇在两种萝卜上即成。

■ 菜品特色　色味俱佳。

【风味萝卜丝】

■ 原料　胡萝卜 300 克，香菜 10 克。

■ 调料　植物油、食盐、味精、花椒油、红油各适量。

做法　**1.** 将胡萝卜切成细丝；将食盐、味精、花椒油、红油调兑成汁。

2. 锅内放植物油，烧至五成热时，下入胡萝卜丝炒拌断生，再倒入调味汁翻拌均匀，出锅装盘，用香菜点缀即可。

■ 菜品特色　营养丰富。

【鸡汁萝卜片】

■ 原料　白萝卜 750 克。

■ 调料　鸡油、猪油、食盐、味精、葱花、高汤各适量。

做法　**1.** 将白萝卜去皮，横刀切成 0.5 厘米厚的片。

2. 锅内烧水，水开后放猪油，再下入白萝卜片焯水，捞出沥干水、过凉，整齐地码放在盘子中。

3. 锅内将高汤烧开，调准食盐味，放味精，出锅倒在萝卜片上，上笼用旺火将萝卜蒸烂，出笼后淋上鸡油、撒葱花即可。

■ 菜品特色　清热健肺。

【清炒萝卜菜】

■ 原料　新鲜萝卜菜 750 克。

■ 调料　猪油、食盐、味精、姜末、蒜蓉、鲜汤各适量。

做法　**1.** 将萝卜菜摘洗干净，切碎。

2. 锅内放猪油烧至六成热，下姜末、蒜蓉炒香，然后下入切碎的萝卜菜，放食盐、味精，将萝卜菜炒蔫后倒入鲜汤，煮至萝卜菜完全变色即可。

■ 菜品特色　色、香、味俱佳。

【香辣萝卜干】

■ 原料　萝卜干 200 克。

■ 调料　食盐、味精、蚝油、红油、干椒末、豆豉各适量。

做法　**1.** 将萝卜干切成 1.5 厘米长的段，放入开水中泡一下，捞出沥干水分。

2. 将萝卜干放在大碗中，放入豆豉、干椒末、食盐、味精、蚝油、红油反复拌匀，再戴上手套用手抓捏，调好咸淡即成。

■ 菜品特色　脆辣可口。

【炒响萝卜丝】

■ 原料　白萝卜 500 克，鲜红泡椒 5 克。

■ 调料　猪油、食盐、味精、酱油、陈醋、水淀粉、香油、姜丝、大蒜丝、鲜汤各适量。

做法　**1.** 将白萝卜洗干净，不去皮，切成大小均匀的丝，放少许食盐抓一下；将鲜红泡椒去蒂、去子后洗净，切成丝。

2. 在碗内放食盐、味精、酱油、陈醋、大蒜丝、姜丝、红泡椒丝、鲜汤、水淀粉，兑成汁待用。

3. 锅内放猪油，烧至八成热，将萝卜丝挤干盐水，下入锅中炒散，即刻将对好的汁倒入锅内，迅速翻炒至芡糊化，淋香油即成。

■ 菜品特色　甜辣宜人。

【鸡汁萝卜丝】

■ 原料　白萝卜 500 克。

■ 调料　猪油、食盐、味精、鸡精粉、胡椒粉、葱花、鸡汤各适量。

做法　**1.** 将白萝卜切成 6 厘米长的丝，入沸水锅内焯水后捞出，沥干水分。

2. 锅置旺火上，放入鸡汤、萝卜丝、食盐、味精、鸡精粉、猪油调好滋味，烧沸后撇去浮沫，煮至萝卜丝入味，撒上胡椒粉、葱花，出锅装入汤碗即可。

■ 菜品特色　营养清肺。

【卤水湖藕】

■ 原料　湖藕 1000 克。

■ 调料　食盐、味精、鸡精、酱油、料酒、白糖、整干椒、葱花、鲜汤、八角、桂皮、草果、波扣、香叶、花椒、红椒末各适量。

做法　**1.** 取一大蒸钵，倒入鲜汤，加入料酒、八角、桂皮、草果、波扣、香叶、花椒、整干椒、食盐、味精、鸡精、白糖、酱油，在火上烧开后再改用小火熬制，将香料的香味熬出来。

2. 将湖藕去藕节、刨去外皮后洗净，放入卤水中，用小火将其卤透，取出后切片、摆盘，撒上葱花、红椒末即可。

■ 菜品特色　百味脆爽。

【亭山莲藕】

■ 原料　莲藕 150 克，枸杞 5 克。

■ 调料　食盐、白糖、糖醋水各适量。

做法　**1.** 将莲藕去皮、洗净，切滚刀块。

2. 在莲藕中加入食盐和白糖腌渍 20 分钟，再浸入糖醋水中泡 3 小时，捞出装盘，撒上泡发的枸杞即可。

■ 菜品特色　酸脆爽口。

【红烧莲藕丸】

■ 原料　莲藕 1000 克，淀粉 25 克。

■ 调料　植物油、食盐、味精、白糖、酱油、鲜汤、姜米、蒜米、水淀粉、香油各适量。

做法　**1.** 将莲藕去蒂、去皮，清洗干净，用擂钵擂成藕泥，水稍挤干，加入食盐、味精、淀粉，挤成藕丸，下入七成热油锅炸成色泽金黄，至熟后倒入漏勺沥干油。

2. 锅内留少许底油，加鲜汤、姜米、蒜米；放食盐、味精、白糖、酱油，下入炸好的藕丸稍焖，勾水淀粉，淋少许热尾油、香油即成。

■ 菜品特色　酥软可口。

【滑熘白玉藕片】

■ 原料　净白莲藕 300 克，红椒末 3 克。

■ 调料　猪油、食盐、味精、胡椒粉、香油、葱花、姜丝各适量。

做法　**1.** 将白莲藕去藕节、刨皮，切成薄片，用清水漂洗干净，捞出沥干水。

2. 净锅置灶上，放猪油，烧热后下入姜丝煸香，再下入藕片拌炒，放食盐、味精、红椒末翻炒均匀，入味后淋少许香油，撒葱花、胡椒粉，出锅装入盘中即可。

■ 菜品特色　酥软可口。

【椒盐藕夹】

■ 原料　白莲藕 200 克，鲜猪肉 100 克，脆糊 200 克。

■ 调料　植物油、食盐、味精、胡椒粉、水淀粉、香油、花椒油、红油、葱花各适量。

做法　**1.** 将鲜猪肉洗净，剁成泥，放食盐、味精、胡椒粉、少许水淀粉一起搅匀，加少许香油，成藕夹馅心；将白莲藕去藕节、刨皮，切成藕夹。

2. 锅放植物油烧热，将肉泥夹入藕夹中，蘸上脆糊，下入油锅内通炸至色泽金黄、外焦内熟后捞出，沥尽油。

3. 净锅置于旺火上，放花椒油、香油，烧热后下入炸好的藕夹、撒下葱花，淋红油拌匀，出锅码入盘中。

■ 菜品特色　香脆宜脾。

【熘珍珠藕丸】

■ 原料　莲藕、五花肉、糯米、红椒、青豆、香芝麻、淀粉、鸡蛋各适量。

■ 调料　植物油、食盐、味精、胡椒粉、香油、姜、蒜、葱、鲜汤各适量。

做法　**1.** 将莲藕、五花肉洗净，剁成蓉，挤去水分，加入食盐、味精、淀粉、胡椒粉、鸡蛋，拌匀；糯米淘净；红椒、姜、蒜切末，葱切花。

2. 将藕泥挤成丸子，蘸上糯米，蒸熟取出，冷却后再放入六成热的油锅内炸至金黄色，沥干油。

3. 锅放植物油，下姜末、蒜末、红椒米粒、香芝麻、青豆炒香，加入食盐、味精、胡椒粉、鲜汤，稍焖入味勾芡，淋入香油，下入丸子，翻炒均匀后撒上葱花，出锅装盘即可。

■ 菜品特色　味、色俱佳。

【蜜汁藕饼】

■ 原料　白莲藕 500 克，玫瑰糖 50 克。

■ 调料　猪油、白糖各适量。

做法　**1.** 将白莲藕去藕节、刨皮，切成 0.5 厘米厚的片，泡入清水中。

2. 锅内放水烧开，下入藕片直至煮熟，捞出沥干水。

3. 锅内放猪油，下入白糖、玫瑰糖，放少量水，将糖熬成浓汁，然后下入藕片，将糖汁全部蘸在藕片上即成。

■ 菜品特色　甘甜入心。

【包菜炒粉丝】

■ 原料　粉丝 200 克，包菜 250 克，鲜红椒 2 克。

■ 调料　植物油、辣酱、食盐、味精、鸡精、蒸鱼豉油、干椒段、姜米、蒜蓉各适量。

做法　**1.** 将包菜切成丝，鲜红椒切成丝。

2. 粉丝用冷水泡软，捞出沥干水，切段。

3. 净锅置旺火上，放植物油烧红，下入姜米、蒜蓉、干椒段；红椒丝炒香，下入粉丝炒香，然后放辣酱、食盐、味精、鸡精调味，下入包菜丝炒香，再烹蒸鱼豉油，炒至包菜回软后即可。

■ 菜品特色　丝滑可口。

【爽口包菜】

■ 原料　包菜 500 克。

■ 调料　食盐、白醋、糖粉、姜、剁辣椒、辣红椒面、花椒粉、柠檬片、玫瑰露酒各适量。

做法　**1.** 将包菜去梗，撕成大片，加食盐稍腌一下；姜切片。

2. 将姜片、柠檬片、剁辣椒、辣红椒面、花椒粉、食盐、糖粉、白醋和凉开水一起调好味，制成醋水。

3. 将腌好的包菜叶沥干水分，下入调好味的醋水中，加入玫瑰露酒，浸泡 24 小时以上，捞出包菜即可食用。

■ 菜品特色　酸爽味美。

【油炝包菜丝】

■ 原料　包菜 300 克，鲜红椒 5 克。

■ 调料　猪油、食盐、味精、鸡精、蒸鱼豉油、香油、红油、花椒油、整干椒、葱段、花椒各适量。

做法　**1.** 将包菜洗净，切成丝；将鲜红椒去蒂、去子后洗净，切成丝。

2. 净锅置旺火上，放猪油烧热后下入花椒、整干椒炝锅，出香辣味时，将花椒、整干椒从锅内捞出，快速下入包菜丝，放食盐、味精、鸡精和蒸鱼豉油，用旺火热油快炒，入味后撒下红椒丝、葱段，淋香油、花椒油、红油，拌匀后出锅装盘。

■ 菜品特色　清香润滑。

【剁椒酸辣包菜】

■ 原料　酸包菜 450 克。

■ 调料　猪油、食盐、味精、蒸鱼豉油、蒜（切捣成蓉）、剁椒各适量。

做法　**1.** 将酸包菜切成 2 厘米大小的块，挤干水。

2. 净锅置旺火上，放猪油烧热后下入剁椒煸香，随后下入酸包菜，放食盐、味精、蒸鱼豉油，蒜蓉拌炒入味后出锅装入盘中。

■ 菜品特色　酸辣可口。

【富贵菠菜汁】

■ 原料　菠菜 500 克。

■ 调料　鸡油、食盐、味精、鸡精粉、水淀粉各适量。

做法　**1.** 将菠菜洗净、去筋，放入冰水中浸泡 30 分钟，再放入果汁机中打成汁。

2. 锅置旺火上，倒入菠菜汁，烧开后放入食盐、味精、鸡精粉，撇去浮沫，用水淀粉调稀勾芡，淋入鸡油，装入汤盅内，每人一份即可。

■ 菜品特色　清新营养。

【奶汤菠菜豆腐】

■ 原料　水豆腐 2 片，菠菜 250 克。

■ 调料　猪油、食盐、味精、鸡精、鸡油、姜末、奶汤各适量。

做法　**1.** 将菠菜摘洗干净，放入沸水锅中焯水后捞出，垫入汤碗的碗底。

2. 将水豆腐平放入盘中，上蒸笼蒸 8 分钟取出，沥干水分，切成长 3 厘米、宽 2 厘米、厚 0.5 厘米的片。

3. 在净锅内放入猪油，开中火烧至五成热，加入姜末，炸出香味，放入奶汤、食盐、味精、鸡精、水豆腐烧开后，撇去浮沫，淋鸡油，出锅倒入垫有菠菜的汤碗中。

■ 菜品特色　味美适口。

【酸包菜炒粉皮】

■ 原料　酸包菜 150 克，粉皮 150 克。

■ 调料　猪油、食盐、味精、辣酱、蒸鱼豉油、红油、干椒段、蒜片各适量。

做法　**1.** 将干粉皮用温水泡发，大块切小，放入清水中洗净后捞出，沥干水。

2. 将酸包菜切成 3 厘米大的小块，挤干水。

3. 净锅置旺火上，放猪油烧热后下入蒜片、干椒段煸香，随后下入粉皮，放食盐、味精、蒸鱼豉油、辣酱一起拌炒，炒至粉皮起泡后下入酸包菜一同炒，入味后淋入少许红油，出锅装入盘中。

■ 菜品特色　酸辣味佳。

【剁椒莴笋叶】

■ 原料　嫩莴笋叶 250 克，剁辣椒 10 克。

■ 调料　猪油、食盐、味精各适量。

做法　**1.** 嫩莴笋叶洗净、切碎。

2. 净锅置旺火上，放猪油烧热后，放入剁辣椒煸香，随后下入莴笋叶，放食盐、味精，用旺火热油快炒，入味后出锅装入盘中。

■ 菜品特色　鲜嫩入口。

【凉拌莴笋丝】

■ 原料　净莴笋头（莴笋去叶留茎）200 克，鲜红椒 1 个。

■ 调料　食盐、味精、白醋、香油、姜丝各适量。

做法　**1.** 将净莴笋头洗净后切成丝，拌入少许食盐腌一下，挤干水；将鲜红椒去蒂、去子后洗净，切成丝。

2. 在碗中放食盐、味精、白醋、香油拌匀，再放入姜丝、红椒丝、莴笋丝一起拌匀，装入盘中即可。

■ 菜品特色　脆香味美。

【清炒菠菜】

■ 原料　菠菜 500 克。

■ 调料　猪油、食盐、味精、胡椒粉各适量。

做法　**1.** 将菠菜摘洗干净，放入食盐水中浸泡几分钟，捞出沥干水。

2. 净锅置旺火上，放猪油烧热后下入菠菜，放食盐、味精拌炒入味，熟时撒胡椒粉拌匀，出锅盛入盘中。

■ 菜品特色　营养味鲜。

【笋泥菠菜】

■ 原料　菠菜 500 克，春笋 100 克（冬季可用冬笋）。

■ 调料　植物油、食盐、味精、胡椒粉、白糖各适量。

做法　**1.** 将菠菜清洗干净，沥干水；将春笋剥壳，煮熟后用擂钵擂成泥或剁成米粒状。

2. 净锅置旺火上，放植物油烧热后下入笋泥，放食盐拌炒，炒香后随即下入菠菜，放食盐、味精、白糖拌炒入味，熟后撒下胡椒粉，拌匀即可出锅，装入盘中。

■ 菜品特色　新颖可口。

【开胃木耳】

■原料　鲜木耳、鲜朝天椒、红葱头、青椒、红椒、洋葱、小米椒、花生仁各适量。

■调料　食盐、味精、白糖、鸡精、姜、蒜、生抽、陈醋、红油各适量。

做法　**1.** 将鲜木耳洗净、焯水，捞出后过凉；将姜拍破，鲜朝天椒切段，青椒、红椒、洋葱均切圈，红葱头切片，蒜切米粒状待用。

2. 把鲜朝天椒、红葱头片、姜、青椒圈、红椒圈、洋葱圈、小米椒放入容器中，加入生抽、陈醋、食盐、味精、白糖、鸡精和 500 克凉开水腌渍半小时，下入鲜木耳，浸泡 3~4 小时后捞出装盘，淋红油，撒上花生仁、蒜米即成。

■菜品特色　爽口开胃。

【凉拌脆耳】

■原料　水发脆耳 400 克，香菜 100 克。

■调料　食盐、味精、鸡精、蚝油、陈醋、香油、红油、姜末、蒜蓉各适量。

做法　**1.** 将水发好的脆耳仔细清洗干净，将大片的撕开；将香菜摘洗干净。

2. 锅内放水，烧开后下脆耳焯水，捞出沥干。

3. 将沥干水的脆耳挤干水分后，放入碗中，放入姜末、蒜蓉、食盐、味精、鸡精、陈醋、蚝油和红油，用筷子反复拌匀。

4. 将香菜放在瓷盘上，再将拌好的脆耳码放在香菜上，淋上香油即可。

■菜品特色　香脆味美。

【青椒炒脆耳】

■原料　水发脆耳 400 克，青椒 100 克。

■调料　植物油、食盐、味精、鸡精、蒜蓉酱、蚝油、陈醋、水淀粉、红油、姜片、蒜片、鲜汤各适量。

做法　**1.** 将水发脆耳摘洗干净，将大片的撕成小片，挤干水分备用；将青椒切成马蹄片。

2. 锅放植物油烧热下入姜片、蒜片煸香，放青椒片、食盐翻炒后下脆耳翻炒，烹陈醋，放味精、鸡精、蚝油、蒜蓉酱，反复翻炒后倒入鲜汤，收干汤汁，用水淀粉勾芡，淋红油，即成。

■菜品特色　清香可口。

【酸辣云耳】

■原料　泡发云耳 150 克。

■调料　食盐、味精、白糖、陈醋、生抽、葱、姜、蒜、整干椒、香油、红油各适量。

做法　**1.** 将泡发的云耳撕成大片，入沸水锅内焯水，捞出沥干水；将姜放入榨汁机内炸成汁（去渣留汁），葱切花，蒜切米粒状。

2. 将上述调料与云耳拌匀，装盘即可。

■菜品特色　酸辣俱佳。

【刨花莴笋片】

■ 原料　莴笋头 300 克。

■ 调料　植物油、食盐、味精、蒜片各适量。

做法　**1.** 将莴笋头切掉底部老的部分，去皮，即成净莴笋头，洗净后切成 0.2 厘米厚的长条片。

2. 净锅置旺火上，放植物油，烧热后下入蒜片，随即下入莴笋片，放食盐、味精拌炒，熟后迅速出锅装盘。

■ 菜品特色　味香爽脆。

【汁浸莴笋】

■ 原料　莴笋头 500 克，枸杞 2 克。

■ 调料　浓缩苹果汁、矿泉水、蜂蜜各适量。

做法　**1.** 将莴笋头去皮、去筋膜，切成 0.5 厘米厚的菱形片，入沸水锅中焯水断生，捞出后放入冷水中过凉。

2. 将浓缩苹果汁、矿泉水、蜂蜜调匀成汁，再放入莴笋片浸泡 2 小时，捞出装盘，用泡发的枸杞点缀即可。

■ 菜品特色　酸甜味美。

【青椒蒸茄子】

■ 原料　茄子 300 克，青椒圈 1 克。

■ 调料　植物油、食盐、味精、蚝油、蒸鱼豉油、红油、香油、姜末、蒜蓉、葱花、豆豉各适量。

做法　**1.** 将茄子切成条状，不要切断，连接至茄把，下入六成热油锅中炸熟捞出，撒上食盐。

2. 将青椒圈放姜末、蒜蓉、食盐、豆豉、味精、蚝油、蒸鱼豉油、红油一起搅拌均匀浇盖在茄条上，入笼蒸 10 分钟，至茄子熟后取出，撒上葱花，淋上香油即可。

■ 菜品特色　香软可口。

【青椒炒腊八豆】

■ 原料　腊八豆 300 克，青椒 150 克。

■ 调料　植物油、食盐、味精、干椒粉、生姜、红油、香油各适量。

做法　**1.** 将青椒洗净后去蒂、去子，切成 0.8 厘米的小方块，生姜切末。

2. 锅置旺火上，放入植物油，烧至六成热时，将腊八豆下油锅至外皮焦脆、色泽金黄，倒入漏勺沥干油。

3. 锅内留底油，下入青椒片、姜末炒香，再放入食盐、干椒粉烧至青椒八成热，倒腊八豆，加入味精、红油翻炒入味，淋上香油，出锅装盘即可。

■ 菜品特色　焦脆鲜辣。

【豉香青椒】

■原料　青椒500克。

■调料　植物油、食盐、味精、蚝油、香油、姜末、蒜蓉、豆豉各适量。

做法　**1.** 将青椒去蒂后洗净，切成6厘米长的段；将豆豉用清水泡1分钟，洗净。

2. 锅放入植物油烧热，下入青椒段炸至起虎皮，用漏勺捞出（油仍留部分在锅中），泡在冷开水中过凉，然后沥干水分，拌入少许食盐、味精，待用。

3. 等锅内油温升至七成热时，下入泡发的豆豉炸香，捞出沥尽油后，再倒入锅中，下入姜末、蒜蓉、食盐、味精、蚝油、香油炒香，放入青椒拌匀后，将青椒夹出整齐地叠放在盘中，将豆豉码放在青椒上即可。

■菜品特色　香辣可口。

【虎皮青椒炒番茄】

■原料　青椒250克，番茄150克。

■调料　植物油、食盐、味精、鸡精、蒸鱼豉油、白醋、姜片、蒜片、豆豉、鲜汤各适量。

做法　**1.** 将番茄洗干净，切成0.5厘米厚的片。

2. 将青椒去蒂、洗干净，用刀拍一下（不要拍碎）。

3. 锅置旺火上，放植物油500毫升烧至八成热，下入青椒过大油，待青椒炸起虎皮即倒入漏勺，沥干油。

4. 锅内留底油，放豆豉、蒜片、姜片炒香，下入青椒，放食盐、味精、鸡精、蒸鱼豉油、白醋后用炒勺将青椒擂炒，使食盐味透入青椒，再下入番茄片轻轻翻炒，放鲜汤焖一下，即可出锅装盘。

■菜品特色　色味相宜。

【青椒炒油豆腐丝】

■原料　油豆腐250克，青椒150克。

■调料　植物油、食盐、味精、豆瓣酱、辣酱、蚝油、水淀粉、红油、蒜片、鲜汤各适量。

做法　**1.** 将青椒洗净，切成片；将油豆腐洗净，切成丝。

2. 锅内放植物油烧热，放青椒片、蒜片炒热，放食盐、味精略炒后，下入油豆腐丝一同翻炒，放豆瓣酱、辣酱、蚝油，待油豆腐回软后倒入鲜汤，稍焖一下，用水淀粉勾芡、淋红油即可。

■菜品特色　新鲜可口。

【青椒豆角米】

■原料　豆角400克，青椒60克，猪五花肉50克。

■调料　植物油、食盐、味精、蒜、干椒粉、香油各适量。

做法　**1.** 将豆角洗净后切成米粒状，青椒切米粒状，猪五花肉剁成泥，蒜去蒂后切成末。

2. 锅放入植物油烧热，下入蒜末、肉泥炒香，倒入豆角米、青椒米翻炒至豆角五分熟时，加入食盐、味精、干椒粉，继续煸炒至豆角爽脆，淋上香油，出锅装盘即可。

■菜品特色　鲜辣爽脆。

【干椒丝炒卜豆角】

■原料　卜豆角 300 克。

■调料　植物油、味精、鸡精、蚝油、干椒丝、蒜片、大蒜叶、鲜汤各适量。

做法　**1.** 如果卜豆角长度不超过 2 厘米，则无需改切，只将卜豆角洗干净，挤干水分。

2. 锅内放植物油烧热，下入蒜片、干椒丝煸香，再下入卜豆角一同煸炒，放味精、鸡精、蚝油、大蒜叶炒香后倒入鲜汤，收干水汽后即可出锅装盘。

■菜品特色　香脆宜口。

【姜丝炒豆角】

■原料　嫩豆角 250 克。

■调料　植物油、食盐、味精、蒸鱼豉油、蚝油、香油、姜丝各适量。

做法　**1.** 将豆角摘去两头，清洗干净，切成 5 厘米长的段。

2. 净锅置旺火上，放植物油烧热后下入姜丝煸香，随即下入豆角段，放食盐、味精、蚝油、蒸鱼豉油一起煸炒入味，熟后淋香油，出锅装入盘中。

■菜品特色　味美爽口。

【乡里煮豆角】

■原料　较老青豆角 200 克。

■调料　猪油、食盐、味精、整干椒、姜末、豆豉、米汤（或鲜汤）各适量。

做法　**1.** 选用比较老的青豆角，摘去两端和筋膜，清洗干净后切成 5 厘米长的段，沥干水。

2. 净锅置旺火上，放猪油烧热，下入姜末、豆豉、整干椒炒香，随后下入豆角段，放食盐、味精拌炒入味，放米汤（或鲜汤，已淹没豆角为度），用大火煮开后改用小火煮至豆角软烂、汤汁浓郁时，出锅盛入汤碗中。

■菜品特色　清淡营养。

【青椒炒臭豆腐】

■原料　臭豆腐 5 块，青椒 100 克。

■调料　植物油、食盐、味精、生抽、香油、水淀粉、鲜汤各适量。

做法　**1.** 把臭豆腐切成 4 小块，青椒切成小片。

2. 锅置于旺火上，放入植物油烧至五成热时下入臭豆块腐炸至酥脆，倒入漏勺沥干油。

3. 锅内留底油，下入青椒片炒至断生，再放入臭豆腐块、食盐、味精、生抽、鲜汤炒拌均匀，用水淀粉勾芡，淋上香油，出锅装盘即可。

■菜品特色　外焦里嫩。

【干锅烧辣椒】

■ 原料　大鲜红椒 300 克，五花肉 50 克，洋葱 10 克，大蒜叶 3 克。

■ 调料　植物油、食盐、味精、蚝油、陈醋、姜片、蒜蓉、鲜汤各适量。

做法　1. 将大鲜红椒放在火上烧熟，泡入水中，洗去外皮上烧出的黑皮，然后剥开，除去里面的子，将其撕成长条形。

2. 将五花肉切成薄片，洋葱切片。

3. 锅内放植物油，放蒜蓉、姜片煸香，下入肉片，煸炒至熟，快出油时，加入鲜汤，后调食盐、味精、蚝油、陈醋，烧开后，下入烧椒，翻炒几下后，倒入垫有洋葱片的干锅中，撒上大蒜叶，带火上桌。

■ 菜品特色　香辣可口。

【香辣麻蓉豆角】

■ 原料　青嫩长豆角 150 克，鲜红椒 10 克，熟芝麻 5 克。

■ 调料　植物油、食盐、味精、蒜蓉酱、蒸鱼豉油、蚝油、香油、红油、姜末、蒜蓉各适量。

做法　1. 将豆角摘去两头，清洗干净，切成 6 厘米长的段；将鲜红椒去蒂、去子后洗净，切成米粒状。

2. 净锅置旺火上，放植物油烧至六成热，下入豆角过油至熟，捞出沥尽油。

3. 锅内放油、红油，下入姜末、蒜蓉煸香，再下入豆角，放食盐、味精、蒸鱼豉油、蚝油、蒜蓉酱一起拌炒，入味后撒入红椒米、熟芝麻，一起炒匀后淋香油，即可。

■ 菜品特色　辣脆兼俱。

【糖醋泡椒】

■ 原料　红泡椒 400 克。

■ 调料　植物油、食盐、陈醋、白糖、香油、葱段、蒜片各适量。

做法　1. 将红泡椒洗干净，去掉蒂，然后一切两半；锅放植物油烧热，将红泡椒下入炸至起虎皮，用漏勺捞出，沥干油。

2. 锅内留底油，下入蒜片炒香，再下入红泡椒，放白糖、食盐、陈醋，炒至白糖溶化时，撒入葱段、淋上香油即可。

■ 菜品特色　酸甜宜人。

【油淋泡椒】

■ 原料　红泡椒 400 克。

■ 调料　植物油、食盐、味精、鸡精、酱油、陈醋、蒜片、豆豉各适量。

做法　1. 将红泡椒洗干净，切去蒂，用刀拍烂。

2. 锅放植物油烧热，将红泡椒下入炸至起虎皮，捞出，沥干。

3. 锅内留底油，下入蒜片、豆豉炒香，再下入红泡椒，放食盐、味精、鸡精、陈醋、酱油，并用炒勺将红泡椒煸炒，使食盐味渗进去，待红泡椒熟透即可出锅。

■ 菜品特色　鲜嫩香辣。

【黄豆芽炖香菇】

■原料　黄豆芽 300 克，水发香菇 150 克。

■调料　猪油、食盐、味精、鸡精、蚝油、香油、姜丝、鲜汤各适量。

做法　1. 将黄豆芽摘净根须，洗净；将水发香菇去蒂，切成条。

2. 锅内放猪油，烧至六成热，下入姜丝煸炒，再下入黄豆芽翻炒几下，倒入鲜汤，等汤大开后下入香菇条，改用小火炖 15 分钟，放食盐、味精、鸡精、蚝油调好味，淋香油即可。

■菜品特色　鲜香味美。

【鸡婆笋炒藠头】

■原料　鸡婆笋 150 克，藠头 150 克。

■调料　植物油、食盐、味精、鸡精、鲜汤、水淀粉、香油、干椒段、姜米、蒜蓉各适量。

做法　1. 将鸡婆笋圈横刀切成圈，藠头切成 3 厘米长的段。

2. 鸡婆笋下水焯一下，沥干。

3. 植物油烧至八成热，下姜米、蒜蓉、干椒段煸香，然后下鸡婆笋圈一起煸炒，使菜均匀炒热，下藠头段，放食盐、味精、鸡精，炒至藠头发软，加鲜汤微焖，用水淀粉勾芡，淋香油即成。

■菜品特色　香脆爽口。

【酱椒茭瓜丁】

■原料　嫩茭瓜 300 克，酱椒 50 克，红椒末 2 克。

■调料　植物油、食盐、味精、香油、蒜蓉各适量。

做法　1. 将嫩茭瓜去皮洗净后切成 3 厘米见方的丁，酱椒去蒂、洗净后切成丁。

2. 净锅置灶上，放植物油，烧热后下入蒜蓉、茭瓜丁，放食盐拌炒至七成热时下入酱椒，放味精，合炒入味后，撒红椒末，淋香油，出锅装盘。

■菜品特色　清脆鲜香。

【韭菜炒绿豆芽】

■原料　绿豆芽 400 克，韭菜 150 克，鲜红椒 3 克。

■调料　猪油、食盐、味精、香油、姜丝各适量。

做法　1. 将绿豆芽摘去根须、洗净；将鲜红椒去蒂、去子后洗净，切成丝；将韭菜摘洗干净，切成 5 厘米长的段。

2. 锅内放猪油烧至八成熟，下入姜丝炒香，立即下入绿豆芽和韭菜段，放食盐、味精快速翻炒至绿豆芽熟时，放入红椒丝，淋入香油即可装盘。

■菜品特色　鲜脆味美。

【娃娃菜芋头汤】

■ 原料　娃娃菜 250 克，毛芋头 250 克。

■ 调料　猪油、食盐、味精、蚝油、胡椒粉、姜末、鲜汤各适量。

做法　1. 将毛芋头洗干净、煮熟（以能剥去外皮为好），捞出剥去外皮，切成厚片；将娃娃菜洗净，放入汤碗中。

2. 锅内放猪油，烧热下姜末略炒，下入芋头片，倒入鲜汤，煮开后放食盐、味精、蚝油，将汤汁煮成稠状即可。

3. 将烧好的芋头汤倒入碗中，让滚开的汤将娃娃菜烫熟，撒上胡椒粉即可。

■ 菜品特色　润滑香软。

【芋泥香菜羹】

■ 原料　香菜 200 克，毛芋头 200 克。

■ 调料　植物油、食盐、味精、蚝油、胡椒粉、姜末、鲜汤各适量。

做法　1. 将香菜切碎。

2. 毛芋头用水煮烂，捞出剥去外皮，用刀拍成芋泥。

3. 锅内放植物油，下姜末煸香，下入芋泥炒香，倒入鲜汤，将芋泥炒散，放食盐、味精，待芋泥汤开时调准盐味，放入胡椒粉、蚝油，下入香菜末，搅拌均匀后出锅装入碗中即可。

■ 菜品特色　香浓可口。

【茭白炒蚕豆】

■ 原料　新鲜蚕豆 200 克，茭瓜 200 克，鲜红椒 50 克，梅干菜 25 克。

■ 调料　植物油、食盐、味精、辣酱、干椒段、姜末、蒜蓉各适量。

做法　1. 将新鲜蚕豆剥去外皮，洗净；将茭瓜去皮，切成块；将鲜红椒去蒂、去子后洗净，切成片；将梅干菜泡发，洗净后剁碎，挤干水分，放入热锅中炒干。

2. 锅置旺火上，放植物油 500 毫升烧至八成熟，下入蚕豆过大油，待蚕豆表皮起泡时，用漏勺捞出，沥干油。

3. 锅内留底油，下入姜末、蒜蓉、干椒段、梅干菜、辣酱煸香，再下入蚕豆、茭瓜块、红椒片合炒，放食盐、味精翻炒至茭瓜熟透即可出锅装盘。

■ 菜品特色　营养清香。

【香油炝茭瓜】

■ 原料　茭瓜 250 克。

■ 调料　植物油、食盐、味精、白糖、香油、红油、花椒油、干椒段、花椒各适量。

做法　1. 将茭瓜去皮、洗净，用滚刀法切成钻头形。

2. 锅内放植物油，烧至七成热，放入茭瓜过油至七分熟，倒入漏勺，沥尽油。

3. 锅内留少许底油，下入花椒与干椒段煸香，再下入炸好的茭瓜，放食盐、味精、白糖拌炒入味，淋少许花椒油、香油、红油，出锅装入盘。

■ 菜品特色　鲜香味美。

【凉拌菜根】

■ 原料　香菜根 300 克。

■ 调料　食盐、味精、白糖、干椒粉、美极鲜味汁、香醋、红油、黑芝麻各适量。

做法　**1.** 将香菜根去须、洗净，从中间切开。

2. 在香菜根中加入上述调料拌匀，装盘即可。

■ 菜品特色　爽口润燥。

【剁椒高山菜】

■ 原料　高山娃娃菜 150 克，鸡蛋 2 个。

■ 调料　剁辣椒、蒜、姜、味精、生抽各适量。

做法　**1.** 将高山娃娃菜剖开，码放于盘中；鸡蛋打散，淋在盘的两边；将姜、蒜切米粒状。

2. 将剁辣椒、蒜米、姜米、味精、生抽拌匀，盖在高山娃娃菜上，放入蒸柜用旺火蒸 6 分钟即可。

■ 菜品特色　鲜嫩酸辣。

【腊味娃娃菜】

■ 原料　高山娃娃菜 500 克，腊肉 100 克。

■ 调料　猪油、食盐、味精、蚝油、水淀粉、姜末、鲜汤各适量。

做法　**1.** 将高山娃娃菜切开，清洗干净；腊肉切成薄片。

2. 锅内放猪油，下姜末、腊肉片煸香，放入鲜汤，放食盐、味精调好味，略熬煮一下，再下入高山娃娃菜、蚝油，将高山娃娃菜煮熟。

3. 用筷子将高山娃娃菜夹起，摆在盘中，将锅内的汤汁勾水淀粉，出锅浇淋在高山娃娃菜上即可。

■ 菜品特色　香味四溢。

【粉丝高山娃娃菜】

■ 原料　干粉丝 150 克，高山娃娃菜 350 克，熟火腿 50 克。

■ 调料　植物油、食盐、味精、蒸鱼豉油、姜末、蒜蓉各适量。

做法　**1.** 锅内放水烧开，放植物油、食盐、味精，将高山娃娃菜洗净后切成长条形，放入沸水锅中焯至断生入味，捞出沥干水，放入盘中。

2. 将熟火腿切成 0.2 厘米厚的丝；将干粉丝用开水泡软，捞出沥干水，与火腿丝一起放入碗中，放食盐、味精、蒸鱼豉油拌匀，摆放在高山娃娃菜上，入笼蒸 10 分钟即可，淋蒸鱼豉油，烧沸油，撒蒜蓉、姜末拌均即可。

■ 菜品特色　色香俱佳。

【农家炒土豆丝】

■ 原料　去皮净土豆 200 克，青椒 2 个。

■ 调料　猪油、食盐、味精、干椒丝、葱段各适量。

做法　1. 将去皮的净土豆切成丝，青椒切丝。

2. 净锅置于旺火上，放猪油，烧热后下入干椒丝、青椒丝炒香，随后下入土豆丝，放食盐、味精拌炒入味，熟时撒葱段，出锅装入盘中。

■ 菜品特色　味美可口。

【奶香土豆泥】

■ 原料　土豆 300 克，酸奶 1 瓶。

■ 调料　白醋、白糖各适量。

做法　1. 将土豆去皮、洗净，切成 0.3 厘米厚的片，入沸水锅中焯水，捞出沥干水，压制成土豆泥。

2. 将白醋、白糖加入酸奶中搅拌均匀成味汁，倒入土豆泥中搅拌均匀，装盘即可。

■ 菜品特色　奶香浓郁。

【干煸麻辣土豆条】

■ 原料　净土豆 200 克。

■ 调料　植物油、食盐、味精、麻辣鲜、红油、香油、干淀粉、干椒段、姜米、蒜蓉、熟芝麻、葱花、香菜各适量。

做法　1. 将土豆切成筷条状，用清水漂洗干净，放食盐、味精、麻辣鲜拌匀，入味后拌干淀粉，下入八成热油锅内，炸至外焦内嫩，倒入漏勺，将油沥净。

2. 锅内留少许底油，下入干椒段、姜米、蒜蓉，炒香后下入炸好的土豆条，烹麻辣鲜，撒上熟芝麻、葱花一起拌匀，淋香油、红油，出锅装盘，拼上香菜。

■ 菜品特色　味美可口。

【茄汁土豆丸】

■ 原料　土豆 500 克，鸡蛋 2 个。

■ 调料　植物油、食盐、淀粉、白糖、葱花、姜末、鲜汤、番茄沙司、面粉各适量。

做法　1. 将土豆去皮、洗净，切成小片，放入碗中，入笼蒸熟后取出，放凉后用刀板碾成泥。

2. 将鸡蛋打入碗中搅散，加入食盐、面粉、淀粉和清水，搅匀后放入土豆泥再次搅匀，用手挤成土豆丸。

3. 锅置旺火上，放植物油烧至六成热，下入土豆丸通炸至色泽金黄、外焦内熟后出锅倒入漏勺中，沥尽油。

4. 锅内留底油，下入姜末、白糖、番茄沙司、鲜汤，待转色、烧开后勾水淀粉，成茄汁，随后下入土豆丸搅拌，淋少许油，撒葱花，出锅装入盘中。

■ 菜品特色　丝滑香软。

【醋香洋葱】

■ 原料　洋葱 300 克，红椒 10 克。

■ 调料　食盐、味粉、白糖、香油、陈醋、生抽各适量。

做法　1. 将洋葱去皮切丝，加食盐、白糖、陈醋腌渍 3 分钟；红椒去蒂、去子，切丝。

2. 将洋葱丝放入碗中，加入生抽、红椒丝、味粉、香油，拌匀即可。

■ 菜品特色　酸辣兼俱。

【红烧土豆泥】

■ 原料　土豆 400 克，火腿肠 50 克，青豆 5 克。

■ 调料　葱油、食盐、味精、白糖、香油、柠檬黄、水淀粉、鲜汤各适量。

做法　1. 将土豆洗净去皮，切成厚片，蒸熟后拌成泥状，火腿肠切成细丁。

2. 锅置中火上，加入葱油，烧热后放入土豆泥、火腿丁，再加入食盐、味精、白糖、柠檬黄炒匀，倒入鲜汤略烧入味，勾芡，淋香油、撒上青豆，出锅装盘即成。

■ 菜品特色　汤鲜味美。

【皮蛋剁椒蒸土豆】

■ 原料　土豆 350 克，皮蛋 3 个。

■ 调料　植物油、食盐、味精、剁辣椒、葱、蒜、香油各适量。

做法　1. 将土豆洗净去皮，切成 2.5 厘米长、1.5 厘米宽、0.2 厘米厚的片，入清水中漂洗 3 分钟，摆入盘中，均匀地撒上食盐；皮蛋剥壳，每个切成 8 瓣，围摆在土豆周围；蒜切末，葱切花。

2. 将剁辣椒、蒜末、食盐、味精、植物油拌匀，盖在土豆和皮蛋上，上笼用旺火蒸 10 分钟左右取出，淋上烧热的香油、撒上葱花即可。

■ 菜品特色　新颖味鲜。

【洋葱炒榨菜丝】

■ 原料　洋葱 200 克，榨菜 100 克。

■ 调料　植物油、食盐、味精、酱油、香油、葱花、干椒段各适量。

做法　1. 将洋葱去根，剥去外皮，洗净后切成丝；将榨菜切丝，放入清水中漂洗干静后，捞出挤干水。

2. 将锅置旺火上，放入榨菜丝炒干水汽。

3. 锅置旺火上，放植物油，烧热后下入洋葱丝、干椒段煸香，再下入榨菜丝，放食盐、味精、酱油，合炒入味后淋香油、撒葱花，出锅装入盘中。

■ 菜品特色　鲜脆可口。

【剁椒拌菜头】

■ 原料　菜头 750 克。

■ 调料　食盐、香油、剁辣椒各适量。

做法　**1.** 将菜头剥去粗皮，修净筋膜，切成马蹄片，放少许食盐抓匀，待出水后挤干水分，待用。

2. 将剁辣椒与菜头拌在一起，腌渍 2 分钟，淋入香油即可。

■ 菜品特色　味美可口。

【剁椒红菜薹】

■ 原料　红菜薹 500 克，剁辣椒 10 克。

■ 调料　猪油、食盐、味精各适量。

做法　**1.** 将嫩红菜薹摘成 5 厘米长的段，老红菜薹剥去外皮，也摘成 5 厘米长的段，洗净后沥干水。

2. 锅内放猪油烧热，下入剁辣椒炒热后，下入红菜薹段一同翻炒，放适量食盐、味精调好味，再行翻炒，至红菜薹熟透即可。

■ 菜品特色　营养鲜脆。

【姜汁拌芹菜】

■ 原料　净芹菜 300 克。

■ 调料　食盐、味精、蚝油、香油、红油、姜丝、姜汁各适量。

做法　**1.** 将芹菜摘洗干净后切成 3 厘米长的段，放入开水锅中焯水，捞出沥干水。

2. 将姜丝放入碗中，放食盐、味精、姜汁、蚝油、香油、红油一起调匀，再倒入芹菜段拌匀即可。

■ 菜品特色　清脆鲜香。

【姜汁红菜薹】

■ 原料　红菜薹 500 克。

■ 调料　食盐、味精、白醋、香油、姜汁、蒜蓉各适量。

做法　**1.** 将红菜薹摘成 5 厘米长的段，中间部分的菜秆剥去外皮，也摘成 5 厘米长的段，粗的再用刀从中间纵向剖成两半，洗净、沥干水。

2. 锅内放水烧开，下入红菜薹段焯水、捞出后用冷水过凉，挤干水分，将姜汁浇在红菜薹上，放蒜蓉、食盐、味精、白醋、香油拌均匀即可。

■ 菜品特色　色味俱全。

【虾米青菜钵】

■原料　青菜 500 克，海虾米 50 克。

■调料　猪油、食盐、味精、鸡精、蚝油、姜末、鲜汤各适量。

做法　1. 将青菜摘洗干净、切碎；海虾米拣去杂质，洗净后沥干水分。

2. 锅内放猪油烧热，下入姜末炒香；再放入青菜末，放食盐、味精、鸡精、蚝油，倒入鲜汤，下入虾米，烧开后改用小火煮 3 分钟，煮至滚开时淋入热猪油，即可。

■菜品特色　味鲜宜人。

【开胃子姜】

■原料　嫩子姜 500 克。

■调料　剁辣椒、食盐、味精、白糖、香油、葱香油各适量。

做法　1. 将嫩子姜洗净、去皮、切片，用食盐腌渍。

2. 将腌渍后的子姜挤去多余的水分，加入剁辣椒、味精、白糖、香油和葱香油拌匀，装盘即可。

■菜品特色　辣脆开胃。

【开洋烧芥蓝】

■原料　芥蓝菜 300 克，开洋（金钩虾）25 克。

■调料　猪油、食盐、味精、鸡精、料酒、水淀粉、葱结、姜片各适量。

做法　1. 将开洋先用温水泡发，再用清水洗净，沥干水后放入碗中，放入姜片、葱结、料酒，上笼蒸 3 分钟后取出。

2. 锅内放水，烧开后放入芥蓝菜焯水，捞出沥干水。

3. 净锅置旺火上，放猪油烧热，下入开洋，放食盐、味精、鸡精调味、拌炒，随后下入芥蓝菜一起合炒，入味后将芥蓝菜用筷子夹出，整齐地码入盘中，往锅中勾水淀粉，出锅将开洋浇盖在芥蓝菜上即可。

■菜品特色　鲜辣味美。

【西米番茄盅】

■原料　番茄 5 个，西米 250 克，水发银耳 50 克，枸杞子 10 克，苹果 1 个。

■调料　白糖、菠萝香精各适量。

做法　1. 将西米用开水浸泡，捞出沥干，再用开水冲泡，重复多次后将西米胀发，这时将西米蒸熟，待用。

2. 将水发银耳洗净，枸杞子用水浸泡，苹果切成小颗粒；将番茄洗干净，挖去里面的子和肉，做成番茄盅。

3. 把番茄重新盖好，摆在盘子里，上笼预热 2 分钟左右。

4. 将西米粥上火烧开，下入银耳、枸杞子、苹果粒，放入白糖、菠萝香精调匀，即成西米果羹，将西米果羹放入番茄中，盖上盖子即成。

■菜品特色　新颖别致。

【百合熘玉米】

■ 原料　新鲜百合 2 个，奶油玉米 1 根，枸杞 10 克，青豆 3 克。

■ 调料　猪油、食盐、味精、鸡精、淀粉、白糖、香油、鲜汤各适量。

做法　1. 将新鲜百合剥散、洗净，待用；枸杞用水泡发。

2. 将玉米上笼蒸熟，然后剥下玉米粒。

3. 锅内放猪油，将玉米粒、青豆下锅熘炒，随后放食盐、味精、鸡精、白糖炒匀，放鲜汤略焖一会，勾薄芡，下入百合、枸杞一同熘炒，淋入香油即成。

■ 菜品特色　香味四溢。

【蘑菇烧鱼丸】

■ 原料　鱼丸、蘑菇、青红椒、葱姜各适量。

■ 调料　食盐、味精、上汤、料酒、水淀粉、食用油各适量。

做法　1. 鱼丸用开水焯透捞出；蘑菇洗净、去根备用；青红椒切丁、葱姜切末备用。

2. 净锅放油，五成热时下入葱姜末炒香；入鱼丸大火煸炒至微微变色后烹料酒；下入蘑菇大火炒匀后入上汤、食盐、味精调味；大火焖烧约 3 分钟后下入青红椒丁；待汤汁浓郁后用水淀粉勾薄芡即成。

■ 菜品特色　味鲜色美。

【脆香萝卜皮】

■ 原料　白萝卜 1000 克，尖红椒 1000 克。

■ 调料　食盐、味精、生抽、陈醋、蒸鱼豉油、香油、姜片、蒜片各适量。

做法　1. 将白萝卜洗干净，削下萝卜皮，切成 2 厘米长的片，放入盐水中约浸泡 2 小时。

2. 将尖红椒去蒂、洗净后剁碎，放入碗中，加入姜片、蒜片、食盐、味精、陈醋拌匀，腌渍 2 小时即成剁辣椒。

3. 将泡在盐水中的萝卜皮捞出，沥干盐水后放入碗中，加入蒸鱼豉油、生抽、味精拌匀，再将腌渍好的剁辣椒拌入，淋上香油即可。

■ 菜品特色　香脆酸辣。

【相敬如宾】

■ 原料　西芹 100 克，百合 100 克。

■ 调料　冰块、蚝油、海鲜酱、味粉、香油、芝麻酱、胡椒粉各适量。

做法　1. 将西芹洗净，去筋络、去皮，切成条状；百合掰成片，洗净。

2. 将蚝油、海鲜酱、芝麻酱、胡椒粉、味粉、香油调成蘸酱。

3. 用冰块分别盖住西芹和百合，40 分钟后将西芹段摆入盘中间，百合放在西芹段上，拼上蘸酱蘸食即可。

■ 菜品特色　清凉润肺。

【干锅鸡腿菌】

■ 原料　鸡腿菌 400 克，猪五花肉 50 克。

■ 调料　植物油、食盐、味精、白糖、鸡精、葱、鲜汤各适量。

做法　1. 将鸡腿菌洗净，猪五花肉切成丝，葱切段。
2. 锅置旺火上，放入鲜汤、鸡腿菌，烧开后撇去浮沫，加入食盐、味精、白糖、鸡精，转小火 30 分钟后盛出待用。
3. 锅置旺火上，放入植物油，下入猪五花肉丝炒香，再倒入鸡腿菌、鲜汤，烧沸后撒上葱段，出锅倒入干锅，带酒精炉上桌即可。

■ 菜品特色　营养味鲜。

【凉拌银针菇】

■ 原料　金针菇、香菇、芹菜、红萝卜、子姜、红辣椒各适量。

■ 调料　植物油、食盐、料酒、豆瓣酱、香醋、白糖各适量。

做法　1. 金针菇切段，香菇切丝，芹菜也切段，红萝卜切细丝，红辣椒切细丝，子姜切细丝。
2. 油锅烧热，先下姜丝、辣椒丝爆炒，淋一点料酒，放入红萝卜丝、香菇丝、芹菜段下去炒熟，放入金针菇段炒，加豆瓣酱、香醋、白糖、食盐翻炒片刻即可。

■ 菜品特色　色味俱佳。

【干锅一品菌】

■ 原料　鸡腿菌 300 克，帝王菌 300 克，小牛肝菌 300 克，里脊肉 200 克，尖青椒、尖红椒各 20 克。

■ 调料　猪油、食盐、味精、白糖、嫩肉粉、鸡精粉、蚝油、姜、红油、淀粉、鲜汤各适量。

做法　1. 将鸡腿菌、牛肝菌、帝王菌用水浸泡 5 分钟，洗净，焯水，捞出沥干；尖青椒、尖红椒切成圈，姜切成片；里脊肉切成丝，放食盐、嫩肉粉、淀粉上浆入味。
2. 锅置旺火上，放入猪油，下入姜片、肉丝炒香，再放入尖青椒圈、尖红椒圈翻炒均匀，加入上述原料、食盐、味精、白糖、鸡精粉和蚝油，炒拌入味，倒入鲜汤稍焖，淋上红油，出锅装入干锅即可。

■ 菜品特色　汤鲜味美。

【湘辣红油草菇】

■ 原料　草菇 250 克。

■ 调料　植物油、食盐、味精、永丰辣酱、辣酱、水淀粉、香油、红油、干椒段、葱花、姜末、蒜蓉、鲜汤各适量。

做法　1. 将草菇去蒂，清洗干净，沥干水，切成四等份。
2. 净锅置旺火上，放植物油 500 毫升，烧至六成热，下入草菇过油，待草菇酥软后即倒入漏勺中，沥尽油。
3. 锅内留底油，下入干椒段、姜末、蒜蓉，煸香后下入草菇，放食盐、味精、永丰辣酱、辣酱拌炒入味，放入鲜汤煨焖，待汤汁浓稠时即勾水淀粉，淋入红油、香油，撒上葱花，出锅装入盘中。

■ 菜品特色　汤鲜味美。

【蒜蓉花生苗】

■原料　新鲜花生苗400克。

■调料　植物油、食盐、味精、蚝油、白醋、香油、干椒末、姜末、蒜蓉各适量。

做法　1. 将花生苗摘洗干净，沥干水分。

2. 锅内放植物油，随冷油下入姜末、蒜蓉，随着油温升高，姜末、蒜蓉炸焦、炸香后，将其捞出，即成蒜油。

3. 将锅洗净，放水烧开，下入花生苗焯水至熟，捞出后过凉，沥干水，倒入大碗中，拌入食盐、味精、白醋、蚝油、干椒末，再倒入蒜油，淋一点香油，拌匀即可食用。

■菜品特色　酸辣适口。

【枣王烧山药】

■原料　山药500克，红枣75克，枸杞2克。

■调料　植物油、食盐、味精、白糖、姜片、鲜汤各适量。

做法　1. 将山药用刨子刨皮，洗净后切成适口大小，泡入冷水中；将红枣用开水浸泡，枸杞用清水泡发。

2. 锅置旺火上，放植物油500毫升烧至八成热，下入山药炸至表皮转色，倒入漏勺中，沥干油。

3. 锅内留底油，下入姜片煸香，下入山药、白糖一同翻炒，山药上色后放入鲜汤，汤开后放食盐、味精和红枣，用小火将山药烧透，待汤汁浓稠撒枸杞即可出锅装盘。

■菜品特色　营养味甘。

【香辣红烧山药】

■原料　山药500克，鲜红泡椒50克。

■调料　植物油、食盐、味精、鸡精、酱油、豆瓣酱、辣酱、白糖、姜片、葱花、鲜汤各适量。

做法　1. 将山药刨去皮、洗净，切成片，泡入冷水中；将鲜红泡椒去蒂、去子后洗净，切成片；锅放植物油烧热，下入山药过大油，待山药表皮转色时即捞出，沥干油。

2. 锅内留底油，下入姜片、豆瓣酱、辣酱煸香，下入山药翻炒，放酱油、白糖，等山药炒上色后放入鲜汤，汤烧开后放食盐、味精、鸡精，改用小火将山药煨至熟透，再下入红椒片和葱花，略烧一下，即可出锅装盘。

■菜品特色　香辣味美。

【果酱山药】

■原料　鲜山药100克。

■调料　什锦果酱适量。

做法　1. 将鲜山药去皮洗净，切成0.5厘米厚的片。

2. 锅内放入清水，烧沸后加入山药片焯水断生，捞出沥干水分，整齐地摆入盘中，另配什锦果酱一碟，蘸食。

■菜品特色　香滑可口。

【椒香四季豆】

■原料　四季豆 150 克。

■调料　猪油、食盐、味精、蒸鱼豉油、香油、红油、干椒段、花椒各适量。

做法　1. 锅内放水烧开，放少许猪油、食盐；将四季豆去蒂去筋、洗净后用手摘成 3 厘米长的段，放入锅中焯水至熟，捞出沥干。

2. 净锅置旺火上，放猪油烧至七成热时下入花椒，炸香后拨出花椒，下入干椒段煸香，随即下入四季豆，放食盐、味精、烹入蒸鱼豉油，急火快炒入味，熟后淋香油、红油拌匀，出锅装入盘中。

■菜品特色　鲜嫩脆香。

【干锅四季豆】

■原料　四季豆、青尖椒、红尖椒、梅干菜各适量。

■调料　植物油、食盐、味精、蒜蓉酱、蒸鱼豉油、香油、红油、姜片、蒜片、鲜汤各适量。

做法　1. 将四季豆洗净；将青尖椒、红尖椒去蒂、洗净后切成圆圈；将梅干菜洗净、剁碎、挤干水分，放入热锅中炒干；净锅放植物油烧热，下入四季豆过油至熟，捞出沥尽油。

2. 锅内留底油，下入姜片、蒜片、青椒圈、红椒圈、梅干菜末煸炒，放食盐、味精、蒜蓉酱、蒸鱼豉油，随后下入四季豆合炒，入味后倒入鲜汤微焖一会，淋香油、红油，出锅盛入干锅内，带火上桌。

■菜品特色　味美嫩香。

【红椒蒜苗炒香干】

■原料　蒜苗 100 克，红椒 100 克，香干 3 片。

■调料　植物油、食盐、味精、酱油、香辣酱、鲜汤、淀粉、红油、香油各适量。

做法　1. 将红椒去子，切成粗丝，蒜苗切成段，香干切丝；净锅放植物油烧热后下入香干丝，炸香后出锅，待用。

2. 锅内放油，下入蒜苗段，放食盐煸炒至熟，然后下香干丝与红椒丝，放食盐、味精、酱油、香辣酱拌炒入味，加鲜汤略焖一下，勾芡，淋红油、香油，拌匀即可。

■菜品特色　香辣兼俱。

【西芹炒腊香干】

■原料　西芹 150 克，腊香干 3 块。

■调料　植物油、食盐、味精、酱油、香油、红油、干椒段、鲜汤各适量。

做法　1. 将西芹摘去老筋，洗净后切成长条；将腊香干切成厚片。

2. 净锅放植物油，烧热后下入干椒段煸香，随后下入腊香干片，放少许酱油拌炒，随后下入西芹条，放食盐、味精、放入少许鲜汤，待西芹熟时、腊香干入味后淋少许香油、红油即可。

■菜品特色　色、香、味俱全。

【炒四季豆丝】

■ 原料　四季豆 250 克。

■ 调料　猪油、食盐、味精、蒸鱼豉油、香油、红油、干椒丝、姜丝、蒜蓉、鲜汤各适量。

做法　**1.** 将四季豆去蒂去筋、清洗干净，切成细丝。

2. 净锅置旺火上，放猪油烧热后下入姜丝、蒜蓉、干椒丝炒香；再下入四季豆丝，放食盐、味精、蒸鱼豉油一起拌炒入味，倒入鲜汤微焖一下，熟后淋香油、红油，出锅装入盘中。

■ 菜品特色　味美宜人。

【干锅花菜】

■ 原料　花菜 750 克。

■ 调料　猪油、食盐、味精、酱油、豆瓣酱、蒜蓉酱、蚝油、红油、干椒段、姜末、蒜蓉、大蒜叶、鲜汤各适量。

做法　**1.** 将花菜顺枝切成小块，洗干净，沥干水。

2. 锅内放猪油，下入姜末、蒜蓉、干椒段煸香，再下入豆瓣酱、蒜蓉酱炒香，下入花菜在锅中翻炒，放食盐、味精、酱油、蚝油，待上色后略放鲜汤翻炒，直至花菜九分熟即装入干锅内，淋上红油，撒上大蒜叶即可。

■ 菜品特色　清新味香。

【草菇烧花菜】

■ 原料　草菇 250 克，花菜 200 克，红泡椒 5 克。

■ 调料　植物油、食盐、味精、辣酱、蚝油、淀粉、香油、红油、葱花、姜末、蒜蓉、鲜汤各适量。

做法　**1.** 将草菇去蒂，清洗干净，沥干水，切成四等份；将花菜洗净后切成块；将红泡椒去蒂、去子，洗净后切成末；锅内放水烧开，下入花菜焯水，捞出后沥干水；净锅放植物油烧热，下入草菇过油，待草菇酥软后捞出。

2. 锅内留底油，下姜末、蒜蓉，煸香后下花菜、草菇，放食盐、味精、蚝油、辣酱拌炒，放鲜汤煨焖至花菜和草菇松软，勾芡，淋红油、香油，撒红椒末、葱花即可。

■ 菜品特色　营养可口。

【铁板花菜】

■ 原料　花菜 400 克，尖红椒 20 克。

■ 调料　植物油、食盐、味精、白醋、蚝油、酱油、剁辣椒、豆瓣酱、孜然、胡椒粉、葱、红油、香油、水淀粉各适量。

做法　**1.** 将花菜切成 2 厘米见方的块，入沸水锅内焯水，捞出沥干水分；尖红椒切圈，葱切花，铁板烧热。

2. 锅置旺火上，放入植物油，下入尖红椒圈、剁辣椒、豆瓣酱炒香，再放入花菜、食盐、味精、酱油、蚝油、白醋、孜然、胡椒粉、红油炒拌入味，用水淀粉勾芡，出锅装入铁板，撒上葱花，淋上香油即可。

■ 菜品特色　香浓可口。

【豆腐黄花菜汤】

■原料 黄花菜50克，豆腐4片，鲜猪肉50克。

■调料 食盐、味精、鸡精、胡椒粉、香油、葱花、鲜汤各适量。

做法 **1.** 将黄花菜去蒂、清洗干净，挤干水分；将豆腐切成小条状；将鲜猪肉洗净，剁成肉泥。

2. 净锅置旺火上，倒入鲜汤，放食盐、味精、鸡精调味，烧开后下入黄花菜和肉泥，用小火熬出鲜香味，再下入豆腐条，烧开后撇开浮沫，撒胡椒粉和葱花，淋香油，出锅盛入汤碗中。

■菜品特色 汤鲜味美。

【凤尾菇炒莴笋丝】

■原料 凤尾菇200克，净莴笋150克，鲜红椒50克。

■调料 猪油、食盐、味精、胡椒粉、香油、葱段各适量。

做法 **1.** 将凤尾菇去蒂，清洗干净，挤干水分；将莴笋、鲜红椒洗净后切丝。

2. 将莴笋丝、红椒丝放少许食盐抓匀，挤干水分。

3. 净锅置旺火上，放猪油，烧热后下凤尾菇翻炒，同时放食盐、味精、胡椒粉，翻炒入味后，放入莴笋丝、红椒丝一起翻炒，至莴笋丝熟透，撒葱段、淋香油，出锅装盘。

■菜品特色 鲜脆可口。

【凤尾菇炒芽白梗】

■原料 凤尾菇150克，芽白梗150克，净鲜红椒5克。

■调料 猪油、食盐、味精、胡椒粉、香油、葱段各适量。

做法 **1.** 将凤尾菇去蒂，清洗干净，挤干水分；将芽白梗切成骨牌大小的块，净鲜红椒切片。

2. 净锅置灶上，放猪油，烧热后放入芽白梗块、凤尾菇、红椒片，放食盐、味精一起拌炒，入味至熟时撒胡椒粉、葱段，淋香油，出锅装盘。

■菜品特色 鲜嫩宜人。

【凤尾菇炒粉丝】

■原料 凤尾菇250克，水发粉丝150克，青椒、红椒各5克。

■调料 猪油、食盐、味精、蒸鱼豉油、蚝油、香油各适量。

做法 **1.** 将凤尾菇去蒂，清洗干净，大的撕成小片，沥干水分；将粉丝用冷水泡软，用剪刀在水中将粉丝剪断（6厘米长左右为佳）；将青椒、红椒洗净后切成丝。

2. 净锅置灶上，放猪油，烧热后放入凤尾菇、粉丝一起拌炒，放食盐、味精、蒸鱼豉油、蚝油一起合炒，入味后放入青椒丝、红椒丝，淋香油，出锅装盘。

■菜品特色 丝滑爽口。

【香辣凤尾菇】

■原料　凤尾菇 300 克，菜胆 12 个，青椒、红椒各 5 克，小米椒 10 克。

■调料　植物油、食盐、味精、辣酱、香油、红油、葱花、蒜片各适量。

做法　**1.** 凤尾菇去蒂、洗净、挤干；锅内放水烧开，放少许食盐、味精、香油，将菜胆焯水，捞出沥干，围盘；青椒、红椒去蒂、去子，洗净后切片；小米椒洗净后切碎。**2.** 净锅放植物油烧热后下入蒜片、小米椒末拌炒，随后下凤尾菇，放食盐、味精、辣酱一起拌炒入味后，放入青椒片、红椒片，撒葱花，淋红油、香油，出锅装盘。

■菜品特色　辣香四溢。

【黄花菜炒粉丝】

■原料　干黄花菜 100 克，粉丝 50 克，鲜猪肉 75 克。

■调料　猪油、食盐、味精、酱油、蒜蓉香辣酱、蒸鱼豉油、胡椒粉、葱段、姜末、蒜蓉各适量。

做法　**1.** 将干黄花菜用水泡发 30 分钟以上，切去蒂，再放入沸水锅中焯一下，捞出沥干水分；将粉丝用清水泡发，捞出后沥干水，切短；将鲜猪肉洗净后剁成泥。**2.** 净锅置旺火上，放猪油烧热，下入姜末、蒜蓉、肉末，放酱油、蒜蓉香辣酱，炒熟后下入黄花菜、粉丝，放食盐、味精、蒸鱼豉油合炒，入味后撒胡椒粉和葱段，拌匀后即可出锅装盘。

■菜品特色　味美可口。

【干锅茶树菇】

■原料　干茶树菇、鲜猪肉、洋葱、青椒、红椒各适量。

■调料　猪油、食盐、味精、香油、红油、干椒段、葱段、姜丝、蒜片、鲜汤各适量。

做法　**1.** 将猪肉洗净后切丝；将青椒、红椒去蒂、去子，洗净后切丝；将洋葱洗净后切成丝，垫入干锅中；将干茶树菇去蒂，用清水泡发，洗净、挤干，切成段待用。**2.** 锅放猪油烧热后放入姜丝、干椒段、蒜片煸炒，随即放入肉丝、茶树菇、食盐、味精、鲜汤微焖一下，撒青椒丝、红椒丝、葱段，淋红油、香油，盛入装有洋葱丝的干锅中。

■菜品特色　营养味鲜。

【茶树菇烧豆笋】

■原料　干茶树菇 200 克，水发豆笋 150 克，红椒 50 克。

■调料　猪油、食盐、味精、永丰辣酱、蚝油、淀粉、香油、红油、姜丝、大蒜、鲜汤各适量。

做法　**1.** 将干茶树菇泡发，切成段；将豆笋泡发后切成段；将红椒去蒂、去子，洗净后切成丝；将大蒜切成段。**2.** 锅放猪油烧热后放入姜丝、茶树菇拌炒，随即下入豆笋段，放食盐、味精、永丰辣酱、蚝油，拌炒入味后放入鲜汤煨焖一下，待汤汁稍收干时撒下大蒜段、红椒丝一起炒匀，勾芡，淋红油、香油，出锅装入盘中。

■菜品特色　香味浓郁。

【姜醋烧茄子】

■ 原料　茄子 500 克。

■ 调料　植物油、食盐、味精、鸡精、蒸鱼豉油、陈醋、淀粉、干椒末、姜末、蒜蓉、鲜汤各适量。

做法　**1.** 将茄子切块；把姜末、蒜蓉、干椒末放入蒸钵内，放入食盐、鸡精、味精、蒸鱼豉油、陈醋、鲜汤、淀粉，做成姜醋汁；将锅放入 500 毫升植物油烧至八成热，下入茄子块炸透，倒入漏勺沥干油，锅仍放于火上。

2. 将茄子倒入锅内，把姜醋汁搅拌均匀，烹入锅内，待汁糊化后淋入尾油即可。

■ 菜品特色　酸香可口。

【露香凉茄】

■ 原料　紫茄子 3 根。

■ 调料　植物油、食盐、鱼露、白糖、香醋、葱、蒜、朝天椒、香油、鲜红椒各适量。

做法　**1.** 鲜红椒、蒜、朝天椒均切米粒状、葱切花；茄子洗净，剖成 4 条，放食盐水中浸泡，捞出沥干待用。

2. 锅放入植物油烧热时，倒入茄子炸透，捞出沥干，再放入沸水锅中煮约 2 分钟，捞出过凉，摆入盘中。

3. 将鱼露、食盐、白糖、香醋、香油和红椒米、蒜米、朝天椒米搅拌匀，盖在茄子上，再撒上葱花即可。

■ 菜品特色　软滑味美。

【茄条炒双豆】

■ 原料　茄子 200 克，豆角 150 克，四季豆 150 克。

■ 调料　植物油、食盐、味精、鸡精、蒸鱼豉油、红油、淀粉、香油、姜丝、蒜、鲜汤、蒜蓉辣酱、白糖各适量。

做法　**1.** 把茄子、豆角切成条；蒜拍成蓉；分别把豆角、四季豆焯水；把锅置于火上，放入植物油，烧热，将茄子条、豆角条、四季豆分别过大油后沥干。

2. 锅内留少许油，放入蒜蓉、姜丝炒香，随即下入四季豆、豆角，放食盐、味精、鸡精、蒜蓉辣酱、蒸鱼豉油、白糖拌炒；入味后浇鲜汤略焖，然后下入茄条一起焖，至汤汁浓郁时，勾芡，拌匀，淋上红油、香油，出锅装盘。

■ 菜品特色　色香味美。

【茄子煲】

■ 原料　茄子 350 克，腊肉 100 克，香菇 5 克，鲜红椒 3 克。

■ 调料　植物油、食盐、味精、蒜蓉、鲜汤、姜末、白糖、葱花、陈醋、蚝油、紫苏各适量。

做法　**1.** 茄子去皮，切成长条，腊肉切成薄片，鲜红椒切成长条，香菇切片；把锅里放入植物油烧热，放入茄子过大油，沥出。

2. 锅内留下底油，下入蒜蓉、姜末、腊肉片一同炒香，然后放入茄子条、香菇条，放入食盐、味精、白糖、蚝油、陈醋，加入鲜汤，下红椒条；等汤烧开后，放紫苏、葱花、淋尾油，装入已烧红的沙煲中即可。

■ 菜品特色　香滑适口。

【盐蛋黄烧茄子】

■原料　茄子 350 克，盐蛋黄 4 个，红椒米 1 克。

■调料　植物油、食盐、味精、蒜蓉、姜末、葱花各适量。

做法　**1.** 将茄子去皮，切成长 5 厘米，粗 1 厘米的长条。

2. 盐蛋黄蒸熟，用刀推压挤成粉末状。

3. 锅内放植物油，烧至八成热，下茄子条过大油，沥出。

4. 锅内留底油，中火将盐蛋黄末入锅边炒，烹点水炒至起泡沫，蓬松后下蒜蓉、姜末、茄子，略放一点食盐和味精一起翻炒，当蛋黄完全粘在茄子上即可装盘，撒上葱花和红椒米。

■菜品特色　香浓味美。

【烧汁茄子】

■原料　茄子 400 克，猪五花肉 20 克，红椒 15 克。

■调料　植物油、食盐、味精、白糖、酱油、豆浆、烧汁酱、姜、葱、蒜、香油、水淀粉、鲜汤各适量。

做法　**1.** 将茄子洗净切两半；猪五花肉剁成泥，红椒、姜、蒜切成末，葱切花；将茄子炸熟，倒入漏勺沥干油。

2. 将锅加入鲜汤、豆浆、酱油、烧汁酱、白糖、食盐、味精调匀，再放入茄子、姜末、蒜末、红椒末、肉泥，烧透入味后取出茄子，摆入盘中，锅内余汁勾芡，淋在茄子上，淋香油、撒上葱花即可。

■菜品特色　形状美观，香甜可口。

【酸辣脆皮茄子夹】

■原料　茄子 500 克，鲜猪肉 250 克，水发香菇 50 克，鸡蛋 1 个，蒜苗、红泡椒各 3 克。

■调料　植物油、食盐、味精、鸡精、辣酱、陈醋、水淀粉、香油、姜末、蒜蓉、鲜汤、脆糊各适量。

做法　**1.** 茄子改刀成茄夹；香菇、红泡椒、蒜苗均切成米粒大小；鲜猪肉洗净剁碎，打入鸡蛋，放香菇米、食盐、味精、淀粉拌匀，把肉料夹入茄夹中备用；锅放植物油烧热，把茄夹包脆糊，下锅炸成金黄色，捞出沥干。

2. 将锅内留底油，下入姜末、蒜蓉、香菇、蒜苗、红椒米，放入辣酱、食盐、味精、鸡精、陈醋、鲜汤，待汤开后勾芡、淋香油，出锅将汁浇在茄夹上即可。

■菜品特色　香脆可口。

【烧怪味茄子】

■原料　茄子 2 条，腊八豆 100 克，尖椒 10 克。

■调料　植物油、食盐、味精、蚝油、鲜汤、陈醋、淀粉、蒜蓉、姜末各适量。

做法　**1.** 茄子去皮，从把的下端将茄子切成长条，所有的长条留在把上；锅内放油烧热，用手抓住茄把，把长条放入油中，炸至金黄沥出。

2. 锅内放入鲜汤、食盐、味精、蚝油、陈醋，将茄子放入汤中，烧熟入味，然后将茄子把摆放在盘子中。

3. 锅内放植物油，下蒜蓉、姜末、腊八豆、尖椒圈，放食盐炒香，勾芡，放尾油，倒在汤汁碗内，再浇在茄子上即可。

■菜品特色　色香兼俱。

【香煎大片茄子】

■ 原料　嫩青皮茄子 500 克，紫苏 3 克。

■ 调料　植物油、食盐、味精、鸡精、蒜蓉香辣酱、蚝油、水淀粉、葱花、姜末、蒜蓉、鲜汤、红椒末各适量。

做法　**1.** 将茄子洗干净，不去皮，切成 0.5 厘米的厚圆片。

2. 将锅置于旺火上，放植物油 200 毫升烧至八成热，下入茄片煎到两面发黄，倒入漏勺沥干油。

3. 锅内留底油，下入姜末、蒜蓉炒香，再放入蒜蓉香辣酱、食盐、味精、鸡精、蚝油，放入鲜汤，汤开后勾水淀粉，等勾粉糊化后淋热油，下入茄片、紫苏同炒，推烧至芡汁完全包在茄片上时撒上葱花、红椒末即可。

■ 菜品特色　爽滑可口。

【番茄烧豆腐】

■ 原料　番茄 1 个，豆腐 200 克，香葱、青蒜各 5 克。

■ 调料　植物油适量，食盐 3 克，番茄酱 20 克，酱油 20 毫升，白糖 5 克，味精少许，水淀粉适量。

做法　**1.** 番茄择洗干净，切大块；香葱和青蒜切细末；将豆腐切成小丁，在沸水锅中焯一下；平底煎锅加植物油，将豆腐丁分批煎成外皮金黄色，沥干油备用；大火加热炒锅中的少许油，分别用香葱末、青蒜末爆香，煎西红柿，逐份盛出备用。

2. 洗净炒锅，将煎好的豆腐、西红柿和酱油、食盐、白糖一同放入，再加高汤大火煮沸；撒味精、勾芡，成熟色后盛盘，缀以香葱末和青蒜末即可。

■ 菜品特色　清淡宜人。

【麻蓉酥炸番茄】

■ 原料　番茄 2 个，猪肉 75 克，脆糊 200 克，熟芝麻 25 克。

■ 调料　植物油、食盐、味精、水淀粉、香油、葱花各适量。

做法　**1.** 猪肉洗净剁成泥，加葱花、食盐、味精、水淀粉、香油拌匀，成馅心；将番茄洗净，切成片，均匀地抹上馅心，用另一片番茄覆盖在馅心上，即成番茄饼。

2. 锅放植物油烧热，将番茄饼蘸脆糊，逐个下入油锅炸熟后倒入漏勺中，沥尽油；锅洗干净，放入少许香油，下入炸好的番茄饼，撒入熟芝麻、葱花拌匀即可。

■ 菜品特色　香脆味美。

【豌豆熘番茄】

■ 原料　豌豆 300 克，番茄 150 克。

■ 调料　植物油、食盐、味精、水淀粉、香油、姜末各适量。

做法　**1.** 锅内放水烧开，将豌豆洗净后放入锅中焯水，捞出沥干；将番茄洗净后切成 1 厘米见方的丁。

2. 净锅置旺火上，放植物油烧热，下入姜末煸香，随即下入豌豆煸炒，待豌豆起泡、熟后再下入番茄丁，放食盐、味精合炒入味后，勾水淀粉、淋香油，出锅装盘。

■ 菜品特色　鲜脆味香。

【豆豉炒酱辣椒】

■原料　酱辣椒 300 克。

■调料　猪油、味精、白糖、大蒜叶、豆豉各适量。

做法　1. 将酱辣椒切去蒂，然后切碎，挤干水分。

2. 锅内放猪油，烧至八成热，下入豆豉炸香，再下入酱辣椒翻炒，同时放味精、白糖，将酱辣椒炒出香味后，放入大蒜叶，炒熟后出锅装盘即成。

■菜品特色　辣香四溢。

【豆豉炒青椒】

■原料　青椒 50 克。

■调料　植物油、食盐、味精、酱油、香油、豆豉、蒜片各适量。

做法　1. 将青椒切成辣椒圈，豆豉用水稍洗，沥干水。

2. 锅置旺火上，放植物油烧热后下入豆豉炒香，再下入蒜片、青椒圈，放食盐、味精、酱油反复拌炒，淋香油，出锅装盘。

■菜品特色　味鲜色浓。

【豆豉冬寒菜汤】

■原料　冬寒菜 750 克。

■调料　猪油、食盐、味精、鸡精、胡椒粉、姜末、豆豉、鲜汤各适量。

做法　1. 将冬寒菜摘洗干净，只取带嫩梗子的叶片。

2. 锅内放猪油烧热，放姜末、豆豉炒香后，下冬寒菜炒蔫，倒入鲜汤，放食盐、味精、鸡精，撒胡椒粉煮至汤开后，改用小火将冬寒菜煮烂即成。

■菜品特色　汤鲜味美。

【豆豉辣椒蒸米豆腐】

■原料　米豆腐 250 克，豆豉辣椒料 30 克。

■调料　食盐、植物油、味精、酱油、蚝油、蒜蓉、姜末、葱花各适量。

做法　1. 将米豆腐切成 1.5 厘米见方的小块，然后加入植物油、食盐、味精、酱油、蚝油、姜末、蒜蓉拌匀，扣入蒸钵中。

2. 将豆豉辣椒料放在米豆腐上，入笼蒸 10 分钟，出笼倒入盘中，撒上葱花即可。

■菜品特色　润滑爽口。

【豆豉辣椒蒸红椒】

■原料　鲜红椒250克。

■调料　植物油、豆豉辣椒料、葱花各适量。

做法　1. 将鲜红椒切开，去蒂、去子，用水洗干净。

2. 锅置旺火上，放植物油烧至八成热，下入鲜红椒，炸一会儿后即可出锅，扣入碗中。

3. 将豆豉辣椒料码在红椒上笼蒸10分钟，出锅，冲沸油、撒葱花即成。

■菜品特色　色鲜味美。

【豆辣炒水芹菜】

■原料　水芹菜250克。

■调料　植物油、食盐、味精、香油、红油、干椒段、姜末、蒜蓉、豆豉各适量。

做法　1. 将水芹菜摘去老根和叶，洗净后切成小段。

2. 净锅置旺火上，放植物油，烧热后下入豆豉、干椒段、姜末、蒜蓉煸香，随后下入水芹菜段，放食盐、味精拌炒，入味后淋香油、红油，出锅装入盘中。

■菜品特色　鲜嫩可口。

【豆辣炒藠头】

■原料　新鲜藠头500克。

■调料　猪油、食盐、味精、鸡精、酱油、蚝油、干椒段、姜末、蒜蓉、浏阳豆豉各适量。

做法　1. 将新鲜藠头摘洗干净，切成3厘米长的段，只留一刀藠叶。

2. 锅内放猪油，下入姜末、蒜蓉、干椒段、浏阳豆豉，放食盐一同炒香后下入藠头段，反复翻炒，放味精、鸡精、蚝油、酱油翻炒几下后，放少许水再炒，待藠头炒熟即可出锅装盘。

■菜品特色　酸脆兼俱。

【豆辣烧蕨菜】

■原料　蕨菜200克。

■调料　植物油、食盐、味精、陈醋、香油、红油、干椒段、豆豉各适量。

做法　1. 将蕨菜摘去花蕊和老根，洗净后切成1厘米长的段。

2. 锅内放水烧开，将蕨菜段放入锅中焯水后，捞出沥干水分。

3. 净锅置旺火上，放植物油，烧热后下入干椒段、豆豉煸香，随即下入蕨菜段，放食盐、味精、陈醋拌炒入味，淋少许香油、红油，出锅装盘即可。

■菜品特色　味鲜色美。

【冬笋丝炒韭黄】

■原料　冬笋500克，韭黄250克，红泡椒50克。

■调料　猪油、食盐、味精、鸡精、姜丝各适量。

做法　1. 将冬笋剥出外壳，放入开水中煮熟，捞出后修干净，刮去茸毛，再切成韭菜叶形的丝。

2. 将韭黄择洗干净，切成5厘米的段，将红泡椒去蒂、去子后洗净，也切成同样长的段。

3. 锅内放猪油烧至六成热，下入姜丝；冬笋丝炒香后，再下入韭黄段，放食盐、味精、鸡精、红椒段，在韭黄炒黏之前出锅。

■菜品特色　脆香可口。

【油辣仙笋】

■原料　鸡婆笋250克。

■调料　食盐、味精、白糖、剁辣椒、香油、红油、干锅油各适量。

做法　1. 将鸡婆笋撕成丝，入沸水锅内焯水，捞出放凉待用。

2. 净锅置于旺火上，放入红油烧热，下入鸡婆笋丝，加入食盐、味精、白糖、剁辣椒、干锅油拌炒均匀，淋上香油，装盘即可。

■菜品特色　甜美兼俱。

【风味烟笋钵】

■原料　湘西干烟笋200克，猪五花肉100克。

■调料　熟猪油、食盐、味精、鸡精粉、白糖、胡椒粉、整干椒、葱、红油、鲜汤各适量。

做法　1. 干烟笋泡发，漂洗干净，切成片；整干椒切短，放入热油锅内炸香，倒入漏勺沥油；猪五花肉切丝；葱切段；将切好的烟笋片挤干水，放入锅炒干水分。

2. 锅置于火上，放入熟猪油，下入猪五花肉丝炒香，再放入烟笋片、食盐、味精、鸡精粉、白糖炒匀，加入鲜汤，旺火烧开后撇去泡沫，用小火烧30分钟至烟笋入味，再用旺火收汁，装入钵内，淋红油，撒胡椒粉、葱段即可。

■菜品特色　风味十足。

【油焖冬笋】

■原料　冬笋250克，梅干菜10克，红椒圈3克。

■调料　植物油、食盐、味精、鸡精、蚝油、香油、干椒段、蒜蓉、姜米、鲜汤各适量。

做法　1. 冬笋放水中煮透，切成月牙形备用。

2. 梅干菜切成小米状。

3. 锅内烧油至八成热，下姜米、干椒段；蒜蓉炒香，再下冬笋、梅干菜、红椒圈，一起炒香至焦黄，放入食盐、味精、鸡精、蚝油，加鲜汤，微焖至汤干，淋香油，出锅装盘。

■菜品特色　辣脆味美。

【乡村笋丝】

■ 原料　笋干 150 克。

■ 调料　猪油、食盐、味精、白酒、胡椒粉、葱、鲜汤各适量。

做法　**1.** 将笋干泡发，切成 5 厘米长，宽、厚各 0.3 厘米的丝；葱切段。

2. 将笋丝入沸水锅内焯水，捞出后沥干水分。

3. 锅置旺火上，放入笋丝炒干水分，再加入猪油，烹入白酒，略为煸炒后倒入鲜汤，水烧开后撇去浮沫，加入食盐、味精，转用小火焖 45 分钟至笋丝入味，再用旺火收浓汤汁，撒入胡椒粉、葱段，出锅装盘即成。

■ 菜品特色　脆滑可口。

【鸡油明笋】

■ 原料　明笋 200 克。

■ 调料　鸡油、食盐、味精、白糖、葱、酱油、高汤各适量。

做法　**1.** 将明笋洗净，用清水泡 10~12 个小时（中途换水 5~6 次）；葱切段。

2. 将浸泡后的明笋切丝，入沸水锅中焯水，入清水内过凉，捞出挤干水分待用。

3. 锅置旺火上，放入鸡油烧至五成热，放入明笋丝略炒干水汽，再加入食盐、味精、酱油、白糖和高汤，转用小火煮至笋丝入味，撒上葱段，出锅装盘即可。

■ 菜品特色　营养味香。

【水煮烟笋钵】

■ 原料　水发烟笋 400 克，腊肉 100 克，红椒 1 个。

■ 调料　猪油、食盐、味精、蒸鱼豉油、胡椒粉、白糖、香油、葱段、姜丝、鲜汤各适量。

做法　**1.** 锅内放水烧开，将烟笋焯水后捞出，沥干水；将腊肉去皮，切成丝，红椒去蒂、去子后洗净，切成丝。

2. 净锅放猪油烧热后下入姜丝、腊肉丝炒香，随即下入笋丝、红椒丝拌炒，放食盐、味精、蒸鱼豉油、白糖、胡椒粉调味，搅拌后倒入鲜汤煮，入味后出锅装入钵体中，撒葱段，淋上香油，再用小火烧开即可上桌。

■ 菜品特色　色、香、味俱全。

【外婆煎春笋】

■ 原料　春笋 1000 克，梅干菜 3 克。

■ 调料　猪油、食盐、味精、酱油、香油、红油、干椒段、葱花、姜末、蒜蓉各适量。

做法　**1.** 将春笋剥壳切成圆片，装入大碗中，入笼蒸至断生，取出后沥干汁。

2. 净锅置于火上，放猪油，烧热后下入春笋片，煎至金黄色后出锅装入盘中，锅内下入干椒段、蒜蓉、姜末拌炒，后下春笋片、梅干菜，放食盐、味精、酱油拌炒入味，稍焖一会，收汁时撒葱花，淋香油、红油即可。

■ 菜品特色　回味无穷。

【水煮笋子】

■ 原料　水发闽笋 300 克，肥膘肉丝 100 克。

■ 调料　植物油、食盐、味精、胡椒粉、料酒、姜丝、葱段、鲜汤各适量。

做法　**1.** 将水发闽笋用开水焯过后切成条，在锅中炒干水汽。

2. 锅内放植物油，下肥膘肉丝炒散，快出油时下笋条同炒，烹入料酒，倒入鲜汤，放食盐、味精、胡椒粉、姜丝，然后用小火煮至汤汁乳白，试正口味后即可装碗，放上葱段即可上桌。

■ 菜品特色　营养香脆。

【芋头煮萝卜菜】

■ 原料　芋头 250 克，萝卜菜 300 克。

■ 调料　猪油、食盐、味精、姜末、鲜汤各适量。

做法　**1.** 将萝卜菜摘洗干净，切碎，沥干水；芋头去皮后切成小片。

2. 净锅置旺火上，放猪油，烧热后下入姜末，随后下芋头片拌炒，至熟时加入鲜汤，放食盐、味精调味，煮至芋头熟烂，汤汁浓郁时下入萝卜菜一起煮熟，出锅盛入大汤碗中。

■ 菜品特色　香软可口。

【炸烹油芋条】

■ 原料　香芋 150 克。

■ 调料　植物油、食盐、味精、豆瓣酱、辣酱、蚝油、干淀粉、白糖、香油、红油、干椒段、葱段、姜丝、红椒丝各适量。

做法　**1.** 将香芋去皮洗净后切成条状；锅放植物油烧热，将香芋条拌上淀粉，下入油锅中炸熟，捞出沥干。

2. 锅内留底油，下入姜丝、干椒段，放豆瓣酱、辣酱、食盐、味精、白糖、蚝油调味，随即下入炸好的香芋条翻炒均匀，撒下葱段、红椒丝，淋红油、香油，出锅装入盘中。

■ 菜品特色　香辣脆兼俱。

【蒸素扣肉】

■ 原料　冬瓜 750 克，豆豉辣椒料 45 克，红椒末 1 克。

■ 调料　植物油、酱油、葱花各适量。

做法　**1.** 将冬瓜去皮、去子，切成大块，用酱油抹上色。

2. 锅内放植物油，烧至八成热，下入冬瓜块，炸至起虎皮样、成砖红色即出锅。

3. 将炸好的冬瓜像扣肉一样扣入蒸钵中，然后在上面放上豆豉辣椒料，放 25 毫升植物油，上笼蒸 20 分钟，去除扣入盘中，撒上葱花、红椒末即可。

■ 菜品特色　味美诱人。

【豆浆炖芋头】

■原料　豆浆 200 克，芋头 150 克。

■调料　白糖适量。

做法　1. 芋头去皮，切小块。

2. 将豆浆和芋头块放入锅中同煮，煮开后转小火，芋头煮烂，加白糖调味即可。

■菜品特色　香滑爽口。

【绿豆芋头汤】

■原料　绿豆 100 克，芋头 150 克。

■调料　白糖适量。

做法　1. 芋头去皮，切小块；绿豆洗净，在水中浸泡 1 小时。

2. 将绿豆和芋头块放入锅中加水同煮，煮开后转小火，芋头煮烂，加白糖调味即可。

■菜品特色　汤鲜可口。

【椒汁香芋丝】

■原料　净香芋 300 克，姜米 10 克，蒜蓉 10 克，鲜红椒条 20 克，葱段 10 克。

■调料　植物油、食盐、味精，辣酱、麻辣鲜、红油、香油、鲜汤、水淀粉、干淀粉各适量。

做法　1. 将净香芋切成丝，入清水中漂洗，然后沥干水。

2. 将香芋丝拌食盐、味精、干淀粉，拌匀后下入六成热油锅内通炸至酥脆后倒入漏勺，沥净油，装入盘中。

3. 锅内留少许底油，下入姜米、蒜蓉，放食盐、味精、辣酱、红椒条拌炒，然后放麻辣鲜，加鲜汤，烧开后勾水淀粉，淋红油、香油，撒葱段，浇盖在炸好的香芋上即可。

■菜品特色　酥脆适口。

【糖醋槟榔芋】

■原料　槟榔芋 150 克，脆糊 150 克。

■调料　植物油、酱油、白醋、水淀粉、白糖、姜丝、葱花、红椒丝各适量。

做法　1. 将槟榔芋去皮、洗净，切成片；将白糖、白醋少许、酱油和水淀粉加适量清水搅匀，兑成糖醋汁。

2. 锅置旺火上，放植物油 500 毫升烧至六成热，将槟榔芋片蘸上脆糊，逐片下入油锅内通炸至外焦内熟后，倒入漏勺中，沥尽油。

3. 锅内留底油，下入姜丝、红椒丝，随即将糖醋汁倒入锅中，用勺推搅，待糖醋汁起泡时浇少许热油，将炸好的槟榔芋片倒入锅中一起搅拌，出锅，撒葱花，装盘即可。

■菜品特色　香浓味美。

【荸荠炝荷兰豆】

■原料 削皮荸荠 200 克，荷兰豆 200 克，鲜红泡椒 25 克。

■调料 猪油、食盐、味精、鸡精、水淀粉、香油、姜片、鲜汤各适量。

做法 1. 将削皮荸荠切成 0.3 厘米厚的片；将荷兰豆撕去筋膜、洗净，大的撕成小块；将鲜红泡椒去蒂、去子后洗净，切成菱形片。

2. 锅内放水烧开，下入荷兰豆焯水，捞出沥干。

3. 锅内放猪油，下入姜片、红椒片煸香，再下入荸荠，放食盐翻炒后下入荷兰豆一起翻炒，放味精、鸡精，同时可略放鲜汤，炒制荸荠转色（即熟透后）勾薄芡、淋香油即成。

■菜品特色 味鲜爽口。

【少林扣肉】

■原料 槟榔芋 300 克，大片豆腐 2 块。

■调料 植物油、食盐、味精、酱油、蒸鱼豉油、香油、干椒末、葱花、豆豉各适量。

做法 1. 将槟榔芋去皮洗净，切成长 6 厘米、厚 0.5 厘米的片；将豆腐也切成长 6 厘米、厚 0.5 厘米的片。

2. 锅置旺火上，放植物油烧至七成热，将槟榔芋片逐片下锅过油，捞出沥干油，同时将豆腐逐片下锅过大油，捞出沥干油。

3. 按一片豆腐一片槟榔芋的方式，将豆腐和槟榔芋整齐地扣入钵中，放植物油、食盐、味精、蒸鱼豉油、酱油少许、豆豉、干椒末，上笼蒸 15 分钟至酥烂后，取出反扣入盘中，淋上少许香油、撒上葱花即成。

■菜品特色 酥香味鲜。

【水煮芋头】

■原料 芋头 200 克。

■调料 猪油、食盐、味精、葱花、豆豉、鲜汤各适量。

做法 1. 将芋头清洗干净，放入沙罐中，倒入清水，上火煮熟后捞出剥皮。

2. 净锅置灶上，放入鲜汤，下入豆豉、芋头，煨煮至芋头熟糯、汤汁浓郁时放熟猪油、食盐、味精调味，撒葱花，即可出锅。

■菜品特色 香浓诱人。

【剁椒蒸芋头】

■原料 芋头 250 克，剁辣椒 30 克。

■调料 植物油、食盐、味精、蚝油、红油、姜末、蒜蓉、葱花各适量。

做法 1. 将芋头刨皮，清洗干净，大的切成小块，拌植物油、食盐入味，放入碗中。

2. 在剁辣椒中加入姜末、蒜蓉、味精、食盐、蚝油、红油拌匀，均匀浇盖在芋头上，入笼蒸 20 分钟，至芋头熟糯入味后取出，撒葱花即可。

■菜品特色 糯软可口。

【蚝油生菜】

■原料　生菜 750 克。

■调料　猪油、食盐、味精、蚝油、姜末、鲜汤各适量。

做法　**1.** 将生菜摘洗干净，沥干水。

2. 锅内放猪油烧至六成热，下入姜末煸香，再下入生菜，放食盐、味精，将生菜炒蔫后出锅倒入漏勺中，沥干水分，装入盘中。

3. 锅置火上，锅内放猪油，倒入鲜汤，下入蚝油、姜末，等蚝油糊化后淋热猪油，出锅浇淋在生菜上即成。

■菜品特色　鲜嫩可口。

【荷兰豆钵】

■原料　荷兰豆 500 克，梅干菜 30 克，咸蛋黄 25 克，红椒 10 克。

■调料　植物油、食盐、味精、干椒粉、鲜汤各适量。

做法　**1.** 将荷兰豆撕去筋膜、洗净，梅干菜、咸蛋黄用刀切碎，红椒切圈。

2. 锅置旺火上，放入植物油烧热，下咸蛋黄末炒散，再下入梅干菜末、荷兰豆煸炒均匀，烹入鲜汤，煮至荷兰豆七分熟时放入食盐、味精、干椒粉，继续煮至荷兰豆熟透入味，出锅装入钵内，最后放上红椒圈点缀即可。

■菜品特色　脆香诱人。

【红油粉丝】

■原料　粉丝 150 克。

■调料　红油、食盐、味精、鸡精、鱼露、芝麻酱、花生酱、姜、蒜、葱、香油、鲜汤各适量。

做法　**1.** 将粉丝放入清水中浸泡 10 分钟，再入沸水锅内煲熟，倒入凉开水中凉透，放入碗中。

2. 将蒜、姜切末，葱切花。

3. 锅置于旺火上，放入红油，烧至四成热，下姜末、蒜末炒香，放入食盐、味精、鸡精、鱼露、芝麻酱、花生酱、鲜汤调均匀、淋入香油，盖在粉丝上，撒上葱花即可。

■菜品特色　丝滑入口。

【清炒荷兰豆】

■原料　荷兰豆 400 克，红椒 2 克。

■调料　猪油、食盐、味精、料酒、水淀粉、白糖、香油、姜片、鲜汤各适量。

做法　**1.** 将荷兰豆撕去筋膜，大的撕成两页，洗净后沥干水；将红椒去蒂、去子后洗净，切成菱形片。

2. 锅内放水烧开，放料酒和少许猪油，下入荷兰豆，随即捞出，沥干水。

3. 用抹布擦干锅中的水，放猪油烧至八成热，下入姜片、红椒片煸香后即下入荷兰豆，放食盐、味精、白糖迅速翻炒，倒入鲜汤，勾薄芡、淋香油，装盘即成。

■菜品特色　清脆味美。

【白云豆苗汤】

■ 原料　豌豆苗 150 克，鸡蛋 3 个，熟火腿 40 克。

■ 调料　食盐、味精、鸡精、水淀粉、鸡油、鲜汤各适量。

做法　**1.** 将豌豆苗摘干净，沥干水，放入大汤碗中。

2. 将鸡蛋取蛋清，打入碗中搅散；将熟火腿切成片。

3. 净锅置旺火上，倒入鲜汤，放食盐、味精、鸡精；汤开后勾水淀粉，用锅勺推动，再改用小火，将蛋清液轻轻淋入汤中，用锅勺推动，汤开后放入鸡油、熟火腿片，轻轻将汤出锅倒入汤碗中，将碗内的豌豆苗冲熟即成。

■ 菜品特色　汤鲜味浓。

【冰糖雪梨银耳】

■ 原料　水发银耳 100 克，净雪梨肉 250 克，枸杞 2 克。

■ 调料　白冰糖 100 克。

做法　**1.** 将水发银耳摘洗干净，入沸水中浸泡 3 分钟后捞出，沥干水；将雪梨去皮去核，切成小块。

2. 将锅洗净后置于旺火上，放水 500 克，下入白冰糖，待水烧开、冰糖溶化后，用细筛将冰糖水过滤、去掉杂质后，再将冰糖水倒入净锅中，下入梨块煮熟，放入银耳、枸杞，烧开出锅盛入大汤碗中。

■ 菜品特色　营养美味。

【蛋皮炒银芽】

■ 原料　鸡蛋 2 个，绿豆芽 200 克，鲜红椒 5 克，韭菜 50 克。

■ 调料　植物油、食盐、味精、水淀粉、香油、葱丝、姜丝各适量。

做法　**1.** 绿豆芽清洗干净，沥干水；将鲜红椒去蒂、去子后洗净，切成丝；将韭菜摘洗干净，切成段。

2. 将鸡蛋打入碗中，放少许食盐搅匀，再加适量的浓水淀粉，再次搅匀；在净锅内擦上油，上火烧热，倒入蛋液烫成皮蛋，盛出后切成丝。

3. 净锅置旺火上，放植物油，烧热后下入姜丝、绿豆芽、韭菜段，放食盐、味精拌炒，随即下入蛋皮丝、葱丝、红椒丝炒匀，淋香油，出锅装入盘中。

■ 菜品特色　香脆可口。

【芦荟木瓜炖银耳】

■ 原料　芦荟 300 克，水发银耳 150 克，木瓜 1 个。

■ 调料　冰糖、枸杞各适量。

做法　**1.** 将芦荟去皮取肉，切成菱形块，泡入清水中；将木瓜去皮取肉，切成与芦荟同样大小的菱形块。

2. 将水发银耳摘洗干净，入沸水中浸泡 3 分钟后捞出，沥干水，切成小块；将枸杞用水泡发。

3. 将锅洗净后置于旺火上，放水 500 毫升，下入冰糖，待水烧开、冰糖溶化后，用细筛将冰糖水过滤、去掉杂质，再将冰糖水倒入净锅中，烧开后关小火，下入木瓜块、芦荟块、银耳，撇去浮沫，撒入枸杞，出锅装入汤碗中。

■ 菜品特色　味美诱人。

【红烧香辣香菇】

■原料　水发香菇 200 克，鲜红椒 2 克。

■调料　植物油、食盐、味精、鸡精、永丰辣酱、胡椒粉、白糖、水淀粉、香油、红油、姜片、鲜汤各适量。

做法　**1.** 将水发香菇去蒂洗净，大片切小，挤干水分，待用；将鲜红椒去蒂、洗净，切成片。

2. 锅倒入植物油，下入姜片，略煸香，下入香菇一同煸炒，然后放入食盐、味精、鸡精、白糖、永丰辣酱、胡椒粉，略微翻炒后放入鲜汤、红椒片，用小火煨制，待汤汁收干时勾芡，淋上香油和红油即可。

■菜品特色　辣香四溢。

【鲜味香菇】

■原料　鲜香菇 300 克。

■调料　鸡油、食盐、味精、鲜味汁、蚝油、料酒、姜、葱、香油、高汤各适量。

做法　**1.** 先将鲜香菇用温水洗净，姜拍松，葱挽结。

2. 锅置中火上，放入鸡油，再下入葱结、姜块煸香，烹入料酒，倒入高汤，加香菇和食盐、味精、鲜味汁、蚝油、香油，用中火煮至汤汁浓厚，关火闷 25 分钟。

3. 将香菇取出晾凉，剞上花刀片，装盘即可。

■菜品特色　色、香、味俱全。

【凉拌金针菇】

■原料　金针菇 200 克，鲜红椒 10 克，水发粉丝 30 克。

■调料　植物油、食盐、味精、永丰辣酱、蚝油、白糖、香油、葱花、姜末、蒜蓉、鲜汤各适量。

做法　**1.** 将金针菇去蒂，去掉老的部分，放入清水中清洗干净；将鲜红椒洗净，切丝；将水发粉丝剪成段。

2. 净锅倒入鲜汤煮沸，放入金针菇，下少许植物油、食盐，将金针菇焯熟入味后倒入漏勺中，沥干水。

3. 将金针菇、粉丝、红椒丝、姜末、蒜蓉、葱花一起放入碗中，将食盐、味精、永丰辣酱、蚝油、白糖、香油一起调匀，倒入碗中拌匀，入味后装入盘中即可。

■菜品特色　清凉爽口。

【玉树彩酿香菇】

■原料　水发香菇 12 个，菜胆 12 个，红椒 10 克，香菜叶 20 克，鸡蓉料 75 克，雪花糊半碗。

■调料　植物油、食盐、味精、鸡精、水淀粉、鲜汤各适量。

做法　**1.** 将香菇去蒂、洗净，放入鲜汤内，加食盐、味精，焯至入味后捞出，挤干，在底面均匀地抹上鸡蓉料。

2. 将雪花糊均匀抹在鸡蓉香菇上，贴上红椒片和香菜叶，码入盘中，入蒸笼 3 分钟至熟后取出，将菜胆下锅焯水后捞出，拼摆入盘内。

3. 锅内放鲜汤、食盐、味精、鸡精调味，烧开后勾少许水淀粉，淋上尾油出锅，浇入盘中。

■菜品特色　美味诱人。

【椒盐香椿】

■原料　香椿500克，蛋黄糊半碗。

■调料　植物油、食盐、甜面酱、五香粉各适量。

做法　1. 将嫩香椿摘洗干净，沥干水分。

2. 在蛋黄糊中加入食盐、五香粉搅匀。

3. 锅置旺火上，放植物油烧至六成热，用筷子夹住香椿裹上蛋黄糊，逐个下锅炸至金黄色，捞出撒上五香粉，装入盘中，取一个小碟装入甜面酱，连同香椿上桌，吃时蘸甜面酱。

■菜品特色　香味扑鼻。

【凉拌蕨菜】

■原料　蕨菜200克，红椒5克。

■调料　食盐、味精、米醋、香油、红油、姜末、蒜蓉各适量。

做法　1. 将红椒去蒂、去子后洗净，切成末；将蕨菜摘去花蕊和老根，用水洗净后切成段；锅内放水烧开，将蕨菜段放入锅中焯水后，捞出沥干水分。

2. 将食盐、味精、米醋、香油、红油同放入碗中，搅匀。

3. 将焯水后的蕨菜、姜末、蒜蓉、红椒末放入碗中，拌匀入味后，即可装盘。

■菜品特色　脆滑可口。

【香菇烧莴珠】

■原料　莴笋头750克，水发香菇50克。

■调料　植物油、食盐、味精、鸡精、水淀粉、鸡油、姜末、鲜汤、食用纯碱各适量。

做法　1. 将莴笋头削皮，用挖球器挖成圆球状，漂在清水中；将香菇去蒂、洗净；锅放水烧开，下入莴珠，放油、食用纯碱，将莴珠焯至八分熟，捞出过冷。

2. 锅内放植物油，下入姜末，然后下入莴珠、香菇，加入鲜汤、食盐、味精、鸡精，用小火将莴珠煨至熟透。

3. 将煨制好的莴珠用筷子夹入器皿中，香菇留在锅中。

4. 将锅移至火上，勾芡，待糊化后，淋上鸡油，然后将香菇码放在莴珠旁，将芡汁浇在香菇和莴珠上即成。

■菜品特色　味美色佳。

【香菇菜胆】

■原料　水发香菇、菜胆各10个。

■调料　猪油、食盐、味精、鸡精、水淀粉、胡椒粉、鸡油、鲜汤各适量。

做法　1. 将香菇去蒂、洗净，将菜胆摘洗干净。

2. 锅内放水烧开，放少许的食盐、味精、猪油，将菜胆放入锅中焯水入味，捞出整齐地码入盘中。

3. 净锅置旺火上，放猪油烧热后下香菇拌炒，放食盐、味精、鸡精和鲜汤，烧开后勾少许水淀粉，淋少许热猪油和鸡油，出锅盖在菜胆上，撒上胡椒粉即成。

■菜品特色　营养丰富。

【家常红薯粉】

■ 原料　水发红薯粉 400 克，肉泥 75 克，腊八豆 5 克。

■ 调料　植物油、食盐、味精、辣酱、豆瓣酱、蚝油、香油、姜末、蒜蓉、干椒段、葱花、鲜汤各适量。

做法　锅内放植物油，烧至八成热，下入姜末、蒜蓉、干椒段、肉泥，放食盐、腊八豆、辣酱、豆瓣酱炒至肉泥回油，下入已泡好的红薯粉，一同翻炒几分钟后稍加鲜汤，放蚝油、味精，将红薯粉炒糯即可，出锅装盘，撒上葱花、淋上香油即可。

■ 菜品特色　软嫩味美。

【蚂蚁上树】

■ 原料　水发粉丝 200 克，鲜猪肉 50 克，水发香菇 25 克，红椒米粒 25 克。

■ 调料　植物油、食盐、味精、蒸鱼豉油、胡椒粉、香油、葱花、姜末、蒜蓉各适量。

做法　**1.** 将水发粉丝用剪刀剪成段，沥干水，将鲜猪肉洗净，剁成肉泥，切成米粒状，将香菇切成米粒状。
2. 净锅放植物油烧热后下入姜末、蒜蓉炒香，再下入肉泥、香菇米，放食盐、味精炒熟后，下入粉丝，放蒸鱼豉油、胡椒粉，淋香油，撒红椒米、葱花，出锅装盘。

■ 菜品特色　回味无穷。

【铁板粉丝】

■ 原料　粉丝 150 克，洋葱 50 克，鲜红椒 5 克。

■ 调料　植物油、食盐、味精、永丰辣酱、蒸鱼豉油、香油、红油、葱段、葱花各适量。

做法　**1.** 将粉丝放在冷水中泡软，剪成段，将洋葱洗干净后切丝，鲜红椒去蒂、去子，洗净后切丝。
2. 净锅放植物油，下入永丰辣酱、洋葱丝炒香，随后下入粉丝，放食盐、味精、蒸鱼豉油拌炒入味后，撒入红椒丝、葱段，淋香油、红油，出锅倒入烧红的铁板上，撒上葱花即可。

■ 菜品特色　香辣爽口。

【香菜千张皮】

■ 原料　千张皮 250 克，香菜 50 克，红尖椒 5 克。

■ 调料　植物油、花椒油、食盐、味粉、鸡精、白糖、胡椒粉、香油、蚝油、陈醋、姜、蒜各适量。

做法　**1.** 将千张皮切丝，入沸水锅内焯水，捞出沥干水分；香菜切段，姜、蒜切米粒状，红尖椒切丝。
2. 锅内放底油，烧至五成热时，放入红尖椒丝、姜米、蒜米爆香，出锅倒入千张皮丝中，再加入香菜、红尖椒丝、调料拌匀，出锅装盘即成。

■ 菜品特色　香嫩可口。

【冬寒菜梗煲】

■ 原料　冬寒菜梗 250 克，腊肉 50 克。

■ 调料　植物油、食盐、味精、蒸鱼豉油、干椒段、豆豉、姜末、蒜片、鲜汤各适量。

做法　**1.** 将冬寒菜梗洗净，切成 1 厘米长的段；腊肉切粗丝。

2. 锅内放植物油，下姜末、蒜片、干椒段、豆豉、腊肉丝一同煸香，后下入冬寒菜梗段，放食盐一同翻炒，然后调正盐味，放蒸鱼豉油、味精，加鲜汤，装入烧红的沙煲中即可。

■ 菜品特色　清脆爽口。

【凉拌凉薯】

■ 原料　凉薯 250 克，红泡椒 3 克。

■ 调料　食盐、白醋、白糖、姜末各适量。

做法　**1.** 将凉薯撕去外皮，洗净后切成薄片，放少许食盐拌匀，腌 3 分钟后沥干盐水；将红泡椒去蒂、去子后洗净，切成丝。

2. 将白糖、白醋、姜末、红泡椒丝同放入一碗中，然后放入凉薯片拌匀入味，将凉薯装入盘中，碗内剩汁淋在凉薯上即可。

■ 菜品特色　鲜脆可口。

【凉拌西蓝花】

■ 原料　西蓝花 500 克。

■ 调料　植物油、食盐、味精、香油、姜末、蒜蓉、食用纯碱各适量。

做法　**1.** 将西蓝花洗净，顺枝切成适口大小。

2. 锅内放水烧开，下入西蓝花，同时放一点植物油和食用纯碱，将西蓝花焯至熟透后捞出，用冷开水冲洗过凉。

3. 将过凉后的西蓝花放入碗中，放姜末、蒜蓉、食盐、味精、香油拌匀，试准味道，在盘中造型即可上桌。

■ 菜品特色　清脆爽口。

【西蓝花烧豆腐】

■ 原料　西蓝花 200 克，豆腐 4 片，猪肉 50 克，红椒 3 克。

■ 调料　植物油、食盐、味精、酱油、蒜蓉香辣酱、水淀粉、白糖、香油、红油、葱花、姜末、蒜蓉、鲜汤各适量。

做法　**1.** 猪肉剁成肉末；红椒切米粒状；锅中放少许油、食盐，将西蓝花掰成小枝，焯水后捞出，围入盘边。

2. 在沸水锅中放少许食盐和酱油，将豆腐切成 2 厘米见方的小块，放入锅中焯水入味后捞出沥干水分。

3. 锅内放植物油烧热，下入姜末、蒜蓉、肉末拌炒，倒入鲜汤，放食盐、味精、白糖、蒜蓉香辣酱调味，汤开后下入豆腐块，用小火稍煨后勾水淀粉，撒葱花、红椒米，淋香油、红油，出锅装入盘中央。

■ 菜品特色　顺滑适口。

【村姑乡里豆腐】

■ 原料　水豆腐 8 片。

■ 调料　植物油、食盐、味精、干椒段、葱段、鲜汤、豆豉各适量。

做法　**1.** 将水豆腐切片，平放盘中，撒少许食盐，腌 5 分钟后，沥干；净锅置旺火上，放植物油烧至七成热时下入豆腐片，连煎带炸至两面呈金黄色后，捞出沥尽油。

2. 锅内留少许植物油，下入干椒段、豆豉、豆腐片，放食盐、味精和鲜汤推炒入味，待汤汁收干时撒上葱段，出锅装入盘中。

■ 菜品特色　风味十足。

【沙锅五花豆腐】

■ 原料　豆腐 4 片，五花肉 100 克，鲜青红椒米 10 克。

■ 调料　植物油、食盐、味精、鸡精、香辣豆瓣酱、鲜汤、红油、香油、姜片、葱花各适量。

做法　**1.** 将豆腐切成长方形的厚片，下入七成热油锅内过油至金黄色，倒入漏勺中沥油。

2. 净锅置灶上，放植物油烧热后下入五花肉煸炒，肉吐油时放食盐、味精、鸡精、姜片、香辣豆瓣酱，加鲜汤焖烧，然后连汤装入沙锅中，撒鲜青红椒米、葱花，淋红油、香油，即可上桌。

■ 菜品特色　香软诱人。

【萝卜丝豆腐球】

■ 原料　水豆腐 6 片，白萝卜 150 克，鸡蛋 2 个。

■ 调料　植物油、食盐、味精、面粉、水淀粉、干淀粉、胡椒粉、香油、葱花、姜末、蒜蓉、鲜汤各适量。

做法　**1.** 将白萝卜洗净、去皮，切成细丝，放少许食盐腌 5 分钟后，挤干水抓散。

2. 把水豆腐碾成豆腐泥，滤去部分水分，打入 2 个鸡蛋，加入面粉、干淀粉、食盐、味精、胡椒粉拌匀后待用。

3. 锅内放植物油烧热后，迅速将萝卜丝、豆腐泥挤成萝卜丝豆腐丸，下入油锅中，炸至金黄色后捞出，沥干油。

4. 锅内留底油，烧热下入姜末、蒜蓉拌炒，下豆腐丸、鲜汤，放食盐、味精焖软；勾薄芡、淋香油、撒葱花即可。

■ 菜品特色　软滑可口。

【熊掌豆腐】

■ 原料　水豆腐 4 片，菜胆 12 个，水发香菇 12 个。

■ 调料　植物油、食盐、味精、蚝油、水淀粉、香油、姜末、鲜汤、全蛋糊各适量。

做法　**1.** 将水发香菇去蒂焯水后捞出；在沸水锅中放少许食盐、植物油，将菜胆焯水后捞出，沥干水；将香菇和菜胆拼摆在盘边。

2. 锅放植物油烧热，将水豆腐切成小块均匀地裹上全蛋糊，下入油锅炸至色泽金黄后捞出，整齐地码入盘中。

3. 净锅置旺火上，放植物油烧热后下入姜末、鲜汤，放食盐、味精、蚝油，烧开后勾少许水淀粉，淋热尾油、香油，出锅浇盖在豆腐上。

■ 菜品特色　回味无穷。

【桂花豆腐】

■ 原料　水豆腐 4 片，鸡蛋 3 个（取蛋黄）。

■ 调料　植物油、食盐、味精、酱油、葱花各适量。

做法　**1.** 在沸水锅中放少许食盐和酱油，将豆腐切成 1.5 厘米见方的丁，放入沸水锅中焯水入味后捞出，沥干水。

2. 将鸡蛋去蛋清，留蛋黄在碗中，放入少许食盐、味精搅散。

3. 净锅置旺火上，放植物油烧热后倒在蛋黄上，用手勺不停搅拌炒成桂花形，随即放入豆腐丁，与食盐、味精一起拌炒入味后，出锅装入盘中，撒上葱花即可。

■ 菜品特色　香滑可口。

【京葱烧豆腐】

■ 原料　水豆腐 8 片，京葱 300 克，青椒、红椒各 25 克。

■ 调料　植物油、食盐、味精、酱油、辣酱、水淀粉、香油、姜片各适量。

做法　**1.** 在沸水锅中放少许食盐和酱油，将水豆腐切成小块，焯水入味后捞出，沥干水；将青椒、红椒去蒂、去子后洗净，切成菱形片。

2. 将京葱切成段，入油锅内爆炒，放少许食盐、味精调味，熟香后出锅，将一半围在盘边（另一半备用）。

3. 净锅放植物油烧热后下姜片、青椒片、红椒片，随即倒入豆腐块和另一半京葱，放食盐、味精、辣酱一起拌炒入味，勾少许水淀粉，淋香油，出锅装入盘中。

■ 菜品特色　口感酥润。

【山药烧豆腐】

■ 原料　豆腐 6 片，山药 150 克。

■ 调料　植物油、食盐、味精、辣酱、水淀粉、白糖、香油、红油、葱花、姜片、鲜汤各适量。

做法　**1.** 将山药去皮，切成圆片，放入冷水中浸泡 5 分钟，捞出放入沸水中煮熟，捞出沥干水；净锅置旺火上，放植物油烧至七成热，将豆腐改切成小三角块后放入锅中连煎带炸至金黄色，倒入漏勺沥干油。

2. 锅内留底油，烧热后下入姜片，随即下入山药片、豆腐块，放食盐、味精、白糖、辣酱一起拌炒，入味后倒入鲜汤焖一下，勾芡，淋香油、红油、撒下葱花，出锅装入盘中。

■ 菜品特色　嫩滑爽口。

【抓炒豆腐】

■ 原料　豆腐 4 片，鲜红椒 3 克。

■ 调料　植物油、食盐、水淀粉、白糖、鲜汤、葱段、姜丝、全蛋糊各适量。

做法　**1.** 将鲜红椒洗净后切丝；在沸水锅中放少许食盐，将豆腐切成丁后放入锅中焯水后捞出，沥干水。

2. 净锅放植物油烧热，将豆腐丁均匀地裹上全蛋糊，逐个下入油锅内炸至色泽金黄时捞出，沥干油，码入盘中。

3. 锅内放少许植物油，下入姜丝、红椒丝、食盐，放白糖，倒入鲜汤，烧开后勾少许水淀粉，待芡糊后淋油，撒葱段，出锅均匀地浇盖在豆腐上即成。

■ 菜品特色　香软美味。

【干锅煎豆腐】

■原料　水豆腐500克，猪五花肉50克，水发香菇20克。

■调料　植物油、食盐、味精、酱油、豆瓣酱、辣酱、葱、红油、鲜汤各适量。

做法　**1.** 将水豆腐切成3厘米长、2厘米宽、1厘米厚的片，下锅煎两面金黄待用；猪五花肉切片，水发香菇切片，葱切段。

2. 锅置旺火上，放入植物油，将猪五花肉片入锅煸香，再下入煎好的豆腐片、香菇片，加入鲜汤、食盐、味精、酱油、辣酱、豆瓣酱，转用小火烧焖入味，用旺火收浓汤汁，装入干锅内淋入红油、撒上葱段即可边煮边吃。

■菜品特色　脆香润滑。

【煎鸡蛋焖豆腐】

■原料　水豆腐4片，鸡蛋4个，红椒末3克。

■调料　植物油、食盐、味精、鸡精、香辣酱、水淀粉、红油、香油、姜片、葱花、鲜汤各适量。

做法　**1.** 将鸡蛋打入油锅中煎成4个荷包蛋，水豆腐切成三角形的片；净锅置旺火上，放植物油烧热后，下入豆腐片炸至两面金黄，捞出沥干油。

2. 锅内留底油，放姜片煸香，放入鲜汤、荷包蛋、豆腐片，用小火将豆腐焖软，放食盐、味精、鸡精、香辣酱调好味，待汤汁收浓、豆腐焖软时，勾水淀粉，淋红油、香油，撒葱花、红椒末出锅。

■菜品特色　色美味浓。

【糖醋油豆腐】

■原料　油豆腐250克，鸡蛋1个，鲜红椒3克。

■调料　植物油、食盐、番茄酱、陈醋、水淀粉、干淀粉、白糖、葱段、姜丝、面粉、泡打粉、吉士粉、清水各适量。

做法　**1.** 将油豆腐洗净后切成片，鲜红椒洗净后切成丝；将鸡蛋、面粉、泡打粉、植物油（10毫升）、干淀粉、吉士粉用清水调成脆浆；锅放植物油烧至八成热时，用筷子夹住油豆腐裹上脆浆，逐块下锅炸成脆皮豆腐。

2. 锅内留底油，放入姜丝、番茄酱、白糖、陈醋、食盐；倒入清水75毫升，烧开后勾芡，待水淀粉糊化后淋热油，浇在炸好的油豆腐上，撒上葱段、红椒丝即成。

■菜品特色　美味诱人。

【香煎豆腐】

■原料　水豆腐300克，鲜红椒圈50克，肉末50克。

■调料　植物油、食盐、味精、鸡精、蚝油、葱段、姜末、蒜蓉、鲜汤各适量。

做法　**1.** 将水豆腐切成块；锅内放植物油，烧至九成热，将豆腐块整齐地摆放至锅内，煎至两面金黄出锅备用。

2. 锅留底油，然后下肉末、鲜红椒圈、蒜蓉、姜末、食盐、味精、鸡精、蚝油，略炒，再下已煎好的豆腐块，轻轻颠炒均匀，加鲜汤，焖至汤汁收干，下葱段，轻轻翻炒几下，淋尾油，出锅装盘即可。

■菜品特色　香脆可口。

【波动豆腐】

■ 原料　内酯豆腐 1 盒，猪肉 25 克，木耳 25 克，红椒 10 克。

■ 调料　植物油、食盐、味精、蒜蓉酱、蒸鱼豉油、蚝油、淀粉、胡椒粉、姜丝、鲜汤各适量。

做法　**1.** 将木耳泡发、去蒂、洗净，切成细丝；将猪肉、红椒洗净后切成细丝；将内酯豆腐切成长块，装入盘中，撒上少许食盐，上笼蒸熟，取出待用。

2. 净锅放植物油烧热后下入姜丝、肉丝、木耳丝、红椒丝拌炒，放食盐、味精、蚝油、蒜蓉酱、蒸鱼豉油、胡椒粉、鲜汤，勾芡，淋少许热油，出锅浇淋在内酯豆腐上。

■ 菜品特色　鲜嫩滑口。

【鸿运豆腐】

■ 原料　内酯豆腐 1 盒，猪肉 50 克。

■ 调料　猪油、食盐、味精、酱油、胡椒粉、剁辣椒、香油、红油、葱、水淀粉、鲜汤各适量。

做法　**1.** 将内酯豆腐切成 0.8 厘米厚的片，整齐地摆放在汤盘里，撒上食盐，入笼用旺火蒸 4 分钟后取出，倒去汤盘里的水分；猪肉剁成泥，葱切花。

2. 锅置旺火上，放入猪油，烧至五成热，下肉泥炒散，加入食盐、味精、酱油、剁辣椒拌炒均匀，倒入鲜汤烧开，撇去浮沫，勾芡，淋上热香油、红油，撒上胡椒粉，出锅浇在蒸好的豆腐上，撒上葱花即可。

■ 菜品特色　爽滑宜人。

【豆腐蒸蛋】

■ 原料　鸡蛋 150 克，豆腐 200 克，火腿 50 克。

■ 调料　葱汁 5 克，姜汁 5 克，食盐 4 克，味精 1 克，香油 2 毫升，清水适量。

做法　**1.** 将豆腐洗净后压成泥蓉，放入碗中，磕入鸡蛋搅散，再加入清水、葱汁、姜汁、食盐、味精搅匀；火腿剁成碎末，撒在豆腐鸡蛋液上。

2. 将盛豆腐鸡蛋液的碗放入蒸笼中，用中火蒸 10 分钟取出，淋入香油即可。

■ 菜品特色　香嫩爽滑。

【山水豆腐】

■ 原料　内酯豆腐 1 盒，净鱼肉 150 克，红椒丝、大葱丝、姜丝各 1 克。

■ 调料　植物油、食盐、味精、蒸鱼豉油、料酒、水淀粉各适量。

做法　**1.** 将净鱼肉斜切成鱼片，用食盐、味精、料酒、水淀粉腌渍上浆；将内酯豆腐从盒中取出，倒入盘中，撒上食盐、味精，上蒸笼 10 分钟，取出。

2. 将鱼片码放在蒸过的豆腐上，再次上笼蒸 5 分钟。

3. 取出蒸好的鱼片，在边上淋上蒸鱼豉油 ，中间撒上三丝，冲大油即可。

■ 菜品特色　味美香浓。

【四喜豆腐】

■原料 日本豆腐2根，水豆腐4片，豆腐脑100克，肉泥75克，鸡蛋4个，鲜红椒末3克。

■调料 植物油、食盐、味精、鸡精、蚝油、蒸鱼豉油、鸡油、水淀粉、葱花、姜末、蒜蓉、鲜汤各适量。

做法 1. 将肉泥放食盐、味精、鸡精、蛋清拌匀，打发成肉蓉料，将肉蓉料均匀抹放在蒸盘中间。

2. 将水豆腐切成片，码入蒸盘的两边，把豆腐脑覆盖在肉蓉料上，再把日本豆腐切成圆片码在盘的四周，最后把4个鸡蛋黄打在日本豆腐上，上笼蒸熟取出。

3. 净锅放植物油烧热，下入姜末、蒜蓉，放食盐、味精、蚝油、蒸鱼豉油、鲜汤，烧开后勾芡，淋鸡油，最后撒葱花、鲜红椒末，出锅浇盖在四喜豆腐上。

■菜品特色 香软嫩滑。

【干贝珍珠豆腐】

■原料 水豆腐8片，干贝5克，鸡蛋2个（取蛋清），菜胆12个，枸杞子12粒。

■调料 猪油、食盐、味精、淀粉、胡椒粉、鸡油、鲜汤各适量。

做法 1. 将水豆腐擂成蓉，加鸡蛋清、淀粉和匀，放食盐、味精和胡椒粉调味，做成珍珠豆腐丸，码入底部抹油的盘中，蒸熟后取出；将枸杞子泡发、洗净；在沸水锅中放少许食盐、猪油，下入菜胆焯水入味后捞出，切开根部，在根部夹上枸杞子后，围入盘边。

2. 将干贝用温水泡发后放入汤碗中，倒入鲜汤，入笼用旺火蒸至熟烂，用刀将其碾散成丝，蒸汁留下待用。

3. 锅内放猪油烧热，下入干贝，放食盐、味精，少许干贝蒸汁烧开，勾芡，淋鸡油，出锅浇盖在珍珠豆腐上。

■菜品特色 香滑诱人。

【开胃麒麟米豆腐】

■原料 米豆腐250克，火腿肠250克，鲜红椒5克。

■调料 植物油、食盐、味精、水淀粉、鸡油、葱花、姜末、鲜汤、蚝油各适量。

做法 1. 米豆腐和火腿肠切成片；鲜红椒洗净，切成末；取一个盘，在内部抹上油，将一片米豆腐夹一片火腿肠，码入盘中，撒食盐、味精，淋蚝油，加入鲜汤，上笼蒸20分钟后取出。

2. 锅内放植物油，下入姜末、味精，汤汁烧开后勾芡，淋鸡油，出锅浇在蒸好的麒麟米豆腐上，撒上葱花、红椒末即可。

■菜品特色 香软嫩滑。

【腊八豆红油豆腐丁】

■原料 水豆腐6片，腊八豆150克，鲜红椒30克。

■调料 植物油、食盐、味精、酱油、香油、红油、葱花各适量。

做法 1. 将鲜红椒洗净后切成末；将水豆腐切成1.5厘米见方的丁；在沸水锅中放食盐（少许）、酱油，将豆腐丁放入锅中焯水入味后捞出，沥干水。

2. 净锅置灶上，放植物油、红油烧热后下腊八豆，炒香后倒入豆腐丁，放红椒末、食盐、味精一起拌炒，入味后撒葱花，淋香油，出锅装入盘中。

■菜品特色 可口味香。

【双色豆腐】

■ 原料　日本豆腐 4 支，皮蛋 2 个，猪五花肉 40 克。

■ 调料　植物油、食盐、味精、鸡精、葱、水淀粉、鲜汤各适量。

做法　**1.** 将日本豆腐切成片，整齐地摆在盘内；皮蛋去壳，每个切成 8 瓣，依次摆在豆腐两侧；猪五花肉剁成泥，葱切花；将豆腐片入笼用旺火蒸 2 分钟取出，倒掉盘中多余的汤汁。

2. 锅放植物油，将肉泥下锅炒散，再加入食盐、味精、鸡精炒拌入味，倒入鲜汤，烧开后撇去浮沫，勾芡，淋在蒸好的豆腐上，撒上葱花即可。

■ 菜品特色　鲜嫩可口。

【鸡油冻豆腐】

■ 原料　水豆腐 4 片，火腿 25 克，红椒 25 克，菜胆 10 个。

■ 调料　植物油、食盐、味精、鸡精、姜片、蚝油、淀粉、胡椒粉、鸡油、鲜汤各适量。

做法　**1.** 将红椒洗净后切成片，火腿切成片；将水豆腐放入冰箱，冻透后取出，切成块，焯水，沥干；在锅中放食盐、植物油，将菜胆焯水入味后捞出，围入盘边。

2. 净锅放植物油烧热后下入姜片、冻豆腐、火腿片、红椒片，放食盐、味精、鸡精、蚝油，拌炒入味后倒入鲜汤煨焖一下，勾芡，淋鸡油，撒胡椒粉，出锅装入盘中。

■ 菜品特色　软韧爽口。

【干锅脆皮豆腐】

■ 原料　脆皮豆腐、猪五花肉片、洋葱片、青椒片、红椒片各适量。

■ 调料　植物油、食盐、味精、鸡精、酱油、辣酱、蒸鱼豉油、蚝油、料酒、淀粉、白糖、香油、干椒段、姜末、鲜汤、蒜蓉各适量。

做法　**1.** 锅内放清水烧开，放酱油、食盐、味精，将脆皮豆腐改切成菱形块后下入锅内焯水，捞出沥干水；将猪五花肉片用料酒、食盐、味精、蚝油腌渍入味；将洋葱片、青椒片、红椒片垫入干锅中。

2. 锅内放植物油烧热，下姜末、蒜蓉、干椒段煸香，再下入肉片煸炒，放入脆皮豆腐块，倒入鲜汤，放食盐、味精、鸡精、蒸鱼豉油、蒜蓉、辣酱、蚝油、白糖，烧开后改小火焖 3 分钟，勾芡、淋香油，倒入干锅中即可。

■ 菜品特色　香脆适口。

【双味日本豆腐】

■ 原料　日本豆腐 6 根，虾仁 50 克，脆糊 200 克，鸡蛋 2 个。

■ 调料　植物油、食盐、味精、蚝油、淀粉、蒜蓉、白糖、姜末、清水、鲜汤各适量。

做法　**1.** 将日本豆腐切片；将虾仁用蛋清、食盐、味精、淀粉拌匀，下入热油锅内过油，沥出；取一半日本豆腐蘸上脆糊，下油锅炸成脆皮豆腐；在开水中放食盐，将另一半日本豆腐焯水，连开水一起倒入碗中备用。

2. 锅内放植物油，下姜末、白糖、清水，烧开后勾芡，制成茄汁；下入脆皮豆腐翻匀，盛出；锅内放植物油，下入姜末、蒜蓉煸香，下入虾仁，倒入鲜汤，放食盐、味精、蚝油，勾芡，待糊化后，将日本豆腐沥干，下入锅中，推炒几下，出锅盛在盘子的另一半中，即成。

■ 菜品特色　香嫩软滑。

【剁椒肉末蒸日本豆腐】

■ 原料　日本豆腐 4 根，鲜猪肉 100 克，剁辣椒 25 克。

■ 调料　植物油、食盐、味精、蚝油、红油、葱花、姜末、蒜蓉各适量。

做法　**1.** 将日本豆腐横向切片，整齐地码在盘中。

2. 将鲜猪肉洗净后剁成肉末，与剁辣椒一起放入碗中，再放入姜末、蒜蓉、食盐、味精、蚝油、红油拌匀，均匀地撒在日本豆腐上；将日本豆腐上笼蒸 10 分钟，取出后烧沸油，撒上葱花即可。

■ 菜品特色　酸辣香嫩。

【红烧魔芋豆腐】

■ 原料　魔芋豆腐 400 克，猪肉 100 克。

■ 调料　植物油、食盐、味精、鸡精、酱油、豆瓣酱、辣酱、蚝油、淀粉、红油、干椒段、葱花、姜末、蒜蓉、鲜汤各适量。

做法　**1.** 将魔芋豆腐洗净后切块，猪肉洗净后剁成肉末；锅中放水烧开，放入少许酱油、食盐、味精、鸡精，将魔芋豆腐块焯水，捞出沥干水。

2. 锅放植物油烧热后下入姜末、蒜蓉、干椒段煸香，放入肉泥炒散，再放豆瓣酱、辣酱、蚝油、鲜汤，将魔芋豆腐块一同下入，勾芡、淋红油，撒上葱花即可。

■ 菜品特色　口感极佳。

【老干妈韭白炒香干】

■ 原料　香干 3 片，韭白 150 克，老干妈酱 50 克。

■ 调料　猪油、食盐、味精、酱油、辣酱、水淀粉、姜末、蒜蓉、鲜汤各适量。

做法　**1.** 将香干洗净后切成片，将韭白摘洗干净，切成段。

2. 锅内放植物油，烧至八成热，放入姜末、蒜蓉、老干妈酱、辣酱煸香，下入香干片，放入酱油、食盐、味精轻轻翻炒至调料翻匀后，倒入鲜汤，改用小火煨焖，再下入韭白段，待汤汁浓郁时轻轻翻动，勾水淀粉，淋少许热猪油，装盘即成。

■ 菜品特色　色、香、味俱全。

【红油香干煲】

■ 原料　香干 2 片，五花肉 200 克。

■ 调料　植物油、食盐、味精、鸡精、蚝油、酱油、白糖、豆瓣酱、料酒、干椒段、葱花、姜片、姜末、蒜蓉、八角、桂皮各适量。

做法　**1.** 将香干切成三角片；将五花肉放入水中，加入姜片、料酒煮至八成热后捞出，改切成片，待用；锅放植物油烧热，放入三角香干炸成金黄色，捞出沥干油。

2. 锅内留底油，放入姜末、蒜蓉、豆瓣酱煸香，下五花肉煸出油后捞出待用，将煮五花肉的汤倒入锅内，放入八角、桂皮、食盐、味精、鸡精、酱油、白糖、蚝油、干椒段，烧开后下入炸好的香干，改用小火将香干焖入味后，再下入五花肉一同煨，上桌时撒上葱花。

■ 菜品特色　浓香四溢。

【蟹黄豆腐】

■原料　内酯豆腐 2 盒，蟹黄 20 克。

■调料　鸡油、食盐、味精、鸡精粉、橙汁、姜、葱、水淀粉、鲜汤各适量。

做法　**1.** 将内酯豆腐切成长 6 厘米、宽 4 厘米、厚 0.3 厘米的片，入沸水锅内焯水，捞出后沥干水分；蟹黄剁细，葱切花，姜取汁。

2. 锅置火上，放入鲜汤、蟹黄、食盐、味精、鸡精粉、橙汁、豆腐片，勾芡，淋鸡油，撒上葱花，出锅装盘即可。

■菜品特色　其味极鲜。

【泡椒魔芋豆腐】

■原料　魔芋 300 克，肉末 5 克，泡小米椒 40 克，尖红椒圈 50 克。

■调料　植物油、食盐、味精、鸡精、蚝油、鲜汤、红油、香油、淀粉、料酒、姜片各适量。

做法　**1.** 魔芋切厚块，焯水，捞出沥干；泡小米椒切碎。

2. 锅放植物油烧热下入姜片、泡小米椒末、红椒圈、肉末炒香，下入魔芋块，放食盐、味精、鸡精、蚝油，烹料酒，拌炒入味，加鲜汤，烧开后勾芡，淋红油、香油，炒匀，即可。

■菜品特色　鲜滑爽口。

【文思三扣】

■原料　水豆腐 4 块，水发香菇 25 克，水发笋子 50 克，熟火腿 25 克，鲜红椒 25 克。

■调料　植物油、食盐、味精、酱油、蚝油、水淀粉、胡椒粉、香油、葱花、姜丝、鲜汤各适量。

做法　**1.** 将水发香菇洗净，切成细丝；将水发笋子、鲜红椒洗净后切成细丝，熟火腿切成细丝。

2. 在锅中放少许食盐和酱油，将水豆腐切成细丝焯水入味后，放植物油、食盐、味精、胡椒粉、鲜汤，入笼蒸 8 分钟后取出，沥出蒸汁留用，将豆腐反扣入盘中。

3. 净锅放植物油烧热后下入姜丝、笋丝、香菇丝、火腿丝，放食盐、味精、蚝油一起拌炒入味后，倒入蒸汁，勾芡，淋香油，撒鲜红椒丝、葱花，出锅浇盖在豆腐丝上。

■菜品特色　色味俱佳。

【鲊椒魔芋豆腐煲】

■原料　魔芋豆腐 500 克，鲜猪肉 50 克，鲊辣椒 100 克。

■调料　植物油、食盐、味精、豆瓣酱、辣酱、蚝油、水淀粉、白糖、干椒段、葱段、姜末、蒜片、鲜汤各适量。

做法　**1.** 将魔芋豆腐切成 0.3 厘米见方的小块，下入沸水锅中焯一下捞出；洗净锅，倒入鲜汤，放入魔芋豆腐块煨 10 分钟；将鲜猪肉洗净后剁成肉末。

2. 锅内放植物油烧至八成热，将已煨过的魔芋豆腐捞出沥干（鲜汤待用），下油锅炸至金黄色，沥干油。

3. 锅内留底油，将鲊辣椒下锅煸成黄色，加入肉末、姜末、蒜片、干辣椒段煸炒，放豆瓣酱、辣酱稍炒后下入魔芋豆腐块，放食盐、味精、蚝油、白糖、鲜汤，烧开后改小火煨制，待汤汁收浓后勾芡，撒入葱段，即可。

■菜品特色　香味极浓。

【青椒蒸香干】

■原料　香干 4 片，青椒圈 50 克。

■调料　植物油、食盐、味精、蚝油、生抽、蒸鱼豉油、红油、香油、姜末、蒜蓉各适量。

做法　**1.** 将香干用水洗净，切成斜片，拌入生抽、植物油 10 毫升、味精，扣入碗中。

2. 将青椒圈、姜末、蒜蓉、植物油 10 毫升、食盐、味精、蚝油、蒸鱼豉油、红油一起拌匀，放在香干片上，入笼蒸 15 分钟，熟后取出，淋香油即可。

■菜品特色　味美无穷。

【腊味香干】

■原料　腊香干 200 克，芝麻仁 3 克。

■调料　香油、红油、葱香油、食盐、味精、白糖、香葱各适量。

做法　**1.** 将腊香干切薄片，入沸水锅内焯水，捞出沥干水分；香葱切花。

2. 将香油、红油、葱香油、食盐、味精、白糖、芝麻仁逐一拌入晾凉后的香干中，拌匀后撒上葱花，即可装盘。

■菜品特色　口感极佳。

【五彩香干丝】

■原料　香干 2 片，猪里脊肉丝 100 克，榨菜丝 50 克，青椒丝、红椒丝各 50 克。

■调料　植物油、食盐、味精、鸡精、酱油、蚝油、料酒、淀粉、红油、姜末、蒜蓉、大蒜叶、鲜汤各适量。

做法　**1.** 将香干切成丝；锅内留油，烧至七成热，下入香干丝炸成金黄色，捞出；在里脊肉丝中拌入料酒、食盐、味精、淀粉调味，再下热油锅中，用筷子拨散，捞出沥干油；将榨菜丝焯水，再放入锅内炒干水汽，盛出。

2. 将净锅烧红，放底油烧至八成热，放入姜末、蒜蓉、青椒丝、红椒丝、食盐翻炒几下，下入香干丝、里脊肉丝、榨菜丝一同翻炒，放食盐、鸡精、味精、蚝油、酱油炒匀后，倒入鲜汤稍焖，下大蒜叶，勾芡、淋红油即可装盘。

■菜品特色　口感饱满。

【榨菜香干炒韭花】

■原料　韭花 250 克，榨菜 150 克，香干 2 片，红椒 50 克。

■调料　植物油、食盐、味精、鸡精、酱油、蚝油、水淀粉、红油、蒜片、鲜汤各适量。

做法　**1.** 榨菜切成丝，放清水中漂洗；香干切成丝；锅内放植物油烧热，下入香干丝炸散，用漏勺捞出，沥干油；韭花摘净，切成段；将红椒去蒂、去子，洗净后切成丝。

2. 在汤锅内放水烧开，将榨菜丝下入锅中焯水，捞出沥干水，倒入锅内炒干水汽；锅内留底油，下入蒜片炒香，下入韭花段炒几下，再下入榨菜丝、香干丝，放食盐、味精、鸡精、酱油、蚝油翻炒，略放鲜汤焖一下，下入红椒丝，勾芡、淋红油，即可出锅。

■菜品特色　色泽亮丽，咸鲜爽口。

【白辣椒蒸千张皮】

■原料　千张皮 250 克，白辣椒 100 克。

■调料　植物油、食盐、味精、酱油、蚝油、食用纯碱、蒜蓉、姜末、葱花各适量。

做法　**1.** 锅内放水，加入食用纯碱烧开，将千张皮切成粗丝焯水，捞出洗净、沥干水，拌入蒜蓉、姜末、植物油、味精、蚝油以及食盐、酱油，扣入蒸钵中。

2. 将白辣椒切碎，泡入开水中洗净，同样拌入蒜蓉、姜末、植物油、味精、蚝油，然后码放在千张皮上，上笼蒸 10 分钟即可装盘，撒葱花上桌。

■菜品特色　味鲜色美。

【韭菜拌捆鸡】

■原料　素捆鸡 2 个，韭菜 100 克。

■调料　食盐、味精、鸡精、酱油、蒸鱼豉油、蚝油、陈醋、香油、红油、干椒末、姜末、蒜蓉各适量。

做法　**1.** 将素捆鸡横刀切成片，焯水后捞出沥干水，放入碗中，加入姜末、蒜蓉、食盐、味精、鸡精、干椒末、陈醋、蒸鱼豉油、酱油、蚝油、香油、红油拌匀，待用。

2. 将韭菜摘洗干净，放入开水锅中迅速焯水后捞出沥干水，过凉后切成段，放入拌好的捆鸡中拌匀即可。

■菜品特色　香味诱人。

【水煮香干】

■原料　香干 4 片，五花肉 75 克，香菇 10 克，青椒圈、红椒圈各 3 克。

■调料　植物油、食盐、味精、鸡精、豆瓣酱、辣酱、蚝油、八角、桂皮、鲜汤、淀粉、蒸鱼豉油、干椒段、蒜片、姜片、葱段各适量。

做法　**1.** 香干切三角形片；净锅，旺火，放植物油 500 毫升，烧至六成热时下香干片，炸制金黄色，捞出沥油。

2. 锅内留底油，下八角、桂皮、肉片、干椒段、青椒圈、红椒圈、姜片、蒜片拌炒，放辣酱、豆瓣酱、蚝油、蒸鱼豉油，加鲜汤，下香干片、香菇，用小火焖煮，待香干煮软时放食盐、味精、鸡精，勾薄芡，撒葱段，淋少许热尾油出锅。

■菜品特色　色泽亮丽，咸鲜爽口。

【双腊柴火干】

■原料　柴火腊干子 250 克，腊牛肉 150 克，尖红椒 5 克。

■调料　植物油、食盐、味精、鸡精、酱油、辣酱、蚝油、淀粉、香油、红油、大蒜叶、鲜汤各适量。

做法　**1.** 将腊干子、腊牛肉切成薄片，大蒜叶洗净后切成段，尖红椒洗净后切圈；锅内放水烧开，将腊干子片和腊牛肉片分别焯水，捞出沥干水分。

2. 锅内放植物油，下入尖红椒圈煸炒，放食盐，然后下入腊干子片、腊牛肉片，放辣酱、酱油反复翻炒后，倒入鲜汤，放味精、鸡精、蚝油，改用小火煨焖并下入大蒜叶段，待腊干子焖软、热后勾芡，淋红油、香油，出锅装盘。

■菜品特色　色泽鲜艳，口感极佳。

【大蒜爆炒腊八豆】

■ 原料　腊八豆 300 克，大蒜 150 克，鲜猪肉 50 克。

■ 调料　植物油、味精、酱油、干椒末、姜末各适量。

做法　**1.** 将鲜猪肉洗净，剁成肉泥，将大蒜洗干净后切段。

2. 锅内放植物油 300 毫升，下入腊八豆炸至焦香，倒入漏勺中沥干油。

3. 锅内放底油，放入姜末；肉末炒散，随即放干椒末、酱油拌炒入味，再下入腊八豆，放入味精、大蒜段，翻炒至大蒜熟时放入一点点水焖一下即可出锅。

■ 菜品特色　香辣可口。

【凉拌干丝】

■ 原料　千张皮 400 克，绿豆芽 100 克，鲜红椒 2 克。

■ 调料　食盐、味精、鸡精、白醋、香油、姜丝、蒜蓉、食用纯碱各适量。

做法　**1.** 将鲜红椒去蒂、去子，切成细丝；在开水中加入食用纯碱，将千张皮切成细丝后泡入开水中，捞出后漂净，去尽碱味，沥干水待用；将绿豆芽摘去头、须，成银芽，放入开水锅中迅速焯一下，捞出过凉。

2. 将千张皮丝放入碗中，拌入食盐、味精、鸡精、白醋、姜丝、蒜蓉，同时将银芽一并拌上，拌均匀后装入盘中，撒上红椒丝，淋上香油即成。

■ 菜品特色　丝丝入味。

【皮蛋烧米豆腐】

■ 原料　米豆腐 6 片（约 300 克），去壳皮蛋 2 个，青椒末、红椒末各 3 克。

■ 调料　植物油、食盐、味精、鸡精、辣酱、香辣酱、水淀粉、红油、香油、姜末、蒜蓉、葱花、鲜汤各适量。

做法　**1.** 皮蛋、米豆腐切成丁；米豆腐丁焯水捞出，沥干水。

2. 净锅置火上，放植物油，烧热后下入姜末、蒜蓉、香辣酱、辣酱拌炒，随后下米豆腐丁，放食盐、味精、鸡精，拌炒入味后，加点鲜汤，下入皮蛋丁一起烧焖，勾芡，撒青、红椒末、葱花、淋红油、香油，一起拌匀后即可。

■ 菜品特色　浓香润口。

【雪仁豆腐汤】

■ 原料　鲜虾仁 60 克，嫩白豆腐 200 克，鸡蛋 2 个，青菜 50 克。

■ 调料　生姜 8 克，植物油 10 毫升，食盐 6 克，鸡粉 3 克，黄酒 3 毫升，清汤适量。

做法　**1.** 将鲜虾仁洗净后用黄酒腌好，嫩白豆腐切成块，鸡蛋去黄留白打散，青菜洗净，生姜去皮切成米粒状。

2. 烧锅下植物油，放入姜米，炝香锅，注入适量清汤，用中火烧开，投入鲜虾仁、嫩豆腐块、青菜滚透，然后调入食盐、鸡粉，加入鸡蛋白，用勺推匀即可。

■ 菜品特色　香滑适口。

【剁椒凉拌腊八豆】

■ 原料　腊八豆 150 克，鲜红泡椒 150 克，鲜红尖椒 50 克。

■ 调料　食盐、味精、鸡精、料酒、陈醋、香油、姜片、蒜蓉各适量。

做法　**1.** 自制剁辣椒：将鲜红泡椒和鲜红尖椒洗净后剁碎，放入姜片、蒜蓉、食盐、味精、鸡精、料酒、陈醋、少许香油拌均，腌渍 30 分钟后即可食用。

2. 将制好的剁椒浇盖在腊八豆上，淋上香油即可。

■ 菜品特色　口感极佳。

【椒香炒盐水黄豆】

■ 原料　盐水黄豆 300 克，鲜红尖椒 25 克。

■ 调料　猪油、食盐、姜末、干椒末、蒜蓉、大蒜叶各适量。

做法　**1.** 将鲜红尖椒去蒂后洗净，横切成小圆圈。

2. 锅置旺火上，放猪油烧至八成热，下姜末、蒜蓉煸香，下入尖椒圈，放食盐拌炒，再加入盐水黄豆拌炒，放大蒜叶、干椒末炒至入味即可出锅装盘。

■ 菜品特色　香滑细腻。

【酸菜炒蚕豆】

■ 原料　新鲜蚕豆 250 克，梅干菜 50 克。

■ 调料　植物油、食盐、味精、辣酱、干椒段、姜末、蒜蓉各适量。

做法　**1.** 将新鲜蚕豆剥去外皮，洗净；将梅干菜用温水泡发，洗净泥沙后剁碎，挤干水分，放入热锅中炒干水汽。

2. 锅置旺火上，放植物油 500 毫升烧至八成热，下入蚕豆过大油，待蚕豆表皮起泡时，用漏勺捞出，沥干油。

3. 锅内留底油，下入姜末、蒜蓉、梅干菜、干椒段、辣酱煸香，再下入蚕豆，放食盐、味精翻炒至梅干菜末完全裹在蚕豆上时即可出锅装盘。

■ 菜品特色　酸辣皆俱。

【五香怪味黄豆】

■ 原料　黄豆 500 克。

■ 调料　食盐、味精、白糖、整干椒、姜片、八角、桂皮、草果、波扣、香叶、花椒、甘草、话梅、清水、五香粉（或麻辣鲜调料）各适量。

做法　**1.** 将黄豆洗净，放入砂钵中，带入清水，放入八角、桂皮、草果、波扣、香叶、花椒、甘草、姜片、话梅、食盐、味精、白糖、整干椒，上大火煮开后改用小火煮 30 分钟，将煮好的黄豆沥出，拣去所有香料，即成盐水黄豆。

2. 在盐水黄豆上撒上五香粉（或麻辣鲜调料），放入烤箱中烘干水汽即可。

■ 菜品特色　味奇色美。

【豆浆炖荸荠】

■ 原料　削皮荸荠 500 克，豆浆 250 克。

■ 调料　猪油、食盐、味精、葱花、姜片、鲜汤各适量。

做法　**1.** 将削皮荸荠切成 0.5 厘米厚的片。

2. 锅内放猪油，下入姜片，煸香后下入荸荠片略炒，然后放入鲜汤，将荸荠煮至五分熟后，倒入豆浆，放食盐、味精调味，用小火炖至荸荠熟透时撒葱花即可。

■ 菜品特色　营养味鲜。

【绿豆马蹄爽】

■ 原料　荸荠（马蹄）200 克，绿豆 100 克，柠檬 1 个。

■ 调料　冰糖适量。

做法　**1.** 荸荠（马蹄）去皮切碎，加入冰糖、柠檬煮成汤水。

2. 绿豆上笼蒸熟后，加水煮成绿豆沙，将绿豆沙放入荸荠（马蹄）汤水中晾凉即可。

■ 菜品特色　爽脆香甜。

【腊八豆蒸臭干子】

■ 原料　腊八豆 50 克，臭干子 6 片。

■ 调料　植物油、食盐、味精、生抽、红油、香油、蒜蓉、干椒末、葱花、冷鲜汤各适量。

做法　**1.** 净锅置旺火上，放植物油烧至六成热，下入臭干子，通炸至外焦香、内酥软后捞出，在每片臭干子中间划一道口，整齐地放入盘子。

2. 将腊八豆与干椒末、蒜蓉、食盐、味精、红油、生抽一起拌均匀，加入冷鲜汤，然后将此汤料均匀浇撒在炸好的臭干子上，入蒸笼 15 分钟，取出淋上香油，撒上葱花即可。

■ 菜品特色　香味四溢。

【油炸臭豆腐】

■ 原料　精制水豆腐 8 片。

■ 调料　卤水、酱油、青矾、鲜汤、干红椒末、香油、食盐、味精、植物油各适量。

做法　**1.** 将青矾放入桶内，倒入沸水，用木棍搅动，然后将水豆腐压干水分放入，浸泡 2 小时，捞出放凉沥水，再放入卤水中浸泡，待变成黑色臭豆腐块，取出用冷水开水稍冲洗一遍，平放在竹板上沥去水分。

2. 把干红椒末放入盆内，放食盐、酱油搅，淋入烧热的香油，然后放入鲜汤、味精兑成汁备用。

3. 锅内放植物油烧至六成热，逐片下入臭豆腐块，炸至豆腐呈膨空焦脆即可捞出，沥去油，装入盘内，再用筷子在每块熟豆腐中间扎一个眼，将对成的汁装入小碗一同上桌即可。

■ 菜品特色　味美可口。

第二章 畜肉类

畜肉包括猪肉、牛肉和羊肉等。畜肉类不仅能提供人体所需要的蛋白质、脂肪、无机盐和维生素，而且滋味鲜美，营养丰富，容易消化吸收，饱腹作用强，可烹调成多种多样的菜肴。

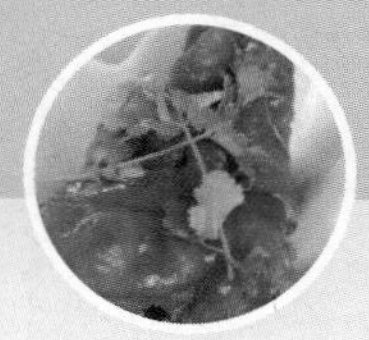

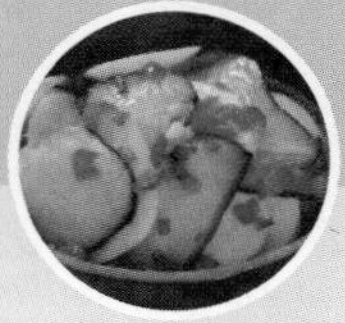

【香辣坛子肉】

■ 原料　带皮五花肉 2500 克。

■ 调料　食盐、味精、白糖、细辣面、剁辣椒、辣酱、五香粉、生姜、蒜、葱各适量。

做法

1. 将带皮五花肉煮熟，切成四方丁，生姜、蒜切末。
2. 将剁辣椒、蒜末、姜末拌均用打碎机打碎，沥干水分，加入辣酱、食盐、味精、白糖、细辣面、五香粉拌匀，再放入肉丁搅拌均匀，放入坛子内 6 小时以上、食用取出放上葱，上蒸笼 1 小时，上桌时去掉葱即可。

■ 菜品特色　香辣软糯，入口即化。

烹饪贴士

1. 猪肉要斜切。
2. 猪肉烹调前莫用热水清洗。
3. 猪肉应煮熟，因为猪肉中有时会有寄生虫。

■ 原料介绍　猪肉又名豚肉，其性味甘咸平，含有丰富的蛋白质及脂肪、碳水化合物、钙、磷、铁等成分。猪肉是日常生活的主要副食品，具有补虚强身、滋阴润燥、丰肌泽肤的作用。

■ 营养分析

猪肉是目前人们餐桌上重要的动物性食品之一。由于猪肉纤维较为细软，结缔组织较少，肌肉组织中含有较多的肌间脂肪，因此，经过烹调加工后肉味特别鲜美。

■ 适用人群　一般人都可食用。

■ 选购窍门　好的猪肉颜色呈淡红或者鲜红，不安全的猪肉颜色往往是深红色或者紫红色，鲜猪肉皮肤呈乳白色，脂肪洁白且有光泽。

■ 储藏妙法　冷冻储藏为最佳方式。

【红烧猪脚】

■ 原料　猪脚 500 克，鲜红尖椒 2 个。

■ 调料　植物油、食盐、味精、酱油、八角、桂皮、草果、波扣、良姜、砂仁、香叶、糖色、料酒、大蒜、干红椒、姜片、葱结、白糖、鲜汤各适量。

做法

1. 将猪脚放在火上烧去毛，去除爪壳，在热水中浸泡一下，用刀刮洗干净，砍成 3 厘米见方的块。

2. 锅内放植物油，下入姜片、香料煸香，下入肉块；煸炒至水分收干快要吐油时，再烹料酒，放入糖色、食盐、酱油、味精、白糖、鲜红尖椒、葱结、鲜汤、波扣、良姜，用小火将肉煨熟，将香料夹出，下入大蒜、干红椒略微烧制，装盘即成。

■ 菜品特色　香味浓郁，软烂适口。

■ 原料介绍　猪脚又叫猪蹄、猪手。分前后两种，前蹄肉多骨少，呈弯形，后蹄肉少骨稍多，呈直形。中医认为猪蹄性平，味甘咸，是一种类似熊掌的美味菜肴及治病“良药”。

■ 营养分析

1. 猪蹄能结合许多水，防止皮肤过早褶皱，延缓皮肤衰老。

2. 猪蹄对于经常四肢疲乏、腿部抽筋、麻木、消化道出血、失血性休克及缺血性脑病患者有一定辅助疗效，它还有助于青少年生长发育和减缓中老年妇女骨质疏松的速度。

■ 适用人群　一般人都可以吃，更是老人、妇女、失血者的食疗佳品。

烹饪贴士

1. 猪蹄一般用于炖汤、烧、卤。

2. 制作前要检查好所购猪蹄是否有局部溃烂现象，以防口蹄疫传播给食用者，然后把毛拔净或刮干净，剁碎或剁成大段骨，连肉带碎骨一同掺配料入锅。

■ 选购窍门　猪蹄的选购应挑选生猪蹄，一要看蹄颜色，应尽量买接近肉色的；二要用鼻子闻一下，新鲜的猪蹄有肉的味道；三最好挑选有筋的猪蹄，有筋的猪蹄不但好吃，而且含有丰富的胶原蛋白。

■ 储藏妙法　冷冻储藏。

【乡村猪肝】

■ 原料　猪肝 100 克，猪五花肉 50 克，尖红椒 40 克。

■ 调料　植物油、食盐、味精、辣酱、料酒、蚝油、红油、水淀粉各适量。

做法

1. 猪肝切成 0.2 厘米厚的片，猪五花肉也切成 0.2 厘米的厚片，尖红椒切圈。
2. 锅置于旺火上，放入清水烧沸，烹入料酒，下猪肝片焯水后捞出，沥干水分。
3. 锅置旺火上，加入植物油，下五花肉片、尖红椒圈炒香，再放入食盐、味精、辣酱、蚝油、猪肝拌炒入味；勾芡，淋红油，出锅装盘即可。

■ 菜品特色　细腻香滑，滋味悠长。

■ 原料介绍　肝脏是动物体内储存养料和解毒的重要器官，含有丰富的营养物质，具有营养保健功能，是最理想的补血佳品之一。

■ 营养分析　猪肝含有多种营养物质，它富含维生素 A 和微量元素铁、锌、铜，而且鲜嫩可口。

■ 适用人群

1. 适宜气血虚弱、面色萎黄、缺铁性贫血者食用；适宜肝血不足所致的视物模糊不清、夜盲等症状人群食用。

2. 患有高血压、冠心病、肥胖症及血脂高的人忌食猪肝。

烹饪贴士

1. 肝是体内最大的毒物中转站和解毒器官，所以买回的鲜肝不要急于烹调，应把肝放在自来水龙头下冲洗 10 分钟，然后放在水中浸泡 30 分钟。

2. 烹调时间不能太短，至少应该在急火中炒 5 分钟以上，使肝完全变成灰褐色，看不到血丝才好。

3. 治疗贫血配菠菜最好。

■ 选购窍门　猪肝营养丰富，味道颇佳；猪肝有粉肝、面肝、麻肝、石肝、病死猪肝、灌水猪肝之分；前两种为上乘，中间两种次之，后两种是劣质品。

■ 储藏妙法　冷冻储藏，但最好不要超过三天。

【香菜麻蓉腰片】

■ 原料 猪腰 500 克，香菜 50 克，花生米 10 克，榨菜 5 克，熟芝麻 5 克。

■ 调料 植物油、食盐、味精、白糖、料酒、酱油、白醋、辣酱、红腐乳、葱、生姜、蒜蓉、蒜、花椒油、葱姜汁、香油、红油、水淀粉各适量。

做法

1. 将猪腰撕去外膜，平刀从中间片开，剔去肾臊，再斜片成 3 厘米长、2.5 厘米宽、0.2 厘米厚的大片，用食盐、味精、料酒、水淀粉上浆。
2. 将花生米去皮后放入油锅内炸脆，切成米粒状，榨菜切成小粒，熟芝麻炒香，红腐乳压成泥，蒜剁成蓉，葱挽结，生姜拍碎。
3. 将腐乳泥、红油、花椒油、香油、白糖、白醋、酱油、葱姜汁、蒜蓉、辣酱调均匀成味汁。
4. 锅置于旺火上，放入清水烧沸，加入食盐、味精、葱结、姜块，再下入腰片做熟，捞出沥干水分，放在盘内，倒入味汁搅拌，再将香菜盖在腰片上，撒上熟花生、榨菜粒、熟芝麻，淋上烧热的红油、香油即可。

■ 菜品特色 酸辣爽脆。

■ 原料介绍 猪的肾，又称猪腰。

■ 营养分析 猪腰含有丰富蛋白质、铁、维生素、磷、钙、碳水化合物和脂肪，具有补肾气、通膀胱、消积滞、止消渴之功效。可用于治疗肾虚腰痛、水肿、耳聋等症。

■ 适用人群 一般人群均可食用。

1. 适宜肾虚之人腰酸腰痛、遗精、盗汗者食用；适宜老年人肾虚耳聋、耳鸣者食用。

2. 血脂偏高者、高胆固醇者忌食。

烹饪贴士

1. 猪腰用于炒、爆、炸、炝、拌，如“炒腰花”、“宫保腰块”、“烩桃仁腰卷”等。

2. 炒腰花时加上葱段、姜片和青椒，味道鲜美。

3. 猪腰切片后，为去臊味，用葱姜汁泡约 2 小时，换两次清水，泡至腰片发白膨胀即成。

■ 选购窍门

新鲜的猪腰，光泽柔润，呈浅红色，表面有一层薄膜，有柔润光泽，质地紧密，富有弹性，无变色，无异味，表面没有出血点。

■ 储藏妙法

冷冻储藏，但最好不要超过一周。

【韭菜猪血钵】

■ 原料　猪血 400 克，韭菜 300 克，尖红椒 50 克。

■ 调料　猪油、食盐、味精、鸡精、酱油、蒜蓉香辣酱、蚝油、胡椒粉、香油、葱花、姜末、蒜蓉、鲜汤各适量。

做法

1. 将韭菜摘洗干净后切成 3 厘米长的段，尖红椒去蒂，洗净后切成圈。
2. 将猪血改切成 1.5 厘米见方的小块。
3. 锅内放水烧开，下入猪血块，放酱油焯一下，出锅倒入漏勺中，沥干水。
4. 锅内放猪油烧热，下入姜末、蒜蓉、尖椒圈炒香，再放入蒜蓉香辣酱，炒香后下入猪血块，放食盐、味精、鸡精、蚝油，同时倒入鲜汤，待汤开后，即下入韭菜段炒匀，装入红的砂钵中，撒上胡椒粉、葱花，淋上香油即可。

■ 菜品特色　鲜香滑嫩。

■ 原料介绍　猪血又称液体肉、血豆腐和血花等，味甘、苦，性温，有解毒清肠、补血美容的功效。

■ 营养分析　1. 猪血富含维生素 B_2、维生素 C、蛋白质、铁、磷、钙、尼克酸等营养成分。

2. 猪血中的血红蛋白被人体内的胃酸分解后，产生一种解毒、清肠分解物，能够与侵入人体内的粉尘、有害金属微粒发生化合反应，使毒素易于排出体外。

3. 猪血富含铁，对贫血而面色苍白者有改善作用，是排毒养颜的理想食物。

■ 适用人群　一般人群均可食用。

烹饪贴士

1. 买回猪血后要注意不要让凝块破碎，除去杂质，然后放开水里汆一汆，切块炒、烧或作为做汤的主料或副料。

2. 烹调猪血时最好要用辣椒、葱、姜等作料，用以压味，另外不宜只用猪血单独烹饪。

3. 炒的时候一定用猛火，加以少许料酒去腥。猪血和韭菜是绝配，尤其是鲜嫩的韭菜。

■ 选购窍门　1. 看颜色：优质猪血一般呈暗红色；假猪血则颜色十分鲜艳。

2. 用手摸：优质猪血较硬、易碎；假猪血由于添加化学物质，柔韧且不易破碎。

3. 看切面：切开猪血块后，放心猪血切面粗糙，有不规则小孔。

4. 闻气味：优质猪血有淡淡腥味；如果闻不到腥味，则是假猪血。

■ 储藏妙法　可以拿不太浓的盐水泡着，但最多只能放 2 天。

【白辣椒炒腊肉】

■原料　白辣椒 300 克，腊肉 150 克。

■调料　植物油、食盐、味精、鸡精、白糖、蒜片、大蒜叶各适量。

做法

1. 锅内放水烧开，将白辣椒切碎（但不要切得太细）后，放入锅中焯一下，立即捞出沥干水分。

2. 将腊肉放入开水锅中煮熟，捞出后切成 2.5 厘米长、2 厘米宽、0.3 厘米厚的片。

3. 锅内放植物油 20 毫升，将腊肉片下锅煸香，捞出盛入盘内。

4. 锅内放植物油 30 毫升，下入蒜片炒香，再下入白辣椒反复炒，放入腊肉片，放食盐、味精、鸡精、白糖，略放一点水焖一下，入味后即放大蒜叶，炒熟后淋热油，即可出锅。

■菜品特色　香辣开胃，风味独特。

■原料介绍　腊肉是指肉经腌渍后再经过烘烤（或日光下曝晒）的过程所制成的加工品。腊肉的防腐能力强，能延长保存时间，并增添特有的风味，这是与咸肉的主要区别。

■营养分析　1. 腊肉中磷、钾、钠的含量丰富，还含有脂肪、蛋白质、碳水化合物等元素。

2. 腊肉选用新鲜的带皮五花肉，分割成块，用食盐和少量亚硝酸钠或硝酸钠、黑胡椒、丁香、香叶、茴香等香料腌渍，再经风干或熏制而成，具有开胃祛寒、消食等功效。

■适用人群　一般人群适用；老年人忌食；胃和十二指肠溃疡患者禁食。

烹饪贴士

1. 加青菜煮最好，可以中和腊制品中的亚硝酸盐。

2. 腊肉因为是腌渍食品，里面含有大量盐，所以不能每顿都吃。

■选购窍门

购买时要选外表干爽，没有异味或酸味，肉色鲜明的；如果瘦肉部分呈现黑色，肥肉呈现深黄色，表示已经超过保质期，不宜购买。

■储藏妙法

最好的保存办法就是将腊肉洗净，用保鲜膜包好，放在冰箱的冷藏室，这样就可以长久保存，即使三年五年也不会变味。

【金针菇炒牛肉丝】

■ 原料　金针菇150克，牛里脊肉150克，鲜红椒10克。

■ 调料　植物油、食盐、味精、蒜蓉香辣酱、永丰辣酱、水淀粉、嫩肉粉、香油、红油、葱段、姜丝各适量。

做法

1. 将金针菇去蒂，去掉老的部分，清洗干净待用；将鲜红椒去蒂、去子后洗干净，切成丝。

2. 将牛里脊肉切成丝，抓食盐、嫩肉粉、水淀粉上浆入味，下入五成热油锅里烧熟，捞出沥油。

3. 锅内留少许底油，下入姜丝炒香，随后下入金针菇炒香，放食盐、味精、蒜蓉香辣酱、永丰辣酱调味，随机下入牛肉丝、红椒丝合炒，入味后淋香油、红油，撒葱段，出锅装入盘即可。

■ 菜品特色　香嫩爽滑。

■ 原料介绍　牛肉是受大众喜爱的食品，牛肉含有丰富的蛋白质，氨基酸组成比猪肉更接近人体需要，能提高机体抗病能力，对生长发育及手术后、病后调养的人在补充失血和修复组织等方面特别适宜。

■ 营养分析　1. 牛肉富含肌氨酸：牛肉中的肌氨酸含量比任何其他食品都高。

2. 牛肉含维生素 B_6：蛋白质需求量越大，饮食中所应该增加的维生素 B_6 就越多。

3. 牛肉含肉毒碱。

■ 适用人群　一般人都适用。

烹饪贴士

1. 烹饪时放少许山楂、橘皮或一点茶叶，牛肉易烂；清炖牛肉能较好地保存营养成分。

2. 烹调牛肉时最好要用辣椒、葱、姜等作料，用以提味。

3. 牛肉受风吹后易变黑，进而变质，因此要注意保存。

■ 选购窍门

看肉皮有无红点，无红点是好肉；看肌肉有无光泽，新鲜肉有光泽，红色均匀，较次的肉，肉色稍暗；看脂肪颜色，新鲜肉的脂肪洁白或淡黄色，次品肉的脂肪缺乏光泽，变质肉脂肪呈绿色。

■ 储藏妙法

为了防止氧化而变质，应置于冰箱保存。

【湘味炒山羊肉】

■ 原料 山羊肉 300 克，红椒 5 克，芹菜 10 克。

■ 调料 食盐、鸡精各 3 克，植物油、料酒、生抽各适量。

做法

1. 将山羊肉洗净，切片，加入食盐、料酒、生抽腌渍 10 分钟；将红椒去蒂洗净，切段；芹菜洗净，切段。

2. 热锅下植物油，下入山羊肉片翻炒至八分熟，加入红椒段、芹菜段同炒，炒熟后，调入食盐、鸡精、生抽即可。

■ 菜品特色 保肝护肾。

■ 原料介绍 羊肉是比较普遍的食用肉品之一；羊肉肉质与牛肉相似，但肉味较浓；羊肉较猪肉的肉质要细嫩，较猪肉和牛肉的脂肪、胆固醇含量少。

■ 营养分析 羊肉鲜嫩，营养价值高，凡肾阳不足、腰膝酸软、腹中冷痛、虚劳不足者皆可用它作食疗品。

■ 适用人群 一般人群均可食用。

1. 适宜体虚胃寒者。

2. 发热、牙痛、口舌生疮、咳吐黄痰等上火症状者不宜食用。

烹饪贴士

1. 煮制时放数个山楂或一些萝卜、绿豆，炒制时放些葱、姜、孜然等作料可去膻味。

2. 吃涮肉时务必涮透；夏秋季节气候燥热，不宜吃羊肉。

3. 羊肉中有很多膜，切丝之前应先将其剔除，否则炒熟后肉膜硬，吃起来难以下咽。

■ 选购窍门

1. 看肌肉：绵羊肉黏手，山羊肉发散，不黏手。

2. 看肉上的毛形：绵羊肉毛卷曲，山羊肉硬直。

3. 看肌肉纤维：绵羊肉纤维细短，山羊肉纤维粗长。

4. 看肋骨：绵羊的肋骨窄而短，山羊的则宽而长。

■ 储藏妙法

冷鲜保存，注意羊肉不能放在铜质器皿里。

【白菜梗炒肉丝】

■ 原料　白菜梗 300 克，鲜猪肉 100 克，鲜红椒 5 克。

■ 调料　猪油、食盐、酱油、味精、蒜蓉香辣酱、水淀粉、葱段各适量。

做法　**1.** 将白菜梗清洗干净，切成 5 厘米长的粗丝，将鲜红椒去蒂、洗净，切成丝，将鲜猪肉洗净后切成丝，抓食盐、酱油、水淀粉上浆入味。

2. 净锅置于旺火上，放猪油烧热后下入肉丝拌炒熟，放至锅边，下入鲜红椒丝、白菜梗丝，放食盐、味精、蒜蓉香辣酱一起拌炒，随后将肉丝推入锅中，合炒入味后勾少许水淀粉，撒葱段，出锅装盘。

■ 菜品特色　香味扑鼻。

【农家小炒肉】

■ 原料　猪瘦肉 250 克，青椒 150 克。

■ 调料　植物油、食盐、味精、鸡精、鲜汤、香油、豆豉、姜米、蒜蓉各适量。

做法　**1.** 肉切成 3 厘米长的丝，青椒切圈。

2. 锅内放植物油烧至八成热，下豆豉、姜米；蒜蓉炒香，下青椒圈，略炒，下肉丝同青椒圈一起翻炒，放食盐、味精、鸡精，炒至青椒与肉发软，略加鲜汤，微焖，收干汤汁淋香油，出锅装盘。

■ 菜品特色　口感饱满。

【花菜炒肉】

■ 原料　花菜 400 克，新鲜猪肉 150 克。

■ 调料　猪油、食盐、味精、鸡精、酱油、豆瓣酱、蒜蓉酱、料酒、蚝油、干椒段、姜末、蒜蓉、大蒜叶、鲜汤各适量。

做法　**1.** 将花菜顺枝切成小朵，洗干净；将猪肉洗净后切成薄片，用料酒、食盐少许、味精少许、酱油少许拌均匀，腌一下。

2. 锅内放猪油，下入姜末、蒜蓉炒香，再下入豆瓣酱、蒜蓉酱、干椒段炒香，然后下入肉片、下入花菜一同炒，并放食盐、味精、鸡精、酱油、蚝油，炒上色后略放鲜汤，一同翻炒至花菜成熟，放大蒜叶炒熟后，即可。

■ 菜品特色　味鲜色淡。

【四季豆炒肉】

■ 原料　四季豆 150 克，鲜猪肉 100 克。

■ 调料　猪油、食盐、味精、酱油、蒸鱼豉油、淀粉、香油、干椒末、蒜片、鲜汤各适量。

做法　**1.** 将鲜猪肉洗净后切成片，用少许食盐、酱油、淀粉抓匀，上浆入味；锅内放水烧开，放少许猪油、食盐，将四季豆洗净后用手摘成段，焯水至熟，捞出沥干。

2. 净锅置于旺火上，放猪油烧至热后下入蒜片和肉片，拌炒至熟后下入四季豆，放食盐、味精；将蒸鱼豉油、干椒末一起拌炒入味，倒入鲜汤微焖一下，勾芡、淋香油，出锅即可。

■ 菜品特色　色美味香。

【卜豆角炒肉】

■ 原料　卜豆角 150 克，鲜猪肉 100 克。

■ 调料　植物油、食盐、味精、酱油、蒸鱼豉油、料酒、水淀粉、香油、红油、干椒段、葱花、蒜蓉各适量。

做法　**1.** 将卜豆角切碎，将鲜猪肉洗净后切成小片，抓食盐少许，放酱油、料酒、水淀粉上浆入味。

2. 净锅置旺火上，放植物油烧热，下入干椒段、蒜蓉煸香，随即下入肉片炒散，倒入卜豆角末，放食盐、味精、蒸鱼豉油拌炒入味后，淋香油、红油，撒葱花，拌匀，出锅装入盘中。

■ 菜品特色　香脆相宜。

【黄瓜皮炒肉末】

■ 原料　黄瓜皮 250 克，鲜猪肉 50 克。

■ 调料　猪油、食盐、味精、豆瓣酱、辣酱、红油、干椒段、蒜蓉各适量。

做法　**1.** 将黄瓜皮切成小片，鲜猪肉洗净后切成末。

2. 锅置旺火上，下豆瓣酱、辣酱，炒香后下入肉末炒散，出锅装入盘中。

3. 净锅置旺火上，放猪油烧热后下入干椒段、蒜蓉煸香，随后下入黄瓜皮片拌炒，倒入肉末，放食盐、味精合炒，入味后淋少许红油，出锅装入盘中。

■ 菜品特色　色泽鲜艳，口味极佳。

【胡萝卜片炒肉】

■ 原料　鲜猪肉 200 克，胡萝卜 150 克。

■ 调料　植物油、食盐、味精、鸡精、酱油、料酒、水淀粉、干椒末、姜末、蒜蓉、大蒜叶、鲜汤各适量。

做法　**1.** 将鲜猪肉洗净后切成片，用料酒、食盐、酱油、水淀粉抓匀，腌渍一下；将胡萝卜去皮后洗净，斜切成片。

2. 锅内放植物油 20 毫升，下入姜末、蒜蓉炒香，下入肉片炒，当肉片开始回油即可。

3. 锅内放植物油 30 毫升，下入胡萝卜片翻炒至开始发软时，即倒入肉皮一起翻炒，并放食盐、味精、鸡精、酱油、干椒末；炒匀后略放鲜汤，胡萝卜片炒熟时下入大蒜叶，翻炒几下后即可出锅。

■ 菜品特色　营养味美。

【老姜木耳炒肉片】

■ 原料　水发木耳 300 克，老姜片 100 克，鲜肉 150 克。

■ 调料　植物油、食盐、味精、鸡精、蚝油、料酒、水淀粉、胡椒粉、香油、葱段、鲜汤各适量。

做法　**1.** 将水发木耳摘洗干净，大片撕开，挤干水分。

2. 将鲜肉切片，放料酒、食盐、味精、稠水淀粉调味，然后放少许植物油抓匀；锅内放植物油烧至八成热，下入肉片，用筷子拨散即捞出。

3. 锅内留底油，下入老姜片煸香，然后下入木耳，炒干水汽后再下入肉片一同翻炒，放食盐、味精、鸡精、蚝油，倒入鲜汤略焖，收干汤汁，撒胡椒粉，勾芡，淋香油，下葱段，装盘即成。

■ 菜品特色　香味四溢。

【白辣椒炒肉泥】

■ 原料　白辣椒 300 克，鲜猪肉 100 克，红椒末 2 克。

■ 调料　猪油、味精、葱花、蒜片各适量。

做法　**1.** 将白辣椒切碎，在锅中炒干水汽，将鲜猪肉洗净，剁成肉末。

2. 锅置火上，放猪油烧至八成热，下入蒜片炒香，再下入肉末炒散，然后下入白辣椒末，放味精、红椒末一同翻炒，炒香即可撒葱花，出锅装盘。

■ 菜品特色　味美开胃，风味独特。

【脆笋炒肉丝】

■ 原料　净里脊肉 200 克，脆笋 200 克，红椒丝 3 克。

■ 调料　植物油、食盐、味精、鸡精、料酒、蚝油、水淀粉、姜丝、葱段、鲜汤各适量。

做法　**1.** 净里脊肉切成丝状，用食盐、味精、鸡精、水淀粉和少许油腌渍待用；脆笋切丝焯水，沥干，在锅中炒干水汽；锅内放植物油烧热，将肉丝煸散，倒入盘中待用。

2. 锅内放植物油烧热，下入姜丝略煸，放食盐煸炒片刻，再下入肉丝煸炒至香，烹料酒，放蚝油略炒，再下入鲜汤，焖至肉丝酥烂，放入红椒丝、葱段出锅。

■ 菜品特色　香脆爽口。

【红椒韭花炒肉丝】

■ 原料　韭花 200 克，猪里脊肉 150 克，红泡椒 50 克。

■ 调料　猪油、食盐、味精、鸡精、酱油、料酒、蚝油、淀粉、蒜片、鲜汤各适量。

做法　**1.** 将韭花洗干净，摆放整齐，切去老的部分，再切成段，将红泡椒去蒂、去子后洗净，切成丝；将猪里脊肉洗净后切成丝，并放料酒、少许食盐、味精拌匀；锅内放猪油 20 毫升，将肉丝下锅炒散，盛出待用。

2. 锅洗净，放猪油 20 毫升烧热，下入蒜片，炒香后放入红泡椒丝、韭花段翻炒，放食盐、味精、鸡精、蚝油炒至韭花转色时，下入肉丝，略放酱油翻炒，放鲜汤略焖一下，勾芡、淋上热猪油即成。

■ 菜品特色　色、香、味俱全。

【芹菜腊干炒肉丝】

■ 原料　芹菜 200 克，腊干子 150 克，猪里脊肉丝 150 克，鲜红椒丝 50 克。

■ 调料　植物油、食盐、鸡精、酱油、辣酱、蚝油、料酒、淀粉、香油、姜末、蒜蓉、鲜汤各适量。

做法　**1.** 将芹菜去叶，摘洗干净后切成段，将腊干子切成丝，将猪里脊肉丝拌入少许的食盐、鸡精、淀粉以及料酒腌一会；锅置于旺火上，放植物油 500 毫升烧至六成热，下入肉丝，用筷子拨散，捞出沥干油。

2. 锅内留底油，下入姜末、蒜蓉炒香，再放入腊干子丝炒热，放入芹菜段、肉丝翻炒，放食盐、鸡精、酱油、辣酱、蚝油，倒入鲜汤少焖，放入红椒丝，勾芡、淋香油即可。

■ 菜品特色　鲜嫩爽口，柔软适度。

【擂辣椒炒拆骨肉】

■原料　青椒 300 克，拆骨肉 250 克。

■调料　植物油、食盐、味精、蚝油、姜米、蒜片、鲜汤各适量。

做法　**1.** 将青椒切成 5 厘米长的段，用刀拍松。

2. 拆骨肉大块略切小。

3. 锅内不放油，下入青椒段，将其擂至七分熟，倒入盘中。

4. 锅内放植物油，下入蒜片、姜米煸香，下青椒段、拆骨肉，调入食盐、味精、蚝油，一同翻炒，入味后略加鲜汤，至收汁即可。

■菜品特色　香辣美味。

【酸豆角炒肉泥】

■原料　酸豆角 150 克，鲜猪肉 75 克。

■调料　植物油、食盐、味精、香油、红油、干椒末、葱花、鲜汤各适量。

做法　**1.** 将酸豆角清洗干净，焯一下，捞出后切成米粒状，放入锅中炒干水汽。

2. 将鲜猪肉洗净，剁成泥。

3. 将净锅置旺火上，放植物油烧热后下入肉泥炒散，再下干椒末、酸豆角米，放食盐、味精拌炒入味后，略放鲜汤焖一下，淋红油、香油，撒葱花，出锅装入盘中。

■菜品特色　开胃下饭。

【蒜苗炒肉丝】

■原料　蒜苗 200 克，猪里脊肉 150 克，鲜红椒 50 克。

■调料　猪油、食盐、味精、酱油、料酒、水淀粉、鲜汤各适量。

做法　**1.** 将蒜苗摘去花苞、老筋，洗净后切段，将鲜红椒去蒂、去子，洗净后切条。

2. 将猪里脊肉切粗丝，用料酒、食盐、味精、酱油、稠水淀粉拌匀，腌渍一下。

3. 锅内放猪油，下入蒜苗段炒香，放食盐；炒至蒜苗皮起泡时下入肉丝一同炒，同时略放酱油，待肉丝炒熟、蒜苗转色时下入红椒条，放鲜汤焖一下，勾芡，即可。

■菜品特色　色佳味浓。

【子姜剁椒嫩肉片】

■原料　猪里脊肉 200 克，子姜 100 克，青蒜 25 克。

■调料　植物油、食盐、味精、料酒、嫩肉粉、胡椒粉、剁椒、香油、水淀粉、鲜汤各适量。

做法　**1.** 将猪里脊肉切成片，子姜切小片，青蒜切段；将肉片用食盐、嫩肉粉、水淀粉、油上浆；将食盐、味精、料酒、胡椒粉、鲜汤、香油、水淀粉调兑成汁。

2. 锅置于旺火上，放入植物油，烧至四成热时下入肉片滑油，用筷子拨散断生，倒入漏勺沥油。

3. 锅内留底油，放剁椒、肉片，倒入兑汁，放入青蒜段炒拌均匀，淋上香油，出锅装盘即可。

■菜品特色　酸辣俱备，美味诱人。

【寒菌墨鱼炖肉】

■ 原料　鲜寒菌250克，五花肉片150克，干墨鱼250克。

■ 调料　猪油、食盐、味精、鸡精、酱油、胡椒粉、葱花、姜片、鲜汤各适量。

做法　1. 将干墨鱼在火上烤出香味，浸入温水中泡软后去骨、洗净，切成条，焯水后沥干；将猪五花肉焯水，沥干；将寒菌去蒂，泡入清水中10分钟后，用手搅动水洗净泥沙。

2. 锅内放猪油烧热后下入姜片、寒菌煸炒，下入肉片、墨鱼煸炒，放食盐、味精、酱油、鸡精，倒入鲜汤，大火烧开后改用中小火煨炖，熟烂后撒上胡椒粉、葱花即可。

■ 菜品特色　补气养血，营养丰富。

【黄芪炖猪瘦肉】

■ 原料　猪瘦肉250克，黄芪50克，党参10克，红枣10克，水发香菇8克。

■ 调料　食盐、味精、鸡精、料酒、姜、葱、鲜汤各适量。

做法　1. 将猪瘦肉洗净切片；黄芪洗干净后切成与瘦肉大小相近的长方形；党参、红枣洗干净，香菇去蒂，姜去皮切片，葱挽结。

2. 将肉片放入沸水锅内，加入料酒焯水，捞出沥干水分，再与黄芪、香菇、党参、红枣一起放入罐内，加入食盐、味精、鸡精、姜片、葱结、鲜汤，盖上盖，用锡纸封好，放入大罐中，生上炭火，煨制2小时即可。

■ 菜品特色　风味独特，口感极佳。

【黄豆芽炖肉】

■ 原料　鲜猪五花肉200克，黄豆芽150克。

■ 调料　猪油、食盐、味精、鸡精、姜片、鲜汤各适量。

做法　1. 将黄豆芽摘净根须，清洗干净，沥干水。

2. 锅内放水烧开，将猪五花肉刮洗干净后切成0.3厘米厚的片，放入锅中焯水，捞出沥干水。

3. 将肉片与黄豆芽、姜片一起放入大沙罐中，倒入鲜汤，用大火上烧开后改用中小火煨炖20分钟，待汤味醇香、肉烂时撇去浮沫，放食盐、味精、鸡精调味，淋熟猪油，原罐上桌。

■ 菜品特色　脆香丝滑。

【湘味木须肉】

■ 原料　水发木耳100克，猪肉100克，水发黄花菜50克，鸡蛋2个，青椒、红椒各25克。

■ 调料　植物油、食盐、味精、蒜蓉酱、辣酱、香油、红油、葱段、姜丝各适量。

做法　1. 将黄花菜摘去根，一切两段，将水发木耳摘洗干净，切成粗丝，将青椒、红椒切成丝，猪肉切成丝，将鸡蛋打入碗中，加少许食盐搅匀，倒入热油锅内炒散。

2. 净锅放植物油烧热，下入姜丝、肉丝、木耳、黄花菜、青椒丝、红椒丝合炒，放食盐、味精、蒜蓉酱、辣酱调味，入味后下入鸡蛋炒匀，撒葱段，淋香油、红油，即可。

■ 菜品特色　营养美味。

【豆笋烧肉】

■原料 带皮五花肉300克,水发豆笋150克,鲜红椒5克。

■调料 植物油、食盐、味精、八角、桂皮、草果、波扣、良姜、砂仁、香叶、酱油、糖色、料酒、干红椒、姜片、葱结各适量。

做法 1. 肉的烧制方法与红烧肉相同，从略不述，但烧制时留汤比红烧肉多一些，应在烧肉汤汁未收浓时下入豆笋，以使豆笋有足够的汤汁吸收；将豆笋切成条。

2. 将煨制好的红烧肉与豆笋条同时下锅，放在小火上烧制，让红烧肉汤汁的食盐味渗透到豆笋中，至汤汁浓郁即可装盘。

■菜品特色 汁浓香溢。

【红烧肉】

■原料 带皮五花肉500克，鲜尖椒2个。

■调料 植物油、食盐、味精、香料（八角、桂皮、草果、波扣、良姜、砂仁、香叶）、糖色（1小匙）、酱油、料酒、白糖、红干椒、姜片、葱结、大蒜、鲜汤各适量。

做法 1. 将五花肉放在水中煮至断生（水中可放入八角、桂皮、姜片、料酒）取出，切成块。

2. 锅内放植物油，下入姜片、香料煸香，下入肉块；煸炒至水分收干时，再烹料酒，放入糖色、食盐、酱油、味精、白糖、鲜尖椒、葱结、鲜汤，用小火将肉煨熟，下入大蒜、红干椒略微烧制，即成。

■菜品特色 香气扑鼻，糯软可口。

【寒菌烧肉】

■原料 鲜寒菌500克，鲜五花肉250克。

■调料 植物油、食盐、味精、鸡精、酱油、胡椒粉、白糖、香油、葱结、葱段、姜片、鲜汤各适量。

做法 1. 将寒菌去蒂，泡入清水中10分钟后，用手在水中顺一方向搅动，用水的旋力将寒菌的泥沙洗净，捞出沥干水，待用；将五花肉刮洗干净，切成大片。

2. 净锅放植物油，烧热后下入葱结、姜片，煸炒出香味，随即下入肉片煸炒，待肉片出油时下入寒菌一起煸炒，放食盐、味精、鸡精、酱油、白糖调味，倒入鲜汤，用大火烧开后改用中小火煨至汤汁浓郁，肉片、寒菌酥烂后，夹去葱结，撒胡椒粉与葱段，淋香油，出锅装盘。

■菜品特色 风味独特，口感极佳。

【口蘑红烧肉】

■原料 鲜口蘑250克，五花肉500克。

■调料 植物油、食盐、味精、鸡精、酱油、豆瓣酱、辣酱、蚝油、料酒、白糖、整干椒、葱结、姜片、鲜汤、八角、桂皮、草果、波扣、香叶、花椒各适量。

做法 1. 锅内放冷水、五花肉、姜片、料酒，开大火将五花肉煮至断生后取出，切成块；将口蘑去蒂、洗净。

2. 锅内放植物油，下入姜片、八角、桂皮、草果、波扣、香叶、花椒、整干椒、葱结煸香，再下入切肉块，用大火煸炒至出油后，调入料酒、豆瓣酱、辣酱、酱油、鲜汤，烧开后改小火煨煮，下入口蘑一同煨烧，至汤汁收浓时放食盐、味精、鸡精、蚝油、白糖，煨至肉质酥烂即可。

■菜品特色 肉酥味美。

【常德钵子肉】

■ 原料　带皮猪五花肉 400 克，青辣椒 150 克。

■ 调料　猪油、食盐、味精、酱油、桂皮、八角、葱、香油各适量。

做法　1. 将带皮猪五花肉切成 5 厘米长、3 厘米宽、0.5 厘米厚的片；青辣椒切成滚刀块，葱切段。

2. 锅置旺火上，放入猪油烧热，下入八角、桂皮煸香，再放入切好的肉煸炒至断生，加入酱油炒香后盛出。

3. 锅置旺火上，放入猪油，下入青辣椒块，加入食盐炒拌入味，再放入煸香的肉，加食盐、味精炒拌均匀，放入葱段，淋上香油，出锅装入钵子即可。

■ 菜品特色　别具一格，味香肉鲜。

【酱香四方肉】

■ 原料　带皮猪五花肉 1000 克。

■ 调料　植物油、食盐、味精、蚝油、白糖、酱油、整干椒、豆豉、葱、甜酒汁各适量。

做法　1. 将猪五花肉烙去余毛，刮洗干净，切成块，肉皮不断，用食盐、味精、白糖、甜酒汁、酱油、蚝油腌渍 10 分钟，装入汤盘内；将整干椒切段，葱切花。

2. 锅置旺火上，放入植物油，烧至四成热时下豆豉、干椒段炒香，盖在腌好的五花肉上，入笼用旺火蒸 2 小时至肉质软烂后取出，撒上葱花即可。

■ 菜品特色　入口即化，口味极佳。

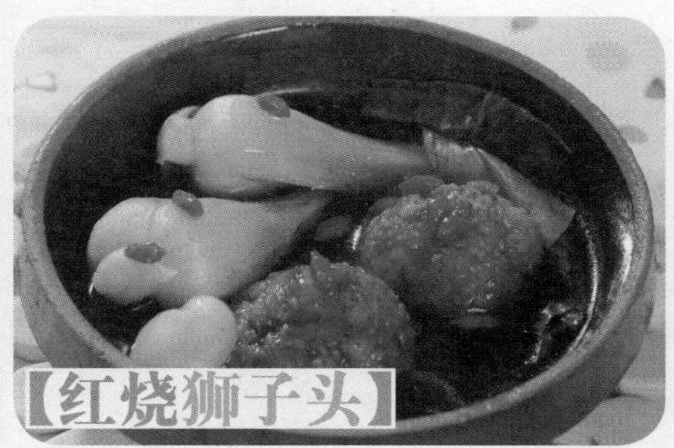

【红烧狮子头】

■ 原料　肉泥 400 克，虾肉 10 克，香菇 10 克，荸荠 100 克，冬笋 50 克，鸡蛋 2 个。

■ 调料　植物油、食盐、鸡精、酱油、鲜汤、胡椒粉、淀粉、香油、姜末各适量。

做法　1. 虾肉、香菇、荸荠、冬笋切米粒状；鸡蛋打散，加肉泥、食盐、鸡精、胡椒粉、淀粉拌匀，再加入虾肉米、香菇米、荸荠米、冬笋米、姜末拌匀，做成 4 个狮子头。

2. 将植物油烧热，下狮子头炸至金黄色起锅，扣入碗中，放鲜汤、食盐和酱油，上笼蒸透，取出扣入盘中；锅内留底油，倒入蒸好的狮子头的汤汁，待锅中汤汁略微收浓，勾薄芡，淋尾油、香油，出锅浇在狮子头上即成。

■ 菜品特色　形状美观，美味可口。

【土豆烧肉】

■ 原料　土豆 300 克，猪五花肉 300 克。

■ 调料　植物油、食盐、味精、酱油、料酒、淀粉、白糖、香油、整干椒、葱结、姜片、红椒末、鲜汤、八角、桂皮、草果各适量。

做法　1. 将猪五花肉洗净，土豆去皮，切成块；锅内放水烧开，将土豆块放入锅中煮至七分熟后捞出待用。

2. 锅放植物油烧热，放姜片、整干椒、葱结煸香，随后下入肉块，放食盐、味精、料酒、酱油、白糖一起拌炒，待入味上色后倒入鲜汤，放八角、桂皮、草果，煨制肉色红亮、汤汁浓郁时下入土豆块一起烧，当土豆熟烂入味后夹去香料、整干椒、葱结，勾芡，淋香油，撒红椒末即可。

■ 菜品特色　软硬适度，口感独特。

【辣酱麻蓉里脊】

■ 原料　净里脊肉 150 克，香菜 20 克，熟芝麻 15 克。

■ 调料　植物油、食盐、鸡精、蒜、辣酱、淀粉、香油、红油各适量。

做法　1. 净里脊肉切成薄片，用食盐、淀粉上浆，下热油锅内滑油至熟，倒入漏勺沥油；蒜剁成蓉，将香菜洗净后放食盐、香油、蒜蓉拌匀，垫在盘底。

2. 锅留底油，下辣酱炒香，随即下入里脊肉片，加食盐、鸡精、香油、红油拌炒入味，再撒上熟芝麻，拌匀，出锅盖在香菜上。

■ 菜品特色　麻辣味美。

【开胃五花肉】

■ 原料　五花肉 250 克，开胃酱 50 克。

■ 调料　植物油、食盐、味精、料酒、葱花各适量。

做法　将五花肉洗干净，切成 3 厘米见方的块，加入食盐、味精、料酒腌渍，扣入蒸钵（"扣入蒸钵中"即摆入蒸钵中，"扣"含有摆整齐的意思，不是随便乱放）中，码上开胃酱，淋上植物油，上笼蒸 15 分钟，待肉吐油酥烂即可出笼，撒葱花上桌。

■ 菜品特色　酥软开胃。

【蒜泥白肉】

■ 原料　猪后腿肉 400 克，红葱头 10 克，洋葱 10 克。

■ 调料　植物油、食盐、味精、白糖、香葱、姜、蒜、香醋、红油、芥末辣、干椒面、生抽、花生酱、芝麻酱、花椒粉、白卤水各适量。

做法　1. 将洋葱切丝，取部分姜切丝，取部分姜切末，蒜切蓉；将红葱头、蒜蓉、香葱、洋葱丝、姜丝与植物油一起入锅中，小火烧至沸腾，飘出香味时沥油备用。

2. 将食盐、味精、白糖、蒜蓉、干椒面、生抽、香醋、红油、芥末辣、花生酱、芝麻酱和花椒粉调成蒜泥汁。

3. 将猪后腿肉焯水，再放入白卤水中煮熟，捞出待凉后，切成薄片，整齐地放在盘子上，再撒上姜末、淋上葱香油和蒜泥汁即可食用。

■ 菜品特色　蒜香浓郁，增强食欲。

【香干回锅肉】

■ 原料　香干 2 块，五花肉 250 克。

■ 调料　植物油、食盐、味精、鸡精、酱油、豆瓣酱、蚝油、料酒、水淀粉、干椒末、姜片、大蒜叶、鲜汤各适量。

做法　1. 锅内放水，下入五花肉，放姜片、料酒，将五花肉煮至八分熟，捞出放凉；将香干按大小横刀切成片，五花肉也切成香干大小的片。

2. 锅置旺火上，放植物油，下豆瓣酱炸香，下入五花肉片，放食盐、味精煸至回油后，扒在锅的一边，让锅内的油烧热，下入香干片轻轻翻动，放入酱油、食盐、味精、鸡精、蚝油、干椒末，待香干热透后再连同五花肉一起翻炒，倒入鲜汤，改用小火煨焖，下入大蒜叶，待汤汁收浓时勾水淀粉即可出锅。

■ 菜品特色　口感细腻，风味独特。

【豆豉辣椒五花肉】

■原料　猪五花肉 750 克。

■调料　植物油、食盐、味精、酱油、白糖、豆豉、干椒粉、姜、葱、啤酒、鲜汤各适量。

做法　**1.** 将猪五花肉洗净切成 6 厘米长、4 厘米宽、2 厘米厚的片；葱挽结，姜拍破。

2. 锅置旺火上，放入底油，下入五花肉片翻炒出油，滗去部分油，再放入酱油、食盐、豆豉、干椒粉、啤酒、白糖、味精，炒香后加入鲜汤、葱结、姜块，烧开后撇去浮沫，装入碗内，入蒸笼内用旺火蒸至软烂，即可成菜；食用时去掉葱结、姜块装盘即成。

■菜品特色　香辣兼俱，浓香四溢。

【梅干菜蒸五花肉】

■原料　五花肉 250 克，梅干菜 100 克。

■调料　植物油、食盐、味精、白糖、料酒、蚝油、酱油、红油、香油、干椒末、葱花、豆豉、鲜汤各适量。

做法　**1.** 将五花肉切成 3 厘米见方的块，放入锅中，加入食盐、味精、料酒、白糖、蚝油、酱油、豆豉，拌匀后装入蒸钵中。

2. 净锅置旺火上，放植物油烧热后下入干椒末、梅干菜、食盐、味精，一起拌炒入味后倒在五花肉上，略加鲜汤，即上笼蒸 15 分钟，待肉熟吐油后取出，淋红油、香油，撒葱花即可。

■菜品特色　风味独特。

【梅干菜蒸扣肉】

■原料　五花肉 500 克，梅干菜 5 克。

■调料　植物油、食盐、味精、酱油、桂皮、八角、红油、葱花、姜末、干椒末、鲜汤各适量。

做法　**1.** 五花肉炸成虎皮样，放开水中煮 2 分钟；将炸好的肉切成厚片，扣在蒸钵中，然后在肉上放食盐、味精、姜末、酱油、干椒末；将梅干菜洗净，炒去水汽，然后加入植物油、味精、干椒末炒匀，码放在扣肉上，将八角、桂皮放在梅干菜上。

2. 用碗装鲜汤，放酱油、食盐、味精、红油搅匀后，淋在蒸钵内，上笼蒸 20 分钟，反扣于盘中，撒上葱花即成。

■菜品特色　软滑可口。

【茄汁红梅排柳】

■原料　猪柳排 150 克，黄瓜 1 根，鲜红椒 1 根。

■调料　植物油、食盐、番茄酱、白糖、水淀粉、雪花蛋泡、鲜汤各适量。

做法　**1.** 将猪柳排两骨中间的肉解切成丁，加入少许食盐腌渍入味；鲜红椒去蒂、去子，切成片；黄瓜切片；将番茄酱、白糖、鲜汤、水淀粉放入碗中兑成番茄汁。

2. 锅放植物油，烧热将排骨肉丁裹上雪花蛋泡下入油锅内浸炸至熟，色泽呈金黄时倒入漏勺，沥干油；锅留底油，下入鲜红椒片、黄瓜片，加番茄汁拌炒，待汁沸腾时倒入炸好的排骨肉丁一起拌匀出锅装盘即可。

■菜品特色　汁浓甜香。

【茶树菇熘里脊】

■ 原料　干茶树菇 150 克，猪里脊肉 100 克，青椒、红椒各 5 克。

■ 调料　植物油、食盐、味精、水淀粉、料酒、胡椒粉、白糖、香油、葱段、姜丝、鲜汤各适量。

做法　**1.** 将干茶树菇去蒂，用清水泡发后清洗干净，挤干水分，切成段，待用；将猪里脊肉、青椒、红椒洗净后切成丝；锅放植物油烧热，将里脊肉丝抓少许食盐与水淀粉上浆，下入油锅内，滑油至熟，捞出沥干。

2. 锅内留底油，下入姜丝与茶树菇煸炒，烹料酒，放食盐、味精、白糖、胡椒粉拌炒入味后，随即下入里脊肉丝，放入鲜汤，勾芡，下入葱段，淋香油一起拌炒匀即可。

■ 菜品特色　味美溢香。

【焦香糖醋里脊肉】

■ 原料　里脊肉150克，红椒丝5克，鸡蛋1个，面粉40克。

■ 调料　植物油、食盐、白糖、米醋、酱油、淀粉、姜丝、葱段、清汤各适量。

做法　**1.** 将里脊肉切成片，加食盐入味；鸡蛋打入碗中，搅散，加入面粉、淀粉和适量水，调成糊；将肉上糊，逐片下入五成热油锅内，通炸至色泽金黄、外焦内熟，倒入漏勺中沥净油；将白糖、米醋、酱油、食盐、姜丝、水淀粉放入小碗中，加适量清汤成糖醋汁。

2. 净锅置灶上，放底油，倒糖醋汁，用手勺推炒至芡汁糊化后，淋尾油，随即下炸好的肉片，迅速拌匀，使每块肉蘸满糖汁，撒上红椒丝、葱段，出锅装盘即可。

■ 菜品特色　汁浓鲜美。

【韭黄熘里脊肉】

■ 原料　韭黄 400 克，猪里脊肉 150 克，红泡椒 50 克，鸡蛋 1 个。

■ 调料　植物油、猪油、食盐、味精、干淀粉、料酒、鲜汤各适量。

做法　**1.** 韭黄洗净，切段；红泡椒洗净，切成丝；猪里脊肉洗净切丝，打入蛋清、食盐、味精、干淀粉、料酒腌渍入味。

2. 锅放植物油烧热，下肉丝，滑散，出锅倒入漏勺中，沥干油；锅内留底油，下入韭黄段、红泡椒丝翻炒几下后，放食盐、味精，倒入鲜汤，勾芡，下入肉丝，淋热猪油，即可。

■ 菜品特色　风味独特，口感极佳。

【珍珠肉丸】

■ 原料　肉料 250 克，葱花 3 克，糯米 150 克。

■ 调料　植物油适量。

做法　**1.** 糯米洗净，用温水浸泡 30 分钟后，捞出沥干水；把糯米在盘子中摊开，将肉料挤成肉丸，放在糯米上滚动，使整个丸子都粘上糯米，然后摆放在抹了植物油的盘子上。

2. 将做好的丸子上笼蒸 15 分钟，取出装盘、码放好，撒上葱花即可。

■ 菜品特色　软糯可口。

【红椒酿肉】

■原料 大鲜红椒12个，肉馅100克。

■调料 植物油、食盐、味精、水淀粉、香油、鲜汤各适量。

做法 1. 将大鲜红椒去掉蒂，挖去子，将肉馅逐个地填入红椒中。

2. 锅置旺火上，放植物油烧至八成热，下入填好了肉馅的红椒，即炸即出锅扣入碗中，入笼蒸熟取出。

3. 锅内加入鲜汤，放食盐、味精，汤开后勾薄芡，淋尾油、香油，将芡汁淋在红椒上即可。

■菜品特色 味美溢香。

【清蒸肉饼】

■原料 肉泥250克，鸡蛋1个。

■调料 食盐、味精、鸡精、蚝油、胡椒粉、香油、干淀粉、姜末、葱花、冷鲜汤各适量。

做法 1. 在肉泥中加入鸡蛋液、姜末、食盐、味精、鸡精、蚝油、胡椒粉，用手顺一个方向搅打，加冷鲜汤再搅打，起劲后下入干淀粉，搅匀后放香油（即成肉料）。

2. 然后放入蒸钵中，上笼蒸15分钟，待肉饼挤紧、已熟、吐汤出来即可取出，撒葱花，即可上桌。

■菜品特色 汁浓鲜美。

【苦瓜酿肉】

■原料 苦瓜1根，肉馅100克，红椒米1克，金钩10克，香菇米10克。

■调料 植物油、食盐、味精、水淀粉、鲜汤各适量。

做法 1. 将苦瓜切去两端，切成段，去掉子，焯水，捞出沥干，挤干水分；在肉馅中加入金钩、香菇米拌匀，然后逐个地填入苦瓜中，两端用水淀粉封口。

2. 炒锅置旺火上，放植物油烧至七成热，将苦瓜下入油中炸至淡黄色捞起，整齐地摆放在盘子上，用红椒米点缀后上笼蒸10分钟，取出。

3. 锅内放入鲜汤，放食盐、味精调好味，汤开后勾薄芡、淋尾油，将芡汁淋浇在苦瓜上即可。

■菜品特色 苦中带香，风味独特。

【水晶狮子头】

■原料 猪五花肉500克，荸荠150克，鸡蛋8个。

■调料 食盐、味精、鸡精、胡椒粉、淀粉、鸡清汤、嫩肉粉各适量。

做法 1. 将肉洗净剁成泥，荸荠去皮剁成末，加入食盐、味精、鸡精、胡椒粉、嫩肉粉拌匀，做成丸子；鸡蛋取蛋清，加入淀粉拌匀成糊；锅置旺火上，放入清水烧热，将肉丸子逐个蘸上蛋清糊下入锅中，待丸子浮上水面时捞出，放入炖盅。

2. 锅置旺火上，放入鸡清汤加食盐、味精、鸡精，调好滋味，烧开后倒入每个炖盅内用保鲜膜封好，入笼用旺火蒸30分钟，取出撤去保鲜膜，可上桌。

■菜品特色 汁浓味美，形状独特。

【鸡蛋蒸肉饼】

■ 原料　肉料 250 克，鸡蛋 1 个。

■ 调料　葱花 3 克，植物油、食盐各适量。

做法　将肉料盛入一蒸钵内，加植物油、食盐拌匀，在肉料上稍穿凹一些，把蛋打在肉料上，入笼蒸 15 分钟，熟后取出，撒葱花即可。

■ 菜品特色　营养美味。

【粉蒸肉】

■ 原料　五花肉 250 克，五香蒸肉粉 75 克。

■ 调料　植物油、食盐、味精、酱油、白糖、料酒、姜末、葱结、鲜汤各适量。

做法　**1.** 将五花肉切成片，然后用姜末、葱结、食盐、味精、酱油、白糖、料酒腌渍；把蒸肉粉放在盘内，摊开，逐片将五花肉两边蘸上蒸肉粉，均匀地码放在钵子中。

2. 将盘子中的剩余蒸肉粉放入碗中，兑上鲜汤、植物油、食盐、味精，然后倒在码好的五花肉上，上笼蒸 20 分钟即可。

■ 菜品特色　软糯适口。

【干豆角蒸肉】

■ 原料　猪五花肉 150 克，干豆角 100 克。

■ 调料　植物油、食盐、味精、酱油、蚝油、料酒、白糖、香油、红油、干椒末、葱花、鲜汤各适量。

做法　**1.** 将干豆角泡发，洗干净后切碎，挤干水；将五花肉切成块，放入锅中，加食盐、味精、料酒、白糖、蚝油、酱油、干椒末少许搅匀，装入蒸钵中。

2. 将锅置旺火上，放植物油烧热后下入干豆角，放食盐、味精、干椒末一起拌炒入味后出锅放在五花肉上，倒入鲜汤入笼蒸，上气后蒸 18 分钟，待肉吐油酥烂后取出，淋红油、香油，撒葱花即成。

■ 菜品特色　味道鲜美。

【臭干子酿肉】

■ 原料　长沙臭干子 10 片，肉泥 150 克，鸡蛋 1 个。

■ 调料　植物油、食盐、味精、酱油、蚝油、辣酱、红油、香油、鲜汤、姜米、葱花、干椒末、蒜蓉各适量。

做法　**1.** 在肉泥中放一个鸡蛋，加食盐、味精、姜米、蚝油和水，搅匀成馅心。

2. 用刀在臭干子的中间划十字刀，留底，把馅心灌入臭干子内，抹平，下入热油锅内炸至外焦内酥后捞出，沥净油。

3. 净锅放少许底油，下入干椒末，炒香后迅速下入姜米、蒜蓉、酱油、辣酱、鲜汤，将臭干子焖入味，待汤汁快干时淋红油、香油，撒葱花，出锅即可。

■ 菜品特色　香气四溢，令人开胃。

【玉竹猪瘦肉汤】

■原料　猪瘦肉 100 克，玉竹 15 克，红枣 10 克。

■调料　食盐、味精、鸡精、料酒、葱、姜、鲜汤各适量。

做法　1. 将猪瘦肉洗净后切成薄片；玉竹洗净后切成薄片，红枣洗净，姜切成片，葱挽结。

2. 将肉片放入沸水锅内，加料酒焯水后捞出，沥干水分，再与玉竹、红枣、姜片、葱结一起放入罐子中，加食盐、味精、鸡精、鲜汤，盖上盖，用锡纸封好，放入大瓦罐内生上炭火，煨 1 小时即可。

■菜品特色　汤浓味美。

【老姜云耳肉片汤】

■原料　猪瘦肉 500 克，姜片 15 克，水泡云耳 30 克。

■调料　熟猪油、食盐、味精、鸡精、酱油、白酒、葱花、鲜汤各适量。

做法　1. 将猪瘦肉切成薄片。

2. 净锅置旺火上，放熟猪油，烧热后下入姜片煸香，然后下肉片煸炒至香，再烹入白酒炒香，随后下云耳，放食盐、味精一起合炒，放入鲜汤煮至汤开后撇去泡沫，放鸡精、酱油转色，撒葱花，出锅盛入汤锅中。

■菜品特色　口感极佳。

【上汤瓦罐汤】

■原料　水发粉丝 100 克，芽白 100 克，五花肉 100 克，鸡蛋 1 个，金钩虾 1 克。

■调料　食盐、味精、胡椒粉、料酒、生粉、蚝油、姜丝、葱花各适量。

做法　1. 将芽白切成长条状，金钩虾用冷水泡发；将五花肉剁成肉泥，将鸡蛋打入，放食盐、味精、料酒、蚝油，搅打至稠状，再放入生粉，搅拌均匀。

2. 锅内放水烧开，将打好的肉泥挤成丸子，逐个放入水中煮熟；将汤倒入瓦罐中，下入姜丝，上火烧开后将金钩虾放入炖一下，再下入粉丝、芽白，炖至汤色乳白再下入肉丸，放食盐、味精，撒上胡椒粉、葱花即成。

■菜品特色　营养丰富。

【苦瓜拌肉丝】

■原料　苦瓜 200 克，猪里脊肉 150 克，红泡椒 50 克。

■调料　食盐、味精、鸡精、白酱油、料酒、水淀粉、香油、姜末、蒜蓉各适量。

做法　1. 将苦瓜洗净后顺直条切成苦瓜丝，将红泡椒去蒂、去子后洗净，切成丝；将猪里脊肉洗净，拉切成肉丝，放料酒、食盐、味精、水淀粉抓匀腌渍；锅内放水烧开，先将肉丝下锅焯水后捞出，再将锅内水烧开，撇去泡沫，将苦瓜焯水至熟，捞出后用凉开水过凉，沥干水。

2. 将苦瓜丝、肉丝、红椒丝放入大腕内；放入姜末、蒜蓉、食盐、味精、鸡精、白酱油，用筷子拌匀，倒入盘中，淋上香油即可。

■菜品特色　味道独特，回味无穷。

【黄花肉丝汤】

■ 原料　猪瘦肉 100 克，水泡黄花菜 150 克。

■ 调料　熟猪油、食盐、味精、鸡精、胡椒粉、水淀粉、葱花、鲜汤各适量。

做法　**1.** 将猪瘦肉切成丝，用食盐、味精、水淀粉上浆。

2. 黄花菜用冷水泡发，摘掉蒂，洗净挤去水，一切两段。

3. 净锅置旺火上，倒入鲜汤烧开后下入肉丝迅速拨散，汆熟后下入黄花菜，放食盐，汤再次烧开后撇去泡沫，放味精、鸡精和熟猪油出锅，装入汤碗中，撒胡椒粉和葱花即可。

■ 菜品特色　汤汁适口。

【酸辣肉丝汤】

■ 原料　猪肉 20 克，猪血 10 克，豆腐 10 克，笋丝 10 克，梅干菜 8 克，鸡蛋 1 个，鲜红椒丝 6 克，香菇丝 10 克。

■ 调料　熟猪油、香油、食盐、味精、鸡精、酱油、陈醋、水淀粉、干椒末、葱段、鲜汤各适量。

做法　**1.** 将原料全部切成丝，鸡蛋打散。

2. 净锅放入鲜汤，下入肉丝、豆腐丝、猪血丝、笋丝、香菇丝、干椒末、梅干菜，用勺轻轻推散，汤开后撇去泡沫，放食盐、熟猪油、味精、鸡精、陈醋、酱油一起调味，勾芡，再次烧开后将鸡蛋均匀淋入汤中，用勺推动，使其成丝状，撒上鲜红椒丝、葱段，淋香油出锅。

■ 菜品特色　酸辣开胃。

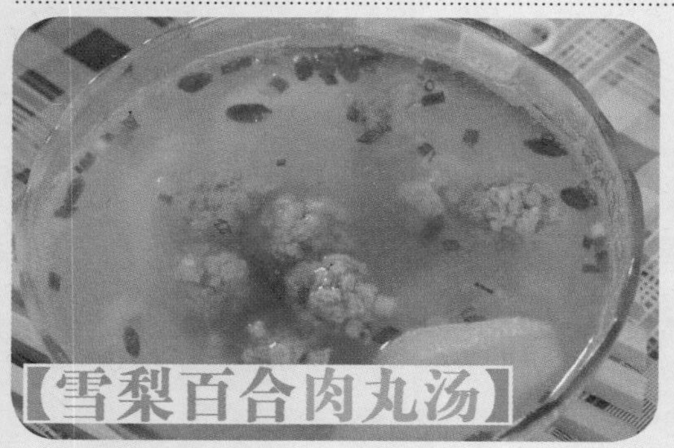

【雪梨百合肉丸汤】

■ 原料　雪梨 2 个，鲜百合 1 个，汆汤丸 200 克，枸杞 2 克。

■ 调料　食盐、味精、冰糖各适量。

做法　**1.** 将雪梨削皮，修去梨心和梨核，切成 8 块橘瓣形。

2. 将百合剥散，洗去泥沙；将枸杞用水泡发。

3. 将“汆汤丸”的原汤连同肉丸调正盐味，放味精、冰糖，下入雪梨、百合，用小火微开炖制，至雪梨熟透撒上枸杞即可。

■ 菜品特色　味正香浓。

【肉末烘蛋粉松】

■ 原料　鸡蛋 6 个，猪肉 150 克，粉丝 20 克，红椒末 3 克。

■ 调料　植物油、食盐、味精、淀粉、胡椒粉、香油、葱花、冷鲜汤各适量。

做法　**1.** 将猪肉剁成肉蓉，打入 2 个鸡蛋的蛋清，加食盐、味精、冷鲜汤、淀粉搅匀，待用；将 4 个鸡蛋打入碗中，搅散，放食盐、味精和淀粉制成烘蛋液；将干粉丝剪成段。

2. 锅内放植物油烧热，加肉末，烧成肉淋汁，淋香油、撒胡椒粉；锅内放植物油烧热，下粉丝炸成粉松，捞出围入盘边；倒入烘蛋液，将蛋烘起，装入盘中，将肉淋汁浇淋在烘蛋与粉松上，撒红椒末与葱花，淋香油即可。

■ 菜品特色　丝滑入口。

【肉泥青菜钵】

■ 原料　鲜猪肉 150 克，青菜（芥菜）500 克。

■ 调料　猪油、食盐、味精、鸡精、姜末、鲜汤各适量。

做法　1. 将青菜摘洗干净，切碎；将鲜猪肉洗干净，剁成肉泥。

2. 锅内放猪油烧热，下入姜末炒香后，放入肉泥炒散，再下入青菜末炒蔫后，放食盐、味精、鸡精炒匀，倒入鲜汤，等鲜汤大开后改用小火煮几分钟，淋入热猪油即可。

■ 菜品特色　味香可口。

【皮蛋烧排骨】

■ 原料　猪中排 500 克，皮蛋 3 个，鲜红椒 1 个。

■ 调料　植物油、食盐、味精、八角、桂皮、料酒、白糖、酱油、蒜、葱结、姜片、干椒段、鲜汤各适量。

做法　1. 排骨切成块，焯水；皮蛋切瓣，油炸过备用。

2. 锅内放植物油烧热，下姜片、八角、桂皮煸香，下排骨块煸炒至排骨出油时，烹料酒，再下鲜汤，将排骨煨烂至九分熟，放食盐、味精、酱油、白糖，再下入皮蛋、葱结、蒜、鲜红椒煨制，至汤汁浓郁即可出锅装盘。

■ 菜品特色　风味独特。

【臭豆腐烧排骨】

■ 原料　猪排骨 500 克，臭豆腐 150 克，青椒、红椒各 25 克。

■ 调料　植物油、食盐、味精、鸡精、白糖、蚝油、料酒、酱油、辣酱、葱段、姜片、蒜、红油、香油、淀粉、鲜汤各适量。

做法　1. 将排骨洗净，剁成段；青椒、红椒切块；蒜去蒂，入热油锅炸后捞出备用；锅内放植物油烧热，下臭豆腐，炸至外皮酥脆时，倒入漏勺沥干油。

2. 锅内留底油，下姜片炒香，放入排骨段，烹料酒，炒至表面呈黄色，加食盐、味精、酱油、蚝油、鸡精、白糖、辣酱、鲜汤，旺火烧开撇去浮沫，转小火烧至排骨八成烂时，放青椒块、红椒块、臭豆腐、蒜烧焖，旺火收汁，勾芡，淋香油、红油，撒葱段，出锅装盘即可。

■ 菜品特色　味浓爽口。

【花菜烧排骨】

■ 原料　猪排骨 750 克，花菜 400 克。

■ 调料　猪油、食盐、味精、鸡精、酱油、豆瓣酱、蒜蓉香辣酱、料酒、白糖、蚝油、整干椒、干椒段、姜末、蒜蓉、大蒜叶、鲜汤、八角、桂皮各适量。

做法　1. 锅内放水烧开，将猪排骨砍成块后放入锅中焯水，捞出沥干；将花菜顺枝切成小朵，洗干净。

2. 锅内放清水、酱油、料酒、食盐、味精、白糖、八角、桂皮、整干椒、猪排骨，大火烧开转小火将猪排骨煨烂。

3. 锅内放猪油，下入姜末、蒜蓉、干椒段，放豆瓣酱、蒜蓉香辣酱，下入花菜翻炒，放食盐、鸡精、酱油、蚝油，待上色后放入煨好的猪排骨，略放鲜汤，用小火收浓汤汁并将花菜烧熟，撒上大蒜叶，翻炒几下即成。

■ 菜品特色　香浓营养，令人胃口大开。

【豆豉辣椒蒸排骨】

■ 原料　猪肉排 250 克，豆豉辣椒料 10 克。

■ 调料　食盐、味精、酱油、蚝油、料酒、蒜蓉、姜末、葱花各适量。

做法　将猪肉排洗干净，砍成 3 厘米见方的块，用料酒、食盐、味精、姜末、蒜蓉、蚝油、酱油腌入味，然后扣入蒸钵中，再将豆豉辣椒料码放在排骨上，上笼蒸 20 分钟至排骨出油酥烂，取出装盘，撒葱花即可。

■ 菜品特色　酥烂适口。

【小米蒸排骨】

■ 原料　猪肉排 250 克，小米 100 克。

■ 调料　植物油、食盐、味精、料酒、排骨酱、姜末、鲜汤各适量。

做法　将猪肉排洗净，砍成块；小米洗干净，在水中浸泡 20 分钟，捞出沥干水；用食盐、味精、姜末、排骨酱、料酒将排骨腌渍 10 分钟，然后放入小米拌匀，再扣入蒸钵中，加入鲜汤和油，上笼蒸 30 分钟即可。

■ 菜品特色　糯软味香。

【干锅玉米烧排骨】

■ 原料　猪中排 300 克，玉米 1 根，青椒、红椒各 2 个。

■ 调料　植物油、食盐、味精、桂皮、八角、炼乳、料酒、鲜汤、白糖、香油、姜片、蒜、葱花各适量。

做法　**1.** 将排骨砍成块，下开水氽至断生；将玉米横向切成块，备用。

2. 锅内放植物油，下入八角、桂皮、鲜红椒、姜片煸香，然后下入排骨煸炒至水分干，排骨开始要吐油后烹料酒，这时料酒才能透进排骨；然后下鲜汤，放食盐、白糖、味精，汤烧开后，下入玉米块，放入高压锅中上汽煮 8 分钟。

3. 将煮好的玉米排骨倒入锅中，用文火烧制，下入炼乳、蒜，待汤汁收浓即装入干锅中，撒上葱花、淋香油，带火上桌。

■ 菜品特色　香浓可餐，色味兼俱。

【苦瓜排骨煲】

■ 原料　猪中排 500 克，苦瓜 300 克。

■ 调料　猪油、食盐、味精、蒜蓉香辣酱、料酒、蚝油、香油、红油、整干椒、葱段、姜片、鲜汤、八角、桂皮、草果各适量。

做法　**1.** 锅内放水烧开，将猪中排剁成小块后放入锅中焯水，捞出后洗去血沫；将苦瓜切去蒂，顺直剖开，洗净后切成小块，放入沸水锅中焯水，捞出待用。

2. 净锅放猪油，烧热后下入姜片、整干椒、八角、桂皮、草果煸香，下入排骨，烹入料酒，放食盐、味精、蚝油、蒜蓉香辣酱一起调味，入味后放鲜汤，将排骨煨至酥烂时下入苦瓜块，一起推炒入味后淋香油、红油，夹出整干椒、八角、桂皮、草果，撒葱段，出锅盛入沙煲中。

■ 菜品特色　风味独特，口感极佳。

【苦瓜炖排骨】

■原料　苦瓜 300 克，排骨 300 克。

■调料　食盐、味精、鸡精、白糖、胡椒粉、葱各适量。

做法　1. 苦瓜去子，切成菱形块，入沸水锅内焯水，捞出沥干水分；排骨剁成与苦瓜相同大小的块，入沸水锅内焯水，去除血污后捞出，沥干水分；葱切末。

2. 高压锅内加入清水，放入排骨块，上火压 8 分钟后倒入锅中，加入苦瓜块、食盐、味精、鸡精、白糖，略烧入味后撒上胡椒粉、葱花，出锅装入汤碗即可。

■菜品特色　香嫩爽口。

【咖喱排骨】

■原料　猪排骨 500 克，鲜红椒 5 克。

■调料　植物油、食盐、味精、咖喱粉、姜、香葱、淀粉、鲜汤各适量。

做法　1. 将猪排骨剁成段，用食盐、味精、淀粉上浆入味后，下入热油锅内炸至酥香，捞出沥干油；将鲜红椒去蒂、去子后切片；姜切片，香葱切段。

2. 锅内留底油，烧热后下姜片、排骨，再放味精、咖喱粉拌炒入味，倒入鲜汤，旺火烧开后撇去浮沫，转中火焖至浓香，再放红椒片、葱段，勾芡，淋尾油即可。

■菜品特色　独特风味，回味无穷。

【湘竹小米排骨】

■原料　猪排骨 500 克，小米 100 克，糯米粉 50 克。

■调料　猪油、食盐、味精、鸡精、白糖、料酒、十三香粉、辣酱、豆瓣酱、蒜、红油、葱、姜、葱结、山胡椒油、清水各适量。

做法　1. 将排骨剁成段，洗净沥水，用葱结、姜块、料酒、食盐腌渍 30 分钟后去掉葱结、姜块；将小米洗净，姜切末，蒜剁蓉，葱切花，豆瓣酱剁碎。

2. 将小米、糯米粉、猪油、十三香粉、辣酱、豆瓣酱、蒜蓉、姜末、山胡椒油、白糖、味精、鸡精用清水拌匀，均匀地裹在排骨上，淋上红油，装入竹筒内，上旺火蒸至排骨软烂，从竹筒中取出，装入长盘内即可上桌。

■菜品特色　竹香逼人，入口即化。

【蒜香糯米排骨】

■原料　猪中排 500 克，糯米 100 克，荷叶 1 张。

■调料　植物油、食盐、味精、胡椒粉、料酒、葱、蒜各适量。

做法　1. 将排骨洗净，剁成段；糯米洗净，温水中稍泡后取出，沥干水分；蒜洗净，放入果汁机中打成蓉；葱切花；在排骨内拌入食盐、味精、料酒、蒜蓉、胡椒粉、腌渍 30 分钟。

2. 取蒸笼垫上荷叶，再将腌好的排骨裹上糯米，整齐地摆入笼内，淋上植物油，放入蒸柜内，用旺火蒸 30 分钟至排骨软烂时取出，撒上葱花，上桌即可。

■菜品特色　味香诱人。

【红油猪耳】

■原料　白猪耳朵 250 克。

■调料　红油、食盐、味粉、鸡精、白糖、胡椒粉、蚝油、姜、香油各适量。

做法　1. 将猪耳尖切薄片，用清水洗净，入沸水锅内焯水，再入冷水中过凉，捞出后沥干水，用干纱布吸干水分待用，姜切米粒状。

2. 将上述调料调匀，再拌入过凉后的猪耳尖，搅拌均匀即可装盘。

■菜品特色　脆香兼俱。

【芸豆炖猪脚】

■原料　芸豆 80 克，猪蹄 1 只。

■调料　食盐、鸡精各适量。

做法　1. 猪蹄去残毛，用刀刮至白净，洗净。

2. 将洗净的猪蹄放入沙锅中，加水适量，再投入芸豆。

3. 沙锅置武火上烧沸，改文火炖至猪蹄熟透即可。调入食盐、鸡精，饮汤吃肉。

■菜品特色　肉香汤浓，营养丰富。

【油豆腐烧猪脚】

■原料　猪脚 500 克，油豆腐 250 克。

■调料　植物油、食盐、味精、鸡精、酱油、豆瓣酱、辣酱、料酒、白糖、红油、干椒段、葱结、葱花、姜片、鲜汤、八角、桂皮、草果、波扣、香叶、花椒各适量。

做法　1. 将猪脚刮洗干净，剁成块；在锅中倒入冷水，大火烧开，将猪脚块焯水后捞出，用清水漂洗干净。

2. 锅内放植物油，下入八角、桂皮、草果、波扣、香叶、花椒、姜片煸炒出香味后，放入猪脚块一同翻炒，再放入豆瓣酱、辣酱、料酒、白糖、干椒段、葱结、姜片，放食盐、味精、鸡精、酱油，倒入鲜汤，烧开后一起倒入高压锅中，压制 20 分钟后，揭开锅夹出香料，倒入油豆腐，用小火将油豆腐煨烂，淋入红油、撒上葱花，即可。

■菜品特色　香软爽口。

【麻花烧猪脚】

■原料　猪脚 500 克，麻花 5~6 根，鲜红椒 2 个。

■调料　植物油、食盐、味精、料酒、酱油、香油、香料（八角、桂皮、草果、波扣、香叶）、糖色、白糖、干红椒、蒜、姜片、葱结、大蒜段、鲜汤各适量。

做法　1. 将猪脚刮洗干净，砍成块；鲜红椒切成菱形块，大蒜切段。

2. 锅内放植物油，下入姜片、香料煸香，下入猪脚块；煸炒至水分收干快要吐油时，再烹料酒，放入糖色、食盐、酱油、味精、白糖、鲜红椒、葱结、鲜汤、波扣、姜片，用小火将肉煨熟，将香料夹出，下入大蒜、干红椒略微烧制，装盘即成；将麻花放在碗底，将烧制好的猪脚带汤汁浇到麻花上，撒上大蒜段、淋香油即成。

■菜品特色　色、香、味兼俱。

【冰梅酱排骨】

■ 原料　猪子排骨 550 克。

■ 调料　植物油、冰梅酱、食盐、味精、白糖、胡椒粉、吉士粉、辣酱、嫩肉粉、水淀粉、清水各适量。

做法　**1.** 将排骨洗净，剁成段，用清水浸泡、漂净血水后沥干水分，加食盐、味精、白糖、吉士粉、胡椒粉、嫩肉粉、水淀粉拌匀，腌 6 小时后，入笼用旺火蒸 15 分钟至断生后取出。

2. 锅置旺火上，放植物油烧至五成热，倒入排骨炸至金黄色时捞出，沥干油；锅内留底油，下入冰梅酱、辣酱炒香，再倒入炸好的排骨翻拌均匀，整齐地摆入盘中即可。

■ 菜品特色　独特风味，令人难忘。

【秘制酱猪脚】

■ 原料　猪脚 10 只。

■ 调料　食盐、味精、白糖、料酒、白醋、生抽、酱油、整干椒、香油、辣椒汁、卤药包、清水各适量。

做法　**1.** 将猪脚去净毛，入沸水锅内焯水，放入垫有竹筛的砂钵内，加入食盐、味精、料酒、白醋、生抽、酱油、白糖、整干椒、清水（3000 毫升）和卤药包，用旺火烧开后撇去浮沫，转用小火煨 2 小时候至猪脚软烂入味，取出晾凉，去掉粗骨，再刷上香油备用。

2. 将生抽、辣椒汁调成味碟。

3. 食用时将猪脚摆入盘内，淋香油，配味碟上桌即可。

■ 菜品特色　香软适口。

【天富猪脚】

■ 原料　猪脚 500 克。

■ 调料　植物油、食盐、味精、芝麻酱、白糖、蒜、干红椒、腐乳汁、水淀粉、鲜汤、红油、香油各适量。

做法　**1.** 将猪脚洗净，剁成块，焯水，捞出沥干水分，再下入六成热的油锅内炸至皮面发干，倒入漏勺沥油。

2. 锅内留底油，加入白糖炒出糖色，放入猪脚块拌匀，再将其皮面向下放入碗内，加入调料，用旺火蒸 1 小时至猪脚软烂，再将猪脚反扣于盘中，原汁倒入锅内，勾芡，将红油、香油淋在菜上即可。

■ 菜品特色　味美可口。

【蒸开胃猪脚】

■ 原料　猪脚 750 克，辣椒酱 10 克，小米椒 8 克。

■ 调料　植物油、食盐、味精、蚝油、黄灯笼辣酱、蒸鱼豉油、米酒、葱花、蒜蓉、姜末各适量。

做法　**1.** 将猪脚处理干净，砍去脚爪后再剁成块，放入沸水中焯水，沥干水后拌入食盐、味精，扣在蒸钵中。

2. 将辣椒酱、小米椒剁成细米粒状，加入蒜蓉、姜末、黄灯笼辣酱、味精 3 克、蚝油、蒸鱼豉油、米酒、植物油拌匀，即成开胃酱；用汤匙将开胃酱浇在猪脚上，上笼蒸 30 分钟即可出锅，装盘时撒葱花即可。

■ 菜品特色　香辣开胃。

【百合猪肝】

■原料　猪肝 150 克，干百合 10 克，红辣椒 10 克。

■调料　植物油、食盐、味精、鸡精、香葱、姜、水淀粉各适量。

做法　1. 将猪肝改切成 0.2 厘米厚的薄片，用食盐、水淀粉上浆，待用；红辣椒去蒂、去子后切片；干百合泡发；姜切片，香葱切段。

2. 锅置于旺火上，放入植物油，烧至五成热时下入猪肝片滑油断生，再倒入漏勺沥干油。

3. 锅内留底油，下入姜片、百合、红辣椒片，放入食盐、味精、鸡精略炒，随即下入猪肚片，一起搅拌入味，勾芡，撒上葱段，出锅装入盘中。

■菜品特色　香浓诱人。

【木耳熘嫩猪肝】

■原料　水发木耳 300 克，猪肝 200 克，红椒片 20 克。

■调料　植物油、食盐、味精、鸡精、酱油、蚝油、水淀粉、胡椒粉、香油、葱段、姜片、蒜片、鲜汤各适量。

做法　1. 将水发木耳洗净、撕小片；将猪肝切成薄片，放食盐、酱油、味精、稠水淀粉搅拌均匀调味，下入八成热油锅内过油，用筷子拨散，捞出沥油。

2. 锅内留底油，下入姜片、蒜片炒香，下入木耳炒干水分后，放食盐、味精、鸡精、蚝油、胡椒粉调味，炒熟后下入猪肝片，放入酱油翻炒，将菜肴把在锅边；倒入鲜汤，在汤中勾浓芡、淋香油，再将猪肝推入锅中，放红椒片一起拌炒，撒葱段即可。

■菜品特色　味鲜可口。

【土匪猪肝】

■原料　猪肝 450 克。

■调料　姜丝、蒜片、红辣椒、葱末、植物油、食盐、鸡精各适量。

做法　1. 猪肝切片，用姜丝拌匀备用，红辣椒斜切成段；烧水待开加姜丝、葱末，水开后姜和葱香出来时加切好的猪肝片，焯到外层变色即刻浸入凉水，然后沥干，去掉姜丝、葱末之类备用。

2. 热锅放植物油，放入姜丝爆香，加红辣椒炸出红色的辣椒油后加入蒜片，再放猪肝爆炒，加食盐、鸡精出锅就可以了。

■菜品特色　香辣开胃。

【猪肝菜心汤】

■原料　猪肝 400 克，水发云耳 25 克，菜心 10 个。

■调料　熟猪油、食盐、味精、酱油、花椒粉、香油、鲜汤各适量。

做法　1. 将猪肝切成薄片，用食盐、酱油、味精腌渍。

2. 将水发云耳洗净，菜心洗净，根部用刀剖开，用开水过透，装入汤碗中。

3. 沙锅内放鲜汤，烧开后放食盐、味精、云耳，等汤再次烧开，下猪肝，用筷子拨散，淋入熟猪油，出锅倒入装有菜心的汤碗中，撒上花椒粉、淋上香油即可。

■菜品特色　浓香爽口。

【黄瓜红椒熘腰花】

■原料 猪腰1对，黄瓜片20克，红椒片20克。

■调料 植物油、食盐、味精、鸡精、生抽、蒜蓉香辣酱、料酒、水淀粉、香油、蒜片各适量。

做法 1.将猪腰剖开，去臊心，切荔枝花刀，用食盐、味精、水淀粉上浆腌渍一下，下入七成热油锅，滑油至熟后倒入漏勺，将油沥净。

2.将锅置于火上，下蒜片、黄瓜片、红椒片，放食盐半炒，随后下腰花，烹料酒，下味精、鸡精、生抽、蒜蓉香辣酱；翻炒入味后勾少许水淀粉，淋香油，出锅装盘即可。

■菜品特色 色、香、味俱佳。

【老干妈炒腰花】

■原料 猪腰1对，老干妈酱40克。

■调料 植物油、食盐、味精、鸡精、水淀粉、香油、干椒段、蒜片、葱花各适量。

做法 1.将猪腰用刀剔去臊心，洗干净，交叉做十字刀花，切成荔枝形状，用食盐、味精、水淀粉上浆入味，下入七成热油锅过油至熟，倒入漏勺沥干油。

2.锅内留底油，下入干椒段、蒜片、老干妈酱炒香，随后下入腰花，放鸡精；炒香入味，勾水淀粉，淋香油，撒葱花，翻炒均匀，出锅装盘即可。

■菜品特色 色泽鲜美。

【辣酱云耳炒腰花】

■原料 猪腰1对，水发银耳30克，尖红椒70克。

■调料 植物油、食盐、味精、鸡精、蚝油、料酒、辣酱、红油、香油、葱、姜、蒜、水淀粉各适量。

做法 1.将猪腰剔去肾臊，切成凤尾状，先在清水中浸泡15分钟，沥干后用食盐、味精、淀粉上浆；锅放植物油，烧至五成热时，下入腰花滑油至八成熟，倒入漏勺沥油。

2.将水发银耳洗净切成小块，尖红椒切成圈，葱切段，姜切成菱形片，蒜去蒂切成片；锅内留底油，下入姜片、蒜片炒香，再放入尖红椒、云耳、辣酱炒匀，放入食盐、味精、鸡精调好滋味，倒入腰花，加入蚝油、料酒炒熟，勾芡，淋香油、红油，放葱段炒匀，即可。

■菜品特色 香辣味浓。

【青椒炝腰片】

■原料 猪腰1对，青椒150克。

■调料 植物油、食盐、味精、鸡精、蚝油、香油、水淀粉、料酒、姜片、蒜片各适量。

做法 1.将猪腰去臊心，洗净后斜切成腰片，放食盐、料酒、味精、水淀粉上浆腌渍。

2.青椒切菱角片，去子。

3.锅内放植物油烧至八成热，下入腰片过油，沥净油。

4.锅内留底油少许，下入姜片炒香，再下青椒片，略炒后放蒜片、食盐、味精，随后下腰片，烹料酒，放鸡精、蚝油，一起翻炒，勾水淀粉，淋香油，出锅装盘。

■菜品特色 味鲜可口。

【百合腰花】

■ 原料　猪腰 200 克，干百合 10 克，鲜红椒 10 克。

■ 调料　植物油、食盐、味精、嫩肉粉、葱、姜、水淀粉各适量。

做法　**1.** 将猪腰从中间剖开，剔去腰臊后，剞十字花刀，成荔枝形状，用食盐、嫩肉粉、水淀粉上浆，下入五成热油锅内滑油至熟，倒入漏勺沥油；将干百合泡发，鲜红椒去蒂、去子后切片，姜切片，葱切段。

2. 锅置于旺火上，放入底油，下入姜片、百合、红椒片略炒，放食盐、味精，随即下入腰花，一起拌炒入味，勾芡，撒上葱段，出锅装入盘中即可。

■ 菜品特色　鲜爽宜口。

【干锅三脆】

■ 原料　猪腰、黄喉、猪肚各 150 克，鲜红椒 100 克，洋葱 150 克。

■ 调料　植物油、食盐、味精、料酒、蚝油、香料、胡椒粉、干红椒、姜片、大蒜叶、鲜汤各适量。

做法　**1.** 猪肚切条，黄喉切块，猪腰切成条；洋葱切片，垫干锅内；黄喉、腰片焯水。

2. 锅内放植物油，将姜片、干红椒炒香，下入肚条、黄喉块炒香，加鲜汤、食盐、味精略焖，下入腰片、料酒、蚝油、香料，至汤汁收浓时关火，将三种主料夹入干锅中，撒上鲜红椒、大蒜叶、胡椒粉即可。

■ 菜品特色　味美色鲜。

【归参山药猪腰汤】

■ 原料　猪腰 500 克，当归、党参，山药各 10 克。

■ 调料　食盐、味精、鸡精、白醋、料酒、香菇油、姜、葱、鲜汤各适量。

做法　**1.** 将猪腰剔去筋膜、肾臊，洗净后切成片，加入白醋、料酒、葱、姜抓匀，去除臊味；当归、党参、山药清洗干净；姜切片，葱挽结。

2. 将腰片放入沸水锅内，加入料酒焯水后，捞出沥干水分，再与当归、党参、山药、姜片、葱结、食盐、味精、鸡精、香菇油、鲜汤一起放入罐子内，盖上盖，用锡纸封好，放入瓦罐中，蒸 2 小时即可。

■ 菜品特色　风味独特，回味无穷。

【荔枝腰花】

■ 原料　猪腰 200 克，青辣椒、红辣椒各 10 克。

■ 调料　植物油、食盐、味精、鸡精、白醋、红油、水淀粉各适量。

做法　**1.** 将猪腰从中间剖开，剔去腰心后，剞十字花刀，成荔枝形，用食盐、水淀粉上浆，下入五成热油锅内滑油至热，倒入漏勺沥干油；将青辣椒、红辣椒去蒂、去子后切米粒状。

2. 锅置旺火上，留少许底油，下入青辣椒米、红辣椒米，放入食盐、味精、鸡精，随即下入腰花，一起炒入味，烹入白醋，勾芡，淋红油，出锅装盘即可。

■ 菜品特色　香溢诱人。

【芹菜炒小肚】

■原料 芹菜150克，熟小猪肚100克，鲜红椒10克。

■调料 植物油、食盐、味精、香油、红油、干椒丝、姜丝各适量。

做法 **1.** 将芹菜摘洗干净，切成3厘米长的段，鲜红椒去蒂、去子，切成丝，熟小猪肚切丝。

2. 净锅置于旺火上，放植物油，烧热后下入干椒丝、姜丝炒香，随机下入小肚丝、芹菜段、鲜红椒丝，放食盐、味精翻炒入味后，淋香油、红油，出锅装入盘中。

■菜品特色 鲜嫩爽口。

【蒜苗炒卤小肚】

■原料 蒜苗150克，卤小肚250克，鲜红泡椒50克。

■调料 猪油、食盐、味精、酱油、辣酱、蚝油、淀粉、鲜汤各适量。

做法 **1.** 将蒜苗摘净后切成段；将卤小肚切成条，将鲜红泡椒去蒂、去子，洗净后也切成同样粗的丝。

2. 锅内放猪油，下入蒜苗段炒香，放少许食盐，待蒜苗外皮起泡时下入卤小肚条、红椒丝一起炒，随后放食盐、味精、酱油、辣酱；放入鲜汤略烹一下，再放入蚝油翻炒几下，勾芡，淋热猪油，即可。

■菜品特色 色美味香。

【酸萝卜炒脆肚】

■原料 猪肚350克，泡萝卜160克，红椒5克，食用纯碱50克。

■调料 植物油、食盐、味精、鸡精、料酒、白醋、辣酱、红油、香油、葱、蒜、淀粉各适量。

做法 **1.** 将猪肚洗净后切成条，加食用纯碱拌匀，腌渍一下；另取锅置于小火上，倒入碱水，放入肚条，待水烧开后捞出猪肚，漂洗干净，即成脆肚；将泡萝卜切成条，红椒切成丝，葱切段，蒜切成小片。

2. 锅放植物油烧热，将脆肚下锅滑油，断生后放入漏勺沥干；锅内留底油，下蒜片炒香，再下泡萝卜条炒至七分熟，加入食盐、味精、鸡精、辣酱、白醋、红椒丝、脆肚翻炒入味，勾芡，淋上红油、香油、放上葱段即可。

■菜品特色 酸脆可口。

【老干妈爆肚尖】

■原料 肚尖2个，老干妈酱50克，鲜红尖椒圈10克。

■调料 植物油、食盐、味精、鸡精、白醋、水淀粉、鲜肉粉、料酒、香油、姜米、蒜米、大蒜叶各适量。

做法 **1.** 将肚尖两面油筋修干净，在肉面做花刀，然后切成凤尾条形。

2. 将鲜肉粉、料酒、食盐、味精、鸡精、水淀粉放入肚尖条中上浆腌渍备用。

3. 锅内放植物油500毫升，烧至九成热，迅速将肚尖倒入油中，用筷子拨散，出锅沥干油。

4. 锅内留底油，将姜米、蒜米、鲜红尖椒圈、老干妈酱放入油中炒香，下入肚尖，烹白醋，放大蒜叶迅速翻炒，加汤，勾水淀粉，淋香油，然后起锅。

■菜品特色 爆炒入味，口感极佳。

【芸豆炖肚条】

■ 原料　净生猪肚 500 克，芸豆 100 克。

■ 调料　猪油、食盐、味精、胡椒粉、白糖、姜片、葱花、鲜汤各适量。

做法　1. 将处理干净的生猪肚在沸水中焯过，放入高压锅中煮至半熟，捞出切成条状；芸豆洗干净。

2. 锅内放猪油，下姜片略炒，倒入鲜汤，下入肚条、芸豆，用大火烧开后改用小火将肚条炖烂，放入食盐、味精、白糖装碗；撒胡椒粉、葱花即可。

■ 菜品特色　口感极美，风味独特。

【墨鱼炖肚条】

■ 原料　净生猪肚 500 克，墨鱼 150 克。

■ 调料　熟猪油、食盐、味精、胡椒粉、料酒、姜片、葱结、葱花、鲜汤各适量。

做法　1. 将处理干净的生猪肚在沸水中焯过，放入高压锅中煮至半熟，捞出切成条。

2. 墨鱼用温水浸泡 30 分钟，然后洗净，切成粗丝。

3. 将肚条、墨鱼丝装入沙锅中，下入鲜汤；放姜片、葱结、料酒，用大火烧开后改用小火将猪肚条、墨鱼丝炖烂，然后放食盐、味精调味，撒胡椒粉、葱花，淋熟猪油即可。

■ 菜品特色　补气养血。

【干锅肚条】

■ 原料　熟猪肚 300 克，冬笋肉 100 克，香菇 10 克，红泡椒 10 克。

■ 调料　植物油、食盐、味精、鸡精、蚝油、胡椒粉、鲜汤、料酒、大蒜、姜、葱各适量。

做法　1. 熟猪肚、冬笋肉切条，香菇切丝，红泡椒切丝，葱切段，姜切片。

2. 锅内放植物油，烧热后下入姜片、大蒜炒香，后下肚条爆炒，烹料酒，略炒；下冬笋，放食盐、味精、鸡精、蚝油；炒匀入味，放鲜汤，小火微焖至汁浓时，撒胡椒粉，下入红泡椒丝、香菇丝、葱段、淋少许尾油，出锅装入干锅内。

■ 菜品特色　味鲜色美。

【猪肚炖红枣】

■ 原料　净生猪肚 500 克，红枣 100 克。

■ 调料　熟猪油、食盐、味精、胡椒粉、料酒、白糖、姜片、葱花、葱结、鲜汤各适量。

做法　1. 将处理干净的生猪肚在沸水中焯过后，放入高压锅中煮半成熟，捞出后切成条状。

2. 红枣用开水浸泡。

3. 沙罐中放入鲜汤，下入肚条、姜片、葱结、料酒，用大火烧开后改用小火，直至将肚条炖烂，再下入红枣炖至红枣光亮熟透即放食盐、味精、白糖、调正味后装入汤碗中，撒胡椒粉、葱花，淋熟猪油即可。

■ 菜品特色　营养丰富，味正可口。

【菜头炒香肠】

■ 原料　菜头500克，香肠150克，红泡椒50克。

■ 调料　猪油、食盐、味精、鸡精、蚝油、水淀粉、香油、姜片、大蒜各适量。

做法　**1.** 将菜头修净筋膜，切成菱形片，放少许食盐抓匀，挤干水分；将红泡椒去蒂、去子后洗净，切成菱形片；将香肠斜切成马蹄片，放入锅内煸炒至出油。

2. 锅内放猪油，下入姜片煸香，再下入菜头片、红泡椒片翻炒几下，放食盐、味精、鸡精、蚝油炒匀后，下入煸好的香肠片、大蒜，炒至菜头刚好转色时即勾水淀粉、淋香油，出锅装入盘中。

■ 菜品特色　口感极佳。

【沙煲肥肠】

■ 原料　猪肥肠500克，青椒、红椒各10克，洋葱10克，大葱5克，白菜梗10克。

■ 调料　植物油、食盐、味精、鸡精、辣酱、生姜、香料（八角、草果、茴香、桂皮）、红油、鲜汤各适量。

做法　**1.** 将肥肠用面粉反复抓洗干净，除去臭味后，焯水，断生后捞出，切成菱形片；将青椒、红椒、洋葱、大葱、生姜、白菜梗均切成片。

2. 锅内放植物油，烧热后下入肥肠片、姜片，转中火炒干，再下香料、青椒片、红椒片、洋葱片、大葱片、白菜梗，加入食盐、味精、鸡精、辣酱炒匀，倒入鲜汤、淋红油即可。

■ 菜品特色　味鲜可口。

【四季豆炒香肠】

■ 原料　四季豆150克，香肠150克，鲜红椒5克。

■ 调料　植物油、食盐、味精、水淀粉、香油、红油、蒜片各适量。

做法　**1.** 锅内放水烧开，放少许植物油、食盐，将四季豆去蒂去筋、洗净后用手摘成3厘米长的段，放入锅中焯水至熟，捞出沥干。

2. 将香肠装入盘中，入笼蒸熟，取出放凉后切成薄片（蒸汁留用）；将鲜红椒去蒂、去子，洗净后切成小菱形片。

3. 净锅放油烧热后下入蒜片、四季豆段，放食盐、味精拌炒入味，随后下入香肠片、红椒片，倒入蒸香肠的原汁，拌炒入味后勾芡、淋香油、红油，出锅装入盘中。

■ 菜品特色　香脆宜人。

【香芋肥肠钵】

■ 原料　净肥肠300克，鲜红椒3克，香芋150克。

■ 调料　植物油、食盐、味精、料酒、香料、白糖、香辣酱、红油、香油、鲜汤、水淀粉、干红椒段、姜片、葱结、葱段各适量。

做法　**1.** 将净肥肠用沸水放料酒、葱结、姜片焯水，洗净后用高压锅煮至七成热；将净肥肠切成条状，香芋切成与大肠同样大小的长片，鲜红椒切成片。

2. 锅内放植物油加热后下入姜片、干红椒段、葱结、香料炒香，下大肠爆炒，烹料酒，下入香芋片一起炒，放食盐、味精、白糖、料酒、香辣酱合炒，入味后放鲜汤3匙，焖至汤汁浓郁时去掉香料、葱结，勾芡，淋红油、香油，撒鲜红椒片、葱段出锅装入钵中，用小火烧开即可。

■ 菜品特色　香软兼俱，回味无穷。

【红烧猪大肠】

■ 原料　猪大肠 300 克，红椒片 5 克。

■ 调料　植物油、食盐、味精、料酒、酱油、香料、白糖、鲜汤、红油、香油、淀粉、干椒段、蒜、姜片、葱结、大蒜段各适量。

做法　**1.** 大肠切大片，沸水放料酒、葱结焯水除异味。**2.** 锅放植物油，热后下姜片、干椒段、蒜及香料，炒香后，下大肠，炒至大肠干时烹料酒，放食盐、味精、白糖与酱油，上色入味后，放鲜汤稍焖，待汁浓时去掉干椒段、葱结、香料，勾芡，放红椒片、红油、香油，撒大蒜段即可。

■ 菜品特色　风味独特。

【老干妈蒸腊肠】

■ 原料　腊肠 250 克。

■ 调料　味精、蚝油、蒜蓉、姜末、葱花、老干妈酱各适量。

做法　**1.** 将腊肠洗干净，切成菱形块，放入蒸钵中。**2.** 取老干妈酱，放入蒜蓉、姜末、蚝油、味精，搅拌均匀后码放在腊肠上，上笼蒸 15 分钟即可出笼装盘，放上葱花。

■ 菜品特色　腊味十足。

【米豆腐烧猪血】

■ 原料　米豆腐 250 克，猪血 250 克，小米椒 50 克。

■ 调料　植物油、食盐、味精、鸡精、酱油、豆瓣酱、辣酱、蚝油、水淀粉、红油、葱花、姜末、蒜蓉、鲜汤各适量。

做法　**1.** 将米豆腐和猪血洗干净，均切成 1.5 厘米见方的小块，分别放入开水中焯透，捞出沥干水。

2. 将小米椒剁成辣椒蓉。

3. 将锅内放植物油烧热，下入姜末、蒜蓉炒香后，放豆瓣酱、辣酱、辣椒蓉、鲜汤，放食盐、味精、鸡精、酱油、蚝油；待汤烧开后放入米豆腐块和猪血块，用小火烧至入味后勾水淀粉，淋红油，出锅装盘，撒葱花即可。

■ 菜品特色　补气益身。

【猪血焖鸡杂】

■ 原料　猪血 200 克，鸡杂 250 克，尖青椒、尖红椒各 50 克。

■ 调料　植物油、食盐、味精、辣酱、豆瓣酱、蚝油、鲜汤、水淀粉、姜米、蒜蓉各适量。

做法　**1.** 将猪血切成下方块，焯水，捞出备用；鸡胗去筋膜，切成片；鸡肠过水，切成段；鸡肝切片，尖青椒、尖红椒均切圈。

2. 锅内放植物油，烧至八成热，将鸡杂放点食盐、味精、水淀粉上浆腌渍后，迅速过油沥干。

3. 锅内留底油，下姜米、蒜蓉炒香，下豆瓣酱、辣酱、尖青椒圈、尖红椒圈、蚝油，倒入鲜汤，烧开后调准盐味，再下入猪血块、鸡杂，烧开，勾芡，即可。

■ 菜品特色　鲜香味美。

【豆豉辣椒蒸肉皮】

■原料 肉皮 250 克，豆豉辣椒料 50 克。

■调料 八角、料酒、葱结、姜片各适量。

做法 1. 先将肉皮放入开水中煮至七分烂，捞出沥干水，冷却后切成约 3 厘米长的粗丝，放入蒸钵中。

2. 将豆豉辣椒料放在肉皮丝上，再加入八角、料酒、葱结、姜片，上笼蒸 15 分钟，把豆豉料的味蒸入肉皮中即可。

■菜品特色 软糯适口。

【青椒炒肉皮】

■原料 肉皮 250 克，青椒 150 克。

■调料 植物油、食盐、味精、鸡精、鲜汤、香油、豆豉、姜米、蒜蓉各适量。

做法 1. 肉皮煮烂，切成 3 厘米长的丝，青椒切圈。

2. 锅内放植物油烧至八成热，下豆豉、姜米、蒜蓉炒香，下青椒圈，略炒，下肉皮丝同青椒圈一起翻炒，放食盐、味精、鸡精，炒至青椒与肉皮发软，略加鲜汤，微焖，收干汤汁，淋香油，出锅装盘。

■菜品特色 香味四溢，清新可口。

【青椒炒油渣】

■原料 青椒 150 克，油渣 75 克。

■调料 猪油、食盐、味精、香油、干椒段、大蒜叶各适量。

做法 1. 将青椒洗净后切成菱形片。

2. 净锅置旺火上，放猪油烧热，放入油渣，用中小火拌炒至焦香时将油渣扒至锅边，下入干椒段炒出香辣味，放入青椒片，放食盐、味精，将油渣放入锅中合炒，拌匀入味时放入大蒜叶，淋香油，出锅装入盘中。

■菜品特色 焦香酥脆。

【芽白梗炒油渣】

■原料 芽白梗 150 克，油渣 75 克。

■调料 猪油、食盐、味精、香油、干椒段、大蒜叶各适量。

做法 1. 将芽白梗洗净后切成菱形片。

2. 净锅置旺火上，放猪油烧热，放入油渣，用中小火拌炒至焦香时将油渣扒至锅边，下入干椒段炒出香辣味，放入芽白梗片，放食盐、味精，将油渣推入锅中合炒，拌匀入味时放入大蒜叶，淋香油，出锅装入盘中。

■菜品特色 香脆焦香。

【豆豉辣椒蒸油渣】

■ 原料　油渣 250 克，豆豉辣椒料 50 克。

做法　**1.** 将油渣放在蒸钵中。

2. 将豆豉辣椒料拌入油渣中，上笼蒸 10 分钟，至豆豉辣椒料的味进入油渣即可。

■ 菜品特色　味道醇厚。

【油渣炒腊八豆】

■ 原料　腊八豆 200 克，　油渣 200 克。

■ 调料　猪油、植物油、食盐、味精、干椒段、姜末、蒜蓉、大蒜叶各适量。

做法　**1.** 选取焦脆的油渣（如果油渣回软，就将锅置火上，放猪油 200 克，下入油渣，让油渣与油一同升温，待油渣焦脆后即用漏勺捞出，沥干油即可）。

2. 锅置旺火上，放植物油烧热，下入姜末、蒜蓉炒香，放入腊八豆炒至焦香，扒至锅边；再下油渣，放食盐、味精、干椒段、大蒜叶一起拌炒，将大蒜叶炒熟即可起锅。

■ 菜品特色　香辣鲜脆。

【四季豆炒火腿肠】

■ 原料　四季豆 200 克，火腿肠 1 根，鲜红椒 5 克。

■ 调料　植物油、食盐、味精、水淀粉、香油、干椒末、蒜片、鲜汤各适量。

做法　**1.** 锅内放水烧开，放少许植物油、食盐，将四季豆去蒂去筋、洗净后用手摘成段，焯水至熟，捞出沥干。

2. 将火腿肠切成菱形片，鲜红椒去蒂、去子、洗净后切成菱形片。

3. 净锅放植物油烧热后下入蒜片、四季豆，放食盐、味精拌炒，随即下火腿片、鲜红椒片，放干椒末合炒入味后倒入鲜汤微焖一下，勾芡、淋香油，出锅装入盘中。

■ 菜品特色　清脆爽口。

【荷兰豆炒火腿肠】

■ 原料　荷兰豆 250 克，火腿肠 150 克，鲜红椒 2 克。

■ 调料　猪油、食盐、味精、鸡精、白醋、水淀粉、白糖、香油、姜片、鲜汤各适量。

做法　**1.** 将鲜红椒去蒂、去子后洗净，切成片；锅内放水烧开，将荷兰豆撕去筋膜，大的撕成两块，再放入锅中焯水，迅速捞出沥干。

2. 将火腿肠切成菱形片。

3. 锅置旺火上，放猪油烧热，下姜片、红椒片煸香后，放入荷兰豆，放食盐、味精、鸡精迅速翻炒，再下入火腿肠片、白糖、白醋，炒匀后倒入鲜汤，勾薄芡、淋香油即成。

■ 菜品特色　鲜香可口。

【冬笋炒火腿肠】

■ 原料　冬笋 200 克，火腿肠 2 根，红泡椒 5 克。

■ 调料　猪油、食盐、味精、水淀粉、香油、葱段、姜片、蒜片、鲜汤各适量。

做法　**1.** 将冬笋剥壳、砍去老蔸，即成净冬笋。

2. 锅内放水烧开，放入净冬笋，煮熟后捞出，切成象牙片；将火腿肠从中剖开，切成片，红泡椒去蒂、去子、洗净后切成片。

3. 净锅置旺火上，放猪油，烧热后下入姜片、蒜片煸香，随后放入冬笋片，放食盐、味精拌炒，入味后下入火腿肠片、红泡椒片合炒，倒入鲜汤，勾水淀粉、淋香油、撒下葱段，拌匀即可出锅装盘。

■ 菜品特色　清脆可口。

【火腿肠炒蚕豆】

■ 原料　新鲜蚕豆 200 克，火腿肠 1 根。

■ 调料　植物油、食盐、味精、姜末、蒜蓉、鲜汤各适量。

做法　**1.** 将新鲜蚕豆剥去外皮，洗净；将火腿肠改切成斜片。

2. 锅置旺火上，放植物油 500 毫升烧至八成热，下入蚕豆过大油，待蚕豆表皮起泡时，用漏勺捞出，沥干油。

3. 锅内留底油，下入姜末、蒜蓉煸香，再下入蚕豆煸炒，放食盐、味精翻炒，放入火腿肠片，倒入鲜汤，焖一下即可出锅装盘。

■ 菜品特色　鲜香味美。

【火腿肠炒豆角米】

■ 原料　豆角 200 克，火腿肠 1 根。

■ 调料　植物油、食盐、味精、蒸鱼豉油、香油、红油、干椒末、姜末、蒜蓉各适量。

做法　**1.** 将豆角摘去两头，清洗干净，切成米粒状；将火腿肠切成米粒状。

2. 净锅置旺火上，放植物油烧热后下入干椒末、姜末、蒜蓉煸香，随后下豆角米，放食盐、味精、蒸鱼豉油拌炒，然后下火腿肠米一起拌炒，入味后淋香油、红油，出锅装入盘中。

■ 菜品特色　色香俱全。

【凉薯炒火腿肠】

■ 原料　凉薯 200 克，火腿肠 2 根，红泡椒 5 克。

■ 调料　植物油、食盐、味精、酱油、水淀粉、香油、大蒜各适量。

做法　**1.** 将凉薯撕去外皮，洗净后切成小薄片；将火腿肠切成片；将红泡椒去蒂、去子后洗净，切成片。

2. 净锅置旺火上，放植物油烧热，下入凉薯片，放食盐、酱油拌炒，待凉薯片入味、六成热时下入火腿肠片，放味精、红泡椒片、大蒜合炒，勾芡，淋香油，出锅装入盘中。

■ 菜品特色　香脆适口。

【西芹炒火腿片】

■原料 西芹 150 克，火腿肠 1 根。

■调料 植物油、食盐、味精、香油、姜片、鲜汤各适量。

做法 1. 将西芹撕去老筋，洗净后切成菱形片；将火腿肠也切成同样的菱形片。

2. 净锅置旺火上，放植物油烧热后下入姜片、西芹片、火腿肠片拌炒，同时放食盐、味精和少许鲜汤，待熟后淋香油即可出锅。

■菜品特色 鲜脆味美。

【油菜炒腊肉】

■原料 油菜 300 克， 腊肉 100 克。

■调料 猪油、食盐、味精、香油、干椒段、姜片各适量。

做法 1. 将腊肉蒸熟，取出放凉后切成薄片；将油菜洗净，撕去筋膜摘成适口大小。

2. 净锅置旺火上，放猪油烧热后下入姜片、干椒段煸香，随后下入腊肉片煸炒，待出焦香味时将腊肉扒至锅边，随即下入油菜，放食盐、味精拌炒至七分熟时，将腊肉推入锅中合炒，入味后淋少许香油，出锅装入盘中。

■菜品特色 清香扑鼻。

【芽白梗炒腊肉】

■原料 芽白梗 150 克，腊肉 100 克，鲜青椒、鲜红椒各 1 个。

■调料 猪油、食盐、味精、水淀粉、香油各适量。

做法 1. 将腊肉泡入温水中洗净，入笼蒸熟，取出放凉后切成薄片。

2. 将芽白梗洗净，切成菱形片；将鲜青椒、鲜红椒去蒂、去子后洗净，均切成菱形片。

3. 净锅置旺火上，放猪油烧热后下入腊肉片煸炒，出油时扒至锅边，放入芽白梗片、青椒片、红椒片，放食盐、味精拌炒入味，随后将腊肉推入锅中合炒，勾少许水淀粉，淋香油，出锅装盘。

■菜品特色 清脆可口。

【荷兰豆炒腊肉】

■原料 荷兰豆 250 克，腊肉 150 克，鲜红椒 3 克。

■调料 猪油、食盐、味精、鸡精、白醋、水淀粉、白糖、香油、姜片、鲜汤各适量。

做法 1. 鲜红椒去蒂、去子后洗净，切成片；锅内放水烧开，将荷兰豆撕去筋膜，大的撕成两片，再放入锅中焯水，捞出沥干。

2. 将腊肉放入沸水锅中煮熟，取出后切成长 3 厘米、宽 2 厘米、厚 0.3 厘米的片。

3. 锅内放猪油炒热，先下入姜片、红椒片煸香，再下入荷兰豆翻炒几下，放食盐、味精、鸡精、白糖、白醋炒匀，下入腊肉片翻炒，倒入鲜汤焖一下，勾薄芡、淋香油即可。

■菜品特色 味美可口。

【卜豆角炒腊肉】

■ 原料　腊肉 300 克，卜豆角 100 克。

■ 调料　植物油、味精、酱油、蚝油、鲜汤、水淀粉、大蒜叶、干椒段各适量。

做法　**1.** 将腊肉煮熟，切成 0.5 厘米厚的片。

2. 将卜豆角切成长 1 厘米左右的段。

3. 将腊肉片煸香后捞出，锅内留底油，下入干椒段煸香，后下卜豆角翻炒，同时加入味精、酱油、蚝油，再下腊肉一同炒香，加鲜汤，下大蒜叶略焖，用水淀粉勾薄芡，淋尾油即可起锅。

■ 菜品特色　香脆适口。

【冬笋大蒜炒腊肉】

■ 原料　腊肉 250 克，冬笋 750 克，红椒 10 克。

■ 调料　植物油、食盐、味精、蚝油、白糖、香辣酱、水淀粉、大蒜、干椒各适量。

做法　**1.** 将腊肉煮熟，切片；冬笋去壳，入水煮约 15 分钟，沥干后，切成片，干椒切成段，红椒切成片。

2. 净锅旺火，放植物油热后下腊肉片，煸炒至腊肉快吐油时扒到锅边，下入冬笋片、干椒段、大蒜，放香辣酱、食盐、蚝油、味精、白糖、红椒片与腊肉一起合炒，放少许汤，微焖，用水淀粉勾芡，出锅装盘。

■ 菜品特色　开胃爽口。

【萝卜干炒腊肉】

■ 原料　萝卜干 150 克，腊肉 200 克。

■ 调料　植物油、食盐、味精、鸡精、酱油、干椒段、干椒末、姜末、蒜蓉、大蒜、鲜汤各适量。

做法　**1.** 锅内放水烧开，将萝卜干切段后焯水，即刻捞出沥干；将腊肉煮熟，捞出后切成片。

2. 锅置旺火上，放植物油 30 毫升，将腊肉片下锅，再放干椒段、酱油，煸至腊肉回油即盛出待用。

3. 锅内放植物油 20 毫升，放姜末、蒜蓉煸香后下入萝卜干，放食盐、味精、鸡精、干椒末、酱油、干椒段一同炒匀后下入腊肉片，炒到腊肉的油完全渗入萝卜干中，放大蒜，略放鲜汤，炒几下即可出锅。

■ 菜品特色　清脆味美。

【蒜苗炒腊肉】

■ 原料　蒜苗 150 克，腊肉 200 克，鲜红泡椒 50 克。

■ 调料　植物油、食盐、味精、鸡精、水淀粉各适量。

做法　**1.** 将蒜苗摘净后切成段，将鲜红泡椒去蒂、去子，洗净后切成丝；将腊肉放入开水锅中煮熟，捞出后切片。

2. 锅内放植物油 20 毫升，下入腊肉片煸炒，当腊肉回油时，即盛入盘中待用。

3. 锅内放植物油 30 毫升，下入蒜苗段，放食盐一同翻炒，炒至蒜苗表皮起泡时倒入腊肉同炒，放味精、鸡精、红泡椒丝，炒至蒜苗熟透时用水淀粉勾薄芡，即可出锅。

■ 菜品特色　香溢满碟。

【腊肉炒冬寒菜梗】

■ 原料　冬寒菜梗 400 克，腊肉 100 克，尖红椒 50 克。

■ 调料　猪油、食盐、味精、鸡精、姜末、蒜蓉、豆豉各适量。

做法　1. 将冬寒菜梗摘去老筋，洗净后切成 1 厘米长的段。

2. 锅内放水，放入腊肉煮熟，捞出后改切成小颗粒；将尖红椒去蒂、洗净，切成圈。

3. 锅内放猪油烧热，放入豆豉、姜末、蒜蓉，炒香后下入腊肉粒和尖椒圈，炒至回油时，下入冬寒菜梗段，放食盐、味精、鸡精煸炒至冬寒菜梗熟透即可。

■ 菜品特色　营养味美。

【藠子炒腊肉】

■ 原料　新鲜藠子 300 克，腊肉 150 克。

■ 调料　植物油、食盐、味精、鸡精、酱油、干椒段、姜末、蒜蓉、蚝油、香油、鲜汤各适量。

做法　1. 将新鲜藠子摘洗干净，切成段；锅内放水烧开，下腊肉煮熟，捞出切片；锅内放植物油，下姜末、蒜蓉、干椒段煸香，再下腊肉片煸炒至回软后，盛盘中待用。

2. 锅内放植物油，烧热后下入藠头段，放食盐煸炒至五成热时，下入煸好的腊肉，放味精、鸡精、蚝油、酱油，倒入鲜汤，炒至藠头熟后淋香油，出锅装盘。

■ 菜品特色　清脆鲜香。

【蚕豆炒腊肉】

■ 原料　新鲜蚕豆 300 克，腊肉 150 克，排冬菜 25 克。

■ 调料　植物油、食盐、味精、蚝油、水淀粉、红油、干椒段、蒜片、鲜汤各适量。

做法　1. 将新鲜蚕豆除去外皮，排冬菜洗净剁碎。

2. 锅内放开水烧开，放入腊肉煮熟后捞出，切成片。

3. 锅置旺火上，放植物油烧至八成热，下入蚕豆过大油，蚕豆表皮起泡时，用漏勺捞出，沥干油。

4. 锅内留底油，下入蒜片、干椒段煸香，再下入腊肉煸至回油后下入蚕豆、排冬菜末一同煸炒后再放食盐、味精、蚝油翻炒，倒入鲜汤，焖干水分后用水淀粉勾薄芡、淋红油，出锅装盘即可。

■ 菜品特色　腊香四溢。

【腊肉烩干丝】

■ 原料　千张皮 300 克，腊肉丝 150 克，鲜红椒丝 2 克。

■ 调料　猪油、食盐、味精、鸡精、酱油、辣酱、蚝油、白糖、葱段、姜丝、鲜汤、食用纯碱各适量。

做法　1. 在开水中加入食用纯碱，将千张皮切成细丝后泡入开水中，捞出后在活水中漂洗干净，去尽碱味。

2. 锅置旺火上，放猪油烧热，下入姜丝煸香，然后倒入鲜汤，下入腊肉片，待鲜汤烧开后改用小火保持微开，放入食盐、味精、鸡精、酱油、蚝油、辣酱、白糖，下入千张皮丝一同煮，让腊肉的香味和油都透到千张皮中。

3. 待千张皮回软时，出锅装入碗中，撒上鲜红椒丝、葱段即可。

■ 菜品特色　美味适口。

【槟榔芋扣腊肉】

■ 原料　槟榔芋 250 克，腊肉 150 克。

■ 调料　植物油、食盐、味精、永丰辣酱、葱花、鲜汤各适量。

做法　1. 将槟榔芋去皮、洗净后切成块。

2. 锅置旺火上，放植物油烧至六成热，下入槟榔芋块过油至熟，捞出沥尽油。

3. 将腊肉用温水洗净，切成 0.5 厘米厚的片，整齐地码入蒸钵内，上面放炸好的芋块，放食盐、味精、永丰辣酱，倒入少许植物油和鲜汤，入笼蒸 15 分钟，熟后取出反扣入盘中，撒上葱花即可。

■ 菜品特色　香软可口。

【萝卜丝煮腊肉】

■ 原料　白萝卜 750 克，腊肉 100 克，香菇丝 10 克，红椒丝 1 克。

■ 调料　猪油、食盐、味精、白糖、胡椒粉、葱段、姜丝、鲜汤各适量。

做法　1. 将白萝卜去皮，切成细丝；腊肉洗净，同样切成细丝。

2. 锅内放猪油，下姜丝煸香，下腊肉丝略炒即放鲜汤，煮开后下入萝卜丝、香菇丝，煮至汤汁呈白色，放食盐、味精、白糖调好味，出锅装入汤碗中，撒上红椒丝、葱段、胡椒粉即成。

■ 菜品特色　鲜嫩香浓。

【腊肉香干煲】

■ 原料　腊肉 100 克，香干 3 片，青椒圈、红椒圈各 3 克。

■ 调料　植物油、食盐、味精、白糖、八角、桂皮、豆瓣酱、老抽、辣酱、干椒段、姜片、蒜、鲜汤各适量。

做法　1. 将香干切成三角片，逐片下入八成热油锅炸成金黄色，出锅备用；腊肉切成片，过水汆一下。

2. 锅内放植物油 50 毫升，下姜片、八角、干椒段、桂皮、蒜、豆瓣酱煸香，下腊肉片略煸一下，下鲜汤，放食盐、味精、老抽，放白糖和辣酱调正色，汤烧开后下香干片，用小火将香干煨至表面松软、汤汁浓郁，再下青、红椒圈，稍煮一下，即可装入沙煲中。

■ 菜品特色　腊味飘香。

【腊肉烧油豆腐】

■ 原料　腊肉 150 克，油豆腐 250 克。

■ 调料　植物油、食盐、味精、鸡精、酱油、豆瓣酱、辣酱、蚝油、白糖、红油、干椒段、葱段、姜片、蒜粒、鲜汤各适量。

做法　1. 锅中放水，放入腊肉煮熟，捞出后改切成片；将油豆腐洗净，在油豆腐上划一个小口。

2. 锅内放植物油，烧热后下姜片、干椒段煸香，放入腊肉片、豆瓣酱、辣酱、味精、鸡精、酱油、白糖，倒入鲜汤，烧开后改小火将腊肉煨出香味，放食盐。

3. 油豆腐放钵子中，腊肉盖在油豆腐上，放蒜粒、蚝油，用小火煨至油汤使油豆腐入味，淋红油、撒葱段即可。

■ 菜品特色　香辣可口。

【柴火干蒸腊肉】

■ 原料　柴火干 300 克，腊肉 150 克，豆豉辣椒料 20 克。

■ 调料　食盐、味精、蚝油、干椒末、葱花各适量。

做法　1. 将柴火干斜切成片，拌入食盐、味精、蚝油、干椒末；腊肉切成片后用开水氽一下。

2. 将柴火干片扣入蒸钵中，将腊肉片码放在柴火干上（以便于腊肉的油和烟熏香渗入柴火干中）。

3. 把豆豉辣椒料码放在腊肉上，上笼蒸 15 分钟，即可出笼上盘，撒葱花上桌。

■ 菜品特色　美味适口。

【腊味合蒸】

■ 原料　腊肉 150 克，腊鸡 150 克，腊鱼 150 克。

■ 调料　豆豉辣椒料 30 克，葱花 3 克。

做法　1. 腊肉、腊鸡、腊鱼放入开水中煮 10 分钟后取出；腊肉切成片，腊鱼切成长条，腊鸡去骨切成长条；腊鱼扣在钵中央，两边分别扣上腊鸡条和腊肉片。

2. 将豆豉辣椒料码在腊肉上，上笼蒸 30 分钟，熟后取出，撒上葱花即可。

■ 菜品特色　三味合一，鲜香可口。

【腊八豆蒸双腊】

■ 原料　腊八豆 100 克，腊鱼 100 克，腊肉 150 克。

■ 调料　味精、鸡精、酱油、红油、干椒末、葱花、姜末、蒜蓉、豆豉各适量。

做法　1. 将腊鱼改切成 2.5 厘米长、1 厘米宽的条，腊肉切成 0.5 厘米厚的片。

2. 锅内放水烧开，将腊鱼条、腊肉片分别放入锅中焯水，捞出沥干水。

3. 将腊鱼整齐地扣在蒸钵中间，两边整齐地扣入腊肉。

4. 在碗内放入豆豉、姜末、蒜蓉、干椒末、味精、鸡精、酱油、红油，调匀后均匀地淋在腊鱼、腊肉上，再将腊八豆放在上面，加少许水，上笼蒸 30 分钟，出笼反扣于盘中，使腊八豆在下，撒上葱花即可。

■ 菜品特色　营养丰富。

【腊肉冬瓜煲】

■ 原料　冬瓜 400 克，腊肉 150 克，红泡椒 10 克。

■ 调料　猪油、食盐、味精、鸡精、永丰辣酱、蚝油、白糖、红油、葱段、姜片、蒜片、鲜汤各适量。

做法　1. 锅中放水，下入腊肉煮熟，捞出切薄片；将红泡椒去蒂、去子后洗净，切成片。

2. 锅内放水烧开，将冬瓜去皮、去瓤后洗净，切成 4 厘米长、3 厘米宽、0.5 厘米厚的片，下入锅中焯水至五成热，捞出沥干水。

3. 净锅置旺火上，放猪油，烧热后下入姜片、蒜片煸香，再下入腊肉煸至出油，即下入冬瓜片，放食盐、味精、永丰辣酱、鸡精、白糖、蚝油翻炒，入味后放鲜汤、红泡椒片，改用小火将冬瓜焖烂，撒葱段、淋红油，带火上桌。

■ 菜品特色　营养可口。

【白辣椒炒风吹肉】

■原料 白辣椒 150 克，风吹肉 250 克。

■调料 植物油、味精、蚝油、大蒜、姜米、鲜汤各适量。

做法 1. 将风吹肉煮熟，然后切成片。

2. 白辣椒（用开水泡软，沥干后）切碎，大蒜切段。

3. 净锅置旺锅内放植物油，下姜米煸香，下风吹肉片煸至回油，倒入盘中。

4. 锅内放植物油，下白辣椒末炒香，下风吹肉片，加味精、蚝油翻炒，加鲜汤，放大蒜段，收干汁装盘即可。

■菜品特色 风味独特。

【腊肉蒸香芋丝】

■原料 熟腊肉丝 100 克，香芋丝 250 克。

■调料 植物油、食盐、味精、鸡精、红油、豆豉、干椒末、姜末、蒜蓉、葱花各适量。

做法 1. 将香芋丝下入六成热油锅里，炸至金黄脆酥后捞出，沥尽油，拌入食盐、味精、干椒末，扣入蒸钵中。

2. 净锅放植物油烧热后下入干椒末、豆豉、姜末、蒜蓉，放味精、鸡精、红油炒匀，再放入腊肉丝，拌匀盖在香芋丝上，入笼蒸 15 分钟，熟后取出，撒葱花即可。

■菜品特色 色味俱佳。

【干豆角蒸腊肉】

■原料 干豆角 100 克，腊肉 400 克。

■调料 植物油、食盐、味精、酱油、红油、干椒末、姜末、蒜蓉、鲜汤各适量。

做法 1. 将干豆角用开水泡软，改切成 1.5 厘米长的段，挤干水分。

2. 锅内放植物油烧热，放干豆角段煸炒，放食盐、味精、干椒末拌炒入味后，盛出待用。

3. 锅内烧水，放入腊肉煮熟，捞出后切成厚 0.5 厘米的大片，整齐地扣在蒸钵中，放入干椒末、味精、姜末、蒜蓉、酱油、红油、鲜汤，再将已入味的干豆角放在腊肉上面，上笼蒸制 30 分钟，出笼反扣于盘中，干豆角在下，腊肉在上。

■菜品特色 味美可口。

【青椒香干蒸腊肉】

■原料 香干 2 片，腊肉 150 克，青椒 50 克。

■调料 植物油、食盐、味精、鸡精、酱油、蚝油、红油、葱花、鲜汤、豆豉各适量。

做法 1. 将香干洗净后切成片，放入碗中，拌入食盐、味精、蚝油、酱油，待用。

2. 将腊肉切成片，放入开水中焯一下，捞出沥干水。

3. 将青椒去蒂洗净后切成 1 厘米厚的圈，放入豆豉、食盐、味精、鸡精、蚝油、酱油拌均匀待用。

4. 取一蒸钵，按一片香干一片腊肉的顺序，将香干和腊肉码放在蒸钵中，倒入鲜汤，上面盖上青椒豆豉，淋上植物油、红油，上笼蒸 30 分钟，取出扣入盘中，撒葱花即成。

■菜品特色 香辣兼俱。

【蒜苗炒猪血丸】

■ 原料　猪血丸子 1 个，蒜苗 100 克，辣椒适量。

■ 调料　植物油、食盐、老干妈豆豉各适量。

做法　**1.** 猪血丸子切片；辣椒和蒜苗洗净，蒜苗切段，辣椒切碎。

2. 锅里放少许植物油，小火将丸子煎出油脂，转大火翻炒；翻炒至丸子变色，放老干妈豆豉、食盐，炒匀后倒入辣椒末；将辣椒和丸子翻炒均匀，倒入蒜苗段，炒匀即可。

■ 菜品特色　风味独特。

【水芹菜炒猪血丸】

■ 原料　猪血丸 2 个，水芹菜 100 克，鲜红尖椒圈 3 克。

■ 调料　植物油、食盐、味精、蚝油、干椒段、蒜蓉、姜米、鲜汤各适量。

做法　**1.** 将猪血丸切成片。

2. 将水芹菜洗干净，切成 3 厘米长的段。

3. 锅内放植物油，下蒜蓉、姜米、干椒段、鲜红尖椒圈炒香，下猪血丸炒至焦香，下水芹菜段，加入食盐、味精、蚝油，加鲜汤，收干汤汁装盘即可。

■ 菜品特色　美味营养。

【冬菜豌豆瘦肉条】

■ 原料　豌豆 150 克，瘦肉条 100 克，排冬菜 25 克。

■ 调料　植物油、食盐、味精、香油、红油、干椒段、鲜汤各适量。

做法　**1.** 将豌豆清洗干净，沥干水；排冬菜洗净、切碎，挤干水。

2. 将瘦肉条用温水洗净，放入盘中，入笼蒸 8 分钟，蒸熟后取出切成片。

3. 净锅置旺火上，放植物油烧热后下入干椒段煸炒，随即下入豌豆拌炒，下入排冬菜末，放食盐、味精和瘦肉条片，炒入味后倒入鲜汤略焖一下，汤汁收干时淋香油、红油，出锅装入盘中。

■ 菜品特色　营养可口。

【洋葱炒瘦肉条】

■ 原料　洋葱 200 克，瘦肉条 100 克。

■ 调料　植物油、食盐、味精、酱油、水淀粉、香油、干椒段各适量。

做法　**1.** 将洋葱去根，剥去外皮，洗净后切成片。

2. 锅内放水烧开，将瘦肉条切成薄片后放入锅中焯水，捞出沥干水。

3. 净锅置旺火上，放植物油，烧热后下入洋葱片、干椒段煸炒，放食盐、味精、酱油，随后下入瘦肉条合炒，入味后勾水淀粉，淋香油，出锅装入盘中。

■ 菜品特色　香味四溢。

【农家小炒黄牛肉】

■ 原料　黄牛肉 250 克，香菜 150 克，红尖椒 100 克。

■ 调料　植物油、食盐、味精、嫩肉粉、蚝油、淀粉、鲜汤、红油、蒜蓉、姜米各适量。

做法　**1.** 黄牛肉去筋膜，剁成粗颗粒，放食盐、味精、嫩肉粉、淀粉、油腌渍；香菜洗净，切段，红尖椒切圈。

2. 锅内放植物油 500 毫升，烧至八成热，下牛肉过油，沥尽油。

3. 锅内留底油，下蒜蓉、姜米、红尖椒圈，放一点食盐炒香，然后下入牛肉、一半的香菜，放蚝油迅速翻炒，加鲜汤，勾芡，淋红油；盘底放留下的一半香菜，装入盘中即可。

■ 菜品特色　风味独特。

【农家大片牛肉】

■ 原料　牛腩肉 600 克，土豆粉条 200 克，整干椒 20 克，白芝麻少许。

■ 调料　食盐 5 克，味精 2 克，蒸鱼豉油 9 毫升，蚝油 8 毫升，香油 20 毫升，香葱少许，色拉油 10 毫升，鸡汤适量。

做法　**1.** 牛腩肉洗净、煮熟、切片，土豆粉条泡发。

2. 锅上火烧热，下入食盐、味精、蒸鱼豉油、蚝油，放入牛肉片、粉条，倒鸡汤焖煮 3 分钟，入碗中。

3. 锅入色拉油，放入白芝麻、整干椒炸香，浇在牛肉上，再浇上香油，放入香葱即可。

■ 菜品特色　降低血压。

【富菜嫩牛肉片】

■ 原料　黄牛后腿肉 300 克，芹菜梗 200 克。

■ 调料　植物油、食盐、味精、鸡精、豆瓣酱、辣酱、料酒、红油、香油、生姜、蒜、葱、干椒粉、嫩肉粉、淀粉、鲜汤各适量。

做法　**1.** 将牛肉切成片，用食盐、料酒、浓水淀粉、嫩肉粉抓匀上浆，放植物油调匀。

2. 芹菜梗洗净后切段，入锅内加食盐炒断生后装入汤盘内垫底，生姜、蒜都切成末，豆瓣酱剁细，葱切花；锅放入植物油，烧热下入牛肉片断生，沥油盖在芹菜梗上。

3. 锅内留底油，下姜末、蒜末、干椒粉、豆瓣酱、辣酱炒香，加入食盐、味精、鸡精、鲜汤，烧沸后撇去浮沫，勾芡，浇在牛肉片上，撒葱花，淋上热的香油、红油即可。

■ 菜品特色　鲜嫩可口。

【三湘泡焖牛肉】

■ 原料　牛肉 400 克，泡菜、泡姜、泡椒各 30 克，鸡蛋 1 个。

■ 调料　植物油、野山椒汁、食盐、味精、鸡精、白糖、胡椒粉、料酒、酱油、蒜末、葱段、生姜、红油、香油、淀粉、鲜汤各适量。

做法　**1.** 将牛肉剔去筋膜，切成薄片，用葱段、生姜、料酒汁腌渍 10 分钟，加食盐、蛋清、淀粉、酱油、野山椒汁抓匀上浆，放植物油调匀；泡菜、泡姜、泡椒切成小丁；锅内放植物油烧热，下入牛肉滑油，断生后捞出。

2. 锅内留底油，下蒜末炒香，放泡菜丁、泡姜丁、泡椒丁煸炒，再加入食盐、味精、鸡精、白糖炒匀，倒入鲜汤烧开，撇去浮沫，放入牛肉，转小火煨至汤汁浓稠，淋上红油、香油，撒上葱段、胡椒粉，装入汤盘即可。

■ 菜品特色　香味四溢，使人垂涎。

【苦瓜炒牛肉】

■ 原料　牛里脊肉 300 克，苦瓜 250 克，尖红椒 25 克。

■ 调料　植物油、食盐、味精、酱油、香油、红油、蒜、淀粉、葱、嫩肉粉各适量。

做法　1. 将牛肉剔去筋膜，切成 4 厘米长、3 厘米宽、0.2 厘米厚的片，用食盐、酱油、嫩肉粉、浓水淀粉上浆，放植物油 2 毫升调匀。

2. 苦瓜去子后切片，在沸水中烫至断生捞出，沥干水分；尖红椒切圈；蒜切片，葱切段。

3. 锅置于旺火上，放入味精，烧至四成热时下入牛肉片、红油，勾芡，撒葱段，淋香油，出锅装盘即可。

■ 菜品特色　独特风味。

【手撕牛肉】

■ 原料　卤牛肉 400 克，茶树菇 50 克。

■ 调料　植物油、食盐、味精、蚝油、辣酱、酱油、整干椒、姜、葱、胡椒粉、红油、香油、鲜汤各适量。

做法　1. 将卤牛肉沿纹路撕成细丝；茶树菇去蒂去梗，洗净泡发，下锅炒干水汽；整干椒切丝，姜切丝，葱切段。

2. 锅置旺火上，放入植物油，下入姜丝煸香，再放入牛肉丝、干椒丝炒拌均匀，加入食盐、味精、酱油、蚝油、辣酱、鲜汤，用旺火烧沸后撇去浮沫，加入茶树菇，转用小火烧透入味，淋上香油、红油，撒上胡椒粉、葱段，出锅装入钵内即可。

■ 菜品特色　肉香诱人。

【湘水牛肉】

■ 原料　牛肉 250 克。

■ 调料　植物油、食盐、味精各 3 克，葱、蒜头、辣椒、酱油、辣椒油各 10 克。

做法　1. 牛肉洗净，入盐水中煮熟，取出，切片，装盘。

2. 葱洗净，切段；蒜头洗净，切片；辣椒洗净，切圈。

3. 油锅烧热，下入辣椒圈、蒜头片爆香，放食盐、味精、酱油、辣椒油、葱段调成味汁，淋在牛肉上即可。

■ 菜品特色　降低血压。

【孜然牛肉】

■ 原料　净牛肉 300 克，孜然 10 克。

■ 调料　植物油、食盐、味精、料酒、白糖、嫩肉粉、水淀粉、红油、香油、姜米、蒜蓉、干椒段、葱花各适量。

做法　1. 将牛肉切成片，放食盐、味精、料酒、嫩肉粉、水淀粉上浆，入味后拌少许清油（过油时不会粘连，容易散开，保持牛肉鲜嫩），然后下入七成热油锅里过油至熟，捞出沥尽油。

2. 锅内留底油，下入姜米、蒜蓉、干椒段、孜然，再将食盐、味精、白糖炒香后下入牛肉片翻炒均匀，淋香油、红油，撒葱花，出锅装盘。

■ 菜品特色　香嫩味美。

【金丝牛肉】

■ 原料　牛肉、土豆各 200 克。

■ 调料　植物油、食盐 3 克，水淀粉、红椒各 20 克，鸡精 2 克。

做法　**1.** 将水淀粉调成糊；将所有原料洗净切丝。

2. 热锅入植物油，烧至五成热，分别放入土豆丝和牛肉丝，炸成金黄色，捞出沥油。

3. 锅中留少许植物油，放入土豆丝、牛肉丝、红椒，翻炒至熟，调入食盐和鸡精，炒匀即可。

■ 菜品特色　降低血糖。

【乡妹子牛肉】

■ 原料　腊牛肉 300 克，花生米 20 克。

■ 调料　植物油、食盐、香油、干红椒、葱花、熟芝麻各适量。

做法　**1.** 腊牛肉泡发洗净，切条；花生米去皮洗净，入油锅炸熟；干红椒洗净，切段；油锅烧热，下干红椒段爆香，再入牛肉条煸炒，倒入花生米同炒片刻。

2. 调入食盐炒匀，淋入香油，撒上葱花、熟芝麻即可。

■ 菜品特色　降低血压。

【土豆烧牛肉】

■ 原料　牛肉 500 克，土豆 250 克。

■ 调料　食盐、味精、鸡精、整干椒、葱花、葱结、姜片、鲜汤、八角、桂皮、草果各适量。

做法　**1.** 将牛肉切成 2 厘米厚的块，土豆刨皮、洗净后切成 4 厘米大小的块。

2. 锅内放水烧开，将牛肉放入锅中焯水，捞出后用清水洗去血沫。

3. 将土豆块放入沸水锅中煮至七分熟，捞出沥干水。

4. 将牛肉放入大砂罐中，再放入姜片、葱结、八角、桂皮、草果、整干椒，倒入鲜汤（以没过牛肉略高一点为度），上大火烧开后改用中小火煨炖至牛肉酥烂、汤味浓郁，用筷子夹出香料，下入土豆，放食盐、味精、鸡精再次煨炖至土豆入味，撒葱花，装盘上桌。

■ 菜品特色　香味浓郁。

【牙签牛肉】

■ 原料　瘦牛肉 150 克，鲜青椒、鲜红椒各 5 克，熟芝麻 10 克，牙签 20 根。

■ 调料　植物油、食盐、味精、白糖、孜然粉、蒜米、姜米、水淀粉、红油、香油各适量。

做法　**1.** 将牛肉切成 0.2 厘米厚的薄片，用食盐、味精、水淀粉上浆，再串在牙签上。

2. 将鲜青椒、鲜红椒去蒂、去子后切粒。

3. 锅置旺火上，放植物油烧至六成热，下入牛肉过油至熟，倒入漏勺中沥油。

4. 锅内留底油，下入蒜米、姜米、孜然粉、青椒粒、红椒粒炒香，随即下入牛肉，放入食盐、味精、白糖调好味，拌炒均匀入味后勾芡，撒上熟芝麻，淋上红油、香油，出锅装入盘中。

■ 菜品特色　色香俱备。

【花菜烧牛肉末】

■ 原料　花菜400克，新鲜牛肉150克。

■ 调料　猪油、食盐、味精、鸡精、酱油、豆瓣酱、蒜蓉酱、料酒、蚝油、干椒段、姜末、蒜蓉、大蒜叶、鲜汤各适量。

做法　**1.** 将花菜顺枝切成小朵，洗干净。

2. 将牛肉洗净后剁碎，放料酒、食盐少许、味精少许、酱油少许拌匀，腌渍一下。

3. 锅内放猪油，下入姜末、蒜蓉煸香，再放入干椒段、豆瓣酱、蒜蓉酱炒香，下入牛肉末炒散后下入花菜一同炒，放食盐、味精、鸡精、酱油、蚝油一同翻炒，同时放鲜汤适量，翻炒至花菜九分熟时放入大蒜叶，炒熟后即可出锅盛盘。

■ 菜品特色　风味十足。

【茭瓜牛肉丝】

■ 原料　茭瓜150克，牛肉100克，红椒1个。

■ 调料　猪油、食盐、味精、酱油、料酒、水淀粉、葱段、香油、红油、嫩肉粉各适量。

做法　**1.** 将茭瓜去蒂、去皮，切成韭菜叶形，将红椒洗净，切成丝，将牛肉切成片，再切成丝，用料酒、食盐、味精、嫩肉粉和水淀粉抓匀上浆，再淋少许猪油抓匀。

2. 锅置于旺火上，放猪油，烧至六成热，倒入牛肉丝滑油至熟，倒入漏勺中沥油。

3. 锅内留底油，下入茭瓜丝拌炒，放食盐、味精、酱油调味，下入牛肉丝翻炒，入味后放入红椒丝、葱段，淋香油、红油，出锅装盘。

■ 菜品特色　营养美味。

【洋葱咖喱牛肉】

■ 原料　瘦牛肉150克，洋葱20克，红辣椒10克。

■ 调料　植物油、食盐、味精、咖喱粉、白糖、姜、香葱、水淀粉各适量。

做法　**1.** 将牛肉切成薄片，用食盐、水淀粉上浆；将洋葱、红辣椒、姜均改切成菱形片，香葱切段；锅置旺火上，放植物油烧至五成热，下入牛肉片滑油至断生，捞出沥油。

2. 锅内留底油，下入姜片、洋葱片、红辣椒片略炒，随即下入牛肉，放入食盐、味精、白糖、咖喱粉调好味，翻炒均匀入味后勾芡，撒上葱段，出锅装入盘中。

■ 菜品特色　味道独特，别具一格。

【野山椒香菜爆炒牛柳】

■ 原料　牛柳250克，香菜50克，野山椒50克，指天椒5个，蒜、姜各5克。

■ 调料　蚝油5毫升，味精3克，嫩肉粉10克，食盐3克，淀粉适量。

做法　**1.** 牛柳先切丝，冲水，野山椒洗净，指天椒洗净切成小块。

2. 牛柳丝用嫩肉粉、淀粉、食盐腌渍1小时后过油。

3. 锅留底油，下蒜、姜煸香，下野山椒、牛柳丝、指天椒块、剩余调料炒入味，撒上香菜即可。

■ 菜品特色　降低血脂。

【砂仁炖牛肉】

■原料 牛里脊肉块 600 克，砂仁 10 克。

■调料 食盐、味精、鸡精、胡椒粉、料酒、姜、葱、桂皮、陈皮、甘草、鲜汤各适量。

做法 **1.** 将牛肉块入冷水锅内煮熟，去除血污后捞出，沥干水分；砂仁拍破，陈皮、桂皮掰成 2 厘米见方的小块，甘草洗净，姜切片；10 克葱挽结，5 克葱切段。

2. 将煮熟的牛肉块切成厚片，与砂仁、调料（除胡椒粉）一起放入罐内，盖好盖，封好锡纸，放入大罐中，生上炭火煨制 2 小时，取出后去掉葱结，撒上胡椒粉、葱段即可。

■菜品特色 汤浓味鲜。

【牛肉炖豆腐】

■原料 豆腐 100 克，牛肉 100 克，

■调料 料酒 10 毫升，葱段 10 克，植物油 30 毫升，姜片 5 克，清汤、酱油、食盐各适量。

做法 **1.** 牛肉切小块，入沸水中过一下，去除血水；豆腐切成小长方块，分别放入盘中待用。

2. 锅上火，注入植物油烧热，下葱段、姜片、牛肉炒几下，放入料酒、酱油、食盐、清汤炖至八分熟，加入豆腐块炖熟即可。

■菜品特色 鲜嫩可口。

【板筋烧牛肉】

■原料 牛肉 250 克，牛板筋 100 克，水发木耳、水发玉兰片、水发黄花菜各 5 克。

■调料 姜丝、高汤、植物油各适量。

做法 **1.** 将牛肉、牛板筋洗净，切小块，放开水锅里烫一下，捞出洗净。

2. 锅放火上，入植物油烧至六成热，将牛肉逐块下入，炸成黄色，捞出沥油。

3. 锅内留油少许，放火上，下入姜丝爆香，再下牛肉、板筋、木耳、玉兰片、黄花菜和高汤烧制，待汁浓肉烂，出锅即成。

■菜品特色 色味俱佳。

【芋头炖牛肉】

■原料 牛肉 200 克，芋头 250 克。

■调料 熟猪油、食盐、味精、鸡精、整干椒、葱花、姜片、鲜汤、八角、桂皮各适量。

做法 **1.** 将芋头洗净煮熟后捞出剥皮，切成块；将牛肉洗净后切成块，焯水后捞出，用水洗去血沫，沥干水。

2. 将牛肉放入大砂罐中，放入姜片、八角、桂皮、整干椒，倒入鲜汤，用大火烧开，再用中小火煨炖至酥烂时下入芋头块一起煨炖，煨至汤汁浓郁时夹去姜片、八角、桂皮、整干椒，放食盐、味精、鸡精调味，淋少许熟猪油，撒葱花，原罐上桌。

■菜品特色 清香味美。

【皮蛋牛肉粒】

■ 原料　皮蛋、青椒、红椒、牛肉、熟花生米各适量。

■ 调料　植物油、食盐、味精各 3 克，酱油、豆豉各 10 克。

做法　1. 皮蛋洗净，去壳，切成小粒；青椒、红椒、牛肉洗净，切成小粒。

2. 油锅烧热，下青、红椒粒炒香，放入皮蛋粒、牛肉、熟花生米炒至香味浓郁。

3. 再放入食盐、味精、酱油、豆豉调味，盛盘即可。

■ 菜品特色　养心润肺。

【风味麻辣牛肉】

■ 原料　熟牛肉 250 克，红辣椒粒 30 克，香菜 20 克，熟芝麻 10 克。

■ 调料　香油 15 毫升，辣椒油 10 毫升，酱油 30 毫升，味精 1 克，花椒粉 2 克，葱 15 克。

做法　1. 熟牛肉切片；葱洗净，切段；将味精、酱油、辣椒油、花椒粉、香油调匀，成为调味汁。

2. 熟牛肉摆盘，浇调味汁，撒熟芝麻、椒粒、香菜、葱段即可。

■ 菜品特色　降低血糖。

【冬菜豌豆牛肉米】

■ 原料　豌豆 150 克，排冬菜 25 克，牛肉 50 克。

■ 调料　植物油、食盐、味精、辣酱、香油、红油各适量。

做法　1. 将豌豆清洗干净，沥干水，将排冬菜洗净切碎，挤干水，将牛肉洗净后剁成泥。

2. 净锅置旺火上，放少许植物油烧热，下入豌豆爆炒，放少许食盐，待豌豆皮起泡，入味后下入排冬菜末，拌炒入味后出锅盛入碗中。

3. 锅内留底油烧热，下入牛肉末拌炒至熟后放辣酱、食盐、味精，随即倒入豌豆与排冬菜一起合炒入味，淋香油、红油，拌炒匀后出锅装入盘中。

■ 菜品特色　养心润肺。

【香辣牛肉米】

■ 原料　牛肉 350 克，香菜 20 克，青椒、红椒各 15 克，鸡蛋 1 个。

■ 调料　植物油、食盐、味精、酱油、蚝油、姜、蒜、嫩肉粉、水淀粉各适量。

做法　1. 将牛肉剔去筋膜，切成小方块，用食盐、味精、酱油、嫩肉粉、鸡蛋清、水淀粉拌匀上浆，香菜洗净切末；青椒、红椒洗净，去蒂、去子后切米粒状；蒜、姜均切末。

2. 锅置于旺火上，放入植物油，烧至四成热时下入牛肉滑油，滑至八成热时倒入漏勺沥油。

3. 锅内留底油，下姜末、蒜末炒香，放椒米，加食盐、味精炒香至七成热时，加入牛肉、蚝油继续炒至熟，用水淀粉勾芡，淋香油，撒上香菜末即可。

■ 菜品特色　降低血糖。

【糯米蒸牛肉】

■ 原料　牛肉 500 克，糯米 100 克，香菜少许。

■ 调料　食盐 3 克，味精 1 克，酱油 12 克，料酒 5 毫升，葱、葱白、红椒各少许。

做法　1. 将牛肉洗净，切块；糯米泡发洗净；香菜洗净；葱白、红椒洗净，切丝；葱洗净，切花；糯米装入碗中，再加入牛肉与酱油、食盐、味精、料酒、葱花拌匀。

2. 将拌好的牛肉放入蒸笼中，蒸 30 分钟，取出撒上香菜、红椒丝、葱白丝即可。

■ 菜品特色　养心润肺。

【湘卤牛肉】

■ 原料　牛肉 500 克。

■ 调料　食盐 4 克，姜 5 克，葱花 10 克，植物油、料酒、鲜汤、蒜、辣椒油、酱油各适量。

做法　1. 牛肉洗净，切块，煮熟待用。

2. 油锅烧热，爆香葱花、姜、蒜，淋上料酒，加入酱油、食盐，加入鲜汤、牛肉，大火煮半小时。

3. 待肉和汤凉后，捞出牛肉块，改刀切薄片，淋上辣椒油即可。

■ 菜品特色　防癌抗癌。

【香菜熘牛柳】

■ 原料　香菜 200 克，牛里脊肉 150 克，鲜青椒、鲜红椒各 25 克。

■ 调料　植物油、食盐、味精、辣酱、蚝油、料酒、水淀粉、香油、姜丝、蒜蓉各适量。

做法　1. 将香菜摘洗干净，切成段，将鲜青椒、鲜红椒去蒂、去子后洗净，切成丝，将牛里脊肉切成丝，用食盐、料酒、水淀粉上浆入味，放少许植物油。

2. 锅置于旺火上，放植物油烧至六成热，将牛里脊肉丝倒入锅中滑油至八分熟，捞出沥干油。

3. 锅内留底油，烧热后下入姜丝、蒜蓉、青椒丝、红椒丝、牛肉丝，放食盐、味精、蚝油、辣酱炒入味后，下入香菜段翻炒均匀，淋香油，出锅装入盘中。

■ 菜品特色　鲜香适口。

【香辣卤牛肉】

■ 原料　卤牛肉 300 克，香菜 20 克，熟芝麻 30 克。

■ 调料　植物油适量、食盐、味精、香辣酱、香油、红油、蒜蓉、葱花、干椒段、姜米、鲜汤各适量。

做法　1. 将卤牛肉切成片，入六成热油锅，炸酥后倒入漏勺沥尽油。

2. 香菜择洗干净切成段，放入盘中。

3. 锅内放少许底油，下入干椒段、姜米、蒜蓉炒香，放食盐、味精、香辣酱、红油拌炒，加鲜汤调匀后速下入炸好的牛肉一起拌炒均匀，撒下熟芝麻、葱花，淋香油，出锅装盘。

■ 菜品特色　辣味十足。

【牛肝菌煨牛肉】

■ 原料　牛肝菌 150 克，牛肉 250 克，尖青椒 20 克，尖红椒 20 克，青蒜 20 克。

■ 调料　植物油、食盐、味精、白糖、鸡精粉、胡椒粉、整干椒、蒜、桂皮、鲜汤各适量。

做法　**1.** 将牛肉切成片，牛肝菌清洗干净，青蒜切成斜段，尖青椒、尖红椒切成圈，蒜切成片。

2. 锅放入植物油，烧热时加入桂皮、整干椒、蒜片炒香，再下入青椒圈、红椒圈、牛肉片炒散，倒入鲜汤，用小火煨至软烂，加入牛肝菌、食盐、味精、白糖、鸡精粉、胡椒粉，用小火煨至入味，旺火收汁，放青蒜段即成。

■ 菜品特色　营养美味。

【清炖牛腩】

■ 原料　黄牛牛腩 750 克，鲜尖椒 1 个。

■ 调料　植物油、食盐、味精、白糖、八角、桂皮、料酒、胡椒粉、整干椒、姜片、葱花各适量。

做法　**1.** 将牛腩先焯水，然后加水煮熟（水中放八角、桂皮、整干椒 2 个、料酒 2 毫升），捞出切成骨牌块（煮牛腩的汤水留下沉清，备用；八角、桂皮捞出待用）。

2. 锅内放植物油，下姜片、八角、桂皮、整干椒煸香，再下牛腩块一同煸炒，等水分收干即烹入料酒 2 毫升，下入沉清的牛肉汤，放入鲜尖椒，用小火将牛腩炖烂，放食盐、味精、白糖调味，略炖后即可撒胡椒粉、葱花出锅。

■ 菜品特色　汤鲜味美。

【花生米炖牛腩】

■ 原料　黄牛牛腩 750 克，花生米 100 克，鲜尖椒 1 个。

■ 调料　植物油、食盐、味精、八角、桂皮、料酒、白糖、整干椒、姜片、葱结各适量。

做法　**1.** 先将牛腩焯水捞出，炖烂，捞出切成骨牌块。

2. 锅内放植物油，下入姜片、八角、桂皮、整干椒煸香，再入牛腩一同煸炒，等收干水分后，烹入料酒 2 毫升，然后倒入沉清的牛腩汤，放花生米、鲜尖椒、葱结，用小火煨炖至牛腩熟烂时捞出八角、桂皮、整干椒，再放食盐、味精、白糖调味，用中火略微烧开即可。

■ 菜品特色　风味独特。

【竹笋牛腩煲】

■ 原料　牛腩 500 克，竹笋 150 克。

■ 调料　植物油、食盐、酱油、料酒、红油、大蒜、青椒、红椒各适量。

做法　**1.** 将牛腩洗净，切块；竹笋洗净，切段；大蒜去皮洗净。

2. 油锅烧热，下青椒、红椒、大蒜爆香，下牛腩块、竹笋段同炒片刻，再加水同煮至肉烂，调入食盐、酱油、料酒，淋红油即可。

■ 菜品特色　降低血压。

【牛腩煲】

■ 原料 牛腩 500 克，香菇 30 克，青椒、红椒各 25 克。

■ 调料 植物油、食盐、味精、豆瓣酱、酱油、料酒、姜块、葱、蒜、八角、桂皮、整干椒、红油、香油、鲜汤各适量。

做法 **1.** 将牛腩洗净，焯水后捞出，沥干，切成块；香菇去蒂，切成两半；青椒、红椒摘净，切片；蒜去蒂，入热油锅稍炸捞出，沥干；取 15 克葱挽结，5 克葱切段。**2.** 锅置旺火上，放入植物油，下入姜块、豆瓣酱、八角、桂皮炒香，再下入牛腩、料酒，炒干水分后加入食盐、味精、酱油、整干椒、鲜汤，用旺火烧开后撇去浮沫，放入葱结，转用小火煨至牛腩八分烂时夹出八角、桂皮、姜块、葱结，加入香菇、青椒片、红椒片、蒜烧透入味，再转用旺火收浓汤汁，淋香油、红油，撒上葱段，装入煲内烧热即可。

■ 菜品特色 味美诱人。

【米豆腐烧牛腩】

■ 原料 牛腩 400 克，米豆腐 150 克，香菇 3 克，红尖椒 3 个。

■ 调料 植物油、食盐、味精、料酒、香料（八角、桂皮、草果、良姜、波扣、香叶）、豆瓣酱、辣酱、白糖、姜片、葱结、干椒段、鲜汤各适量。

做法 **1.** 将牛腩煮透时，加入上述香料，然后切成块，米豆腐切成同样大小的块，焯水后备用。**2.** 锅内放植物油，下姜片、干椒段、红尖椒、香料煸香，下入豆瓣酱、辣酱煸香，再下入牛腩一同煸炒，至水分收干，烹料酒，下白糖、葱结，下鲜汤，用小火将牛腩煨烂，放食盐、味精，下入米豆腐、香菇米一同煨至汤汁收浓即可。

■ 菜品特色 保肝护肾。

【沙锅香菇牛腩】

■ 原料 牛腩 400 克，香菇 100 克。

■ 调料 食盐 3 克，鸡精 2 克，酱油、植物油、料酒、水淀粉各适量。

做法 **1.** 牛腩洗净，切块；香菇去根部，泡发洗净。**2.** 锅内加水烧热，放入牛腩汆水，捞出沥干水分备用。**3.** 锅下植物油烧热，放入牛腩滑炒几分钟，放入香菇，调入食盐、鸡精、料酒、酱油炒匀，快熟时，加适量水淀粉焖煮，待汤汁收干，盛入沙锅中即可。

■ 菜品特色 降低血糖。

【水晶粉炖牛腩】

■ 原料 牛腩 500 克，水晶粉 200 克。

■ 调料 食盐 3 克，白芝麻 5 克，酱油、红油、植物油、料酒、高汤各适量。

做法 **1.** 牛腩洗净，切条；水晶粉泡发备用；锅内加水，放入水晶粉煮熟，盛入碗中；牛腩汆水，捞出备用。**2.** 锅下植物油烧热，放白芝麻炒香，放入牛腩煸炒片刻，调入食盐、料酒、酱油、红油炒匀，注入高汤，炖熟后倒入碗中的粉丝上即可。

■ 菜品特色 保肝护肾。

【老豆腐煨牛腩】

■原料　牛腩 200 克，豆腐 300 克，熟花生米、熟白芝麻各适量。

■调料　植物油适量，食盐 3 克，味精 1 克，酱油 10 毫升，豆瓣酱 15 克，葱适量。

做法　**1.** 牛腩洗净，切块；豆腐洗净，切块；葱洗净，切段。

2. 锅中加植物油烧热，下入所有调料炒匀后，加入适量清水烧沸，再下入牛腩炖至九分熟。

3. 最后下入豆腐块，炖至各材料均熟，撒上熟白芝麻、熟花生米即可。

■菜品特色　降低血糖。

【小炒东山羊】

■原料　山羊肉 300 克，青、红椒各 10 克。

■调料　植物油适量，食盐、鸡精各 3 克，料酒、老抽、香油各适量。

做法　**1.** 将山羊肉洗净切片，加入食盐、料酒、老抽腌渍 10 分钟；将青、红椒去蒂，洗净切长条。

2. 热锅下植物油，下入青、红椒条爆炒，再下入山羊肉片翻炒至八分熟，调入食盐、鸡精、老抽、香油即可。

■菜品特色　增强免疫。

【烟笋炒腊牛肉】

■原料　腊牛肉 100 克，烟笋 50 克，蒜片、红椒圈各适量。

■调料　植物油适量，食盐 4 克，味精、酱油、胡椒粉各适量。

做法　**1.** 腊牛肉洗净，切片；烟笋泡发，洗净，切条。

2. 炒锅入植物油烧热，入蒜片炒香，再加入腊牛肉片、烟笋条拌炒几分钟，然后入红椒圈。

3. 待腊肉及红椒炒好，调入食盐、味精及酱油，继续翻炒至香味散发，撒胡椒粉，最后起锅盛盘即可。

■菜品特色　降低血糖。

【羊肉小炒】

■原料　羊肉 350 克，洋葱、青椒、红椒各 50 克。

■调料　辣椒油 15 克，料酒 10 毫升，食盐 3 克，鸡精 1 克，植物油适量。

做法　**1.** 羊肉洗净，切片，入沸水锅中汆水；洋葱、青椒、红椒分别洗净，均切丝。

2. 炒锅注植物油烧热，放入羊肉片滑炒至熟，加入洋葱丝、青椒丝、红椒丝同炒。

3. 调入料酒、食盐、辣椒油、鸡精入味，出锅装盘即可。

■菜品特色　防癌抗癌。

【干锅羊肉】

■ 原料 羊肉、胡萝卜、大葱各适量。

■ 调料 生姜、干红椒、香叶、桂皮、冰糖、料酒、豆瓣酱、食盐、植物油、老抽各适量。

做法 **1.** 羊肉飞水备用；胡萝卜去皮洗净滚刀切块；大葱斜切段，生姜切片。

2. 锅里放植物油将冰糖炒出糖色，放入羊肉，调入料酒、老抽翻炒上色；放入姜片、干红椒及香料炒出香味、放入1匙豆瓣酱炒出红油，加入没过羊肉的水烧开。

3. 沙锅底下放入胡萝卜块，将烧开的羊肉转入沙锅内，小火炖90分钟左右至羊肉熟烂，最后将炖好的羊肉再转入锅里，加食盐调味，加入大葱翻炒均匀即可。

■ 菜品特色 增强免疫力。

【小炒黑山羊】

■ 原料 嫩黑山羊肉300克（7千克以下的仔羊），香菜20克，红尖椒圈10克。

■ 调料 植物油、食盐、味精、料酒、生抽、辣酱、嫩肉粉、水淀粉、红油、香油、姜米、蒜蓉各适量。

做法 **1.** 将羊肉切成薄片，放食盐、味精、料酒、嫩肉粉、水淀粉上浆，入味后下入八成热油锅过油至熟，倒入漏勺沥尽油。

2. 锅内留少许底油，下入姜米、蒜蓉、红尖椒圈拌炒，放食盐、味精、辣酱、生抽炒匀，然后下入羊肉一起合炒，入味后勾水淀粉，淋红油、香油，出锅装入垫有香菜的盘中。

■ 菜品特色 鲜香可口。

【小米辣烧羊肉】

■ 原料 羊肉400克，小米辣100克。

■ 调料 水淀粉、醋、食盐、料酒、香油、白糖、植物油各适量。

做法 **1.** 将羊肉洗净切成小块，加水淀粉拌匀；将小米辣切成两半。

2. 起热锅，加入植物油，烧到六成热时，把羊肉一块一块投入炸成金黄色，内熟外脆时捞出。

3. 将锅内余油倒去，加入清水、白糖、醋、食盐、料酒，烧开时倒入小米辣及已炸好的羊肉，炒匀，用水淀粉勾芡，淋上少许香油即成。

■ 菜品特色 色香兼俱。

【小片羊肉烧茶树菇】

■ 原料 羊肉150克，茶树菇200克，青椒、红椒各5克。

■ 调料 植物油、食盐、味精、蒜蓉酱、辣酱、蚝油、料酒、淀粉、白糖、香油、红油、干椒段、葱段、姜片、蒜片、鲜汤各适量。

做法 **1.** 将茶树菇去蒂，用清水泡发后再挤干水分，切段待用；将羊肉、青椒、红椒洗净后切成菱形片。

2. 净锅置旺火上，放植物油烧至五成热，下入姜片、干椒段、蒜片煸香，随即下入羊肉片、茶树菇一起煸炒，放食盐、味精、白糖，烹料酒，放蚝油、蒜蓉酱、辣酱，拌炒入味后放鲜汤略焖一下，待汤汁浓郁时放入青椒片、红椒片、葱段，炒匀后，淋红油、香油，用水淀粉勾芡，即可。

■ 菜品特色 口感极佳。

【当归羊肉汤】

■ 原料　羊肉 500 克，当归 90 克。

■ 调料　食盐、鸡精各适量。

做法　1. 将当归用清水洗净后，顺切成大片；羊肉（去骨）剔去筋膜，放入沸水锅内焯去血水后，捞出晾凉，切成长 5 厘米、宽 2 厘米、厚 1 厘米的条。

2. 取净沙锅，倒入清水适量，将羊肉条下入锅内，再下当归，置武火上烧沸后，撇去浮沫，改用文火炖 1 小时，至羊肉熟烂，加食盐、鸡精调味即成。

■ 菜品特色　补虚劳，暖肾腰。

【粉皮炖羊肉】

■ 原料　粉皮 50 克，羊肉 200 克。

■ 调料　干姜、葱段、料酒、食盐、鸡精、香油各适量。

做法　1. 将羊肉洗净，切成小块；粉皮泡发。

2. 沙锅置火上，放入粉皮、羊肉块、葱段、干姜、料酒，加适量清水，用大火烧沸，改中小火炖至羊肉烂熟，加入香油、食盐、鸡精调味即成。

■ 菜品特色　增强免疫。

【芙蓉羊排】

■ 原料　羊排 400 克，鸡蛋适量。

■ 调料　蒜片、酱油、食盐、鸡精、高汤、植物油、淀粉各适量。

做法　1. 将羊排洗净，剁成小块，下入沸水锅中焯一下，捞出，沥水；鸡蛋加水及淀粉调成蛋糊。

2. 把焯好的羊排挂蛋糊入油锅中炸成金黄色，捞出，沥油。

3. 锅中加入植物油烧热，下蒜片炒香，放入炸好的羊排煸炒，加上高汤，炖至羊排将熟时，加入酱油、食盐、鸡精调味，炖熟即可食用。

■ 菜品特色　美味可口。

【小笼黑山羊】

■ 原料　黑山羊肉 350 克。

■ 调料　酱油、料酒、食盐、鸡精、香油、葱、姜、清汤各适量。

做法　1. 将羊肉切成条，整齐地码在碗内。

2. 将羊肉碗内放入酱油、料酒、食盐、葱、姜、鸡精、清汤，上屉蒸 30 分钟左右，取出，拣去葱、姜，扣入汤盘内，淋入香油即成。

■ 菜品特色　味香四溢。

第三章 禽蛋类

家禽是人类为了经济目的或其他目的而驯养的鸟类。家禽除提供人类肉、蛋外，它们的羽毛也有重要的经济价值。蛋指的是某些陆上动物产下的卵，蛋的营养丰富、价格低廉，而且又可做成炖蛋、茶叶蛋、蛋糕等各式各样的美食，所以自古即被视为营养补给的最佳来源。

【青椒炒子鸡】

■ 原料　嫩子鸡 1 只，青椒 160 克。

■ 调料　植物油、食盐、味精、白糖、料酒、生抽、生姜、蒜、葱、香油、鲜汤各适量。

做法

1. 将鸡宰杀洗净，切成小方丁；青椒切成菱形片；生姜、蒜切成小片，葱切段。
2. 锅置火上，放植物油热锅，下姜片炒香，下入鸡丁，加料酒煸炒至鸡肉干松酥软，放入青椒片、蒜片、食盐、味精、白糖、生抽，转中火翻炒均匀，再加鲜汤烧焖入味，旺火收汁，淋香油，撒上葱段即可。

■ 菜品特色　鲜香酥软。

烹饪贴士

在鸡皮和鸡肉之间有一层薄膜，它在保持肉质水分的同时也防止了脂肪的外溢。因此，如有必要，应该在烹饪后才将鸡肉去皮，这样不仅可减少脂肪摄入，还保证了鸡肉味道的鲜美。

■ 原料介绍　鸡的肉质细嫩，滋味鲜美，适合多种烹调方法，并富有营养，有滋补养身的作用。

■ 营养分析

鸡肉含水分、蛋白质、脂肪、钙、磷、铁、维生素 B_1 、维生素 B_2 、尼克酸，还有维生素 A、维生素 C、维生素 E、氧化铁、氧化镁、氧化钙、钾、钠、氯、硫、全磷酸、胆固醇等，并含 3 一甲基组氨酸。鸡肉虽然鲜美但几乎没有营养，鸡的营养物质大部分为蛋白质和脂肪，吃多了会导致身体肥胖。

■ 适用人群　一般人都可食用，但不宜多吃。

■ 选购窍门　1. 挑选健康的鸡：健康的鸡，精神活泼，羽毛紧密而油润。

2. 挑选嫩鸡：识别鸡的老嫩主要看鸡脚，脚掌皮薄，脚尖磨损少，脚腕间的突出物短的是嫩鸡。

3. 挑选散养鸡：识别的方法可以看脚，散养鸡的脚爪细而尖长，粗糙有力；而圈养鸡脚短、爪粗、圆而肉厚。

■ 储藏妙法　速冻冷藏。

【香酥鸡翅】

■原料　鸡翅250克。

■调料　植物油、姜片、蒜、炸鸡粉各适量。

做法

1. 冷水锅中加入姜片、蒜，大火煮开；将鸡翅放入开水锅中焯水；当水再次煮开鸡肉发白时即可捞出，并用冷水冲洗干净；将鸡翅两面各划三刀，滚上一层炸鸡粉待用。

2. 锅里倒植物油，油量以能没过鸡翅为准；待油温烧至六成热时将鸡翅放入，小火慢炸至鸡翅呈金黄色即可出锅。

■菜品特色　香酥鲜嫩。

■原料介绍

鸡翅即鸡翼，俗称鸡翅膀，是整个鸡身最为鲜嫩可口的部位之一，常见于多种菜肴或小吃中。常见如可乐鸡翅等。根据需求，还可以分为翅尖、翅中、翅根三部分。

■营养分析

鸡翅又名鸡翼、大转弯，肉少，皮富胶质。又分“鸡膀”、“膀尖”两种。鸡膀，连接鸡体至鸡翅的第一关节处，肉质较多；鸡翅有温中益气、补精添髓、强腰健胃等功效，鸡中翅相对翅尖和翅根来说，它的胶原蛋白含量丰富，对于保持皮肤光泽、增强皮肤弹性均有好处。

■适用人群

1. 尤其适合老年人和儿童、感冒发热、内火偏旺、痰湿偏重之人。

2. 患有热毒疖肿、高血压、血脂偏高、胆囊炎、胆石症患者忌食。

烹饪贴士

鸡翅翅尖不宜食用，最好是选用翅中和翅根食用。

■选购窍门　新鲜鸡翅的外皮色泽白亮或呈米色，并且富有光泽，无残留毛及毛根，肉质富有弹性，并有一种特殊的鸡肉鲜味。

■储藏妙法　鸡翅在肉类食品中是比较容易变质的，所以购买之后要马上放入冰箱里，剩下的鸡翅除了可以用冷冻的方法保存外，也可把鸡翅加工成熟，用保鲜膜包裹好，再进行冷冻或冷藏保存。

【常德鸡杂钵】

■ 原料 鸡肠、鸡肝、鸡心、鸡胗各 100 克。

■ 调料 植物油、食盐、红椒段、蒜苗段、蒜、白醋、红油、高汤各适量。

做法

1. 鸡肠洗净，切成段；鸡肝、鸡胗洗净，切片；鸡心洗净；蒜洗净。
2. 油锅烧热，下蒜苗段、蒜、红椒段炒香，再入鸡肠段、鸡胗片、鸡肝、鸡心翻炒。
3. 倒入高汤烧开，调入食盐、白醋，淋入红油即可。

■ 菜品特色 保肝护肾。

■ 原料介绍

鸡杂就是鸡心、鸡肝、鸡胗以及鸡肠。鸡杂富含蛋白质、脂肪，口感好，能够烹制多种菜肴。

■ 营养分析

1. 鸡杂的好处是不像畜类内脏那样含过量胆固醇，且富含蛋白，偶尔食用，对身体很有好处。

2. 辣椒具有通经活络、活血化瘀、驱风散寒、开胃健胃、补肝明目、温中下气、抑菌止痒和防腐驱虫等作用。辣椒含有人体必需的多种维生素、矿物质、纤维素、碳水化合物、蛋白质、胡萝卜素和其他营养物质，常食辣椒能驱寒温胃、减肥美容。

■ 适用人群 一般人都适用。

烹饪贴士

1. 用清水将鸡杂冲洗 3 遍即可；肠需要用刀划破，抹上食盐不加水干搓，再冲洗，反复 3 次以上。鸡杂要切细碎一些，保持 1 厘米的长度，更易入味。

2. 鸡杂切好后焯一下水，炒起来更快。

3. 用料酒在炒之前腌 10 分钟，可去除鸡杂本身的异味。

■ 选购窍门

要注意选购健康鸡的鸡杂，颜色、气味异常的鸡杂不要购买。

■ 储藏妙法

鸡杂不宜久放，经焯水处理后可冷冻保存。

【湘辣功夫手】

■ 原料　鸡爪、猪蹄各 200 克，青椒、红椒各 20 克。

■ 调料　食盐 3 克，料酒 10 毫升，干辣椒 10 克，花椒、芝麻各 5 克，卤水、植物油各适量。

做法

1. 鸡爪、猪蹄洗净，放卤水中卤熟，捞起切块待用；干辣椒、红椒、青椒洗净，切段。

2. 热锅下植物油，放入干辣椒、花椒、芝麻炒香，放入鸡爪、猪蹄翻炒，烹入料酒、食盐，加入红椒段、青椒段翻炒至熟，出锅盛盘即可。

■ 菜品特色　补血养颜。

■ 原料介绍

凤爪也称“鸡掌”、“鸡爪”、“凤足”。多皮、筋，胶质大。常用于煮汤，也宜于卤、酱，如卤鸡爪、酱鸡爪。质地肥厚的还可煮熟后脱骨拌食，如椒麻鸡掌、拆骨掌翅，皆脆嫩可口。

■ 营养分析

鸡爪的营养价值颇高，含有丰富的钙质及胶原蛋白，多吃不但能软化血管，同时具有美容功效。

■ 适用人群　一般人都适用。

烹饪贴士

1. 应先将鸡脚放入沸水中汆烫，再加入调料抓匀腌渍，可去除鸡脚本身的异味。

2. 鸡脚先下油锅爆炒，再加水炖煮，此法可增添鸡脚的鲜香味，使之风味更佳。

3. 炖煮鸡脚、猪手时，加入少许白醋可使其更易炖烂，也可缩短炖煮的时间。

4. 由于鸡脚富含胶质，起锅前开大火收至汤汁尽干便可，如果加入生粉水来收汁，汤汁就过于浓稠难吃了。

■ 选购窍门　选用色泽洁白、质地肥嫩的肉鸡鸡爪最宜，但个小或有血斑的最好不用；本地鸡（即农家人饲养的土鸡）爪因色泽暗淡，体形干瘦，故不能选用；在选用鸡爪时，要尽量做到大小一致，最好选用个大的。

■ 储藏妙法　冷冻储藏。

【口蘑炖鸭】

■ 原料 嫩水鸭1只，口蘑150克。

■ 调料 植物油2大匙，绍酒、酱油各3大匙，白糖1大匙，食盐、味精各1/3小匙，清水5杯，葱、蒜片、姜末、花椒、八角各少许。

做法

1. 将水鸭洗净，剁成块，下入沸水中烫透，捞出洗净血沫；口蘑洗净，撕成小块。

2. 炒锅上火烧热，加底油，用葱、姜末、蒜片炝锅，烹绍酒，放入鸭块煸炒片刻，加入酱油、白糖、食盐、花椒、八角、口蘑，添清水烧开，撇去浮沫，转小火慢炖至熟烂，拣去花椒、八角，加入味精，出锅装碗即可。

■ 菜品特色 香嫩软烂。

■ 原料介绍 鸭的体型相对较小，颈短。腿位于身体后方，因而步态蹒跚。家鸭不会飞，可成群饲养，肉和蛋可以吃。绒毛可做衣、被。鸭是为餐桌上的上乘肴馔，也是人们进补的优良食品。

■ 营养分析 鸭肉蛋白质含量比畜肉含量高得多，脂肪含量适中且分布较均匀，十分美味。鸭肉中的脂肪酸熔点低，易于消化。所含B族维生素和维生素E较其他肉类多，能有效抵抗脚气病、神经炎和多种炎症，还能抗衰老。

■ 适用人群 一般人都适用。

1. 适用于体内有热、上火的人食用。

2. 对于素体虚寒、受凉引起的不思饮食、胃部冷痛、腹泻清稀、腰痛以及肥胖、动脉硬化、慢性肠炎应少食；感冒患者不宜食用。

烹饪贴士

1. 烹调时加入少量食盐，肉汤会更鲜美。

2. 鸭肉适于滋补，是各种美味名菜的主要原料。

3. 鸭肉、鸭血、鸭内金全都可药用。

4. 公鸭肉性微寒，母鸭肉性微温。

5. 鸭肉与海带共炖食，可软化血管、降低血压，对老年性动脉硬化和高血压、心脏病有较好的疗效。

6. 鸭肉与竹笋共炖食，可治疗老年人痔疮下血。

■ 选购窍门 鸭的选择方法有三种：观其色，闻其味，辨其形。

1. 观色：鸭的体表光滑，呈乳白色，切开后切面呈玫瑰色，表明是优质鸭。

2. 闻味：好的鸭子香味四溢。

3. 辨形：新鲜质优的鸭，形体一般为扁圆形，腿的肌肉摸上去结实。

■ 储藏妙法 冷冻储藏。

【甜椒乳鸽】

■ 原料　乳鸽 1 只，甜椒 150 克。

■ 调料　植物油、食盐、鸡精、料酒、酱油、淀粉、葱花、姜片、整干椒、香油、鲜汤各适量。

做法

1. 乳鸽洗净，切成块，焯水，捞出沥干；甜椒摘净，切成块。
2. 锅内放植物油烧热，下入乳鸽块煸炒片刻，烹入料酒，加入植物油、食盐、鸡精、淀粉、酱油、葱花、姜片、整干椒，炒匀加鲜汤，勾薄芡，淋香油即可。

■ 菜品特色　鲜香脆嫩。

■ 原料介绍

乳鸽也叫肉鸽，是指 4 周龄内的幼鸽。其特点是：体型大、营养丰富、药用价值高，是高级滋补营养品。肉质细嫩味美，为血肉品之首。

■ 营养分析

鸽肉味咸、性平、无毒；具有滋补肝肾之作用，可以补气血，托毒排脓；可用以治疗恶疮、久病虚羸、消渴等症。

另外，虽然鸽肉所含营养价值高，但缺乏维生素 B_{16}、维生素 C、维生素 D，以及人体正常生命必须的碳水化合物。

■ 适用人群　一般人都适用。

烹饪贴士

鸽子肉有一些异味，在烹制之前，最好能用料酒腌渍一下。

■ 选购窍门　乳鸽是指幼嫩的鸽，分为顶鸽、大鸽和中鸽三种。顶鸽的体型最大，肉质丰腴肥美，重约 700 克左右，烧烤后皮脆肉香，十分好吃。大鸽比顶鸽略小些，重约 550 克左右，鸽肉幼嫩鲜美，适宜盐焗、卤浸、红烧、扒酿。中鸽体型细小、肉质不丰，它只适合炖食或煲汤，或加其他配料如药材同煮。拨起鸽子的翅膀，乳鸽翅膀下的羽毛没有长齐，翅膀羽毛短于尾巴，嘴部多为肉色，爪是浅肉色。老鸽的翅膀下的羽毛已长齐，嘴上则有两点白点，爪是红色的。选购乳鸽时，要仔细辨别，以防将老鸽当乳鸽。

■ 储藏妙法　冷冻储藏。

【芙蓉鹌片】

■ 原料　鹌鹑肉 250 克，冬笋 50 克，火腿 50 克，豌豆荚 30 克，鸡蛋清 30 克。

■ 调料　植物油 30 毫升，大葱 15 克，生姜 20 克（切米），淀粉 10 克，香油 1 毫升，食盐 4 克，味精 5 克，黄酒 15 毫升。

做法

1. 鹌鹑肉洗净，切成薄片，放入碗中，加蛋清、食盐、淀粉拌匀备用；将冬笋、火腿洗净，切成片；豌豆荚摘去头尾与粗丝；将炒锅置火上，加入植物油，烧至温热时，即可倒入鹌鹑肉片，拌炒过油，变白时即捞起。
2. 锅内加植物油，放入火腿、豌豆荚、冬笋片、葱白、姜末，大火爆炒，加入食盐、味精、黄酒和鹌鹑肉片，略加爆炒；淀粉加适量水调匀倒入勾芡，再淋上香油即可。

■ 菜品特色　肉质细嫩，味道鲜美。

■ 原料介绍　鹌鹑是雉科中体型较小的一种。野生鹌鹑尾短翅长而尖，上体有黑色和棕色斑相间杂，具有浅黄色羽干纹，下体灰白色，颊和喉部赤褐色，嘴沿灰色，脚淡黄色。雌鸟与雄鸟颜色相似，分布广泛于四川、黑龙江、吉林、辽宁、青海、河北、河南、山东、山西、安徽、云南、福建、广东等地。

■ 营养分析　鹌鹑肉适宜于营养不良、体虚乏力、贫血头晕、肾炎浮肿、泻痢、高血压、肥胖症、动脉硬化症等患者食用。含丰富的卵磷脂，可生成溶血磷脂，抑制血小板凝聚的作用，可阻止血栓形成，保护血管壁，阻止动脉硬化。卵磷脂是高级神经活动不可缺少的营养物质，具有健脑作用。鹌鹑不仅食用营养价值很高，它的药用价值也很高。

■ 适用人群　一般人都适用。

烹饪贴士

鹌鹑肉质细嫩，最好不要过度烹饪，应采取炖汤、生炒等方法处理为佳。

■ 选购窍门

1. 食用鹌鹑要选活的、嫩的，观察其羽毛，羽毛齐全为幼嫩的，羽毛脱落而不全为老的。
2. 手捏胸肌比较丰满，肉质细嫩味美，芳香可口，脂肪少，营养价值也很高，可用来清炖或煲汤，补而不腻。

■ 储藏妙法　冷冻储藏。

【萝卜干拌鸭肠】

■ 原料　净鸭肠200克，萝卜干40克。

■ 调料　酸辣酱、香葱、生姜各适量。

做法

1. 将香葱挽结，生姜拍破，切块；将净鸭肠放入加了葱结、姜块的沸水中焯水，捞出沥干；将萝卜干切成小丁，鸭肠切成段。

2. 将鸭肠段和萝卜干丁一同放入容器内，加入酸辣酱拌匀即可。

■ 菜品特色　酸辣爽口。

■ 原料介绍

鸭肠是经过处理的鸭子的肠子，可制作多种菜肴。

■ 营养分析

鸭肠富含蛋白质、B族维生素、维生素C、维生素A和钙、铁等微量元素。对人体新陈代谢、神经、心脏、消化和视觉的维护都有良好的作用。

■ 适用人群　一般人群均可食用。

烹饪贴士

1. 清洗鸭肠一定要先翻洗内侧，这样才能清洗干净。

2. 煮鸭肠的时间不宜太长，断生即可，以免过老，影响口感。

■ 选购窍门　质量好的鸭肠一般呈乳白色，黏液多，异味较轻，具有韧性，不带粪便及污物；选购时如果鸭肠色泽变暗，呈淡绿色或灰绿色，组织软，无韧性，黏液少且异味重，说明质量欠佳，不宜选购。

■ 储藏妙法　鲜鸭肠不宜长时间保鲜，家庭中如果暂时食用不完，可将剩余的鲜鸭肠收拾干净，放入清水锅内煮熟，取出用冷水过凉，再擦净表面水分，要保鲜袋包裹成小包装，直接冷藏保鲜，一般可保鲜5天不变质。

【青椒炒荷包蛋】

■ 原料　鸡蛋 4 个，青椒 200 克。

■ 调料　植物油、食盐、味精、酱油、蚝油、葱花、姜末、蒜片、红油各适量。

做法

1. 蛋煎成蛋饼；将青椒摘净，切片；锅放火上，放入青椒片，放少许食盐拌炒，将青椒炒蔫后盛出。

2. 将锅放植物油烧热放入姜末、蒜片煸香，放入青椒翻炒，放食盐、味精翻炒，下入荷包蛋、蚝油、酱油、水，淋红油即可。

■ 菜品特色　清香适口。

■ 原料介绍　鸡蛋，又名鸡卵、鸡子，是母鸡所产的卵，其外有一层硬壳，内则有气室、卵白及卵黄部分，它富含各类营养，是人类常食用的食品之一。

■ 营养分析　鸡蛋中含有大量的维生素和矿物质及蛋白质。对人而言，鸡蛋的蛋白质品质最佳，仅次于母乳。一个鸡蛋所含的热量，相当于半个苹果或半杯牛奶的热量，但是它还含有磷、锌、铁、蛋白质、维生素 D、维生素 E、维生素 A、维生素 B_6。这些营养都是人体必不可少的。

■ 适用人群　一般人都适合。更是婴幼儿、孕妇、产妇、病人的理想食品。一般人每天食用不超过 2 个。

烹饪贴士

吃蛋必须煮熟，不要生吃，打蛋时也须提防沾染到蛋壳上的杂菌。婴幼儿、老人、病人吃鸡蛋应以煮、卧、蒸、甩为好。毛蛋、臭蛋不能吃。冠心病的人吃鸡蛋不宜过多，以每日不超过 1 个为宜，对已有高胆固醇血症者，尤其是重度患者，应尽量少吃或不吃，或可采取吃蛋白而不吃蛋黄的方式，因为蛋黄中胆固醇含量比蛋白高 3 倍，可达 1400 毫克／百克。

■ 选购窍门

1. 可用日光透射：用左手握成圆形，右手将蛋放在圆形末端，对着日光透射，新鲜的鸡蛋呈微红色，半透明状态，蛋黄轮廓清晰；如果昏暗不透明或有污斑，说明鸡蛋已经变质。

2. 可观察蛋壳：蛋壳上附着一层霜状粉末，蛋壳颜色鲜明，气孔明显的是鲜蛋；陈蛋正好与此相反，并有油腻。

3. 可用手轻摇：无声的是鲜蛋，有水声的是陈蛋。

■ 储藏妙法　冷鲜储藏。

【火烧双素拌皮蛋】

■ 原料　茄子 100 克，红泡椒 100 克，皮蛋 4 个。

■ 调料　食盐、味精、鸡精、酱油、蒸鱼豉油、白醋、陈醋、香油、姜末、蒜蓉各适量。

做法

1. 将茄子和红泡椒分别放在明火上烧，用筷子翻动，烧至外皮焦煳后，分别泡入水中，撕去焦皮；将茄子、红泡椒撕成条形；在平底盘中间抹上香油少许和蒸鱼豉油，将皮蛋剥去外壳后切成橘瓣形，顺一个方向摆在盘子中。

2. 将茄子、红泡椒分别放在两个碗中，各加入姜末、蒜蓉、食盐、味精、鸡精、陈醋、白醋、酱油拌匀，先将红泡椒码在皮蛋上，再将茄子码放在红泡椒上，淋香油即可。

■ 菜品特色　开胃爽口。

■ 原料介绍

松花蛋又称皮蛋、变蛋等，口感鲜滑爽口，色香味均有独到之处。制作皮蛋的主要原料有生石灰、纯碱、食盐、红茶、植物灰（含有氧化钙、氢氧化钾），皮蛋是我国一种传统的风味蛋制品。

■ 营养分析

松花蛋较鸭蛋含更多矿物质，脂肪和总热量却稍有下降，它能刺激消化器官，增进食欲，促进营养的消化吸收，中和胃酸，清凉，降压。具有润肺、养阴止血、凉肠、止泻、降压之功效。此外，松花蛋还有保护血管的作用。同时还有提高智商、保护大脑的功能。

■ 适用人群　一般人都适用，小儿、脾阳不足、寒湿下痢者、心血管病、肝肾疾病患者少食。

烹饪贴士

切松花蛋可以用线，也可以像上面说的那样将刀两面抹上薄薄的食油再切，可以保证切得完整。

■ 选购窍门　选购松花蛋简单易行的办法是一掂、二摇、三看壳、四品尝。

一掂：是将松花蛋放在手掌中轻轻地掂一掂，品质好的松花蛋颤动大，无颤动松花蛋的品质较差。

二摇：是用手取松花蛋，放在耳朵旁边摇动，品质好的松花蛋无响声，质量差的则有声音。

三看壳：即剥除松花蛋外附的泥料，看其外壳，以蛋壳完整、呈灰白色、无黑斑者为上品。

四品尝：松花蛋若是腌渍合格，则蛋清明显弹性较大，呈茶褐色并有松枝花纹，蛋黄外围呈黑绿色或蓝黑色，中心则呈橘红色。

■ 储藏妙法　放干燥通风处即可。

【双色熘鸽蛋】

■原料　鸽蛋400克，菠菜心200克。

■调料　猪油、食盐、味精、鸡精、酱油、辣酱、蚝油、淀粉、香油、红油、浓缩鸡汁、姜末、蒜蓉、鲜汤各适量。

做法

1. 将鸽蛋煮熟剥壳分成两份待用；锅内放猪油烧至六成热，下入1份鸽蛋，炸至金黄色，捞出沥油。

2. 取蒸钵2个，一个放炸好的鸽蛋、姜末、蒜蓉、辣酱、食盐、味精、鸡精、蚝油、酱油、鲜汤少许；另一个放未炸的鸽蛋、姜末、食盐、味精、浓缩鸡汁、鲜汤；将两份鸽蛋蒸15分钟，取出。

3. 锅内留底油，放入菠菜心炒熟，点在盘子中，将两份鸽蛋分别沥出蒸汁，倒在盘子两头；将两种汤汁下锅烧开，勾芡，淋红油、香油，浇在对应鸽蛋上即可。

■菜品特色　风味独特。

■原料介绍　鸽蛋被誉为“动物之人参”。鸽蛋含有几种氨基酸和人体必需的8种各类维生素，是高蛋白低脂肪的珍品。鸽蛋能够增强人体的免疫和造血功能，对手术后的伤口愈合、产妇产后的恢复和调理、儿童的发育成长更具功效，是老少皆宜的药膳。

■营养分析　鸽蛋含有大量优质蛋白质及少量脂肪、并含少量糖分、磷脂、铁、钙、维生素A、维生素B_1、维生素D等营养成分，易于消化吸收。鸽蛋是孕妇、儿童、病人等人群的高级营养品，也是宴席上的一道时尚菜。

■适用人群　一般人群都适用。是老年人、儿童、体虚、贫血者的理想营养食品；由于脂肪含量较低，适合高血脂症患者食用；钙、磷的含量在蛋类中相对较高，非常适于婴幼儿食用。

烹饪贴士

适于做汤。

■选购窍门　鸽蛋外形匀称，表面光洁、细腻、白里透粉。鸽蛋煮熟后，蛋白是半透明的，而鹌鹑蛋煮熟后的蛋白跟鸡蛋是一样的。鸽子蛋在阳光下面是透亮的，而鹌鹑蛋则完全没有光泽，还有，鸽蛋一般也要比鹌鹑蛋大一些。

■储藏妙法　放干燥通风处即可。

【湘辣晶莹鹌鹑蛋】

■ 原料　鹌鹑蛋 10 个，鸡脯肉 100 克，青椒片、红椒片各 20 克。

■ 调料　植物油、食盐、味精、鸡精、香辣酱、香油、红油、淀粉、葱花、鲜汤。

做法

1. 将鹌鹑蛋煮熟后捞出，剥壳切成两半；取鸡蛋清、鸡脯肉蓉加入食盐、味精、鸡精、蛋清、鲜汤、淀粉搅匀成鸡蓉料；在盘底抹油，鸡蓉料均匀抹在盘底，再将鹌鹑蛋贴在鸡蓉料上，上笼蒸熟取出。
2. 锅内倒入鲜汤烧开放食盐、味精调味、下淀粉勾芡，淋上油，出锅浇盖在鹌鹑蛋上；锅内放植物油，下香辣酱，加鲜汤，烧开加味精，用淀粉勾芡，淋红油、香油，浇盖在鹌鹑蛋上，放青椒片、红椒片即可。

■ 菜品特色　鲜香嫩滑。

■ 原料介绍

鹌鹑蛋又名鹑鸟蛋、鹌鹑卵。宜常食为滋补食疗品。鹌鹑蛋在营养上有独特之处，故有“卵中佳品”之称。

■ 营养分析

鹌鹑蛋的营养价值不亚于鸡蛋，丰富的蛋白质、脑磷脂、卵磷脂、赖氨酸、胱氨酸、维生素 A、维生素 B_2、维生素 B_1、铁、磷、钙等营养物质，可补气益血、强筋壮骨。鹌鹑蛋中氨基酸种类齐全，含量丰富，还有高质量的多种磷脂等人体必需成分，铁、核黄素、维生素 A 的含量均比同量鸡蛋高出 2 倍左右，而胆固醇则较鸡蛋低约 1/3，所以是各种虚弱病者及老人、儿童及孕妇的理想滋补食品。

■ 适用人群　适宜婴幼儿、孕产妇、老人、病人及身体虚弱的人食用；脑血管病人不宜多食鹌鹑蛋。

烹饪贴士

通常煮至全熟或半熟后去壳，用于沙拉中，也可以腌渍、水煮或做胶冻食物。

■ 选购窍门　优质蛋外壳为灰白色，并杂有红褐色和紫褐色的斑纹，色泽鲜艳，壳硬；蛋黄呈深黄色，蛋白黏稠；蛋的重量为 10 克左右。

■ 储藏妙法　生鹌鹑蛋在常温下能够保存 40 天左右，熟鹌鹑蛋在常温下保存 3 天，14℃以下熟鹌鹑蛋可以保存 1 周。

【常德红油土鸡钵】

■ 原料　土鸡1只，青椒、红椒各20克。

■ 调料　食盐3克，味精1克，酱油12毫升，红油20毫升，大蒜15克，干辣椒、植物油适量，葱少许。

做法　1. 土鸡洗净，切块；青椒、红椒洗净，切圈；葱洗净，切花。

2. 锅中注植物油烧热，放入鸡块翻炒至变色，再放入青椒圈、红椒圈、大蒜、干辣椒炒匀；注入适量清水，倒入酱油、红油煮至熟后，加入食盐、味精调味，撒上葱花即可。

■ 菜品特色　增强免疫。

【古越花雕鸡】

■ 原料　子鸡600克，粉丝100克。

■ 调料　花雕酒20毫升，食盐3克，老抽、植物油、醋各5毫升。

做法　1. 子鸡洗净，入沸水锅中汆水；粉丝入沸水锅中稍煮，捞出，装在盘底。

2. 炒锅注植物油烧热，放入子鸡，加适量清水、花雕酒、食盐、老抽、醋炖煮至熟，起锅倒在粉丝上即可。

■ 菜品特色　养心润肺。

【家乡土匪鸡】

■ 原料　鸡肉500克，泡椒100克，青椒、红椒各30克，竹笋片适量。

■ 调料　食盐4克，鸡精2克，辣椒油、植物油、料酒各适量。

做法　1. 鸡肉洗净，切块，加食盐和料酒腌渍；泡椒、竹笋片洗净；青椒、红椒分别洗净，均切圈。

2. 鸡肉块入沸水中汆烫，捞出待用。

3. 热锅加植物油，放入泡椒、青椒圈、红椒圈炒香，加入鸡肉块、竹笋片同炒至九分熟，再加入辣椒油、食盐和鸡精调味，起锅装盘。

■ 菜品特色　排毒瘦身。

【浏阳河小炒鸡】

■ 原料　鸡肉400克，蒜薹40克。

■ 调料　食盐3克，味精1克，酱油15毫升，红椒少许，植物油适量。

做法　1. 鸡肉洗净，切条；蒜薹洗净，切小段；红椒洗净，切圈。

2. 锅中注植物油烧热，放入鸡条翻炒至变色，再放入蒜薹段、红椒圈同炒。

3. 炒至熟后，加入食盐、味精、酱油拌匀，起锅装盘即可。

■ 菜品特色　提神醒脑。

【吊烧鸡】

■ 原料　嫩母鸡 1 只。

■ 调料　植物油、食盐、鸡精、醋、蜂蜜、老抽各适量。

做法　**1.** 母鸡洗净，表面用食盐抹匀，入蒸锅蒸熟，取出。

2. 用醋、蜂蜜、老抽、食盐、鸡精、水调成脆皮汁，淋在鸡皮上，风干。

3. 炒锅加植物油烧热，用大勺淋在鸡皮上，将鸡用刀切块，装盘保持鸡形完整即可。

■ 菜品特色　防癌抗癌。

【湘南双椒脆皮鸡】

■ 原料　鸡 300 克，四季豆 50 克，青椒适量。

■ 调料　食盐 3 克，鸡精 2 克，芝麻、泡椒、植物油、面粉各适量。

做法　**1.** 将鸡洗净切块，面粉与水调和，将鸡块裹成圆柱状；青椒去蒂洗净，切片；四季豆洗净切条。

2. 热锅下植物油，下入鸡块炸至金黄色，下入芝麻炸香，再放入青椒片、泡椒、四季豆条炒匀，调入食盐、鸡精即可。

■ 菜品特色　降低血糖。

【油淋童子鸡】

■ 原料　童子鸡 500 克，黄瓜 100 克，青椒丝、红椒丝各 50 克。

■ 调料　植物油适量，食盐 4 克，白糖 5 克，味精 1 克，料酒 10 毫升，姜丝 50 克。

做法　**1.** 所有原料洗净。

2. 把料酒、白糖、味精、食盐兑成汁，将童子鸡腌渍入味；将童子鸡上笼用旺火蒸熟后取出，放入热油锅中，不断把油淋在鸡身上至鸡皮呈黄色时捞出，斩成条，装盘；油热，将姜丝、青椒丝、红椒丝快速煸炒一下，放食盐、味精调味，出锅摆于盘中即可。

■ 菜品特色　增强免疫。

【张家界小炒子鸡】

■ 原料　子鸡肉 100 克，红椒、芹菜、蒜片各适量。

■ 调料　食盐 3 克，料酒、味精、植物油、五香粉、酱油各适量。

做法　**1.** 子鸡肉洗净，切成片，用食盐、五香粉、料酒腌渍一下；红椒切丝；芹菜去叶，切小段。

2. 炒锅加植物油烧热，入蒜片炒香，再下入鸡肉片滑熟，用少许酱油着色。

3. 最后将红椒丝及芹菜段加入拌炒 2 分钟，调入食盐、味精及五香粉，继续翻炒至香味散发，起锅盛盘即可。

■ 菜品特色　开胃消食。

【浏阳河鸡】

■原料　土公鸡1只，路边筋15克，黄芪10克，干紫苏梗30克。

■调料　植物油、食盐、白酒、生姜、鲜汤各适量。

做法　1. 将土公鸡洗净剁成方块；将路边筋、黄芪、干紫苏梗洗净，生姜切成厚片。

2. 锅内放入植物油，烧至四成热时下入姜片煸香，再放入鸡块用旺火煸炒，不断烹入白酒，炒香后放入路边筋、黄芪、干紫苏梗一起翻炒，加入鲜汤、食盐，烧开后撇去浮沫，倒入陶罐用小火煨至肉烂，夹去路边筋、黄芪、干紫苏梗，旺火收汁即可。

■菜品特色　祛湿强身。

【农家炖土鸡】

■原料　土鸡1000克，鸡蛋200克。

■调料　食盐5克，酱油15毫升，料酒、葱各适量。

做法　1. 土鸡洗净，切块，用食盐、酱油、料酒腌渍；鸡蛋煮熟，剥壳待用；葱洗净切段。

2. 汤锅中放入适量清水烧开，放入鸡块，调小火炖至八分熟，放入鸡蛋继续炖煮，炖熟再调入食盐、酱油、料酒，撒上葱段即可。

■菜品特色　养心润肺。

【乡村特色南瓜鸡】

■原料　土鸡1只，南瓜500克，红枣20克。

■调料　植物油、食盐、味精、料酒、生姜、鲜汤各适量。

做法　1. 将土鸡洗净，剁成方块；南瓜切成方块；生姜切片；红枣泡发。

2. 锅放入植物油烧热，放入姜片炒香，下入鸡块断生，烹入料酒、鲜汤，旺火烧开撇去浮沫，转小火煨至鸡块八成烂，加入南瓜块、红枣、食盐、味精，继续煨至入味，收汁即可。

■菜品特色　鲜香滑嫩。

【湘岳辣子鸡】

■原料　嫩子鸡1只，白芝麻10克。

■调料　植物油、红油、食盐、味精、料酒、酱油、白糖、辣酱、花椒粉、整干椒、蒜、葱、生姜、香油各适量。

做法　1. 将鸡洗净剔骨取肉，切成方块，用料酒、食盐、酱油腌渍入味；整干椒切段；生姜、蒜切末，葱切花。

2. 锅放入植物油，下入鸡块，烹入料酒，炒干，放入花椒粉、干椒段、辣酱、白芝麻、姜末、蒜末，炒香后加入食盐、味精、白糖炒匀，淋上香油，撒上葱花即可。

■菜品特色　辣香开胃。

【清炖人参鸡】

■ 原料　土母鸡 1 只，人参 15 克，水发香菇 15 克，玉兰片 10 克，枸杞 5 克。

■ 调料　食盐、味精、鸡精、胡椒粉、料酒、生姜、葱、鲜汤各适量。

做法　**1.** 将土母鸡洗净；人参上笼蒸 30 分钟，取出切段；水发香菇、玉兰片、生姜均切厚片；葱切花；枸杞洗净；将鸡放入加了料酒的沸水中焯水，捞出剁成块。**2.** 将上述原料和调料放入砂罐中，煨 3 小时，撒上胡椒粉、葱花即可。

■ 菜品特色　养身补气。

【山药炖土鸡】

■ 原料　净土鸡半只，山药 250 克，青椒 1 个。

■ 调料　猪油、食盐、味精、鸡精、料酒、胡椒粉、白糖、鸡油、葱花、姜片、鲜汤、八角各适量。

做法　**1.** 将山药去皮，切成块，泡入冷水中；将青椒洗净；将土鸡洗净剁成方块，焯水，捞出，沥干水分。**2.** 锅内放猪油，下入姜片煸香，再下入鸡块炒干，烹入料酒、放入鲜汤，放入八角、青椒，汤开后改小火，下入山药块，鸡炖烂后，放食盐、味精、鸡精、白糖、胡椒粉，淋入鸡油、撒上葱花即可。

■ 菜品特色　鲜香嫩滑。

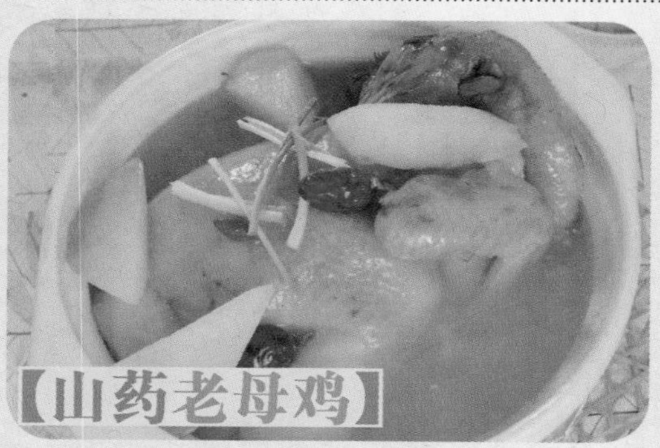

【山药老母鸡】

■ 原料　老母鸡半只。

■ 调料　老姜 1 块，红枣 6 枚，山药 1 段，料酒、食盐适量。

做法　**1.** 老母鸡切块加水煮滚，捞除浮沫，加入姜块、红枣、料酒小火慢炖 1 个小时以上。**2.** 再加入山药段煮开转小火继续炖 30 分钟，最后加食盐调味即可。

■ 菜品特色　补气养身。

【香汤鸡】

■ 原料　三黄鸡 1 只，蕨菜 100 克，熟芝麻 5 克，花生仁 15 克，黄栀子 8 克。

■ 调料　食盐、味精、鸡精、白糖、红油、生抽、陈醋、芝麻酱、料酒、老姜、香葱、鲜汤各适量。

做法　**1.** 香葱挽结，老姜拍破，切块；三黄鸡放入沸水锅中，加入黄栀子、食盐、料酒、姜块、葱结煮 5 分钟，离火闷约 25 分钟，捞出后入漂冷备用；蕨菜切成节，焯水后垫入碗底；剩余的香葱切花。**2.** 用红油、芝麻酱、味精、鸡精、生抽、白糖、陈醋和鲜汤调成味汁；将三黄鸡斩成条，码在蕨菜上，淋上味汁，撒上熟芝麻、花生仁和葱花即可。

■ 菜品特色　汤浓味美。

【红椒嫩鸡】

■原料　鸡腿肉350克，红椒30克，蒜苗25克。

■调料　大葱、花椒、味精、香油、食盐、植物油各适量，姜8克，大蒜8克。

做法　**1.** 鸡腿肉洗净切成小块，红椒洗净切成小块，大蒜切片，蒜苗切段。

2. 鸡块用味精、食盐腌渍5分钟入味。

3. 锅置火上，加植物油烧热，下入鸡块爆香，再加入红椒块、蒜片、蒜苗段及剩余调料一起炒匀至入味即可。

■菜品特色　降低血糖。

【糊辣子鸡】

■原料　鸡肉400克，干辣椒30克。

■调料　食盐3克，味精1克，酱油10毫升，料酒12毫升，大蒜、植物油少许。

做法　**1.** 鸡肉洗净，切块；干辣椒洗净，切圈；大蒜洗净，切片。

2. 锅内注植物油烧热，下干辣椒炒香，放入鸡块翻炒至变色后，加入大蒜炒匀。

3. 加入食盐、酱油、料酒炒至熟后，加入味精调味，起锅装盘即可。

■菜品特色　增强免疫。

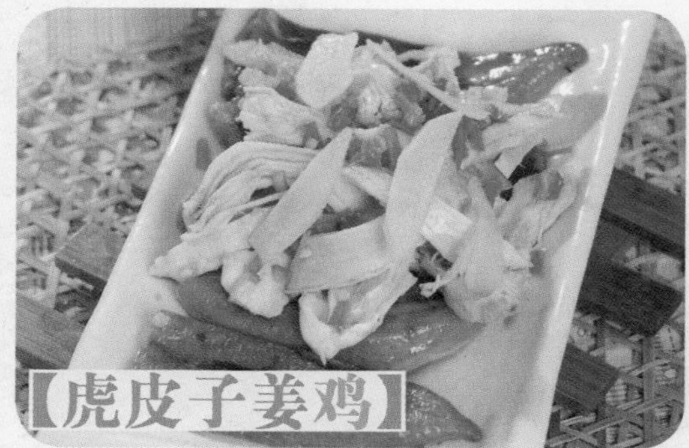

【虎皮子姜鸡】

■原料　鸡肉200克，青椒20克，红尖椒20克，泡椒10克，子姜片20克。

■调料　食盐3克，酱油2毫升，植物油、五香粉、胡椒粉、辣椒粉、辣椒油、葱花、姜末各适量。

做法　**1.** 鸡肉洗净，切块；青椒洗净，切去两端蒂头，入油锅中炸至成虎皮状后，盛盘；红尖椒洗净。

2. 油锅烧热，放姜末、葱花爆炒，放进鸡肉炒至五分熟。放进红尖椒、泡椒、子姜，加食盐、酱油、五香粉、胡椒粉、辣椒粉、辣椒油，大火爆炒3分钟，盛起即可。

■菜品特色　防癌抗癌。

【鸡粒碎米椒】

■原料　面粉300克，鸡脯肉200克，红椒50克，青椒100克。

■调料　植物油、食盐、鸡精各3克，水淀粉、葱花各10克，发酵粉适量。

做法　**1.** 鸡脯肉洗净剁成丁，用水淀粉腌渍；红椒洗净，切丁；青椒洗净，切圈。

2. 面粉加水与发酵粉和好，发酵1小时后，做成蝴蝶状，上蒸笼蒸熟摆盘；锅底入植物油，放鸡丁滑炒，放入红椒丁、青椒圈翻炒熟，调入食盐、鸡精炒匀，撒入葱花装盘。

■菜品特色　防癌抗癌。

【江湖鸡串】

■ 原料　鸡肉 150 克，干辣椒、葱花、芝麻各适量。

■ 调料　食盐 4 克，植物油、花椒、胡椒粉、香油各适量。

做法　1. 鸡肉洗净，切小块，用食盐腌渍半小时。

2. 将腌渍好的鸡肉块用竹签串起来，下入油锅炸至金黄后捞起，沥油，装盘。

3. 锅中留底油，下入干辣椒、花椒炒香，撒胡椒粉翻炒均匀，再加葱花、芝麻炒匀，起锅盖在鸡串上，再淋上香油即可。

■ 菜品特色　增强免疫。

【毛豆烧鸡腿肉】

■ 原料　毛豆 100 克，鸡腿肉 300 克。

■ 调料　食盐 3 克，鸡精、植物油、红油各适量。

做法　1. 毛豆洗净；鸡腿肉洗净，斩块，汆水。

2. 炒锅注植物油烧热，放入鸡腿肉块爆炒，加入毛豆翻炒，加入适量清水烹煮。

3. 加食盐、鸡精、红油调味，起锅装盘即可。

■ 菜品特色　排毒瘦身。

【山药熘鸡丁】

■ 原料　山药、鸡肉各 300 克，胡萝卜 200 克。

■ 调料　食盐 3 克，鸡精 2 克，生姜、蒜、辣椒酱各 5 克，植物油、水淀粉各适量。

做法　1. 山药去皮洗净，切丁；鸡肉洗净，切丁；胡萝卜洗净，切丁；生姜、蒜均去皮洗净，切片。

2. 锅下植物油烧热，下姜片、蒜片炒香，放入鸡肉用中火滑炒片刻，放入山药丁、胡萝卜丁，调入食盐、鸡精、辣椒酱炒匀，待熟时用水淀粉勾芡，起锅装盘即可。

■ 菜品特色　防癌抗癌。

【生炒小公鸡】

■ 原料　公鸡 1 只，青椒、红椒各 20 克。

■ 调料　食盐 3 克，蒜 15 克，鸡精 2 克，植物油、酱油、料酒、水淀粉各适量。

做法　1. 所有原料洗净。

2. 锅内加水烧热，放入鸡块汆水，捞出沥干水分备用。

3. 锅下植物油烧热，下蒜爆香，放入鸡块煸炒片刻，调入食盐、鸡精、酱油、料酒炒匀，放入青椒、红椒翻炒，待鸡块快熟时，加水淀粉焖煮片刻，起锅装盘即可。

■ 菜品特色　保肝护肾。

【笋干烧鸡】

■ 原料　鸡腿肉 800 克，笋干 200 克。

■ 调料　植物油、料酒、酱油、香油、食盐、葱段各适量。

做法　1. 鸡腿肉洗净，切块；笋干用温水泡发，切段备用。

2. 油锅烧热，下入鸡腿肉块，烹入料酒，加酱油翻炒，放入笋干，加水焖烧。

3. 烧好，加入食盐调味，下入葱段炒匀，淋香油，装盘即可。

■ 菜品特色　补血养颜。

【窝头米椒鸡】

■ 原料　窝头 10 个，鸡肉 200 克，酸菜 100 克。

■ 调料　食盐 3 克，葱 3 克，辣椒酱 5 克，植物油、酱油、醋各适量。

做法　1. 鸡肉洗净，切丁；酸菜洗净，切碎；葱洗净，切花。

2. 锅下植物油烧热，放入鸡肉丁滑炒片刻，放入酸菜，调入食盐、辣椒酱、酱油、醋炒匀，待熟时盛入盘中间，撒上葱花。

3. 窝头入蒸锅蒸熟摆盘即可。

■ 菜品特色　养心润肺。

【香馒辣子鸡】

■ 原料　鸡肉 400 克，馒头 100 克，干辣椒 80 克。

■ 调料　食盐 3 克，味精少许，酱油 12 毫升，料酒 8 毫升，植物油、葱少许。

做法　1. 鸡肉洗净，切块；馒头切片，下入油锅中浸炸成金黄色；干辣椒洗净切圈；葱洗净切末。

2. 锅中注植物油烧热，下干辣椒圈炒香，放入鸡块翻炒至发白，再放入馒头片炒匀、倒入酱油、料酒炒至鸡肉断生后，加入食盐、味精调味，撒上葱末，起锅装盘即可。

■ 菜品特色　增强免疫力。

【榛蘑炖鸡】

■ 原料　干榛蘑 150 克，鸡肉 500 克。

■ 调料　食盐 4 克，鸡精 2 克，料酒 15 毫升，植物油、枸杞子、葱花各适量。

做法　1. 干榛蘑泡发，洗净待用；鸡肉洗净，斩块，入沸水锅中汆水。

2. 炒锅注植物油烧热，放入鸡肉块，注入适量清水煮开，烹料酒，加入榛蘑、食盐、鸡精、枸杞子、葱花。

3. 用中火炖至鸡肉熟烂，即可出锅。

■ 菜品特色　增强免疫力。

【剁辣椒蒸鸡】

■ 原料　净鸡 300 克，剁辣椒 75 克。

■ 调料　植物油、食盐、味精、鸡精、蚝油、白糖、料酒、红油、香油、姜末、蒜蓉、葱花各适量。

做法　1. 净鸡砍成方块，将鸡块放入加了料酒、食盐的沸水中焯水，捞出，沥干。

2. 将剁辣椒放植物油、味精、鸡精、蚝油、白糖、红油，加入姜末、蒜蓉，一起拌匀后放入鸡块再次拌匀，上蒸笼蒸 15 分钟至鸡块酥烂后取出，淋香油、撒葱花即可。

■ 菜品特色　香辣香酥。

【土豆粉皮炖土鸡块】

■ 原料　土鸡 500 克，土豆 150 克，粉皮 100 克。

■ 调料　植物油、食盐、味精、蚝油、料酒、八角、桂皮、胡椒粉、姜片、葱花、葱结、鲜汤各适量。

做法　1. 将土鸡洗净，砍成方块，焯水断生；土豆切块；粉皮泡发。

2. 锅内放植物油，下姜片、八角、桂皮煸香，下鸡块，烹入料酒，下鲜汤、葱结、八角、桂皮，汤开后，改小火将鸡炖至肉酥烂，去掉香料，放食盐、味精、蚝油调味，撒上葱花、胡椒粉即可。

■ 菜品特色　香酥软烂。

【一品土鸡】

■ 原料　土鸡 1 只。

■ 调料　植物油、食盐、味精、鸡精、料酒、胡椒粉、老姜、鸡油、鲜汤各适量。

做法　1. 将土鸡洗净，剁成方块，焯水，捞出沥干；老姜切大片，鸡血烫熟，鸡杂切薄片。

2. 锅放植物油烧热，下姜片炒香，放入土鸡块、料酒炒干，加入鲜汤、食盐、味精，大火烧开，撇去浮沫，改小火焖至鸡肉软烂，加入鸡杂、鸡血、胡椒粉、鸡精，淋鸡油即可。

■ 菜品特色　祛风湿，温肾阳。

【三菌炖鸡】

■ 原料　嫩母鸡肉 500 克，云耳 50 克，香菇 50 克，口蘑 50 克，大蒜 50 克。

■ 调料　植物油、食盐、味精、料酒、葱、生姜、鲜汤各适量。

做法　1. 将云耳、香菇、口蘑洗净；鸡肉剁成方块；大蒜上笼蒸烂；葱切段，生姜切片；锅放入植物油烧热，下入云耳、香菇、口蘑炒干，待用。

2. 锅放入植物油烧热，放入鸡块、姜片、料酒炒香，加入鲜汤，烧开后撇去浮沫，改小火炖鸡块至八分熟时，加入云耳、香菇、口蘑、食盐、味精和大蒜，炖熟后撒上葱段即可。

■ 菜品特色　鲜香嫩滑。

【芝麻辣子鸡】

■原料　鸡肉 200 克，干辣椒 200 克，白芝麻 10 克。

■调料　食盐 5 克，植物油、水淀粉、鸡精、葱少许。

做法　**1.** 将干辣椒洗净，切丁；将葱洗净，切段。

2. 将鸡肉切成条，糊上水淀粉，撒上白芝麻，放入油锅中炸至浮起，然后捞起。

3. 起炒锅，加热油，放入干辣椒丁爆香，放进炸鸡条，加入食盐、葱段、鸡精，爆炒 3 分钟，盛起即可。

■菜品特色　开胃消食。

【农家老姜鸡】

■原料　子土鸡 750 克。

■调料　植物油、食盐、味精、料酒、老姜、鲜汤各适量。

做法　**1.** 将子土鸡洗净，剁成方丁；老姜切成厚片。

2. 锅放入植物油烧至五成热，下姜片煸香，放入土鸡丁，烹入料酒、食盐、鸡丁炒干后，加入鲜汤，改小火焖至汤色乳白时加味精，搅匀即可。

■菜品特色　肉烂脱骨。

【口味小煎鸡米】

■原料　鸡脯肉 100 克，青椒、红椒、胡萝卜、玉米粒各 10 克。

■调料　植物油、食盐、味精、鸡精、料酒、香辣酱、葱、生姜、红油、香油、淀粉各适量。

做法　**1.** 鸡脯肉切成米粒状，用少许食盐、淀粉上浆入味；将青椒、红椒、胡萝卜、生姜摘净，均切成米粒状；葱切花；玉米粒煮熟；锅放植物油烧至五成热，下入鸡脯肉粒滑熟，捞出沥油。

2. 锅内留底油，下入姜米、青椒米、红椒米、胡萝卜粒、玉米粒略炒，加入食盐、味精、鸡精、料酒、香辣酱炒匀，倒入鸡脯肉粒，用淀粉勾芡，淋红油、香油，撒上葱花即可。

■菜品特色　口味香浓。

【五彩银芽鸡丝】

■原料　绿豆芽 300 克，净鸡肉 200 克，红泡椒、青椒、木耳各 50 克。

■调料　植物油、食盐、味精、鸡精、料酒、淀粉、姜丝、香油、鲜汤各适量。

做法　**1.** 将绿豆芽摘净；将青椒、红泡椒、木耳摘净，切成丝；将鸡肉洗净切丝，放入食盐、味精、料酒、淀粉抓匀腌渍；锅内放植物油烧至六成热，下入鸡丝滑散，捞出沥油。

2. 锅内留底油，下入姜丝煸香，再下入红泡椒丝、青椒丝、木耳丝炒熟，随即下入绿豆芽，放食盐、味精、鸡精略翻炒后，倒入鲜汤，用淀粉勾芡，淋香油，下入鸡丝炒匀即可。

■菜品特色　鲜香脆嫩。

【啤酒焖土鸡】

■原料　净土鸡500克，啤酒半瓶，红椒片少许。

■调料　植物油、食盐、味精、鸡精、香料（桂皮、八角、草果、波扣）、香辣酱、红油、酱油、淀粉、葱花、姜片、整干椒、香油各适量。

做法　1.将土鸡洗净，切成大块，焯水后，捞出沥干水。

2.锅放植物油烧热，下姜片、香料、整干椒煸炒出香味，下入鸡块炒干，下啤酒，大火烧开后改小火焖至土鸡酥烂；放食盐、味精、鸡精、酱油、香辣酱调味，收汁，放入红椒片，淋香油、红油，撒葱花即可。

■菜品特色　风味独特。

【干锅子土鸡】

■原料　子土鸡750克，青椒片、红椒片各20克。

■调料　植物油、食盐、红油、味精、鸡精、生抽、干椒段、料酒、米醋、香油、姜片、蒜各适量。

做法　1.将土鸡洗净，剁成块。

2.锅内放植物油、姜片、干椒段炒香，下入鸡块炒干，烹入料酒，放米醋、食盐、味精、鸡精煸炒，装入干锅内。

3.锅内放红油、蒜、青椒片、红椒片、食盐、生抽、味精炒匀，淋上香油，出锅浇盖在干锅鸡块上即可。

■菜品特色　鲜香适口。

【板栗煨鸡】

■原料　鸡肉250克，板栗肉150克。

■调料　植物油、食盐、味精、鸡精、料酒、红油、酱油、淀粉、葱花、姜片、整干椒、香油、鲜汤各适量。

做法　1.将鸡肉切成方块，放少许食盐、料酒、淀粉上浆入味；将板栗入开水锅内烫至壳裂开捞出剥壳；锅放植物油烧至六成热，下入鸡块，炸至金黄色，捞出沥油，下板栗炸熟，捞出沥油。

2.锅内留底油，下入姜片、整干椒炒香，随即下入鸡块、板栗，烹入料酒，放食盐、味精、鸡精、酱油调味，入味后放鲜汤，改小火煨炖；收汁勾芡，淋红油、香油，撒葱花即可。

■菜品特色　香酥滑嫩。

【酸辣鸡腿丁】

■原料　鸡腿肉150克，泡椒丁15克，泡菜丁75克，青椒丁、红椒丁各5克。

■调料　植物油、食盐、味精、鸡精、干椒末、酱油、米醋、料酒、淀粉、葱花、大蒜、红油、香油、鲜汤各适量。

做法　1.将鸡腿肉剔骨，切成小方丁，放料酒、酱油、食盐、淀粉上浆入味，放少许香油拌匀；锅内烧植物油至六成热，下入鸡丁，过油至金黄色，捞出沥油。

2.锅内留底油，加入红油，下干椒末和其他原料，将鸡丁倒入锅内，烹料酒、米醋，加食盐、味精、酱油、鸡精、大蒜拌炒入味，勾芡，淋上香油，撒葱花即可。

■菜品特色　酸辣可口。

【百合熘鸡脯】

■原料　鲜百合 2 个，鸡脯肉 150 克，红椒片 50 克，鸡蛋 1 个。

■调料　植物油、食盐、味精、鸡精、料酒、淀粉、白糖、葱花、姜片、香油、鲜汤各适量。

做法　**1.** 将百合剥散，清洗干净；鸡脯肉洗净，斜切成薄片，放入料酒、鸡蛋清、味精和淀粉拌匀，腌渍一下；锅放入植物油烧至六成热，下入腌渍好的鸡片，滑散、捞出、沥油。

2. 锅内留底油，下入姜片、红椒片煸香，放入鲜汤、食盐、味精、鸡精、白糖，用淀粉勾芡、淋香油，油起泡时下入鸡片、百合翻炒，撒葱花即可。

■菜品特色　嫩滑适口。

【荸荠熘鸡片】

■原料　削皮荸荠 200 克，鸡脯肉 200 克，鲜红泡椒 25 克。

■调料　植物油、食盐、味精、鸡精、料酒、淀粉、生姜（切片）、鲜汤各适量。

做法　**1.** 将削皮荸荠洗净切成片；将鲜红泡椒摘净切成菱形片；将鸡脯肉斜切成薄片，用料酒、食盐、味精、淀粉抓匀腌渍；锅放植物油烧至六成热，下入鸡片滑熟、捞出、沥油。

2. 锅内留底油，下入姜片、红泡椒片煸香，下入荸荠片，放食盐、味精、鸡精，将荸荠炒熟后放鲜汤，用淀粉勾薄芡、淋尾油，下入鸡片翻炒几下即可。

■菜品特色　香脆适口。

【金针菇熘鸡丝】

■原料　金针菇 150 克，鸡脯肉 150 克，鲜红椒 5 克。

■调料　植物油、食盐、味精、淀粉、葱段、姜丝、胡椒粉、香油各适量。

做法　**1.** 将金针菇洗净，切成段；将鲜红椒洗净切丝；将鸡脯肉切成丝，用食盐、淀粉上浆入味，下入五成热油锅里滑油至熟，捞出沥油。

2. 锅内留底油，下入姜丝、金针菇段，放食盐、味精拌炒入味，随后下入鸡丝、红椒丝、葱段，放胡椒粉一起拌炒，用淀粉勾芡，淋香油即可。

■菜品特色　鲜香嫩滑。

【狂辣子鸡】

■原料　净子鸡肉 150 克。

■调料　植物油、食盐、酱油、蚝油、味精、鸡精、香辣酱、米醋、料酒、淀粉、红油、干椒段、蒜片、香油各适量。

做法　**1.** 将鸡肉切成丁，放少许酱油、食盐、味精、淀粉上浆，抓匀，再放少许植物油；锅内放植物油烧热，下入鸡丁过油，炸至金黄色，捞出，沥油。

2. 锅内留底油，放红油、干椒段、蒜片、香辣酱炒香，下入鸡丁炒匀；烹入料酒，放米醋、食盐、味精、鸡精、蚝油，入味后用淀粉勾芡，淋香油，即可。

■菜品特色　辣香开胃。

【沙锅云耳炖土鸡】

■ 原料　净土鸡 500 克，云耳 100 克。

■ 调料　植物油、料酒、食盐、味精、鸡精、姜片、葱结、葱花、鲜汤各适量。

做法　**1.** 将鸡肉剁成块，焯水后捞出沥干；云耳洗净。**2.** 锅放植物油烧热后入姜片炒香，下入鸡块炒干后烹入料酒，拌炒后放入鲜汤，转入沙锅中，放葱结，大火烧开后改小火煨至鸡肉酥烂，再放食盐、味精、鸡精调味，下入云耳，稍煨一下，撒葱花出锅。

■ 菜品特色　香嫩适口。

【黄焖子鸡】

■ 原料　去骨子鸡 300 克，紫苏 3 克，香菇 3 克。

■ 调料　植物油、食盐、味精、八角、桂皮、料酒、鲜汤、香油、淀粉、姜片、葱段各适量。

做法　**1.** 将鸡切成小块，用食盐、味精、料酒、淀粉腌渍，备用；锅内放植物油烧至八成热时将鸡块过油，捞出，沥油。

2. 锅内留底油，将姜片、八角、桂皮煸香，下入鸡块煸炒，烹入料酒，放食盐、鲜汤、香菇，小火焖烂，下紫苏，勾芡，淋香油、撒葱段即可。

■ 菜品特色　香嫩酥烂。

【老姜红煨鸡】

■ 原料　净土鸡半只，老姜 150 克，水发木耳 50 克。

■ 调料　植物油、食盐、味精、鸡精、料酒、酱油、蚝油、豆瓣酱、辣酱、葱花、蒜粒、整干椒、香油、鲜汤、八角、桂皮、草果、波扣、香叶、花椒各适量。

做法　**1.** 将土鸡洗净砍成块，焯水断生；老姜洗净，切成片；将泡发的木耳摘洗干净。

2. 锅内放植物油，下入老姜片炒香，放入鸡块，炒干，烹入料酒，放豆瓣酱、辣酱、酱油、八角、桂皮、草果、波扣、香叶、花椒和整干椒炒至上色，倒入鲜汤，开后改小火将鸡煨烂，夹去香料，下入木耳、蒜粒、食盐、味精、鸡精和蚝油，收汁撒葱花即可。

■ 菜品特色　汤汁香浓。

【鱼香鸡茄煲】

■ 原料　鸡腿 250 克，茄子 150 克。

■ 调料　植物油、食盐、味精、料酒、白糖、白醋、豆瓣酱、辣酱、嫩肉粉、葱、生姜、蒜、香油、鲜汤各适量。

做法　**1.** 将鸡腿剁成方块，用食盐、味精、嫩肉粉和葱、姜、料酒腌渍 10 分钟；茄子切成方块；葱、生姜、蒜各切成末；锅放入植物油烧至六成热时下入鸡块炸至金黄色捞出，再放入茄子块炸透，捞出沥油。

2. 锅留底油，下入豆瓣酱、辣酱、姜末、蒜末炒香，放入鸡块炒匀，加鲜汤，放入茄子块、食盐、味精、白糖，中火焖入味后，改旺火收汁，淋香油、白醋，撒葱末即可。

■ 菜品特色　软烂馨香。

【板栗蒸鸡块】

■原料　净鸡 300 克，板栗 150 克。

■调料　植物油、食盐、味精、鸡精、蚝油、胡椒粉、白糖、料酒、姜片、鲜汤各适量。

做法　**1.** 将鸡肉砍成方块，在沸水中加入料酒，放入鸡块焯水，捞出沥干；将姜片、鸡块放入钵中，放植物油、食盐、味精、鸡精、蚝油、料酒、白糖拌匀，加入鲜汤，上笼蒸至七分熟取出；将板栗入开水锅煮开，捞出去皮壳，下入热油锅炸成金黄色捞出。

2. 将板栗放入蒸鸡块的钵中，与鸡块一起拌匀，放胡椒粉，再入蒸笼蒸 10 分钟即可。

■菜品特色　酥烂糯香。

【秘制鸡腿】

■原料　鸡腿 500 克。

■调料　食盐、味精、鸡精、料酒、冰糖、老抽、胡椒粉、八角、肉桂、桂皮、丁香、肉蔻、山柰、白芷、花椒、砂仁、香叶、葱、生姜、鲜汤各适量。

做法　**1.** 将鸡腿洗净，用细针在腿上扎洞，用料酒、老抽、味精、鸡精、胡椒粉腌渍；生姜切片，葱挽结。

2. 将鸡腿放入汤锅内，倒入鲜汤，加入八角、桂皮、肉桂、丁香、肉蔻、山柰、白芷、花椒、砂仁、香叶、姜片、葱结、冰糖和食盐，用旺火烧开，撇去浮沫，转小火煨 20 分钟，关火焖 15 分钟即可。

■菜品特色　风味独特。

【老姜云耳焖子鸡】

■原料　去骨子鸡 300 克，老姜 100 克，水发云耳 50 克。

■调料　植物油、食盐、味精、鸡精、蚝油、料酒、淀粉、葱段、鲜汤各适量。

做法　**1.** 将去骨子鸡切成方块，用料酒、食盐、味精、淀粉腌渍；云耳洗净，老姜切菱形片；锅内放植物油烧至八成热，将鸡块过油，捞出沥干。

2. 锅内留底油，烧热，下姜片煸香，下云耳、鸡块一同煸炒，烹入料酒、食盐、鸡精、蚝油、放鲜汤，焖一会，勾芡，放葱段，淋尾油即可。

■菜品特色　鲜香爽口。

【清炖土鸡块】

■原料　土鸡 500 克。

■调料　植物油、食盐、味精、胡椒粉、料酒、姜片、葱结、葱花、鲜汤各适量。

做法　**1.** 将土鸡洗净，切成方块，焯水，捞出沥干。

2. 锅内放植物油，烧至八成热，下姜片煸香，下入鸡块收干水分，烹入料酒、鲜汤，用大火烧开，改小火将土鸡炖烂，放入食盐、味精、葱结，撒上胡椒粉，撒上葱花即可。

■菜品特色　清香适口。

【荸荠蒸整鸡】

■ 原料　土母鸡 1 只，枸杞 5 克，削皮荸荠 200 克。

■ 调料　食盐、味精、鸡精、白糖、胡椒粉、鲜汤各适量。

做法　**1.** 将鸡洗净，焯水，用刀背敲断大腿骨。

2. 将整鸡放入大钵内，撒上食盐，上蒸笼鲜干蒸 40 分钟，取出加入鲜汤，放味精、白糖、鸡精、荸荠，调好盐味，再入蒸笼蒸至鸡肉软烂，撒上胡椒粉和枸杞即可。

■ 菜品特色　清香软烂。

【豆豉辣椒蒸鸡】

■ 原料　白条鸡 500 克，豆豉辣椒 30 克。

■ 调料　食盐、味精、鸡精、料酒、蚝油、鲜汤各适量。

做法　**1.** 将鸡砍成方块，焯水，捞出沥干水。

2. 将鸡块拌入食盐、味精、鸡精、料酒、蚝油、鲜汤，扣入蒸钵中，将豆豉辣椒撒在鸡块上，上笼蒸 25 分钟至熟后取出。

■ 菜品特色　香辣开胃。

【开胃鸡块】

■ 原料　土鸡半只。

■ 调料　食盐、味精、料酒、葱花、姜末各适量。

做法　**1.** 将土鸡洗净，砍成小块，焯水，捞出，洗净，沥干水。

2. 将鸡块用食盐、味精、姜末、料酒拌匀，扣入蒸钵中腌入味，上蒸笼蒸 30 分钟，蒸烂之后装盘，撒葱花即可。

■ 菜品特色　开胃爽口。

【腊肉蒸鸡块】

■ 原料　净鸡块 250 克，熟腊肉 150 克，豆豉辣椒 30 克。

■ 调料　植物油、食盐、味精、鸡精、蚝油、浏阳豆豉、干椒末、蒜蓉、姜末、葱花各适量。

做法　**1.** 将鸡块焯水，捞出沥干；再把熟腊肉切成厚片；净锅放植物油烧热后，下入姜末、干椒末、浏阳豆豉、蒜蓉、食盐、味精、鸡精，放蚝油，拌匀后下入鸡块，拌匀后扣入钵中。

2. 将腊肉片盖在鸡块上面，上放豆豉辣椒，上笼蒸 30 分钟至腊肉透油、鸡块酥烂后取出，撒葱花即可。

■ 菜品特色　鲜香酥烂。

【豆豉鸡翅】

■ 原料　鸡翅 300 克，豆豉 20 克。

■ 调料　食盐 3 克，味精 1 克，醋 5 毫升，酱油少许，植物油、生姜、干辣椒、葱各适量。

做法　1. 鸡翅洗净，砍成小块；生姜洗净，切片；干辣椒洗净，切段；葱洗净，切花。

2. 锅中注植物油烧热，下干辣椒炒香，放入鸡翅翻炒，再放入姜片、豆豉同炒。

3. 然后倒入酱油、醋炒至熟后，加入食盐、味精调味，起锅装碗，撒上葱花即可。

■ 菜品特色　养心润肺。

【肚片煨土鸡】

■ 原料　净土鸡 250 克，熟肚条 150 克，红椒片 20 克。

■ 调料　植物油、食盐、味精、鸡精、料酒、胡椒粉、葱花、姜片、鲜汤各适量。

做法　1. 将鸡肉焯水，捞出沥干切成宽条。

2. 锅放植物油烧热后放姜片煸香，下鸡肉和熟肚条煸炒至干；烹入料酒，然后放鲜汤，大火烧开，改小火煨至肉烂；再放食盐、味精、鸡精调味，收汁放入红椒片，撒胡椒粉、葱花即可。

■ 菜品特色　香嫩鲜滑。

【农家鸡杂】

■ 原料　鸡肫、鸡心、鸡肝、青椒、红椒各 100 克。

■ 调料　食盐 3 克，料酒 10 毫升，植物油、味精、酱油各适量。

做法　1. 鸡肫、鸡心、鸡肝洗净，切片，汆水；青椒、红椒洗净，切圈。

2. 热锅入植物油，放入鸡肫片、鸡心片、鸡肝片爆炒，烹入料酒，加入青椒圈、红椒圈炒熟，调入食盐、味精、酱油即可。

■ 菜品特色　保肝护肾。

【酸辣凤翅】

■ 原料　鸡翅膀 350 克，酸泡椒 50 克，红辣椒 50 克，水发玉兰片 50 克，水发香菇 18 克，葱 1 根。

■ 调料　植物油、醋、食盐、酱油、青蒜、姜、淀粉、香油各适量。

做法　1. 将鸡翅折小段，红辣椒、酸泡椒、水发玉兰片、水发香菇、姜均切成片；锅中加水烧沸，将鸡块下入，汆水后捞出。

2. 烧热油锅，下姜片、玉兰片、红辣椒片、香菇片后加食盐、酱油煸炒，再加入酸泡椒，倒入鸡翅和汤，再放青蒜，用淀粉勾芡，淋入香油即可。

■ 菜品特色　增强免疫。

【酸辣鸡杂】

■ 原料　鸡杂 300 克，青红椒、酸辣椒、蒜薹各适量。

■ 调料　植物油、食盐、味精、胡椒粉、酱油、蚝油各适量。

做法　**1.** 鸡杂洗净切小粒，青红椒洗净切成粒，酸辣椒切米粒状，蒜薹切小段。

2. 将鸡杂用食盐、酱油腌渍 6 分钟至入味，再下入烧热的油锅中过油，捞出备用；油锅烧热，下入青红椒粒，酸辣椒米爆香，再加入蒜薹段稍炒，最后下入鸡杂及调料翻炒均匀即可。

■ 菜品特色　开胃消食。

【湘味鸡胗】

■ 原料　鸡胗 400 克，青椒、红椒各 10 克。

■ 调料　食盐、鸡精各 3 克，植物油、八角、花椒、砂仁等香料及生抽、料酒、芝麻各适量。

做法　**1.** 鸡胗洗净，用食盐、料酒、生抽腌渍；青椒、红椒洗净切片；八角、花椒、砂仁等香料用纱布包好，做成香料包。

2. 热锅放入适量水及香料包，烧开水，放入鸡胗煮至收干水，捞出切片；热锅下植物油，下入青椒片、红椒片翻炒，再放入鸡胗，调入食盐、鸡精、芝麻炒香即可。

■ 菜品特色　开胃消食。

【小炒鸡杂】

■ 原料　鸡心、鸡肠、鸡肝各 100 克，红椒适量。

■ 调料　食盐 3 克，鸡精 2 克，植物油、姜片、大蒜、香油、生抽、料酒、葱段各适量。

做法　**1.** 所有原料洗净。

2. 热锅下植物油，下入红椒、姜片、大蒜炒香，加入鸡心、鸡肠、鸡肝、料酒翻炒至熟。

3. 调入食盐、鸡精、香油、生抽、葱段一起炒匀即可。

■ 菜品特色　开胃消食。

【小炒鸡胗】

■ 原料　鸡胗 400 克，野山椒 50 克，青椒、红椒各 10 克。

■ 调料　食盐 3 克，鸡精 2 克，植物油、老抽、料酒、蒜苗段各适量。

做法　**1.** 将鸡胗洗净，切片，汆水，用食盐、料酒、老抽腌渍；青椒、红椒去蒂洗净，切圈。

2. 热锅下植物油，下入鸡胗炒至五分熟，再下入野山椒、青椒圈、红椒圈、蒜苗段翻炒至熟。

3. 调入食盐、鸡精、老抽炒香即可。

■ 菜品特色　开胃消食。

【白辣椒炒鸡胗】

■ 原料　鸡胗 250 克，面粉 100 克，白辣椒 20 克，红椒 10 克。

■ 调料　食盐 3 克，酱油、料酒各 15 毫升，蒜苗 10 克，植物油适量。

做法　**1.** 所有原料洗净。

2. 面粉加水和匀，拉成细丝，盘成圈状，放油锅里炸片刻，出锅摆盘。

3. 热锅下植物油，烧至七成热，入白辣椒、红椒爆香，下入鸡胗爆炒片刻，烹入料酒、酱油，转小火继续炒至入味，加入蒜苗段、食盐拌炒 3 分钟，出锅盛盘即可。

■ 菜品特色　开胃消食。

【尖椒爆胗花】

■ 原料　鸡胗 400 克，青椒、红椒各 40 克。

■ 调料　食盐 3 克，味精 1 克，酱油 15 毫升，料酒 10 毫升，植物油适量。

做法　**1.** 鸡胗洗净，切上花刀；青椒、红椒洗净，切片。

2. 锅中注植物油烧热，放入鸡胗翻炒至变色，淋入料酒，再放入青椒片、红椒片同炒。

3. 再倒入酱油炒至熟后，加入食盐、味精调味，起锅装盘即可。

■ 菜品特色　开胃消食。

【口味鸡胗花】

■ 原料　鸡胗 150 克，青椒、红椒各 5 克。

■ 调料　植物油、食盐、味精、鸡精、料酒、生抽、香辣酱、葱花、姜末、蒜末、整干椒、红油、香油、淀粉各适量。

做法　**1.** 将鸡胗剞十字花刀后切成两半，用食盐、料酒、淀粉上浆入味；将青椒、红椒摘净后切成米粒状；锅放植物油烧至六成热，下入鸡胗过油至熟，捞出，沥干油。

2. 锅内留底油，下入姜末、蒜末、青椒米、红椒米炒香，随即下入鸡胗花，加入食盐、味精、鸡精、生抽、香辣酱、烹入料酒；炒匀、用淀粉勾芡，淋红油、香油，撒上葱花即可。

■ 菜品特色　香辣爽脆。

【麻辣果仁鸡胗】

■ 原料　鸡胗 200 克，干辣椒段 10 克，香菜段 20 克，炸花生、熟白芝麻各少许。

■ 调料　食盐 4 克，酱油 5 毫升，植物油、五香粉、胡椒粉、辣椒油、姜末、蒜末、味精适量，水淀粉少许。

做法　**1.** 鸡胗洗净，切片，裹上水淀粉，入锅中炸至金黄色。

2. 加热锅中植物油，下姜末、蒜末、干辣椒段爆香。

3. 放入鸡胗片，加进食盐、酱油、五香粉、胡椒粉、辣椒油，大火爆炒 8 分钟，放入香菜段、炸花生、熟白芝麻，再炒 3 分钟，放入味精，盛起即可。

■ 菜品特色　保肝护肾。

【美人椒炒鸡杂】

■原料　鸡肝、鸡胗、鸡心各适量，美人椒 50 克。

■调料　食盐 3 克，味精 1 克，酱油 15 毫升，醋 5 毫升，植物油、干辣椒适量。

做法　**1.** 鸡肝、鸡胗、鸡心均洗净，切成均匀大小的块；美人椒、干辣椒洗净、切圈。

2. 锅中注植物油烧热，下干辣椒炒香，放入鸡肝块、鸡胗块、鸡心块翻炒，再放入美人椒圈炒匀。

3. 炒至熟后，倒入酱油、醋拌匀，加入食盐、味精调味，起锅装盘即可。

■菜品特色　开胃消食。

【泡黄瓜炒鸡杂】

■原料　鸡杂 350 克，泡黄瓜 150 克，尖椒 10 克。

■调料　植物油、食盐、味精、料酒、酱油、辣酱、葱、姜片、蒜、红油、香油、淀粉各适量。

做法　**1.** 将鸡杂洗净切片，用料酒稍腌，焯水后捞出沥干；泡黄瓜切片；尖椒、蒜均切成小片；葱切段。

2. 锅放植物油烧热后下尖椒片、泡黄瓜片、蒜片炒香，加入鸡杂片、食盐、味精、辣酱、酱油炒匀，勾芡，淋香油、红油，撒葱段即可。

■菜品特色　清脆鲜香。

【豌豆熘鸡胗】

■原料　鸡胗 250 克，豌豆（青豆亦可）150 克，干椒段 30 克，排冬菜 10 克。

■调料　植物油、食盐、味精、蚝油、鲜汤、淀粉、蒜蓉、姜米各适量。

做法　**1.** 将鸡胗洗净切成薄片，放食盐、味精、淀粉上浆腌渍；排冬菜切碎；锅内放植物油烧至七成热，将豌豆、鸡胗同时下锅，熟后捞出沥油。

2. 锅内留底油，下蒜蓉、姜米、排冬菜末、干椒段煸香，将豌豆、鸡胗下锅翻炒，放食盐、味精、蚝油，加鲜汤，勾芡，淋尾油即可。

■菜品特色　风味独特。

【香糯鸡胗】

■原料　鲜鸡胗 300 克，野山椒 150 克，胡椒粉 8 克。

■调料　食盐、味精、白糖、花椒油、料酒、青花椒、生姜、葱白各适量。

做法　**1.** 将鸡胗洗净、切片；野山椒从中剖切；生姜切片。

2. 将鸡胗片用胡椒粉稍微抓匀，加入姜片、葱白、青花椒、料酒和食盐，入蒸柜中蒸 3 分钟，取出晾凉。

3. 在鸡胗内加入剩余的调料和原料搅拌均匀，即可。

■菜品特色　香辣爽口。

【香油韵味鸡血】

■ 原料　鸡血 200 克，干酸菜 5 克，青椒、红椒各 3 克。

■ 调料　熟猪油、食盐、味精、鸡精、葱、生姜、蒜、香油、鲜汤各适量。

做法　**1.** 将鸡血切成片，焯水后捞出沥干；将青椒、红椒摘净后切成米粒状，生姜、蒜切末，葱切花。

2. 锅内倒入鲜汤，煮开后放入干酸菜、姜末、蒜末、食盐、味精、鸡精，下入鸡血片和青椒米、红椒米，淋上熟猪油和香油，撒上葱花即可。

■ 菜品特色　香味醇厚。

【虎皮凤爪】

■ 原料　净鸡爪 500 克。

■ 调料　植物油、麦芽糖、白糖、红卤水各适量。

做法　**1.** 鸡爪去指尖，放入加有麦芽糖、白糖的沸水中焯水；锅放植物油烧至七成热时下入鸡爪炸至起泡，捞出沥干油。

2. 再将鸡爪放入红卤水锅中卤至软烂入味即可。

■ 菜品特色　香嫩爽口。

【干锅口味鸡杂】

■ 原料　鸡胗、鸡肝、鸡心、鸡肠、鸡血各 30 克，青椒片、红椒片各 10 克，香菜 20 克。

■ 调料　植物油、食盐、味精、鸡精、香辣酱、料酒、蒜片、葱花、姜片、红油、香油、鲜汤各适量。

做法　**1.** 将鸡胗剞十字花后切成四瓣，鸡肝、鸡心、鸡血均切片，鸡肠洗净后改切成小段；将鸡胗、鸡肝、鸡心、鸡肠、鸡血倒入下了料酒的沸水中焯水至熟后捞出沥干。

2. 锅内放入底油烧热后下入姜片、蒜片、香辣酱，加入食盐、味精、鸡精拌炒，倒入鲜汤、鸡胗、鸡肝片、鸡心片、鸡肠段、鸡血片，烧开后下入青椒片、红椒片，稍煮倒入干锅；淋入红油、香油，撒上葱花即可。

■ 菜品特色　香辣爽口。

【茄汁黄豆烩凤爪】

■ 原料　鸡爪 500 克，黄豆、红椒各 20 克。

■ 调料　食盐 3 克，鸡精 2 克，番茄酱 20 克，植物油、醋、淀粉各适量。

做法　**1.** 鸡爪洗净备用；红椒去蒂洗净，切圈；黄豆洗净，泡发。

2. 将淀粉加适量清水搅拌成糊状，加食盐，放入鸡爪混合均匀待用。

3. 锅下植物油烧热，放入鸡爪炸至表皮金黄色，放番茄酱、黄豆、红椒圈，调入食盐、醋炒匀，加适量清水焖熟，调入鸡精即可。

■ 菜品特色　补血养颜。

【脆椒鸡脆骨】

■原料　鸡脆骨 400 克，干辣椒 100 克。

■调料　食盐 3 克，鸡精 2 克，水淀粉 15 克，植物油适量。

做法　**1.** 鸡脆骨洗净，切块，加食盐、水淀粉搅拌，裹匀；干辣椒洗净，切段。

2. 锅注植物油烧热，下入鸡脆骨炸至表面呈金黄色，捞出控油；锅留底油，放入干辣椒炒香，再放入鸡脆骨爆炒。

3. 调入食盐和鸡精，起锅装盘。

■菜品特色　提神健脑。

【泰式凤爪】

■原料　去骨凤爪 300 克，西芹 100 克，洋葱 40 克。

■调料　食盐、味精、冰糖粉、生姜、玫瑰露酒、小米辣椒、红泡椒、小米辣水、凉开水各适量。

做法　**1.** 将去骨凤爪入沸水锅中烧煮，捞出沥干，改刀，备用；将西芹、洋葱、生姜切片备用。

2. 将西芹片、洋葱片、姜片、小米辣椒、小米辣水、红泡椒和以上调料放入凉开水中调好味，再放入凤爪，加入玫瑰露酒浸泡 4 小时即可。

■菜品特色　鲜辣开胃。

【湘式凤爪】

■原料　鸡爪 2000 克，柠檬 1 个，红椒 1 根，青椒 1 根，洋葱 1 个。

■调料　红油、食盐、味精、鸡粉、鱼露、料酒、玫瑰露酒、生抽、食用纯碱各适量。

做法　**1.** 将鸡爪洗净，焯水，取出浸泡于食用纯碱热水中 1 小时后，取出洗净。

2. 将柠檬、红椒、青椒、洋葱切成片，与调料一起倒入凉开水中，下入鸡爪，浸泡入味，捞出装盘，淋上红油即可。

■菜品特色　香辣爽脆。

【炸凤爪】

■原料　鸡爪 350 克。

■调料　食盐、鸡精各 3 克，植物油、八角、桂皮、丁香、花椒、砂仁、高汤、辣椒油、醋各适量。

做法　**1.** 将鸡爪洗净，汆水后捞出；八角、桂皮、丁香、花椒、砂仁等无香料用纱布包好，做成香料包。

2. 将香料包及辣椒油、食盐、鸡精、醋调入高汤中制成卤水烧开，放入鸡爪卤熟，捞出待用。

3. 热锅下植物油，放入鸡爪炸熟即可。

■菜品特色　增强免疫。

【鸿运跳跳骨】

■ 原料 鸡节骨 150 克，干辣椒段、青椒圈、香菜叶各适量。

■ 调料 植物油、食盐、淀粉、酱油、香油、五香粉各适量。

做法 1. 鸡节骨洗净，切小块，用盐水腌渍，沥干。

2. 淀粉加适量的水调开，再将每块鸡节骨沾裹上浆，然后入烧热的油锅煎炸；待鸡节骨表面脆黄，将干椒及青椒加入拌炒均匀，然后调入食盐、酱油、香油及五香粉，继续翻炒至香味散发，撒香菜叶，起锅盛盘即可。

■ 菜品特色 保肝护肾。

【小炒鸡脆骨】

■ 原料 鸡脆骨 300 克，青椒、红椒、芹菜各适量。

■ 调料 食盐 3 克，鸡精 2 克，植物油、面粉、香油各适量。

做法 1. 青椒、红椒去蒂洗净，切圈；芹菜洗净，切段；面粉用少许温水搅拌；将鸡脆骨洗净，剁成小块，裹上面粉。

2. 热锅下植物油，下入鸡脆骨块炸酥，下入青椒圈、红椒圈、芹菜段炒香，再调入食盐、鸡精，淋上香油即可。

■ 菜品特色 养心润肺。

【小炒洋鸭】

■ 原料 洋鸭肉 350 克，尖椒 50 克。

■ 调料 植物油、食盐、味精、料酒、红油、酱油、香油、蒜各适量。

做法 1. 将洋鸭肉切成细丝，用食盐、料酒腌一刻钟；尖椒、蒜均切成丝。

2. 锅放植物油烧至五成热，下入尖椒丝、蒜丝炒香，放入鸭肉丝，加入食盐、味精、酱油炒拌入味，淋红油、香油即可。

■ 菜品特色 清爽香嫩。

【左宗棠鸡筋骨】

■ 原料 鸡筋骨 300 克，青椒、红椒各适量。

■ 调料 食盐 3 克，味精 1 克，醋 8 毫升，酱油 15 毫升，植物油适量。

做法 1. 鸡筋骨洗净，切块；青椒、红椒洗净，切片。

2. 锅内注植物油烧热，放入鸡块翻炒至变色，再放入青椒片、红椒片。

3. 加入食盐、醋、酱油翻炒至熟后，加入味精调味，起锅装盘即可。

■ 菜品特色 增强免疫。

【苦瓜炒子鸭】

■ 原料　嫩子鸭1000克，苦瓜片100克，鲜红椒圈15克。

■ 调料　植物油、食盐、味精、鸡精、料酒、白糖、姜片、鲜汤各适量。

做法　1. 将子鸭洗净，剁成小块。

2. 锅内放植物油烧热，下入姜片，随即下入鸭块，烹料酒煸炒，放食盐、味精、鸡精、白糖，倒入鲜汤，用大火烧开后转小火焖至鸭块酥烂、汤汁浓郁，下入苦瓜片、红椒圈一起拌匀，出锅盛入汤钵中。

■ 菜品特色　香辣开胃。

【子姜炒米鸭】

■ 原料　鸭肉500克，卜豆角30克，青椒、红椒各20克。

■ 调料　植物油、食盐、味精、酱油、豆瓣酱、辣酱、蒸鱼豉油、蚝油、料酒、白醋、白糖、香油、红油、葱段、姜丁各适量。

做法　1. 将鸭肉、青椒、红椒、卜豆角均切成丁。

2. 锅内放植物油，先下姜丁、卜豆角丁，后下鸭丁拌炒，烹料酒、蒸鱼豉油，放酱油、豆瓣酱、辣酱、食盐、味精、蚝油、白醋、白糖，炒至鸭丁熟烂入味后，淋红油、香油，撒红椒丁、青椒丁、葱段即可。

■ 菜品特色　香辣开胃。

【湘妹子光棍鸭】

■ 原料　去骨嫩鸭肉400克，红椒片、青椒片各25克。

■ 调料　红油、食盐、味精、鸡精、酱油、料酒、甜面酱、柱侯酱、花生酱、辣酱、五香粉、干椒段、姜片、葱段、香油、花椒油、鲜汤各适量。

做法　1. 将鸭肉洗净，剁成方块。

2. 锅放入红油烧至六成热，下姜片、鸭块炒香，烹入料酒，炒干后放干椒段略为炒拌，加入甜面酱、柱侯酱、花生酱、食盐、酱油、五香粉、辣酱炒拌入味，烹入鲜汤，烧开后撇去浮沫，改小火煨至鸭肉酥烂，放入红椒片、青椒片、味精、鸡精，旺火收汁，淋花椒油、香油，撒上葱段即可。

■ 菜品特色　辣香爽口。

【大浦血鸭】

■ 原料　活鸭1只（约重1500克），青椒、红椒各50克。

■ 调料　植物油、食盐、味精、鸡精、蒸鱼豉油、料酒、白醋、白糖、香油、整干椒、葱花、姜片、鲜汤各适量。

做法　1. 在碗中放少许食盐、白醋，鸭子宰杀时取血放入碗内；将鸭子烫水、去毛、去内脏，清洗干净，剁成鸭丁，用少许料酒、食盐腌渍入味，待用。

2. 锅内放植物油烧热，下入整干椒、姜片爆香，下入鸭丁，烹料酒、蒸鱼豉油、味精、食盐、鸡精、白糖煸炒调味，放鲜汤焖至鸭肉酥烂入味后，放鸭血一起拌炒均匀，撒上青椒、红椒、葱花，淋香油即可出锅。

■ 菜品特色　美味营养。

■ 原料　白条鸭750克，油炸麻花150克，鲜红椒10克。

■ 调料　植物油、食盐、味精、白糖、蒜蓉酱、酱油、柱侯酱、葱、姜、香油、水淀粉、红卤水、鲜汤各适量。

做法　1. 将鸭清洗干净，放入沸水中汆水断生，再放入红卤水内卤至上色入味，捞出后剁成3厘米见方的块，鸭皮朝下，摆入扣钵内，加入食盐、酱油、味精、白糖、鲜汤，将扣钵上笼蒸30分钟，待鸭块酥烂、入味后取出反扣入盘中，将麻花围在盘边。

2. 将葱切段，鲜红椒去蒂、去子后切丝，姜切丝。

3. 锅放植物油烧热后下姜丝、蒜蓉酱、柱侯酱炒香，再倒入蒸鸭块的原汁，煮开后勾芡，加入鲜红椒丝、葱段；淋上香油，出锅后浇盖在麻花鸭块上即成。

■ 菜品特色　鲜嫩可口。

■ 原料　净白条鸭1只，小米椒、红尖椒各15克。

■ 调料　植物油、食盐、味精、鸡精、酱油、豆瓣酱、蒜蓉香辣酱、永丰辣酱、辣酱、蒸鱼豉油、料酒、白糖、香油、红油、整干椒、葱结、姜片、大蒜叶、鲜汤、香料（八角、桂皮、草果）。

做法　1. 将白条鸭剁成大块。

2. 锅内放植物油，下入姜片、整干椒、香料、葱结炒香，下入鸭块，烹料酒、蒸鱼豉油爆炒，放食盐、味精、鸡精、酱油、豆瓣酱、蒜蓉香辣酱、永丰辣酱、辣酱、白糖，上色入味后倒入鲜汤，用大火烧开后转小火煨焖至鸭肉酥烂油亮，拣去香料，下入小米椒、红尖椒、大蒜叶，淋上红油、香油，出锅盛入钵中。

■ 菜品特色　增强免疫力。

■ 原料　武冈子水鸭1只。

■ 调料　植物油、食盐、味精、蚝油、白酒、柱侯酱、红油、香油、整干椒、生姜、葱各适量。

做法　1. 鸭洗净后剁丁；整干椒、葱均切段，生姜切片。

2. 锅置旺火上，放入植物油，下入姜片炒香，加入鸭丁，烹入白酒炒至八分熟，再放入干椒段炒拌至熟，加入食盐、味精、蚝油、柱侯酱继续炒拌至鸭肉酥烂，淋上红油、香油，撒上葱段，出锅装盘即可。

■ 菜品特色　肉香四溢。

■ 原料　鸭400克，香菇50克，青椒、红椒各适量。

■ 调料　食盐3克，鸡精1克，老抽、泡椒各10克，植物油、干辣椒、葱白段各适量。

做法　1. 将鸭洗净，切块汆水；青椒、红椒去蒂洗净，切片；干辣椒洗净，切段；香菇泡发洗净。

2. 热锅下植物油，放入干辣椒、香菇、鸭块大火翻炒至变色，再放入青椒片、红椒片、泡椒、葱白段同炒。

3. 炒至熟后，加入食盐、鸡精、老抽炒匀即可。

■ 菜品特色　增强免疫力。

【土匪鸭】

■ 原料 鸭 450 克。

■ 调料 食盐 3 克，鸡精 2 克，老抽 8 毫升，植物油、泡椒、芝麻、热油、料酒、水淀粉各适量。

做法 1. 将鸭洗净，切块，用食盐、老抽、料酒腌渍；热锅下植物油，放入芝麻炒香，再放入鸭块、泡椒炒熟。

2. 加入食盐、鸡精、老抽炒匀；以水淀粉勾芡，淋入热油即可。

■ 菜品特色 降低血糖。

【风味小米鸭】

■ 原料 腊鸭 500 克，黄尖椒 10 克，红尖椒 10 克。

■ 调料 植物油、食盐、味精、鸡精、白糖、香油、葱花、鲜汤各适量。

做法 1. 将腊鸭去粗骨，入笼蒸熟，切丁，焯水待用。

2. 锅内放植物油，下入黄尖椒、红尖椒，随即放鸭丁，放食盐、味精、鸡精、白糖调味，拌炒入味，烹鲜汤稍焖，待汤至收干时，淋香油、撒葱花，出锅装入盘中。

■ 菜品特色 降低血糖。

【攸县血鸭】

■ 原料 攸县活鸭 1 只（约重 750 克），红尖椒圈 30 克。

■ 调料 植物油、食盐、味精、鸡精、酱油、豆瓣酱、蒜蓉香辣酱、永丰辣酱、蒸鱼豉油、蚝油、料酒、白醋、白糖、香油、红油、整干椒、葱花、姜片、蒜片、鲜汤、香料（八角、桂皮）各适量。

做法 1. 将鸭宰杀，取鸭血放少许白醋待用；将鸭洗净，剁成块，抓少许料酒、酱油腌入味。

2. 锅内放少许植物油，下入香料、姜片炒香，将香料、整干椒拣出，下入鸭块爆炒，放料酒、豆瓣酱、蒜蓉香辣酱、永丰辣酱、蒸鱼豉油、蚝油、白醋、味精、鸡精、食盐，上色入味后放少许鲜汤，焖至鸭块酥烂、汤汁收干，下入鸭血、红尖椒圈、蒜片拌炒入味，淋香油、红油，出锅，撒上葱花即可。

■ 菜品特色 鲜香可口。

【芷江鸭】

■ 原料 芷江鸭 1 只（约重 750 克），油炸板栗肉 200 克，红椒片 10 克。

■ 调料 植物油、食盐、味精、鸡精、酱油、豆瓣酱、蒜蓉香辣酱、永丰辣酱、蒸鱼豉油、蚝油、料酒、白糖、香油、红油、整干椒、姜片、鲜汤、香料（八角、桂皮、草果）各适量。

做法 1. 将鸭洗净，剁成块。

2. 锅内放少许植物油，先下入姜片、整干椒、香料炒香，再下入鸭块，放料酒、蒸鱼豉油、食盐、味精、鸡精、蒜蓉香辣酱、永丰辣酱、豆瓣酱、酱油、蚝油、白糖，上色入味后倒入鲜汤（以淹没鸭为度），用大火烧开后移至小火，煨至鸭块熟烂红亮，下入板栗、红椒片，拣出香料，淋红油、香油即可。

■ 菜品特色 口感极佳。

【大葱烧鸭】

■ 原料 水鸭 1 只，大葱段 250 克，红椒丝 3 克。

■ 调料 猪油、食盐、味精、鸡精、酱油、蒜蓉香辣酱、料酒、淀粉、红油、白糖、干椒末、整干椒、姜片、姜丝、八角、桂皮各适量。

做法 1. 锅中放水烧开，放入八角、桂皮、整干椒、料酒、姜片、食盐，水鸭洗净后煮至六分熟，捞出；将鸭子砍成块，扣在蒸钵里，放姜片、食盐、味精、酱油、白糖、蒜蓉香辣酱、干椒末和水，上笼蒸烂，取出待用。

2. 锅放猪油烧至八成热，放入红椒丝、姜丝、大葱段，放食盐炒蔫后，装在盘中，将蒸钵内的蒸汁倒在锅内，将鸭子反扣在放有大葱的盘子中间；将蒸汁烧开后放食盐、味精、鸡精调味，勾芡，淋红油浇在鸭子上即可。

■ 菜品特色 香酥软烂。

【湘味扣红鸭】

■ 原料 洋鸭半只，梅干菜 200 克，五花肉丁 50 克，白菜心 10 棵。

■ 调料 植物油、食盐、味精、白糖、料酒、白醋、酱油、胡椒粉、辣椒粉、八角、花椒、生姜、整干椒、蒜末、葱、红油、香油、淀粉、鲜汤各适量。

做法 1. 梅干菜泡发后炒干；白糖炒出糖色，调稀；白菜心焯水；锅内放植物油、蒜末、五花肉丁炒香，放梅干菜、食盐、味精、辣椒粉、白醋炒拌成味码。

2. 锅内放洋鸭、鲜汤、食盐、葱、生姜、料酒、八角、整干椒、花椒煮入味，放入糖色，下入油锅炸成红色，剁成条扣入钵内，放食盐、味精、酱油、鲜汤、味码，蒸 2 小时扣入盘中；锅内放红油、蒜末炒香，倒入蒸汁、勾芡，淋香油，撒胡椒粉，浇在鸭子上即可。

■ 菜品特色 香辣开胃。

【锅烧鸭子】

■ 原料 净鸭肉 1000 克，面粉 100 克，鸡蛋 2 个。

■ 调料 植物油、食盐、味精、淀粉、卤水各适量。

做法 1. 将鸭肉洗净，下入卤水卤熟，捞出放凉后撕成条状。

2. 将鸡蛋加入面粉、淀粉调成糊状，放食盐、味精拌匀，再放入鸭条和匀，做成圆饼状，下入六成热油锅内炸至色泽金黄后捞出，沥干油，切成条，装盘成形即可。

■ 菜品特色 油香浓厚，味美可口。

【老鸭煲】

■ 原料 鸭 1 只，竹笋 200 克，菜胆、午餐肉各 100 克。

■ 调料 食盐 4 克，生姜、八角各 10 克，鸡精 3 克，料酒适量。

做法 1. 鸭洗净，切块，用食盐、料酒腌渍；竹笋洗净，切丝；午餐肉切片；菜胆洗净。

2. 沙锅入水，放入生姜、八角、老鸭煲至七分熟，放入竹笋丝、午餐肉片、菜胆，调入食盐、鸡精、料酒，煮至鸭肉酥烂即可。

■ 菜品特色 养心润肺。

【家乡米粉鸭】

■ 原料　净鸭丁 300 克，蒸肉米粉 100 克，西蓝花 150 克，鲜红椒圈 5 克。

■ 调料　植物油、食盐、味精、鸡精、酱油、蒸鱼豉油、料酒、胡椒粉、白糖、香油、葱花、鲜汤各适量。

做法　**1.** 鸭丁用食盐、味精、鸡精、料酒、酱油、白糖、胡椒粉腌渍 10 分钟，拌入蒸肉米粉，放入抹油后的盘中，烹少许鲜汤，入笼蒸 20 分钟，熟后取出待用；锅内放植物油烧至六成热，下入蒸好的鸭丁，炸至色泽金黄捞出。

2. 锅内放少许植物油，下入鲜红椒圈，随即下入炸好的鸭丁，烹蒸鱼豉油、香油拌匀，撒上葱花，盛入盘中；在沸水锅中放食盐、植物油，下入西蓝花，焯熟后捞出，拼入碗边。

■ 菜品特色　味美适口。

【口水老鸭】

■ 原料　白条鸭 1 只，黄瓜条 10 克。

■ 调料　植物油、食盐、味精、鸡精、豆瓣酱、蒜蓉香辣酱、永丰辣酱、蒸鱼豉油、蚝油、料酒、白糖、香油、红油、整干椒、葱结、姜片、鲜汤、香料（八角、桂皮、草果、波扣）各适量。

做法　**1.** 将鸭切成条状。

2. 锅内放植物油，下入姜片、葱结、整干椒、香料炒香，下入鸭条，烹料酒，放白糖、蒸鱼豉油、豆瓣酱、蒜蓉香辣酱、永丰辣酱、蚝油，放食盐、味精、鸡精煸炒上色入味后，倒入鲜汤，用大火烧开后转小火焖煮至鸭肉酥烂、辣味突出，拣出香料、整干椒，下入黄瓜条，淋红油、香油一起拌匀，出锅盛入盘中。

■ 菜品特色　质地软烂。

【红椒焖土鸭】

■ 原料　净土鸭 1 只，红椒片 100 克。

■ 调料　植物油、食盐、味精、鸡精、豆瓣酱、永丰辣酱、蒸鱼豉油、蚝油、料酒、白糖、香油、红油、整干椒、大蒜叶、姜片、蒜粒、鲜汤、香料（八角、桂皮）各适量。

做法　**1.** 将鸭剁成块；锅内放植物油，放姜片、整干椒、香料、蒜粒炒香，下鸭块、料酒、豆瓣酱、永丰辣酱、蒸鱼豉油、蚝油、食盐、味精、鸡精、白糖拌炒入味。

2. 倒入鲜汤，用大火烧开后改用小火焖至鸭肉酥烂，拣去香料，下入红椒片一起拌匀，淋香油、红油，撒上大蒜叶，出锅盛入钵中。

■ 菜品特色　香嫩可口。

【老鸭炖肚条】

■ 原料　老洋鸭 750 克，猪肚 500 克，党参 25 克，枸杞 20 克。

■ 调料　食盐、味精、鸡精、姜、葱、鲜汤各适量。

做法　**1.** 将鸭宰杀后去毛、去内脏，洗净后剁成条；猪肚洗净，切成条；葱挽结，姜切片。

2. 将鸭条、肚条分别入沸水锅内汆水，捞出沥干水分，放入瓦罐中，加入鲜汤、葱结、姜片、党参、枸杞、食盐、味精、鸡精，用锡纸封好，盖上盖，放入大瓦罐中，生炭火慢慢煨 3 小时至菜肴软烂，取出后加入葱结、姜片即可。

■ 菜品特色　软韧可口。

【绿豆老鸭汤】

■ 原料 绿豆 200 克，老鸭 1 只，土茯苓 8 钱。

■ 调料 食盐适量。

做法 1. 将老鸭洗净，去除内脏。

2. 绿豆浸洗干净后连同老鸭、土茯苓一起放入煲内，用清水 5 碗，约煮 4 小时，用食盐调味即可。

■ 菜品特色 清热气、解湿毒。

【螺蛳吞老鸭】

■ 原料 田螺 250 克，鸭肉 100 克。

■ 调料 食盐、生姜、蒜各 5 克，酱油、醋各 10 克，料酒，植物油适量。

做法 1. 田螺洗净；鸭肉洗净，斩块；生姜、蒜去皮洗净，切末。

2. 锅内放水，放入田螺煮至七分熟，捞起沥干水分。

3. 热锅入植物油，放入蒜末、姜末爆香，放入鸭肉炸至金黄色，放入田螺翻炒，烹入酱油、料酒、醋、食盐、水，小火煮至熟即可。

■ 菜品特色 保肝护肾。

【莲花血鸭】

■ 原料 鸭子 1 只，红椒圈 10 克。

■ 调料 植物油、食盐、味精、鸡精、豆瓣酱、蒜蓉香辣酱、永丰辣酱、蒸鱼豉油、料酒、白醋、姜片、整干椒、香油、鲜汤各适量。

做法 1. 取一碗，放少许食盐、白醋，鸭子宰杀时取血放入碗内；将鸭子洗净，切成小丁，用少许料酒、食盐腌渍入味。

2. 锅内放植物油烧热，下入姜片、整干椒，爆香后下入鸭丁，烹料酒，放蒸鱼豉油、豆瓣酱、蒜蓉香辣酱、永丰辣酱、食盐、味精、鸡精，倒入鲜汤焖至鸭肉酥烂入味后，放鸭血一起拌炒均匀，撒上红椒圈，淋香油出锅，放入围有荷叶的盘中即可。

■ 菜品特色 鲜香味美。

【魔芋豆腐烧鸭】

■ 原料 带骨子鸭半只（约 750 克），魔芋豆腐 250 克，鲜尖椒 5 克。

■ 调料 植物油、食盐、味精、蚝油、香料（八角、桂皮）、辣酱、干椒、生姜、蒜、大蒜叶、鲜汤、料酒各适量。

做法 1. 子鸭洗净，砍成 3 厘米左右的块。

2. 鲜尖椒切成马蹄形片，魔芋豆腐切成厚片，生姜切片。

3. 锅内放植物油，下入姜片、八角、桂皮、鲜尖椒片、干椒煸香，下入鸭块煸炒至水分收干时，烹料酒，下辣酱，加鲜汤，放食盐、味精、蚝油，用小火煨烂鸭块，拣出香料，下魔芋豆腐片、蒜一同煨制，使鸭汁渗透到魔芋之中，最后放大蒜叶，待汤汁收浓时淋尾油即成。

■ 菜品特色 鲜嫩可口。

【山药百合炖水鸭】

■ 原料　净水鸭 500 克，鲜山药 150 克，百合 100 克。

■ 调料　植物油、食盐、味精、鸡精、料酒、白糖、胡椒粉、姜片、葱结、葱花、鲜汤各适量。

做法　1. 将水鸭砍成大块，焯水，捞出，沥干；山药去皮，切块，洗净、沥干；百合泡入冷水中待用。

2. 锅内放植物油烧热下入姜片，炒香后下入鸭块，炒干水分烹入料酒，炒至鸭块熟时倒入鲜汤，下葱结，与山药一起倒入大砂罐中；大火烧开改小火，下入百合，放食盐、味精、鸡精、白糖调好味，撒胡椒粉和葱花即可。

■ 菜品特色　酥烂适口。

【笋干煲老鸭】

■ 原料　老水鸭 1 只，笋干片 150 克。

■ 调料　植物油、食盐、味精、料酒、胡椒粉、香油、姜片、葱结、葱花、鲜汤各适量。

做法　1. 将水鸭洗净焯水断生；笋干片焯水待用。

2. 在沙锅内放入竹篾垫垫在底部，将水鸭放在竹篾垫上，用盘子压住；在沙锅内倒入鲜汤，放入植物油、姜片、葱结、笋干片、料酒，用大火烧开后改小火炖至鸭肉熟烂，放食盐、味精调味，撒上胡椒粉、葱花，淋上香油即可。

■ 菜品特色　鲜香脆嫩。

【竹香婆婆鸭】

■ 原料　麻鸭 1 只，红椒圈、青椒圈各 15 克。

■ 调料　植物油、食盐、味精、料酒、豆瓣酱、酱油、蒜蓉酱、胡椒粉、淀粉、葱、生姜、香料（八角、桂皮、草果、豆蔻、整干椒）香油、红油、鲜汤各适量。

做法　1. 将鸭子洗净切块，用葱、生姜、料酒、食盐腌 30 分钟，放入油锅炸至金黄色，捞出沥油；锅内放植物油烧热后下入香料炒香，加入鸭块、料酒煸干，再放入蒜蓉酱、酱油、豆瓣酱、食盐、味精、鲜汤，旺火烧沸撇去浮沫，高压锅压 12 分钟。

2. 取竹笼垫上荷叶，锅内放植物油，下入红椒圈、青椒圈略炒，倒入鸭块、鲜汤烧沸，旺火收汁，勾芡，淋香油、红油，撒上胡椒粉，装入竹笼即可。

■ 菜品特色　清香爽口。

【宁远血鸭】

■ 原料　活鸭 1 只，青椒片 100 克，熟黄豆 30 克，红椒片 3 克。

■ 调料　植物油、食盐、味精、鸡精、豆瓣酱、蒜蓉酱、永丰辣酱、蒸鱼豉油、料酒、白醋、白糖、香油、红油、姜片、鲜汤各适量。

做法　1. 在碗中放少许食盐、白醋，宰杀鸭子时取血放入碗中；将鸭子烫水、去毛、去内脏，清洗干净，剁成小块，用少许料酒、食盐腌渍入味，待用。

2. 锅内放植物油烧热，下入姜片爆香，随即下入鸭丁，放料酒、豆瓣酱、蒜蓉酱、永丰辣酱、蒸鱼豉油、食盐、味精、鸡精、白醋、白糖煸炒，放鲜汤焖至鸭肉酥烂入味，再放鸭血一起炒匀，撒上红椒片、青椒片、熟黄豆，淋香油、红油，出锅装盘。

■ 菜品特色　清香爽口。

【莴笋烧鸭块】

■原料　白条鸭1只，净莴笋头150克。

■调料　猪油、食盐、味精、蒜蓉香辣酱、料酒、淀粉、红油、香油、姜片、整干椒、葱结、鲜汤、八角、桂皮、草果各适量。

做法　**1.** 锅内放猪油烧热，将净莴笋头切块，下油锅中过油至六分熟，捞出沥干；锅内放水烧开，放料酒，将白条鸭洗净剁成块，焯水，捞出沥干。

2. 锅内放猪油，下入姜片、整干椒、葱结、八角、桂皮、草果煸香，下入鸭块，烹入料酒，放食盐、味精、蒜蓉香辣酱拌炒入味，倒入鲜汤，煨烧至鸭块酥烂时下入莴笋头，拌炒，勾芡，淋红油、香油，出锅装盘。

■菜品特色　脆嫩酥香。

【青椒焖老鸭】

■原料　净老鸭250克，青椒、红椒各50克。

■调料　植物油、食盐、味精、鸡精、酱油、蒸鱼豉油、料酒、白糖、香油、红油、整干椒、生姜、鲜汤、香料（八角、桂皮）各适量。

做法　**1.** 将鸭剁成条状，青椒、红椒切成片。

2. 锅内放植物油，下入生姜、整干椒、香料炒香，随即下入鸭条，烹料酒、蒸鱼豉油，放食盐、味精、鸡精、白糖、酱油拌炒入味，倒入鲜汤，焖至鸭肉酥烂、汤汁略干，下入青椒片、红椒片，拌炒匀后拣去整干椒、香料，淋香油、红油，出锅盛入钵中。

■菜品特色　鲜香可口。

【小米可口鸭】

■原料　小米辣椒50克，带骨鸭半只。

■调料　植物油、食盐、味精、八角、桂皮、料酒、白糖、蒸鱼豉油、姜片、蒜、干椒段、葱花、鲜汤各适量。

做法　**1.** 将鸭砍成块，焯水，沥干；小米辣椒切碎。

2. 锅内放植物油，下姜片、干椒段、八角、桂皮煸香，下鸭块炒干，烹料酒，下入食盐、味精、蒜、白糖、蒸鱼豉油再煸炒，加鲜汤，小火焖至鸭酥烂，下入小米辣椒，收汁，撒葱花即可。

■菜品特色　香辣开胃。

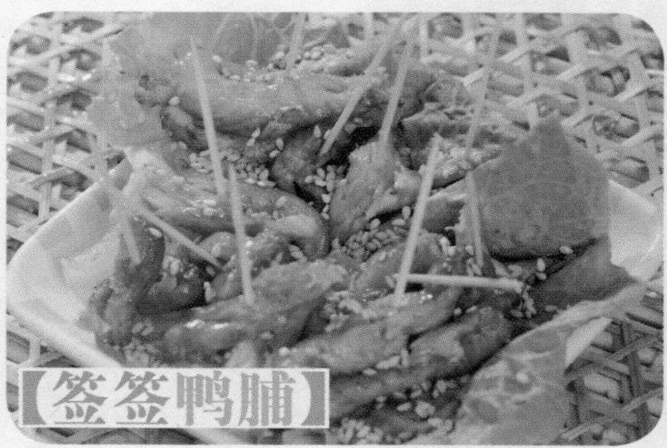

【签签鸭脯】

■原料　鸭脯肉300克，生菜100克。

■调料　食盐3克，鸡精2克，白芝麻5克，植物油、料酒、酱油、水淀粉各适量。

做法　**1.** 鸭脯肉洗净，切块，用牙签串成小串待用；生菜洗净，摆盘。

2. 锅下植物油烧热，下白芝麻炒香，放入串好的鸡脯肉炸片刻，调入食盐、鸡精、料酒、酱油炒匀，快熟时加水淀粉勾芡，起锅盛在生菜叶上即可。

■菜品特色　防癌抗癌。

【红白萝卜炖鸭】

■ 原料　鸭子半只，新鲜白萝卜、胡萝卜各 1 根。

■ 调料　植物油、食盐、鸡精、料酒、生抽、生姜各适量。

做法　**1.** 鸭肉洗净，斩成方块；白萝卜、胡萝卜洗净，滚刀切成大块；生姜切片；油锅烧八成热，先放姜片爆香；再倒入鸭块，不停翻炒，至表面略焦。

2. 往锅中加入两大碗清水，水量以浸过鸭块表面为宜；汤水烧滚后，改为中小火，加盖焖煮约 20 分钟。当锅内的汤汁约剩下一半的时候，加入切好的萝卜块，以及适量食盐，搅拌均匀后，继续焖煮；直到锅内的萝卜鸭肉块的汤汁即将收干时，加适量生抽上色，即可出锅。

■ 菜品特色　香嫩酥烂。

【尖椒玉米鸭】

■ 原料　去骨鸭 200 克，熟奶油玉米粒 100 克，尖红椒 20 克。

■ 调料　植物油、食盐、味精、白糖、料酒、辣酱、白醋、淀粉、干椒段、姜片、蒜片、鲜汤各适量。

做法　**1.** 将去骨鸭切成丁，用食盐、味精、料酒、淀粉腌渍；锅内放植物油烧热，将鸭丁过油，沥干。

2. 锅内留底油，下姜片、蒜片、干椒段煸香，下入玉米粒、鸭丁、尖红椒一同翻炒，放食盐、味精、白糖、白醋、辣酱，加鲜汤，勾芡，淋尾油即可。

■ 菜品特色　香辣爽口。

【茅根韵味鸭】

■ 原料　麻鸭 1 只，红椒片、青椒片各 60 克，茅根 50 克。

■ 调料　植物油、食盐、味精、蚝油、啤酒、八角、桂皮、蒜、姜块、红油、香油、整干椒、辣酱、鲜汤各适量。

做法　**1.** 将鸭洗净剁成鸭条；茅根洗净后入高压锅，加清水上火压 15 分钟待用。

2. 锅内放红油烧热下入八角、桂皮、姜块、整干椒炒香，加入鸭块炒干，放入啤酒、食盐、味精、蚝油、辣酱和茅根水，旺火烧开后撇去浮沫，高压锅压 10 分钟出锅。

3. 锅内放植物油，下入蒜炒香，倒入鸭块、鲜汤烧沸，放红椒片、青椒片，收汁，淋香油即可。

■ 菜品特色　清香软嫩。

【沙锅肥肠鸭】

■ 原料　水鸭 1 只，肥肠 200 克。

■ 调料　植物油、食盐、味精、白糖、辣酱、生姜、整干椒、蒜、八角、草果、茴香、桂皮、鲜汤各适量。

做法　**1.** 将水鸭洗净，剁成方块，焯水，捞出沥干；肥肠洗净，焯水，断生捞出，切成片；生姜、蒜切片。

2. 锅油烧热，下入鸭块、肥肠片、姜片炒干，再下入八角、草果、茴香、桂皮炒香，加食盐、味精、整干椒、白糖、辣酱、蒜、鲜汤，烧开后撇去浮沫，转小火煨至肉烂即可。

■ 菜品特色　鲜嫩酥烂。

■原料　卤鹅肠120克。

■调料　食盐、味精、白糖、整干椒、蒜、生姜、浏阳豆豉、葱油、香油各适量。

做法　**1.** 将卤鹅肠切成丝，摆入盘中；生姜、蒜切米，整干椒切成段。

2. 锅内放入葱油，烧热后下入浏阳豆豉、干椒段煸香，再放入姜米、蒜米、食盐、味精、白糖、香油炒匀，浇在鹅肠上即可。

■菜品特色　消积化滞，祛风散寒。

■原料　鹅肠400克，剁辣椒100克。

■调料　食盐3克，味精1克，醋8毫升，酱油10毫升，葱少许，植物油适量。

做法　**1.** 鹅肠剖开，洗净，切成长段；葱洗净，切花。

2. 将鹅肠下入沸水中烫至卷起，至熟时捞出盛入碗中。

3. 油锅烧热，下入剁辣椒炒香，再加入葱花以外的调料调味后，起锅淋在鹅肠上，并撒上葱花即可。

■菜品特色　降低血糖。

■原料　鹅肠200克，蒜薹、红椒各100克。

■调料　食盐3克，醋5毫升，酱油10毫升，植物油适量。

做法　**1.** 鹅肠洗净，剖开，切段；蒜薹洗净，切段；红椒洗净，切圈。

2. 锅内加水烧开，放入鹅肠煮至七分熟，取出沥水。

3. 热锅入植物油，放入蒜薹段炒至断生，放入鹅肠段、红椒圈，调入酱油、醋、食盐，翻炒至熟即可。

■菜品特色　防癌抗癌。

■原料　鹅肠300克，白菜心12克，黄尖椒圈30克。

■调料　植物油、食盐、味精、鸡精、蒸鱼豉油、料酒、白糖、葱花、香油、红油、鲜汤各适量。

做法　**1.** 将鹅肠用料酒、食盐抓洗，去异味，切成小段，下入沸水锅中焯水，捞出沥尽水分，待用。

2. 锅内放植物油，下入黄尖椒圈和鹅肠，烹料酒，放食盐、味精、鸡精、蒸鱼豉油、白糖煸炒调味，放少许鲜汤略焖一下，待汤汁收干、鹅肠脆香，淋香油、红油，撒葱花，出锅盛入盘中。

3. 锅内放水烧沸，放食盐、植物油，下入白菜心焯熟后捞出，沥尽水分后围于盘边。

■菜品特色　降血糖、抗癌。

【腊八豆炒荷包蛋】

■ 原料　鸡蛋 4 个，腊八豆 150 克。

■ 调料　植物油、食盐、味精、鸡精、蒜蓉香辣酱、干椒段、姜末、蒜蓉、大蒜叶各适量。

做法　**1.** 将鸡蛋打入碗中，放少许食盐；锅内放植物油 20 毫升烧至八成热，将蛋液倒入锅中煎成荷包蛋，取出切成菱形块，待用。

2. 锅内放植物油 30 毫升，下入姜末、蒜蓉、干椒段煸香，再放入腊八豆煸香，放入荷包蛋，放蒜蓉香辣酱、味精、鸡精和大蒜叶，略放一点水即可。

■ 菜品特色　香辣适口。

【蛋皮炒双丝】

■ 原料　鸡蛋 2 个，火腿肠 100 克，鲜红椒 50 克。

■ 调料　植物油、食盐、味精、淀粉、香油、葱段、姜丝各适量。

做法　**1.** 将鲜红椒摘净，切成丝；将火腿肠切成丝；将鸡蛋打入碗中，搅散，放少许食盐、淀粉搅匀；在锅内抹植物油，烧热后倒入锅中烫成蛋皮，盛出切成丝。

2. 锅放植物油，烧热后下入姜丝、红椒丝、火腿肠丝拌炒，放食盐、味精一起炒，熟时下蛋皮丝、葱段一起拌炒均匀，勾芡、淋香油即可。

■ 菜品特色　香嫩适口。

【红椒炒双蛋】

■ 原料　皮蛋 4 个，鲜红泡椒 50 克，鸡蛋 4 个。

■ 调料　植物油、食盐、味精、鸡精、葱花、姜末、蒜蓉各适量。

做法　**1.** 将皮蛋上笼蒸熟，剥去壳，切成方丁；将鲜红泡椒摘净切成小丁；将鸡蛋打入碗中，放少许食盐、味精、鸡精，用筷子搅散。

2. 锅内放植物油，烧至八成热，下入姜末、蒜蓉煸香，再放入红泡椒丁炒熟，下入皮蛋丁炒熟后，倒入蛋液拌炒，撒入葱花即可。

■ 菜品特色　香嫩软滑。

【苦瓜红椒炒蛋】

■ 原料　苦瓜 200 克，鸡蛋 4 个，红泡椒 50 克。

■ 调料　猪油、食盐、味精、鸡精各适量。

做法　**1.** 将苦瓜洗净切成小颗粒；将鸡蛋打入碗中，用筷子搅散；将红泡椒摘净，切成小块；锅内焯水，捞出沥干。

2. 锅内放猪油，烧至八成热，下入苦瓜粒、红泡椒块翻炒，再放食盐、味精、鸡精炒匀，然后将蛋液完全凝固，即可出锅。

■ 菜品特色　清香爽口。

【腊八豆炒蛋】

■原料　鸡蛋4个，腊八豆75克。

■调料　植物油、食盐、味精、香油、葱花各适量。

做法　1. 将鸡蛋打入碗中搅散，放食盐、味精搅匀，然后炒熟，装入盘中。

2. 净锅放植物油烧热后，下入腊八豆爆香；下入炒好的蛋，炒匀，撒葱花，淋香油，拌匀即可。

■菜品特色　鲜香适口。

【炒黄菜】

■原料　鸡蛋4个，荸荠150克，火腿肠1根，虾米10克。

■调料　植物油、食盐、味精、鸡精、蚝油、淀粉、鲜汤各适量。

做法　1. 将荸荠削皮，切成小粒；将火腿肠切成小粒，待用；将鸡蛋打入碗中，放入荸荠粒、火腿肠粒、虾米，放食盐、味精、鸡精、蚝油、淀粉、鲜汤，搅散。

2. 锅放植物油烧至八成热，将鸡蛋倒入锅中，熟透即可。

■菜品特色　鲜香适口。

【麻蓉火腿蛋松】

■原料　鸡蛋3个，熟火腿40克，熟芝麻10克。

■调料　植物油、食盐、味精各适量。

做法　1. 将熟火腿切成细丝，与熟芝麻一起拌匀，待用。

2. 将锅置旺火上，放入植物油，烧至六成热，将鸡蛋打入碗中，放少许食盐、味精，搅匀后倒入油锅中，用筷子在蛋液中不停地搅散，使蛋液炸至蓬松后捞出，沥尽油，用干净的白纱布将蛋松包起，吸干余油，然后拌散成蛋松，装入盘中，将火腿丝与芝麻均匀地撒放在蛋松上即可。

■菜品特色　脆香味美。

【酸菜干椒炒蛋】

■原料　鸡蛋4个，酸菜50克。

■调料　植物油、食盐、味精、香油、干椒末、葱花各适量。

做法　1. 将酸菜清洗干净，挤干水，剁碎后加入干椒末拌匀。

2. 锅置旺火上，放植物油烧热，下入酸菜拌炒，放少许食盐、味精，入味后出锅装入盘中。

3. 将鸡蛋打入碗中，搅散，放食盐、味精，加入炒好的酸菜再次搅匀。

4. 净锅置旺火上，放15毫升植物油，烧热后倒入蛋液，用锅勺不停地拌炒，蛋熟后撒葱花；淋香油，出锅装盘。

■菜品特色　酸辣可口。

■原料　鸡蛋 3 个，紫苏 25 克。

■调料　植物油、食盐、味精各适量。

做法　1. 将紫苏清洗干净，切碎。

2. 将蛋打入碗中，放食盐、味精搅散，再放入紫苏搅匀。

3. 净锅置火上，将锅烧热后放少许植物油滑锅，再放植物油烧至七成热，倒入蛋液，煎至两面金黄，熟后出锅装盘。

■菜品特色　美味营养。

■原料　鸡蛋 4 个，鲜红泡椒 5 克。

■调料　植物油、食盐、味精、陈醋、淀粉、葱花各适量。

做法　1. 将鸡蛋放食盐、味精、陈醋、淀粉搅匀；将鲜红泡椒摘净切成米。

2. 锅放植物油烧热后倒入蛋液，将其烹熟后放入红椒米、葱花，炒匀即可。

■菜品特色　香辣爽口。

■原料　鸡蛋 5 个，鲜肉泥 50 克，香菇米 10 克，红椒米 3 克。

■调料　植物油、食盐、味精、蚝油、酱油、水淀粉、胡椒粉、姜米、葱花、鲜汤各适量。

做法　1. 将鸡蛋蒸熟后剥壳，从中间切开，挖出蛋黄；鲜肉泥中放鸡蛋 1 个，下入食盐、味精、胡椒粉、姜米、香菇米搅拌成肉蓉料，嵌入挖去蛋黄的蛋中，做成换心蛋；在换心蛋中间抹上淀粉，逐个合拢，恢复成四个蛋。

2. 锅内放植物油，烧至八成热，下蛋炸至金黄色，沥干油。锅中放入鲜汤，将蛋放入锅中，放食盐、味精、酱油、蚝油，将蛋皮烧软；锅内勾芡，淋尾油，出锅淋在蛋上，撒上红椒米、葱花即可。

■菜品特色　滋味醇厚。

■原料　鸡蛋 4 个，梅干菜 40 克。

■调料　植物油、食盐、味精、葱、干椒粉各适量。

做法　1. 鸡蛋去壳装在碗内，加入食盐、味精搅拌均匀；梅干菜洗干净后切碎，葱切成花。

2. 锅置旺火上，放入梅干菜末，炒干水分后放入植物油，加食盐、味精、干椒粉炒拌入味，出锅倒入蛋液中，放入葱花搅拌均匀。

3. 锅置旺火上，放入底油烧热，倒入蛋液，再转用小火不停地转动炒锅，让蛋液受热均匀，待贴锅一面的蛋液呈金黄色时翻锅，煎好另一面，出锅装盘即可。

■菜品特色　色泽金黄，鲜香味浓。

【鸡油无黄银球】

■ 原料 鸡蛋 8 个，菜胆 12 个，红椒末 1 克。

■ 调料 植物油、食盐、味精、淀粉、鸡油、蚝油、鲜汤各适量。

做法 1. 将菜胆放入少许食盐、味精焯水，沥干围入盘边；将鸡蛋去黄留白，打入碗中，加食盐、味精搅散，加入淀粉再次搅匀，倒入抹油的碗中，蒸熟后取出。

2. 用挖球器将蒸熟的蛋白糕挖成小银球，放入扣碗中，放入食盐、味精、植物油、蚝油、鲜汤，蒸入味取出，蒸汁留用；将银球反扣入盘中，用红椒末点缀。

3. 锅放入鲜汤和蒸汁，放食盐、味精调味，烧开后用淀粉勾芡，淋鸡油，浇在银球上即可。

■ 菜品特色 鲜香嫩滑。

【酸辣金钱蛋】

■ 原料 熟鸡蛋 5 个，鲜红椒 3 克。

■ 调料 植物油、食盐、味精、鸡精、酱油、红油、香油、淀粉、陈醋、姜米、蒜蓉、干椒米、葱花各适量。

做法 1. 将熟鸡蛋切成片，整齐地码入盘中，两面均匀拍上淀粉；将鲜红椒切成米粒状。

2. 将姜米、蒜蓉、干椒米、葱花、鲜红椒米放在碗中，加入食盐、味精、酱油、鸡精、陈醋、淀粉拌匀。

3. 锅放植物油烧热，将蛋下入油锅，煎至两面金黄，然后将兑好的汁倒入锅中，淋香油、红油即可。

■ 菜品特色 香嫩软糯。

【银鱼荷包蛋】

■ 原料 鸡蛋 4 个，银鱼 25 克。

■ 调料 熟猪油、食盐、味精、鸡精、胡椒粉、葱花、鲜汤各适量。

做法 1. 将银鱼用清水泡发，清洗干净，捞出沥干水。

2. 净锅置旺火上，放鲜汤，放食盐、味精、鸡精，下入银鱼，用小火熬出银鱼的鲜味后，将鸡蛋打入，煮成荷包蛋，撇去浮沫，淋熟猪油，撒胡椒粉和葱花，出锅盛入大汤碗中。

■ 菜品特色 美味营养。

【鱼香炒蛋】

■ 原料 鸡蛋 4 个，泡椒 50 克，猪里脊肉 20 克，水发木耳 15 克。

■ 调料 植物油、食盐、味精、白糖、料酒、酱油、白醋、豆瓣酱、辣酱、葱、生姜、香油各适量。

做法 1. 猪里脊肉、水发木耳、泡椒、葱、生姜均切成丝；将食盐、味精、白糖、酱油、料酒、白醋、辣酱、豆瓣酱、香油调成芡汁；鸡蛋打入碗中，加食盐搅匀。

2. 锅加植物油烧热后下姜丝、泡椒丝、葱丝、肉丝、木耳丝炒散，下入蛋液炒散，倒入芡汁，炒匀即可。

■ 菜品特色 香嫩适口。

【荷包蛋煮腌菜】

■ 原料　鸡蛋 5 个，腌菜 100 克。

■ 调料　植物油、剁辣椒、食盐、味精、鸡精、鲜汤各适量。

做法　**1.** 锅内放入植物油，烧至六成热时，将鸡蛋逐个下锅煎至两面金黄后盛出；腌菜洗净后切成 2 厘米长的段，用清水浸泡半个小时，捞出挤干水，再下锅炒干水分。

2. 锅内放入植物油烧热，放入腌菜段炒出香味，放剁辣椒、食盐、味精、鸡精调好味，倒入鲜汤，放入煎好的鸡蛋，煮至汤色浓白，盛入汤碗即可。

■ 菜品特色　汤汁浓稠，鲜香适口。

【糊蛋汤】

■ 原料　鸡蛋 3 个，熟玉米粒 10 克，枸杞子 5 克，白芝麻 5 克。

■ 调料　水淀粉、白糖各适量。

做法　**1.** 将鸡蛋取蛋清搅散。

2. 锅内放清水，下入白糖，烧开后勾水淀粉成芡汁，淋入鸡蛋清，撒上枸杞子、玉米粒、白芝麻，汤开后出锅盛入碗中。

■ 菜品特色　营养美味。

【米水田园】

■ 原料　鸡蛋 10 个，嫩青菜末 150 克。

■ 调料　植物油、熟猪油、食盐、味精、鸡精、胡椒粉、米汤各适量。

做法　**1.** 锅中放水，下入鸡蛋取熟，剥壳后待用。

2. 锅内放植物油烧至六成热，下入鸡蛋炸至外皮焦皱，去顶，将蛋黄取出捣碎，待用。

3. 净锅置灶上，下入米汤，放食盐、味精、鸡精，再下入青菜末、蛋黄，用勺推动以免粘锅，烧开后淋熟猪油，撒胡椒粉，盛入汤钵中。

4. 将汤钵中的青菜取一部分塞入鸡蛋中，拼摆于盘边即可。

■ 菜品特色　清淡可口。

【蔬菜蛋羹】

■ 原料　鸡蛋 8 个，胡萝卜、玉米粒、青豆各 10 克。

■ 调料　食盐、味精、白糖、米酒、香油、吉士粉、泡打粉各适量。

做法　**1.** 将鸡蛋打散，用纱布过滤；将胡萝卜切成青豆大小的粒。

2. 锅内放清水，烧开后放入胡萝卜粒、玉米粒，青豆焯水断生，捞出沥干；倒入过滤的蛋汁中，加入调料。

3. 在容器中，倒入蛋汁，入蒸柜中蒸 3 分钟，凉后倒扣出来，切厚片即可。

■ 菜品特色　香糯嫩滑。

【五彩蒸蛋】

■原料 鸡蛋4个，净鱼肉25克，香菇10克，玉米20克，枸杞10克。

■调料 猪油、食盐、味精、葱花、淀粉、鲜汤、石灰水各适量。

做法 1. 将鸡蛋打散；石灰水调匀，滤去渣滓，倒入装有蛋液的汤碗，加入食盐搅拌均匀，旺火蒸10分钟后取出；将鱼肉洗净切成方丁；香菇切丁；玉米焯水，捞出沥干。

2. 锅内加入猪油烧热后下入鱼丁、香菇丁、玉米粒、枸杞拌匀，加入鲜汤、食盐、味精略烧入味，勾芡，撒葱花即可。

■菜品特色 营养丰富。

【三色蒸水蛋】

■原料 鸡蛋3个，皮蛋2个，熟盐蛋2个，石灰水100克，红泡椒1个。

■调料 猪油、食盐、味精、生抽、香油、葱花、冷鲜汤各适量。

做法 1. 将熟盐蛋、皮蛋剥壳，切成丁；红泡椒切成末；在冷鲜汤中兑入石灰水，待用；将鸡蛋打入碗中，放食盐、味精搅散，放入冷鲜汤，再次搅匀，入笼上汽蒸8分钟，熟后取出。

2. 将熟盐蛋与皮蛋排列在蒸蛋上，将剩下的蛋液均匀地倒在熟盐蛋与皮蛋上，放猪油，再入蒸笼蒸熟后取出，淋香油、生抽，撒葱花、红泡椒末即可。

■菜品特色 香辣爽口。

【石灰水蒸蛋】

■原料 鸡蛋3个，蒸鸡蛋石灰粉250克。

■调料 食盐、味精、生抽、香油、葱花各适量。

做法 1. 取蒸蛋石灰粉1包，放入碗中，倒入清水500克，搅匀即成石灰水。

2. 将鸡蛋打入碗中，放食盐、味精搅散，放澄清的石灰水再次搅匀，入蒸笼，上汽后8分钟即可取出，淋生抽、香油，撒葱花即可。

■菜品特色 馨香诱人。

【臭腐乳蒸鸡蛋】

■原料 鸡蛋4个，臭腐乳60克。

■调料 食盐、味精、鸡油、酱油、香油、葱、鲜汤各适量。

做法 1. 将鸡蛋磕入碗内，臭腐乳捣碎成糊状后放入蛋液内，再加入食盐、味精、鲜汤一起搅匀；葱切成葱花。

2. 将鸡蛋入笼，用旺火蒸5分钟后取出，淋上酱油、鸡油、香油，撒葱花即可。

■菜品特色 风味独特。

【红枣桂圆蛋】

■ 原料　土鸡蛋5个，红枣10枚，桂圆肉25克，枸杞3克。

■ 调料　白糖适量。

做法　**1.** 将土鸡蛋放入冷水锅中，开水煮熟后捞出，剥壳待用；将红枣、桂圆肉洗净，沥干水。

2. 在净砂罐中放入清水 750 毫升，下入红枣、桂圆和熟鸡蛋，用大火烧开后改用小火煨煮 15 分钟，放入白糖再煮，烧开后倒入大碗中，撒枸杞即可。

■ 菜品特色　香甜可口。

【五香破壳茶盐蛋】

■ 原料　土鸡蛋 12 个，茶叶 30 克。

■ 调料　食盐、桂皮、八角、干紫苏、五香粉各适量。

做法　**1.** 将鸡蛋煮熟砸破蛋壳，待用；将干紫苏放在火上烤一下，切成段。

2. 在大砂钵内放冷水，放食盐、桂皮、八角、干紫苏、五香粉、茶叶，在旺火上烧开，放入鸡蛋，改中火煮至上色入味即可。

■ 菜品特色　滋味醇厚。

【红珠鸳鸯蛋】

■ 原料　鸡蛋 10 个，圣女果 20 粒。

■ 调料　猪油、食盐、味精、鸡精、淀粉、鸡油、鲜汤各适量。

做法　**1.** 将鸡蛋蛋清、蛋黄分开，分别打入碗中搅散，放少许食盐、味精、淀粉搅匀，分别倒入抹有猪油的的碗中，蒸熟后取出；用挖球器分别挖取同样大小的球形，放入碗中，加鲜汤和猪油，蒸 3 分钟；圣女果焯水，捞出一切两半，摆入盘边，将蛋白球、蛋黄球摆入盘中。

2. 锅内放鲜汤、食盐、味精、鸡精，烧开后勾芡，淋鸡油，浇在蛋上即可。

■ 菜品特色　酸甜可口。

【蒸金钱蛋塔】

■ 原料　鸡蛋 3 个，日本豆腐、火腿肠各 1 根，鲜猪肉 100 克，鲜红椒（圆片）5 克。

■ 调料　猪油、食盐、味精、鸡精、水淀粉、香油、鲜汤各适量。

做法　**1.** 鸡蛋煮熟后剥壳，与日本豆腐、火腿肠一起切成 1 厘米厚的片，各 10 片。

2. 将鲜猪肉洗净后剁成蓉，加入食盐、味精、香油和少许水淀粉搅匀，成肉蓉料。

3. 将肉蓉料均匀地抹在蛋饼上，再按日本豆腐、肉蓉料、火腿肠、肉蓉料、红椒片的顺序叠放（即成金钱蛋塔），整齐地摆入盘中，上笼蒸 10 分钟，熟后取出。

4. 净锅置旺火上，倒入鲜汤，放猪油，放食盐、味精、鸡精，汤烧开后勾水淀粉，即成芡汁，出锅浇淋在金钱蛋塔上即成。

■ 菜品特色　营养丰富，形状可爱。

【彩椒炒盐蛋黄】

■ 原料　盐蛋黄 6 个，鲜红泡椒 100 克，鲜青椒 100 克。

■ 调料　猪油、食盐、味精、鸡精、蚝油、蒜粒各适量。

做法　1. 将盐蛋黄蒸熟，剁成蛋黄泥，待用；将青椒、红泡椒摘净拍碎；蒜粒拍碎；锅内不放油，先将青椒末、红椒末在锅中炒蔫，盛出。

2. 锅放猪油烧热，下入蒜粒煸香，再放入青椒末、红椒末翻炒，放食盐、味精、鸡精和蚝油，炒热后放入盐蛋黄翻炒，炒匀即可。

■ 菜品特色　清香滑嫩。

【黄瓜煮皮蛋】

■ 原料　黄瓜 250 克，皮蛋 3 个，红椒片 3 克。

■ 调料　熟猪油、食盐、味精、鸡精、胡椒粉、姜丝、鲜汤各适量。

做法　1. 皮蛋去壳，切成菊瓣形，黄瓜切成片。

2. 净锅放鲜汤烧开后下入姜丝、红椒片、黄瓜片、皮蛋，改小火将黄瓜煮熟，放食盐、味精、鸡精、熟猪油、胡椒粉调味即可。

■ 菜品特色　清脆鲜香。

【苦瓜炒盐蛋黄】

■ 原料　苦瓜 250 克，盐蛋黄 4 个，红椒米 5 克。

■ 调料　植物油、食盐、味精、姜米、蒜蓉各适量。

做法　1. 苦瓜剖开，去子切成片；盐蛋黄蒸熟，用刀拍成粉；苦瓜焯水，五分熟时捞出；锅内放植物油，下苦瓜，放食盐煸炒入味。

2. 锅内放植物油，将盐蛋黄下锅烹炒，至蛋黄起泡沫，下苦瓜、味精、蒜蓉、姜米、炒匀，撒红椒米。

■ 菜品特色　清香适口。

【茄汁滑皮蛋】

■ 原料　皮蛋 4 个，番茄沙司 15 克。

■ 调料　植物油、淀粉、白糖、香油、葱段、姜丝、蒜片、蛋糊各适量。

做法　1. 将皮蛋上笼蒸熟，取出剥去外壳，切成橘瓣形；将皮蛋裹上蛋糊，下入热油锅内炸至金黄色，捞出沥油。

2. 锅内留底油，放入姜丝、蒜片煸香，再放入白糖、番茄沙司，加水 10 毫升，水烧开、白糖溶化后，勾芡、淋香油，下入皮蛋，撒上葱段即可。

■ 菜品特色　香滑适口。

【鹌蛋烧豆腐】

■原料　鹌鹑蛋 10 个，豆腐 4 片，菜胆 10 个。

■调料　植物油、食盐、味精、酱油、蚝油、淀粉、辣酱、红油、葱花、姜末、蒜蓉、香油、鲜汤各适量。

做法　1. 将鹌鹑蛋煮熟剥壳待用；将菜胆放少许食盐、味精焯水捞出，围入盘边；在沸水锅中放食盐、酱油，将豆腐切成方丁焯水，捞出沥干水。

2. 锅内放植物油烧热后下姜末、蒜蓉、辣酱炒香，下入鹌鹑蛋、豆腐丁，放食盐、味精、蚝油，推炒入味后倒入鲜汤，略焖，勾芡，淋香油、红油，撒葱花即可。

■菜品特色　香嫩爽口。

【腊八豆炒盐蛋黄】

■原料　盐蛋黄 5 个，腊八豆 150 克。

■调料　猪油、味精、鸡精、蚝油、干椒末、葱花、蒜蓉、大蒜叶各适量。

做法　1. 将盐蛋黄蒸熟后，剁碎。

2. 锅放猪油烧热，放入蒜蓉炒香，再放腊八豆炒至焦香，下入剁碎的盐蛋黄，放味精、鸡精、蚝油、干椒末、大蒜叶反复翻炒均匀，撒入葱花即可。

■菜品特色　香嫩适口。

【青椒炒咸蛋】

■原料　盐蛋黄 4 个，青椒 160 克。

■调料　植物油、食盐、味精、酱油、白糖、葱、蒜、香油各适量。

做法　1. 盐蛋黄去壳装入碗内，用刀切碎，青椒切圈，葱切段，蒜切成小片。

2. 锅放植物油，烧至六成热，倒入盐蛋黄炸至成型。

3. 锅内留底油，放蒜片、青椒圈炒香，加食盐、味精、白糖、酱油炒拌，倒入盐蛋黄炒匀，淋香油，撒葱段即可。

■菜品特色　清香脆嫩。

【盐蛋黄炒玉米粒】

■原料　盐蛋黄 4 个，奶油玉米 1 根，豌豆、枸杞子各 3 克。

■调料　植物油、味精、姜末各适量。

做法　1. 锅内放水，将奶油玉米煮熟，捞出剥下玉米粒；将盐蛋黄蒸熟，剁成蛋黄泥。

2. 净锅放植物油烧至七成热，下入姜末炒香，下入盐蛋黄，用力搅动，放味精，炒匀下入玉米粒，再撒豌豆、枸杞子即可。

■菜品特色　鲜香脆嫩。

【枸杞鹌鹑蛋】

■ 原料　鹌鹑蛋 240 克，枸杞子 4 粒，茶叶 10 克。
■ 调料　白糖、淀粉各适量。

做法　**1.** 将鹌鹑蛋煮熟去壳，枸杞子用清水泡发。
2. 锅内放水加入熟鹌鹑蛋、茶叶、白糖，用旺火烧开转小火，捞出原料盛入碗内，勾芡，浇在鹌鹑蛋上，撒枸杞子即可。

■ 菜品特色　补气和中。

【秘制鹌鹑蛋】

■ 原料　鹌鹑蛋 15 个，香菜根 20 克，鲜红椒 2 克，竹签 3 根。
■ 调料　五香粉、生抽、食盐、味精、白糖、香葱、姜、花椒盐各适量。

做法　**1.** 将五香粉、生抽、味精、白糖、香葱、姜、香菜根和 350 毫升清水放锅内，烧开调成卤水；鲜红椒切米粒状，用食盐稍腌。
2. 鹌鹑蛋煮熟去壳，放入卤水中浸泡捞出，再用竹签串好，撒上花椒盐、红椒米即可。

■ 菜品特色　香嫩适口。

【香辣虎皮鹌鹑蛋】

■ 原料　鹌鹑蛋 500 克，菜胆 10 个，红泡椒末 3 克。
■ 调料　植物油、食盐、味精、鸡精、酱油、辣酱、蚝油、水淀粉、蒜片、姜片、整干椒、香油、鲜汤各适量。

做法　**1.** 将鹌鹑蛋煮熟剥壳；锅内放植物油烧至六成热，将鹌鹑蛋下锅炸至金黄色，捞出沥干油，扣入蒸钵，放入食盐、味精、鸡精、蚝油、酱油、辣酱、鲜汤，蒸 15 分钟，蒸汁留用。
2. 锅内留油烧热下姜片、蒜片煸香，将蒸汁倒入锅中，下入菜胆烧熟后夹出，围在盘边，将鹌鹑蛋倒入盘中。
3. 将锅内汤汁放食盐，调味烧开，用水淀粉勾芡、淋香油，浇在鹌鹑蛋上，撒上红泡椒末即可。

■ 菜品特色　香辣适口。

第四章 水产类

水产类包括各种海鱼、河鱼和其他各种水产动植物，如虾、蟹、蛤蜊、海参、海蜇和海带等。它们是蛋白质、无机盐和维生素的良好来源，尤其蛋白质含量丰富。鱼类蛋白质的利用率高达 85%~90%。鱼类的脂肪含量不高一般在 5% 以下。维生素 B_2、尼克酸、维生素 A 含量较多，水产植物中还含有较多的胡萝卜素。

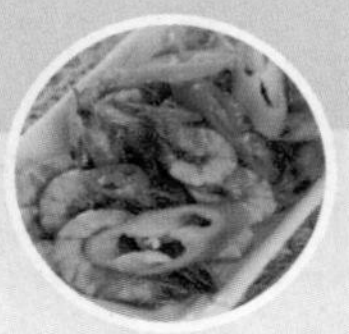

【油辣鱼】

■ 原料　净青鱼肉 450 克。

■ 调料　植物油、食盐、味精、白糖、豆豉、整干椒、葱花、红油、香油各适量。

做法

1. 将青鱼肉剁成方块，整干椒切段，备用；锅放植物油烧热，倒入鱼块炸至金黄色，捞出沥干，装入钵内，撒食盐、味精、白糖。
2. 锅内留底油，下豆豉、干椒段炒香，再盖在鱼块上，蒸 10 分钟取出，淋红油、香油，撒上葱花即可。

■ 菜品特色　香辣爽口。

烹饪贴士

1. 青鱼可红烧、干烧、清炖、糖醋或切段熏制，也可加工成条、片、块制作各种菜肴。

2. 收拾青鱼的窍门：右手握刀，左手按住鱼的头部，刀从尾部向头部用力刮去鳞片，然后用右手大拇指和食指将鱼鳃挖出，用剪刀从青鱼的口部至脐眼处剖开腹部，挖出内脏，用水冲洗干净，腹部的黑膜用刀刮一刮，再冲洗干净。

■ 原料介绍　青鱼主要分布于我国长江以南的平原地区，长江以北较稀少；它是长江中、下游和沿江湖泊里的重要渔业资源和各湖泊、池塘中的主要养殖对象，为我国淡水养殖的“四大家鱼”之一。

■ 营养分析

1. 青鱼中除含有丰富蛋白质、脂肪外，还含丰富的硒、碘等微量元素，故有抗衰老、抗癌作用。

2. 鱼肉中富含核酸，这是人体细胞所必须的物质，核酸食品可延缓衰老，辅助疾病的治疗。

3. 每百克含蛋白质 20.1 克、脂肪 5.2 克、磷 246 毫克、镁 32 毫克、锌 0.94 毫克、硒 37.69 微克、维生素 E 0.81 毫克。

■ 适用人群　一般人群均可食用。

■ 选购窍门　选鲜活、无异味的鲜青鱼。

■ 储藏妙法　冷冻储存或水中活养。

【水煮活鱼】

■原料　活草鱼 1 条，青椒 100 克，紫苏 3 克。

■调料　植物油、食盐、味精、蒸鱼豉油、白醋、胡椒粉、料酒、姜片、葱段、鲜汤各适量。

做法

1. 将草鱼洗净，从背部剖开，挖去内脏，清洗干净，留下鱼鳔；青椒切圈，紫苏切碎。

2. 锅内放植物油烧至八成热，将鱼皮朝下，下入锅中煎至嫩黄色，下鲜汤、姜片、青椒圈、料酒，烧开改小火将鱼汤煮至乳白色，放食盐、味精、蒸鱼豉油、紫苏末、白醋，略煮一下撒胡椒粉、放葱段即可。

■菜品特色　麻辣鲜香。

■原料介绍　草鱼的俗称有：鲩、油鲩、草鲩、白鲩、草鱼、草根、混子、黑青鱼等。栖息于平原地区的江河湖泊，一般喜居于水的中下层和近岸多水草区域。性活泼，游泳迅速，常成群觅食。因其生长迅速，饲料来源广，是中国淡水养殖的四大家鱼之一。

■营养分析

1. 草鱼含有丰富的不饱和脂肪酸，对血液循环有利，是心血管病人的良好食物。

2. 草鱼含有丰富的硒元素，经常食用有抗衰老、养颜的功效，而且对肿瘤也有一定的防治作用。

3. 对于身体瘦弱、食欲不振的人来说，草鱼肉嫩而不腻，可以开胃、滋补。

■适用人群　一般人群均可食用，尤其适宜虚劳、风虚头痛、肝阳上亢、高血压、头痛、久疟、心血管疾病病人。

烹饪贴士

1. 烹调时不用放味精就很鲜美。

2. 鱼胆有毒不能吃。

3. 草鱼要新鲜，煮时火候不能太大，以免把鱼肉煮散。

4. 草鱼与豆腐同食，具有补中调胃、利水消肿的功效。

■选购窍门

选鲜活、无异味的鲜草鱼。

■储藏妙法

冷冻储存或水中活养。

【洞庭鱼头王】

■ 原料　鲜鳙鱼头 2000 克，鲜红椒丁、鲜黄椒丁各 200 克。

■ 调料　食盐、味精、浏阳豆豉、葱花、姜片、花椒、料酒、红油、香油、剁辣椒各适量。

做法

1. 将姜片、红椒丁在鱼盘上铺底。
2. 将鱼头剖开，用花椒、料酒、食盐腌渍后平铺在鱼盘中，撒上味精、姜片、剁辣椒、浏阳豆豉、黄椒丁，上笼蒸制 15 分钟，熟后取出，淋入香油、红油，撒上葱花即成。

■ 菜品特色　爽滑鲜嫩，汤汁黏稠鲜美。

■ 原料介绍　鳙鱼又叫花鲢、胖头鱼、包头鱼，大头鱼、黑鲢（还有的地方叫麻鲢）。外形似鲢，侧扁，是淡水鱼的一种。头部大而宽，头长约为体长的 1/3。口亦宽大，稍上翘，眼位低。

■ 营养分析　鳙鱼能起到暖胃、补虚、化痰、平喘的作用。适用于脾胃虚寒、痰多、咳嗽等症状。体质虚弱的人最好多吃胖头鱼的鱼头，它的温补效果很好，还能起到治疗耳鸣、头晕目眩的作用。

■ 适用人群

1. 适宜体质虚弱、脾胃虚寒、营养不良之人食用；特别适宜咳嗽、水肿、肝炎、眩晕、肾炎和身体虚弱者食用。

2. 鳙鱼性偏温，热病及有内热者、荨麻疹、癣病者、瘙痒性皮肤病应忌食，上火的人群最好也不要食用。

1. 适用于烧、炖、清蒸、油浸等烹调方法，尤以清蒸、油浸最能体现出胖头鱼清淡、鲜香的特点。

2. 鳙鱼头大且头含脂肪、胶质较多，故胖头鱼还可烹制“沙锅鱼头”。

3. 切鱼方法：切鱼时应将鱼皮朝下，刀口斜入，最好顺着鱼刺，切起来更干净利落；鱼的表皮有一层黏液非常滑，所以切起来不太容易，若在切鱼时，将手放在盐水中浸泡一会儿，切起来就不会打滑了。

■ 选购窍门　选购活鱼。

■ 储藏妙法　冷冻储藏或活养。

【葱香烧鲫鱼】

■ 原料　鲫鱼 2 条。

■ 调料　植物油、食盐、味精、鸡精、酱油、蒸鱼豉油、料酒、白醋、白糖、葱、姜、鲜汤各适量。

做法

1. 将鲫鱼洗净，在背部划一直刀，鱼身斜剞一刀；用葱、姜、料酒、酱油、白糖腌渍 20 分钟待用；锅置灶上，放植物油烧七成热，下入鲫鱼，连煎带炸至色泽金黄、外焦里嫩，盛出沥油。

2. 锅内放少许底油，下入葱、姜爆香后取出，放入鲫鱼，烹白醋、食盐、味精、鸡精、蒸鱼豉油调味，放少许鲜汤，焖至鲫鱼酥软即可。

■ 菜品特色　香嫩酥脆。

■ 原料介绍　鲫鱼属鲤形目、鲤科、鲫属，是一种主要以植物为食的杂食性鱼，喜群集而行，择食而居。鲫鱼肉质细嫩，肉味甜美，营养价值很高。

■ 营养分析

1. 鲫鱼所含的蛋白质质优、齐全、易于消化吸收。

2. 鲫鱼有健脾利湿、和中开胃、活血通络之功效，可补虚通乳。

3. 鲫鱼肉嫩味鲜，可做粥、做汤、做菜、做小吃等。尤其适于做汤，鲫鱼汤不但味香汤鲜，而且具有较强的滋补作用。

■ 适用人群　一般人群均可食用，非常适合中老年人和病后虚弱者食用，也特别适合产妇食用。

烹饪贴士

1. 鲫鱼红烧、干烧、清蒸、汆汤均可，但以汆汤最为普遍。

2. 冬令时节食之最佳；鲫鱼与豆腐搭配炖汤营养最佳。

3. 如用陈皮和鲫鱼煮汤，有温中散寒、补脾开胃的功效，适宜胃寒腹痛、食欲不振、消化不良、虚弱无力等。

■ 选购窍门　选购鲜活鲫鱼。

■ 储藏妙法　冷冻储藏或活养。

【家烧小黄鱼】

■原料　小黄鱼数条，面粉适量。

■调料　植物油、食盐、葱、生姜、蒜、料酒、酱油、白糖、鸡精各适量。

做法

1. 切好葱、姜、蒜备用；小黄鱼宰杀好后，加入料酒、少许食盐腌渍 5 分钟；腌渍好后把面粉均匀地拍在小黄鱼上；锅里倒植物油烧热，把鱼放入锅内炸，炸至金黄色即可夹出控油。

2. 锅里留少许植物油，把姜、蒜片煸香；把炸好的鱼放入锅内，加入半碗开水、酱油、白糖、少许食盐、料酒；盖上锅盖中火烧 2 分钟，加入少许鸡精，撒上葱花即可。

■菜品特色　香酥可口。

■原料介绍　黄鱼，有大小黄鱼之分，又名黄花鱼，属鱼纲、石首鱼科。鱼头中有两颗坚硬的石头，叫鱼脑石，故又名“石首鱼”。大黄鱼又称大鲜、大黄花、桂花黄鱼。小黄鱼又称小鲜、小黄花、小黄瓜鱼。大黄鱼以我国舟山渔场产最出名。

■营养分析　黄鱼含有丰富的蛋白质、微量元素和维生素，对人体有很好的补益作用，对体质虚弱和中老年人来说，食用黄鱼会收到很好的食疗效果。

■适用人群　一般人均宜于食用，贫血、头晕及体虚者更加适合。

烹饪贴士

黄鱼洗净后，在身体表面用食盐抹匀，可有效去除腥味。

■选购窍门　选购鲜活、无异味的黄鱼。

■储藏妙法　冷冻储藏。

【白灵菇熘才鱼片】

■ 原料　鲜白灵菇150克，才鱼片200克。

■ 调料　植物油、食盐、味精、鸡精、料酒、淀粉、白糖、香油、姜片、鲜汤各适量。

做法

1. 将白灵菇洗净，切成厚片；才鱼片加料酒、食盐、味精、淀粉拌匀调味；锅置火上，放入植物油，烧至八成热时，下入白灵菇片过油，捞出沥干。
2. 锅留底油，烧热，下才鱼片，滑散，捞出沥油。
3. 锅留底油，下姜片煸香，放入白灵菇片，倒入鲜汤，放食盐、味精、鸡精、白糖，至汤汁变浓时勾薄芡，然后放入才鱼片，推匀，淋香油即可。

■ 菜品特色　香嫩爽滑。

■ 原料介绍　才鱼是乌鳢的俗称，它生性凶猛，繁殖力强，胃口奇大，常能吃掉某个湖泊或池塘里的其他所有鱼类，甚至不放过自己的幼鱼。才鱼还能在陆地上滑行，迁移到其他水域寻找食物，可以离水生活3天之久。

■ 营养分析

1. 才鱼肉中含蛋白质、脂肪、18种氨基酸等，还含有人体必需的钙、磷、铁及多种维生素。
2. 适用于身体虚弱、低蛋白血症、脾胃气虚、营养不良、贫血之人食用。
3. 才鱼有祛风治疳、补脾益气、利水消肿的功效。

■ 适用人群　一般人群均可食用，有疮者不可食，令人瘢白。

才鱼出肉率高、肉厚色白、红肌较少，无肌间刺，味鲜，通常用来做鱼片，以冬季出产为最佳。代表菜式有菊花才鱼、清炒乌鱼片、番茄鱼片汤等。

■ 选购窍门　选鲜活、无异味的才鱼。

■ 储藏妙法　冷冻储藏。

【干锅黄鸭叫】

■ 原料　黄鸭叫 4 条，紫苏 3 克，青尖椒片、红尖椒片各 25 克。

■ 调料　植物油、食盐、味精、辣酱、陈醋、蒸鱼豉油、姜丝、蒜片、大蒜叶、鲜汤各适量。

做法

1. 将黄鸭叫从下鳃处撕开，去内脏，洗净；锅内放植物油 500 毫升；烧热，将黄鸭叫下锅，炸至金黄色，沥干油。

2. 锅内留底油，下姜丝、蒜片煸香、下鲜汤，放辣酱、陈醋、蒸鱼豉油、食盐、味精将黄鸭叫放入汤汁中，下入紫苏同煨至黄鸭叫熟透，倒入干锅中；撒上青尖椒片、红尖椒片、大蒜叶，带火上桌。

■ 菜品特色　香味醇厚。

■ 原料介绍　黄鸭叫体长，腹平，体后部稍侧扁。头大且平扁，吻圆钝，口大，下位，上下颌均具绒毛状细齿，眼小。据《湖南鱼类志》载，黄鸭叫学名黄颡鱼，地方又称黄呀姑、黄鸭牯，又称黄鸭咕、戈牙、咯鱼、咯咯嗑、黄辣丁、黄骨头等。由于其能发出鸭子一般的叫声，通体黄色，因此得名黄鸭叫。

■ 营养分析　黄鸭叫肉质细嫩，味道鲜美，营养丰富，无肌间刺，多脂肪，其蛋白质含量为 16.1%，脂肪为 0.7%，是我国常见的食用鱼类，营养价值很高，是餐桌上的珍品食肴。

■ 适用人群　一般人都适用。

烹饪贴士

黄鸭叫不易洗净，应从腮下直接撕开，淘净内脏。

■ 选购窍门　选择鲜活的黄鸭叫。

■ 储藏妙法　冷冻储藏或活养。

【响油鳝丝】

■原料　鳝丝 400 克。

■调料　植物油、食盐、味精、葱、生姜、蒜、料酒、醋、酱油，蚝油，味精、胡椒粉各适量。

做法

1. 将鳝丝切成 3 段待用，煮一锅沸水，加入葱、生姜、料酒、醋，汆烫切好的鳝丝。

2. 待鳝丝煮开后，将水倒掉，鳝丝放入盆中稍事冷却，锅内入少许植物油，将葱、生姜爆香，再放入食盐、酱油、蚝油、味精调好酱汁，将鳝丝放入焖 3 分钟，即可出锅。

3. 上桌前，将烧热的油淋在葱蒜上，最后撒上胡椒粉即可。

■菜品特色　暖身开胃。

■原料介绍　鳝鱼属合鳃鱼目，合鳃鱼科，黄鳝属。亦称黄鳝、鳣鱼、罗鳝、蛇鱼、长鱼，是有价值的食用鱼类，往往蓄养于池塘或稻田中。

■营养分析

1. 鳝鱼富含的 DHA 和卵磷脂是构成人体各器官组织细胞膜的主要成分，而且是脑细胞不可缺少的营养。

2. 鳝鱼特含降低血糖和调节血糖的“鳝鱼素”，且所含脂肪极少是糖尿病患者的理想食品。

3. 鳝鱼含丰富维生素 A，能增进视力，促进皮膜的新陈代谢。

■适用人群　一般人群都可食用，特别适宜身体虚弱、气血不足、营养不良之人食用。

烹饪贴士

1. 鳝鱼宜现杀现烹，鳝鱼体内含组氨酸较多，味很鲜美，死后的鳝鱼体内的组氨酸会转变为有毒物质，故所加工的鳝鱼必须是活的。

2. 黄鳝肉味鲜美，骨少肉多，可炒、可爆、可炸、可烧，如与鸡、鸭、猪等肉类清炖，其味更加鲜美，还可作为火锅原料之一。

■选购窍门　选鲜活、有活力、无异味的鳝鱼食用。

■储藏妙法　活养。

【风味鲜鱿鱼】

■ 原料　鱿鱼 500 克，洋葱 100 克，花生仁 50 克。

■ 调料　干辣椒 10 克，小葱段 20 克，植物油适量，食盐 5 克、生抽、米醋各 5 毫升，蚝油 25 毫升，味精 3 克，姜片、蒜片各 20 克，料酒 20 毫升，花生油 300 毫升。

做法

1. 鱿鱼洗净；洋葱切成丝，用食盐、味精、生抽拌匀，纳入鱿鱼腹中。
2. 锅置火上，放植物油烧至八成热，放入鱿鱼炸至熟透后捞出控油，掏出洋葱丝，鱿鱼直刀切圈；花生仁入锅中炸脆备用。
3. 锅中留底油，放入干辣椒、小葱段、姜片、蒜片爆香，再烹入料酒、生抽，倒入鱿鱼圈、花生仁，加生抽、蚝油、味精、米醋翻炒均匀即可。

■ 菜品特色　鲜香爽口。

■ 原料介绍　鱿鱼属软体动物类，是乌贼的一种，体圆锥形，体色苍白，有淡褐色斑，头大，前方生有触足 10 条，尾端的肉鳍呈三角形，常成群游弋于深约 20 米的海洋中。

■ 营养分析

1. 鱿鱼富含钙、磷、铁元素，利于骨骼发育和造血，能有效治疗贫血。
2. 鱿鱼除富含蛋白质和人体所需的氨基酸外，还含有大量的牛黄酸，可抑制血液中的胆固醇含量，缓解疲劳，恢复视力，改善肝脏功能。
3. 鱿鱼所含多肽和硒有抗病毒、抗射线作用。

■ 适用人群　一般人都适用。

烹饪贴士

1. 干鱿鱼发好后可以在炭火上烤后直接食用，也可汆汤、炒食和烩食。
2. 干鱿鱼以身干、坚实、肉肥厚、呈鲜艳的浅粉色、体表略现白霜为上品。
3. 鱿鱼须煮熟透后再食，因鲜鱿鱼中有一种多肽成分，若未煮透就食用，会导致肠运动失调。

■ 选购窍门　优质鱿鱼体型完整坚实，呈粉红色，有光泽，体表面略现白霜，肉肥厚，半透明，背部不红；劣质鱿鱼体型瘦小残缺，颜色赤黄略带黑，无光泽，表面白霜过厚，背部呈黑红色或梅红色。

■ 储藏妙法　冷冻储藏。

【茶香基围虾】

■ 原料　基围虾 500 克，茉莉花茶 20 克。

■ 调料　植物油、食盐、味精、鸡精、白糖、料酒各适量。

做法

1. 将基围虾用淡盐水洗干净，去头留尾，从虾背片开，用料酒、食盐、味精腌入味，5 分钟后入七成热油锅，过油至熟，捞出沥净油。

2. 将茉莉花茶泡开，将泡发的茶叶下入热油锅内炒香；放入食盐、味精、鸡精、白糖，下入基围虾，一起拌炒，烹茶汁，略焖一下即可。

■ 菜品特色　风味独特。

■ 原料介绍　基围虾，软甲纲，对虾科。体长 8cm 左右。体表有许多凹陷部分，其上生有短毛。额角平直，仅上缘有 9 个齿。头胸甲有明显的心鳃沟和心鳃脊，肝沟明显，有肝刺、触角刺及眼上刺，无颊刺。

■ 营养分析　营养丰富，其肉质松软，易消化，对身体虚弱以及病后需要调养的人是极好的食物；虾中含有丰富的镁，能很好地保护心血管系统，它可减少血液中胆固醇含量，防止动脉硬化，同时还能扩张冠状动脉，有利于预防高血压及心肌梗死；虾肉还有补肾壮阳、通乳抗毒、养血固精、化瘀解毒、益气滋阳、通络止痛、开胃化痰等功效。

■ 适用人群　老少皆宜。

烹饪贴士

有多种做法，以炸、煎等方式为佳。

■ 选购窍门　选购有活力、无异味的活基围虾。

■ 储藏妙法　冷藏或活养。

【洞庭鱼米香】

■ 原料　净青鱼肉 150 克，熟玉米粒 100 克，青椒、红椒、胡萝卜各 5 克，鸡蛋 1 个。

■ 调料　植物油、食盐、味精、鸡精、白糖、葱、生姜、淀粉各适量。

做法　**1.** 将青鱼肉切成米粒状，将青椒、红椒摘净，切成小片；胡萝卜切成丁，生姜切末，葱切花；鱼肉放食盐、味精、蛋清、淀粉上浆入味；锅放植物油烧至五成热，放鱼丁滑油至熟，捞出沥油。

2. 锅内留底油，下入姜末、玉米粒、胡萝卜丁拌炒，随即下入鱼肉丁，放食盐、味精、鸡精、白糖拌炒入味，再放入青椒丁、红椒丁，勾芡，炒匀后撒葱花即可。

■ 菜品特色　清香适口。

【干锅江水鱼】

■ 原料　青鱼 1 条（约重 750 克），小米椒 50 克。

■ 调料　熟猪油、食盐、味精、鸡精、蒸鱼豉油、豆豉、料酒、姜片、鲜汤各适量。

做法　**1.** 将鱼打鳞挖鳃开剖，去内脏，清洗干净，将鱼的头、尾、骨与肉分离，将鱼肉解切成块，用食盐、料酒腌渍入味；将小米椒切碎待用。

2. 锅内放鲜汤烧开，下入姜片、熟猪油、鱼骨，待汤汁乳白、味香浓郁时，捞出鱼骨，下入小米椒末、豆豉，随即放鱼肉块，放食盐、味精、鸡精、蒸鱼豉油调味，待肉熟汤鲜出锅，带火上桌。

■ 菜品特色　香酥脆嫩。

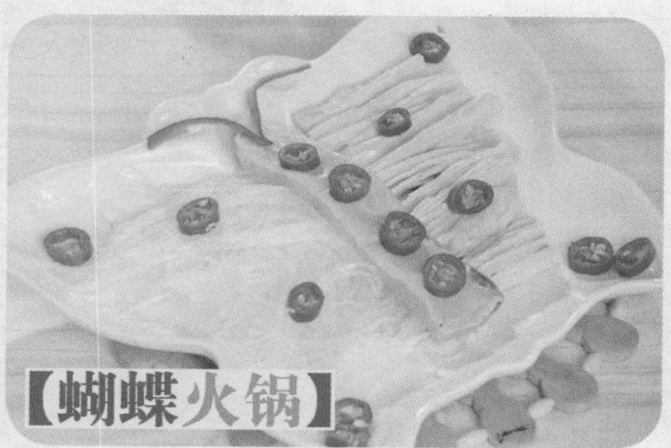

【蝴蝶火锅】

■ 原料　净青鱼肉 400 克，白菜心 200 克，水发粉丝 200 克，猪肥膘肉 100 克，腐竹 100 克。

■ 调料　植物油、食盐、味精、料酒、生姜、腐乳、辣椒油、鲜汤各适量。

做法　**1.** 将鱼肉切成片，白菜心切块，腐竹泡发切段，粉丝切断，分别装入小碟；肥膘肉切片，生姜切末。

2. 将鲜汤倒入火锅，放入肥膘肉片及上述调料，烧沸后与其他原料一起上桌即可。

■ 菜品特色　鲜香适口。

【家常鱼】

■ 原料　青鱼肉 1000 克，青椒段 20 克，野山椒 30 克。

■ 调料　植物油、食盐、味精、白醋、姜片、葱段各适量。

做法　**1.** 将青鱼肉洗净后切成大块，抹食盐、味精腌渍 15 分钟。

2. 锅内放植物油烧热，下入鱼块煎至两面金黄，放姜片，烹入白醋，倒入清水、放入姜片，用大火烧开改小火煮 10 分钟，放食盐、味精调味；下入野山椒、青椒段，煮至奶白色撒葱段即可。

■ 菜品特色　鲜嫩可口。

【椒香鱼】

■ 原料　青鱼 1 条，红椒圈、黄椒圈各 75 克。

■ 调料　植物油、食盐、味精、鸡精、料酒、蒸鱼豉油、白醋、葱花、姜片、香油、鲜汤各适量。

做法　**1.** 将鱼去鳞、挖鳃、去内脏、洗净，剁成大块，抹少许食盐、料酒腌渍 10 分钟。

2. 锅内放植物油烧热，下入姜片，再下入鱼块，煎至鱼肉呈金黄色，沥去锅内余油，烹白醋、料酒、蒸鱼豉油、放食盐、味精、鸡精，下入红椒圈、黄椒圈，倒入鲜汤（以淹没鱼为度），用大火烧开后转小火煨至鱼肉味鲜、汤汁浓郁，撒入葱花，淋香油，即可出锅。

■ 菜品特色　香嫩适口。

【苗香酸辣鱼】

■ 原料　青鱼 1 条，辣椒粉 150 克。

■ 调料　植物油、食盐、味精、鸡精、蒸鱼豉油、料酒、米酒、白糖、香油、红油各适量。

做法　**1.** 将青鱼洗净；取下头、尾，用食盐、料酒、味精、鸡精腌渍入味；将鱼身去骨、皮，切成 15 片，用米酒、食盐、蒸鱼豉油、白糖腌渍 10 分钟入味；将鱼头、尾入油锅内炸熟，拼入盘两边。

2. 将鱼片裹上辣椒粉，下油锅内炸至外焦内酥、色泽金黄后捞出，淋香油、红油，码入盘中。

■ 菜品特色　香辣开胃。

【农家口味鱼】

■ 原料　青鱼 1 条，鲜红椒末、鲜黄椒末各 20 克。

■ 调料　植物油、食盐、味精、鸡精、豆瓣酱、蒜蓉香辣酱、永丰辣酱、蒸鱼豉油、料酒、白醋、白糖、红油、酱油、葱花、香油、鲜汤各适量。

做法　**1.** 将鱼身剞斜刀，抹少许食盐、料酒腌渍 30 分钟入味，待用。

2. 锅内放植物油烧热，下入青鱼煎至两面金黄、外焦里嫩，烹料酒，放蒸鱼豉油、食盐、味精、鸡精、酱油、豆瓣酱、蒜蓉香辣酱、永丰辣酱、白糖、白醋、红椒末、黄椒末、鲜汤，烧至入味，撒葱花，淋红油、香油，出锅即可。

■ 菜品特色　香辣开胃。

【农家鱼】

■ 原料　青鱼 1 条，青椒圈、红椒圈各 15 克。

■ 调料　熟猪油、食盐、味精、鸡精、蒸鱼豉油、料酒、白醋、白糖、香油、葱花、姜片、鲜汤各适量。

做法　**1.** 将青鱼洗净，取下头尾，将鱼身去骨，切成小瓦块状，用食盐、味精、料酒腌渍 10 分钟入味，待用。

2. 锅内放鲜汤、姜片，加食盐、味精、鸡精、蒸鱼豉油、料酒、白糖、白醋，烧开后下入鱼头、鱼尾，煮熟后下入鱼块，淋熟猪油，撒葱花、红椒圈、青椒圈略煮，将鱼肉出锅盛入盘中，鱼头、鱼尾拼在两头，淋香油即可。

■ 菜品特色　鲜香嫩滑。

【山塘鱼】

■ 原料　青鱼肉 500 克，红椒末 10 克。

■ 调料　植物油、食盐、味精、葱姜料酒汁、浓缩鸡汁、葱花、鲜汤各适量。

做法　**1.** 将青鱼切成大块，用食盐、味精、葱姜料酒汁腌渍入味。

2. 锅内放植物油烧热，下入鱼块煎至两面金黄，倒入鲜汤，放浓缩鸡汁，焖至入味、汁干时撒红椒末、葱花，淋少许尾油即可。

■ 菜品特色　肉质鲜嫩，香辣适口。

【水煮鱼】

■ 原料　青鱼 1 条，青椒片、红椒片各 30 克。

■ 调料　植物油、食盐、味精、鸡精、蒸鱼豉油、料酒、姜片、蒜片、鲜汤各适量。

做法　**1.** 将青鱼打鳞挖鳃，去内脏，取下头、尾，鱼身剁成块，用食盐、料酒腌渍 10 分钟，待用。

2. 净锅内放植物油，下入姜片，随即下入鱼块、鱼头、鱼尾，煎一下；烹料酒、蒸鱼豉油，放食盐、味精、鸡精，倒入鲜汤（以淹没鱼为度），用大火煮开后转小火煮至鱼汤呈乳白色，鱼肉鲜嫩，放入青椒片、红椒片和蒜片，出锅盛入汤碗中，拼摆成鱼形即可。

■ 菜品特色　鲜香适口。

【碎椒鱼头】

■ 原料　青鱼头 4 个，碎红椒、碎黄椒、碎青椒各 30 克。

■ 调料　植物油、食盐、味精、鸡精、蒸鱼豉油、料酒、白醋、香油、红油、葱花、蒜蓉、鲜汤各适量。

做法　**1.** 将鱼头清洗干净，剁成块，用食盐、料酒、味精腌渍 10 分钟。

2. 锅内放植物油烧热，下入鱼头块，煎至金黄色、外焦里熟，下入蒜蓉、碎红椒、碎青椒、碎黄椒，烹料酒、白醋、蒸鱼豉油，放食盐、味精、鸡精和少许鲜汤，烹制入味后淋红油、香油，出锅撒上葱花即可。

■ 菜品特色　外焦里嫩。

【味王霸鱼】

■ 原料　青鱼 1 条，黄米椒 30 克，香菜 10 克。

■ 调料　植物油、食盐、味精、蒸鱼豉油、料酒、白醋、葱花各适量。

做法　**1.** 将鱼洗净，放料酒、食盐、味精腌渍入味，摆盘中。

2. 将黄米椒切碎，挤干水分，均匀地撒在鱼上，淋蒸鱼豉油、白醋，入笼蒸熟取出，浇沸油、撒葱花，拼上香菜即可。

■ 菜品特色　香辣爽口。

【地耳鱼米盅】

■原料 净草鱼肉 500 克，老母鸡 1 只，水发地木耳 50 克，枸杞 15 克。

■调料 食盐、味精、鸡油、姜片各适量。

做法 1. 将老母鸡洗净，剁成大块，与姜片一起放入沙锅中，倒入清水，大火烧开撇去浮沫，改小火炖 1 小时，待用；将净草鱼肉剁成鱼胶，加工成鱼米；将地木耳洗净，焯水，待用。

2. 在沙锅中倒入鸡汤，下入鱼米、地木耳、枸杞煲 10 分钟，放食盐、味精调味，淋鸡油即可。

■菜品特色 暖胃补气。

【凉拌鱼皮】

■原料 去鳞鲤鱼皮 400 克，香葱段、红椒片各适量。

■调料 盐水、芥末粉、白糖、醋各适量。

做法 1. 鲤鱼皮洗净，用沸水烫 5 分钟，捞起冲洗干净后切条备用。

2. 鲤鱼皮条放入盐水锅中，中火煮 10 分钟，捞起，沥干水分，置盘中；然后加入适量的芥末粉、白糖、醋，撒上香葱段、红椒片拌匀即可。

■菜品特色 香辣爽口。

【一品酸汤鱼】

■原料 青鱼 1 条，红椒片 10 克。

■调料 熟猪油、食盐、味精、鸡精、蒸鱼豉油、料酒、白醋、白糖、葱段、姜片、鲜汤各适量。

做法 1. 将青鱼洗净，取下头、尾待用，将鱼身切成瓦块形的片，抹食盐、料酒、蒸鱼豉油腌入味。

2. 锅内放鲜汤，下入姜片，放熟猪油、食盐、味精、鸡精、白醋、白糖，烧开后下入鱼头、鱼尾，煮熟后下入鱼片，待鱼肉熟嫩、鱼汤呈乳白色时下入红椒片、葱段即可。

■菜品特色 酸香适口。

【真塘鱼】

■原料 青鱼 1 条，青椒圈、红椒圈各 30 克。

■调料 植物油、食盐、味精、鸡精、蒸鱼豉油、料酒、白醋、白糖、葱段、姜丝、香油、鲜汤各适量。

做法 1. 将青鱼洗净，去头、尾、骨；将鱼肉切成瓦块形，用少许料酒、食盐、味精、蒸鱼豉油腌渍入味。

2. 锅内放少许植物油，先下姜丝，后下鱼头、鱼尾，倒入鲜汤，待鱼头、鱼尾煮熟、汤呈乳白色时，下入鱼片，放少许食盐、味精、鸡精、白醋、蒸鱼豉油、白糖，鱼片熟后下入青椒圈、红椒圈，淋香油，撒上葱段，出锅即可。

■菜品特色 香嫩适口。

【花岗岩鱼片】

■ 原料　净草鱼肉450克，黄瓜片80克，泡红椒片50克，鸡蛋2个，水发香菇片15克，生菜70克。

■ 调料　植物油、食盐、味精、鸡精、料酒、胡椒粉、辣酱、紫苏、红油、淀粉、蒜末、姜末、香油、鲜汤各适量。

做法　**1.** 鱼肉洗净切片，去皮，加入食盐、料酒、淀粉、鸡精，抓匀上浆；将鱼片下四成热油锅内滑散后捞出沥油。

2. 锅内留底油，下入姜末、蒜末、泡红椒片炒香后，放黄瓜片、香菇片、紫苏、食盐、味精、鸡精、辣酱炒匀，倒入鲜汤，烧开勾芡，淋上红油、香油，撒胡椒粉；将花岗岩碗放入烤箱内加热，垫上生菜叶，放在盘中，倒入鱼片即可。

■ 菜品特色　鲜香适口，风味独特。

【双味银芽熘鱼丝】

■ 原料　绿豆芽500克，净草鱼肉400克，鲜红椒丝5克。

■ 调料　植物油、食盐、味精、辣酱、白醋、陈醋、料酒、香油、红油、淀粉、葱段、姜丝、鲜汤各适量。

做法　**1.** 将绿豆芽摘净；净草鱼肉切成丝用食盐、味精、料酒和淀粉抓匀腌渍；锅内放植物油烧热，下鱼丝滑散，捞出沥干。

2. 将绿豆芽、鱼丝分成两份；锅内放植物油，下姜丝煸香，下入绿豆芽，放食盐、鲜汤、味精、白醋翻炒，勾芡、淋香油，下一份鱼丝、葱段，装入盘的一边；锅内放植物油烧热，下红椒丝、姜丝煸香，放入绿豆芽、辣酱、鲜汤、食盐、味精、陈醋翻炒，勾芡，淋红油，下入鱼丝、葱段翻炒即可。

■ 菜品特色　一菜两吃，香辣开胃。

【湖南小炒鱼】

■ 原料　草鱼1条。

■ 调料　食盐3克，味精2克，糖6克，老抽5毫升，醋7毫升，干椒3克，料酒5毫升，姜、蒜各5克，植物油适量。

做法　**1.** 草鱼宰杀洗净，改刀成条，腌入味上浆备用。

2. 将鱼条滑散，锅留底油，姜蒜炝锅，下入鱼条煸炒，烹入料酒、少许水调味。

3. 旋动炒锅，加调料至入味，勾芡，淋明油即可。

■ 菜品特色　提神健脑。

【豆豉辣椒蒸鱼块】

■ 原料　草鱼1条，豆豉辣椒30克。

■ 调料　食盐、味精、料酒、姜末、葱花各适量。

做法　**1.** 将草鱼洗净砍成小块，用姜末、食盐、味精、料酒腌渍30分钟，洗净，沥干放入蒸钵。

2. 将豆豉辣椒码在蒸钵内的鱼块上，蒸10分钟后，撒上葱花即可。

■ 菜品特色　香辣爽口。

【酱椒醉蒸鱼】

■原料　鱼400克，酱野山椒50克。

■调料　食盐3克，酱油10克，植物油、姜、豆豉、料酒、鸡蛋清各适量。

做法　1.鱼洗净，切块，用食盐、酱油、料酒腌渍10分钟，再用鸡蛋清拌匀，放入蒸锅中蒸熟，盛盘；姜去皮洗净，切丝。

2.锅中入植物油，放入酱野山椒、豆豉、姜丝大火炒香，加入酱油、料酒、食盐调味，淋在蒸熟的鱼身上即可。

■菜品特色　提神健脑。

【香辣鱼片】

■原料　鱼肉400克。

■调料　食盐、味精各3克，淀粉、料酒、酱油、红油、香油各10克，植物油、豆豉、青椒、红椒、葱段各适量。

做法　1.鱼肉洗净，切片，加食盐、料酒、酱油、淀粉腌渍；青、红椒均洗净，切末。

2.油锅烧热，入豆豉炒香，下鱼肉炸至两面金黄，再放入青椒末、红椒末、葱段同炒片刻。

3.调入味精炒匀，淋入红油、香油即可。

■菜品特色　提神健脑。

【茶陵米江野生草鱼】

■原料　茶陵米江野生草鱼1条，青椒段25克，红椒段50克。

■调料　熟猪油、食盐、味精、鸡精、料酒、白醋、葱段、姜丝、鲜汤各适量。

做法　1.将草鱼洗净，取下头尾，剔鱼骨，将鱼肉切成片，用食盐、味精、鸡精、料酒腌渍入味。

2.锅内放鲜汤烧开，放熟猪油、食盐、味精、鸡精调味，下入鱼头、鱼尾，煮至熟后捞出待用；将鱼骨放入汤锅内，煮至将汤汁浓郁捞出鱼骨，下入鱼片煮熟后取出。

3.将鱼头、鱼尾整齐地拼入汤碗中，倒入锅内原汤，上席时把鱼片倒入碗内，撒上青椒段、红椒段、葱段、姜丝即可。

■菜品特色　鲜香适口。

【灰树菇熘鱼片】

■原料　灰树菇300克，净草鱼肉250克，红泡椒2个。

■调料　植物油、食盐、味精、鸡精、料酒、白醋、淀粉、香油、葱段、姜片、鲜汤各适量。

做法　1.将泡发的灰树菇洗净，切段；将净草鱼肉切成片，拌入食盐、味精、淀粉腌渍一下；将红泡椒切片；灰树菇焯水，捞出沥干水分；净锅放植物油烧热，下入鱼片，用筷子拨散，倒入漏勺中沥尽油。

2.锅内留底油，下入姜片煸香，然后下入灰树菇，烹入料酒煸炒至香，放入鲜汤，放食盐、味精、鸡精、白醋煨焖2分钟，勾芡，待水淀粉糊化后淋入少许热油、香油，下入鱼片、红泡椒片，轻轻翻炒几下，撒上葱段即可。

■菜品特色　香嫩爽滑。

【滑子菇滑鱼丁】

■ 原料 滑子菇 200 克，净草鱼肉 150 克，鸡蛋 1 个（取蛋清），鲜红椒 2 克。

■ 调料 植物油、食盐、味精、鸡精、料酒、白醋、干淀粉、香油、葱段、姜片、鲜汤各适量。

做法 1. 将滑子菇择洗干净，净草鱼肉切丁，鲜红椒切菱形片。

2. 将鱼丁放入碗内，放入料酒、食盐、味精、蛋清反复抓匀，放入淀粉抓匀，再放入少许植物油拌匀；锅置旺火上，放植物油烧至七成热，下入鱼丁用筷子拨散，捞出沥干油。

3. 锅内留底油，下姜片煸香，放入滑子菇翻炒，放食盐、味精、鸡精调味，然后倒入鲜汤，烧开后稍焖一下，勾芡，待淀粉糊化，淋香油，倒入鱼丁、红椒片，烹白醋、撒葱段，轻轻翻炒后即可出锅装盘。

■ 菜品特色 滑嫩爽口。

【皮蛋烧瓦块鱼】

■ 原料 皮蛋 2 个，净草鱼肉 500 克，紫苏叶 1 克，鲜红椒 5 克。

■ 调料 植物油、食盐、味精、鸡精、酱油、蒸鱼豉油、料酒、陈醋、葱段、姜丝、鲜汤各适量。

做法 1. 将皮蛋上笼蒸熟、剥去外壳后，切成橘瓣形，待用；将紫苏叶摘洗干净后切碎；鲜红椒去蒂、去子，洗净后切成片；将净鱼肉切成瓦块状，洗净血水，再用料酒、食盐、味精腌渍 10 分钟；锅置旺火上，放植物油烧至八成热，下入鱼块炸成金黄色，捞出沥干油。

2. 锅内留底油，下入姜丝煸香，再下入鱼块，放食盐、味精、鸡精、酱油、陈醋、蒸鱼豉油，翻匀后倒入鲜汤，放皮蛋、紫苏叶，等汤大开后改用小火保持微开，炖约 10 分钟，放入红椒片，撒上葱段即可出锅。

■ 菜品特色 香嫩爽滑。

【湘潭水煮活鱼】

■ 原料 草鱼 500 克，青、红椒各 20 克。

■ 调料 食盐 4 克，鸡精 2 克，生姜 8 克，植物油、高汤、辣椒油各适量。

做法 1. 将生姜去皮洗净，切片；青、红椒去蒂洗净，切圈；草鱼洗净，切成两段。

2. 热锅下植物油，加入姜片、青椒圈、红椒圈炒香，放入高汤大火烧开，下入鲜鱼烹熟，调入食盐、鸡精、辣椒油煮入味即可。

■ 菜品特色 提神健脑。

【湘西土家鱼】

■ 原料 草鱼 1 条。

■ 调料 大葱、辣椒、生姜、白糖各 10 克，酱油、醋各 10 毫升，食盐、鸡精各 3 克，植物油适量。

做法 1. 草鱼洗净斩块；大葱、辣椒洗净，切段；生姜洗净，切片；油锅烧热，下姜片、辣椒爆香，下鱼，稍煎一下。

2. 下入大葱，放酱油、鸡精、白糖、醋炒匀，加入适量水，大火烧开，再转小火焖 15 分钟，放食盐即可。

■ 菜品特色 开胃消食。

【鱼米之乡】

■原料 净草鱼肉200克，白饭200克，玉米粒50克，鲜红椒、鲜青椒各5克。

■调料 植物油、食盐、味精、淀粉、料酒、葱花、姜末、鸡蛋清各适量。

做法 1. 将净草鱼肉切丁，用鸡蛋清、葱花、姜末、料酒、淀粉上浆，放少许食盐、味精入味。

2. 将鲜红椒、鲜青椒切片；锅内放植物油烧热，下入鱼丁过油至熟；玉米粒焯水过凉。

3. 锅内放植物油烧热，下入白饭、鱼丁、玉米粒、食盐、味精、姜末炒匀，撒葱花即可。

■菜品特色 香嫩适口。

【番茄熘鱼丁】

■原料 草鱼半条，番茄300克，鸡蛋1个，青豆5克。

■调料 植物油、食盐、味精、鸡精、蒸鱼豉油、白醋、淀粉、香油、姜片、鲜汤各适量。

做法 1. 将番茄洗净，切成小颗粒；将草鱼去皮，切成鱼丁，放入碗中，放入蛋清、食盐、味精、淀粉抓匀；锅放植物油烧热，下入鱼丁，滑散，捞出沥油。

2. 锅内留底油，下姜片煸香，下番茄粒、青豆翻炒，放食盐、味精、鸡精、蒸鱼豉油、白醋、鲜汤，勾芡，淋香油，待油冒泡时下入鱼丁，推匀即可。

■菜品特色 酸香可口。

【豆腐三色鱼丁】

■原料 净草鱼肉100克，豆腐4片，莴笋头50克，鲜红椒50克。

■调料 植物油、食盐、味精、淀粉、葱花、姜末、蒜蓉、香油、鲜汤各适量。

做法 1. 将莴笋头与鲜红椒洗净，切丁；沸水锅中放食盐，豆腐切丁放入焯水后，捞出沥干；将净草鱼肉切成丁，放少许食盐、淀粉和水上浆入味；锅放植物油烧热，下入鱼丁过油至熟，捞出沥油。

2. 锅留底油，下入姜末、蒜蓉、莴笋丁、红椒丁拌炒，放食盐、味精调味，下入豆腐丁、鱼丁合炒，放鲜汤微焖，勾芡，撒葱花、淋香油即可。

■菜品特色 鲜嫩适口。

【黑椒茄子鱼丁煲】

■原料 茄子200克，净草鱼肉100克，洋葱50克，鲜红椒末1克，黑胡椒4克。

■调料 植物油、食盐、味精、淀粉、蒸鱼豉油、白醋、白糖、香油、葱花、姜末、鲜汤各适量。

做法 1. 将茄子洗净去皮切成条，洋葱切成粒；将草鱼肉切成丁，用食盐、味精、淀粉拌匀，上浆入味，下入五成热油锅内滑熟。

2. 锅内留底油，下入洋葱米、姜末、黑胡椒煸香，下茄条拌炒，放食盐、味精、蒸鱼豉油、白糖、白醋炒熟，下入鱼丁推炒并放鲜汤略焖，待汤汁收干时撒葱花、红椒末，淋香油即可。

■菜品特色 香嫩爽滑。

【剁椒鱼腩】

■ 原料　草鱼腩 500 克，红剁椒 200 克。

■ 调料　植物油、食盐、白糖、葱、姜、蒜、生抽、蚝油各适量。

做法　**1.** 鱼腩洗净切片；葱、姜、蒜切末，加入生抽、蚝油、食盐、白糖、油拌匀。

2. 把调好味的配料、红剁椒淋在鱼面上，大火蒸 6 分钟，热锅烧油淋在面上即可。

■ 菜品特色　香辣爽口。

【荷包蛋煮河鱼头】

■ 原料　河鱼头 1 个，鸡蛋 2 个。

■ 调料　植物油、食盐、味精、鸡精、蒸鱼豉油、料酒、白醋、姜片、葱花、鲜汤各适量。

做法　**1.** 将河鱼头剖开、洗净，抹食盐、料酒腌渍；锅内放少许植物油烧热，将鸡蛋煎成荷包蛋。

2. 锅内放鲜汤，放姜片、食盐、味精、鸡精、植物油，再下入河鱼头，烧开后放蒸鱼豉油、白醋，将河鱼头煮熟入味，下入荷包蛋一起煮，待汤汁浓稠、呈奶白色时，撒葱花即可。

■ 菜品特色　香滑适口。

【刨盐鱼】

■ 原料　草鱼 600 克，尖椒 5 克。

■ 调料　植物油、食盐、味精、辣酱、料酒、红油、蚝油、豆豉、葱、生姜、干椒末、香油、鲜汤各适量。

做法　**1.** 将草鱼宰杀洗净取肉剁成块，用食盐、料酒、姜、葱腌渍 3~5 天，去掉葱、姜待用；尖椒切成斜片，姜切片；锅内放植物油烧热，将鱼块炸至金黄色捞出沥油。

2. 锅内留底油，下入干椒末、姜片、豆豉炒香，再放入鱼块、辣酱、味精、蚝油、鲜汤，焖至鱼熟，夹出姜片，淋入红油、香油，装盘即可。

■ 菜品特色　咸香醇厚。

【五彩鱼肉】

■ 原料　净草鱼肉 500 克，玉米粒 100 克，松子 10 克，鲜红椒、鲜青椒各 5 克。

■ 调料　植物油、食盐、味精、料酒、淀粉、葱花、姜末、鸡蛋清各适量。

做法　**1.** 将净草鱼肉切丁，用鸡蛋清、葱花、姜末、料酒、淀粉上浆，放少许食盐、味精入味。

2. 将鲜红椒、鲜青椒切片；将松子炸熟；锅内放植物油烧热，下入鱼丁过油至熟；玉米粒焯水过凉。

3. 锅中放少许植物油，下入玉米粒拌炒，放入食盐、味精，下入鱼丁、青椒片、红椒片，炒匀，勾芡，撒上松子即可。

■ 菜品特色　香嫩酥脆。

【剁椒蒸鳙鱼头】

■原料　鳙鱼头 1 个。

■调料　植物油、食盐、味精、鸡精、白糖、胡椒粉、剁辣椒、紫苏、姜、葱、海鲜酱油各适量。

做法　**1.** 将生姜拍破，10 克葱挽结，5 克葱切花。

2. 将鳙鱼头洗净，置盘中，淋上剁辣椒，放入食盐、味精、鸡精、白糖、紫苏、姜块、葱结、海鲜酱油，入蒸笼用旺火蒸透，取出生姜、葱结，撒上葱花、胡椒粉，淋热油即可。

■菜品特色　开胃爽口。

【剁椒蒸鱼尾】

■原料　草鱼尾 1 只，剁椒适量。

■调料　植物油、食盐 、味精、料酒 、酱油 、蚝油、生姜、蒜末、葱花各适量。

做法　**1.** 将草鱼尾洗净，划开三刀，剁椒与生姜、蒜末入油锅炒香，入食盐、味精、料酒、少量酱油和蚝油炒匀出锅。

2. 将炒香的剁椒浇在草鱼尾上入开水锅大火蒸 6 分钟，出锅前撒入葱花即可。

■菜品特色　香辣开胃。

【红满三湘】

■原料　草鱼 1 条，剁辣椒 200 克。

■调料　胡椒粉、食盐、味精、辣酱、料酒各适量。

做法　**1.** 鱼洗净后，在鱼身两侧开花刀，用食盐、料酒、胡椒粉、姜末、葱花腌渍 20 分钟。

2. 把姜、葱放到腌好的鱼身下，鱼身洒上剁辣椒，上锅旺火蒸 10 分钟；关火闷 8 分钟后开盖，把汤水倒入锅中加热，勾芡再浇到鱼身上即可。

■菜品特色　香辣爽口。

【红烧鱼块】

■原料　草鱼中段 350 克，熟笋片 50 克。

■调料　姜末 5 克，葱段 5 克，白糖 20 克，酱油 50 毫升，味精 1.5 克，绍酒 30 毫升，植物油 60 毫升，淀粉 15 克。

做法　**1.** 鱼剁成长方块；锅置旺火上烧热，滑锅后放少量油，下鱼块稍煎。

2. 撒姜末、烹绍酒略焖，加酱油、白糖稍烧，添沸水一勺，转小火将鱼烧熟；用旺火收浓汤汁，撒上葱段，加入味精，用淀粉勾芡，浇亮油出锅即成。

■菜品特色　香嫩酥软。

【黄剁椒蒸鱼头】

■ 原料　鳙鱼头 1 个，碎黄椒 100 克。

■ 调料　植物油、食盐、味精、鸡精、蒸鱼豉油、料酒、葱花各适量。

做法　**1.** 将鱼头洗净，用食盐、料酒、味精、蒸鱼豉油腌渍 10 分钟。

2. 在鱼头上撒上碎黄椒，入笼蒸熟后取出，冲沸油，撒上葱花即可。

■ 菜品特色　香辣开胃。

【精品鱼嘴】

■ 原料　鳙鱼嘴 4 个，大红椒 100 克，小米椒 50 克。

■ 调料　猪油、食盐、味精、料酒、姜末、豆豉、剁辣椒各适量。

做法　**1.** 将大红椒、小米椒洗净后切成细末。

2. 将鳙鱼嘴洗净，平切对开，整齐地摆放在大碗中，放上剁辣椒、姜末、豆豉，放料酒、食盐、味精，浇上猪油，上笼蒸熟。

■ 菜品特色　香辣软嫩，味道鲜美。

【黄椒野生鱼头王】

■ 原料　野生鳙鱼头 600 克，湖藕 200 克，黄剁椒 200 克。

■ 调料　食盐、味精、清鸡汤、甘草、陈皮、香叶、白芷、木香、丁香、肉桂、花椒、八角、枳壳、豆蔻、草果、小茴香各适量。

做法　**1.** 将鱼头洗净、剖开，抹食盐、味精腌渍；用取自野生鳙鱼生长地的泉水，加入清鸡汤、甘草、陈皮、香叶、白芷、木香、丁香、肉桂、花椒、八角、枳壳、豆蔻、草果、小茴香煲成汤。

2. 将湖藕切成段，放入汤内，再将鱼头架在湖藕上，使鱼头接触少许汤面，放上黄剁椒一起蒸 20 分钟，用汤的蒸汽将鱼蒸熟。

■ 菜品特色　鲜香味浓。

【柳叶鱼头王】

■ 原料　柳叶湖鳙鱼头 1 个，腊肉、香菇各 30 克，鲜红椒 1 个。

■ 调料　植物油、食盐、味精、姜丝、葱段、葱姜料酒汁、高汤各适量。

做法　**1.** 将鱼头挖腮、剖成两半、洗净，用食盐、味精、葱姜料酒汁腌渍 20 分钟；将腊肉、香菇、鲜红椒切丝。

2. 锅内放植物油烧热，下入鱼头煎至两面金黄，倒入高汤，下入腊肉丝，放食盐、味精调味，炖 30 分钟后撒入香菇丝、红椒丝、姜丝、葱段，略炖后即可。

■ 菜品特色　鲜美滑嫩。

【秘制鱼头】

■ 原料　鳙鱼头1个。

■ 调料　豆豉酱15克，花生酱、芝麻酱各20克，鸡精15克，味精10克，花雕酒30毫升，花生油100毫升，大辣椒5克，蒜、葱段各8克，麻油6毫升。

做法　**1.** 将鱼头洗净，剁成大块，加入花雕酒20毫升，再加入豆豉酱15克，花生酱、芝麻酱各20克，鸡精、味精、花生油50毫升，腌渍5分钟。

2. 沙锅烧热，放入花生油50毫升，入大辣椒、蒜、葱段，炒香，倒入鱼头块，加盖、上火，盖上淋花雕酒5毫升，中火焖2分钟，开盖拌匀，再加盖，淋花雕酒5毫升，继续焖，2分钟后开盖，淋麻油即可。

■ 菜品特色　香嫩爽滑。

【农家水煮鱼】

■ 原料　鳙鱼1条，青尖椒圈20克。

■ 调料　植物油、食盐、味精、白醋、生姜、大蒜片、葱花各适量。

做法　**1.** 将鳙鱼洗净，切成大块，抹食盐腌10分钟。

2. 锅内放植物油烧热，下入鱼块稍煎，烹入白醋，倒入清水，烧开后改小火煨煮，放食盐、味精、生姜、大蒜片、青尖椒圈煮出味，撒葱花即可。

■ 菜品特色　汤鲜味美。

【双味鱼头】

■ 原料　鳙鱼头1个。

■ 调料　植物油、食盐、味精、料酒、鱼汁、鸡油、剁椒、酱椒、葱花、燕饺各适量。

做法　**1.** 将鱼头剖开去鳃，从鱼头背切开，洗净待用；将鱼头用食盐、味精、料酒、鱼汁腌20分钟待用。

2. 取大盘一个将鱼头平放入盘内，再将腌好的剁椒、酱椒分别盖在鱼头的两上，周围放10个燕饺；撒鸡油上蒸笼旺火蒸20分取出，葱花点缀浇明油即可。

■ 菜品特色　咸鲜微辣，鲜嫩可口。

【银丝煮鱼头】

■ 原料　白萝卜500克，鳙鱼头1个，三花淡奶10克。

■ 调料　猪油、食盐、味精、鸡精、白醋、胡椒粉、葱段、姜丝各适量。

做法　**1.** 将白萝卜洗净去皮切成细丝；将鳙鱼头去鳞、去腮，洗净。

2. 锅内放猪油烧热，下入鱼头煎一下，即放入冷水，等水烧开后放入姜丝、食盐、味精、鸡精、白醋，然后下入萝卜丝用小火煨炖，待鲜味完全透出时放入三花淡奶，撒入葱段、胡椒粉即可。

■ 菜品特色　汤色清澈，香气扑鼻。

【油豆腐烩鱼头】

■原料　鳙鱼头 1 个，油豆腐 250 克，小米辣椒 50 克，酱椒 50 克。

■调料　植物油、食盐、味精、鸡精、蒸鱼豉油、蚝油、料酒、葱花、姜末、蒜蓉、鲜汤各适量。

做法　**1.** 将鳙鱼头洗净；将油豆腐洗净，切成两半；将小米辣椒、酱椒剁碎成辣椒蓉，同放入碗中，放入姜末、蒜蓉、蒸鱼豉油、蚝油、料酒、味精、鸡精、植物油拌匀，制成开胃酱料。

2. 将鱼头盖上开胃酱料，入笼蒸 10 分钟，装入火锅；净锅倒入鲜汤和蒸鱼汤汁烧开后放食盐、蒸鱼豉油、油豆腐烧开，倒入火锅，撒上葱花即可。

■菜品特色　香辣开胃。

【豉香鲫鱼】

■原料　鲫鱼数条，蒜苗适量。

■调料　植物油、食盐、味精、蒸鱼豉油、料酒、酱油、葱花、姜片、豆豉 、鲜汤。

做法　**1.** 将鲫鱼洗净；锅内放油烧热，将鲫鱼两面煎过起锅；蒜苗切段。

2. 锅烧热倒植物油，把姜片放入爆香，然后放入豆豉、蒜苗段、料酒、加入煎过的鲫鱼。

3. 鲫鱼入锅后加入适量的水和酱油，加食盐、鲜汤、味精、蒜苗段，烧 3 分钟后把鱼翻身，然后再烧 3 分钟起锅，起锅的时候撒上葱花即可。

■菜品特色　香醇适口。

【鳙鱼头火锅】

■原料　鳙鱼头 700 克，嫩豆腐 4 块，紫苏 5 克。

■调料　植物油、食盐、味精、料酒、生姜、葱、鲜汤各适量。

做法　**1.** 将鱼头去腮洗净，将豆腐切成 4 块，生姜切片，葱切段，紫苏切碎。

2. 净锅放植物油烧热后放入鱼头略煎，再放入鲜汤、料酒、姜片，煮至汤汁发白时加入食盐、味精、豆腐块、紫苏末煮透入味，撒葱段即可。

■菜品特色　香嫩适口。

【荷叶糯米蒸鲫鱼】

■原料　鲫鱼 1 条，糯米 150 克，红椒 10 克，鲜荷叶 1 张。

■调料　猪油、食盐、味精、胡椒粉、姜、葱各适量。

做法　**1.** 将鲫鱼洗净抹匀食盐、味精，腌渍 20 分钟；葱白切段，葱叶、红椒、姜均切成细丝；糯米淘净，蒸熟后拌入食盐、味精、胡椒粉、猪油。

2. 将鲫鱼放在荷叶上，撒上姜丝、葱段、糯米饭放在鱼身上，放入蒸笼，蒸 5 分钟，取出葱白段，放入葱叶丝、红椒丝，淋上热油即可。

■菜品特色　清香适口。

【红薯叶煮土鲫鱼】

■ 原料　鲫鱼 600 克，干红薯叶 100 克，鲜红椒片 5 克。

■ 调料　植物油、食盐、味精、鸡精、蒸鱼豉油、料酒、白醋、姜片、鲜汤各适量。

做法　**1.** 将鲫鱼洗净，用食盐、料酒腌渍 10 分钟，待用。

2. 锅内放植物油烧热，下入姜片，随即下入鲫鱼，煎至两面金黄，烹白醋，放鲜汤、食盐、味精、鸡精、蒸鱼豉油，用大火烧开后转小火焖煮，下入红薯叶、红椒片，煮至汤汁乳白、鱼肉鲜嫩时即可。

■ 菜品特色　香嫩爽滑。

【腊八豆蒸鲫鱼】

■ 原料　鲫鱼 400 克，腊八豆 250 克。

■ 调料　植物油、熟猪油、食盐、味精、胡椒粉、生抽、生姜各适量。

做法　**1.** 将鲫鱼洗净，剞一字花刀，抹食盐，放入盘中；生姜切末。

2. 锅放入底油，下入腊八豆、姜末炒香，出锅浇盖在鱼上，再撒上味精，淋生抽，蒸 5 分钟，撒上胡椒粉，淋烧热的猪油即可。

■ 菜品特色　滋味醇厚。

【沙滩鲫鱼】

■ 原料　鸡蛋 3 个，鲫鱼 1 条。

■ 调料　植物油、食盐、味精、白酱油、酱油、淀粉、葱花、葱结、姜片、红椒末、香油、鲜汤各适量。

做法　**1.** 将鲫鱼洗净，鱼身抹食盐腌 10 分钟，平放入抹了油的盘子里，在鱼上面放姜片、葱结，蒸熟取出，去掉葱姜。

2. 将鸡蛋打入碗中，放少许食盐、味精搅散，兑入鲜汤搅匀，浇在鲫鱼上，入笼蒸，蛋熟后取出，淋香油、白酱油，撒葱花、红椒末即可。

■ 菜品特色　香嫩适口。

【沙锅鲫鱼仔】

■ 原料　鲫鱼 4 条，尖椒 30 克。

■ 调料　植物油、食盐、味精、料酒、红油、酱油、辣酱、剁辣椒、葱、紫苏、生姜、蒜、香油、鲜汤各适量。

做法　**1.** 将鲫鱼洗净，用食盐、料酒腌渍 10 分钟；生姜、蒜切末，尖椒切圈，紫苏切碎，葱切段。

2. 锅放植物油烧热下入鲫鱼，转小火将鱼两面煎黄，转入沙锅，放入尖椒、姜末、蒜末、食盐、味精、酱油、辣酱、剁辣椒、红油、紫苏末、鲜汤，旺火烧开撇去浮沫，转中火焖至入味；淋香油、撒葱段即可。

■ 菜品特色　鲜香滑嫩。

■原料　小鲫鱼 5 条，香菜 10 克，尖椒 10 克。

■调料　植物油、食盐、味精、蚝油、红油、葱、生姜、蒜、香油各适量。

做法　**1.** 将鲫鱼洗净，用食盐腌 5 小时；香菜切末，尖椒切碎，生姜、蒜切末，葱切花；锅放植物油烧至七成热，放入鲫鱼煎至两面金黄，倒出余油，下入红油、尖椒、姜末、蒜末、蚝油、味精，翻炒入味，摆在盘中。

2. 锅放香油、葱花、香菜末略为翻炒，盖在鲫鱼上即可。

■菜品特色　金黄酥脆。

■原料　鲫鱼 1 条。

■调料　植物油、食盐、味精、鸡精、蒸鱼豉油、料酒、白醋、红油、葱花、蒜粒、干椒段、香油、鲜汤各适量。

做法　**1.** 将鲫鱼洗净，在脊背上直刨一刀，抹上食盐、料酒、蒸鱼豉油入味。

2. 锅内放植物油烧热，下入鲫鱼煎至色泽金黄，下入干椒段、蒜粒，烹料酒、蒸鱼豉油、白醋，放少许食盐、味精、鸡精、鲜汤稍焖，待汁干时淋香油、红油，撒葱花，出锅即可。

■菜品特色　外焦里嫩。

■原料　鲫鱼 1 条，小番茄、香菜各适量。

■调料　植物油、食盐、香葱、大蒜、辣椒、白胡椒粉、白糖、青柠檬汁各适量。

做法　**1.** 将所有香料洗净切块、段，待用；香料加入香茅、食盐、白糖、青柠檬汁、白胡椒粉调匀成馅料；鲫鱼洗净，沥干水分；把馅料塞入鱼腹中；放入保鲜袋系紧，入冰箱冷藏室放置 1 小时。

2. 取出去保鲜袋，置于烧烤架上涂抹一层植物油；烤箱预热 180°、循环火、中层进行烘烤；烤 20 分钟后取出，在鱼身上涂抹上香料汁，再次放入炉中，上下火进行烘烤，烤 20 分钟；待烤至熟透，表皮呈金红色即可。

■菜品特色　香酥可口。

■原料　鲜小鲫鱼 2500 克。

■调料　香油、酱油、醋、料酒、白糖、冰糖末、五香粉、桂皮、丁香、豆蔻、花椒、八角、生姜、葱段、糖色各适量。

做法　**1.** 鲫鱼洗净；葱段、生姜拍松、切片；醋、料酒和酱油混合，成为“调料水”。

2. 在锅内铺一层姜片，撒上桂皮、丁香、豆蔻、花椒、八角，分层码鱼；将白糖、冰糖末撒在葱段之间，均匀地浇上香油、糖色，再加入一部分“调料水”，将锅架在火上。

3. 旺火烧开，盖上一个比锅略小的瓷盘，压住鱼身，移到小火上焖；加入余下的“调料水”，加大火力烧沸，然后改小火焖半小时即可。

■菜品特色　肉肥细嫩，刺骨皆酥，味极鲜美。

【银丝鲫鱼】

■ 原料　鲫鱼 2 条，白萝卜丝 300 克，红椒丝 5 克，枸杞子 2 克。

■ 调料　植物油、食盐、味精、鸡精、姜丝、葱段、鲜汤各适量。

做法　**1.** 将鲫鱼洗净，在鱼身上抹食盐腌渍一下。

2. 锅内放植物油烧至七成热，下入鲫鱼煎至两面金黄，下入姜丝，放鲜汤、食盐、味精、鸡精，用大火烧开后下入白萝卜丝，再次烧开后改用小火煨煮至汤汁呈奶白色，撒红椒丝、枸杞子、葱段，淋热尾油即可。

■ 菜品特色　汤白味美。

【农家黄鱼】

■ 原料　黄鱼 2 条，白萝卜 300 克。

■ 调料　食盐 5 克，胡椒粉 2 克，料酒 15 毫升，醋 8 毫升，白糖 2 克，味精 3 克，葱片 10 克，姜片 6 克，蒜片 6 克，高汤 800 毫升，熟猪油 80 毫升。

做法　**1.** 白萝卜洗净去皮，黄鱼宰杀后洗净。

2. 锅置火上，加熟猪油烧热，放入黄鱼煎至两面微黄，投入葱片、姜片、蒜片爆香，加入高汤、料酒、醋大火烧开，炖至汤白，用食盐、白糖、胡椒粉、味精调味，续炖至入味，出锅即可。

■ 菜品特色　汤白味香。

【油辣鲫鱼】

■ 原料　鲫鱼 2 条，黄尖椒圈、青椒圈各 25 克。

■ 调料　植物油、食盐、味精 、鸡精、酱油、豆瓣酱、蒜蓉香辣酱、永丰辣酱、辣酱、蒸鱼豉油、蚝油、料酒、白醋、香油、红油、姜丝、鲜汤、豆豉各适量。

做法　**1.** 将鲫鱼打鳞挖鳃，去内脏，清洗干净，在鱼身剞一字花刀，抹少许食盐、料酒腌 10 分钟。

2. 锅内放植物油，下入鲫鱼煎至色泽金黄、外焦内酥，烹料酒、白醋、蒜蓉香辣酱、永丰辣酱、辣酱、蒸鱼豉油、蚝油，放食盐、酱油、味精、鸡精、豆豉，烹少许鲜汤，下入姜丝、黄尖椒圈、青椒圈，待汤汁干，鱼肉油亮即淋红油、香油，出锅盛入盘中。

■ 菜品特色　香辣爽口。

【豆渣粑煨黄鱼】

■ 原料　黄鱼 250 克，白菜心 750 克，豆渣粑 2 块，鸡蛋 2 个。

■ 调料　植物油、食盐、味精、绍酒、面粉、干淀粉、奶汤、猪油、色拉油各适量。

做法　**1.** 黄鱼洗净，加蛋清、干淀粉抓匀上浆；白菜心切条；豆渣粑切碎；植物油烧至五成热，投入鱼肉片拨散过油，倒入漏勺沥油；白菜条焯水，沥干。

2. 锅回置旺火上，倒入奶汤、白菜条、豆渣粑，煨至菜烂，起锅装于碗内；锅洗净，下猪油烧热，倒入面粉研至乳白色，放入煨烂的白菜条、豆渣粑及煨汁，加食盐、味精烧沸，加入黄鱼煨片刻，调入绍酒，起锅盛于汤碗即成。

■ 菜品特色　鲜香软嫩。

【干锅鳜鱼】

■ 原料　鳜鱼仔 4 条，水发香菇 3 克，红尖椒圈 1 克。

■ 调料　植物油、食盐、味精、陈醋、蒸鱼豉油、料酒、姜片、蒜片、干椒段、大蒜叶、鲜汤各适量。

做法　**1.** 鳜鱼刮去鳞片，洗净，交叉剞十字花刀；用料酒、食盐、味精腌渍；将香菇切斜片；锅内放植物油 500 毫升，烧至八成热；将嫩鱼逐条下锅，炸成金黄色，取出。

2. 锅内留底油，下姜片、干椒段、蒜片煸香，将鳜鱼放在锅内，加入鲜汤，调食盐，味精；下蒸鱼豉油，将鱼烧熟，倒入干锅中，撒上大蒜叶、红尖椒圈，带火上桌。

■ 菜品特色　鲜香爽口。

【青椒蒸小黄鱼】

■ 原料　小黄鱼 750 克，鲜香菇 25 克。

■ 调料　黄酒 15 毫升，食盐 2 克，生姜 10 克，酱油 25 毫升，大葱 10 克，花生油 50 毫升。

做法　**1.** 将小黄鱼洗净，加黄酒、酱油、食盐 1 克腌渍片刻；生姜切片，葱打结。

2. 香菇入温水中泡透，捞出，去蒂，用清水洗净，捞出，控去水，用刀切成薄片，加食盐 1 克拌匀，铺在鱼身上，放上姜片、葱结，入笼蒸熟取出，浇上预先烧热的花生油就好了。

■ 菜品特色　黄鱼鲜嫩，香菇软滑。

【双椒小黄鱼】

■ 原料　小黄鱼 500 克，青椒、红椒各 100 克。

■ 调料　植物油、食盐、味精、料酒、香油、生姜、葱、鲜汤各适量。

做法　**1.** 将小黄鱼洗净，抹食盐和味精腌渍片刻；青椒、红椒均切圈；生姜切片，葱切花。

2. 将腌好的小黄鱼两面均匀拍上面粉；锅内倒植物油烧热时，将火调小，放入小黄鱼，色泽金黄时便可起锅，装盘。

3. 锅留底油，下入姜片、葱花爆香，下小黄鱼，放食盐、味精、香油、料酒炒匀，下青椒圈、红椒圈炒匀，下鲜汤略煮即可。

■ 菜品特色　鲜香脆嫩。

【小黄鱼烧豆腐】

■ 原料　黄鱼 2 条，豆腐 200 克。

■ 调料　植物油、葱、生姜、蒜适量，干红椒 5 根，淀粉少许，料酒、酱油、醋各适量，食盐、白糖各少许。

做法　**1.** 黄鱼洗净，沥干；豆腐切块，葱、生姜切末，蒜切小块，干红椒掰小段；在鱼身拍一层淀粉。

2. 锅烧热，先用姜片在锅壁上擦一遍，再倒入植物油，油稍热即可将鱼放入煎鱼，2 分钟后翻面，再煎 2 分钟；将两条鱼稍分开，锅中留出一些空，先后放入干红椒、葱末、姜末、蒜块略炒；加酱油、料酒、食盐，倒豆腐块。

3. 锅中加热水，没过鱼和豆腐，大火煮开，转中小火，加醋煮约 15 分钟；出锅前点少许白糖，再稍煮即可。

■ 菜品特色　香滑软嫩。

【过江生鱼片】

■ 原料 才鱼肉 500 克。

■ 调料 植物油、食盐、味精、辣酱、生抽、葱姜料酒汁、红油、香油、鲜汤各适量。

做法 **1.** 将才鱼肉切成薄片，抹食盐、味精、葱姜料酒汁腌渍入味，拌少许植物油抓匀，码入盘中；将辣酱、生抽、红油、香油、味精、鲜汤一起放入碗中调匀，做成调味料。

2. 锅内放植物油烧热，下入洗净消毒的鹅卵石，待油滚石热时一起倒入垫有锡纸的锅中；吃时将鱼片在油锅中烫熟蘸调味料即可。

■ 菜品特色 鱼肉鲜嫩，吃法独特。

【干丝煮才鱼】

■ 原料 净才鱼肉 500 克，千张皮 300 克，青椒 2 个。

■ 调料 猪油、食盐、味精、鸡精、蒸鱼豉油、料酒、白醋、葱段、姜丝、食用纯碱各适量。

做法 **1.** 将才鱼肉切成瓦块形；青椒去蒂；在开水中加入食用纯碱，将千张皮切成细丝泡入开水中，捞出后在活水中漂洗干净，去尽碱味，沥干。

2. 锅内放猪油，下姜丝煸香，放才鱼，烧开后放料酒、食盐、味精、鸡精、蒸鱼豉油、白醋、青椒，改小火将才鱼汤煨成乳白色，下千张皮丝煮至回软，撒葱段即可。

■ 菜品特色 香嫩适口。

【蛋黄滑熘才鱼片】

■ 原料 鸡蛋 5 个，才鱼肉 150 克，水发木耳 50 克，鲜红椒片 5 克。

■ 调料 植物油、食盐、味精、鸡精、料酒、白醋、淀粉、白糖、姜片、香油、鲜汤各适量。

做法 **1.** 将 4 个鸡蛋取蛋黄，加食盐搅散，上笼蒸成蛋黄糕，冷却后切成片；水发木耳摘洗干净，大片撕开；将净才鱼肉切成片，放入碗中，打入 1 个蛋清，放入料酒、食盐、味精、淀粉腌渍，下入油锅中滑散，捞出沥干油。

2. 锅内留底油，下入姜片煸香，下入木耳煸炒，倒入鲜汤烧开，放食盐、味精、鸡精、白醋、白糖，烧开后勾芡，淋香油，然后下入蛋黄片、才鱼片、红椒片，炒匀即可。

■ 菜品特色 香嫩爽滑。

【茄汁菠萝鱼】

■ 原料 鳜鱼 1500 克， 鸡蛋 75 克，青椒 400 克。

■ 调料 花生油 100 毫升，番茄酱、淀粉各 100 克，料酒 50 毫升，白糖 50 克，食盐 10 克，大葱、生姜各 15 克。

做法 **1.** 大葱切花，生姜切米粒状；青椒摘净，刻成绿叶；鳜鱼洗净，先取下头、尾，从背脊骨片进，取下带皮鱼肉，剞十字花刀；用葱、生姜、料酒、食盐腌半小时，将鸡蛋打散抹在鱼肉上，撒淀粉，使刀纹内粘上淀粉，使花刀能立起来呈圆筒；用番茄酱、白糖、适量淀粉兑汁。

2. 锅内放花生油烧热，鱼卷下油锅炸至黄色，捞出沥油；将鱼卷装入鱼盘内，插上青椒花，把番茄汁浇在鱼卷上，撒上葱花即成。

■ 菜品特色 形似菠萝，甜酸香鲜，味美可口。

【黄鸭叫煮藕丸】

■原料　黄鸭叫 500 克，藕丸 150 克，紫苏 2 克。

■调料　植物油、食盐、味精 、料酒 、陈醋、蒸鱼豉油、姜片、蒜、葱花、鲜汤各适量。

做法　1. 将黄鸭叫从下巴处撕开，清去内脏，洗净，用食盐、味精腌渍入味；锅内放植物油，烧至八成热，将黄鸭叫过大油，炸至起脆皮。

2. 锅内留底油，下入姜片、蒜煸香后，加入鲜汤，烧开后将黄鸭叫、藕丸一同放入，调正食盐味，下陈醋、蒸鱼豉油、味精、料酒，用小火煮至黄鸭叫熟透、汤汁浓稠时，即下入紫苏，出锅装入盛器中，撒葱花即成。

■菜品特色　香嫩爽口。

【鲜美愈合汤】

■原料　才鱼 1 条，水发香菇 10 克，菜胆 10 个，枸杞 3 克。

■调料　植物油、食盐、味精、鸡精、胡椒粉、料酒、水淀粉、姜片、葱结，鲜汤各适量。

做法　1. 才鱼洗净切成两半，剔骨，切成薄片，用食盐、料酒、水淀粉抓匀。

2. 将菜胆、水发香菇依次放入沸水中，放食盐、味精、少量油汆熟，捞出垫碗底；枸杞泡发。

3. 锅内放植物油烧热后下入姜片炒香，下入鱼头、鱼尾、鱼骨、鱼皮略煎一下，放入鲜汤、葱结用大火烧开后改小火熬成奶白色，调味即可。

■菜品特色　增强骨质。

【锦绣鱼片汤】

■原料　才鱼肉 150 克，香菇 5 克，冬笋 3 克，胡萝卜、白萝卜、莴苣、黄瓜、枸杞子各 2 克，菜胆 10 个，鸡蛋 1 个。

■调料　食盐、味精、熟鸡油、胡椒粉、淀粉、生姜、鲜汤各适量。

做法　1. 将才鱼肉切片，用食盐、味精、淀粉、蛋清抓匀上浆；枸杞子用水浸泡；将香菇、冬笋、胡萝卜、白萝卜、莴苣、黄瓜、生姜均切片。

2. 锅倒入鲜汤，烧开放姜片、冬笋片、香菇片、胡萝卜片、白萝卜片、莴苣片、黄瓜片焯熟后放食盐、味精，烧开后下才鱼片、菜胆烧开，淋鸡油、撒胡椒粉，放枸杞子即可。

■菜品特色　营养丰富。

【金银才鱼片】

■原料　净才鱼肉 300 克，鸡蛋 1 个，鲜红椒片、鲜青椒片各 10 克，香菜叶 3 克。

■调料　植物油、食盐、味精、鸡精、料酒、白醋、淀粉各适量。

做法　1. 将才鱼肉切成薄片，一半用蛋黄、食盐、味精、淀粉上浆入味，一半用蛋清、食盐、味精、淀粉上浆入味；锅放植物油烧至四成热，先下入蛋黄鱼片滑油至熟，捞出沥油；再下入蛋清鱼片滑油至熟，捞出沥油。

2. 锅内留底油，下入红椒片、青椒片、才鱼片，放食盐、味精、鸡精，烹入料酒、白醋，勾芡，炒拌入味盛出；用同样方法制作另一样鱼片，盛在同一个盘子中，放香菜叶即可。

■菜品特色　一菜两吃。

【石锅黄古鱼】

■ 原料　黄古鱼 750 克，香菜 20 克。

■ 调料　植物油、食盐、味精、白酒、姜片、蒜片、豆瓣酱、八角、草果各适量。

做法　**1.** 将黄古鱼从下巴处撕开，取出内脏，洗净后抹食盐腌渍入味。

2. 锅中放植物油烧热，下入黄古鱼煎好，烹入白酒，放入姜片、蒜片、豆瓣酱、食盐、味精，倒入清水，放入八角、草果，用大火烧开后改小火将鱼炖熟，撒入香菜，装入石锅即可。

■ 菜品特色　香嫩适口。

【开胃黄鸭叫】

■ 原料　黄鸭叫 4 条，黄灯笼辣酱 25 克，红椒米 1 克，紫苏末 1 克。

■ 调料　植物油、食盐、味精、蒸鱼豉油、料酒、陈醋、豆瓣酱、水淀粉、葱花、姜丝、蒜片、鲜汤各适量。

做法　**1.** 将黄鸭叫从下鳃处撕开，洗净；锅内放植物油 500 毫升，烧热，将黄鸭叫下锅，炸至金黄色，沥干油。

2. 锅内放植物油烧热下姜丝、蒜片煸香，放食盐、鲜汤，下豆瓣酱、黄灯笼辣酱、味精、蒸鱼豉油、紫苏末、料酒、陈醋，将黄鸭叫放入汤中烧熟，然后摆放在盘中，勾芡，淋在烧好的黄鸭叫上，撒上红椒米、葱花即成。

■ 菜品特色　香味醇厚。

【黄鸭叫煮油豆腐】

■ 原料　黄鸭叫 500 克，油豆腐 150 克，红椒、青椒各 30 克，香菜 10 克。

■ 调料　植物油、食盐、味精、鸡精、料酒、香辣酱、生姜、葱、蒜、红油、香油、鲜汤各适量。

做法　**1.** 将黄鸭叫洗净，用食盐、料酒腌渍 5 分钟后，下热油锅内过油至熟；将生姜切片，青椒、红椒、葱切段。

2. 锅内放植物油和红油，下入姜片、蒜、香辣酱炒香后倒入鲜汤，烧开下黄鸭叫、油豆腐；放食盐、味精、鸡精，烹入料酒，略煮入味、油豆腐软烂后，下青椒段、红椒段稍煮倒入垫有香菜的干锅内，撒上葱段，淋香油即可。

■ 菜品特色　鲜嫩酥软。

【豉椒炒鳝片】

■ 原料　鳝鱼 500 克，青辣椒 250 克。

■ 调料　植物油、豆豉、大蒜、小葱、食盐、味精、水淀粉、白糖、胡椒粉、香油、白醋、黄酒、老抽各适量。

做法　**1.** 将鳝鱼洗净，用食盐将鳝肉拌过，洗净后倒入白醋搅拌，切片，用食盐少许拌匀；青辣椒摘净，切成块；把味精、老抽、白糖、香油、胡椒粉、水淀粉调成芡汁。

2. 锅放植物油烧热，放入辣椒块、食盐，炒熟盛起；炒锅下油，烧至微沸，下鳝片泡油约半分钟至刚熟，捞起；余油倒出，炒锅放回炉上，下大蒜、小葱、豆豉略爆，放鳝片，烹黄酒，用芡汁勾芡，随即放入辣椒，淋油炒匀上碟。

■ 菜品特色　补中益气、养血固脱。

【干煸鳝丝】

■ 原料　鳝鱼 300 克。

■ 调料　植物油、食盐、味精、料酒、酱油、豆瓣酱、整干椒、生姜、葱、香油、花椒油各适量。

做法　**1.** 将鳝鱼切成丝，放入沸水锅内，加料酒，烫至断生后捞出，沥干水分，再下热油锅内炸至外皮起酥，倒入漏勺沥油。

2. 整干椒切成丝状，生姜切成细丝，葱切段；锅放植物油下入豆瓣酱、干椒丝、姜丝炒香，再加食盐、味精、酱油、鳝丝煸炒入味，淋上花椒油、香油，撒上葱段，出锅装盘。

■ 菜品特色　软韧爽口。

【口味鳝片】

■ 原料　净鳝鱼肉 400 克，尖椒 30 克。

■ 调料　植物油、食盐、味精、胡椒粉、酱油、料酒、辣酱、蒜、生姜、紫苏、红油、香油、鲜汤各适量。

做法　**1.** 将鳝鱼肉洗净切片，尖椒切成斜，蒜去蒂切丁，生姜切成丁，紫苏切碎。

2. 锅置旺火上，放入植物油，烧热下入鳝片煸炒断生，再烹入料酒，煸干水汽放入尖椒、姜丁、蒜丁、食盐、味精、酱油、辣酱，煸炒均匀再放入鲜汤，焖至汤浓入味后，撒胡椒粉、紫苏末，淋红油、香油即可。

■ 菜品特色　香嫩爽滑。

【栗香鳝鱼】

■ 原料　鳝鱼 500 克，板栗 700 克。

■ 调料　植物油、食盐、味精、料酒、生抽、葱、生姜、蒜、干红辣椒、八角、冰糖各适量。

做法　**1.** 板栗洗净，入开水中煮沸 5 分钟，取出冲凉，去皮取肉；鳝鱼洗净，沥干，切段；葱、生姜切段备用。

2. 锅内放植物油，油热后下入鳝鱼段炸至表皮微黄，捞出控油；把板栗肉下入油锅炸制 5 分钟捞出控油；另起油锅，油热后，下葱段、姜段、蒜、八角和干红椒爆香；下入鳝段和板栗翻炒，烹入料酒、生抽，加冰糖上色；加热水煮开，转中火继续炖制；调入适量食盐调味；汤汁基本收干，调入味精，撒上葱段即可出锅。

■ 菜品特色　香嫩适口。

【金钱香辣鳝丁】

■ 原料　鳝鱼 400 克，尖椒 30 克，鸡蛋 5 个。

■ 调料　植物油、食盐、味精、香辣酱、生姜、料酒、生抽、胡椒粉、红油、香油、水淀粉各适量。

做法　**1.** 将剖杀好的鳝鱼肉洗净后切丁，用少许食盐、味精、水淀粉、料酒上浆入味；将鸡蛋煮熟后剥壳，切片，铺在盘底；将尖椒、生姜切成米粒状。

2. 锅置旺火上，放入植物油烧热时，下入鳝丁滑油至熟，倒入漏勺中沥干油。

3. 锅内留少许底油，放入尖椒丁、姜米炒香，随即下入鳝丁，放食盐、味精、香辣酱、生抽，烹入料酒，勾芡，撒胡椒粉，淋红油、香油，均匀地浇盖在蛋片上即可。

■ 菜品特色　鳝鱼鲜嫩，香辣可口。

【蕨根粉煮鳝鱼】

■ 原料 去骨鳝鱼肉300克，蕨根粉100克，梅干菜2克，紫苏1克，小米椒3克，红椒片1克。

■ 调料 植物油、食盐、味精、陈醋、蚝油、蒜蓉、姜末、葱花、鲜汤各适量。

做法 **1.** 将鳝鱼肉洗净，切段，下油锅炸起虎皮，捞出沥干；蕨根粉用开水泡发，上笼蒸7分钟，捞出沥干。

2. 锅内放少许底油，下入蒜蓉、姜末、小米椒煸香；下鳝片煸炒，将鳝鱼煸至回油时放入鲜汤，改用小火煮，放入食盐、味精、蚝油、陈醋、蕨根粉、梅干菜、紫苏待鳝鱼变软时放入红椒片，撒葱花出锅装入盘中。

■ 菜品特色 香滑适口。

【老黄瓜煨鳝鱼】

■ 原料 鳝鱼300克，黄瓜200克。

■ 调料 植物油25毫升，料酒10毫升，老抽5毫升，白糖3克，味精2克，淀粉5克，食盐3克，泡椒5克，生姜2克（切末），大蒜5克（切末），大葱5克（切末）。

做法 **1.** 将鳝鱼去内脏洗净，在背部剞上花刀切成段；黄瓜去外皮，剖开切成条改刀成段；泡椒切成段；炒锅注植物油烧至五成热，下入鳝段过油，捞出控油。

2. 锅留底油烧热，下泡椒段、姜末、蒜末、葱末爆香，放鳝段煸炒，加料酒、食盐、老抽、白糖、味精、水烧鳝段至八分熟，放黄瓜段烧5分钟；勾薄芡，撒葱花即可。

■ 菜品特色 鲜香脆嫩。

【黄焖芦鳝】

■ 原料 芦鳝1000克，青尖椒、红尖椒各10克，鲜紫苏10克。

■ 调料 植物油、食盐、味精、料酒、香油、姜片、蒜片、鲜汤各适量。

做法 **1.** 将芦鳝宰杀、去骨、洗净，整理成规则的形状；青尖椒、红尖椒切片，鲜紫苏切碎。

2. 锅内放植物油烧至七成热，下入姜片、鳝鱼煸炒至鳝鱼起泡、水分收干，烹入料酒，放食盐、味精煸炒入味，放入青尖椒片、红尖椒片、蒜片、紫苏末，倒入鲜汤，用大火烧开后改用小火煨焖，待鳝鱼酥烂、汤汁浓稠时淋入香油，即可出锅。

■ 菜品特色 肉质滑嫩，汤鲜可口。

【黄焖鳝鱼】

■ 原料 净鳝鱼肉300克，紫苏5克，梅干菜5克，黄瓜片50克，红尖椒丝10克，茄子适量。

■ 调料 植物油、食盐、味精、鸡精、料酒、白醋、酱油、淀粉、葱段、姜末、鲜汤各适量。

做法 **1.** 将净鳝鱼肉切成段，洗净；锅内放植物油，烧热，将鳝鱼段炸起虎皮，沥出。

2. 锅内留底油，下姜末煸香，下入鳝鱼，烹料酒，放白醋、食盐、味精，鸡精、酱油，倒入鲜汤，大火烧开改小火将鳝鱼焖入味，下紫苏、红尖椒丝、黄瓜片、梅干菜略翻炒，撒葱段，勾芡，淋尾油，出锅装盘即可。

■ 菜品特色 香嫩开胃。

【美味酸汤鳝丝】

■原料 鳝鱼丝、酸汤、笋干丝、豆芽、酸菜丝、青蒜叶各适量。

■调料 植物油、食盐、葱、生姜、胡椒粉、鸡精各适量。

做法 1.将鳝鱼丝洗净，豆芽洗净，葱、生姜洗净切成段和片，青蒜叶洗净待用。

2.坐锅点火放少许植物油烧热放入酸汤，开锅后倒入笋干丝、姜片、豆芽、酸菜丝、鳝鱼丝、葱段、青蒜叶、少许食盐、胡椒粉、鸡精炖10分钟即可。

■菜品特色 鲜美香浓。

【山药百合炖白鳝】

■原料 白鳝1条，山药、百合各50克，桔梗10克。

■调料 食盐、味精、鸡精、料酒、生姜、葱、鲜汤各适量。

做法 1.将白鳝宰杀后去内脏，先砍成段，入沸水锅焯水，去除血污后捞出，沥干水分；山药、百合洗净，生姜切片，葱挽结，桔梗洗净。

2.将上述原料、调料起放入砂罐中，盖上盖，用锡纸封好，放入大锅中，煨制2小时，取出去掉葱结即成。

■菜品特色 补肾益气。

【茄子烧鳝鱼】

■原料 鳝鱼250克，茄子150克，紫苏3克，梅干菜5克，红尖椒圈10克。

■调料 植物油、食盐、味精、蚝油、陈醋、香辣酱、料酒、淀粉、葱段、姜末、蒜蓉、鲜汤各适量。

做法 1.将鳝鱼切成段，洗净；茄子去皮，切成段；锅内放植物油，烧热，将鳝鱼炸起虎皮，沥出；八成以上油温将茄子炸黄。

2.锅内留底油，将蒜蓉、姜末煸香，下入鳝鱼段，烹料酒，放食盐、味精，下梅干菜、陈醋、蚝油、香辣酱、鲜汤；将鳝鱼焖入味，后下入茄子段、红尖椒圈，下紫苏，略翻炒，撒葱段，勾芡，淋尾油，出锅装盘即可。

■菜品特色 香滑酥嫩。

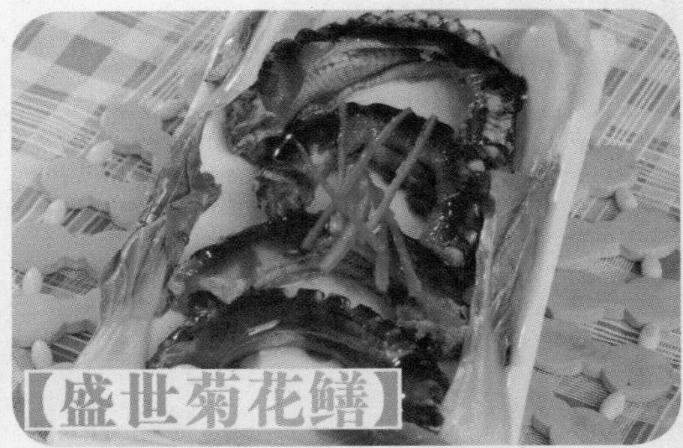

【盛世菊花鳝】

■原料 鳝鱼700克，口蘑100克，菜心100克，朝天椒20克。

■调料 植物油、食盐、味精、鸡精、蒸鱼豉油、辣酱、豆瓣酱、淀粉、葱花、姜片、蒜片、鸡汤各适量。

做法 1.把鳝鱼洗净，切菊花花刀，汆水；将口蘑切蝴蝶花刀，用鸡汤煨制；菜心汆水，朝天椒切段；锅内放植物油烧热，下入鳝鱼过油，沥出。

2.锅内留底油，下入姜片、蒜片、朝天椒段、辣酱、豆瓣酱炒香，下入鳝段翻炒，倒入鸡汤，放食盐、味精、鸡精、蒸鱼豉油，将鳝鱼煨好、收汁后夹去姜片、蒜片，装盘，淋上锅内原汁；将口蘑围盘边，将煨口蘑的汤放食盐、味精调好味，勾芡，浇盖在口蘑上，最后围上菜心。

■菜品特色 造型美观，鲜香可口。

【泡椒口味鳝鱼】

■ 原料　鳝鱼 300 克，泡椒 50 克，紫苏 4 克。

■ 调料　植物油、食盐、味精、辣酱、蚝油、豆瓣酱、料酒、白醋、白糖、水淀粉、香油、红油、生姜（切末）、蒜各适量。

做法　**1.** 将鳝鱼切成段，洗净，放一点食盐、味精、料酒腌渍入味，泡椒切碎；净锅放植物油烧热，下入鳝鱼段爆炒熟，出锅装入盘中，待用。

2. 锅内放植物油，下入姜末、泡椒末、蒜、紫苏拌炒，炒香后下鳝鱼，放食盐、味精、辣酱、白醋、白糖、蚝油、豆瓣酱，拌炒入味后，勾芡，淋红油、香油，出锅装盘。

■ 菜品特色　香辣开胃。

【鳝鱼炒蛋】

■ 原料　净鳝鱼肉 250 克，鲜鸡蛋 3 个，红椒圈 30 克，紫苏 10 克。

■ 调料　植物油、食盐、味精、蒸鱼豉油、料酒、香油、葱花各适量。

做法　**1.** 将鸡蛋打入碗中，搅散，放少许食盐；将鳝鱼下入油锅中炒熟，取出切碎；将紫苏切碎。

2. 净锅内放植物油，下入鸡蛋，不断拦炒，炒熟后下入鳝鱼肉、紫苏末，放食盐、味精、蒸鱼豉油，烹料酒，炒至鳝鱼酥脆、鸡蛋粘裹在鳝鱼上，撒上红椒圈、葱花，淋香油，出锅装盘。

■ 菜品特色　香嫩爽口。

【鳝鱼炒油面】

■ 原料　净鳝鱼肉 200 克，油面 100 克，紫苏 10 克。

■ 调料　植物油、食盐、味精、鸡精、酱油、蒸鱼豉油、蚝油、料酒、白糖、香油、红油各适量。

做法　**1.** 将鳝鱼肉下入锅内，炒熟后取出，切成粗丝；将油面下入锅内，放食盐、味精、蒸鱼豉油拌炒入味后，盛入碗底。

2. 净锅放植物油，下入鳝鱼丝、紫苏，放食盐、味精、鸡精、酱油、蚝油、白糖，烹料酒，拦炒入味后淋香油、红油，出锅浇盖在油面上。

■ 菜品特色　香嫩适口。

【青椒炒鳝鱼】

■ 原料　鳝鱼片 250 克，青椒 100 克。

■ 调料　食盐 2 克，黄酒 5 毫升，酱油 5 毫升，白糖 3 克，味精 1 克，香油 5 毫升，淀粉 5 克，植物油 50 毫升。

做法　**1.** 鳝鱼片加食盐反复搓揉后，用清水洗净，沥干水分；鳝鱼片与青椒分别切成粗丝；把酱油、味精、白糖、淀粉、上汤调成芡汁。

2. 炒锅置旺火上，下植物油少量，烧至五成热，放入鳝丝炒散，再加入食盐、黄酒炒熟盛盘；洗净炒锅，又下油少量烧至三成热，放入青椒丝炒至断生，加入鳝丝炒匀，最后烹入芡汁，收汁亮油，淋香油，推匀即可。

■ 菜品特色　营养味美。

【手撕盘龙鳝】

■原料　小鳝鱼 400 克，鲜红椒米 10 克。

■调料　植物油、食盐、味精、白醋、香油、料酒、姜末、蒜蓉、葱花各适量。

做法　**1.** 将小鳝鱼洗净，抹食盐、料酒腌渍；锅内放植物油烧至七成热，下入鳝鱼炸至外焦里酥后捞出，沥油。

2. 锅内留少许底油，放姜末、蒜蓉、鲜红椒米、食盐、味精、白醋，倒入鳝鱼翻炒，淋香油，撒葱花即可。

■菜品特色　酥香味美。

【湘辣小炒鳝】

■原料　鳝鱼 400 克，豆腐干 2 块，韭黄 300 克。

■调料　植物油、食盐、生抽、料酒、蒸鱼豉油、葱花、姜丝各适量。

做法　**1.** 先把鳝鱼洗净，切丝；韭黄洗净切段备用；豆腐干切丝，加生抽拌匀备用。

2. 起油锅，倒入鳝丝爆炒，加料酒、生抽煸炒，倒入韭黄段、豆腐丝干煸炒，再加蒸鱼豉油稍炒片刻起锅装盘。

■菜品特色　香辣爽口。

【芝麻鳝鱼】

■原料　净鳝鱼肉 400 克，鸡蛋 2 个、芝麻仁 500 克（实耗 50 克）。

■调料　植物油、食盐、味精、白糖、蚝油、料酒、酱油、辣酱、干椒段、葱花、蒜末、姜末、红油、香油、吉士粉、干淀粉、面粉各适量。

做法　**1.** 将鳝鱼肉洗净，切段，用食盐、料酒和酱油腌渍 10 分钟；鸡蛋磕入碗内，加吉士粉、干淀粉、面粉、清水拌匀，制成全面糊。

2. 锅放入植物油烧热，将鳝鱼蘸上全面糊，再蘸上芝麻仁，再下锅炸成金黄色，倒入漏勺沥干油。

3. 锅内留底油，放入姜末、蒜末炒香，下入干椒段、辣酱、食盐、味精、蚝油、白糖炒匀，再倒入炸好的鳝鱼翻拌均匀，淋上红油、香油，撒上葱花，出锅装盘即可。

■菜品特色　外酥内嫩，鲜香微辣。

【乌龙戏珠】

■原料　活鳝鱼 350 克，肉丸 10 个，菜心 10 个。

■调料　植物油、食盐、味精、鸡精、料酒、胡椒粉、花椒粉、姜末、蒜末、干椒末、鲜汤各适量。

做法　**1.** 将鳝鱼洗净，切段；将肉丸煮熟，放食盐调好味；将菜心焯熟。

2. 锅内放植物油烧热，下入姜末、蒜末、干椒末煸香，放入鳝鱼段煎炸，烹入料酒，放食盐、味精、鸡精、胡椒粉、花椒粉炒匀，倒入鲜汤煮制 10 分钟，收汁装盘，将肉丸、菜心围入盘边即可。

■菜品特色　麻辣鲜香，造型独特。

【五花肉烧鳝鱼】

■ 原料 净鳝鱼肉 300 克，整条鳝鱼 4 根，五花肉片 250 克，青椒段、红椒段各 40 克，紫苏 10 克。

■ 调料 植物油、食盐、味精、鸡精、酱油、蒸鱼豉油、料酒、白糖、香油、鲜汤各适量。

做法 1. 将净鳝鱼肉清洗干净，切成小段。

2. 锅内放植物油，下入五花肉片煸炒至吐油，下入鳝鱼段、紫苏爆炒至熟，烹料酒、蒸鱼豉油、酱油，放食盐、味精、鸡精、白糖上色入味后，下入青椒段、红椒段，倒入鲜汤，用大火烧开，待汤汁收干即淋香油，将整条鳝鱼夹出围入盘边，将锅内鳝鱼与肉片一起装入盘中，拼摆成开。

■ 菜品特色 香嫩适口。

【蒜鳝段】

■ 原料 净鳝鱼肉 400 克，蒜 50 克。

■ 调料 植物油、食盐、味精、蚝油、豆瓣酱、辣酱、香油、鲜汤各适量。

做法 1. 将鳝鱼肉洗净，切成段，蒜去蒂，放入六成热油锅内略炸后捞出沥油。

2. 锅内留底油，放入豆瓣酱、辣酱炒香，再放入食盐、味精、蚝油、蒜、鳝段、鲜汤，用旺火烧开后撇去浮沫，转为小火煨至鳝鱼酥烂，再用旺火收浓汤汁，淋上香油，出锅装盘即可。

■ 菜品特色 香糯软烂。

【太极图】

■ 原料 活小鳝鱼 500 克，碎紫苏叶 5 克。

■ 调料 植物油、食盐、味精 、蒸鱼豉油、料酒、白醋、白糖、香油、红油、干椒末、葱花、姜末、蒜蓉、鲜汤各适量。

做法 1. 将小鳝鱼于清水中松养两天，捞出，下入七成热锅内炸至卷曲呈太极形、外焦内酥后，捞出沥尽油。

2. 锅内放少许植物油，下入干椒末、蒜蓉、姜末、碎紫苏叶，放食盐、味精、白糖、蒸鱼豉油，倒入鳝鱼，烹料酒、白醋翻炒入味，烹少许鲜汤，撒上葱花，淋香油、红油，出锅盛入盘中。

■ 菜品特色 风味独特。

【香菜爆鳝丝】

■ 原料 鳝鱼 250 克，西芹 50 克，香菜梗 15 克，百合 15 克，洋葱丝 15 克。

■ 调料 食盐 1/2 小匙，胡椒面、白糖各少许，料酒 1 大匙，水淀粉 1 大匙，猪油、花生油各适量。

做法 1. 鳝鱼宰杀，洗净，切丝；鳝鱼丝加食盐、料酒入味去腥；西芹去筋，切丝；香菜梗切段。

2. 锅中放花生油，油热后放鳝鱼丝，煸炒至半熟时放西芹丝、洋葱丝、百合，炒匀，倒出。

3. 锅热放猪油，油热后放上述原料（除香菜段外），淋料酒，放白糖、胡椒面、食盐调味，勾芡，再放香菜段炒匀即可。

■ 菜品特色 补虚和气。

【豉椒蒸牛蛙腿】

■原料 牛蛙 3 只。

■调料 植物油、食盐、味精、鸡精、白糖、料酒、干椒粉、豆豉、葱、红油、香油各适量。

做法 1. 将牛蛙洗净，取牛蛙腿去骨，剁成块，放入食盐、味精、鸡精、白糖、料酒、红油拌匀，腌渍 5 分钟；葱切花。

2. 净锅置火上，放植物油烧热后下入豆豉、干椒粉，炒香后加入食盐、味精、鸡精拌匀，浇盖在牛蛙腿上，上笼蒸熟后取出，淋上香油、撒上葱花即成。

■菜品特色 香辣爽口。

【吊锅牛蛙】

■原料 牛蛙 350 克，尖椒 50 克，酸萝卜 30 克。

■调料 植物油、食盐、味精、酱油，辣酱、豆瓣酱、葱、蒜、生姜、红油、香油、啤酒各适量。

做法 1. 将杀好的牛蛙剁成方丁，酸萝卜、蒜、生姜均切丁，尖椒切成小圈，葱切段。

2. 锅放入植物油烧热，下牛蛙丁煸炒断生，再下入姜丁、蒜丁、酸萝卜丁、尖椒圈、辣酱、豆瓣酱炒香，倒入啤酒，加食盐、味精、酱油和红油，用旺火烧开后撇去浮沫，略烧入味，待汤汁收浓后，淋香油，撒葱段，出锅装入吊锅内即可。

■菜品特色 香嫩适口。

【干锅牛蛙】

■原料 净牛蛙 600 克，紫苏 2 克，青椒片、红椒片各 10 克，洋葱片 3 克。

■调料 植物油、食盐、味精、蚝油、料酒、辣酱、豆瓣酱、水淀粉、姜片、蒜、干椒段、葱段、鲜汤各适量。

做法 1. 将净牛蛙切成 3 厘米左右的块，用食盐、味精、料酒腌渍，挤干水分，水淀粉拌匀；锅内放植物油，烧至八成热时，下入牛蛙块，炸至金黄色，沥出。

2. 锅内留底油，下入姜片、蒜、干椒段煸香，下入牛蛙，煸至水分收干时烹入料酒，下豆瓣酱、辣酱、食盐、味精、蚝油，调正口味后放紫苏，略加鲜汤，倒入有洋葱片垫底的干锅中，上放青椒片、红椒片，撒葱段，带火上桌。

■菜品特色 香嫩爽滑。

【爆炒牛蛙】

■原料 牛蛙 4 只，朝天红椒圈 30 克，菜胆 10 个。

■调料 红油、食盐、味精、鸡精、蚝油、白糖、白醋、生抽、料酒、红油豆瓣酱、辣酱、干椒段、姜末、葱段、香油、淀粉、鸡蛋清、鲜汤各适量。

做法 1. 牛蛙宰杀后洗干净，剁成方块，加入食盐、蛋清、生抽、料酒、淀粉上浆；菜胆焯水，垫入盘底；红油豆瓣酱剁碎。

2. 锅置旺火上，放入红油烧热，放干椒段炒香；倒入牛蛙，烹入料酒、白醋，炒干水汽后放入姜末、朝天红椒圈、红油豆瓣酱、辣酱，煸炒至牛蛙熟透变色时，再加入食盐、味精、鸡精、白糖、蚝油炒匀，倒入鲜汤，烧焖入味后收浓汤汁，撒入葱段，淋上香油即可。

■菜品特色 香辣开胃。

【口味牛蛙】

■ 原料　净牛蛙肉 250 克，红椒片、青椒片各 10 克，紫苏 2 克。

■ 调料　植物油、食盐、味精、豆瓣酱、辣酱、陈醋、蚝油、淀粉、料酒、姜片、蒜、干椒段、鲜汤各适量。

做法　**1.** 将牛蛙切块，用料酒、食盐、味精腌渍；待腌出水分后挤干水分，抓入淀粉；锅内放植物油烧热，下入牛蛙块，炸出金黄色，沥干油。

2. 锅内留底油，下入姜片、蒜、干椒段煸香后，放入牛蛙，待炒干水分后，烹入料酒，调准盐味；下豆瓣酱、辣酱、陈醋、紫苏，加鲜汤；用小火焖烧至汤汁收浓时，下入青、红椒片；勾芡，淋尾油即可。

■ 菜品特色　香辣酥嫩。

【飘香牛蛙】

■ 原料　牛蛙 1000 克，红尖椒 200 克、蒜苗 150 克，紫苏 100 克。

■ 调料　植物油、食盐、味精、料酒、干淀粉、红油豆瓣酱、山胡椒油、蒜、鲜汤各适量。

做法　**1.** 将牛蛙宰杀、去皮，处理干净后切成块，用食盐、料酒腌渍 10 分钟，再拍上干淀粉；红尖椒、蒜苗切段。

2. 锅中放植物油烧至七成热，下入牛蛙过油至熟，捞出备用。

3. 锅内留少许底油，下入蒜炒香，下入蒜苗段、红尖椒段拌炒，放红油豆瓣酱、牛蛙，烹入少许料酒，放食盐、味精拌炒入味后，倒入鲜汤，下入紫苏、山胡椒油，直至入味后即可出锅。

■ 菜品特色　汤香味浓。

【农家牛蛙煲】

■ 原料　牛蛙 1000 克，尖红椒圈、尖青椒圈各 30 克。

■ 调料　植物油、红油、食盐、味精、蚝油、酱油、辣酱、蒜、姜片、紫苏、香油、鲜汤各适量。

做法　**1.** 将牛蛙宰杀后用温水烫一下，去皮、去内脏，洗净后剁成方块，加食盐、酱油腌渍 5 分钟；将紫苏切碎。

2. 锅放入植物油烧热时倒入牛蛙，炸至金黄色倒入漏勺沥干油；锅内留底油，下蒜、姜片、紫苏末炒香，加入尖红椒圈、尖青椒圈、红油炒至六成热，再放入食盐、味精、辣酱、蚝油，倒入牛蛙翻炒入味，加入鲜汤 20 毫升，稍焖后淋上香油即可。

■ 菜品特色　香嫩适口。

【干锅苦瓜鱿鱼】

■ 原料　苦瓜 300 克，水发鱿鱼 200 克，香菇 25 克，五花肉 30 克，红椒片 2 克。

■ 调料　植物油、食盐、味精、蚝油、料酒、姜片、大蒜、葱段、鲜汤各适量。

做法　**1.** 将苦瓜剖开、去子，然后斜切成片；鱿鱼刮去筋膜，切成条；将苦瓜片、鱿鱼条分别焯水，捞出沥干。

2. 锅上旺火，放植物油烧热；姜片煸香，下五花肉煸散，再下入苦瓜片、鱿鱼条、香菇煸炒，烹料酒，下食盐、蚝油、味精，待苦瓜略转色时下入红椒片，放鲜汤、大蒜、倒入干锅中，撒上葱段即可。

■ 菜品特色　酥脆适口。

【韭黄红椒鱿鱼丝】

■ 原料　猪腿肉 100 克，鱿鱼 150 克，韭黄 250 克，红椒丝 10 克。

■ 调料　植物油、食盐、味精、鸡精、鲜汤、淀粉、香油各适量。

做法　1. 将鱿鱼切成丝，肉切成丝，韭黄切段；将肉丝用食盐、味精腌渍入味；锅内放植物油烧至八成热，将肉丝过油，用筷子拨散，备用。

2. 锅内放水，鱿鱼丝焯水，捞出，备用。

3. 锅内放植物油，将肉丝、鱿鱼丝、红椒丝一同下锅煸香，放食盐、味精、鸡精，下韭黄段略翻炒，略加鲜汤，韭黄发软时勾芡，淋香油即可。

■ 菜品特色　香嫩适口。

【香菜干煸鱿鱼丝】

■ 原料　水发鱿鱼 450 克（切丝），香菜段 150 克。

■ 调料　植物油、食盐、味精、辣酱、蚝油、料酒、干椒段、蒜蓉、姜米各适量。

做法　1. 将锅内放水烧开，放食盐、味精、料酒，将鱿鱼丝焯水，沥干待用。

2. 锅内放植物油 500 毫升烧至九成热，下入鱿鱼丝过大油，捞出沥净油。

3. 锅内留底油，下蒜蓉、姜米、干椒段煸香，加食盐、味精、辣酱、蚝油，拌炒均匀后倒入鱿鱼丝，迅速翻炒，下香菜段翻炒几下，淋尾油，即可。

■ 菜品特色　香辣爽口。

【私家辣龙须】

■ 原料　鱿鱼须 500 克。

■ 调料　植物油、食盐、味精、料酒、酱油、面酱、辣椒酱、孜然各适量。

做法　1. 锅里放植物油，烧热后加鱿鱼须，炒至变色，加食盐、味精炒匀后大火收汁。

2. 放料酒，酒精挥发后加酱油、面酱、辣椒酱、孜然拌炒，直到鱿鱼干爽。

■ 菜品特色　软韧香辣。

【鱿鱼春卷笋丝】

■ 原料　净春笋 200 克，鲜猪肉 100 克，鱿鱼 25 克。

■ 调料　猪油、食盐、味精、酱油、水淀粉、胡椒粉、香油、葱段、鲜汤各适量。

做法　1. 将鱿鱼切成丝后放入水中泡 15 分钟，泡软后洗净，捞出沥干水；将鲜猪肉洗净后切成丝，锅内放水烧开，将净春笋切成丝后放入锅中焯水，捞出沥干，放入热锅内炒干水汽，待用。

2. 净锅置旺火上，放猪油烧热后下入肉丝，炒熟后扒在锅边，下入笋丝煸炒，放食盐、味精、酱油调味，随后下入鱿鱼丝合炒，入味后倒入鲜汤焖一下，勾水淀粉，撒胡椒粉、葱段一起拌炒，淋香油，出锅装入盘中。

■ 菜品特色　软韧适口。

【剁辣椒开边基围虾】

■ 原料　基围虾 500 克。

■ 调料　植物油、蚝油、蒜蓉、姜末、剁辣椒各适量。

做法　**1.** 处理基围虾：将基围虾剥去头，在虾背上剖一刀至肚，然后整齐地将虾摆放在盘上，剖开的虾肉朝上，虾尾竖立。

2. 在剁辣椒中拌入植物油、蒜蓉、姜末、蚝油；用汤匙将剁辣椒浇在虾肉上，上笼蒸 3 分钟即可出笼，冲沸油上桌。

■ 菜品特色　香辣开胃。

【串烧基围虾】

■ 原料　基围虾 400 克。

■ 调料　植物油、豆豉、食盐、味精、料酒、蚝油、白醋、孜然、整干椒、蒜、生姜、葱、红油、香油各适量。

做法　**1.** 将虾去头，从尾部插入牙签串好，用葱、生姜、料酒、食盐腌渍 10 分钟；取生姜、蒜切末，整干椒切段；锅放植物油烧热下入虾串，炸成金红色后倒入漏勺沥油。

2. 锅内留底油，烧热后下入干椒段、姜末、蒜末煸香，放入豆豉、虾串、食盐、味精、蚝油、孜然、白醋炒拌均匀，淋入红油、香油，出锅装盘即可。

■ 菜品特色　香嫩可口。

【灯笼基围虾】

■ 原料　大基围虾 20 个，青椒、红椒各 40 克，香菜叶 3 克。

■ 调料　植物油、食盐、味精、料酒、葱姜汁、香油各适量。

做法　**1.** 将基围虾去头、去尾后用淡盐水洗净，用料酒、食盐、味精、葱姜汁腌渍 5 分钟，入味后下入六成热油锅内过油至熟，倒入漏勺中将油沥尽。

2. 将 20 克红椒切丝，用食盐、味精、香油腌渍 1 分钟，使之入味；将青椒和剩下的红椒切成半圆状，用食盐、味精、香油腌渍 1 分钟，使之入味。

3. 将基围虾、青椒、红椒在盘中拼摆成灯笼形状，淋少许香油，拼上香菜叶点缀即可。

■ 菜品特色　造型别致，色、香、味俱全。

【穿椒基围虾】

■ 原料　基围虾 20 个，青椒、红椒各 30 克，香菜叶 3 克。

■ 调料　植物油、食盐、味精、豆豉、料酒、葱花、葱姜汁、香油、淀粉各适量。

做法　**1.** 将基围虾去头尾，剥壳后用淡盐水洗净，用料酒、食盐、味精、葱姜汁腌渍 5 分钟；将青椒、红椒一半切圈，一半切丁；将虾仁穿入青椒圈、红椒圈内，下入五成热油锅内，过油至熟，捞出将油沥尽，摆入盘中。

2. 锅内留少许底油，下入虾仁，放少许食盐、味精拌炒入味，勾芡，淋香油，盛入盘中；锅内留少许底油，烧热下入豆豉、青椒丁、红椒丁，放食盐、味精，撒上葱花，拌炒入味后盛出，盖在虾仁上，拼上香菜叶点缀即可。

■ 菜品特色　香酥脆嫩。

【火爆虾球】

■ 原料　基围虾 350 克、红椒 25 克。

■ 调料　植物油、食盐、味精、料酒、白糖、葱、生姜、香油、淀粉各适量。

做法　1. 将基围虾去头、去壳留尾，剖开尾部，用食盐、料酒、淀粉上浆；红椒切成丁，葱切花，生姜切末；锅放入植物油，烧至五成热时倒入基围虾，炸至虾肉卷成球形、色泽金红时，捞出，沥干油。

2. 锅内留底油，烧热，下入姜末炒香，再加入红椒丁、食盐、味精、白糖炒拌入味，下入虾球炒匀，勾芡，淋入香油，撒上葱花，出锅装盘即可。

■ 菜品特色　香嫩适口。

【蒜蓉开边虾】

■ 原料　基围虾 500 克。

■ 调料　植物油、食盐、味精、蚝油、料酒、胡椒粉、淀粉、蒜蓉、鲜汤各适量。

做法　1. 处理基围虾：将基围虾剥去头，在虾背上剖一刀至肚，然后整齐地将虾摆放在盘上，剖开的虾肉朝上，虾尾竖立。

2. 自制蒜蓉酱：锅中放植物油，下入蒜蓉，放食盐、味精、蚝油、鲜汤、胡椒粉、料酒；在火上拌炒至微开；出锅装入碗中，下入淀粉，拌匀即可；用汤匙将蒜蓉酱浇在虾肉上，上笼蒸 3 分钟即出锅，冲油上桌。

■ 菜品特色　香味悠长。

【香辣基围虾】

■ 原料　基围虾 500 克。

■ 调料　植物油、食盐、味精、鸡精、蒜蓉香辣酱、吉士粉、料酒、白糖、米醋、淀粉、红油、香油、干椒段、蒜蓉、姜米、葱花、鸡蛋黄、熟芝麻、香菜各适量。

做法　1. 将基围虾川淡盐水洗净，去头留尾；用料酒、食盐、味精、吉士粉、淀粉、鸡蛋黄拌匀，入味后下入七成热油锅内炸至焦黄，倒入漏勺沥油。

2. 锅内留少许底油，下入姜米、蒜蓉、蒜蓉香辣酱、干椒段、白糖、鸡精煸炒，下入基围虾翻炒，烹料酒、米醋；勾芡，淋红油、香油，出锅装盘，撒熟芝麻、葱花，拼上香菜即可。

■ 菜品特色　香辣酥脆。

【湘味金沙虾】

■ 原料　草虾 500 克，面包糠 200 克，西蓝花 200 克。

■ 调料　植物油、红油、食盐、味精、干椒粉、淡奶、胡椒粉、椒盐粉各适量。

做法　1. 将草虾斩去头、脚，从背部剞一刀，用食盐、味精腌渍 20 分钟；西蓝花摘成朵，放入沸水锅中，放入食盐、味精焯水捞出，沥干水分。

2. 锅放入植物油烧热，下入草虾过油，断生后倒入漏勺沥干油。

3. 锅内加入红油，下入面包糠炒至金黄色，再加入草虾、干椒粉、胡椒粉、椒盐粉、淡奶炒香，装入盘中，周围摆上西蓝花即可。

■ 菜品特色　香嫩酥脆。

【河虾炒四季豆】

■原料　四季豆 200 克，干河虾 100 克。

■调料　植物油、食盐、味精、蒸鱼豉油、料酒、香油、红油、干椒段、姜末、蒜蓉各适量。

做法　**1.** 锅内放水烧开，放少许植物油、食盐，将四季豆摘净后斜切成片，放入锅中焯水至熟，捞出沥干；将干河虾用淡盐水洗净，捞出沥水。

2. 锅置旺火上，放入植物油烧热后下入姜末、干椒段、蒜蓉煸炒出香味后下入河虾爆炒，烹入料酒、蒸鱼豉油，放食盐、味精，下入四季豆翻炒入味后淋少许香油、红油，出锅装入盘中。

■菜品特色　清脆鲜香。

【黄瓜炒河虾】

■原料　河虾 400 克，黄瓜 150 克。

■调料　植物油、食盐、味精、鸡精、蚝油、生抽、葱段、姜末、蒜末各适量。

做法　**1.** 将河虾去头，清理干净；黄瓜切片。

2. 锅内放植物油烧热，下入河虾炒熟后，下入黄瓜片、姜末、蒜末，放食盐、味精、鸡精、蚝油、生抽拌炒入味，撒入葱段，即可出锅。

■菜品特色　清香脆嫩。

【长沙口味虾】

■原料　新鲜小龙虾 500 克。

■调料　香葱 3 棵，生姜 1 块，大蒜 6 瓣，花椒 1 大匙，干辣椒 6 个，香油 1 小匙，料酒 1 大匙，香醋 1 小匙，食盐 1 小匙，味精 1/2 小匙。

做法　**1.** 将小龙虾洗净，皮厚处剪口；葱白切段；姜、蒜洗净切末；将葱叶和花椒洗净，剁成末，加少许开水、食盐、味精、香油、香醋调成味汁。

2. 锅内注入适量开水，放入葱段、姜末、蒜末、干辣椒、料酒，烧开后，放入小龙虾，煮熟后蘸调味汁食用即可。

■菜品特色　麻辣味浓，味道鲜美。

【纸锅香辣虾】

■原料　基围虾 300 克，青辣椒、红辣椒各 30 克。

■调料　植物油、食盐、味精、鸡精、香辣酱、淀粉、红油、香油各适量。

做法　**1.** 将基围虾去头、留尾，剖开后用淡盐水洗净，捞出后沥干水，用食盐、味精、淀粉上浆入味，下入六成热油锅内过油至熟；将青辣椒、红辣椒均切成斜状。

2. 锅内放底油，烧热下入青辣椒、红辣椒、基围虾，放香辣酱、食盐、味精、鸡精，炒拌入味，勾芡，淋香油、红油，出锅装入纸锅内。

■菜品特色　鲜香适口。

【小炒河虾】

■ 原料　河虾 350 克，韭菜 100 克，尖红椒 50 克。

■ 调料　植物油、食盐、味精、白醋、料酒、白糖、蒜、香油、红油各适量。

做法　**1.** 将河虾用食盐、料酒腌渍 10 分钟；韭菜洗净切成段，尖红椒切斜段，蒜切末；锅置旺火上，放入植物油，烧至五成热时，倒入河虾炸至金红色，倒入漏勺沥油。

2. 锅内留底油，下入蒜末煸香，再放入尖红椒段、食盐、味精、白醋、白糖煸炒断生，放入河虾、韭菜段，加入红油翻拌均匀，淋香油，出锅装盘即可。

■ 菜品特色　香酥爽口。

【香辣虾子】

■ 原料　干河虾 300 克，香菜梗 100 克。

■ 调料　植物油、食盐、味精、白糖、酱油、整干椒、生姜、蒜、红油、香油各适量。

做法　**1.** 将干河虾洗净，用盐水浸泡 10 分钟，放入六成热的油锅中炸至香脆，捞出沥油；香菜梗洗净，切成段；整干椒切段，生姜、蒜切末。

2. 锅放旺火上，放入底油，烧至五成热时，下姜末、蒜末、干椒段炒香，放入河虾、食盐、味精、白糖、酱油煸炒入味，再放香菜梗段炒拌均匀，淋香油、红油，出锅装盘即可。

■ 菜品特色　香辣爽口。

【农家酱油虾】

■ 原料　河虾适量。

■ 调料　植物油、葱、生姜、蒜末、食盐、鸡精、白糖、老抽、料酒、醋各适量。

做法　**1.** 将河虾洗净，加入少许醋、料酒腌渍片刻，坐锅点火倒入适量植物油，待油热后放入河虾炸酥捞出。

2. 取一器皿，放入葱、生姜、蒜末、老抽、鸡精、食盐、白糖，倒入开水搅拌均匀，将炸好的河虾放入即可。

■ 菜品特色　虾酥脆，鲜嫩可口。

【虾皮拌青椒】

■ 原料　虾皮 30 克，青椒 150 克。

■ 调料　食盐、味精、料酒、白糖各适量。

做法　**1.** 虾皮处理干净；青椒切圈。

2. 锅中倒水煮沸，加少量食盐及料酒，分别放入虾皮及青椒圈焯水。

3. 将虾皮、青椒圈放入食盐、味精、料酒、白糖拌匀腌渍片刻即可。

■ 菜品特色　香脆可口。

【湘味炒虾】

■ 原料　虾适量。

■ 调料　植物油、食盐、白糖、葱、生姜、蚝油、料酒、花椒、麻椒、干红椒各适量。

做法　**1.** 锅中放植物油，下入葱、生姜、花椒、麻椒、干红椒炝锅；倒入洗净、控干的虾。

2. 虾炒至变成红色，放入料酒、蚝油、白糖、食盐，翻炒均匀即可。

■ 菜品特色　香酥可口。

【韭菜炒河虾】

■ 原料　韭菜 400 克，净河虾 150 克。

■ 调料　植物油、食盐、味精、鸡精、干椒末、姜末、蒜蓉各适量。

做法　**1.** 将韭菜摘洗干净，切成段；将河虾摘头去足，只取虾身；锅置旺火上，放植物油烧至八成热，下入河虾炸焦，出锅倒入漏勺中，沥干油。

2. 锅内留底油，下入蒜蓉煸香，再下入河虾，放食盐、味精、鸡精、干椒末炒至调料完全溶解在河虾上，放入韭菜段翻炒几下即可。

■ 菜品特色　鲜嫩适口。

【尖椒油爆虾】

■ 原料　河虾 300 克。

■ 调料　植物油 500 毫升，香油 1 小匙，酱油 1 小匙，料酒 2 小匙，香醋 1 小匙，食盐 1 小匙，白糖 1/2 小匙，味精 1/2 小匙，大葱 1 根，生姜 1 小块，干辣椒 5 个。

做法　**1.** 河虾剪净须足，洗净备用；干辣椒洗净切段；葱洗净切丝；姜洗净切末；热锅加植物油烧至高温，倒入虾，翻动数下迅速捞起，稍稍沥干油后，再放入锅中，如此反复三次。

2. 锅内留少许植物油，加辣椒段、葱丝、姜末煸香，倒入食盐、味精、白糖、香醋、酱油后小炒数下，加料酒搅匀，待汁液变稠时，倒入河虾，翻炒数下，淋上香油即可。

■ 菜品特色　香辣开胃。

【荷兰豆熘虾仁】

■ 原料　净虾仁 250 克，荷兰豆 250 克，鲜红椒片 3 克。

■ 调料　植物油、食盐、味精、鸡精、料酒、白醋、淀粉、白糖、香油、鸡蛋清、姜片、鲜汤各适量。

做法　**1.** 将荷兰豆撕去筋膜，大片撕成两片；下入沸水锅焯水后迅速捞出沥干；将虾仁用淡盐水洗净，挤干水分，用蛋清、食盐、味精、淀粉、料酒抓匀，腌渍入味；锅内放植物油烧热，将虾仁下锅拨散，用漏勺捞出，沥干油。

2. 锅内留底油，下入姜片、红椒片煸香后，再下入荷兰豆翻炒几下，放食盐、味精、鸡精、白糖、白醋，拌匀后倒入鲜汤，勾芡，下入虾仁翻炒后淋香油，出锅装盘。

■ 菜品特色　清香可口。

【雪里红虾仁】

■原料　虾仁 150 克，雪里红 200 克。

■调料　干辣椒 5 根，植物油、葱、生姜、蒜、料酒、酱油、食盐、白糖适量。

做法　**1.** 虾仁处理干净；雪里红洗净切末；葱、生姜切末，蒜切小块，干辣椒掰小段。

2. 锅内放植物油烧热，放姜末、蒜块煸香，放虾仁翻炒，加入酱油、料酒、食盐，接着倒入雪里红翻炒片刻，放干椒段、葱末炒匀，出锅前点少许白糖即可。

■菜品特色　香辣可口。

【虾仁扣冬瓜】

■原料　冬瓜 750 克，虾仁 100 克。

■调料　植物油、食盐、味精、淀粉各适量。

做法　**1.** 将冬瓜洗净切片扣在盘中，在上面撒食盐、味精、植物油上笼蒸 15 分钟，取出沥出汤水；虾仁用盐水洗净后，放入淡水中浸泡，捞出沥干水。

2. 锅内放植物油 20 毫升烧热，倒入虾仁，放食盐、味精，勾薄芡，淋尾油，出锅浇淋在冬瓜上即可。

■菜品特色　清香滑嫩。

【虾仁烧菜胆】

■原料　虾仁 100 克，菜胆 20 个，枸杞 20 粒。

■调料　植物油、食盐、味精、鸡精、胡椒粉、鸡蛋清、淀粉各适量。

做法　**1.** 将虾仁用淡盐水洗净，捞出后沥干水，加入鸡蛋清、食盐、味精、淀粉上浆入味；将菜胆、枸杞洗净，将菜胆根部略剖开约 1 厘米，以便插入枸杞；将菜胆放食盐、味精、少许植物油焯熟，捞出沥干水，在根部插入枸杞，摆入盘中。

2. 锅置旺火上，放入植物油烧热，下入虾仁滑油至熟，倒入漏勺将油沥干；锅内留少许底油，烧热下入虾仁，放入食盐、味精、鸡精炒拌入味，勾芡，撒上胡椒粉，盛出后放在菜胆上。

■菜品特色　清香适口。

【虾仁烧银球】

■原料　冬瓜 1000 克，净虾仁 100 克，菜胆 10 个。

■调料　植物油、食盐、味精、淀粉、鸡蛋清、鲜汤各适量。

做法　**1.** 将冬瓜去皮、洗净，用挖球器在冬瓜上挖取 30 个瓜球，放入沸水锅中煮至八成热后捞出待用；将菜胆放少许食盐、味精、植物油焯水后捞出围入盘边；将虾仁用淡盐水清洗干净，拌入鸡蛋清、淀粉、食盐上浆入味。

2. 净锅置旺火上，放植物油 500 毫升烧至五成热，下入虾仁滑油至熟捞出沥尽油；锅内留底油，下入冬瓜球，放食盐、味精推炒入味，放少许鲜汤略焖，勾芡；然后用筷子夹出冬瓜球码入盘中，留汤汁在锅中；将虾仁下入锅中推炒入味后出锅浇盖在冬瓜球上。

■菜品特色　香滑适口。

【什锦香辣虾仁】

■ 原料 虾仁100克，白萝卜丁、莴苣丁、青辣椒丁、红辣椒丁、香菇丁、紫甘蓝丁、冬笋丁各30克。

■ 调料 植物油、食盐、味精、鸡精、胡椒粉、淀粉、蒜蓉香辣酱、香油各适量。

做法 **1.** 将虾仁用淡盐水洗净，捞出沥干水，加入食盐、味精、淀粉上浆入味；锅放植物油下入虾仁炒熟装盘中，待用。

2. 锅放植物油烧热，依次下入冬笋丁、莴苣丁、白萝卜丁、青辣椒丁、红辣椒丁、香菇丁、紫甘蓝丁，加入食盐、味精、鸡精、蒜蓉香辣酱炒匀，下入虾仁，勾芡，撒上胡椒粉，淋香油即可。

■ 菜品特色 色彩丰富，营养全面。

【珍珠虾球】

■ 原料 净虾仁500克，猪五花肉100克，水泡糯米100克，白菜胆10个，枸杞子10粒。

■ 调料 熟猪油、食盐、味精、鸡精、胡椒粉、淀粉、鸡蛋、鲜汤各适量。

做法 **1.** 将虾仁洗净，捞出后沥干，留10个待用，剩下的剁成虾蓉；将五花肉剁成蓉，加入虾蓉，打入鸡蛋，加入淀粉、食盐、味精、胡椒粉搅匀，做成虾蓉料；将虾蓉料挤成虾球，裹上糯米，上笼蒸熟后取出。

2. 锅内放熟猪油，烧热下入虾仁，放食盐、味精、鸡精、胡椒粉、鲜汤勾芡，撒下枸杞子，一起出锅浇盖在虾球上；将白菜胆放食盐、味精，焯水至熟捞出，拼入盘中。

■ 菜品特色 香糯适口。

【白辣椒蒸螺蛳肉】

■ 原料 水发螺蛳肉250克，白辣椒100克。

■ 调料 植物油、食盐、味精、料酒、醋、蚝油、豆豉、姜末、蒜蓉各适量。

做法 **1.** 将水发螺蛳肉用食盐、醋抓洗干净，沥干水后，拌入食盐、味精、料酒、姜末、蒜蓉，扣入蒸钵中。

2. 将白辣椒切成0.8厘米长的碎段，用水泡发，挤干水分；下入豆豉、味精、植物油、姜末、蒜蓉、蚝油，码放在螺蛳肉上，上笼用旺火蒸15分钟即可。

■ 菜品特色 香辣爽口。

【干锅双腊田螺】

■ 原料 田螺200克，腊肉、腊鸡腿各150克，红尖椒3克。

■ 调料 植物油、食盐、味精、辣酱、料酒、醋、鲜汤、淀粉、大蒜叶、姜片、蒜片、干椒段各适量。

做法 **1.** 将田螺用食盐、醋抓洗干净剞花刀后用食盐、味精、料酒腌渍，放淀粉抓匀，下入八成热油锅过大油，沥出；腊肉切片，腊鸡腿砍成块，同时下锅焯水，沥干。

2. 锅内留底油，下入姜片、蒜片、干椒段煸香，后下入腊肉块、腊鸡腿块煸炒至回油，加入鲜汤，用小火烧至腊肉、腊鸡酥烂，再下入田螺，放辣酱、红尖椒、大蒜叶，待汤汁收干时，淋尾油装入干锅中，带火上桌。

■ 菜品特色 滋味醇厚。

【老干妈炒螺蛳肉】

■ 原料　净螺蛳肉 250 克，尖红椒 10 克，香菜 10 克。

■ 调料　植物油、食盐、味精、料酒、辣酱、生姜、蒜、红油、香油、水淀粉各适量。

做法　1. 将螺蛳肉用食盐、料酒抓匀，入清水中洗净泥沙，入锅内炒干水分；尖红椒切碎，香菜切成段，生姜、蒜切末。

2. 锅置旺火上，加入植物油，烧热后放入姜末、蒜末、尖红椒末、辣酱煸香，再下入螺蛳肉、食盐、味精和红油，炒拌入味；勾芡，淋入香油，撒香菜段即可。

■ 菜品特色　香辣爽口。

【老妈炒田螺】

■ 原料　田螺 500 克。

■ 调料　香菜、干辣椒、花椒、豆瓣、泡姜、蒜、泡椒、植物油、料酒、味精、食盐、白糖各适量。

做法　1. 田螺用剪刀剪去屁股，洗净后，捞出，滤水；锅内倒入适量植物油，放入花椒，炸出香味，捞出丢掉。

2. 炒锅下植物油烧至八成热，倒入田螺，再下泡姜、蒜、泡椒、豆瓣一起炒香；加入适量食盐和少许白糖炒匀，加香菜、干辣椒、料酒炒出香味加入适量水（淹到田螺），中火烧至水分将干，亮油，加入少许味精拌匀，即可起锅。

■ 菜品特色　香嫩适口。

【农家螺蛳肉】

■ 原料　螺蛳肉 1000 克，鲜红椒圈 15 克。

■ 调料　茶油、食盐、味精、白醋、干椒段、葱花、姜片各适量。

做法　1. 将螺蛳肉放食盐、白醋抓洗干净；锅倒入茶油烧热，下入螺蛳肉爆炒，倒入漏勺中沥尽油。

2. 锅内留少许底油，下入干椒段、姜片炒香，下入螺蛳肉，烹入白醋，放食盐、味精拌炒入味，放鲜红椒圈，撒葱花即可。

■ 菜品特色　香辣开胃。

【紫苏田螺肉】

■ 原料　田螺 500 克。

■ 调料　植物油、食盐、味精、香油、淀粉、紫苏叶、沙茶酱、蒜蓉、豆豉等少量。

做法　1. 烧红锅，放植物油，把蒜蓉、紫苏叶、沙茶酱、豆豉等倒入锅中，爆香。

2. 加入田螺不停地炒，溅入滚水，用食盐、味精、香油调味，炒至熟透。

3. 勾芡，淋尾油和匀上碟。

■ 菜品特色　鲜香爽口。

【泡椒炒螺蛳肉】

■原料 螺蛳肉500克，泡酱椒30克，鲜红椒圈3克。

■调料 植物油、食盐、味精、料酒、米醋、生抽、淀粉、红油、香油、蒜蓉、姜米、大蒜段各适量。

做法 1. 将螺蛳肉用食盐、米醋抓洗干净，剞花刀，用料酒、食盐、味精、淀粉上浆入味，腌2分钟，沥干水下入七成热油锅中过油至熟，沥出。

2. 锅内留底油，下泡酱椒、鲜红椒圈、姜米、蒜蓉，放食盐少许炒香，随后下入螺蛳肉翻炒，烹料酒、米醋，放味精、生抽、大蒜段拌炒，入味后勾芡，淋红油、香油即可。

■菜品特色 香辣爽口。

【青椒蒸火焙鱼】

■原料 火焙鱼300克，青椒圈100克。

■调料 植物油、食盐、味精、蚝油、蒸鱼豉油、红油、香油、豆豉、姜末、蒜蓉、葱花各适量。

做法 1. 将火焙鱼清理干净，用食盐腌一下；将青椒圈、豆豉、姜末、蒜蓉、植物油、食盐、味精、蚝油、蒸鱼豉油、红油一起拌匀。

2. 将火焙鱼整齐地放入碗中，将拌好的青椒圈均匀浇盖在鱼上，入笼蒸15分钟，熟后取出，撒葱花、淋香油即成。

■菜品特色 清香适口。

【农家火焙鱼钵】

■原料 火焙鱼300克、尖红椒圈10克，青椒圈10克，紫苏1克。

■调料 植物油、食盐、味精、陈醋、蒜蓉、姜米、葱花、鲜汤各适量。

做法 1. 锅内放植物油，烧至八成热，将火焙鱼炸成金黄色。

2. 锅内留底油，下入青椒圈、尖红椒圈、蒜蓉、姜米煸香，调正盐味，放味精，下入火焙鱼，烹陈醋，轻轻翻炒，下鲜汤、紫苏，待汤汁变浓时即装入砂钵中，撒上葱花即可。

■菜品特色 香辣酥脆。

【香酥火焙鱼】

■原料 火焙鱼200克。

■调料 植物油、食盐、味精、辣椒酱、蚝油、黄干椒粉、香油、陈醋、生姜、蒜各适量。

做法 1. 将生姜、蒜均切米粒状；锅放旺火上，放入植物油，烧至六成热时下入火焙鱼炸酥，捞出沥干油。

2. 锅内放入植物油，下姜米、蒜米爆香；再放入食盐、味精、辣椒酱、蚝油、黄干椒粉和火焙鱼，翻炒均匀；再烹入陈醋继续翻炒至火焙鱼酥香，淋上香油，出锅装盘即可。

■菜品特色 香酥可口。

【蒸浏阳火焙鱼】

■ 原料　干火焙鱼 500 克，碎红椒 150 克，豆豉 10 克。

■ 调料　生茶油、食盐、味精、鸡精、酱油、蒸鱼豉油、料酒、白糖、白醋、香油、红油、葱花、鲜汤各适量。

做法　**1.** 将火焙鱼清洗干净，放入扣碗中，放少许食盐、味精、鸡精、酱油、白糖、料酒、蒸鱼豉油、白醋、鲜汤，放入碎红椒、豆豉，浇上生茶油，入笼蒸 8 分钟。

2. 将蒸熟的火焙鱼取出，淋红油、香油，撒上葱花即可。

■ 菜品特色　风味独特。

【炖鱼子】

■ 原料　鱼子 300 克。

■ 调料　植物油、食盐、料酒、干辣椒、酱油、葱末、姜末、花椒粉、鸡精各适量。

做法　**1.** 鱼子洗净控干。

2. 锅里放入植物油，放入葱末、姜末煸炒出香味，放入鱼子，加料酒、花椒粉、酱油，然后放入干辣椒，加入食盐和少量的开水，收干汤汁时放点鸡精即可。

■ 菜品特色　香嫩适口。

【干烧鱼唇】

■ 原料　干鱼唇 500 克，冬菇 50 克，火腿片 50 克，鲜菜心 150 克。

■ 调料　熟猪油 75 毫升，食盐 5 克，味精 2 克，绍酒 100 毫升，生姜 15 克，葱结 50 克，鸡汤 1500 毫升，胡椒粉 2 克，糖色 10 克。

做法　**1.** 将干鱼唇入沸水锅内，焖约 90 分钟，取出洗净，切成块；再焯水 3 次，盛入锅内，加鸡汤，用小火焖 90 分钟取出；菜心摘净，切成条。

2. 锅下熟猪油烧热放入生姜、葱结炒出香味，加入鸡汤、绍酒、食盐、糖色、胡椒粉、鱼唇烧沸，改小火将汤收浓，放味精推匀；取另一炒锅下熟猪油烧热，下菜心翻炒，下鸡汤、冬菇、火腿、食盐烧入味，放盘内垫底，然后将鱼唇连汁浇盖在上面即成。

■ 菜品特色　香滑汁浓。

【鱼子烧豆腐】

■ 原料　鲜鱼子 400 克，白豆腐 150 克。

■ 调料　植物油 1000 毫升（实耗 50 毫升），食盐 2 克，味精 5 克，白酒 5 毫升，剁辣椒 20 克，生姜 5 克，香葱 3 克，紫苏 5 克，香油 3 毫升，水淀粉 10 克，鲜汤 200 毫升。

做法　**1.** 将鱼子洗净，切成 1 厘米大小的块；白豆腐切成 1 厘米见方的丁；生姜切末，香葱切花，紫苏切碎。

2. 净锅置旺火上，放入植物油，烧至七成热时，下入鱼子过油，炸约 5 秒，倒入漏勺沥干油。

3. 锅内留底油，烧至五成热时，下姜末、剁辣椒炒香，放入鱼子，烹入白酒略炒，再倒入鲜汤，放入豆腐丁，加食盐、味精、紫苏末，用中火烧至汤浓，勾芡，淋香油，出锅装盘。

■ 菜品特色　鱼子甘香，豆腐鲜嫩。

【红油葱香鱼子】

■原料　鱼子 200 克，青椒 50 克，鸡蛋 2 个。

■调料　红油、食盐、味精、白糖、料酒、胡椒粉、整干椒、蒜、葱、香油各适量。

做法　1. 将鸡蛋打入碗内，放入食盐、胡椒粉拌匀；青椒切成片，整干椒切成段，蒜切片；葱切花。

2. 锅放入红油烧热，放入葱花熬出香味，放入蒜片、干椒段、青椒片、食盐、白糖炒匀，倒入鱼子和蛋液，烹入料酒；炒至鱼子熟透，放入味精、葱花，淋上香油即可。

■菜品特色　香嫩适口。

【腊八豆爆鱼子】

■原料　腊八豆 150 克，鱼子 250 克。

■调料　植物油、食盐、味精、鸡精、陈醋、大蒜叶、蒜蓉、姜米、干椒段、鲜汤各适量。

做法　1. 将鱼子稍微撒一点油蒸熟后切成块。

2. 锅内放植物油烧至八成热，下蒜蓉、姜米、干椒段煸香，然后下腊八豆煸香，放食盐、味精、鸡精，烹陈醋，翻炒，下大蒜叶，加鲜汤，至汤汁收干即可。

■菜品特色　味道醇香。

【干锅鱼杂】

■原料　鱼鳔、鱼子、鱼白各 200 克。

■调料　植物油、食盐、味精、鸡精、蒸鱼豉油、料酒、白醋、白糖、红油、大蒜叶、姜片、干椒末、香油、鲜汤各适量。

做法　1. 将鱼杂洗净，沥水，放少许食盐、味精、料酒腌渍，放入笼中蒸 8 分钟取出，切成小块待用。

2. 锅内放植物油，下入姜片、鱼杂，烹料酒、白醋、蒸鱼豉油，放食盐、味精、鸡精、白糖调味，入味后放鲜汤，大火烧开后转小火焖煮，待汤汁浓郁、鱼杂入味时，撒大蒜叶、干椒末，淋香油、红油即可。

■菜品特色　鲜香诱人。

【鱼子莴笋】

■原料　鱼子 100 克，莴笋 300 克。

■调料　色拉油、绍酒、食盐、白糖、淀粉、味精各适量。

做法　1. 鱼子洗净，用绍酒、白糖、淀粉和少量食盐、味精拌和。

2. 莴笋切成片，用余下的食盐腌渍 10 分钟，去水后与鱼子拌和。

3. 把上述材料装入盘内，加入色拉油，高火 4 分钟加热即可，中途搅拌一次。

■菜品特色　风味独特。

本书编委会
主　编　谭阳春
编　委　廖名迪　李　冲　贺梦瑶　李玉栋

图书在版编目（CIP）数据

精选家常小炒800例/谭阳春主编. —沈阳：辽宁科学技术出版社，2013.1
ISBN 978-7-5381-7781-7

I. ①精… II. ①谭… III. ①家常菜肴—菜谱 Ⅳ. ①TS972.12

中国版本图书馆CIP数据核字（2012）第282402号

如有图书质量问题，请电话联系
湖南攀辰图书发行有限公司
地址：长沙市车站北路236号芙蓉国土局B栋1401室
邮编：410000
网址：www.penqen.cn
电话：0731-82276692　82276693

出版发行：辽宁科学技术出版社
（地址：沈阳市和平区十一纬路29号　邮编：110003）
印 刷 者：长沙市永生彩印有限公司
经 销 者：各地新华书店
幅面尺寸：170mm × 237mm
印　　张：16
字　　数：400千字
出版时间：2013年1月第1版
印刷时间：2013年1月第1次印刷
责任编辑：修吉航　攀　辰
摄　　影：郭　力
封面设计：飞鱼图文
版式设计：攀辰图书
责任校对：合　力

书　　号：ISBN 978-7-5381-7781-7
定　　价：29.80元
联系电话：024-23284376
邮购热线：024-23284502
淘宝商城：http://lkjcbs.tmall.com
E-mail：lnkjc@126.com
http：//www.lnkj.com.cn
本书网址：www.lnkj.cn/uri.sh/7781